U0299157

启真 · 闲读馆

意大利人为什么喜爱谈论食物？

意大利饮食文化志

Perché agli italiani piace parlare del cibo

Un itinerario tra storia, cultura e costume

[乌克兰]
艾琳娜 · 库丝蒂奥科维奇 著
林洁盈 译

ZHEJIANG UNIVERSITY PRESS
浙江大学出版社

意大利
瑞士
奥地利
匈牙利
特伦特
弗留利—
威尼斯朱利亚
博尔扎诺
托伦特
圣丹尼勒
斯普林贝格
贝卢诺
阿奎雷亚
斯洛文尼亚
的里雅斯特
格兰多瀉湖
瓦莱达奥
斯塔
奥索拉
布罗曼群岛
科莫湖
科莫湖
奥斯塔
马焦利湖
米兰
贝加莫
格兰天堂国家公园
伦巴第
加答湖
威内托
维琴察
维罗纳
威尼斯
都灵
帕维亚
曼托瓦
帕多瓦
基奥贾
亚历山德里亚
皮亚琴察
波河平原
皮埃蒙特
齐贝洛
帕尔马
费拉拉
阿尔巴
摩德纳
科马基奥
卡鲁
热那亚
艾米利亚—
罗曼尼亚
博洛尼亚
拉文纳
利古里亚
东部海岸
弗利
福林波波利
阿尔班加
法国
圣雷莫
科隆纳塔
圣马力诺
里米尼
五渔村
卢卡
佛罗伦萨
佩萨罗（蒙多尔福）
西部海岸
比萨
塔拉梅洛
乌尔比诺
安科纳
摩纳哥
利沃诺
圣米尼亚托
阿奎拉尼亚
利古里亚海
基安蒂
锡耶纳
佩鲁贾
马尔凯
托斯卡纳
阿西西啊
亚得里亚海
特拉西梅诺湖
翁布里亚
诺其亚
博尔塞纳
斯波莱托
阿马特利斯
科西嘉
（法国）
博尔塞纳湖
弗齐诺湖
佩斯卡拉
拉奎拉
拉奇奥
阿布鲁佐与
莫里塞
拉迪斯波利
罗马
克罗地亚
波斯尼亚和黑塞
哥维那
巴里
蒙特城堡
坎帕尼亚
加埃塔
法萨诺
托雷斯港
阿尔塔穆拉
那不勒斯
萨萨里
庞贝
阿尔贝罗贝洛
费尔蒂利亚
波坦察
伊斯基亚
恩波利
马泰拉
阿尔盖罗
普利亚
卡尔皮
帕埃斯图姆
阿马尔菲
第勒尼安海
巴斯利卡塔
萨伦托
撒丁岛
英里
100
200
公里
200
卡拉布里亚
卡拉里亚
圣彼得岛
卡坦扎罗
特罗佩阿
维博瓦伦蒂亚
利帕里群岛
利帕里
墨西纳
卡拉布里亚
爱奥尼亚海
斯库拉
雷焦卡拉布里亚
埃加迪群岛
帕勒莫
地中海
布龙泰
恩纳
卡塔尼亚
西西里
阿格里真托
锡拉库萨
潘泰莱里亚
至兰佩杜萨
突尼斯
© 2009 Jeffrey L. Ward

INDICE
目次

PERCHE
AGLI
ITALIANI
PIACE
PARLARE
DEL
CIBO
un itinerario tra storia,
ultura e costume

序

翁贝托·埃柯 Umberto Eco[1]

PREFAZIONE

我为什么要替一本饮食书写序？当作者向我提出邀请时，我问了自己这个问题，也曾怀疑自己是不是因为艾琳娜·库丝蒂奥科维奇（Elena Kostioukovitch）是我的俄文翻译，加上我因为她在翻译我著作时所展现的热忱与耐心，以及她的智慧与见多识广，对她非常欣赏，所以才答应下来。然而，由于我不是什么美食家，我又问自己，这样的原因就够充分了吗？

我们很清楚，所谓的美食家，并不是一盘美妙绝伦的法式橙汁鸭或份量慷慨的窝瓦河鱼子酱配布尔尼软薄饼，就能让他感到快乐满足的，这只是不追求极品美味、也不至于把标准降到麦当劳快餐的一般人而已。真正的美食家和老饕，是那些愿意为了吃到世界上最赞的法式橙汁鸭，大老远专程跑到特定餐厅去品尝的人。然而，我并不是这种人，因为，若要我在我家楼下的比萨屋和搭出租车去一间未曾造访的小餐馆之间选择其一的话，我通常会选比萨，更别说跋涉两百公里，就只为了吃顿饭。

不过，我真的一点都不追求美食吗？我后来意识到，自己曾经在朗格一带开了好长一段路，就为了要让一位爱好美食的法国友人，发掘并品尝到传说中的阿尔巴白松露（朗格离我出生地不远，艾莲娜在专论皮埃蒙特［Piemonte］的那章会讲到）；我也曾经为了吃香蒜鳀鱼热沾酱，大老远跑到尼札蒙费拉托（Nizza Monferrato）去参加聚餐，这顿饭从正午一直吃到下午五点，而且除了最后的咖啡以外，其余都是以大蒜为基底的菜肴。我还有一次特地跑到布鲁塞尔外围的偏远区域，品尝一种被称为比利时香槟的啤酒，因为这种啤酒不堪运输，只能在制造地品尝（顺道一提，千万不要去，一杯好喝的英式麦芽啤酒比较值得）。

这样说来，我到底对烹饪感不感兴趣？我们先回去看看我提到的几个例子，一个是为了了解比利时人爱喝什么样的啤酒，一个是要让外国人认识皮埃蒙特的文化，另一个则是因为想重新找到像香蒜鳀鱼热沾酱这种能让我回想起孩提时代美好时光的滋味。在上面这些例子中，我去寻找这些食物，并不是为了口腹之欲，而是有文化的原因，我要说的是，这寻寻觅觅并非（只是）为了要尝到某种味道，而是为了获得一种启发、得到记忆的闪回，或是了解并引人认识一种传统和文化。

我同时也体认到，在我写的每一本小说里，常常出现故事主角吃东西的场景，也许以米兰与巴黎这种让主角（和读者）感到非常熟悉的地点为场景的《傅科摆》，少有吃饭的情节，不过像是《波多里诺》、《昨日之岛》，以及我最新出版的《罗安娜女王的神秘火焰》等书，都经常穿插着饮食的剧情，这跟我在《玫瑰的名字》中每天至少让僧侣吃一次饭，而且还让他们长时间在厨房里走来走去是一样的。这样的情节安排是因为，如果你让主角到南方海岛或东方拜占庭世界冒险，或是让故事发生在好几百年前或十几年前就已经消失的世界里，你总得让读者吃点东西，好藉此引导读者了解书中人物是怎么想的。

所以，我有充分的理由替艾琳娜的书写序。因为艾琳娜这位知识渊博、对意大利美食所蕴含的细微差别和奥妙非常了解的意大利美食鉴赏家，将带我们（的味觉与嗅觉）一起踏上饮食文化之旅，不但要让我们认识各地美食，更是要让我们认识意大利这个她用一辈子来发现、挖掘的国度。

你们正要开始读的这本书，除了谈论饮食以外，更是本描述一个国度、一种文化，甚至许多不同文化的宝书。

说真的，不管谈论的是“意大利文化”或“意大利风景”，都是件让人感到困窘的事。如果在美国开车旅行，你们可能会连着好几天遇上看似永无止境的地平线（而且停下来的时候总会吃到跟上个休息站一样的汉堡）；如果在北欧游历，你们在途中也会一直看到绵延不断的宽广地平线，高速公路沿路只看到一片片壮丽的黑麦田，而在中亚大草原、撒哈拉沙漠、戈壁沙漠，以及有艾尔斯岩拔地而起的澳洲荒漠等地的旅行经验，自然更是不在话下。这种与自然界的硕大接触的经验，导致了西方美学中“崇高”概念的产生，在面对着狂风暴雨的大海、浩瀚穹苍、万丈深渊、宏伟山峰、悬崖绝壁、浩瀚冰原等让人感到无垠无涯的景象时，一股敬畏之情总不免油然而生。

人们到意大利来，并不是为了要看高耸巍峨的哥德式教堂、壮观的金字塔或尼加拉瀑布。你们一旦穿越了阿尔卑斯山，就会开始获得一种截然不同的经验。（当然在阿尔卑斯山你们也可以感受到大自然的崇高，不过你们也可以在法国、瑞士、德国或奥地利看到阿尔卑斯山。）这里的地平线永远不会变得过分的宽广，因为你们的视线总是会受到右手边的山丘和左手边高度适中的山峦所限制，而且路上总会不停地遇到小村落，至少每五公里就会出现住家。更者，你们在每段路（除了波河平原上的特定路段以外）都会遇到弯道或改变行进方向，而周围景色也不停地在变化。如此以来，不但地区与地区间的景致不同，同一个地区内更可能发现一个与周遭截然不同的国度，更别说这些地方的高度变化从山到海各有难以衡量的差异，穿越的每个山丘，其结构形态也都各有千秋。皮埃蒙特、马尔凯或托斯卡纳的丘陵地都各有特色，少有相似之处，有时甚至只要横跨如脊椎骨般纵贯意大利半岛的亚平宁山脉，就会有进入另一个国度的感觉。意大利甚至连海都不一样，第勒尼安海的沙滩和海岸，与亚得里亚海沿岸完全不同，更别说各岛屿的海岸景观了。

这种多样性并不只限于景观，同样也发生在居民身上。意大利有许多方言，每个地区都不一样，因此，来自南方的西西里人根本听不懂来自西北的皮埃蒙特人到底在讲些什么。然而，很少有外国人能想象到，意大利方言是在同一地区内随着城市在变，甚至有少数例子是因村而异的。

在意大利半岛上，生活着许多不同民族的后裔，其中有在罗马人向北发展前就已经在半岛北部定居的凯尔特人和利古里亚人，来自东方的伊利里亚人，伊特鲁里亚人和半岛中部的不同聚落，来自南方的希腊人，几世纪来逐渐取代本地人的少数民族，来自德国的哥特人和伦巴底人，阿拉伯人，诺曼人（即使不说是法国人、西班牙人、奥地利人等——别忘了意大利西北边境的方言和法语非常类似，东北边境山区的方言则类似德语，南部有些地方的方言则很像阿尔巴尼亚语）。

景观、语言和人种的多样性，尤其对烹饪饮食起了重大作用。这里说的并不是在国外吃到的意大利菜，这跟在中国以外的地方吃中国菜是一样的道理，不管它们多好吃，充其量不过是从意大利常见菜肴中分支出来的变体，这些餐厅供应的是一种从意大利各地区取得灵感的综合菜色，注定得根据当地人口味加以调整，而且等待的是想要寻求典型意大利形象的中间客层。

与意国菜肴的各种菜式相遇，意味着挖掘各种深不可测的差异性，这不只是语言上的，同时还包括口味、想法、灵感想象、幽默感、面对痛苦与死亡的态度、喋喋不休或少言寡语等的不同，这些特质区隔出西西里人和皮埃蒙特人，或让人分辨出威内托人和撒丁人的差别。也许，认识烹饪就等于认识居民灵魂的说法，在意大利比世界上其他地方来得更为真切（虽然这当然也因地而异）。你们若试着先尝点来自皮埃蒙特地区的香蒜鳀鱼热沾酱，接下来品尝一道伦巴底炖猪肉，之后来一盘波隆那肉酱宽面，然后再来一道罗马风烤羔羊排，最后以西西里卡萨塔蛋糕收尾，你们会觉得自己从中国走到秘鲁，然后又到了西非的廷巴克图，因为这些菜肴都有着天南地北的差异。

这样说来，意大利人是否仍然透过与意国境内各式菜肴接触的经验来相互了解呢？我无法回答这个问题，不过我知道，当一个外国人因为他或她对这片土地的热爱，开始试着透过饮食文化来描绘意大利，并同时保留着一个外来者客观独立的观察，那么，意大利人就能藉此重新发现一个（也许）几乎已经被他们遗忘的国度。

有关于此，我们都要感谢艾琳娜·库丝蒂奥科维奇。

---

1. 翁贝托·埃柯（1932—2016），曾任博洛尼亚大学高等人文科学学院教授及院长。为享誉国际的知名作家，也是符号学权威、哲学家、历史学家、文学评论家和美学家。著有《玫瑰的名字》（*Il nome della rosa*）、《傅科摆》（*Il pendolo di Foucault*）、《昨日之岛》（*L'isola del giorno prima*）、《波多里诺》（*Baudolino*）、《美的历史》（*La storia della bellezza*）、《丑的历史》（*La storia della brutezza*）、《罗安娜女王的神秘火焰》（*La misteriosa fiamma della regina Loana*）、《埃柯谈文学》（*Sulla letteratura*）、《埃柯说故事》（*Tre Racconti*）、《别想摆脱书》（*N'esperez pas vous debarrasser des livres*）等杂文、随笔、评论集和绘本。

26
I RISCHI
IL PREZZO
GLI IRREGOLARI
Amato: basta pregiudizi
Intesa tra i poli su 4

前言

INTRODUZIONE

在意大利生活了二十年以后，我仍然清楚记得我刚到米兰居住的头几个月。当时，我已经可以用意大利语沟通无误，尽管如此，我的自尊偶尔还是会受到严重的打击。即使是跟朋友共进晚餐，大家正谈论着刚看过的电影或时事的时候，我会突然跟不上对话：我到底漏听了什么？转眼间，而且在没有预先告知的情况下，所有人都突然改变话题，开始热切讨论怎么烹煮菇类的方法，或是哪个朋友家生产了真的很棒的橄榄油。这样的情形真会让人感到非常沮丧……

和其他同在意大利生活的外国人聊过以后，我才意识到，所有外国人都曾因类似的经验感到错愕：在意大利，人们常常讨论吃，而且讨论的频率比世界上其他地方高出许多。在英国或俄国知识分子的想法中，谈话中若出现某些过分将焦点放在食物的地方，可能会降低席间谈话的格调，因此他们在遇到这种状况的时候，会适度忽略之，不会太坚持这类话题；若换成意大利人，则会津津有味地享受诸如此类的谈话，而且还会大谈特谈起来。为什么呢？“讲话跟吃饭一样”的说法，在意大利必须以宏观的角度来考虑之。在谈话者（在大部分情况下）一点也不在意自己是否真的在细心品尝美食，却高谈阔论地诉说着过去吃过的丰盛菜肴、计划着要吃什么、评论食材质量时，他们的脑袋里到底在想什么呢？

我对意大利饮食的热忱是如此地深切且广泛，以至于将这股热忱延伸到跟食物显然无关的语言范畴，然而当我自己在面对这情形时，却也常常觉得不知所措。

随着时间的推移，我逐渐把这种语言内化，也就这么习惯了，然而，我并没有放弃对朋友和熟人的纠缠，总是不停地提出许多问题：“为什么你们所有人和你们的作家、记者及政治人物，都这么爱谈论食物呢？为什么在谈到特定食物的时候，你们会把它们和特定的历史时刻连在一起？菊苣与阶级斗争有何关联？为什么在法西斯执政的二十年间，执政者试图禁止西红柿意大利面？[1]诗人托尼诺·奎拉（Tonino Guerra）在广播访谈提到‘暂缓’[2]咖啡时，到底在想什么？如果对诗人但丁（Dante Alighieri）而言，他人的面包尝起来是咸的，这到底是如同大部分译者的诠释所言，因为诗人流下的眼泪所致，还是有其他较不浪漫的原因呢？”[3]

像所有研究意大利文化的学者一样，我逐渐发现，诗歌和小说中处处充斥着各种“饮食”词汇，而且它们实际上却有更深层、更严肃的意蕴。因为在意大利语中，利用食物作为隐喻的情形，频繁到让人大为惊奇，例如用“去豆子”（andare a fagiolo）来表示喜欢，用“就像撒在通心粉上的起士”（cacio sui maccheroni）来表示来得正是时候，用“跟面包一样好”（buono come il pane）形容人心地善良，“把一般面包拿回去换成香草扁面包”（rendere pan per focaccia）指一报还一报，用“把太多肉放在火上”（troppa carne sul fuoco）来形容一个人同时考虑太多事情，诸如此类的说法。意大利人的集体想象，是建构在以各种食物来表达的文化符号之上。

许多学者都发现了这样的现象，哲学家安德烈·塔亚皮耶查（Andrea Tagliapietra）在《哲学家的喉咙——吃作为思维的隐喻》（*Lagola del filosofo. Il mangiare come metafora del pensare*）中就总结得很好：

> 我们有对知识的“胃口”，对学习有“渴望”或对信息有“饥饿感”。我们“狼吞虎咽地吞下”一本书，对信息“消化不良”，对阅读或写作感到“反胃”，永远不会听“饱”故事，嘴里“嚼”几句英文，“重复咀嚼”一些方案，努力“消化”某些概念，或比较能“吸收”某些想法。我们会“喝下”虚构故事，尤其当讲者用了许多“甜”言“蜜”语，而不是用“苦”的思虑、“酸”或“让人反胃”的玩笑，甚至“无味”或“没加盐”的训示来加以调味时，更容易让人听进去。让人“胃口大开”的故事大多是“辛辣”或“重口味”的传闻轶事，亦非巧合。[4]

我相信，这种现象的原因应该是这样的：在意大利文化中，当一个人把一份食谱传给别人的时候，其实就是在推广自己的家乡，亦即食谱的来源地，而这个动作往往也有明确告知自己来自该地的意思。就意大利的历史而言，每一个乡村或城镇都是自给自足的，没有任何城市居于领导地位，即便是行政区首府对该行政区内的其他城市，或国家首都对周遭地区，都没有影响的能力。前来意大利朝圣或藉由壮游之举认识意国文化资产的旅人，来自世界各地，在这里，即使是小乡镇，也可以是重要的中心地点。因为人潮川流不息地经过，这些小乡镇再也不是遗世独立的荒郊野外！在宏伟教堂、修道院和图书馆林立的乡下地方，在跟大城市比较时也不可能出现什么自卑感。把意大利认定为第二故乡，并在此写下其最佳作品的俄罗斯天才果戈里，在描述意大利时曾说：“这是城市和乡下并存一地的地方。”[5]另一位离乡背井的俄罗斯名作家亚历山大·赫尔岑（Aleksandr Herzen）也曾说道：“意大利的每个小城市都有她自己独特的风貌。”[6]

这本书的诞生，就是为了将意大利各地区具有代表性的食物、它们的历史，以及从外表看来纯粹只与美食烹饪内容有关的《意识形态》，简短地集结成册。谁用帕米森起士来替西红柿意大利面调味？谁比较偏好佩科里诺羊奶干酪？为什么比萨一定得又薄又不油腻，和全世界快餐餐厅的烹调方式截然不同？为什么和来自威内托地区的黄金面包相较之下，（源自伦巴底地区的）圣诞面包脂肪含量高且用料丰富？在西西里地区著名甜点卡萨塔蛋糕的背后，到底有什么既浪漫又令人不安的传说呢？

越认识意大利，就会更加感受到每一个小城都有它好比《可食用徽章》的代表性食品，也就是在当地出奇精练以至臻于化境的佳肴或产品，例如佛罗伦萨丁骨大牛排，米兰的番红花炖饭，特雷维索的红苦苣，以及卡布里色拉[7]。不论到哪里，该地居民都会因家乡特产而自豪不已。

本书的架构，好比一趟想象之旅，带着读者从北到南，把意大利半岛上的各个地区走过一遭。在讲到各个地区的时候，我会试着纳入在意大利人的集体想象中与该地区有直接关联的食物，以及个中原因。此外，我们也会针对一些最常使用的语汇和最广为流传的观念提出评论。

我也会简短提到每个地区的代表菜色与产品，总结出它们的特色，不过，天知道我在此并没有要把所有东西一网打尽的想法，只是想随意并按个人喜好及情感，兴之所至地列举一些各个地区的饮料或饮料种类。不论如何，我还是想强调一下，本书的焦点是在食物，而非葡萄酒……若也要谈酒，这本书的页数至少会是现在的两倍以上！

我在书中也积极地检验那些适用于全意大利的饮食符码。不论对外国人或意大利人来说，这种符码都是必须经过学习才能通晓的语言，而且还得深入研究，才可能领会到个中的细微差异。

意大利人和世界上其他民族不同，当他们在谈论食物的时候，并不只是提到材料讲讲就罢了，而是一种庆典仪式，这一点一直让我感到钦佩。对意大利人来说，就好像念出一个魔法咒语，或像祷告一般地朗诵出一连串适合腌制的鱼类或利古里亚春天香草总汇[8]的材料，似乎朗诵者只要把这些材料说出来，就能一并品尝这道菜和它的所有佐料一样。在念出不同菜肴的名称时，意大利美食家就能凭借着想象力，在脑海里品尝着餐厅菜单上从第一行到最后一行的全部菜色，而菜单就好比玫瑰经或唐璜的情人目录一样。我试着写下个人烹饪手册，分享烹饪方法，各种面酱，以及面形与酱汁的搭配原则，并将这些信息附在书末。这本书也是为了探讨饮食符码的语言学研究。饮食符码能解释并处理意大利人对饮食文化的信息情结，其中涉及了包括历史、地理、农业、动物学、人类学、设计、日常生活中的符号学与经济等。

这就是意大利人如何能在美食主题相关谈话中感到快乐的秘诀。诸如此类的主题，让人有机会发觉谈话者的丰富记忆，享受罕见的优雅词汇，陶醉在自己与他人的口才中，或与朋友分享闲暇之余的研究成果。由于人们对食物的兴趣之故，书中才会触及许多截然不同的主题，穿插在各个以地区为篇名的章节之间（这也是按直觉随意安插的，与我个人对不同地区的偏好并无关）。在讨论食物时，我们会找到讨论历史、社会学、民主与极权独裁政体的方法，在一盘又一盘的菜色中，意大利的历史以及她和他国历史之间的多重关联也会逐渐浮现。此外，我们也会提到在烹饪规范的形成过程中，意大利半岛上各个独立发展的文化如何对它造成重大的影响。

由于烹饪符码几乎就是一种百科全书，我们在像检查目录一样地探讨我们对于美食的认知与知识时，必然会获得不少乐趣，而且我们也能藉由这些厨房食材，延伸到有关浪漫文学与健康生活哲学的讨论。其他讨论则聚焦在人们借着对话来展现自尊的一些事上，例如借此显示出自己对基本原料的认识，或是自身掌控长柄炖锅与炉灶火候的能力。我们也会发现，饮食符码如何比其他共同价值和理想更具有凝聚力，更能营造国家认同感，有时这规范甚至能将所有热情都凝聚在一起。

检验饮食文化之际，也会让人体认到它那种培养喜乐、创造和谐的独特特质。不论是在家庭饭桌上，与朋友在餐厅里，或是科学专题研讨会中，人们随时随地都会以所有人都听得懂的词汇来讨论食物，对所有人来说，绝对都是绝妙、轻松且正面的话题。事实上，以食物为聊天主题的那些人，可以来自社会的各个阶层，不论他来自何处，食物都能让他毫不困难地找到与他人的共同话题与词汇。以捍卫传统饮食、培养正确生活态度为志业的慢食运动发起人卡罗·佩屈尼（Carlo Petrini），是这么解释意大利饮食文化这种独特又具有凝聚力的语言：

> 有人把意大利的饮食文化描述成一种语言[9]，认为它具有词汇（产品、材料），得根据文法规则来加以组织（食谱），其中也涉及句法语构（菜单）和修辞学（餐桌礼仪）。料理就像语言一样，包含也表达了实践者的文化，保存了一个团体的传统和认同。它以比语言还更强大的方式来自我呈现和沟通，这是因为食物可以直接被人体接收之故，享受异国美食比学习该国语言来的更简单也更直接。[10]

文化词汇就是在这种抗拒消费主义感染的情况下形成的。消费主义与它的载体，也就是广告，着魔似地摆脱不了着眼当下与时效短暂的特质，它冥顽不灵地贬低旧东西，强调新玩意的价值，与文化词汇着重历史的大方向大相径庭，于是乎，流行在这个脉络下就成了一种媚俗，这也是为什么意大利饮食符码充斥着尊严、民主与学问之故。

走笔至此，读者们应该已经了解到，这个饮食符码就是我撰写这本书的手段与原因。身为研究意大利文化的外国学者，我坦白承认，在发现并研究这饮食符码的过程中，我几乎是着魔似地完全沉浸其中，这就像我在多年前开始深深为意大利所着迷一样。意大利这个国家我永远也挖不完，我对美和艺术的胃口和渴望，每天都在增长……我知道你们懂的！

1. 译注：意大利于 20 世纪初期发展出未来主义，具有以现代对抗传统、新事物对抗旧事物、发扬科技、爱好速度等特质，大部分未来主义艺术家同时也是法西斯主义的支持者。20 世纪 30 年代，未来主义将触手延伸到饮食领域，其主要代表人物马里内蒂在发表《未来主义的料理》宣言时，尤其将箭头对准代表意大利饮食传统的西红柿意大利面，主张废除之。

2. 译注：意大利南部那不勒斯一带的习俗，客人走进咖啡馆时点两杯咖啡，不过只喝一杯，把另一杯留在咖啡厅里当免费咖啡，如此以来，当流浪汉或运气不好的人走进咖啡厅时，就可以问店主有没有这样的免费咖啡可以喝。当地人相信，喝到这种免费咖啡会带来好运。不过近年来这种习俗已经逐渐式微。

3. 译注：在佛罗伦萨一带，制作面包时是不放盐的，因此来自佛罗伦萨的但丁，在受到放逐、远离家乡时吃的面包，也许不是因为他的眼泪才有了咸味，而是在制作时就已经放了盐。

4. 引自《浑沌—边境日报》,（*XÁOS. Giornale di confine, anno IV, n.1 marzo-giugno 2005—2006*）第四年第一期，2005—2006 年 3 至 6 月号。

5.1837 年 11 月 2 日写给朋友普列特涅夫的信里。

6.1848 年 2 月 25 日《法意书简》第七封信。

7. 以莫扎雷拉起士、西红柿和罗勒为主要材料的色拉。

8. 在利古里亚地区方言中，称为“preboggion”，有川烫的意思。这是利古里亚地区很典型的地方食材，包含了许多种野外采集的香草如苦滇菜、墨西哥丁香、风铃草、菊苣、蒲公英等的嫩芽。

9. 马西莫 · 蒙塔纳里（Montanari）编辑之《厨房世界：历史、认同与交流》（*Il mondo in cucina. Storia, identità, scambi*）中，与佩屈尼有关的评述。

10. 佩屈尼，《慢食新世界》（*Buono*，*pulito e giusto*），Einaudi，都灵，2005 年，第 75 页。

谢词

RINGRAZIAMENTI

除了许多我个人的第一手观察和特定文献资料以外，本书还采用了许多其他作者对于地区菜肴的记述，尤其是尤金尼奥·梅达瑞安尼（Eugenio Medagliani）和克劳蒂亚·皮拉斯（Claudia Piras）共同编纂的《意大利特产：地方菜肴》（*Specialità d'Italia. Le regioni in cucina*）和三册的百科全书式指南《旅行与品尝》（*Viaggi & Assaggi*），以及《晚邮报》于 2005 年秋季发行的《地区烹饪》（*La grande cucina regionale*）特辑。

笔者在威廉·布莱克的《加里波底的吸管面》（*I bucatini di Garibaldi. Avventure storico-gastronomiche di un inglese innamorato dell'Italia*）一书获得了相当的灵感与珍贵的资料与信息。布莱克是从事渔获交易的英国商人，对于意大利的所有市场和渔港都相当了解，如果不是因为他提供的信息，这本书根本无法完成。笔者也欣然采用了许多出自菲利波·切卡雷利（Filippo Ceccarelli）专著《共和国的胃》（*Lo stomaco della Repubblica: cibo e potere in Italia dal 1945 al 2000*）的资料，藉此说明饮食在意大利政治发展和国政所扮演的角色。

本书的写作也参考了许多食谱古籍，如乔万尼·巴蒂斯塔·克里榭（Giovanni Battista Crisci，17 世纪）汇编的第一本意大利美食书，以及其他作于 16、17 与 18 世纪的作品。这些作品用语古典优美（让引用成了一种乐趣），加上它们传达的理念与我们将烹饪视为次种哲学的态度相当接近，而能触及理性深处。

我们带着读者回溯了意大利知名美食与烹饪专家所走过的辉煌饮食历史，这些专家如《餐馆：维洛纳至卡布里的意大利文化历史瑰宝指南》（*Osteria: Kulturgeschichtlicher Führer durch Italiens Schenken von Verona bis Capri*）的作者德国记者汉斯·巴尔特（Hans Barth），在 1935 年进行短暂旅游并写下《游荡好吃鬼的意大利美食路线》（*Il ghiottone errante*）的保罗·莫奈里（Paolo Monelli），又如在《伟大波河》（*Sua maestà il Po*）一书搭配摄影家毛罗·加里加尼（Mauro Galligani，

1984 年作品）的影像歌咏着意大利北部的作家马里奥·索达提（Mario Soldati）。艾多瓦尔多·拉斯佩里（Edoardo Raspelli），意大利最胖的人之一，以他汇编的《好吃鬼的意大利：一位挑剔旅人的游记》（*Italia golosa: cronache di un viaggiatore esigente*）引领着我们的好奇想象。2004 年逝世的美食美酒专家路易吉·维罗内里，亦即《寻找失落的食物：饮食艺术味觉与文学指南》（*Alla ricerca dei cibi perduti：guida di gusto e di lettere all'arte di saper mangiare*）的作者，他包罗万象的作品更是伴着我们走上这个美食之旅。我们自然也会针对达维德·鲍里尼（Davide Paolini）这位《24 小时太阳报》（*Sore-24 ore*）周日专栏作家在各书籍与专文中表达的想法提出一些省思。笔者同时也追随饮食概念的最新潮流，在书中按慢食组织的产品保护名单及相关叙述加以陈述（《保卫意大利：待拯救产品指南》[*L'Italia dei presidi. Guida ai prodotti da salvare*]）。

至于笔者本身的地方饮食考察，这些年来有幸能在利古里亚地区的切瑞托农场（fattoria Cerreto）搜集到与日常生活和饮食相关的宝贵历史信息，由于博学多闻的农场主人吉奥·巴塔·布鲁措内（Gio Batta Bruzzone）在林业、橄榄栽植、烹饪手法与意大利各地特色菜肴等方面提供了相当详尽的信息，在此愿借机一表心中无限感谢之意。

同样也感谢柳德蜜拉·乌利茨卡娅（Ljudmila Ulickaja）在切瑞托农场与敝人分享了烹饪与民族学的喜乐，以及她愿冗空阅读本书初稿，并建议我将专题著作化为文化之旅。

米兰鱼市主任雷纳托·马兰德拉博士也向我解释了许多事情。在此亦感谢著名食谱作家、收藏家艾莲娜·史帕诺（Elena Spagnol）提供的宝贵意见和释疑。谢谢玛格丽塔、里奥·波尔兹夫和安德烈·波尔兹夫（Margherita，Leo & Andrei Bourtsev）在我伏案写作本书时没嫌弃我，更常常就内容调整提出极有帮助的意见，并提供了非常宝贵的照片材料。达莉亚·科伦坡（Daria Colombo）在本书平面设计上投注了相当多的创意，更让我感动万分。我也要感谢卡罗·吉安恰贝拉（Carlo Cianciabella）在本书意文版出版工作上的大力协助。

敝人对埃曼努埃拉·圭尔切提（Emanuela Guercetti）更是满怀友谊与感激，尽管圭氏惯于翻译更具艺术性的文学作品，却毫不嫌弃地接下了本书的意文翻译工作。书内引用到的古典文学作品，其意文版翻译都是出自翻译大家之手，如马里奥·拉慕思（Mario Ramous）翻译的维吉尔（Vigilio）、贺拉斯（Orazio）和玉外纳（Giovenale），朱塞佩·托纳（Giuseppe Tonna）翻译的荷马（Omero），弗兰契丝卡·艾尔比尼（Francesca Albini）翻译的普鲁塔克（Plutarco）。

热情感谢美国的出版代理商琳达·麦可斯（Linca Michaels），以让人万分感动的兴趣与热忱追寻着本书从规划到完稿创作过程，并帮助我将它推进国际市场。

卡拉·唐齐（Carla Tanzi），我最亲爱的好友与我永远看齐的对象，就是她建议我出版这系列书籍，并协助我拟定大纲。

敝人也由衷感激翁贝托·埃柯，不只因为埃氏答应替本书作序，更有其他种种数不尽的理由：在过去二十五年以来，笔者有幸翻译并评论埃氏的作品，我在他身上找到了那股引导的力量，不论对我或其他人而言都是如此重要，他杰出的学者风范、高度的诚信与对工作的热忱，堪称众人的榜样。

FRIULI VENEZIA GIULIA

1

FRIULI VENEZIA GIULIA

弗留利–威尼斯朱利亚

朱利亚氏族的踪迹，在弗留利–威尼斯朱利亚（Friuli-Venezia Giulia）的地区名称上出现了两次：音译为弗留利的“Fruili”事实上来自“forum Julii”，其中的“Julii”指的就是朱利亚氏族。[1] 古罗马人对于他们能征服如此遥远之地，感到非常骄傲，他们希望从建设、法规与帝国威望下手，在此地区永远维护着至高无上的权力。尽管如此，这个边缘地带的迷人之处却来自它的“非罗马”特质，以及由于地理位置邻近巴尔干半岛而零星受到影响的“斯拉夫”特质，例如以当地方言写下的告示，念起来通常与斯拉夫语很类似。有时候，（被斯拉夫人当成主食的）面包会美美地摆在餐桌中央，好像在展示一般，有时候则完全从日常生活中消失；有时候，人们会在农产博览会贩卖荞麦，有时则是玉米；某小城的居民习惯吃面包，不过邻镇居民却较常吃玉米糕（polenta）。

在罗马帝国时期与中世纪时期，阿奎雷亚（Aquileia）这个宏伟、处处是马赛克装饰且邻近丰富金脉的大城，是弗留利–威尼斯朱利亚最重要的城市。创立于181年的阿奎雷亚，是意大利、东方与北欧之间的海上贸易的中心。通往巴尔干的罗马大道穿过此地，来自北方的琥珀则由此输入罗马帝国，并因此让原本已经包容广泛的地方手工艺变得更加多彩多姿。镶嵌艺术与马赛克艺术，就是在弗留利地区的几个小城中诞生并兴盛，并一直流传至今（例如号称“马赛克之城”的斯皮林姆贝尔戈［Spilimbergo］，到今日仍是世界知名的弗留利马赛克学院所在地）。镶嵌与马赛克虽然也被用在小型珠宝上，不过它们主要还是被运用在道路铺设方面。至于马赛克的主要材料，则静悄悄地躺在人们脚下：来自梅度纳河（Meduna）的黄色鹅卵石，来自塔里亚门托河（Tagliamento）的黑色、绿色与红色鹅卵石，以及来自科莎溪（Cosa）的白色鹅卵石。这些石头与其他进口材料如爱尔兰蓝石、比利时黑石和庇里牛斯山红石等，一起替这个地区带来了让人赞叹不已的美丽广场与露台。弗留利的马赛克技艺在罗马帝国时期就已经声名远播，尽管如此，若从考古学家最近在阿奎雷亚附近的布莱依达慕拉达（Braida Murada）所挖掘到的4世纪马赛克镶嵌地板来看，在接下来的一千六百年间，马赛克技艺并没有产生太大的改变：17世纪末，来自斯皮林姆贝尔戈的石匠和筑路工被召到许多意大利与欧洲城市工作，到了20世纪，同样来自斯皮林姆贝尔戈的工匠则在欧洲各地（如巴黎歌剧院）和海外（如纽约圣帕特里克大教堂）创造出举世闻名的马赛克。

弗留利—威尼斯朱利亚的首府是的里雅斯特（Trieste），不过老实说，这个城市一直以来都是个相当自由的贸易港，不太能融入同地区的其他城市之中。的里雅斯特人有自己的想法和习俗，主要和这个城市在奥匈帝国时期曾是中欧地区重要文化中心有关。

弗留利地区的特产似乎并不来自的里雅斯特，而是从现在已成废墟的阿奎雷亚流传下来的。尽管目前已不复存在，阿奎雷亚这个建造在葛拉多（Grado）舄湖旁泥泞河岸的城市，在古罗马帝国时期曾经是“威内奇亚与伊斯特利亚”行省的首府。在罗马帝国灭亡后，阿奎雷亚成为早期基督社群的防御堡垒，以及朝圣者步行前往罗马的主要中转站。由于舄湖提供的保护，朝圣者得免于土匪攻击与宗教迫害，而在匈人入侵烧杀掠劫的早期，阿奎雷亚居民则藏身在城市周围的沼泽和小岛中，以鳗鱼、蟹、蛙、沼泽水鸟与鮟鱇鱼为食。居民在这些沼泽避难所可以躲避长达数月，甚至数年的时间：难民以捕鱼为生，用鱼油来照明和取暖，将鱼皮当作小船的衬底，如此一来，在教徒的日常生活之中，基督教中原本以鱼代表基督的象征意义[2]，与他们在荒年期间当作食物来源以延续生命的鱼，就被结合了起来。

阿奎雷亚是欧洲境内最早的基督信仰中心，其重要性与拉文纳（Ravenna）或米兰（Milan）相当。381年，圣安布罗斯大主教从米兰来此参加著名的阿奎雷亚会议，谴责阿里乌斯教派异端。自此以后，阿奎雷亚教区改称“威尼斯教区”，而到公元5世纪，几乎与拉文纳成为拜占庭帝国辖区同一时间，阿奎雷亚脱离了罗马人的统治，转而臣服在拜占庭帝国的统治之下。然而到了590年，现任教宗格里高利一世决定向这个主张分离主义的城市派出军队，之后，教派分立分子在该地区到处流窜，并利用地势之便，与大军在舄湖各岛屿间大玩捉迷藏。

后来，在朝圣与大赦年极为频繁的时期，亦即11至15世纪，来自东欧的所有朝圣者都会在阿奎雷亚聚集，经由此地继续步行朝罗马前进。阿奎雷亚确保了朝圣者的接待，替他们安排理论与实用“训练”，并协调后勤工作。因此，曾经有段时期，身为威尼斯教区领袖的阿奎雷亚大主教，其影响力几乎与教宗不相上下。

在18世纪时，弗留利–威尼斯朱利亚是奥匈帝国的一部分，人们因此会不由自主地在此寻找过去中欧哈布斯堡王朝的辉煌历史。不过就事实而言，15至18世纪由威尼斯共和国统治的时期，对弗留利这块土地却留下了较深刻的印记。

威尼斯共和国称霸海上，总是忙着征服新的岛屿与殖民地，对于她轻易取得、迅速征服的周围邻近地区，并没有花太多心思照顾。事实上，她在欧陆本土前景不明的地区，并没有建造太多新的军事要塞，帕尔玛诺瓦（Palmanova）就是个例子。帕尔玛诺瓦是个独立的建筑结构，建造于1593年，是威尼斯共和国的军事策略专家、工程师、建筑师与防御工事历史专家的心血结晶。这座碉堡的设计，乃根据文艺复兴时期城市规划专家的计划，一直到今日，整个城市仍保留着最初完美九芒星形的设计，并被三道城墙所围绕，其中两道城墙是威尼斯人所建，第三道则是拿破仑时期增建的。

大体而言，威尼斯之所以对弗留利地区感兴趣主要有两个原因，一方面因为此地区能供应首都建筑工程的劳力需求，另一方面则是将此地区当成潜在兵源。如此一来，当威尼斯与奥图曼帝国交战时，就能轻易地在此募兵。

这种做法替威尼斯周围地区带来了毁灭性的结果。在既无政府又无组织的状态下，这些地方很快就被人遗弃，渐成废墟，饥荒肆虐的结果，人民贫困不已，农地休耕，人口数大幅下降，如果不是玉米的话，所有人都可能在那段时期死光（请参考《来自美洲的古老恩宠》）。来自新世界、容易栽植又有营养的玉米，在16世纪的最后二十多年间，很快地在弗留利地区散播开来。

多年以后，另一个来自美洲的古老恩宠，也就是马铃薯，在18世纪的俄罗斯扮演了同样的角色，让民众免于饥荒之苦。

即使到了现在，在戈里奇亚（Gorizia）、乌迪内（Udine）、科尔蒂纳安佩索（Cortina d'Ampezzo）等地，玉米糕仍是当地民众的家常菜，即便它在过去曾经历过一段恶名昭彰的时间。玉米糕之所以有这段不光荣的过去，主要是因为北意民众在18至20世纪间几乎只吃玉米糕，这样的饮食习惯让他们全都患了糙皮病。当歌德（Goethe）自1786年至1788年在意大利旅行的时候，就临床观察诊断出意大利农民健康状况不佳的主要原因：

> 我相信这种健康欠佳的状况，是由于人们持续使用玉米和荞麦所造成的。不论是被称为黄玉米糕的第一道菜，或是被称为黑玉米糕的第二道菜，都是由磨成粉的材料制成；这些玉米粉和荞麦粉被丢进水里，煮到它变得非常浓稠为止，然后就这么个吃法。德国人会把这种面团分成好几块，然后用奶油煎过，而意大利人就直接食用，偶尔加上起士粉，从来都不配肉吃。这样的饮食习惯，自然会在上消化道内形成硬质内层，逐渐造成消化道阻塞，这情形在儿童和妇女身上尤其明显，它导致了这种体衰病弱的状况，从他们苍白的脸色就可以看得出来。[3]

时至今日，玉米糕的食用方式早已变得更加精巧，几乎跟歌德建议的方式差不多：一旦煮熟以后，会先经过煎或烤的步骤，然后搭配各式腌肉、起士、鱼、肉等一起吃，这样就能避免维生素缺乏症和因此导致的糙皮病。

弗里克煎饼（frico，用洋葱、橄榄油、起士和马铃薯泥煎成）是一种全意大利皆知的弗留利美食。在早上出门放牧之前，妇女会在火炉上方的保温架上，把前一天吃剩的起士外层和马铃薯放在上面，如此一来，前晚的剩菜就成了今日的美味午

弗留利地区举世闻名的马赛克镶嵌艺术

城市周围的沼泽和小岛，可捕食鳗鱼、蟹、蛙、沼泽水岛与鲛鳙鱼

圣丹尼勒生火腿：全意大利最著名的两种生火腿之一

“塔珠”是弗留利特有的社交方式

格拉帕蒸馏酒专用的杯瓶

餐。弗留利地区农家使用的火炉很特别，它是圆柱形的，设置在房间的中央，火炉周围环绕着两个一高一低的铜制保温架。人们利用中央火炉的余温将架子加热，温度恰好让放在较低架子上的食物不至于变冷，放在较高架子上的食物则利用余温，花上好几个小时，甚至好几天的时间慢慢煮熟。

1996 年 12 月 15 日，由波代诺内（Pordenone）圣诞之道协会（Associazione Via di Nalate）推动的互助倡议计划之故，人们在乌迪内的圣贾科莫广场制作了世界上最大的弗里克煎饼，其直径达 3 公尺，重量 300 公斤。驻扎在乌迪内省彭特巴镇的意大利高山部队，特地从奥地利定制了一个重达 600 公斤的大型平底锅，协助完成这个创举。

特殊的气候条件塑造了居民的特质，也影响了他们的兴趣。由于弗留利地区有着意大利最长且雪最多的冬天，居民为了替自己在这漫长萧瑟的季节找到工作打发时间，于是利用最容易取得的原料，专门从事木工，其中最重要的无非是椅子的制作：从意大利出口的椅子，几乎都来自弗留利地区的马利亚诺（Mariano）和曼扎诺（Manzano）。8 世纪伦巴底国王拉奇斯（Ratchis）的石棺上和弗留利地区奇维达莱大教堂里，都有工匠制作椅子的示意图。而威尼斯总督府所保存的部分档案也证实，在 14 至 18 世纪间，来自弗留利地区的木匠曾受邀到这个被舄湖围绕的城市，替总督府谒见厅制作扶手椅和椅子。现在，这个地区约有两百间椅子工厂，它们全部都加入了弗留利椅子出口商联盟（Gruppo Esportatori Sedie del Friuli）。自 1977 年起，国际椅展（Salone Internazionale della Sedia）就成了该地区椅子制作的展售橱窗。在进入乌迪内省大门，亦即曼扎诺时，竖立着一座高达十公尺的纪念碑，上面写着："欢迎光临椅之都！"刻上美丽雕饰的胡桃钳，是弗留利地区另一个经济重要性较低却仍饶具特色的典型木制工艺品。由于当地树林盛产榛果，胡桃钳对当地居民来说是很有用的工具。

为了替他们相当单调的饮食确保原料来源，弗留利地区内住在最贫穷地区，亦即森林地带的农家（尤其是长满橡树、栗树和榛树的丘陵地），总是会在家里养猪。他们一般采用放养的方式，让动物以橡实和榛果为食。来自弗留利地区的猪一直以来都被视为质量保障，目前主要以喂食乳清（当地乳品加工业的副产品）、葡萄果渣（当地酿酒业的副产品）和玉米芯来畜养。

在意大利乡下，杀猪在日常生活中仍然具有绝对的重要性。不论对家庭或小区来说，这件事都是很重要的：小孩子和大人也可能为了帮忙而不去上学或休假一天。全家和邻居们都一起等待这个重要的时刻：流动屠夫的到来。在众人鼓动中，屠夫像进行外科手术般地把猪宰了，然后将死猪放在长凳上放血。随后，人们必须马上进行猪的肢解，内脏和猪血都必须在当天就完成相关的处理操作。之后，农夫们就会烤起美味可口的猪血肠，或用甜面包、猪血和炸猪油渣煮起猪油渣甜面包（pan de frizze dolce）。

弗留利地区的圣丹尼勒（San Daniele）出产全意大利最著名的两种生火腿之一，它实际上就被称为圣丹尼勒生火腿，一般跟新鲜无花果或甜瓜一起食用。对意大利文化风俗极其了解，同时也是美食家的已故意大利知名作家切萨雷·马尔齐（Cesare Marchi），曾经在某次访谈中，向生产圣丹尼勒生火腿的丹尼勒公司负责人贾科莫·缪托（Giacomo Miotto）针对这种生火腿的独特质量，提出了非常罗曼蒂克的解释。缪托也解释了圣丹尼勒生火腿与颜色更偏粉红、口感更甜的知名对手帕尔马生火腿之间，有着什么样的差异。

> 两者都非常好吃，不过我们的圣丹尼勒生火腿，其熟成的环境条件不太一样。圣丹尼勒生火腿运气好的地方，在于该地区的暴风雨：放电导致臭氧的产生，而臭氧能促成生火腿的熟成。接在频繁雷暴雨之后的，是艳阳高照的日子，湿度变化范围从最高 90% 到最低 50% 之间。快速的干湿交替给生火腿带来了好处，好像每一根纤维、每一个细胞都经过了一种缓慢且穿透性的按摩过程。[4]

在弗留利地区极北端的卡尔尼亚（Carnia），以生产意式烟熏火腿（speck）和蒙塔西欧起士（Montasio）闻名。这种由牛乳制成的起士，必须经过两年以上的熟成，是 12 世纪时期本笃会修士为朝圣者所发明的，让他们在沿着阿奎雷亚前往罗马的漫长道路上，能够带着不容易变质腐坏的储粮上路（参考《朝圣者》）。

来自科利奥（Collio）、葛拉维（Grave del Friuli）和东坡（Colli Orientali）的白酒，尤其适合拿来搭配各种猪肉香肠，这些也是意大利境内质量最佳的白葡萄酒产地。为了维护它们的声誉，意大利政府特地立法规范葡萄园的种植面积。弗留利－威尼斯朱利亚地区的酒，在当地居民的人际关系中具有不可或缺的地位，更是“tajut”（音译为塔珠）这种习俗的重要基础。这种习俗是指，在弗留利居民结束了当天的工作，想要享受应有的休息时间时，他会坐在酒吧门口，邀请路过的熟人和他一起喝杯小酒。这种习俗是当地社交生活的一种特殊层面，显示出其丰富性与特色：酒杯非常小，不过人际关系却错综复杂。下酒点心一般是品萨饼（pinza，加了葡萄干、糖渍水果和茴香籽的甜饼）和普列斯尼兹蛋糕（presnitz，加了核桃、葡萄干和糖渍水果的蛋糕）。

弗留利地区另一个举世皆知的特产，则是格拉帕蒸馏酒（grappa）的生产，而且在此领域与皮埃蒙特地区并驾齐驱。在弗留利地区，格拉帕的生产被视为一种审美的过程：专用于装瓶或品尝的容器，通常是由吹制玻璃制成、外观高雅的长颈瓶与杯子（于弗留利地区或威尼斯慕拉诺生产）。用上乘精致酒瓶装好的格拉帕，若搭配上精美的木盒包装，在罗马或米兰等地时髦酒吧的橱窗里展售，价格可能高达 500 或 1000 欧元……在人想象无穷、羞耻心也无法阻挡时，确实是可能订出这种高价的。

1. “Julii” 事实上指的是全名为朱利乌斯 · 西泽的西泽大帝，他同样也是朱利亚氏族的成员。公元前 50 年，西泽大帝在此设置了罗马自治市，将之称为“forum Julii”，意为朱利乌斯的市集，也就是现在的奇维达莱（Cividale）。

2. 早期基督教徒为了躲避罗马帝国的宗教迫害，以鱼作为彼此联络的暗号。

3.《意大利游记》，1786 年 9 月 14 日，第 37 页。

4. 玛齐，《用餐之际》，第 112 页。

弗留利-威尼斯朱利亚地区的地方风味

第一道

- 毕斯纳（bisna）：搭配豆子和酸高丽菜，并且用猪脂（lardo）和炒洋葱调味的黄玉米糕。
- 葛拉多鱼汤（brodetto gradese）：以当地河鱼、鮟鱇、梅花鲈等为底，以橄榄油、大蒜和醋烹煮而成。
- 梅子面疙瘩
- 弗留利浓汤（当地称为“iota”，音译为伊奥塔）：包括了豆子、牛奶、芜菁与用干燥玉米粒研磨而成的玉米粉、酸高丽菜和熏猪肉等材料，另一种做法则是以马铃薯代替玉米粉。
- “批斯顿”（pistum）：用面包屑、糖、鸡蛋、香草和葡萄干做成面疙瘩，再放进猪高汤煮熟的另一道著名地方菜。

第二道

- 布罗瓦达炖菜（brovada）：先让芜菁在葡萄果渣中发酵，切丝后与猪脂和葡萄酒一起炖煮而成。
- 切瓦皮绞肉饼（cevapcici）：用混了香料的猪绞肉和牛绞肉做成，一般以烧烤方式烹煮。
- 史莫兹（smolz）是用橄榄油、猪脂和洋葱去烹煮调味的豆子。
- 第里雅斯特式炒蜘蛛蟹（granseola alla triestina）：把蜘蛛蟹肉拿来和大蒜及欧芹一起炒。
- 卡纳佑拉式小牛头（testina alla carnaiola）：将小牛头切片，搭配以水煮的脑做成的酱汁和辣根。
- 除此以外，菜炖牛肉（gulashe）、波西米亚白醋炖野兔（lepre alla zingara），以及其他因为 19 世纪前半之前的奥匈帝国统治所遗留下来的中欧菜色，也被视为弗留利-威尼斯朱利亚的特色菜。
- 玉米糊（polenta）
- 弗里克煎饼（frico）是用新鲜的蒙塔西欧起士切片，和马铃薯及洋葱一起在奶油里煎制而成。

弗留利-威尼斯朱利亚地区的特产

- 起士：蒙塔西欧起士（Montasio）和塔波尔起士（Tabor）。
- 瑞希亚（Resia）的大蒜
- 用杵臼捣碎的绞肉制成的香肠，有许多不同种类：琵提纳（pitina）混有野生迷迭香，佩图奇亚（petuccia）混有野生茴香，佩塔（peta）则混有杜松果。

- 圣丹尼勒（San Daniele）、邵里斯（Sauris）和卡尔梭里诺（Carsolino）等地出产的生火腿。
- 高山岩参（Cicerbita alpina，亦称 Radic di mont、radic dal glaz）的新苗，则会被居民摘采，水煮后当成咸派的内馅。
- 甜点：古巴拿甜面包（gubana），以葡萄干和松子做内馅的面包卷。普列斯尼兹蛋糕（presnitz），以核桃、葡萄干和蜜渍水果制成。

代表性饮料

- 格拉帕蒸馏酒（Grappa）

1 SAGRA 地方节庆

SAGRA

意大利文中的“sagra”是节庆的意思，来自拉丁文“sacrum”这个词，其主要含义就是指专门为村庄或城市的主保圣人举办的庆典。不过，意大利地方节庆的主角，也可以是特定菜肴或产品，如蔬菜、水果、葡萄酒、制作方式，甚至牛肉或羊肉的特定部位等，让人们藉此赞扬该地或该城市的知名特产（如烤栗子、草莓、炒蛙腿等）。

让我们随便举几个例子。

西西里岛西南部阿格里真托（Agrigento）省的利贝拉市（Ribera），会在4月举办充满趣味的甜橙节（跟北意伊芙雷亚［Ivrea］在嘉年华期间举办的橘子大战类似）——参加者欢乐地丢着甜橙，在流满甜橙的街道上奔跑、滑倒、摔跤，有时还因此受伤。

以意大利面疙瘩为主角的庆典，每年6月在邻近博洛尼亚（Bologna）的里奥堡（Castel del Rio）举行。

7月，南意的特罗佩亚（Tropea）会举办蓝鱼节[1]和红洋葱节。北意的卡斯特夫玛内瑟（Castelfiumanese）有杏子节。

8月，意大利中部的诺尔恰（Norcia）会以卡斯特鲁齐奥小扁豆（lenticchie di Castelluccio）为名举办庆典，南部的埃波利（Eboli）的节庆则以当地生产的莫扎瑞拉起士（mozzarella）为主角。萨勒诺（Salerno）省内的阿尔巴内拉（Albanella），在8月会举办比萨节。8月撒丁岛的欧里斯塔诺省（Oristano），则忙于泽迪亚尼（Zeddiani）西红柿节和努拉齐（Nurachi）维纳齐亚白酒节（Vernaccia）的欢庆。许多居民在参加节庆活动时，会穿上传统服饰，在音乐与舞蹈的陪伴下喧腾欢乐。

综合炖肉节：9 月于意大利西北部阿斯蒂省（Asti）的圣达米亚诺德阿斯蒂（San Damiano D'Asti）举行。

栗子节：秋季在邻近佛罗伦萨（Firenze）的玛拉迪（Marradi）举行。

意式牛轧糖（torrone）[2] 是 10 月份克雷蒙纳（Cremona）和 12 月份法恩扎（Faenza）节庆的主角。红菊苣节是特雷维索（Treviso）12 月份的主要活动。

每年 4 月的最后一个周末，全国甜酒展览会[3] 于曼多瓦（Mantova）总督府盛大展开，而同月的第二个周末，邻近帕维亚（Pavia）的泽尔波罗（Zerbolo）则有古早味美食节。

意大利节庆的起源其实是与宗教无关的民间习俗。不论是古罗马诗人奥维德（Ovidio），或是公元 5 世纪西罗马帝国皇帝霍诺里乌斯（Onorio）时期的百科全书作家马克罗比乌斯（Ambrosio Teodosio Macrobio），都曾写下古罗马时期以食物和饮宴活动为主角的庆典，后者将之称为“过往的良好风俗”。即使在基督教获得全面统治以后，人们依旧忙于欢庆，只是庆祝的对象改成圣徒与殉道者罢了：因此在马尔凯地区佛尔塞村（Force）以卡恰南泽（cacciannanze）这种用柴火烘焙的扁面包为主角的节庆活动，同时也被称为“圣帕洛塔节”（festa della beata M.A. Pallotta）。然而，这些节庆丝毫没有任何宗教敬礼的意味，让许多虔诚的天主教徒感到愤怒，也因此并不总是会共襄盛举。所以，庆典大多是由与宗教无关的非正式团体来筹办，这些人因为某些“特殊兴趣”而聚在一起：例如渔会、环境保护协会，或是以一些草根组织为中心的历史爱好者。

在意大利，连野餐都可以成为意识形态抗争的场所，桌上的圣徒雕像于是被政治活动创始人的肖像所取代。让我们以统一纪念日这个源于法国的活动为例，它的概念取自于 1930 年 9 月于法国巴黎近郊的贝松（Bezons）初次举办的世界人权日。意大利的第一个统一纪念日是在 1945 年 9 月由当时的共产党领袖威利·斯恰帕瑞里（Willi Schiapparelli）在伦巴底地区的马利安诺·科门瑟（Mariano Comense）举办。当时，并没有人将推广地方美食纳入该活动的目标。说实话，即使真想要做，这样的目标也很难实现，因为当时的意大利，尚未从大战所带来的破坏与贫困中站起来，筹办者基本上无法取得任何食物供应。然而，首届统一纪念日的参加者，却找到了一种能与共党革命活动代表色相呼应的食物：被视为劳工菜的玉米糕，以及佐餐的红酒。红色是因为搞斗争的无产阶级，饮食应以红色食物为主……不过老实说，哪一道意大利菜不以红色为主？

然而，这些共产党人士野餐的菜色，也随着意大利社会生活质量的改善而逐渐演进。在 20 世纪 60 年代经济奇迹时期，在公园、运动场、郊外烤牛排、香肠与烤肉等活动越来越受欢迎，因此参加纪念日野餐活动的不再只有共产党支持者，常有一般民众夹杂其中。

不论如何，意大利的地方节庆是一种世故、开放、轻松且民主的活动。在每个山谷、每个广场或每座山丘上……意大利人欢庆着他们辛勤工作的成果。让我们再随便举几个例子：

- ○ 阿奥斯塔谷地区（Valle d'Aosta）有尚波尔谢（Champorcher）的黑面包节，瓦尔佩利内的蔬菜汤节（zuppa di Valpelline），沙蒂永（Châtillon）的栗子节，埃特鲁布勒（Étroubles）的热红酒节。
- ○ 皮埃蒙特地区（Piemonte）有卡纳列（Canale）的蜜桃节，科尔泰米利亚（Cortemilia）的榛果节，阿尔巴（Alba）的白松露节。
- ○ 伦巴底地区（Lombardia）有阿雷瑟（Arese）的蜂蜜节，波尔纳斯科（Bornasco）的蛙肉节，布雷姆比欧（Brembio）的兔肉节，坎泰洛（Cantello）的芦笋节，维林彭塔（Villimpenta）的炖饭节，巴雷吉欧（Bareggio）的樱桃节，特鲁卡擦诺（Truccazzano）的牛奶节，摩塔拉（Mortara）的鹅肉节，莫塔维斯孔蒂（Motta Visconti）的牛肝菌菇节，皮亚查托雷（Piazzatorre）的蓝莓节。
- ○ 特伦蒂诺地区有卡尔多纳佐（Caldonazzo）的苹果节。
- ○ 威内托地区有波维德格拉帕（Pove del Grappa）的橄榄油节，巴萨诺（Bassano del Grappa）的芦笋节，玛拉诺维琴蒂诺（Marano Vicentino）的玉米节，克雷帕多罗（Crepadoro）的菊苣节。
- ○ 弗留利地区有法埃迪斯（Faedis）的草莓节，雷曼扎科（Remanzacco）的虾子节。
- ○ 利古里亚地区有莫内里亚（Moneglia）的橄榄油节，德伊娃马利纳（Deiva Marina）的鳀鱼节，雷科（Recco）的扁面包节，特尔搓里欧（Terzorio）的烤肉节，博尔焦维瑞齐（Borgio Verezzi）的蜗牛节，拉瓦尼亚（Lavagna）的迷迭香扁面包节，麦撒纳（Maissana）鹰嘴豆泥饼节，罗西里翁内（Rossiglione）的栗泥饼节。
- ○ 艾米利亚—罗曼尼亚地区有拉维佐拉（Lavezzola）的烤乳猪节和面饺节，瓦尔提多内（Val Tidone）的猪肉肠节，普雷达皮奥阿尔塔（Predappio Alta）的香蒜橄榄油烤面包节。
- ○ 伦巴底地区的松齐诺（Soncino）有松齐诺菊苣根节……

随着时间演进，（以地方圣徒为名的）宗教庆典与（以无产阶级革命之名的）意识形态节庆以及民间节庆逐渐结合在一起，而且不论如何，地方特产或产品，总是会成为节庆的焦点。在过去，节庆在教堂院落与广场上举行，时至今日，变成在运动场、花园与公园搭起统一纪念日所使用的那种大型帐篷里，家家户户在大帐篷里一起烤肉、摆桌、吃吃喝喝与收拾。

事实上，世上还没有比食物更能凝聚人心的东西。如果一个联合体在高层政治领域的层次上破裂了，那这种分歧也会清楚地表现在饮食表述上。20 世纪 90 年代，意大利共产党分裂成左派民主党与共党重建党，当时的左派民主党秘书马西莫·达

意大利的地方节庆是一种世故、开放、轻松且民主的活动

世上没有比食物更能凝聚人心的东西

莱马（Massimo D'Alema）就以“饮食符码”词汇，自然地替演说家、记者和意国政治人物等厘清了当时的情势。他对那些打算退党并另起炉灶的人说：“跟着你们走的……会是那些在统一纪念日烤牛排的那些人。”[4]

不过，整件事没有就此打住。即使在左派民主党中，也存在着意见分歧，并进一步造成左派民主党的演变。1998年2月，左派民主党大会在佛罗伦萨结束时，达莱马再度以另一种食物为喻，而且还用了在意大利人心目中近乎神圣、从未有人胆敢为了提出质疑而用作比喻的食物：来自艾米利亚—罗曼尼亚区的意大利面饺。此举并不恰当，因为在该地区，意大利面饺正是“艾米利亚—罗曼尼亚区红党”节庆的主角，它代表着党派运动、民主象征，更是革命斗争的旗帜！[5]

在可能没有针对攻击力道进行评估的状况下，来自罗马的达莱马以艾米利亚—罗曼尼亚区的面饺为对象大放厥词，口无遮拦地（在被选为总理的前夕）表示自己无意为“由自由激进分子如在街头发海报、贴传单和煮面饺的那些人所组成的左派”感到惋惜。[6]

达莱马声称，只有这些特质，是不足以“治国”的。只不过这话一出口，反而非常可能成为他治国的阻碍。

达莱马政府执政的时间远低于预期（1998年10月27日—1999年12月18日），而造成他失势的原因之一，就是因为少了来自艾米利亚—罗曼尼亚区忠心党员的支持：来自意大利中部“那些吃面饺的”选民，原本就对达莱马没有太多好感，在听到类似言论以后，终于决定背他而去。事实上，他大概没法讲出比这个还更冒犯选民的话了，同为共产党员的博洛尼亚前市长圭多·方蒂（Guido Fanti）就当着达莱马的面回呛：“如果我们没煮面饺，你也不会坐上那个位置！”[7]

意大利知名记者兼作家因德罗·蒙塔内利（Indro Montanelli）马上抓到左派领袖的小辫子，在《晚邮报》（*Corriere della Sera*）上写了一篇报道说，当达莱马做势攻击艾米利亚—罗曼尼亚区面饺的时候，其实也就攻击了人们心目中一种神圣不可侵犯的价值。[8]不过冥顽不灵的达莱马[9]还没就此打住：“执政者和打拼者是不一样的。”[10]

在这些亵渎艾米利亚—罗曼尼亚区面饺的言论出现的几个月后，左派垮台，而且也把战后四十年来一直是共产党堡垒的博洛尼亚也一起拖下水。非共产党员的博洛尼亚新市长乔治奥·瓜扎洛卡（Giorgio Guazzaloca）是肉贩出身，原本做的是灌香肠切肋排的工作，他的幕僚就建议他公开宣称他是意大利面饺的爱好者，藉此赢得选民的支持。[11]

只要意大利还在，面饺就不会亡！在2000年底，反全球化组织支持者在经济合作开发组织博洛尼亚会议举办期间，在意大利各地的麦当劳快餐店（见《来自美国的新恩宠》）前安置了纠察员，并在美式快餐店前免费分送意大利面饺，[12]将面饺视为阶级斗争、革命情感，以及人民骄傲的代表。战争号角再次响起，曾被达莱马一脚推开的“斗争面饺”再次归队。

以城市主保圣人为名的地方节庆、统一纪念日，以及各种无可避免以餐会酒会作结的文化活动，本身就是个明显的社会和解象征。心理学家、社会学家、哲学家和作家如埃利亚斯·卡内蒂（Elias Canetti）等，都针对所谓的“和解群众”做出了描述，认为当冲突与争执在群体之中消逝时，常见于人性的攻击性就不会出现。共同庆祝宗教仪式与欢乐友好的盛宴，可能对群众产生这样的效果。群众喝彩，形成一个大型的拉伯雷式（rabelaisiano）[13]群体。群众和解，一起大口享用着同样的食物：一只烤野猪、一大锅综合炸海鲜、一个超大煎蛋卷、一块庞大的玉米糕、一锅跟小山一样高的意大利面。尽管节庆常常是当地小区的宗教庆祝活动（纪念当地圣徒），或是为了推动共同政治理念而举行（统一纪念日、反全球化组织的面饺），然而不管在何种情况下，活动总是在美食饮宴中达到高峰。因此，节庆本身具有非常强烈的高尚与和解特质。

更者，地方节庆与政治野餐会也促成了饮食文化的传播。只有在这种节庆场合中，许多人才会品尝到各种罕见的菜肴，例如驴肉或蛙肉。1991 年，在博洛尼亚共产党举办的节庆餐会中，总共吃掉高达七十吨的蛙腿！[14]

1. 译注：蓝鱼是“pesce azzurro”的直译。在意大利文中，这个名称并非单指特定种类的鱼，而是泛指背部为蓝色或青色、腹部为银白色的许多种鱼。这些鱼的体型小且颜色各异，通常包括沙丁鱼、鳀鱼、颚针鱼、黍鲱、金色小沙丁鱼、白腹鲭、竹刀鱼和竹筴鱼。

2. 译注：外观与牛轧糖极为类似的意大利甜点，一般出现在圣诞节时期，以蛋白、蜂蜜、糖掺入杏仁或榛果制成。

3. 译注：这个展的全名为“Mostra nazionale di Vini Passiti e da Meditazione”。意大利的餐后甜酒之所以有“vino da meditazione”（直译为“冥想酒”）的称呼，是来自知名美食家路易吉·维罗内里（Luigi Veronelli）有鉴于一般意大利民众对这个类别的酒通常不甚重视，特别替葡萄干酒与甜酒之类起了一个名称，一方面指这是种必须静下心来仔细品尝才能了解个中微妙滋味的酒，另一方面则指这类甜酒制作过程耗时漫长且不一定能获得正面成果，酿酒者在进行每一步骤前都必须谨慎行事的情形。

4. 译注：达莱马用“烤牛排的人”来比喻在举行活动时负责出劳力的最低阶党员。

5. 本章自此以后大量引用切卡雷利（Ceccarelli），《共和国的胃：意大利自 1945 年至 2000 年间的食物与权力》（*Lo stomaco della Repubblica:cibo e potere in Italia dal 1945 al 2000*）的材料。此处出自该书第 90—91、95 页。

6. 出自马尔提尼（Martini）在《意大利新闻报》（*La Stampa*）所发表的《达莱马：我们与左派执政》（D'Alema: noi e l'Ulivo per governare）。

7. 出自《印刷品报》（*Il Foglio*），《它原本是个有效率的好政府》（Era buon governo efficiente）。

8. 蒙塔内利（Montanelli）报道《那些脱党的人和面饺》（La cosa due e i tortellini）。

9. 译注：达莱马在原文中以面饺代表人。

10. 《晚邮报》（*Corriere della Sera*）报道《达莱马与蒙塔内利，打拼者还是执政者？》（D'Alema e Montanelli, tortellini di lotta o di governo?）。

11. 《晚邮报》报道《面饺风潮，瓜扎洛卡向博洛尼亚认同象征靠拢》（La prevalenza del tortellino, Guazzaloca si annette il simbolo dell'identità bolognese）。

12. 罗多塔（Rodotà）《晚邮报》报道《面饺帮的策略》（La strategia delle brigate tortellino）。

13. 译注：意味着一种以夸张人物和低俗笑话的讽刺幽默风格。

14. 《团结报》（*L'Unità*）报道《政党庆典意人吃蛙》（Italiani mangiatori di rane alle feste del partito）。

VENETO E CITTÀ DI VENEZIA

2

VENETO E CITTÀ DI VENEZIA

威内托地区与威尼斯

如同弗留利人在约莫下午四五点的“塔珠”习俗（一伙人在酒吧或路边坐在一起啜饮葡萄酒），威尼斯人从早上十一点，就开始以一种直译为“去阴影处晃一下”（l’andar per ombre）的特殊活动来打发时间。这个“去阴影处晃一下”，指慢慢地从一间酒吧晃到另一间酒吧，并且在每间酒吧里都喝一杯冰凉沁心的普罗赛柯气泡酒（prosecco）。这据说是因为从前在街上卖酒的摊贩，为了躲避烈日，不厌其烦地随着圣马可钟塔投射在广场上的影子搬动摊子，才会有了这样的说法。

来自英国、美国与俄罗斯的诗篇，歌咏着威尼斯生活闲散、优雅又带点忧愁的特质，而这些特质也反映在这城市的典型地方风味上。外观看来很可怕的“墨鱼汁炖饭”（risotto al nero di seppia）就是在这里发明的，而烹饪时使用的墨汁，就是墨鱼用来威胁想捕捉它的渔夫所使用的墨汁。[1] 在处理墨鱼时，一般会先把中央的骨头取出，并且注意在不损害到墨囊的情况下将墨囊取出并放在一旁；之后，将墨鱼切丝，并用“大蒜、橄榄油、柠檬、白酒”这些常见酱料来腌制，而炖饭则是使用墨囊内的墨汁。

威尼斯人常吃鳕鱼干，这东西在当地称为“巴卡拉”（baccalà），在方言里称“博塔泞”（bertagnin）。威尼斯人这么称呼鳕鱼干，是因为原则，是因为这词听来悦耳，尽管他们明知这是个错误的语汇。意大利在威尼斯以外的所有地方，将经过盐腌再浸泡处理的鳕鱼称为“巴卡拉”，这和经过盐腌再干燥处理的鳕鱼干不同，后者在意大利文里称为“stoccafisso”，音译为“斯托卡费索”，而威尼斯菜用到的鳕鱼干其实是后者。然而威尼斯人很固执：如果他们决定将它称为巴卡拉，它就是巴卡拉。

怎么称呼鳕鱼干的问题，只是诸多看似不值一提的小事之一，不过它其实受到一条隐形的线所牵动，连接着意大利人心理与心态的根本和特有典型，尤其是那些与语言和种族烹饪有关者。很久以前，在意大利统一之际，首先就是透过语言来决定国家认同建构的复杂过程，其次则是烹饪。

身兼银行家、业余作家与美食家的佩莱格里诺·阿尔图西（Pellegrino Artusi，1820—1911）对这项重要的认同建构工作有非常大的贡献。阿尔图西出生于罗曼尼亚地区的弗林波波利（Forlimpopoli），是意大利统一的热烈鼓吹者，他在 1891 年集结出版了意大利北部各地区的 790 份食谱。当时才统一没多久的意大利，将托斯卡纳方言视为文学语言，而来自罗曼尼亚的阿尔图西就是用地道的托斯卡纳话来撰写他的作品，并且在 1851 年为了将语言学好而决定移居托斯卡纳。[2] 这跟来自伦巴底地区的亚历山德罗·曼佐尼（Alessandro Manzoni）在《约婚夫妇》（*I Promessi Sposi*，1840）正式出版前的 1827 年迁居佛罗伦萨，"在亚诺河畔洗衣服"[3]，是一样的道理。意大利境内正在形成单一共同的语言，因此也想要找出一道国菜。皮耶罗·坎波雷西（Piero Camporesi）在替阿尔图西的食谱集撰写介绍文时曾说：

> 《厨房的知识与食的艺术》（*La Scienza in Cucina E L'arte Di Mangiar Bene*），除了是众所皆知的美味食谱以外，也是意大利传统烹饪的基础，美味均衡饮食的完全手册。然而，本书同时也以一种抽象的方式，在台面下无形地展开了它在集体无意识层面的文明任务。它先从厨房开始然后延伸到其他地方，在难以理解的民众意识中结合并混合了由境内各种族拼凑出的异质结合，亦即人们所声称的"意大利人"。[4]

因此，书中专论鳕鱼干的部分，博学多闻的阿尔图西坚持要区分出浸渍处理的巴卡拉和干燥处理的斯托卡费索。在这么多"巴卡拉"鳕鱼中，知识渊博的阿尔图西特别指出两个品种，一是加斯皮（Gaspy），一是拉布拉多（Labrador），并且表示"前者来自加拿大加斯佩半岛，亦即纽芬兰沿岸"，也就是北美洲。当然，欧洲人在发现北美洲以前，并不认识这种鳕鱼。另一个拉布拉多则来自欧洲的冰岛，是拉布拉多海的产物。拉布拉多鳕鱼是意大利人比较熟悉、比较习惯的口味。事实上，在那些年代久远的老食谱中，作者在提到烹煮巴卡拉鳕鱼的各种方法时，指的都是拉布拉多鳕鱼；在利古里亚鳕鱼烹饪学院（Accademia dello stoccafisso e del baccalà）出版的专业期刊中，谈到的就是在拉布拉多海捕获的鳕鱼。[5]

不管怎么称呼，这种鳕鱼在进口到威尼斯的时候，已经在太阳底下被晒成鱼干，因此，这些鱼干已经经过了许多复杂的处理程序。在烹煮鱼干之前，必须要先用力敲打（俗话说"巴卡拉跟女人一样，越打就越好吃"），然后在水里浸泡变软。这个浸泡的程序费时约两至三天，而且空气中还会弥漫着一股臭味。根据中世纪时期的城市法规，浸鳕鱼干的水每天只能倒掉更换一次，因为若不如此规定，臭水与恶臭就会不断地从房子里涌出。在那个时期，市政府只让人们在晚上把这种泡鱼干的臭水倒到水沟里，就是为了避免让比较敏感的路人经历嗅觉与精神上的创伤。

威尼斯与威内托地区其他地方的差异性很大。在受到舄湖围绕的水都里，不论是 15、16 世纪房屋的斑驳墙壁，城市里所弥漫的贵族颓废气氛，或宏伟厅堂内因为年代久远而显得高低不平的水磨石地板，在在让人着迷。

不过只要出了威尼斯，来到威内托地区的其他地方，就会看到小巧优雅的城市，井然有序地散布在绿色山丘之间，而乡间绿野之中，矗立着知名建筑师帕拉迪奥（Palladio）在 16 世纪建造的古典豪华庄园别墅。这田园诗般的景色，连歌德也不忘称颂一番：

> 放眼望去，壮丽美景美不胜收，让人哑口无言。它是一座范围涵括方圆数里的花园，受到最悉心的照顾，静静躺在宏伟高山与陡峭悬崖的脚下。[6]
>
> 人们穿越肥沃的田野，看着葡萄枝叶从一排排繁茂的树木上垂下，好像垂挂在空中一样……一排排葡萄树间，种植着以玉米和高粱为主的各种谷物。[7]

威内托地区具有和谐、勤劳、欢乐且乡土的田园气氛，食材大多来自农耕采集，相对而言，威尼斯则以海鲜为主，这也是很容易理解的。在威尼斯人的厨房与散布水都各个角落的小餐馆里，人们为了解馋，偶尔会吃点开胃小品：大多是当地的鱼和海鲜，其中有许多鲜为人知的东西，例如沙丁鱼、海螺、花帘蛤、竹蛏[8]、贻贝等，之后还有蛤蛎，以及用水煮或裹面糊油炸的虾蛄、螃蟹与软壳蟹。一幕幕生动的演出，每天都在基奥贾市（Chioggia）或威尼斯市中心里奥托桥旁的鱼市场上演着：在这里，抢风头的不只是高档鱼货或进口甲壳类（石斑鱼、鮟鱇鱼、龙虾），即使是低价鱼货，如醋渍沙丁鱼（sarde in saòr，先经盐腌、油炸再用洋葱和醋去腌渍的沙丁鱼），也会让人眼睛一亮。醋渍沙丁鱼是威尼斯历史最悠久的菜色之一，在水手和渔民的生活里非常重要，他们会把醋渍沙丁鱼带上船，塞在珍贵的木桶里：盐、醋和油实际上能帮助保存食物，让鱼不至腐坏，而洋葱里的维他命 C 则有助于预防坏血病。

在威内托地区从帕多瓦（Padova）到维洛纳（Verona）之间原本受到斯弗尔扎（Sforza）[9]公爵统治的城市，一般不吃鲜鱼：人们大多吃鱼干，像是维琴察奶炖鳕鱼（baccalà alla vicentina）就是道经典菜肴。在这些地方，人们饮食以蔬菜为主，此外也有许许多多令人难忘的当地品种。在市集里，一把把的野生香草（来自舄湖周围陆地）吸引着人们的目光，例如野芦笋、啤酒花，以及在各种生长阶段的各种朝鲜蓟。

朝鲜蓟确实也有着新奇的“生命旅程”，有五种完全不同的形态可供贩卖。在朝鲜蓟尚未成熟时就摘采的初摘，有着“金丝雀”（canarini）之名，一般拿来蘸食加了盐和胡椒的橄榄油，或是裹面包粉油炸。之后，则是被称为“阉摘”（castraure）的次生主枝芽苞，农夫之第二次动手摘采的主要原因，是要促进剩余花苞的生长发展；这些阉摘的朝鲜蓟，是在春季生长的小型花苞，一般用大蒜和油来烹调，或者裹面糊油炸。接下来第三次摘采的成果，就是真正的朝鲜蓟，有着变化多端的烹煮方式。不过到这里还没完，因为还有把上半部切掉，只食用底部的第四摘，通常以水煮、烤或炸的方式烹调。而植株的第五摘则指盛开绽放的蓟花，成把收成的紫色花朵以观赏用途为主。

“去阴影处晃一下”

帕多瓦鸡

威内托地区的朝鲜蓟（来自威尼斯舄湖的圣埃拉斯莫岛［Sant'Erasmo］）非常有名，栽植者会像电影明星般地接受访问，让人借机发掘出那深藏在平静形象背后的激情：

> 一讲到阉摘，眼睛马上亮了起来，散发出好像在谈恋爱一样的神情。乔万尼·维奥托（Giovanni Vignotto）是1953年出生的圣埃拉斯莫人，对圣埃拉斯莫的紫朝鲜蓟栽植，抱持着满腔热忱：
>
> “假的圣埃拉斯莫阉摘朝鲜蓟，真的存在吗？”
>
> “很不幸的是，有些不法之徒的确把来自托斯卡纳地区的朝鲜蓟当成圣埃拉斯莫阉摘朝鲜蓟来贩卖。真正的圣埃拉斯莫阉摘朝鲜蓟，只有在威尼斯岛上里奥托区的市场才找得到，要不就得到威尼斯几间上好的餐厅才吃得到，因为这些餐厅都会提前预订。装载着这些真正阉摘朝鲜蓟的箱子，上面印有圣埃拉斯莫紫朝鲜蓟产销合作社（Consorzio del Carciofo Violetto di S. Erasmo）的标志。那些想要以托斯卡纳产朝鲜蓟鱼目混珠的骗子，必须要被揪出来。这些人必须要被当成小偷来看待。”[10]

威内托地区具有与荷兰相似的农村文化，与地中海地区的饮食风俗大相径庭。事实上，有些旅游书会将威内托地区南部的波河三角洲地带，称为“意大利的荷兰”。这个地区跟荷兰一样，位于海平面以下，是沼泽与洼地引流排干的结果。

威内托是个没有中心地带的地区；这里既没有所谓的都城居民，也没有城市外的乡巴佬，只有许多规模适中且权力相当的城市（维洛纳、维琴察、特雷维索、帕多瓦、巴萨诺），任何人都没有让别人相形见绌或征服控制别人的意图。

这些城市只有一个共通点：它们似乎都有共识要与威尼斯反其道而行之，即使是类似的东西，也要用不同的方法来做。因此，如果说豆类同为威尼斯与威内托其他地方的一种重要食材，就处理方式而言，首都与其他地方的做法并不同。在威内托内陆地区，豌豆煨饭（risi e bisi，用嫩豌豆与米煮成的煨饭）是众所周知的地方名菜，到了威尼斯，这道菜只有每年4月25日圣马可春节时才会煮来吃。在4月25日当天，威尼斯总督会在公开场合品尝豌豆煨饭和阉摘朝鲜蓟，至于其他时节，威尼斯人比较偏好炖饭，尤其是海鲜炖饭。

在威内托其他地区，炖饭的食材变化很多，可以是南瓜、芦笋、特雷维索红菊苣，或是蛙腿（参考《炖饭》）。威内托舄湖的沼泽地与低洼地区盛产鳗鱼，而只有外行人才会搞不清楚豌豆煨饭和豌豆炖饭、鳗鱼煨饭及鳗鱼炖饭之间的差异。此外在岸边地区，人们还会猎捕在舄湖沼泽栖息的水鸟，将它们烤来吃，尤其将鸭肉视为珍馐。

美食家、理论家与科学家常把威内托地区当作实验场，他们亲自到栽植场向农民提供建议，在这里尝试新的种植与挑选技术，有时也会获得令人瞩目的成果。在19世纪时，来自马尔凯地区的医生暨天文学家贾科莫·唐迪（Giacomo Dondi Dall'Orologio）从波兰将一种前所未见的家禽引进威内托，这种鸟以美丽而著称，在马尔凯地区深受欢迎，常被饲养在花园里。这种鸟现在被称为“帕多瓦鸡”（gallina padovana 或 pita padovana）。这种鸡有着长长的饰羽，偌大的肉垂和颜色相当多样化的羽毛，从黑色、白色到银色、金色都有。根据古老食谱的做法，帕多瓦鸡的烹饪方式是先把香草塞进鸡肚子里，然后把整只鸡放进牛膀胱或猪膀胱里包起来，丢进大锅滚水里煮。为了避免包覆的膀胱炸开，会在上面开一个小口让空气能跑出来。这种烹煮方式称为“竹管法”（alla canevera，管子可以是肠子或空心竹管，主要用作通气）。

从农村转换到复杂的城市生活场景，我们绝对不能忘了讲讲另一道举世闻名的威尼斯名菜，音译为“卡尔帕乔”的薄切生肉（Carpaccio）。这道薄切生肉是把生牛肉拿去切成薄片，和皮埃蒙特地区用油和柠檬汁调味的阿尔巴式生肉色拉（l’insalata di carne all’albese），或该地区另一道类似鞑靼生牛肉的特色菜阿尔巴式生肉（la carne cruda all’albese）有异曲同工之妙。然而在现存各种不同的生肉菜肴中，仍然是威尼斯式胜出，而且在世界各地的菜单中，原为威尼斯画家名字的卡尔帕乔，早已被转化成菜名，成了薄切生肉的代名词：因此我们绝对可以毫无疑问地将薄切生肉视为威尼斯的地方名菜。薄切生肉是五十多年前在威尼斯市中心的哈利酒吧（Harry’s Bar）发明的。哈利酒吧是威尼斯市内最负盛名的地点之一，它开张于 1931 年，店主是开胃菜与鸡尾酒专家朱塞佩·齐普里亚尼（Giuseppe Cipriani），位于离圣马可广场不远处的瓦拉瑞索街（calle Vallaresso），一条不甚起眼的胡同里，因此只有消息灵通的内行人才会找到这里来。这间酒吧的常客有像是作家海明威（Ernest Hemingway）、毛姆（Somerset Maugham）、世界知名金融家族罗斯柴尔德（Rothschild）的几位成员、指挥家托斯卡尼尼（Arturo Toscanini）、美国名导演与演员奥森·韦尔斯（Orson Welles）、希腊船业巨商欧纳西斯（Aristotle Onassis）、知名女高音玛亚·卡拉斯（Maria Callas）、作家杜鲁门·卡波特（Truman Capote）、收藏家佩姬·古根汉姆（Peggy Guggenheim）、喜剧演员卓别林（Charlie Chaplin），一直往下到黛妃（Diana, Princess of Wales）与其他当代贵宾。

这间酒吧发明了不少有趣的新奇美食，每一种都以艺术家的名字来命名，例如提齐安诺鸡尾酒（Tiziano）和贝里尼鸡尾酒（Bellini），而薄切肉片也是此处发明的传统之一。这道极受欢迎的名菜是这么来的：在 20 世纪 50 年代中期，医生建议一位著名的威尼斯伯爵夫人阿玛丽娅·纳妮·莫切尼戈（Amalia Nani Mocenigo）吃生肉来治疗贫血。朱塞佩·齐普里亚尼因此替她准备了切成薄片的嫩牛腰肉（顺带一提的是，嫩牛腰肉会先用蜡纸包起来后放到冷冻库里稍微冻上十五分钟，待肉块变硬，便能切成半毫米厚的薄片）。

这道搭配特制酱料的薄片生肉加上新鲜芝麻菜，就成了后人口中的卡尔帕乔薄切生肉（以伍斯特辣酱油［Worcester sauce］、新鲜蛋黄酱加上几滴塔巴斯哥辣椒汁［tabasco］制成的特制酱料）。菜名“卡尔帕乔”来自出生于威尼斯的维托雷·卡尔帕乔（Vittore Carpaccio，约 1455—1526），一位作品塞满了威尼斯学院美术馆（Gallerie dell’Accademia）好几间展览厅的画家。之所以会选上卡尔帕乔替这道菜命名，是因为在朱塞佩·齐普里亚尼研发这道菜的时候，卡尔帕乔特展恰在当地引起一阵旋风。尽管这种与精致瓷盘上薄切肉片具有同样色调的红宝石色，是《圣乌苏拉传奇》（*Storie di Sant’Orsola*）和《圣十字遗迹的奇迹》（*Miracolo della reliquia della Santa Croce*）这两幅名画的作者在调色板上调出来的色调，从这道菜被研发出来以后，画家的知名度和他所受到的鉴赏，就远不如这道以他为名的菜肴。而且还不只如此：这道菜无远弗届的名气，使得"卡尔帕乔"在各地早已成为薄切生肉片的代名词，近年来，甚至成为薄切的代名词，不论处理的食材是生鱼还是生蘑菇……由于意涵的转变，这个名词再也不是特色名菜的指称，而成了一种处理方式的名称。

在 1949 年至 1979 年间，摄影师富尔维欧·洛伊特（Fulvio Roiter）举办了好几次以威尼斯嘉年华为题的公开个展。这些照片绝对是以颜色为主角：表情哀伤的圆形面具，白色脸庞与抢眼鲜明的服装和深色背景上的粼粼波光，形成了强烈的对比。洛伊特的照片传达出强烈的哀伤，又带有干净的特质，让人能一眼就认出，常常被制作成明信片和月历。人们只要看过就很难忘：夜间景致和病厌厌的色调，画面里出现许许多多的哀伤丑角，却不见任何滑稽讨喜的角色。

1841 年，历史学家皮埃特罗·加斯帕雷·莫洛林（Pietro Gaspare Morolin）就曾抱怨道："纵情好酒美食是威尼斯人最坏的毛病。"藉此暗指美食家贪吃、追求罕见且昂贵食物的习惯。不过到了我们这个大众旅游的年代，大多数人在去威尼斯参加嘉年华时，都带着在家自制的三明治，在街上边走边吃，并没在威尼斯消费，反而只留下油腻的纸袋，威尼斯餐饮业尽管抱怨餐厅门可罗雀，却还是相当慎重地顺势推出了多样化的三明治种类供来客选择。

嘉年华期间，游客在途中也有机会品尝时令甜点：称为嘎拉尼（galani）的甜炸薄片、名叫弗利托雷（fritole）的油炸甜馅饼、油炸甜面包（krapfen）等各种以油炸甜面团加以变化的甜点。在意大利，每个城市各自都有类似的甜点变化，嘉年华甜点甚至隔个街坊就有不同的名称。在慕拉诺岛（Murano）称为扎雷提（zaleti），不过一到了布拉诺岛（Burano）就改名为布拉内利（buranelli）。在米兰一带，这种甜点被称为"chiacchiere"，音译为"奇亚奇耶雷"，在意大利文中是"饶舌、喋喋不休"的意思；这个名称会让人想起佛罗伦萨一带对嘉年华最后一个星期四的称呼"berlingaccio"，音译为"贝尔林嘎奇奥"，别称为"饶舌日"（giorno delle chiacchiere）。

出自 18 世纪佛罗伦萨的一个精彩解释，帮助我们厘清语言创造和让人满足口腹之乐的甜点，也就是谈话和吃东西的乐趣，是如何紧密结合在一起。

> 埃尔科拉尼："'berlingare'这个字到底是什么意思？"
>
> 瓦尔齐："这个动词针对女性的成分比较高，有喋喋不休、喊喊喳喳地讲、胡扯的意思，尤其是在大伙儿酒酣耳热的时候。从这个动词衍生出去，佛罗伦萨人就多了个"berlingaiuoli"或"berlingatori"的称呼，指的就是讲话时很爱边吃东西边舔嘴巴的人；因此，在嘉年华最后的一个星期四，也就是伦巴底人所谓的"脂油星期四"（giobbia grassa），四旬斋开始的前一天，人们按一般风俗，被容许带着各式甜点佳肴参加聚会，在那里大吃大喝或扭打争斗。[11]

威内托地区与威尼斯的地方风味

开胃菜

- 搅打盐鳕（Baccalà mantecato）：这道菜用到的实际上是斯托卡费索鳕鱼干（stoccafisso），不过威尼斯人把斯托卡费索称为“巴卡拉”（巴卡拉是另一种制作方式不同的鳕鱼干），因为他们觉得“巴卡拉”的称呼比较好听。

  尽管意大利其他地方将经过盐腌再浸泡处理的鳕鱼称为巴卡拉，与经过盐腌再干燥处理的斯托卡费索并不同，不过这并没有关系。在威尼斯，巴卡拉在浸泡过后，会先压碎、在牛奶里煮熟并慢慢加入橄榄油搅打，一直到它形成像打泡鲜奶油一样的白色奶油酱。吃搅打盐鳕时，常常会搭配玉米糕。[12]
- 其他开胃菜：用醋和海鲜去腌制的醋渍海鲜（in saòr）。这些海鲜在渔船上和港边上岸时就已经经过第一次盐腌，就这样稍微带点咸味地卖出去，买回去以后先油炸，再腌渍处理。事实上是相当耗功夫的一道菜。

第一道

- 野鸭炖豆汤
- 炖乳鸽汤（sopa coada）
- 豌豆煨饭（risi e bisi）
- 鳗鱼煨饭（risi e bisati）
- 羊肉炖饭（risi in cavroman）
- 虾虎鱼炖饭（risotto alla chioggiotta）
- 特雷维索红菊苣炖饭
- 墨鱼汁意大利面与墨鱼汁炖饭

第二道

- 威尼斯式炒嫩肝（fegato alla veneziana），用橄榄油和洋葱拌炒。
- 竹管肚里鸡（cappone alla canevera）
- 4 至 5 月或 10 至 11 月螃蟹脱壳时期捕捞的软壳蟹，一般的做法是把软壳蟹放在加了香草的蛋汁里先保活 24 小时，等到软壳蟹充满蛋汁以后，再放到煎锅里炸熟，食用时整只吃下肚。
- 雌蟹
- 海螺
- 烤马肉，帕多瓦鸡
- 阿尔帕哥羊，炖驴肉
- 猪油淹鸭（把鸭肉放进罐子里再用猪油淹盖起来，典型农村文化保存肉品的方式）。
- 蜗牛（拔迪亚卡拉维纳［Badia Calavena］的圣安德烈［Sant'Andrea］有“蜗牛之城”之称）。

- 佩阿拉（Pearà）：在这里必须区别清楚：在威尼斯是指以起士和（小）牛脑做成的佩阿拉饼，而在威内托地区其他地方，尤其是维洛纳，则完全是另一回事，这里指的是佩阿拉酱，一种搭配综合炖肉（bollito）的酱料，以牛骨髓、面包屑、高汤、胡椒和起士粉做成。千万不要把佩阿拉酱和另一种威内托特色菜佩维拉达胡椒酱（peverada）给搞混了。佩维拉达胡椒酱并不是拿来搭配综合炖肉用的，而是专门用来配烤肉，尤其是烤禽鸟。它是以鸡肝、鳀鱼、欧芹、柠檬、索普雷萨腊肠（sopressa）[13]、油、醋与大蒜等制成。
- 玉米糕与烤雀肉：搭配鼠尾草和猪脂的小鸟串烧，整只串起来烤，配玉米糕吃[14]。
- 石榴火鸡
- 维琴察风味菜烤乳鸽
- 香料烤阿尔帕哥羊
- 圣埃拉斯莫紫朝鲜蓟配舄湖虾
- 野芦笋
- 以油调味的水煮啤酒花芽；啤酒花。
- 至于玉米糕，必须特别说明的是，在威内托地区的某些省份如威尼斯、帕多瓦与特雷维索等地，一般不吃典型的黄玉米糕，而是以另一种更精致、清淡且昂贵的白玉米糕代替，这种玉米粉比较细腻，来自于一种颜色较淡的玉米品种。

甜点

- 弗嘎萨甜面包（方言作 fugazza 或 fugassa，加入鸢尾花的根和橙皮的甜面包）
- 黄金面包（pandoro）：加酵母膨发的维洛纳特产，它既朴素又精致，完全没有添加任何馅料。
- 尽管黄金面包和米兰圣诞面包都是圣诞节时期的时令甜点（参考《月历》），两者却差异极大，后者尤其放了许多糖渍水果、葡萄干，甚至巧克力。这两种圣诞甜点的差异，就跟威尼斯和米兰两地的嘉年华迥然有别，是一样的道理。米兰地区的嘉年华完全就是以烹饪为主的吃吃喝喝，而且比罗马教廷订定的时间还多了四天，并不在忏悔日结束，而是一直延续到四旬斋的第一个周六；相对地，威尼斯嘉年华则是一个以优雅精致面具为主角的大型演出。

威内托地区与威尼斯的地方特产

- **起士：**阿希亚格起士（Asiago）。蒙特维洛内塞起士（Monte Veronese）。来自格拉帕山穆尔拉克起士（Morlacco del Grappa），是以快要绝种的布尔林纳牛（Burlina）所生产的牛奶制成。这种牛最近只剩下 270 头，不过在当地慢食组织成员的支持与保护下，其数量有缓慢上升的趋势（参考《慢食》）。特雷维索卡萨特拉起士（Casatella trevigiana）、索利戈起士（Soligo）、席兹起士（Schiz）。浸泡在新鲜葡萄果渣的皮亚维红酒起士（Formaggio ubriaco del Piave）。

腌肉

埃乌加内伊丘生火腿（Prosciutto dei Colli Euganei）与维琴察索普雷萨腊肠（soppressa vicentina）。特雷维索卢冈内加香肠（Luganega trevigiana），根据这种香肠的名称，其配方可能源自于原名卢卡尼亚（Lucania）的巴斯利卡塔（Basilicata）地区，不过时至今日，卢冈内加香肠早已成为特雷维索引以为傲的佳肴。

水果

马洛斯蒂卡（Marostica）与维洛纳周围山丘的樱桃。维洛纳地区出产的草莓、苹果、蜜瓜与蜜桃。加达湖（lago di Garda）的奇异果和柠檬。阿迪杰（Adige）地区的梨子。特雷维索周围山区的栗子，多罗米蒂山区贝卢诺一带的蜂蜜。

蔬菜

拉蒙（Lamon）出产的菜豆。特雷维索的红菊苣，巴萨诺的白芦笋，阿迪杰地区中部的大蒜，圣埃拉斯莫的紫朝鲜蓟（参考本章内容），尤以所谓的阉摘花苞最为人所称道。

米

维洛纳一带生产维亚隆内纳诺（Vialone Nano）品种的米，是15世纪本笃会葛鲁莫洛（Grumolo）修道院修女所挑选出的。修女们开垦了维洛纳周围的湿地，杜绝了沼泽瘴气，在整个区域开凿渠道，把这些地区化作收成丰硕的稻田。

橄榄油

加达湖与维洛纳周围山丘地带的特级橄榄油（参考《橄榄油》）。

代表性饮料

普罗塞柯气泡酒

1. “seppie” 是意大利文中的墨鱼，“calamari” 则指鱿鱼。墨鱼体型较圆且短小，而鱿鱼一词则来自 “calamarion”，指 “黑色体液的容器”。

2. 译注：即使到今日，意大利各地区仍然保有各自的方言，而目前所谓的意大利语，则是一个以托斯卡纳方言为基础发展而成的共通语言。在意大利历史中，托斯卡尼方言是第一个被文字记录并出版的语言，并逐渐在意大利半岛上各邦国的上流社会风行，而形成现今意大利语的基础。

3. 译注：这句话出自曼佐尼《约婚夫妇》的自序，意指到佛罗伦萨居住，让自己的 “意大利语” 更地道。曼佐尼支持将托斯卡尼方言当作意大利语文，《约婚夫妇》被视为是现代意大利文学的滥觞，是现代意大利文学的基础。在 1861 年意大利统一时，全意大利大约只有 2.5% 的人口操标准意大利语。

4. 阿尔图西，《厨房的知识与食的艺术》，第 12 页。

5. 佛凯萨托（Fochesato）与普隆扎提（Pronzati）合著：《斯托卡费索与巴卡拉：历史、用途与民间传统》（*Stoccafisso & Baccalà：Storie, usi e tradizioni popolari*）、法拉利（Ferrari）《鳕鱼、巴卡拉或斯托卡费索？：北海大鱼的传说、传奇与烹饪方式》（*Merluzzo, baccalà o stoccafisso? Leggende, miti, ricette di un grande pesce dei mari del Nord*）。

6. 《意大利游记》（*Viaggio in Italia*），1786 年 9 月 14 日，第 35 页。

7. 《意大利游记》，1786 年 9 月 19 日，第 53 页。

8. 竹蛏在这里被称为 “cape de deo”，这种称呼见于一位渔民的墓志铭，上面写着：“多纳奥宫（Ca’Donao）的博纳汀（Berardin）在此长眠，他于 1500 年，身穿短衫捕捉竹蛏时死亡，让我们为他祈祷。”

9. 译注：文艺复兴时期以米兰为中心的统治家族。

10. 2005 年 4 月 25 日，《艺术法文化报》（*Revue culturelle de Droit del Art*）报道。

11. 埃尔科拉尼，《与瓦尔齐论语言》（*Dialogo di M. Benedetto Varchi nel quale si ragiona delle lingue*），第 82-83 页。

12. 译注：目前搅打盐鳕的做法，的确有加牛奶的变化。不过据搅打盐鳕推广协会（Dogale Confraternita del Baccala Mantecato）所称，原来的食谱并没有用到牛奶或鲜奶油，这道菜会呈现白色完全是用手使劲搅打的结果，译者甚至曾经听说：“加了牛奶就不是地道的搅打盐鳕，完全是偷工减料的做法。”

13. 译注：威内托地区特产的猪肉腊肠，其中维琴察出产者尤其有名。

14. 这是道受到反狩猎团体抵制的菜，这些团体通常是知名左派环保团体，其理念也吸引了慢食组织的赞同。相关信息可以参考网站 www.cacciailcacciatore.org。

2

OLIO
D'OLIVA

橄榄油

OLIO D'OLIVA

意大利和其他地中海国家一样，以橄榄树作为其经济与文化的泉源及基础。学者好以这种地中海作物与意大利半岛人民之心理学、历史与宗教之间的关系进行主题分析，各种文献一年比一年多，意国境内也常举办各种重要会议与展览，一次又一次地针对这个议题呈现各种新材料。每年 11 月，米兰全国食品博览会（Expo dei Sapori）与橄榄油展销会（Salone dell'Olio）盛大展开，吸引来自全球的橄榄油专家前来共襄盛举。这些由意大利政府农业暨林务政策部资助举办的活动，都特别针对获得原产地保护认证（DOP）的特级橄榄油规划展示专区。11 月的最后一个周日，各地的橄榄油坊会一同举办"面包与橄榄油"（Pane e Oil）的活动，在意国境内大小广场提供橄榄油、手工面包与各地特产的试吃，并安排参观油坊。同时期在意大利西北部因佩里亚（Imperia）举办的橄榄油节（Olioliva）尤其引人注目。每年 2 月，橄榄油周同时在锡耶纳（Siena）、普里亚地区（Puglia）、米兰与罗马等地展开。维洛纳则每年举办国际橄榄油博览会（Salone internazionale dell'olio di oliva）。6 月的西西里岛橄榄油节（Archeolio），让人浸淫在橄榄油的各种滋味中。除了针对专家举办专业课程以外，更有各种以橄榄和橄榄油为主的地中海美食摊位，供橄榄油爱好者品尝。同样在 6 月，还有在罗马举办的儿童橄榄油节（Bimboil）。此外还有（全国品油师协会举办的）"认识特级初榨橄榄油"活动……意国境内与橄榄相关的活动数也数不清，可惜笔者未能在此一一列举。

意大利从古罗马继承的，除了我们所知的艺术与古典文学以外，还有对橄榄油的狂热；不过古罗马人对橄榄油的喜爱，其实来自于希腊的影响，而橄榄树在希腊的重要性，可以从它在希腊神话中扮演的重要角色一窥端倪。一直以来，这种狂热总是与农业和耕地有着密切的关系，因为人们的尊崇而愈形高贵。

古罗马文化和古希腊文化一样，对事物的自然原始状态并不抱持正面的态度。不只如此：在古希腊与古罗马思想家所支持的价值体系中，自然原貌是文明与城市的消极对照，也就是说，自然原貌是人类秩序的对照，而这种秩序之所以存在，是基于人类想要与自然有所区分的渴求，这就好比犁过的田地和花园，和原始森林所形成的对比。

举例来说，在古罗马哲学家西塞罗（Cicerone）早年以律师身份替罗修斯（Sesto Roscio）辩护时，这位雄辩家就清楚地谈到有关农村生活的两种相反态度："不过我……认识很多人……将这种在你眼中既是一种侮辱同时也该受到谴责的农村生活，视为最诚实也最甜蜜的生活方式。"[1]类似的价值系统自从"未来执政官直接就是犁田者出身"的时候就已存在，也就是执政官出身农家的意思。[2]古罗马诗人维吉尔则在《农事诗》（*Georgiche*）里这么写道：

> 屈身犁田的农人移动了土地，
> 他勤奋努力，
> 如此养家、育幼、刍牧、饲牛。[3]

总之，农业是古希腊与古罗马经济的基础，而当时农业的三个主要支柱包括谷物、酒与橄榄油，每一种都分别受到来自奥林匹斯山的神所管辖：五谷女神得墨忒耳－刻瑞斯（Demetra-Cerere）、酒神狄奥尼索斯－巴克斯（Dioniso-Bacco），以及掌管橄榄油的雅典娜－密涅瓦（Atena-Minerva）。

在希腊神话中，当掌管农业的雅典娜和海神波塞冬因为雅典和阿提卡的主权和所有权产生争端时，希腊人决定，由能够提供最实用礼物者获胜；波塞冬让浪涛拍打岩石掀起波澜，藉此象征雅典人对海权的掌握，而雅典娜则让一棵新颖奇异的植物，也就是橄榄树，从地上长了出来。雅典娜赢了这个比赛与城市，并将该城命名为雅典以兹纪念。雅典娜与她所带来的象征性产物，同时也被视为创造力之于侵犯挑衅，与女性本质之于男性本质的胜利，即使这是雅典妇女以不少血汗所挣得的胜利：橄榄树与水源。

> 雅典人从神谕中得知，橄榄树是雅典娜化成的，水源则是波塞冬，因此他们决定召开公民大会，以决定城市的名称。当时在公民大会具有投票权的妇女，把票投给了雅典娜，而男士们则把票投给波塞冬。由于妇女人数比男士多了一个，因此决定以雅典娜女神之名来命名。生气的波塞冬引来大水，淹了阿提卡，人们为了平息波塞冬的愤怒，决定限制妇女的权利，并推行了传男不传女的传统。[4]

出生于罗马时代的希腊作家普鲁塔克在讲到阿尔西比亚德（Alcibiade）时曾说：

> 他建议雅典人，除了确保陆上领土以外，实际上也要如往常一般地遵守他们在阿格拉乌鲁斯（Agraulo）神庙许下的誓言：允许人们将种植小麦、大麦、葡萄、无花果与橄榄树的区域视为阿提卡边界；藉此教导雅典人，只要是周围的耕地与果园，皆为雅典领地。[5]

我们从各种典籍中知道，对古希腊而言，谷物、葡萄藤与橄榄树象征着三个重要支柱，代表物质文化的富庶与狂热的宗教崇拜。古罗马人不论从形而上学的层面，或是从实践与饮食的层面来看，都沿袭了这些来自古希腊文化的财产与价值观，将橄榄油的传统留给了他们的意大利后裔。

橄榄油就像国旗一样地促成了意大利人的团结。自 1994 年起，总部设于锡耶纳省蒙特里久尼（Monteriggioni）的意大利全国橄榄油城市协会（Associazione Nazionale Città dell’Olio），就负责橄榄油品油师的提名，以保护这个被意大利视为“可食用招牌”的橄榄油，能保有毫无污点的好名声。协会在热纳亚（Genova）、萨沃纳（Savona）、因佩里亚、斯波列托（Spoleto）等重点城市设置商会，内有由品油师组成的专家咨询小组，负责控管橄榄油的质量。在橄榄收成期，这些终年接受训练以在橄榄油季节开始时能保持最佳状态的专业品油师，每周都会品尝一次每间油坊的产品。平日不沾酒、不抽烟也不吃辛辣食物的“闻油师”，专门评断鲜榨橄榄油的三种主要缺点：霉味、酒味与过热。霉味不须多做解释；所谓的酒味，是指用酒精或醋清洗容器以后，没有以正确的方式进行干燥就把油倒进去，因而残留了酒臭的情形；至于过热，则是指橄榄采收后没有马上处理，长期堆积不进行搅动而造成的后果。如果长期堆积橄榄，没有好好保存这些珍贵的原料，橄榄会变质腐坏并发热，以这种橄榄制作的橄榄油会有一股腐臭味。

根据专家的说法，目前评鉴橄榄油的标准有别于前。现在的品油师会尽力保护自身的完美感受度与敏感度，他们同时也意识到，父母与祖父母一代所生产的橄榄油，其实具有各种可能的缺陷。祖先在处理橄榄油生产时，对质量的顾虑远不如对产量的关注。坦白说，人们尤其忙着赚钱糊口，而且不论如何，油的质量整体而言是令人满意的。

对质量和真实性的过度重视，一直到我们这一代才发生。任何消费者都渴望能在餐桌上放一瓶意大利橄榄油，不论它来自利古里亚、托斯卡纳还是湖区。根据橄榄油相关的丰富文献记载：意大利橄榄油的多酚含量为 1.1%，比其他产地的 0.5% 来得高，而多酚这种成分能够预防癌症和心肌梗塞。高级意大利橄榄油具有预防胆结石的功效，也能避免动脉硬化（因为具有不饱和脂肪酸）。由于橄榄油富含甘油三油酸脂、棕榈酸甘油酯、肉豆蔻醚、维他命 A 和维他命 E（具有抗氧化功效），因此也有助于预防佝偻病。

还不只如此。意大利人活在一种现实与美食天堂这个崇高理想之间不断持续冲

橄榄

掌管橄榄油的雅典娜 – 密涅瓦

午餐时刻，在意大利的每一张餐桌上都会出现一只油瓶

突的情境中。这就好比我们这样子想：我们在意大利，所以我们的饮食到处充斥着橄榄油，我们把橄榄油纳入日常饮食中，因为它能替我们带来生气，这跟意大利食物能赐予我们活力是一样的道理，这样说来，至少生活里还是存在着一些真实地道的事物。不过，讲到真实性的问题，意大利民众食用的橄榄油到底地不地道，其实是有待商榷的。

利古里亚地区的橄榄油产量非常少，若想要拿到地道的利古里亚橄榄油，得跟某些农民有点好交情才行。

托斯卡纳地区的橄榄油产量也不多，得跟某些贵族套交情才可能拿到。

维洛纳加达湖地区的橄榄油产量，连当地居民都不够吃。这些橄榄油偶尔可以在店里买到，不过地不地道完全看商人的良心与可信赖性。

在翁布里亚地区（Umbria），总之还是可以在小城的商店里买到当地产的橄榄油。

在普里亚地区，比较容易买到纯正的当地产橄榄油（意大利橄榄油有 40% 来自普里亚地区）。纯正的普里亚橄榄油，也许因为质量在所有意大利橄榄油中并非上选，因此在普里亚以外的地区也找得到。

意大利人通常很喜欢谈论各种能表现出细微差异的词汇，并用它们来叙述各种类型和子类型的橄榄油。正如所料，橄榄油的分类方式会因为地区与历史而有所不同。举例来说，上个世纪普遍使用的区别方式，在今日世界是不适用的，因为原物料与生产过程的变革，所需要的表达方式与类别也就不一样。

那么，我们现在在超市橄榄油标签上读到的到底是什么？以下为主要类别的名称：

○ 初榨橄榄油（olio di oliva vergine），以物理方式冷压，过程中避免过热影响质量的橄榄油。在初榨橄榄油中，又有几个子类别：
- 特级初榨橄榄油（olio di oliva extravergine），酸度不超过 1%。
- 初榨橄榄油（olio di oliva vergine），酸度不超过 2%。
- 普通初榨橄榄油（olio di oliva vergine corrente），酸度不超过 3.3%。
- 低级初榨橄榄油（olio di oliva vergine lampante ），酸度超过 3.3%。
- 酸度不超过 0.5% 的精制橄榄油（olio di oliva raffinato）。

○ 混合了精制橄榄油和其他除了低级初榨橄榄油以外的初榨橄榄油，所制成的橄榄油，其酸度一般不超过 1.5%。

○ 橄榄渣油（olio di sansa di oliva greggio），是质量最低劣的橄榄油，利用溶剂从橄榄渣里萃取出的。

○ 利用精炼法与溶剂，从橄榄渣萃取出的精制橄榄渣油（olio di sansa di oliva raffinata），其酸度通常不超过 0.5%。

以上类别都有法规规范，并有专责机构负责执法并查处违法。然而，我们在此并未考虑到假冒或掺杂不纯物质的问题，而是单就其精纯度来讨论。

不论如何，意大利食谱与烹饪书籍中到处都有特级初榨橄榄油的影子。就直觉来说，我们相信这可以回溯到它备受尊崇的饮食传统，因为橄榄油可以让人长寿、允人健康，并预防疾病之故。

在某些橄榄油瓶子上会看到这样的字眼："这种油据说可降低心血管疾病的可能性。"在一般人眼中，这瓶中物的魅力并不会因为这种假设语气而有所减损。而且橄榄油也真的是好东西，我们从各种科学研究中得知，特级初榨橄榄油被归纳为机能性食品，也就是指能降低疾病风险的食物，此外，它也被认定为保健食品，也就是能够作用在生理功能、具有"疗效"的食物。

因此，我们自然可以向那些总爱宣称"以物理方法直接压榨取得的特级初榨橄榄油"和"第一道冷压橄榄油"的人说，五十年以来，橄榄油的制作向来就只有第一次压榨，因为榨油机实际上会施予 450 个大气压的压力，在那样的压力下，马上就把橄榄里所有能榨出来的东西都给榨出来了，因此，所谓的次压或次榨根本就不存在。而且目前所谓的冷压或冷榨，只是指橄榄油加热最高不超过 27 度。当然这加热温度的上限不会到 60 度，只有在处理次级原料时才会用到这样的温度。

当我们在卷标上寻找"意大利产品"（prodotto in Italia）的字样时，实际上常常会找到"意大利包装"（confezionato in Italia）的字样。所谓的"意大利包装"，是指来自摩洛哥、突尼斯、土耳其，或最近越来越常出现的西班牙橄榄油，以大型轮船运送到热纳亚、因佩里亚、巴里（Bari）等同时也是橄榄油加工包装重镇的港口。被运送到这些港口的并不只有来自国外的初榨橄榄油，其他还有相当大量的次级油，如低级初榨橄榄油、橄榄渣，甚至二次压榨橄榄渣所取得的余油。从"压榨过的橄榄渣"再次榨出来的产物，通常被用在冷气机的过滤器里……这些进口油在抵达意大利以后身价马上抬高，经过稀释、混合，或偶尔进行精炼处理以后，再装瓶并贴上"意大利包装"的字样加以出售。

那么，那些在神话里受到大肆赞扬的橄榄油，那些既珍贵又地道的梦幻逸品到底在哪里？

它们存在于人们的集体想象之中。在讲到意大利 20 个地区中的 16 个地区所生产的特产时，我们所颂扬的是一种超现实，一种普遍存在于消费者意识的"橄榄油甘露"：这种想法指一种真正能够带来生气、能滋养一整个民族且与生命的精神基础有直接联系的天然汁液。仪式用油与宗教圣礼有密切的关系，所谓的圣油，其实就是橄榄油。午餐时刻，在意大利的每一张餐桌上都会出现一只油瓶，不论瓶上标签到底印了什么，里面都存在着橄榄油这液体香脂的粒子，是人们永生不朽的泉源。

1. 西塞罗，《为罗修斯辩护》（*Pro Sex. Rosc.*），第 17 章第 48 节。

2. 西塞罗，《为罗修斯辩护》，第 18 章第 50 节。

3. 维吉尔，《农事诗》，第二卷，513-515。

4. 出自《布洛克豪斯—埃弗龙百科全书》（*Brockhaus and Efron Encyclopedic Dictionary*，圣彼得堡，1890—1902）的"家庭"词条。这套总共九十六卷的百科全书，在过去超过一个世纪的时间里，早已在俄罗斯赢得人们的信任与厚爱，与意大利《特雷卡尼百科全书》（*Treccani*，意大利科学、文学暨艺术百科全书）地位相当。尽管有个不太俄罗斯的名称，但这套百科全书完全由热心参与整理知识的俄罗斯学者完成，其中更包括与欧洲、欧洲历史及其思想特色与日常生活的详尽信息。能拥有这套百科全书，不但是宝贵的资产，更是骄傲，阅读它更能带来许多乐趣。对俄罗斯人来说，这套百科全书是宝贵的数据源。

5. 普鲁塔克，《阿尔西比亚德传》（*Vita di Alcibiade*），第十五章。

02.

3

RENTINO
-ALTO
ADIGE

特伦蒂诺—上阿迪杰地区

歌德在进入这块意大利的边陲地区时，曾兴高采烈地说："从博尔扎诺（Bolzano）往特伦托（Trento）前进九英里，会进入一个肥沃的山谷，越往前越肥沃。任何试着在这个山区生长的植物，都展现出高度的生机与活力，太阳散发着热度，让人重新相信神的存在。"[1]

然而，从南部或西部抵达此地区的任何人，都会觉得自己不在意大利，反而是在奥地利或匈牙利一带。即使特伦托和博尔扎诺在七八月可能会出现让人炙热难耐的气温，大体而言，特伦蒂诺地区还是以它近似极地的极端气温闻名，而凉爽的夏季气候，使这里在盛夏时节亚平宁半岛气温酷热难当之际，成为海岸区（利古里亚、托斯卡纳）居民蜂拥而至的避暑胜地。特伦蒂诺与上阿迪杰（又称南提洛尔）的饮食大体是为了"抵御严冬"，当地居民文化中更是充斥着各种为了对抗寒冷而生的戏剧化元素，而让居民最为兴高采烈的节庆，通常是庆祝冬季结束的庆典，人们在庆典中郑重地把代表冬季的骇人巨偶烧毁，送走冬天。

特伦蒂诺与南提洛尔（上阿迪杰）的差异性其实比相似性高。特伦蒂诺尚有比较意大利的特质，南提洛尔则与奥地利较为相似。例如，特伦蒂诺人吃的是普通小麦和硬粒小麦做出来的白面包和黄面包，而南提洛尔人吃的则是黑面包。

这同一行政区的两个地区，连法规都有差异。举例来说，特伦蒂诺地区的土地财产，可以毫无问题地划分，由合法继承人分别继承；上阿迪杰地区则仍然按照由中世纪的长子世袭制，立了"农庄继承法"（maso chiuso）[2]：规定整块土地无法分割，藉此保持不动产的规模。上阿迪杰地区政府以传统农业为优先考虑，因此保留了这个由威尼斯统治时期流传下来的制度。1786 年 10 月 3 日在威尼斯总督府参加一民事案座谈的歌德写道：

> 在这个共和国里，信托遗赠享有最大程度的保护；在一财产关系中，若该财产关系自始就被赋予信托遗赠的法律地位，那么该地位将永远保持不变；即使之后进行了转让，或因为其他方式落入他人之手，到头来如果土地所有权问题被提出来讨论，原拥有人的后代仍保有其权利，财产应归还给原本拥有此土地的家庭。[3]

早在 18 世纪，歌德就已因为这条尚且有效的古老法律而感到讶异，而且即使到了 21 世纪，它仍然继续有效，不过，中间也经过重要的改革：自 2002 年起，长女也具有同样的继承权。

特伦蒂诺与南提洛尔的主要饮食大多来自奥地利：羽衣甘蓝和马铃薯；发酵的结球甘蓝加上盐、番红花、小茴香与其他香料（酸泡菜），蛋卷肉汤（Frittatensuppe），意式面包团子（canederli）[4]，德国香肠，烟熏培根（speck），玉米糕与地中海地区最美味的苹果，更别说以这些苹果所制作出来的苹果酥卷（strudel）。事实上，这个地区除了地理位置接近奥地利以外，当地居民历史也深受奥地利影响（特伦蒂诺与南提洛尔地区自 1363 年至 1918 年长达 5 个半世纪的时间，是受到哈布斯堡王朝统治）。然而，另一个来自外地的精英族群，以不同的方式控制当地居民，其活跃程度并不下于来自国外的征服者；这里指的是天主教神职人员，而且他们还不只来自罗马地区。特伦托在 16 至 17 世纪间的天主教改革，占有非常重要的地位，特伦托大公会议（Concilio Tridentino）就是在此地召开的。

在必须阻止路德教会从北欧传往意大利的时刻，哪个城市最适合当作召开与意识形态相关的会议？罗马教廷选择特伦托的原因之一，就是因为此地居民非常习惯招待外宾，具有优秀的筹备与接待能力，并能保证来客饮食不虞匮乏。特伦托位于重要贸易通道的交叉口，往来旅人由此进入连接意大利和奥地利的布伦内罗隘口（Passo del Brennero），让此地成为筹办贸易展销会的绝佳地点。即使到了现在，特伦托每年都会举办以猪脂（lardo）、移栽苗（由种子培育而成且已经可以移栽的幼苗）与苹果等为主题的展销会。特伦托堪称苹果王国的首都：这一带一直都栽种着质量极优且相当多样化的苹果品种，如斑皮苹果（Renette）、金冠苹果（Golden Delicious）、五爪苹果（Stark）和晨香苹果（Morgenduft）。创设于 1989 年的默林达产销协会（Consorzio Melinda），目前在意国境内苹果市场的占有率居冠，也是第一个赢得原产地保护认证（DOP）的品牌。

早在特伦托大公会议初次举办的五年前，特伦托议会便接获通知，并在接下来的五年内，全力投注于此重要活动的筹备工作。渐渐地，特伦托市内开始出现专门为从教廷官员、耶稣会成员、各修会与会众，到各主教团代表与世界各地教区与基督教教堂派来的使者等各种官员与代表的住宿，更别说中间还要牵涉到多少“保全”人员。怪不得在特伦托市在大公会议举办的那些年间，经历了热闹喧腾的经济与饮食复兴。

从各种民间传说与文献中，我们知道这些教主僧侣爱好美食，而且知道怎么规避斋戒和禁欲的戒律，提出对自己有利的解释（参考《月历》）。这些奇异又讽刺的状况很普遍，不论在教区牧师或在教宗身上都可以看到。当时的意大利诗人朱塞佩·乔阿齐诺·贝利（Giuseppe Gioachino Belli）以教宗的厨房为题写下的十四行诗，就让人印象深刻：

大厨想让我看看
今早替教宗买了些什么好料。
教宗的厨房?
这样的厨房！这简直是港口。

一迭迭锅碗瓢盆，还有
牛与小牛的腰腿肉，以及
鸡羊牛奶鱼香草猪，加上
野味与各种上选好肉。

我说：容我直问教宗这么做可以吗！
他说：你还没看到旁边的柜子，
感谢上帝，那边东西更多。

我说：对不起，老兄！
今日晚宴是否有贵客?
别胡扯了，他说，教宗总是独自用餐的。

事实上，不只是知识分子，连上流社会的仕女们都拿这情形来开玩笑。歌德就曾经写道：

> 整顿饭的时间，邻座女客加油添醋的辛辣谈话，让教会人士如坐针毡，尤其是在讲到斋戒期间特别把鱼做成肉的样子再端上桌的菜肴时，她替他们找到一个又一个的借口，为那些认为这种做法不恭不敬不雅的批评提出辩护，还特别强调吃肉所带来的喜乐，认为如果在斋戒期间禁止吃肉，至少看看肉的样子，也是合情合理的。[5]

由于对斋戒戒律的坚持，又明显受到贪食罪恶[6]的吸引，因此成就了特伦托地区丰富又能满足口腹之欲的饮食，并让当地的狩猎传统相形失色。

在非斋戒期间，教主们也会吃到松鸡、黇鹿、羚与鹿肉。文艺复兴时期名厨巴托洛梅奥·斯卡皮（Bartolomeo Scappi）在大公会议时期以高阶主管的身份在特伦托服务，他在教宗的《秘密厨师》（*Cuoco Segreto*）这篇专文里就曾提到教主们的饮食。不过根据天主教戒律，斋戒期几乎占了一年一半以上的时间，这些神职人员在会议期间，不管愿不愿意，都被迫得遵守教规，即使到现在，特伦蒂诺地区的日常生活中，还是普遍以面粉、牛奶和蔬菜为主要饮食。在这一带，炖肉很少见，而除

了少数河鱼以外，在原料来源贫乏的特伦蒂诺，几乎看不到海鲜。然而，专门为了斋戒期而引进的鳕鱼干、斯托卡费索和巴卡拉，则不在此限。在特伦托大公会议期间，瑞典代表欧拉夫·曼森（Olaf Manson）巧妙地维护了母国的利益，促使欧洲各天主教国家从斯堪的那维亚进口鳕鱼干，当作教徒在斋戒期的食物来源：

> 根据后来被称为欧拉奥·马纽（Olao Magno）的乌普萨拉·欧拉夫·曼森主教于1555年著作的手册，一种名为鳕鱼的北欧地区渔获，在寒风里风干以后，可以保存上好几个月，大公会议的教主们决议，这种据说容易取得、数量丰富且价格合理的斯托卡费索鳕鱼干，对教徒来说，可以是斋戒期的理想食物来源。[7]

因此，在特伦蒂诺与南提洛尔地区的地方菜中，很少出现肉类，而是充斥着各种以面粉制成的特色菜肴。最优的烘焙食品来自每天向贫穷人家发送面包的修道院（教会惯例）。日常生活中的仪式与多样的面包种类象征性地显示出一个家庭的健康、兴旺状态与组成。特伦蒂诺地区（更正确地来说应该是维诺斯塔谷［Val Venosta］布尔古席奥［Burgusio］的本笃会修道院）发明了一种用两个圆盘形面团做成数字“8”的形状再进行烘焙的家庭式面包：乌尔帕尔黑麦面包（Ur-Paarl）；要结婚的新人必须一人一半地分着吃掉同个乌尔帕尔黑麦面包，寡妇或鳏夫做的乌尔帕尔黑麦面包则不呈“8”字型，而是圆圈或戒指状。意大利其他地方也有类似的习俗，例如犹太人吃的辫子面包（challah）。至于南提洛尔地区最好吃也最有名的面包，则是黑麦茴香扁面包（Vorslage Schüttelbrot）。

特伦蒂诺地区的精彩面粉食品并不仅限于烘焙食品，也延伸到面类，以及知名的意式面包团子（canederli）。偶尔，也会出现开神职人员玩笑的菜名，例如当地著名的意式面疙瘩就被称为“strangolapreti”，是“被呛到的神父”的意思[8]。在制作甜面包团子的时候，材料里也会出现马铃薯。不过我们在这里要特别提出的是，在意大利共有五种比较普遍的马铃薯品种，包括阿布鲁佐阿韦扎诺种（l’Avezzana abruzzese）、艾米利亚—罗曼尼亚地区的阿嘎塔种（Agata）、托斯卡纳黄肉种（Pastagialla toscana）、利古里亚黄肉种（Pastagialla ligure）与拉齐奥维特尔博种（Viterbese laziale），不过特伦蒂诺地区居民显然偏好来自奥地利的席格林德种（Sieglinde）。

在这个自认位于北边的地区，以马铃薯和甘蓝菜为主要作物，与俄罗斯相同。此外，特伦蒂诺人也知道如何在不用醋的前提下，以盐卤腌制甘蓝菜和小黄瓜，以供冬天食用。这种做法在俄罗斯非常普遍，不过在意大利看到同样的处理方式，对作者来说完全是始料未及的。

特伦蒂诺地区亦以优质红酒闻名于世，如南提洛尔拉格莱因红酒（Südtiroler Lagrein）、泰罗德格红酒（Teroldego）、玛尔泽蜜诺红酒（Marzemino）、特伦蒂诺卡本内红酒（Cabernet trentino）等；意大利最著名的葡萄酒学校，就是在 1874 年于此地区阿迪杰河畔的圣米凯莱（San Michele all’Adige）创立。除了葡萄酒以外，啤酒也常见于特伦蒂诺地区的餐桌上，这也是奥地利对当地风俗习惯的另一个影响。

特伦蒂诺—上阿迪杰地区的地方风味菜

特伦蒂诺的第一道

- 意式面疙瘩（Gnocchi）
- 意式面包团子（canederli）
- 菠菜面疙瘩（strangolapreti），各种口味的意大利方形面饺（ravioli）。
- 烤通心面（pasticcio di maccheroni）
- 马铃薯玉米糕（polenta di patate：流传已久的农村菜色，以黄玉米粉、炒洋葱和水煮马铃薯做成）。

特伦蒂诺的第二道

- 豆子配盐腌生牛肉
- 特伦托甜酸酱炖兔肉
- 特伦托八宝鸡其内镶满核桃、松子、在牛奶里泡软的面包、骨髓、鸡肝与鸡蛋。以猪肉和小牛肉为原料，再用桦木火堆进行烟熏的罗韦雷托香肠（probusti）。

特伦蒂诺的甜点

- 特伦托品萨甜饼（Pinza trentina）：以泡过牛奶的面包、糖和无花果制作成的甜点。
- 杏仁酪（rosada）

南提洛尔的第一道

- 蛋卷肉汤（Frittatensuppe）：这道菜名很有趣，由意大利文的煎蛋卷（frittata）和德文的汤（Suppe）组合而成。
- 意式面包团子

南提洛尔的第二道

- 腌羚肉
- 梅拉诺蜗牛汤
- 酸泡菜
- 香肠

南提洛尔的甜点

- 苹果酥卷（Strudel）
- 以水果干及糖渍水果做成的查尔顿甜面包（Zelten）

特伦蒂诺—上阿迪杰地区的特产

- 起士：特伦蒂诺格拉纳起士（Grana trentino）、葛劳凯瑟起士（Grauchese）、莫耶纳臭起士（Puzzone di Moena）、史普雷沙起士（Spressa）、维翠纳起士（Vezzena）、羊奶起士（Ziegenkäse）。
- 上阿迪杰地区的烟熏培根（Speck）、手工香肠（Hauswurst）
- 山鳟鱼
- 农谷（Val di Non）的斑皮苹果（mele renette）
- 加达湖地区生产的橄榄油
- 普斯特里亚山谷（Val Pusteria）、维诺斯塔谷（Val Venosta）和乌尔提莫谷（Val d'Ultimo）等地根据本笃会修道院食谱制作的面包，尤其是以黑麦、斯卑尔脱小麦和莳萝、葫芦巴子和小茴香等香料制作的乌尔帕尔黑麦面包。
- 波扎诺产的蜂蜜。

代表性饮料

- 各种珍贵的红酒

1.《意大利游记》，1786 年 9 月 11 日，第 23 页。

2. 译注：主要目的在于保护农业用地的不可分割性。土地无法分割，完整交由家族长子继承，其余继承人可选择接受补偿，或是继续与大哥同住并在农场协助农务。

3.《意大利游记》，第 80-81 页。

4. 译注：在德国南部与奥地利也有名为"Knödel"的类似食物，不过材料以马铃薯为主，在意大利通常适用切成小块的面包或面包粉来制作。

5.《意大利游记》，1787 年 3 月 12 日，第 225 页。

6. 译注：天主教的七罪宗，指教徒常遇到的重大恶行，包括傲慢、忌妒、暴怒、懒惰、贪婪、贪食与色欲。

7. 斯卡翁尼（Scaglioni）著《盘里的斯托卡费索与巴卡拉》（*Stoccafisso e baccalà nel piatto*）。

8. 译注：指因为太好吃所以吃太快而被呛到。

3 PELLEGRINI 朝圣之旅

PELLEGRINI

意大利境内一直存在着持续不断的迁移，她既是中转站，也是终点站，这样的情形，可以回溯到一千五百年公元前。

地中海地区最重要的几条通道都会经过意大利，不过就这块土地而言最重要的一点，在于自 8 世纪至 12 世纪期间，人们必须经过穿过意大利领土的道路才能通往圣地，而自 13 世纪起，意大利除了是基督徒前往耶路撒冷所必须穿过的地区，也自成一个独立且重要的宗教朝圣地。

罗马教会在 13 世纪末制定并实施了一种赦罪系统，向信徒建议赎罪朝圣路线，发明了炼狱的概念，并引进了圣年（又称大赦年）的宗教实践。

炼狱与地狱不同，炼狱的惩罚是无止境的，而且惩罚程度与个人罪孽成比例。更重要的是，在在世亲友的代祷（或金钱救赎）下，死者所受的折磨可以因此获得减免，甚至消弭。

在文艺复兴时期的早期，社会中活力最充沛、正在兴起的中产阶级，其自觉意识就受到这种怪异观点的影响。在此之前，像是银行家、商人等的职业，都被认定是非常糟糕且应受谴责的，这些被和贪婪、耗损等画上等号的银行家和商人，会被打入地狱。

在 12 与 13 世纪，罗马教会向社会提出了一个新的“地狱—炼狱—天堂”三元公式，并因此衍生出无论如何都能让信徒的灵魂以获得永生救赎的可能性，即便在世时从商者如银行家、商人、收税员或调停争端者亦然。获得救赎的方法有二：一是在有生之年将赚来的财产归还给全人类（也就是教会）；另一则是交代合法继承人完成这个任务，要求他们放弃部分财富，将之捐给教会，藉此拯救往生者。

借助于经院哲学[1]之力，罗马教会终究能独揽赦免生者罪恶与替死者灵魂代祷的权力，也就是大赦的权力。根据教会法规，所谓的大赦指“由于教会免除了生者罪孽并为死者代祷，他们的罪孽已经获得原谅，因而得以在神的面前免除罪过的暂罚。”根据罗马教会的说法，在上帝跟前的耶稣基督、圣母玛利亚和圣徒，他们的善行功德形成了取之不尽、用之不竭的功劳宝库，由于罗马教会获得了替那些长期在炼狱中受到煎熬者求情的权力，罗马教会因而得以将这些恩典分施于信众。罗马教会向信众保证，教士僧侣的祷告绝对会受到上帝倾听。不过，不管是谁，哪怕只是享受到这共同恩典的一小部分，都必须向这功劳宝库提供献仪。[2]献仪可以是很多种不同的模式：金钱捐献，施舍布施，支持宗教兄弟会或团契，参加十字军东征，前往圣地进行朝圣之旅，亲访罗马教会，以及到朝圣地在圣髑与圣人遗物前祷告。

鼓吹到罗马（而不是耶路撒冷）进行朝圣之旅的情形，始于 13 世纪。1240 年，教宗格里高利九世（Gregorio IX，或称额我略九世）宣布，那些已经在圣彼得大教堂和圣保罗大殿祷告一定次数的信徒，可以获得大赦。1291 年 5 月，基督教在东方的最后一个堡垒，也就是阿卡（San Giovanni d’Acri）[3]被异教徒攻破，因此自 14 世纪起，罗马教会便邀请信众前往罗马朝圣，再也不建议信众造访耶路撒冷圣墓。尽管对但丁而言，朝圣仍与巴勒斯坦密切相关[4]，《神曲》中的英雄朝圣者在回乡路上，总会带着能证明他们曾在耶路撒冷停留的东西，因而有“回程带着包覆棕榈叶的拐杖”（《神曲·炼狱篇》第三十三章第七十八节）这样的叙述，然而对信徒而言，罗马还是很快地成为“新耶路撒冷”。即使是原本在耶路撒冷和君士坦丁堡的各种圣髑与圣人遗物，也被搬迁到罗马。人们相信，每个基督徒在一生之中至少要去一次罗马，而且最好是沿着特殊的朝圣路线步行前往，以亲访被保存在梵蒂冈圣彼得大教堂（San Pietro）[5]、拉特兰大殿（San Giovanni in Laterano）、圣母大殿（Santa Maria Maggiore）、圣保罗大殿（San Paolo fuori le Mura）、圣十字大殿（Santa Croce in Gerusalemme）、圣洛伊佐大殿（San Lorenzo fuori le Mura）和圣塞巴斯第安大殿（San Sebastiano）等七座著名教堂的圣人遗物[6]。

事实上，罗马很早就已经成为基督教道德首都，这主要与人们开始前往瞻仰使徒圣彼得和圣保罗骨灰，以及耶稣受难圣遗物的宗教习俗有关。君士坦丁一世（Corstantino il Grande）的母亲圣海伦娜（Elena），在 3 世纪末 4 世纪初时，将部分“因神迹而获得的”圣人遗物从耶路撒冷搬到罗马，这些圣人遗物包括耶稣受难十字架的一部分、把耶稣钉在十字架上的钉子、来自耶稣被钉死在十字架上时被戴上的荆棘冠的两根荆棘，以及刻有“耶稣、犹太人之王”的希伯来文、希腊文与拉丁文字样的螺旋状装饰（目前被保存在圣彼得大教堂与圣十字大殿）。在罗马的拉特兰大殿，也有来自耶路撒冷彼拉多（Pilato）总督府的圣梯，前往朝圣时，信徒只能跪着用膝盖走上去。圣梯的尽头是教宗私人使用的小教堂，一般把这间小堂称为至圣小堂或圣梯小堂（Sancta sanctorum）[7]。前来朝圣的信徒并无法进入至圣小堂，只能透过格窗看到“NON EST IN TOTO SANCTIOR ORBE LOCIS”的字样，意思是世上没有比这个更神圣的地方。渐渐地，许多圣人遗物都从耶路撒冷被搬到罗马，包括耶稣受难地各各他山（Golgota）的土壤，耶稣被捆绑接受鞭笞时的那根柱子（圣尤弗拉西苏斯教堂［Sant' Eufrasia］）[8]，耶稣圣婴在伯利恒诞生时的马槽（圣母大殿），最后晚餐所使用的桌板（圣母大殿），罗马士兵用来戳刺耶稣胸膛的命运之矛[9]（圣彼得大教堂），一块印有耶稣肖像的面纱，也就是耶稣在前往各各他山的路上，圣妇韦罗尼加（Veronica）给耶稣拭面的那块汗巾（这块布被称为“韦罗尼加”[10]，在1608年以前一直被保存在圣彼得大教堂，之后便消失匿迹），此外还有一些圣像（指“非出自人手的圣像”），以及圣施洗者约翰的头颅（保存在圣西尔维斯特教堂［San Silvestro］）。

圣海伦娜之子，也就是君士坦丁一世大概很担心，不知该以何种建筑来保存母亲所带来的圣物，才能彰显其重要性，所以于4世纪在位期间在罗马建造了四座重要的大教堂，而且这些教堂至今仍是朝圣之旅的必经地点。这些为了保存圣物而建造的教堂，因为其内圣物之来源地而象征着基督教世界最重要的几个圣城：拉特兰大殿代表耶路撒冷，圣彼得大教堂代表君士坦丁堡，圣保罗大殿代表埃及的亚历山大港，圣母大殿则代表目前位于土耳其南部的安条克。其中，安条克之所以重要，是因为根据福音经书[11]，这是第一个出现“基督徒”字眼的城市。一般而言，受到认可的朝圣之旅，必须包括七座教堂在内，也就是说，登上罗马城周围的七座山丘，除了上面提到的四座重要教堂以外，再加入圣十字大殿、圣洛伊佐大殿和圣塞巴斯第安大殿（最后两间教堂的位置离世上最古老墓窟的入口处不远）。

理想的朝圣之旅，自然也必须包括谒见教宗，或至少要看见教宗。俄罗斯作家果戈里（Gogol）就曾经在1837年4月15日写给丹尼列夫斯基（A. S. Danilevskij）的信中提道：

> 我在复活节前夕抵达罗马，而第一件事就是去看教宗。如此一来，我就算是遵照着老规矩做了……

他又在1838年5月13日的另一封信里，以略带嘲讽的语气描述了同样的仪式：

> 佐洛塔廖夫（Zolotarev）在罗马待了一周半，待他看到教宗洗脚并求上帝降福众人以后，就马上出发前往那不勒斯看看那些该看的地方。

随着时间演进，人们对罗马宗教圣地的态度，也扩大到市内其他不具宗教意义的美丽地方。法国文学家和历史学家伊波利特·泰纳（Hippolyte Taine）就曾经在1864年参观罗马竞技场时，对眼前看到的景象感到恼怒：

> 竞技场的中央有个十字架，一个身穿蓝衣、也许来自中产阶级的男士，静静地走近，他摘下帽子，收起手上的绿色雨伞，虔诚、急迫地亲了十字架三或

“地狱—炼狱—天堂”三元公式

朝圣之旅

四次。用这几个吻，他挣得了两百天的大赦。[12]

历代教宗驾轻就熟地使用各种财务手段，并创造出一个复杂的系统，专事施舍金、捐献、贮备、豁免、大赦、禧年、十字军税等诸如此类事务的处理。在查理·狄更斯（Charles Dickens）的时代，一股毫无羞耻的市侩气氛弥漫在罗马各圣殿周围，尤其让狄更斯留下负面的印象，这和稍后让泰纳大感恼怒的罗马竞技场十字架是类似的状况。狄更斯写道：

> 最重要的是，这里一定会出现捐献箱，不管是以什么样的型式。有时，它是放在礼拜者之间，以真人大小的木制耶稣雕像样貌出现的捐款箱；有时是专门为了维修圣母雕像而放置的小盒子；有时是以圣婴名义提出的呼吁；有时是由教堂管堂在长棍子末端吊着一个袋子，在人群中到处伸着，叮当作响地摇晃着它，藉此要求捐款；然而，它们常常以不同型式在同一间教堂里发生，实际上也做得相当好。即使到了户外街道上也不乏类似情况，当你独自走在街头，想事情想得出神时，一只锡罐会突然从路旁的小屋跳到你眼前，上头还会写着“给在炼狱里受苦的灵魂”；这人除了在你面前拿着锡罐不断发出声响以外，还会不停地复述着这句话。这就好像一个小丑满怀希望地在你面前努力地摇着一个破碎的铃，却认为自己正弹奏出管风琴般的美妙音乐一样。
>
> 这景象让我想起罗马市内一些特别神圣的教堂圣坛上，都会刻有“这个圣坛每举行一次弥撒，就会拯救一个灵魂脱离炼狱”的字样。我从来没能了解这些服务要收取多少费用，不过它们应该挺昂贵的。罗马也有好几个十字架，亲吻十字架能够让人获得各种不同期限的赦免。在罗马竞技场中央的十字架，亲一次值一百日；有人可能从早亲到晚。让人感到好奇的是，有些十字架似乎特别受到欢迎，竞技场的这个就是其中之一。在竞技场的另一个角落，有另一个放在大理石板上的十字架，上面写着：“亲吻此十字架者，可以获得两百四十天的赦免。”我日复一日坐在竞技场里，却完全没看到任何人去亲吻它，只看到一群群乡下农夫从它前面走过，正要去亲另外一个十字架。[13]

“安息”（morte beata）的概念也渐渐在罗马传开。根据罗马教会的观念，在罗马身殁，对一个人身后的喜乐是有帮助的，因为对这些已经安息的灵魂、忏悔和受到赦免的罪人来说，因为在罗马身殁，通往天堂的旅程就比较短。部分位于罗马的教堂设有能够直接通往天堂的圣门，例如在圣彼得大教堂、圣保罗大殿、圣母大殿与拉特兰大殿这四座主要的大教堂，就有这样的圣门存在。这些教堂的第五个入口平时都是关闭的，甚至会用砖墙封起来。每次在宣布圣年的时候，教宗会亲自用榔头“破坏”这些砖头（也就是象征性地敲三下）。在整个圣年期间，这道门都会一直开着，让死者能有机会更迅速地到达天堂；等到圣年结束之际，这道门又会被砖墙给封起来。

第一个圣年是在1300年宣布的。当时，罗马教会非常希望能找到一种能让所有基督徒团结一致的仪式。13世纪末，欧洲各地动荡不安，其程度好比第一个千禧年。接连不断的饥荒苦难，让人们深信世界末日将至，到处弥漫着苦行禁欲的气氛，而在各个修会中，圣方济修会尤其将穷苦人家和被剥夺者认定为社会中最受尊敬的阶层。当时的末世氛围替罗马教会新提出的赦罪概念创造出有利的环境，那些在世时没有钱为身后喜乐做出捐献的穷人，一一在1300年步行到罗马，参加那庄严肃穆的游行与庆祝活动。教宗在1300年2月22日的宣告中承诺，在1300年，能连续在四周期间内，每天到罗马圣彼得大教堂和圣保罗大殿祷告的罪人，将能得到完全的赦免。

因此，数不胜数的朝圣者蜂拥至罗马各圣地。在中世纪时期，人们把那些立誓前往罗马朝圣的人，叫做“罗密欧”（romeo）；因此莎翁笔下与朱丽叶相恋的罗密欧，初次是以无名“朝圣者”的身份出现在朱丽叶面前，被朱丽叶称为“好心的朝圣者”（good pilgrim），其实并非偶然。罗密欧这个名字源自希腊，是希腊人对于前往巴勒斯坦朝圣者的称呼，不过它很快就因为语源俗解之故，转而被用来称呼前往罗马朝圣的旅人。

如我们所知，歌德的时代比中世纪时期晚了很久，不过他在前往意大利的途中，同样也遇上并记述了类似的旅人[14]：

> 除了途中看到的各种人物与景象以外，我还遇上另一种与我同样来自德国的旅人：也就是两位我第一次有机会近距离接触的朝圣者。这类旅人能够免费使用大众运输，不过因为船上其他人不喜欢跟他们坐得太靠近，所以他们并不像其他乘客一样坐在包厢内，而是跟着舵手坐在船尾甲板上。乘客都很稀奇地盯着他们看，却也没有表现出多少尊重，毕竟最近有不少恶棍假扮成朝圣者……他们先到科隆的东方三贤士之墓参拜，然后穿过德国，现在正步行朝罗马前去，之后再回到意大利北部；然后，其中一人应该会走回位于西伐利亚（Vestfalia）的家，另一人则打算继续朝圣之旅，往西班牙圣地亚哥（Santiago di Compostela）前去。

这些前往罗马朝圣的旅人，其朝圣之路并不容易。在启程以前，这些朝圣者必须立下遗嘱，就守寡期与守寡方式和妻子达成协议，以免途中遭遇不测，然后要偿还债务，与众人和解，并接受神父祝福，这才准备旅途装束：礼袍、凉鞋、拐杖与背包。前往西班牙圣地亚哥朝圣的旅者会在帽子上粘上一只贝壳，前往耶路撒冷的则粘上棕榈叶，而占最多数、以罗马为目的地的朝圣者，则在帽子上装上一块印有耶稣肖像（前面提到的“韦罗尼加”）的小牌子。

来自欧洲各地、北非与亚洲的朝圣者都会走过朝圣之道，在罗马聚集会合。安布拉道（via Ambra）由安布拉河顺流而下的，走这条路线的大多是从波罗地海地区南下穿过提洛尔而进入意大利的朝圣者；经由诺曼道（via Normanna）的，大多来自拜占庭和小亚细亚，取道意大利东南部充斥着诺曼式城堡与大教堂的普利亚地区，此外，诺曼道上也会出现来自黑海沿岸的维京居民。艾米利亚—罗马涅区道（vie Emilia）或称罗马道（vi Romea），连接着巴尔干半岛、东欧和罗马，朝圣者经过阿奎雷亚与弗留利地区，然后取道威内托地区与罗曼尼亚地区前往罗马。法兰西道（via Francigena）始于大不列颠，穿过法国，经大圣贝尔纳山口到达意大利的瓦莱达奥斯塔地区，再经过皮埃蒙特地区、利古里亚地区和托斯卡纳地区海岸抵达罗马。“法兰西道的诞生，来自于伦巴底人与（后来）法兰克人[15]的政治与军事需求，它自 11 世纪起逐渐成为欧洲朝圣系统的重要中枢，其后，这条汇集来自各地旅人的信道，其文化交流层面愈显重要。”[16]

法兰西道的开拓可以回溯到意大利伦巴底王国统治期间（568—775）。伦巴底人兴建这条道路的目的，在于连接托斯奇亚地区（Tuscia）[17]与北意波河流域地带。古罗马人未曾想到要将这些区域串连起来，毕竟在古罗马时期并不需要这样的通道，因为对古罗马人而言，条条大路通罗马，地区之间的交通并不重要。然而，与拜占庭帝国冲突不断的伦巴底王国，则希望离它越远越好，因此决定沿着意大利半岛西岸，开拓一条通往欧洲其他地区的道路。正是伦巴底人开凿了穿过奇萨山口（Passo della Cisa）的高山险道，重新修复了旧时连接路卡（Lucca）和帕尔马（Parma）的道路，并将之延伸到艾米利亚—罗马涅区道的西端。经过清理、拓宽、凿山洞、重新铺路并设置必要硬件设施的信道，自 8 世纪起便成为朝圣者前往罗马圣地的道路。到了 9 世纪，意大利伦巴底王国的势力逐渐受到法兰克人削弱，这条道路的重要性愈形提升，并开始被称作“弗朗西斯卡道”或“法兰西道”，意思是“由法兰克人建筑”的意思。

法兰西道可以说是人类朝圣之旅的最主要道路。来自西方的朝圣者在前往巴勒斯坦和西班牙圣地亚哥时必须经过这条道路，目的地为后者的旅人，通常会先前往热纳亚共和国，在圣玛格莉塔利古雷（Santa Margherita Ligure）港口乘船前往西班牙，而即便在今日，位于这个港市的圣贾科莫大教堂（或称圣詹姆士大教堂），仍有专为讨海人赎罪而举办的宗教仪式。此外，法兰西道也很自然地成为将货物运往法国、英格兰和荷兰的陆路通道。因此，若从饮食的角度观之，不论在中世纪、文艺复兴时期或巴洛克时期，法兰西道上出现了许多较为富庶、开化、开发且文化较高的城市，也就不足为奇了。

坎特伯雷大主教希杰里克（Sigeric the Serious）在 10 世纪末前往罗马朝圣途中所写下的旅行笔记，被完整保存了下来。希杰里克大主教巨细靡遗地写下了他的旅程，包括途中的行馆、医院、步行距离仅一日之遥的招待所、小旅店、修道院小教堂与祈祷室等，供后来的朝圣者参考。朝圣路线上，设有警戒保卫队，保护旅者免于强盗侵扰，这些护卫队常常是由圣殿骑士团提供。当时也有一种尚未发展成熟的旅行支票，也就是具有保障的金钱运输模式。这种旅支由圣殿骑士团提供保证，系统一直运行到 14 世纪初圣殿骑士团解散为止。

在这些通往罗马的道路上往来的旅人，似乎来自欧洲各地。来自佛罗伦萨的历史学家古列尔莫·温图拉（Guglielmo Ventura）表示，在第一个大赦年间前往罗马的群众，高达两百万人。这样的数字也许夸大了，但毫无疑问的是，某些天的当日朝圣者流量可能不低于三万人。为了维持往返圣彼得大教堂的人潮秩序，当局还特地在圣天使桥上实施双向通行。但丁是这么叙述的：

> 就像罗马人因为大赦年人潮汹涌，想办法让群众有秩序地过桥，因此在桥的一侧，全部的人都往城堡方向行进，以抵达圣彼得大教堂；桥的另一侧则全部往山丘方向……[18]

川流不息的人潮与钱潮，在一个个大赦年不断地流进城里，让罗马城越来越宏伟、壮丽，恰与这些庆典带有禁欲本质的宗教内涵形成相反的对比。数百万旅者带来的收入，让罗马人铺路、购买雕像、累积收藏、装饰建筑，而且因为不管是什么东西都缺，所以所有东西都加倍成长，以十倍大的规模迎接下次大赦年的到来，不论是神职人员或一般市民，都因为大理石的光彩和金箔的闪烁光辉而感到目眩神迷。

与大赦年同时发生的，还有所有教堂的修复工作，而且不仅限于与大赦有关的教堂；事实上，受到修复的不只是教堂，还包括所有的市民广场、街道、桥梁等等。教廷委托给像是波洛米尼（Borromini）与贝尼尼（Bernini）等建筑师与雕刻家，市内处处充满天才之作。而大赦年期间的罗马城，更是夜夜火树银花，热闹非凡。值得一提的是，为了迎接1600年的大赦年，教廷更拆了罗马市中心鲜花广场（Campo dei Fiori）周围的建筑物，并于1600年2月17日在此举行开启仪式，将乔尔丹诺·布鲁诺（Giordano Bruno）[19]送上火刑柱处以火刑。

17世纪末，俄罗斯沙皇彼得大帝派他的皇宫总管托尔斯泰公爵（Pëtr Tolstoj）到意大利，在大赦年前夕的1699年来到罗马。当然，托尔斯泰公爵感兴趣的地方主要是东正教圣地，因此他去了白俄罗斯希腊礼天主教会[20]和神人圣亚肋削之家（casa di sant'Alessio-uomo di Dio），不过即使面对着这位来自野蛮地带的外国人，“夏季时让人感到炙热难耐的教宗宫殿”和“收藏有包括可兰经等多国语言古籍的教廷图书馆”仍然热忱友善地敞开大门。托尔斯泰公爵特别被引荐给“罗马领导人”，而这位领导人也特别从教宗处征得许可并取得钥匙，向托尔斯泰公爵“展示位于罗马的所有圣物”。公爵因此得以了解有关大赦年过程排演的所有细节，而且马上从至圣小堂和圣梯的部分开始：“罗马人相信，当末世审判到来，伊莱贾和以诺两位先知将会降临，并由此打开通往天堂之路。从教堂广场可以进入这间正面设有五座门的大教堂……在五座门中，中央正门总是关闭的。而且教宗本人也不一定走这个入口进教堂……”至于大赦年的部分，托尔斯泰公爵的记述就有诸多回避之处——因为对东正教而言，即将到来的这一年不论就其概念或历法而言都不是圣年。不论如何，托尔斯泰公爵对罗马如何接待游客的方式，绝对留下了正面的印象：

> 无论男女都英俊漂亮且彬彬有礼……罗马人对陌生人很友善，是莫斯科人比不上的……桌上铺了高雅的桌布……锡制的碟子和托盘，看起来又高雅又干净……洗手台和水盆都维持得很干净……罗马居民诚实善良，不吸烟，也蔑视吸烟者……[21]

这样的叙述完全无误：由于教廷的立场，接待单位被迫向外地来的旅人提供洗手设备与干净的餐盘，有客人在场时也不能抽烟。饮食方面则必须因应来自大量朝圣者与旅客的需求。意大利人替朝圣者发明了许许多多形式各异、不易腐败且能随身携带的食品，并准备了各种佛卡恰（focacce）面包及能长时间放在背袋里的面包。即使到了今日，餐馆食肆主人也会借机发挥想象力，尽管有时过分热情所致，超越了美味的边界，是好是坏其实有待商榷。最近一次的大赦年发生在2000年，当时罗马某些餐厅专为朝圣者与游客推出的特别菜单包括：财务枢机总管煎羊排、枢机主教猪排、西斯廷式牛肝菌菇、圆顶色拉、修士菊苣。

作为天主教信仰前哨站的中世纪时期修道院，是这种宗教旅游经济的主要受惠者与操作者。之后，阿拉伯势力开始扩张，拜占庭帝国逐渐式微，由于7世纪至10世纪海盗劫匪越来越多，地中海成了危险航道，欧洲经济发展因而停滞不前，一直到11世纪十字军东征以后才开始改善。不过在十字军东征之前，8世纪之际，阿拉伯人控制着地中海，阻碍欧洲人旅行与贸易，使得原本在5至8世纪古罗马时期因为转口贸易而蓬勃发展、腹地远及莱茵河谷的欧洲古城，发生了经济衰退。

全欧洲的商人阶层都到了危急关头。欧洲有价货物的进口几乎降至零，不论是书写用的莎草纸或是医疗与烹饪用的香料，全都断了货。在这段困难时期，只有意大利能继续维持着文化与商业网络；这里指的，是城堡贵族之间、主教宫殿之间，尤其是修道院之间的关系。不论政治与经济情势如何，沿着法兰西道与其他朝圣之路的各修道院，由于受到天主教军队的保护，总是有络绎不绝的旅人带着货品与讯息经过。

众所周知，在中世纪时期，修道院保存了许多文化典籍与古籍，记录下历史与语言，建立图书馆。不过，修道院也拯救了经济、农艺、畜产、旅游与烹饪文化！此外不能不提的，还有它对意大利地缘政治结构的影响。在意大利，即使在小城镇，也不会有地处边陲的感觉，反而会觉得这城镇就是一个中心。人潮川流不息的地方，就不能说是荒郊野外，而且，城市或乡镇之间从来也没有孰优孰劣的情结存在，宏伟教堂、修道院、图书馆一样地林立其间，各种宗教庆典颂扬着不可思议的奥秘，吸引朝圣者前来，各种最前卫的职业与技艺也应运而生。

修道院引导着朝圣人潮，院内医师也会替病弱者安排庇护所。单是意大利西北部从阿尔卑斯山到罗马这一段道路，就有650间修道院为朝圣者提供住宿、医疗、盥洗与饮食，更别提在南部从普里亚地区到卡拉布里亚地区还有多少间修道院存在！

修道院的能量与创造力，也对地方烹饪方式起了影响。人们在修道院里吃的是健康素食，地中海饮食在此处受到精炼与提升，不过带着白色高帽的大厨们（这种隐士帽后来成为餐饮界厨师制服），也不忘融入来自蛮荒地区的饮食元素。

修士们在修道院中研究着包括农业等主题在内的各种古籍，编写着各种食谱，并借此改善居民饮食，将之去芜存菁。修道院里的图书馆，是烹饪哲学与实践的重要来源与依据，修道院的厨房与花园更常常被当作实验室。在许多天主教礼拜仪式中，橄榄油（圣油）在特定圣礼中的施用，是众所皆知的，因此，修道院认为自己必须担负起此任务，以科学方法栽植橄榄树，并选出最优良的品种。此外，许多烘焙食品也是在修道院里发明的，修道院每天都会准备面包分发给穷苦人家（罗马教会订的规矩），不过当然也有拿来贩卖的。

根据西西里作家朱塞佩·托马西·迪·兰佩杜萨（Giuseppe Tomasi di Lampedusa）在《豹》（*Gattopardo*）一书中的描述，西西里岛名菜烤通心面（pasticcio di maccheroni）是本笃会修士发明的；此外，本笃会修士还发明了罗马和那不勒斯的炸饭团（arancini di riso）、镶了各种复杂馅料的橄榄、西西里卡萨塔蛋糕（cassata siciliana），以及外型变化多端的杏仁糕。弗留利地区的烟熏培根（speck）和蒙塔西欧起士（formaggio Montasio）更是本笃会修士在13世纪期间专门替路经阿奎雷亚的朝圣者制作的食物。

更者，修道院与院内厨师是文化传统交流的拥护者。事实上，修道院里就聚集了来自四面八方的僧侣修士。代表前往西班牙宗教裁判所的多米尼科·坎图奇修士（Domenico Cantucci），就将番红花带到了位于意大利中部阿布鲁佐地区大萨索（Gran Sasso）的多明我会修道院，之后，广大的番红花栽植场就在阿布鲁佐地区发展了起来。

整个意大利就是一条通道。在20世纪几部由费里尼（Fellini）、帕索里尼（Pasolini）和安东尼奥尼（Antonioni）等名演导执导的精彩电影中，观众就是透过各种道路隐喻来了解意大利的现实。这个国家并没有首都。有“世界首都”（caput mundi）之称的罗马，是一段旅途的终点，而不是新生命的起点。自数世纪朝圣之旅所流传下来的移动迁徙，让世人认识了意大利。这种完全的移动迁徙靠的是双脚，也倚赖其他移动方式。在中世纪时期，人们在朝圣途中会在沿路上的许多停靠站停留，并在日间停靠、过夜、野餐、参观各地名胜并品尝当地特产与地方风味。在长途跋涉、品尝许多意大利面以后，人们终于可以稍微了解意大利，同时（谁知道是不是真的）让灵魂和内疚得到解放。

1. 译注：欧洲中世纪的教会哲学。运用逻辑和哲学方法讨论、讲授基督教的教义，设法调和理性与信仰间的冲突。

2. 译注：为宗教目的所作之捐献。

3. 译注：位于现在的以色列北部。

4. 译注：《神曲》写于 1307 年至 1321 年。

5. 译注：又译为圣彼得大殿。

6. 译注：这些圣人遗物就是所谓的罗马奇迹（Mirabilia Urbis Romae），而保存圣髑髅的这些教堂又通称为罗马朝圣七大殿。

7. 译注：彼拉多是罗马帝国犹太行省的执政官，根据新约圣经记载，他曾多次审问耶稣，因为受到来自犹太宗教领袖的压力，判处耶稣钉死在十字架上。在拉特兰大殿的一段二十八级大理石台阶，据信来自拉比多总督府，耶稣当年就是沿着这个台阶走去接受审判，因此而有“圣梯”之称。

8. 译注：目前这根圣柱被保存在罗马圣巴西德堂（Basilica di Santa Prassede）。

9. 译注：相传耶稣在受十字架刑后，罗马士兵为了确认耶稣是否已经因刑死亡，用长矛戳刺耶稣的心脏位置。

10. 译注：韦罗尼加来自拉丁文的“vera icona”，意思是基督的“真正肖像”，后来逐渐演变成“veronica”，音译为“韦罗尼加”。

11. 译注：指由耶稣门徒玛窦（马太）、玛尔谷（马可）、路加、若望（约翰）所撰述的四部福音，介绍耶稣生平事迹。

12. 泰纳，《意大利游记》，第 15 页。

13. 狄更斯，《意大利风光》（*Pictures from Italy*），第 245 页。

14. 《意大利游记》，1786 年 9 月 28 日。

15. 译注：历史上居住在莱因河北部法兰西亚（Francia）地区的日耳曼人部落。

16. 斯托帕尼（Stopani），《法兰西道》（*La via Francigena*），第 152 页。

17. 译注：包含目前意大利托斯卡纳全区、翁布里亚地区的绝大部分、以及拉奇奥地区北部。

18. 《神曲 · 地狱篇》第十八章，第二十八至三十二节。

19. 译注：文艺复兴时期意大利思想家，因为挑战被教廷奉为真理的地心说，支持哥白尼的地动说，以及泛神论观点而被教廷指为异端，最后因此被处以火刑。

20. 译注：东正教会的一支，是全面承认罗马教廷之东方公教会。

21. 《托尔斯泰总管欧洲游记》（*Il viaggio dello scalco Pëtr A. Tolstoj in Europa*），第 225 页。

4 LOMBARDIA 伦巴底地区

伦巴底地区的饮食变化并不亚于意大利其他地区，这主要因为它受到许多来自周围地区的影响；伦巴底地区北与瑞士接壤，尤其是瑞士的提契诺行政区（Ticino），西临皮埃蒙特，南接艾米利亚—罗马涅区，东倚威内托和特伦蒂诺，而且，在此地也能深切感受到外来侵略者的影响。在 16 至 17 世纪期间统治此地区的西班牙人，在此地留下了番红花炖饭，并成为伦巴底美食的代表；而在 18 至 19 世纪占领此地的奥地利人，则引进了经典的维也纳炸肉排（Wiener Schnitzel），在伦巴底地区改称为“米兰式炸肉排”（cotoletta alla milanese）。地理位置所致，伦巴底地区的菜色结合了阿尔卑斯山区与波河平原的特色，也就是高蛋白和高碳水化合物的特色（这两者分别是山区与平原地区的饮食特色）。

我们必须承认，在伦巴底人的饮食习惯中，只有海鲜烹饪无法追溯它的起源。然而，今日的米兰拥有全意大利最大的批发鱼市场，米兰地区的海鲜餐厅能够由此获得食材供应来源，尽管这些餐厅与传统米兰饮食和真正的伦巴底烹饪毫无关联，它们仍然是外出用餐的好去处，贝加莫（Bergamo）与布雷西亚（Brescia）曾经受到威尼斯共和国的统治，饮食烹饪都还留有威尼斯的痕迹；曼托瓦（Mantova）和克雷玛（Crema）等地则以艾米利亚—罗马涅区菜色占大宗；而伦巴底北部则较能感受到来自瑞士地区的影响，在位于湖边的边境城市科莫（Como）尤其明显。

科莫自古以来就是烹饪人才的摇篮，此地会培育出意大利重要烹饪典籍《烹饪艺术全书》（*Libro de arte coquinaria*，1450）的大师级作者马蒂诺·罗西（Martino Rossi），并非偶然。曾多年担任阿奎雷亚大主教私人厨师的马蒂诺，也曾先后在威尼斯与米兰宫廷任职，在米兰时期更受雇于当时的权贵吉昂·贾科莫·特里武尔齐奥将军（Gian Giacomo Trivulzio）。特里武尔齐奥先后曾效力于那不勒斯王国与法国王室，并曾被法国国王任命为驻意法军元帅兼指挥官，之后，他转至米兰大公麾下服务，而当时的米兰宫廷早已成为意大利与瑞士之间的政治与文化中心。由于马蒂诺之故，我们知道早在15世纪，以醋渍或油炸方式烹调的淡水鱼，包括鳟鱼、河鲈、丁鱥、西鲱与其他鱼干（在当地称为“missoltino”或“misultitt”，音译为密梭汀诺或密酥提特），就已经是科莫一带的基本食材，而河鲈炖饭就是从科莫流传到伦巴底北部其他地方的。

18世纪，由于伦巴底地区不停受到那不勒斯和法国侵犯之故，伦巴底炖肉（cassoela）这道与南法法式炖锅（pot-au-feu）极为相似的特殊菜肴，被遗留了下来。伦巴底炖肉以肉和蔬菜为底，是一道用料丰富实在的主菜，通常在周日烹煮，搭配玉米糕享用，由于它不好消化，因此不适合当成午餐轻食。然而，这里还是有其他烹煮和用餐都比较节省时间的主菜，让勤奋且有组织的伦巴底人能迅速地坐上餐桌、享用美食。再返回工作岗位埋首苦干。

“米兰人忙碌的生活方式对他们的饮食习惯造成了很大的影响：总是匆匆忙忙，被迫要表现出很有效率的样子，这让他们把食物单纯当成一种为了储存能量而消耗的营养物，吃了，才能热忱勤奋地工作。”恩里科·伯特利诺（Enrico Bertolino）在他的轻松小品系列《仇外指南：意大利民族最佳缺陷写真》（*Le guide xenofobe: Un ritratto irriverente dei migliori difetti dei popoli d'Italia*）中曾这么写道。“有些人吃饭的原因，完全是因为大部分抗压药物只有在吃饱以后才能吃。”[1]

无论如何，把“米兰人的”和伦巴底其他地区的饮食习惯画上等号，其实是太过简化的陈腔滥调。

自伦巴底人[2]在中世纪早期6世纪入侵以后，伦巴底王国的首要城市实际上并不是米兰（米兰自15世纪才开始成为伦巴底地区的主要城市），而是以帕维亚（Pavia）为中心。尽管帕维亚在名称上可能会让人误以为是教皇之都，[3]它其实是个王城。中世纪的帕维亚王国，其繁华程度无与伦比，这主要是因为它是个岸边城市，而且坐落于威尼斯商船从亚得里亚海前往皮埃蒙特地区必经的唯一水道上。11世纪初，尽管欧洲大部分地区都呈现出衰退萧条、货品缺乏的景象，帕维亚却令人难以置信地持续着荣景，想买什么都找得到。根据《帕维亚年报》（*Honoranciae Civitatis Papiae*）的记载，每个威尼斯商人都必须向帕维亚财政大臣分别缴交一磅的胡椒、肉桂与姜；而财政大臣的妻子则应从每个商人处收到一把象牙梳、一只镜子、一瓶香水和配件组，或者是二十个帕维亚币。随着时间演进，来自法国、西班牙、英格兰、德国与东方的商人，越来越频繁地在帕维亚向威尼斯商人采购，由此将货品带回他们的国家。因此，意大利北部的贸易逐渐发展，通往欧洲北部的道路也愈显重要。

自1176年，由伦巴底北部包括米兰、贝加莫、莱科（Lecco）、克雷莫纳（Cremona）、曼托瓦与布雷西亚等公国组成的伦巴底联盟，在弗里德里克一世的领导下，于莱尼亚诺战役打败了帕维亚，此后，帕维亚的主导地位开始受到威胁。之后，由于开通了穿过圣哥达山口[4]的新商业通道，让伦巴底地区可以穿过巴塞尔（Basel）和卢森（Lucerne），直通莱茵河谷地带，米兰因而崛起。在奥托内·维斯孔蒂大主教（Ottone Visconti）在1278年成为米兰统治者，同时握有宗教与政治大权以后，米兰更一步步攫取了帕维亚在伦巴底地区的优势。然而，幸亏米兰和帕维亚都还各自为政，米兰因此得以更加强大。由于米兰势力的增长，帕维亚和米兰的位置对调了过来，前者成了后者的政治附庸。在 1882 年穿过圣哥达山口的隧道打通以后，米兰再也不怕来自其他城市的竞争，成为欧洲的重要交通枢纽。

米兰大公吉安·加莱亚佐·维斯孔蒂（Gian Galeazzo Visconti，1351—1402）曾到帕维亚附近度假，并在那里建造了一座宏伟城堡供休憩之用，常邀请许多作家共游。他对研究、诗歌和上流社会的品味，是受到在他之前的米兰领主，也就是他的伯父乔万尼·维斯孔蒂（Giovanni Visconti）的影响，流放诗人弗朗西斯克·彼特拉克（Francesco Petrarca），在 1353 至 1361 年间，就曾经停驻于乔万尼·维斯孔蒂的宫廷。因此，帕维亚皇家住宅是为了消磨假期所建，在文艺复兴时期，此处所举办的各种豪华盛宴更屡次出现在诗人的叙述中（主菜以新鲜肉品和野味为主）。列奥纳多·达·芬奇（Leonardo da Vinci）在 1483 年抵达由卢多维科·斯弗尔扎（Ludovico il Moro）[5] 领导的米兰宫廷，替斯弗尔扎大公另外设计了帕维亚地区的排水和运河系统，到今日仍用于帕维亚周围稻田灌溉，而且一直延伸到米兰。

不论从旅游导览或从地名学（米兰市中心有条拉格托路和拉格托街，拉格托是“Laghetto”的音译，在意大利文是“小湖”的意思），我们都可以很清楚地看到运河对米兰的重要性。自达·芬奇至墨索里尼时代为止，米兰可以利用这个高效率运河系统所带来的优势，将提契诺河和波河串连起来。藉由运河系统，米兰因此成为五海之都。沿着运河穿过马焦雷湖（Lago Maggiore），直接从坎多吉亚（Candoglia）和奥索拉（Ossola）将一块块珍贵的粉红大理石及片麻岩运到大教堂，花费了超过六个世纪的时间才竣工。然而，为了解决飞蚊肆虐与交通拥塞的问题，墨索里尼下令将大部分运河用鹅卵石掩埋，葬送了这个运河系统。

法国作家司汤达（Stendhal）对这有效的都市交通系统（虽然现在早已步入历史）与高雅明智的铺路方式（米兰市中心到处都可以看到这些美丽的遗迹）深为着迷，曾在日记中巨细靡遗地描绘了米兰市区和郊区的排水渠、运河和下水道系统，甚至还附上插图。[6]

由于阿尔卑斯山冰河带来了丰沛的水资源，米兰得以跃升为该地区的主要城市。融雪从阿尔卑斯山流到地下水道与河谷盆地，而米兰就坐落在这水道的上方——市内街道与广场上的花圃，即使在炎炎夏日也不会枯萎，就得以让人一窥端倪。

农村地区的灌溉系统，是以达·芬奇时代的系统为基础加以改善而成。灌溉系统里包含了许许多多的小喷泉，将微尘般的喷雾洒在草地与原野上。这喷雾的温度一直维持在摄氏八度，如此一来，原野草地不至于过热，而且也能免于旱灾与寒灾，让栽植者和农家终年都能藉此种植不同的饲料作物。这成就了伦巴底地区极为发达的畜牧业，畜牧业也因此成为伦巴底农业的特色。尽管伦巴底地区的经济以工业为主，其农牧业发展却居于全意大利第二位，仅次于艾米利亚—罗曼尼亚地区。

司汤达在 1816 年 12 月 28 日的日记中写道：

米兰的斯卡拉歌剧院（Teatro alla Scala）

博洛尼亚（Bologna）背山望北，与坐北朝南的贝加莫遥遥相望。广大的伦巴底平原在这两座城市城之间绵延，是文明国家中最宽广的平原。[7]

伦巴底的经济实力在这片人造天堂中逐渐壮大，正因如此，意大利哲学家卡罗·卡坦内奥（Carlo Cattaneo）在《伦巴底消息》（*Notizie sulla Lombardia*）中谈论这块土地时，才会出现“十分之九并非大自然的杰作；它出自我们的双手；是人为创造的乡土”此种近乎口号的叙述。[8]

司汤达从米兰前往帕维亚时，曾在1816年12月16日写道：

从米兰到这里的乡间田野，可以说是欧洲最富庶的地区。每走一段距离，都可以看到川流不息的运河，滋养这片肥沃的土地；河道中航行着从米兰前往威尼斯，甚至美国的船只；然而，盗贼常在光天化日之下打劫。[9]

由于水资源充沛，此地农业极重稻米栽植，尤以介于帕维亚与皮埃蒙特地区之间的洛梅利纳平原（Lomellina）和伦巴底地区西南部的曼托瓦为主要产区，而人类足迹可达的所有河谷平原，都有牧草饲料的采集，支持着此地区蓬勃发展的畜牧养殖业。早在13世纪，文法研究与服务业始祖谦卑会（ordine degli Umiliati）创始者波维辛·达拉里瓦（Bonvesin da la Riva）就在《论米兰的成就》（*De magnalibus urbis Mediolani*）一书中表示：“我们的土地上处处长满丰硕果实，大量生产着各种精彩丰富的粮食。”根据波维辛的说法，米兰周围田野饲养的牛只超过三万，而他也对市场中丰富的肉品，写下了让人印象深刻的记述。

早在8世纪，就有民间记载颂扬着伦巴底地区丰富的肉品、谷物与葡萄酒种类。这里的饮食热量高且油腻：也许因为居民工作勤奋，早出晚归之故。因为伦巴底人没有太多时间坐在餐桌上用餐，所以他们也找到各种不同的方法，将传统食物转化成营养快餐。举例来说，在托斯卡纳地区以明火炭烤、每客半公斤的佛罗伦萨丁骨牛排（bistecca alla fiorentina），来到米兰就成了薄片牛排（tagliata）：正如字面所述，把牛排纵切煮个两分钟就可以上桌，甚至不用咀嚼，直接吞了就可以走人，即使只吃八十克也可以饱。伦巴底人完全秉持着“先工作后享乐”的生活态度。

尽管伦巴底人累积了不少财富，他们仍然俭约生活，许多知名的当地菜肴，都是由前一天中午的剩菜煮成的：若把它视为美德，又何必放弃？这的确也是值得骄傲的美德。事实上，米兰人对他们发明的“炒炖饭”（riso al salto）和米兰式肉饼（mondeghili）非常引以为傲，前者是将前一天吃剩的炖饭用平底锅炒热，后者是把吃剩的水煮肉切碎后做成肉饼。米兰式肉饼尤其是当地的家常菜，常和橄榄及炸饭团一起端上桌，一般被当成搭配开胃酒的开胃小菜。

米兰作家乔万尼·莱贝尔提（Giovanni Raiberti）将米兰称为“肉丸子之都”，似乎是语带幽默却又讽刺的说法。在《约婚夫妇》中，曼佐尼安排书中人物伦佐、托尼奥和杰尔瓦索在“惊喜婚礼”前去餐馆吃了一大盘肉丸。当曼佐尼的母亲朱丽娅·贝卡丽亚（Giulia Beccaria）问他为何做此安排时，书中人物“李桑德”替曼佐尼回答道：“亲爱的母亲，从小到大，你让我吃了那么多肉丸子，让我觉得我应该让书中人物品尝一下肉丸子的滋味。”[10]

在伦巴底地区诸多特产中，有一项可说是政治方案下的产物。这里指的是贝尔帕埃瑟起士（bel paese）[11]，一种来自位于米兰和贝加莫之间的小城梅尔佐（Melzo），由商人埃吉迪奥·加尔巴尼（Egodop Galbani）于1906年发明的起士。加尔巴尼从法国起士的成功中得到灵感，决定针对国际市场推出一种口味较传统意大利起士更滑顺、气味较不持久或刺鼻的起士。加尔巴尼进行了意大利食品工业史上最初的营销活动，藉此替这个新起士取名字，他最后根据修道院院长安东尼奥·斯托帕尼（Antonio Stoppani）的作品《美丽国度》（*Il bel Paese*），一部在米兰中产阶级引起极大回响的著作，替自己这个“专利”产品命名。在那个意大利才统一没多久的年代，人们正以开放的态度探讨所谓意大利人的共同理想特质，而斯托帕尼的这部著作就是以统一后的意大利为中心，进行地理与地缘政治描绘的尝试。

“美丽国度”这个词汇，在意大利早已成为意国的代名词。这个字眼初次出现在但丁《神曲·地狱篇》（第三十三章第八十节），原文为“del bel paese là dove'l sì sona”，这里的“bel paese”指意大利文通行之处，也就是“人们以‘sì’表示同意”的地方。诗人彼特拉克用这个字眼指称介于阿尔卑斯山和地中海之间的亚平宁半岛：“美丽国度／亚平宁山脉延伸、被海洋和阿尔卑斯山环绕之地”。[12] 在斯托帕尼的作品中，这个字眼第一次被用作广告标语，而这个标语在20世纪也成了一种人们广为接受的说法。

如此一来，贝尔帕埃瑟起士也成了最先透过一种理想形象来推广品牌形象的尝试之一。

伦巴底地区出产的起士种类有很多，数也数不清。伦巴底北部有许多阿尔卑斯山区牧场，如瓦尔泰利纳（Valtellina）、瓦尔基亚文纳（Valchiavenna）等，在这些地方，起士主要由牛乳制成，这一点是它不同于其他地区的地方。因为意大利其他地区的山区较为荒芜，多汁的草较少，因此山区大多比较盛行羊奶起士。艾米利亚—罗马涅区—罗曼尼亚地区是意国境内的另一个牛奶起士国度。为了不依赖邻近的艾米利亚—罗马涅区—罗曼尼亚地区供应帕米森起士，伦巴底人发明了一种熟成干酪，而这种起士最后也在意大利厨房中占有无可取代的地位。这里说的就是格拉纳起士（Grana）[13]。格拉纳其实是一种起士类别，所以在讲到格拉纳起士的时候，指的可能是比较有名也流传较广的“帕达诺格拉纳起士”（grana padano），或是“洛迪格拉纳起士”（grana lodigiano）。后者产于洛迪（Lodi）一带，产量不高，专为美食鉴赏家和爱好者生产，其熟成期超过四年，而且即使经过了这么长的时间，起士切开的那一刻，仍然可以看到一滴滴的酪油[14]。洛迪格拉纳起士又分为两种，其差异主要来自挤奶的季节。第一种称为“马见葛”（maggengo）或“五月酪”，用夏乳制作，也就是自圣乔治日至圣米迦勒日（4月23日至9月29日）之间生产的牛乳；第二种称为“维尔嫩葛”（vernengo）或“冬酪”，用冬乳制作。五月酪与冬酪的味道不同，维生素含量亦不同。

戈尔贡佐拉干酪（Gorgonzola）又称意大利蓝纹起士，产自米兰附近的戈尔贡佐拉，是意大利最著名的起士之一，全世界的高级食品店和餐厅都可以看到它的踪影。它是法国罗克福干酪（或称法国羊奶蓝纹起士）的亲戚，整块都带有些许绿色调，质地黏稠，滋味辛辣中带细致，是无可取代的餐后佳肴。戈尔贡佐拉干酪搭配梨子上菜，可以单独成为一道令人惊艳的主菜；若淋上少许蜂蜜，又化身为另一道精致甜点。很多意大利人也许可以放弃许多东西，不过他们绝对不可能放弃戈尔贡佐拉干酪；知名意大利共产党拥护者，也是第二次世界大战抵抗运动领袖乔治欧·阿门多拉（Giorgio Amendola）的日记就证实了这一点。阿门多拉这样描述自己在1942年从米兰到博洛尼亚的秘密行动：

> 在经过洛迪以后，得去搭渡船，前往波河上的一个小岛。因为已经是白天，大伙儿在岛上待了一段不短的时间。这旅程成了一趟原野郊游，有间餐厅给了我们一只野兔、美味的色拉，更有一块让人赞不绝口的戈尔贡佐拉干酪。我从来没吃过这么好吃的戈尔贡佐拉，上头可以看到油亮亮的蠕虫，还有酪油从盘子上流出来。[15]

然而，戈尔贡佐拉干酪并不总是受到所有人喜爱的。历史学者马西莫·卡普拉拉（Massimo Caprara）用出生于曼托瓦的社会主义支持者安德烈·贝尔塔佐尼（Andrea Bertazzoni）的故事作例子。贝尔塔佐尼在意大利被判刑二十年以后，逃亡到了苏联。在搞出麻烦以前，贝尔塔佐尼曾在波河河畔圣贝内德托（San Benedetto）的一间农业合作社担任秘书，并专门从事乳牛的畜牧养殖。在贝尔塔佐尼抵达苏联以后，他提议在罗斯托夫（Rostov）地区设立一间乳牛场，并成功地领导这间罗斯托夫工厂的生产，以一个自由人的身份全力投入社会主义建设。这间工厂生产的是戈尔贡佐拉干酪。1936年，在斯大林主义爆发之前，戈尔贡佐拉干酪被送到当地国家政治保卫局领导维克托·加尔姆（Viktor Garm）面前，由于产品外观所致，当局以阴谋破坏之名，将这位意大利起士制作专家送进了牢里。有关这件事，报纸是这么写的："社会法西斯分子阴谋破坏。托洛茨基特务在起士下毒！"当时的苏联食品部部长阿纳斯塔斯·米高杨（Anastas Mikojan）理所当然地介入了这个事件，米科杨并不知道"戈尔贡佐拉干酪"是什么，不过对法国的罗克福干酪倒是有点概念。苏联政府派了人民委员兼起士专家斯列普科夫教授（Slepkov）前往调查，而斯列普科夫也确认贝尔塔佐尼确实认真尽责。尽管如此，贝尔塔佐尼还是从罗斯托夫被送往乌兹别克斯坦（Uzbekistan），以"用尖嘴镐弥补过错，协助建造费尔干那（Fergana）运河，睡在逊尼派穆斯林土地上的驿站"。[16]

伦巴底北部全为高山所占领，南部则是稻田耕地。在意大利名导朱塞佩·德·桑蒂斯（Giuseppe De Santis）的电影《粒粒皆辛苦》（*Riso amaro*）中，迷人的女主角就是在这片低地辛勤工作。在这部令人难忘的电影中，席瓦娜·曼加诺（Silvana Mangano）饰演一位季节女工，夜以继日地在水深及膝的稻田里工作两个月，为了替自己和家里赚几袋米，奋力除草。另一个与稻米生产有关的，则是碾米工，他们的工作是要让稻谷脱壳。很有趣的是，意大利文的碾米工是"pilota"，与飞机驾驶员是同一个字，因此在提到碾米工时常会发生混淆。即使到现在，曼托瓦附近的维林彭塔（Villimpenta）仍然会在5月的第二个周日举办"碾米工炖饭节"，在市区广场上准备一大锅用猪肉、香料与香草煮成的炖饭。

现在早已举世闻名的炖饭，是米兰地区烹饪的中心与支柱。许多传说都围绕着那道以牛骨髓煮成、呈金黄色且带点药味（因为加了番红花的缘故）的米兰炖饭，试图为发明者奇特的想象力提出解释。这道菜的发明者，果真是来自米兰大教堂彩绘玻璃窗创作者，也就是弗兰德斯的瓦莱里奥（Valerio di Fiandra）玻璃工坊的一位镶玻璃工匠，在1574年不小心让蘸了番红花颜料的画笔掉到饭里而成的无心插柳之作？在丰饶的巴洛克年代，真的是每盘炖饭里都有真的金子吗？时至今日，这个传说受到名厨瓜尔蒂耶罗·马尔凯希（Gualtiero Marchesi）的支持，而马尔凯希所烹煮的米兰炖饭，真的会撒上一点金箔——这些金箔是可以吃下去的。还有，米兰炖饭里所加入的番红花，真的具有壮阳的神奇力量吗？

16世纪时，名厨巴托洛梅奥·斯卡皮揭露了他的伦巴底炖饭食谱：

> 若要煮出一盘伦巴底饭，则应以鸡肉、猪血肠和蛋黄来炒米。
>
> 拿出用前述方法处理干净的米，并用以阉鸡、鹅肉和猪血肠煮出来的高汤煮米；煮米时不能过熟，必须维持米粒完整坚硬，从这些煮过的米中拿出一部分，放在一个大型陶盘或银盘上，撒上起士、糖和肉桂，然后在上面放上少许新鲜的奶油，以及阉鸡胸肉、鹅胸肉和切成小块的猪血肠，之后再次撒上起士、糖和肉桂。以这样的次序铺三层，并在最后一层淋上融化的奶油，然后再次撒上起士、糖和肉桂。把盘子放进温度不会太高的火炉上半小时，直到米粒稍微变色为止，喷上玫瑰水，便可以热腾腾地端上桌。我们还可以用另一种煮法：也就是说，先把米煮过以后，在盘里放上奶油，再铺上一片片新鲜且没有加盐的水牛莫扎瑞拉起士，然后撒上糖、肉桂和磨成粉的起士；然后，在这上面铺上一层煮好的米，并在米堆上挖洞放入新鲜的蛋黄，蛋黄数量按米量而定，放入蛋黄后再盖上水牛莫扎瑞拉起士，撒上糖、起士和肉桂，然后再用足量的米盖起来。以这样的方式铺两至三层，并在最后一层上面放上一些奶油，把盘子放在热灰或上面提到的火炉上烹煮，趁热上菜。

所以，米兰炖饭里原本并没有用到番红花。不过这也难怪，毕竟番红花是西班牙人带进伦巴底的，它在米兰菜中的运用，并不是发生在16世纪，而是17世纪的事情。

然而到20世纪，当知名米兰作家卡罗·埃米利奥·加达（Carlo Emilio Gadda）撰写以米兰炖饭为题的专论时（参考《炖饭》），就已经很自然地以“番红花与米兰炖饭密不可分”的假设作为出发点了。

如果说米兰美食的象征之一乃来自西班牙人的影响，那么另一道重要菜色，米兰式炸肉排，则与奥地利人有关。在米兰菜里能和米兰炖饭平起平坐的，是之前就曾经提到过的维也纳炸肉排，不过到这里则改称为米兰式炸肉排（蘸上蛋汁和面包屑的小牛排）。米兰人很自然地争论道，米兰式炸肉排的灵感并非来自维也纳炸肉排，而且恰好相反，维也纳炸肉排是从米兰式炸肉排衍生而来的。这样的说法可以从拉德茨基元帅（Radetzky）写给弗朗茨·约瑟夫一世（Franz Joseph I）副手阿腾姆斯公爵（Attems）的一封信中得到证实：信中在提到米兰式炸猪排的时候，好像在谈论一种令人讶异的新玩意儿一样。如果维也纳炸肉排已经存在，那拉德茨基元帅又有什么好惊讶的呢？（事实上无论如何，拉德茨基元帅都还是可以感到意外的。米兰式炸肉排中的肉排“costoletta”一词，来自排骨“costola”，所以是带骨的，而维也纳炸肉排却不带骨。米兰式炸肉排并不像维也纳炸肉排一样先经过裹面粉的步骤，而是直接依序沾蛋汁和面包屑，因此外衣紧紧沾黏在肉排表面；维也纳炸肉排恰好相反，里面的那层肉很容易就会滑出来。总之，米兰式炸肉排和维也纳炸肉排是受到类似哲学所启发的两道菜。）

另一种独一无二且举世闻名的伦巴底特产，是来自克雷莫纳（Cremona）的芥末蜜饯（mostarda）。芥末蜜饯的做法，是在煮熟的浓缩葡萄醪里加入压碎的芥末子，然后用这个液体来浸渍水果如樱桃、梅子、梨子和无花果。这种胶泥状的酱甜中带呛，搭配水煮肉的滋味绝妙。

伦巴底人工作勤奋、慷慨大方、脚踏实地、执拗倔强却也独立自主。米兰人认为，享乐值得赞许，悲伤则会适得其反，米兰人因此将嘉年华的时间拉到极限（这“极限”指比其他地方多出四天，不过即使是这个从四旬期偷来的四天也毫不浪费，尽情享乐）。这里的甜点尤其豪华。圣诞节期间的圣诞面包，是放在纸里烘焙的，而且这种黏在纸上的甜面包，甚至是连着纸一起切片放进盘里。传统圣诞面包的制作方式，会在面团里加入糖渍水果和葡萄干，不过近年来也出现了加杏仁、奶油馅和巧克力碎片等各种变化；这豪华程度还不只如此，圣诞面包在端上桌以前，还会撒上温温的糖粉，淋上糖霜，再抹上马斯卡彭内起士（marscapone）。复活节的甜点叫作鸽子蛋糕（colomba），里头也用了跟圣诞面包一样的高热量内馅。

讲到伦巴底美食，一定得特别提一下曼托瓦这个美丽的城市。文艺复兴时期，许多知名艺术家都受雇于曼托瓦地区的贡扎加（Gonzaga）宫廷，如该时期代表建筑师的莱昂·巴蒂斯塔·阿尔贝蒂（Leon Battista Alberti）、画家安德烈·曼泰尼亚（Andrea Mangegna）、朱利欧·罗马诺（Giulio Romano）、鲁本斯（Rubens）和凡戴克（Van Dyck）等。某些曼托瓦宫殿大厅的奢华程度，甚至可以不需要背景布置，就上演了蒙台威尔第（Monteverdi）和瓜里尼（Guarini）的通俗剧，成为欧洲此类戏剧作品最初的舞台。女侯爵伊莎贝拉·德埃斯特（Isabella D'Este，1474—1539）的宫廷宴席，即使在数百年以后的今日，人们还是可以藉由诗人特奥菲洛·福伦戈（Teofilo Folengo，1496—1544）的诗作一窥盛况。笔名默林·寇凯（Merlin Cocai）的福伦戈，在著名诗集《巴尔杜斯》（*Baldus*）中，透过主人翁辛加（Cinagr）来描绘乔维（Giove）的厨房，告诉我们总督宴会桌上最精美的二十道菜肴。

1655年，瑞典女王克里斯蒂娜前往罗马晋见教宗并转信天主教（还在罗马成立了科学圈、文学圈和阿卡迪亚学院前身的皇家学院）。在意大利境内旅行时，女王是各地宏伟宫殿的常客，在11月27日受邀前往曼托瓦，成为贡扎加亲王的座上宾。受雇准备宴会的大厨，是当时意大利境内最有名也最昂贵的厨师兼作家巴托洛梅奥·斯蒂芬尼（Bartolomeo Stefani），亦即《烹饪艺术》（*L'arte di ben cucinare*，1662）一书的作者。斯蒂芬尼在笔记本里写下了他替女王欢迎会准备的菜单，根据这份记载，他在严冬端出了草莓和朝鲜蓟，就好像生活在21世纪一样。根据巴洛克时期的品味，这种菜色的主要目的，是要给客人带来惊奇，借此获得赞赏。

然而，此类奢华宴会面临一种危险：每位饮食过量的贵客，可能在刹那间就无法感受到新菜的滋味。为了解决这个供应过剩的问题，曼托瓦人于是在第十六道和第十七道菜、以及第二十道和第二十一道菜之间，让客人吃几小块帕米森起士。即使到现在，人们还是会认为，帕米森起士的滋味可以“清除”口中气味，帮助食客“界定”出对食物的强烈印象，藉此避免短时间内因为味道交迭而产生味觉无法辨识的情形。

伦巴底地区的地方风味

开胃菜

- 在曼托瓦一带发明，将红酒加入高汤之中准备而成的酒汤（bev'r in vin），有时会被当成开胃饮品（这里用的红酒通常是来自艾米利亚—罗曼尼亚地区的兰布鲁斯科［Lambrusco］气泡红酒）。这种酒汤在晚餐正式开始之前，让宾客站在壁炉前边聊天边饮用。
- 另一道音译为“内维特”（nervitt）的著名传统开胃菜，则是水煮小牛腿的筋和腱子，再切成小方块状搭配辣酱食用。
- 米兰式肉饼（mondeghili）：吃剩的综合水煮肉加上鸡蛋及格拉纳起士做成。

第一道

- 各式各样的环形面饺（agnolotti）和方形面饺（ravioli）：克雷莫纳的马鲁碧尼面饺（marubini di Cremona）；以阉鸡和骨髓加上肉桂、丁香和起士做成内馅的环形面饺，在曼托瓦地区尤其普遍；贝加莫与布雷西亚的卡松赛面饺（casonsai），内馅以香肠、菠菜、鸡蛋、葡萄干、起士和面包屑制成；曼托瓦地区的南瓜面饺也很有名。
- 洛梅利纳的粗管面及瓦尔泰利纳荞麦面（pizzoccheri）
- 此地区的汤也别具特色。帕维亚一带，有加上鸡蛋和老面包的帕维亚牛肉汤（zuppa pavese）。伦巴底的蚕豆汤也很特别，是搭配猪颊肉和面疙瘩一起吃的；这是一道专门为 11 月 1 日诸圣节准备的菜肴，因为在许多文化中，蚕豆都象征着与阴间的连结，而 11 月 2 日是天主教的诸灵节，人们会在这天追思亡者。
- 伦巴底地区其他的风味菜还有科莫湖一带的拉里阿纳面疙瘩（gnocchetti alla lariana），和在布雷西亚及曼托瓦一带的高汤面团（mariconde），其中面团是由鸡蛋、起士、奶油和面包制成，在高汤里烹煮后随汤上菜。
- 米兰式稀饭
- 米兰炖饭
- 蜗牛炖饭
- 猪肉排菱角炖饭
- 根据帕维亚修道院西多会僧侣的食谱演变而来的炖饭，主要材料包括淡水虾、菇和青豆，而且绝对不能加奶油（循规蹈矩的僧侣饮食清淡）。
- 贝加莫是塔拉尼亚玉米糕（polenta taragna）的家乡，这种玉米糕混合了玉米粉和荞麦粉，通常搭配比托干酪（Bitto）和席姆德起士（scimud）；这种玉米糕的名称来自意大利文的“tarare”，这个词有调整之意，指在烹煮这种玉米糕的时候，必须拿着一根长长的棍子不停搅拌，才不会粘底。
- 过去几世纪间，贝加莫一带一直有吃烤小鸟配玉米糕（polenta e osei）的习惯，直到生态意识抬头，这个习俗才逐渐式微。

……用大型环状树林陷阱（roccolo）捕鸟。这是在伦巴底地区最常听说的嗜好之一。许多人都对“烤小鸟配玉米糕”极为疯狂。人们会在秋末鸟儿数量庞大时架网捕鸟，并当场把鸟儿烤来吃，配上在现场为了配烤小鸟而特地用热水和玉米粉准备的玉米糕。伦巴底农民终年都吃这种“玉米糕”。[17]

时至今日，这道菜的甜点版本比较受欢迎，人们用意式海绵蛋糕（pan di spagna）代替玉米糕，而小鸟则是用巧克力做的。

第二道

- 伦巴底炖肉（cassoeula）：将初霜后马上采收、煮熟后口感较嫩的皱叶甘蓝（verza），和猪肉的次级部位如猪皮、猪脚、猪肋和猪头一起炖煮。
- 瓦尔库维亚土窑野鸭：在煮熟以后，用槌子敲开包在全鸭外的黏土，并将黏在黏土上的野鸭羽毛一并移除。
- 各种不同的炖菜，搭配来自克雷莫纳的芥末蜜饯。
- 米兰式炸肉排
- 野兔烤面
- 烩牛膝（ossobuco）：横切的犊牛腿肉，中央的骨髓被认为是这道菜的精华。
- 洛迪风玉米糕（polenta alla lodigiana）：用两块玉米糕像三明治一样把一片起士夹起来，蘸上蛋汁和面包屑后入锅油炸，这种烹调方式会让人想起炸莫扎瑞拉三明治（mozzarella in carrozza）
- 炖蛙肉（rane in guazzetto）
- 酥烤乳鸽（timballo di piccione）
- 炖牛肚
- 湖区周围城市更有当地的淡水鱼如湖鲱、北极嘉鱼、白鱼、鳟鱼、鳗鱼、茴鱼、河鲈、鲤鱼、江鳕、狗鱼、丁鱥、真白鲑、欧洲鲢鱼等。

甜点

- 曼托瓦的酥饼（torta sbrisolona）
- 帕维亚的天堂蛋糕
- 鬼面包（pan dei morti：用蛋白杏仁饼、葡萄干、无花果干、杏仁、蛋黄和适量巧克力做成）。是 11 月初诸灵节的应景甜点，鬼面包和“鬼骨头甜饼”（ossa dei morti）可以说是意大利版本的万圣节点心。在这段期间死者会像古罗马的家庭守护神一样，回到生前居住的家美国，人们必须塞点甜点，死者才不会在家里乱来或搞破坏，所以人们就在家里各个角落摆上这种甜面包。在古时候，这些鬼面包在隔天早上就消失得无影无踪，天知道是鬼还是老鼠吃掉的？
- 与仪式典礼有关的甜点，还有粟米面包（称为 pan de mei 或 pane di miglio，不过现在已用玉米粉取代粟米）。粟米和小扁豆一样，在魔法信仰里具有特殊的角色。不过小扁豆和亡者及地狱的关系密切，粟米则象征着重生和永生。粟米面包是 4 月 24 日圣乔治节吃的应景甜点，藉此讨个吉利，祈求农业丰收事事顺利。

伦巴底地区的地方特产

- 起士：瓦尔泰利纳比托河谷的比托干酪（bitto）、戈尔贡佐拉干酪（gorgonzola）、帕达诺格拉纳起士（grana padano）、洛迪格拉纳起士（grana lodigiano）、波河平原的普罗沃隆内起士（provolone della Valpadana）、伦巴底夸尔提罗洛起士（quartirolo lombardo）、塔雷吉欧起士（taleggio）、通姆贝阿起士（tombea）、瓦尔泰利纳卡瑟拉起士（Valtellina casera）。巴戈林诺的巴戈斯起士（bagoss）。软起士：阿达梅洛山的卡梭雷软起士（casolet）、克雷宣萨起士（crescenza）、山区的佛尔马杰拉起士（formaggella）、马斯卡彭内起士（marscapone）。洛迪一带生产的潘内罗内起士（pannerone），绝对是全世界最罕见的乳制品之一，因为这种起士在制作过程绝对没加盐。此外，被各大美食导览手册大肆褒扬的，还有曼托瓦地区的农家起士如席尔特起士（silter）和卡梭林起士（casolin）。
- 腌肉：布瑞安扎萨拉米香肠（salami di Brianza）、瓦尔齐萨拉米香肠（salami di Varzi）、米兰萨拉米香肠（salami di Milano）、风干牛肉（bresaola），以上都是用盐和天然香料或酒去进行腌制与熟成的腌肉类产品。
- 白猪肉肠（cotechino bianco）
- 外型特殊且绝无仅有的小提琴羊肉火腿（prosciutto Violino di capra，又称斯特拉迪瓦里羊肉火腿），这种火腿的切法，是像夹小提琴一样用下巴和肩膀夹着火腿来切片；这种迷你火腿大约只有一公斤重，是瓦尔基亚文纳（Valchiavenna）的代表产品。
- 谷类：瓦尔泰利纳的荞麦；洛梅利纳平原和曼托瓦地区的稻米。
- 水果：瓦尔泰利纳的苹果、维亚达纳（Viadana）的甜瓜、曼托瓦的梨子。
- 蔬菜：奇拉韦尼亚（Cilavegna）的芦笋、塞尔米岱（Sermide）的洋葱。
- 加达湖区的橄榄油
- 克雷莫纳地区的芥末蜜饯

代表性饮料

坎帕里开胃酒（Campari）：在米兰的祖卡咖啡厅（caffè Zucca）发明的，时间为 1867 年。

在意大利统一之前，米兰流行的是一种加了打发鲜奶油的巧克力咖啡，叫作“巴尔巴亚达”（barbajada）；它出现于 19 世纪初，以其发明人多梅尼科·巴尔巴亚（Domenico Barbaja）的名字来命名，巴尔巴亚是知名歌剧制作人，亦为罗西尼（Rossini）的发掘者。

米兰人也喜欢一种用柠檬和罗望子调成的“阿格尔”（agher），以及法国侦探小说中常出现的大麦饮料（orzata，在当时是用发芽大麦糖浆调水制成，不过现在是用切碎杏仁制成的糖浆来调制），此外也喝马尔萨拉酒（marsala）、各种利口酒和樱桃糖浆，不过那时坎帕里还没有被发明出来。到了意大利统一的1860—1862年间，为了庆祝统一，米兰市中心盖起了伊曼纽尔二世长廊（Galleria Vittorio Emanuele），也借机发明了新的开胃饮料。

祖卡咖啡厅是调制出第一杯坎帕里的地方。时至今日，这间咖啡厅尚且健在，坐落在伊曼纽尔二世长廊一旁。正确说来，祖卡咖啡厅原来是在距离现址几公尺远的地方，而且当时以咖啡厅主人加斯帕雷·坎帕里（Gaspare Campari），也就是坎帕里的发明人为名。在这间咖啡厅从原址搬到现址时，被重新命名为“坎帕里诺咖啡厅”（Camparino），之后又数次改名，最后才成了现在的祖卡咖啡厅。

无论如何，第一杯坎帕里是在这里调制而成的，它的大量生产和营销各地，其实都是后来的事情了。

祖卡咖啡厅

1. 伯特利诺，《米兰人：工作收入花费与索求》（*Milanesi: Lavoro, guadagno, spendo, pretendo*），第 65-70 页。

2. 译注：伦巴底人是起源于斯堪的纳维亚的日耳曼人。

3. 在意大利文“papale”是“属于教皇的”之意。

4. 译注：连接瑞士中部乌里行政区和南部提契诺行政区的山口。

5. 译注：斯弗尔扎家族的第二位米兰大公。斯弗尔扎家族在 15 世纪中取代维斯孔蒂家族，成为米兰统治者。

6.《罗马、那不勒斯与翡冷翠》（*Roma, Napoli e Firenze*），第 87-88 页。

7. 同上书，第 112 页。

8. 同上书，第 472 页。

9. 同上书，第 111 页。

10. 马奇（Marchi），《用餐之际》（*Quando siamo a tavola*），第 17 页。

11. 译注：按意大利文发音 [bɛl pa'ɛzɛ] 音译为贝尔帕埃瑟。

12.《抒情诗集》（*Canzoniere*），第一百四十六首。

13. 译注：“格拉纳”是一种起士类别的通称，名称通常会随着产地而变。格拉纳家族最知名的成员包括帕米森起士与帕达诺（格拉纳）起士，两者最大的差别在于乳牛的饲料，制作帕米森起士的乳牛只吃青草和谷物，而制作帕达诺格拉纳起士的乳牛还可以吃青贮饲料。另一个帕米森和帕达诺的差别，在于产地：帕米森的绝大部分产地在艾米利亚—罗马涅区—罗曼尼亚地区，帕达诺则泛指波河平原生产的格拉纳起士。

14. 译注：洛迪格拉纳起士与其他格拉纳起士的最大差别有二，其一在于它呈浅黄色并带非常淡的绿纹；其二是它在切开时，还可以在熟成过程中形成的气泡洞里看到酪油。

15. 阿门多拉，《寄往米兰的信》（*Lettere a Milano*），第 69 页（引用自切卡雷利［Ceccarelli］,《共和国的胃》［*Lo stomaco della Repubblica*］第 94 页）。

16. 卡普拉拉，《陶里亚蒂，共产国际和野猫》（*Togliatti, Il Comintern e il gatto selvatico*），第 13-14 页。

17.《罗马、那不勒斯与翡冷翠》，第 169 页。

madre

TERRAMADRE
TOSCANA A
PARLAMENTO

REGIONE
TOSCANA

Fondazione Slow Food
per la Biodiversità
ONLUS

Slow Food®
Toscana

UCODEP
per un mondo a dimensione umana

CHIANCIANO
TERME
19/20 GENNAIO

慢食

SLOW FOOD

创办于1989年的慢食协会，如其名称所言，要旨在于对抗“快餐”入侵现代人的生活（其宣言出自福尔科·波尔蒂纳［Folco Portinari］之笔，原是在1986年慢食协会前身重食协会［Arcigola］[1]时代写下的）。[2]由于生活步调加快，生产力增加，使得许多现代人再也不去注意周遭点滴琐事，尤其是滋味与色彩的细微差异，同时也忽略了名称和形态形式的多元性。这种现象使人们的生活贫瘠乏味，快步调生活的质量最后也会因此降低。然而，味道是一国的财富，奇特的味道更应该是保护与搜集的对象，而且还应该标上博物馆卷标，记载在历史中。慢食组织要传达的讯息既简单又亲民：从文化的角度来看，我们拥有着值得博物馆收藏的宝物。博物馆收藏了这些珍稀宝贝，我们让它们迅速增加，并开始使用之。让我们一同欢庆、享受这财富！若不如此，我们在仓促间就会造成荒谬的结果：尽管日以继夜地工作，我们却变得越来越贫穷。让我们用各种方法拯救并增加这些一旦逝去就再不复返的宝物！

慢食活动的关键词在于“生物多样性”。即使小朋友都知道，如果一种基因组合从地球上消失，就不可能重新把它找回来。

这个组织有一个非常值得赞扬的特点：它立足在一个人们愿意合作促进他人了解的主题上，让人利用休闲时间（或工作时间）拯救即将消失的基因（如詹尼塔米诺［Gianni Tamino］和法布里琪亚·普拉泰西［Fabrizia Pratesi］合著之《基因小偷》［*Ladri di Geni*］一书中所描绘，基因面临被窃的危险）。而且要拯救的不只是基因，还有书籍、词汇和技术。这是一种高尚、令人尊敬且能带来快乐的工作与消遣：一切都以美食为背景，都发生在飘香的锅碗瓢盆之间。

慢食组织在成立以后，于20世纪90年代率先提出的警告之一，乃有关当时正在消失的布尔林纳（Burlina）品种牛。布尔林纳牛生产的牛乳，专门用来制作威内托地区特产的格拉帕山穆尔拉克起士（Morlacco del Grappa）。该地区的畜牧场大多是大规模经营，而且采密集生产导向，几乎已经停止畜养布尔林纳牛，只剩特雷维索、维琴察和维洛纳等省区内尚有少数牛只存在。因此，慢食组织自90年代初期起，便致力于拯救布尔林纳牛免于灭绝。约莫半数参与该行动的成员，都穿起印有布尔林纳牛图案的醒目T恤，藉此引起世人注意。现在，布尔林纳牛就像猫熊一般地受到保护，数量也开始慢慢增加。

慢食组织在保护品种猪方面的成绩也相当显著。2000年，托斯卡纳地区体色黑得发亮的著名猪种“锡耶纳白颈猪”（cinta senese）在全世界的数量只剩下几百只（这种猪又音译为琴塔猪，其中“cinta”有环带的意思，指这种猪的躯干有一圈白色带粉红色的毛）。这种猪和罗曼尼亚黑毛猪及西西里黑毛猪一样，几乎被生长繁殖迅速的约克夏猪和大白猪取代。根据某字典的记载，锡耶纳白颈猪的“母性坚强”，而这种强壮且独立的猪种，早在13世纪就在托斯卡纳地区的橡木林里活动，在文艺复兴早期画家安布罗焦·罗伦泽蒂（Ambrogio Lorenzetti）替锡耶纳市政厅创作的湿壁画《善治政府》（*il Buon governo*）中，那只非常醒目的白腰黑猪应该就是锡耶纳白颈猪，因为这种猪外观特征明显，几乎不可能把它和其他品种搞错。它对许多现代疾病免疫，具有古老的贵族血液，对疾病有高度的抵抗力，却还是几乎灭绝！之所以会面临这种景况，单纯因为对某些人来说，畜养这种猪再也不合成本。在十年前，锡耶纳白颈猪还有两万只，现在则只剩下四百只。不过，人类会让这种猪灭绝吗？当然不会。根据慢食组织的计划，锡耶纳白颈猪、罗曼尼亚黑猪和西西里黑猪都会被列入保护名单。

罗曼尼亚黑猪的畜养，早在1949年就被拉韦纳（Ravenna）和弗利（Forlì）的畜产业者认定为获利不高的活动。在90年代初期，这种猪只剩下18只。尽管慢食协会成员介入，仍显势单力薄，因此世界野生动物基金会意大利分会（WWF）和都灵大学（Università di Torino）也加入慢食协会的行列，协力保护。指挥这项计划的是一位热心的农学家拉扎利（Lazzari），由于他的专业协助，最后18只罗曼尼亚黑猪得以保存下来。到现在，这种猪的畜养已经扩及46间农场，范围不只罗曼尼亚，更包括皮埃蒙特地区与马尔凯地区。而就这个例子而言，人类似乎真的能够对大自然的存续投注自己的一份努力。

慢食组织的保护网也将一些甲壳类包含在内，如南意索伦托（Sorrento）海岸克拉波拉（Crapolla）生产的独角红虾。这种虾子的外观特征，在于它长长的头部以及身体上的浅黄色条纹。除此之外，我们也从达维德·鲍里尼（Davide Paolini）在《24小时太阳报》（*Il Sole 24 ORE*）的报道得知，几位西西里岛莱昂福尔特（Leonforte）的农夫正试图以在西西里岛各地搜集而来的八百克种子为起点，复育恩纳黑扁豆（lenticchie nere di Enna）。

特伦托大学社会学家卡罗·佩屈尼（Carlo Petrini）在学时期就非常活跃于学运，他在80年代末于意大利境内最务实也最理性的皮埃蒙特地区，创立了慢食协会的前身。他的理想主义、叛逆、幽默加上皮埃蒙特地区的务实特质，促成了这个绝佳的结果。时至今日，该协会有高达83000名注册在案的会员，而且还扩大到意大利以外的地区。在意大利之后加入行列的，有德国、瑞士、美国、法国与日本。慢食协会将意大利各地区的分会称为“行动会”（condotta）或“主席团”（presidio），各国分会则称“生命共同体”（convivium）。目前全世界设有慢食协会代表的国家已达107个。

慢食协会的任务在于：对抗口味的标准化，告知消费者，维护传统，并保护生物多样性。此外，该协会也致力于保存过去数世纪或数十年以来成功制作食品的传统建物与地点。慢食协会鼓励复兴具有历史的老餐厅，举办各种课程、品尝会与旅游行程。慢食协会的地方分会超过800，遍布65国，而在意大利还有400个子分会。协会的出版部门在10年间出版超过60本书，另外也发行《缓慢与慢食生活》（*Slow e Slowfood*）杂志。

协会名称里的这个“慢”字，会让人下意识地联想到上菜速度刻意减慢的美食飨宴，让在座的美食家能够慢慢地享受珍羞美馔。在参加过该协会主办的午晚餐以后，笔者可以保证，这品尝美食的过程中绝对没有任何戏剧化或夸张的自我满足。所谓的“慢”，并不是指品尝，而是慢慢收拾桌上的面包屑，或是耐心等待上菜。这些聚会的重点并非满足口腹之欲或“贪食罪”，而完全是另一回事：相聚一堂及桌边谈话，才是重点。慢食协会的食肆与餐厅就好比文学咖啡厅，人们在此谈论着形色各异的文化层面，餐厅里也会出现各种相关书籍。佳肴美食混杂在各种公开讨论与活动之间的结果，就是缓慢。就吃饭这件事来说，大家都是以正常速度在吃饭，不过只要扯到工作，这“缓慢”协会的动作可快得很。

有时，意大利境外的单位对慢食协会确切在做些什么，其实是很模糊的，下面这个例子就很明显：

> 慢食协会是个影响力很大而且与贫穷搭不上边的组织。它的收入和名声来自于协会义工成员的社会地位与财富：一些骄奢淫佚、想要缓慢并深沉地享受大自然与农业所带来的恩宠的现代人。这些人痛恨汉堡橱窗的程度，与反全球化人士相当，两者的差别，在于前者偏好以花钱的方式，不像后者会以肢体暴力砸毁橱窗。对很多人来说，参加慢食协会可能有点令人厌烦。事实上，为了了解意大利东北部农民生产的羊奶起士在技术和味道上有何细微差异而花一个小时听课，有何乐趣可言呢？（摘自某俄罗斯网站）

事实上，慢食协会成员并非依赖富裕且纵情逸乐之徒，他们个个活力十足且满腔热忱。慢食协会的意义在于一种高度的道德情感，它响应了人类最深沉的需求，也就是因为地球逐渐贫瘠而产生的羞愧感，这种情感并不只限于品尝到来自意大利

锡耶纳白颈猪

起士展售会

美食科技大学科洛尔诺学区

大地母亲研讨会

东北部的羊奶起士所带来的味觉欢愉。至于“农民”生产的部分，我们还是要重复一遍：意大利的美食规范是民主的，不管是学者专家还是养猪人，一样能够精通此道。

为了让这相当广大且多元的群众更加了解，慢食协会每季都出版各种语言的季刊。这些协会简报在美国、荷兰、奥地利、英国、爱尔兰、波兰、法国、加拿大等地都广为传播，而瑞士与德国地区则有独自出版的新闻报。自 1993 年起，慢食协会也在学校进行教育推广。此外，协会也成功将某些创举推广到教育部的层次，现在意大利境内已有许多学校（包括笔者子女就读的学校）会根据属地或地区景观原则来推出营养午餐菜单，如“阿布鲁佐美食周”、“西西里饮食周”、“海鲜周”、“亚平宁山区美食”等。

慢食协会也成功开设了一些以饮食和酒类研究为中心的大学课程，这些课程完全以 20 项已确立的科学准则为基础。自 1996 年起，协会每两年就在都灵市举办“品味沙龙”（Salone del Gusto）博览兼研讨会。在品味沙龙尚未开始举办以前，则是在慢食协会总部所在地，也就是皮埃蒙特地区布拉市（Bra），以高质量起士为主角举办起士展售会，占据着该市市内各大小街道与广场。布拉市的起士展售会是个盛大的活动，好比一个规模超大的节庆（参考《地方节庆》）。

2004 年是慢食协会活动筹办成果丰硕的一年。在协会的协助下，美食科技大学（*Università di Scienze Gastronomiche*）初次开设了分别以意文和英文讲授的“美食科技与优质产品”以及“饮食文化：优质产品营销”两个硕士课程。美食科技大学有两个学区，一在皮埃蒙特地区的波连佐（Pollenzo），另一在艾米利亚—罗曼尼亚地区的科洛尔诺（Colorno），两个学区都分别接受皮埃蒙特地区政府和艾米利亚—罗曼尼亚地区政府的补助。

2004 年 10 月，一个不论在概念或参加者方面都堪称史无前例的研讨会，与品味沙龙同时举行。研讨会以“大地母亲”（Terra Madre）为宗旨，集结了来自世界各地致力于食品制作的参加者，希望能针对饥荒、环境保护与地球生态平衡等问题研拟因应之道。这些参加者都从事质量与文化相关行业，在面对人类生存的主要层面时，若不是积极且实际以对，就是从理论和深思熟虑的角度出发，不过无论抱持着何种态度，他们都致力从历史与人类学的角度来深究。

这个大地母亲研讨会有全球来自 131 个国家、超过 1200 个“食品社团”的 5000 位代表参与。这些代表包括农渔业人士与工匠，他们每天都本着永续经营的方式滋养世界、保护环境并塑造景观。这些参加者在皮埃蒙特、利古里亚、伦巴底和阿欧斯塔谷等地区的私人住家接受招待，整个活动受到意大利境内 1250 个团体与全世界许多义工组织的支持。论坛与研习营所触及的主题包括地区商品营销、环境教育与味觉教育、酒精饮料传统、生机产品认证等。

产品认证事宜，尤其是商业不发达地区和投机掮客蜂拥而至以寻找未认证产品的地区，并非微不足道的问题，而是攸关社会意义的问题。难怪慢食协会主席卡罗·佩屈尼会在 2004 年因为“其活动替农业开启了社会促进新前景”，而被《时代周刊》选为年度“最具影响力的欧洲人士”。

慢食协会打着现代的旗帜，领着成员致力于传统的复兴。各分会支会的名称刻意用了过时的拉丁文（各国分会称为生命共同体［convivium］让人联想到但丁《神曲》和柏拉图的对话录），再搭配协会用英文命名的正式名称，能让人感受到该协会在整体行动上的创新。从名称开始，慢食协会就让人感受到一股嘲讽的精神和无伤大雅的乐趣。协会网站设计新颖，玩弄着各种符号象征与影像。出版部编辑显然沉浸在各种诙谐语汇之中，提出各种稀奇古怪的标语：“让我们一同来保护皮埃蒙特的金母鸡”、“……为了蒙瑞盖列瑟（Monregalese）的玉米饼干”、“……以卡马尼奥拉（Carmagnola）的牛角甜椒的名义”。

慢食协会成员截至目前到底做了些什么？他们的成果极为丰硕，成功拯救了利古里亚地区（Liguria）五乡地（Cinque Terre）自然保护区的夏克特拉酒（Sciacchetrà），复育了皮埃蒙特地区的莫罗佐鸡（cappone di Morozzo）、伦巴底地区的瓦尔泰利纳荞麦（grano saraceno della Valtellina）、皮埃蒙特地区的卡普拉乌纳芜菁（rapa di Caprauna）、西西里地区的普尔切杜冬季绿甜瓜（purceddu），以及坎帕尼亚地区（Campania）形状与梅子相似的科尔巴拉小西红柿（pomodorino di Corbara）。

那么，他们现在的使命又是什么？答案是，更多的拯救活动。拯救的对象包括连卡萨诺瓦（Casanova）和大仲马（Dumas）都为之狂热的洛迪格拉纳起士（Granone di Lodi）用灰烬烘烤的圣贝内德托萨拉米香肠（salame San Benedetto）、少了它就没法煮出道地皮埃蒙特香蒜鳀鱼热蘸酱的尼扎蒙费拉托刺叶蓟（cardo gobbo di Nizza Monferrato）、用山毛榉柴火烟熏一个月的绍里斯生火腿（prosciutto di Sauris）、在撒丁尼亚岛吹海风风干的卡布拉斯乌鱼子（bottarga di Cabras）、瓦尔基亚文纳的小提琴羊肉火腿。此外，翁布里亚黑芹（sedano nero dell’Umbria）、阿尔贝加紫芦笋（asparago violetto di Albenga）、亚诺河流域的硫色豆（fagiolo zolfino）、蒙托罗洋葱（cipolla ramata di Montoro）、努比亚红蒜（aglio rosso di Nubia）、诺尔恰的咸瑞可达软酪（ricotta salata di Norcia）、俗称“骡睾”（coglioni di mulo）的坎波托斯托小莫塔戴拉火腿（mortadelline di Campotosto）、罗曼尼亚地区以李子和杏桃杂交而成的李杏（biricoccolo），以及乌斯蒂卡小扁豆（lenticchia di Ustica）等也尚待众人伸出援手。

慢食协会也担起拯救法图里羊奶酪（Fatulì）的任务，这种来自伦巴底地区的羊奶酪，只用阿达梅洛金羊（capra bionda dell’Adamello）的羊奶制作。努力到现在，这种羊奶酪的年产量已达500公斤以上。最了解法图里羊奶酪的大师伯纳尔多·博诺梅利（Bernardo Bonomelli）于2005年辞世，将这种濒临灭绝的美食遗产交到其弟子手上，努力延续其生命。

慢食协会的所作所为受到媒体广泛报导，对大部分人似乎也很有吸引力，这是因为人们的道德意识抬头，愿意更进一步地促进社会和解。在一个见证了左派与右派意识形态瓦解的世界，此种饮食民主其实是政治的延续，也就是说，一种对产业与跨国集团关说的反抗。特立独行的美食理想狂热支持者，也是《美食符码》（*Codice Gastronomico*）杂志创办人之一的路易吉·维洛内里（Luigi Veronelli），就是这种原则的先行者。维洛内里是教育哲学家，也是意国境内以物质文化为题之报纸与杂志的编辑，自称“抱持无政府主义的酿酒师”。他在2004年11月辞世，不过在去世的前几周，他78岁生日的那天，还一如以往地带领着抗议行动：在南义普里亚地区的莫诺波利港（Monopoli）静坐抗议劣质橄榄油的进口（参考《橄榄油》）。

为了保卫意大利饮食传统与其他重要资财，维洛内里随时都准备采取任何超乎寻常的极端手段。在20世纪50年代，维洛内里因为煽动暴乱之罪名（鼓吹皮埃蒙特地区酿酒师针对葡萄酒产业优势垄断和降低标准的问题提出抗议），在监狱里待了六个月，之后，又因为出版萨德侯爵的书籍再度入狱三个月。

维洛内里写了不少奇特又备受争议的作品，例如《禁止禁止：十三份令人作呕的食谱》（*Vietato vietare. Tredici ricette per vari disgusti*，1991）、《话地球：反酒反美食手册》（*Le parole della terra. Manuale per enodissidenti e gastroribelli*，与帕勃罗·埃侨伦［Pablo Echaurren］合著，2003）与《寻找失落的食物：饮食艺术味觉与文学指南》（*Alla ricerca dei cibi perduti: guida di gusto e di lettere all'arte del saper mangiare*，2004）。他也负责许多饮食类书籍编辑工作，如路易吉·卡尔纳奇纳（Luigi Carnacina）撰写的《烹饪百科》（*La grande cucina*，1960）和《意大利人的饮食》（*Mangiare e bere all'italiana*，1967），并签下了一系列的餐厅、酒、旅馆、橄榄油导览书系……在慢食运动方面，维洛内里的努力主要在立法层次，让市长有权替当地产品认证，证实这些产品的真实性。他这以葡萄酒为诉求的革命也许少了点禁欲本质，不过它大体和世界上其他革命是一样的，只是这种革命的完成，有赖人们透过食物来表达出全面和平的精神（见《地方节庆》）。这会让人想到佛罗伦萨人科拉多·特德斯奇（Corrado Tedeschi）的革命计划，特德斯奇在1953年创立了全国佛罗伦萨丁骨牛排党，该党的唯一使命在于“为了让每位公民每天都能吃到一块重达450克的丁骨牛排而奋斗”（在稍后谈论托斯卡纳地区的部分会深入阐述）。

---

1. Arcigola的名称据称是玩弄文字组合而来的：“Arci”来自意大利娱乐文化协会（Associazone Ricreative Culturale Italiana）的缩写，不过也是一个前缀词，有“主要的”、“首位的”之意；协会的许多元老都和*La Gola*这本杂志有着密切的关系，而“la gola”有“胃口”、“享受食物”、“贪吃”的意思。因此，佩屈尼在替该协会命名时，将这两个词合在一起，成了Arcigola。
2. 佩屈尼，《慢食革命》（*Slow Food Revolution: da Arcigola a Terra madre: una nuova cultura del cibo e della vita*）。

FUNIVIE
MONTE
BIANCO
6

5 VAL D'AOSTA 瓦莱达奥斯塔地区

16 世纪时，萨伏依大公伊曼纽尔·菲利贝托（Emanuele Filiberto），萨伏依王室最著名的代表人物之一，在谈论到瓦莱达奥斯塔地区时表示："瓦莱达奥斯塔地区并不像其他地区一样归我们统治，它具有独立的法治和习俗。"[1] 有趣的是，瓦莱达奥斯塔自古以来就是萨伏依的世仇，它并不像其他意大利地区自愿臣服在萨伏依的统治之下，也从未宣示效忠萨伏依，却获得了这样的自主地位。

意大利到底离统一有多远，可以从周边地区一窥端倪。在瓦莱达奥斯塔一带的语言和饮食，其实一点都不意大利。瓦莱达奥斯塔的故事大多出现在法国历史书籍中，这个地区相当法国化，与特伦蒂诺和上阿迪杰地区德国化的程度相当。

这个小巧（居民只有 100 万人）却坚毅的山地地区，原本的居民是好战尚武的萨拉西民族。萨拉西人民曾经激烈抵抗古罗马的统治，在公元前 2 世纪下半叶，曾打败古罗马帝国执政官阿庇乌斯·克劳狄·普尔喀（Appio Claudio Pulcro）的军队，一直到公元前 25 年，奥鲁斯·特伦修斯·瓦洛·穆瑞纳（Aulo Terenzio Varrone Murena）才用计击败萨拉西人，掳获包括老少妇孺在内的 36000 名俘虏，之后被当成奴隶卖出。

为了报复，古罗马人将这个饱受战火蹂躏的地区称为"奥古斯都行政区"（Augusta Praetoria），之后演变成现在的名称"奥斯塔"（Aosta）。公元前 25 年，古罗马帝国甚至在此建设了行政区首府，也称奥古斯都（目前亦称奥斯塔），各种大型建筑物林立，并有先进的排水设备。自古以来，这个城市就有着相当简朴且强悍的习俗，举例来说，一年一度的主要节庆圣厄修斯节（Sant'Orso），就在 1 月 30 和 31 日，亦即意大利人口中的"乌鸫日"[2] 举行。在这被认为是全年最冷的时节，意大利其他地区的街道都冷冷清清，居民宁可躲在家中保暖也不愿探头出门，不过奥斯塔的街道却化成了露天市集，让那些能够忍受酷寒的人们有街可逛。

这个地区的人们具有意志坚强和沉默寡言的特质。这里是知名传教士，来自芒通的圣贝尔纳（San Bernardo di Mentone，11世纪初至1081年）的家乡，不过要特别说明的是，法国的克莱沃（Clairvaux）也曾出了一位圣贝尔纳（1091—1153），这两位圣伯尔纳是不同的人，注意别搞混了。同样来自此地区的，还有另一位足迹远及英格兰的著名传教士安瑟伦（sant'Anselmo d'Aosta，出生于奥斯塔，卒于坎特伯雷［Canterbury］，1033—1109）。事实上，除了安瑟伦以外，许多瓦莱达奥斯塔人都曾远行到离家遥远的英格兰。奥斯塔在法兰西道上，这条朝圣之道从大圣贝尔山口穿越阿尔卑斯山，横越欧洲直达英格兰。中世纪英国作家乔叟（Chaucer）的《坎特伯雷故事集》（*The Canterbury Tales*）就是以这条朝圣道为背景（参考《朝圣之旅》），鹿特丹的伊拉斯谟（*Erasmo da Rotterdam*）在1509年曾经旅行至此，并在写给托马斯·莫尔的信中表示：

> 几天前，从意大利回到英格兰的途中，为了不将骑马的时间浪费在闲聊琐事之上，我把这时间拿来反省了我们共同的研究，以及思念一些被我留在英国的博学诸友。我最先想到的几个人就包括你在内，亲爱的穆尔。即使距离遥远，关于你的回忆仍然带有同样的魅力，如同以往般地亲密，我发誓，你的存在是我生命中最美好的事。既然我无论如何都得找点事情打发时间，而这似乎不是适合深思的时刻，我突发奇想，编了这部《愚人颂》。[3]

奥斯塔的民间传说充斥着各种以魔鬼为题的阴暗故事，不过当地的英雄最后一定都会打败魔鬼，获得胜利。在这些英雄和代祷者中，最受欢迎的无疑是圣马丁（san Martino），他知道如何智取，用冰做成磨坊拿来跟魔鬼的磨坊对换，魔鬼不知这冰磨坊只能在冬天运作，一到夏天就会融化，圣马丁的行径，让居民免于受魔鬼操控。[4]

这个居民所剩无几的人间天堂，在中世纪初期受到勃艮第人侵略，到了11世纪又有萨伏依势力入侵，不过后者由于解放特许状（la Charte des Franchises）之故，承认了瓦莱达奥斯塔地区社群的许多特权，而能与居民维持良好关系。这个法令于12世纪由号称“社群之友”的托马索一世（Tommaso I）通过，之后又由托马索二世（Tommaso II）和阿梅德奥五世（Amedeo V）加以扩大实施。因此，自13世纪起，定居在瓦莱达奥斯塔地区山谷的瓦勒度教派信徒，就没有再受到其他势力的打扰，即使到了现在，这些社群仍在原地平静地过生活。尽管如此，瓦莱达奥斯塔居民仍然不断地反抗，并数度导致法国召开三级会议，最后，在1948年意大利政府草拟宪法时，正式要求成为自治区。

瓦莱达奥斯塔地区的饮食不如意大利其他地区变化多端，而饮食单调的主要原因，在于此地区欠缺耕地，只有一座座绵延的山脉。不过，居民也极力开发这样的垂直位置，将它化为观光天堂。一座座的城堡与吊椅，让瓦莱达奥斯塔地区到处都显得十分忙碌，冬季有滑雪客满山划，夏季则迎接着背着背包的登山健行者。

瓦莱达奥斯塔是通往法国与北欧的重要商业道路。地区内各城市的风俗，按该

城市距离边境的距离而改变（沿路每一公里的色彩与香味都不同），不过风俗和景观的多元性，主要还是因为各地海拔高度不同之故。

若来到位于海拔1700公尺科涅省区（Cogne）瓦尔农泰（Valnontey）的大天堂国家公园（Gran Paradiso）中央地带，便可以参观世界上最知名的高山植物园帕拉迪西亚（Paradisia）。而瓦莱达奥斯塔地区海拔最高之处有“欧洲屋脊”之称，阿尔卑斯山山脉的许多高峰都在此地，如大天堂山、罗萨峰（Monte Rosa）、切尔维诺山（Cervino）、勃朗峰（Monte Bianco）等。在离开完全受到开发、种满果树的山谷以后（即使在最炎热的夏季山区融雪也足以供应果园灌溉需求），就会抵达这些高峰地带。海拔越高，就可以沿着向阳坡看到更多攀在各种典型高山植被层上的葡萄藤，此外还会看到点缀在栗树林中的蜂巢：这里有全欧洲质量最佳的栗树蜜。过了栗树林，则会看到高山草原上绵延不绝的冷杉林，与放牧其中的乳牛群。

在这些广大草原的附近，可以找到山洞的入口，这些山洞是优质干酪的最佳熟成地点。正是因为这个缘故，瓦莱达奥斯塔地区的手工起士业特别发达。在干燥的气候中，由于一日二十四小时当中的温度变化较大，能自然阻断霉菌和寄生虫的成长，具有天然的杀菌效果。这个地区制造、熟成了许多起士，自然也出现了许多以起士为底的菜肴，起士火锅（fonduta）可以说是最具代表性的菜色。起士火锅跟其他瓦莱达奥斯塔地区传统菜色一样，是为了要拉近人与人之间的距离而发明的，该地区具有异曲同工之妙的，还有让所有宾客一起共享一壶咖啡的友谊壶（grolla），或是让大家轮流喝酒的角杯。就起士火锅而言，在场食客都拿着面包，就着同一碗用酒精炉加热的起士酱蘸着吃，锅内熔化成液状的起士酱，一般用当地产的单一或多种起士调制而成。

此外，起士面包汤也是另一道瓦莱达奥斯塔特色风味菜。

这个地区的饮食少有变化，在包括新鲜水果和面包在内的各种地方特产中，除了以熔化的起士做变化的菜色以外，大概只有体积不大、颜色介于赤褐和浅黄之间的马丁干冬梨（Martin Sec）。这种冬梨味甜，一般的处理方式，是淋上加了丁香的红酒，在火炉里烘烤一个小时以上至熟，之后覆上打发的鲜奶油，配着格拉帕酒一起吃。

瓦莱达奥斯塔地区的地方风味

第一道

- 和奶油一起融化并加入蛋黄的芳提娜（Fontina）起士锅，温热的起士酱用面包丁蘸着吃，或是淋在玉米糕上一起食用。

第二道

- 瓦莱达奥斯塔风羚肉或鹿肉（腌渍、炖煮再火烤的腿肉或嫩腰肉）
- 用盐腌后切成小块的牛肉，加入洋葱、盐、胡椒和红酒，在火上慢炖数小时之久的炖牛肉（*carbonade*）。
- 瓦莱达奥斯塔风肉排：把一片盖满芳提娜起士的犊牛肉，用熟火腿包覆，依序沾上蛋汁和面包屑再拿去煎。
- 将鳟鱼切大块油炸后再用醋腌渍的醋渍山鳟。

特别要提的，是绝对原创的瓦莱达奥斯塔咖啡。做法是将咖啡混合格拉帕酒、柠檬皮和糖，然后放在一个具有很多小壶嘴的大木杯中，点火待酒精烧尽。盛咖啡的大木杯称为“友谊壶”，让“朋友”都从自己的小壶嘴轮流啜饮共享。

这里也喝味道强烈的格雷索热红酒（vin brulé alla gressonara），是种加入黑面包、糖、奶油、肉桂、丁香和肉豆蔻去煮开的红酒，过滤后饮用。瓦莱达奥斯塔人大多嗜酒，而这也许是高加索地区以外，唯一能够找到银饰公羊角杯的地方。人们用这种羊角杯不断地斟酒饮尽……正如一般人所知的静力学原理，斟满酒的羊角不可能好端端地摆在桌上，一定会倒下，所以这种羊角杯就成了瓦莱达奥斯塔人劝酒的方式！

瓦莱达奥斯塔地区的特产

- 芳提娜起士
- 格雷索圣让（Gressoney Saint-Jean）的托马起士（toma）：这是一种在海拔两千两百公尺山区以新鲜牛奶制成（因此只有夏季制作）并经过一年熟成期的起士，具有胡椒和香草的后味，并飘着麝香和霉香。
- 莫切塔腌牛肉（mocetta）：（从前用的是羱羊肉）是用盐、大蒜和鼠尾草去腌的牛肉，一般切成薄片当作前菜食用。
- 瓦莱达奥斯塔斑皮苹果
- 马丁干冬梨
- 栗树蜜
- 瓦莱达奥斯塔地区也生产一种非常珍贵的猪脂：阿尔纳德猪脂（lardo di Arnad DOP）。这种猪脂跟托斯卡纳地区的柯隆纳塔猪脂（lardo di Colonnata ）不同，并不是在大理石制成的盒子里熟成（参考《托斯卡纳》），而是将猪脂放在板栗木制成的盒子里，再放在一层高山香草上，据说这种制作方式至少可以回溯到13世纪。

- 牛乳腺肠（teteun）和猪血肠（boudin）。前者是以红斑牛（pezzata rossa）或瓦莱达奥斯塔黑牛（nere valdostane）的牛乳腺制成；
- 猪血肠：以猪脂、香料、马铃薯和甜菜根制成的。

代表性饮料

艾草酒（Génépy）：以一些生长在高山的蒿属植物（*Artemisia*）如艾草、冰艾、疏艾等制成的蒸馏酒，这些芳香植物大多生长在海拔两千公尺以上地区。

1.《旅行品味》(*Viaggi e assaggi*)杂志，第 1 期，第 8 页。

2. 意大利人将1月29、30和31日称为乌鸫日。这个称呼来自一个有关乌鸫由来的传说，据说乌鸫原本是白色的，某一年，有一只乌鸫和它的幼雏为了躲避寒冬，躲进一个烟囱里，待它们在 2 月 1 日从烟囱里出来时，全部都因为烟熏的关系变成了黑色，自此以后，所有的乌鸫都成了黑色。

3. 鹿特丹的伊拉斯谟，《愚人颂》(*Praise of Folly*)。

4. 完整的故事是这样的：很久以前，在阿欧斯塔谷的入口有间贫穷的村落，居民靠着少数耕地维生。有一天，暴风雨摧毁了村中里唯一个磨坊，村民顿时感到绝望。魔鬼马上盖了一间美丽的磨坊，说："若村民只能到我的磨坊磨面，我就能藉此要求村民用灵魂交换。"圣马丁知道了以后，彻夜用冰块盖了一间磨坊，隔天早晨，冰磨坊在晨光的照耀下如钻石般闪闪发亮。魔鬼很生气，要求和圣马丁交换磨坊，而圣马丁也就顺了魔鬼的意，把磨坊换了过来。夏天一到，冰磨坊融化，村民快乐地到圣马丁的磨坊磨面，留下备受羞辱和失望的魔鬼。

Specialità Romane
SALE INTERNE

EBREI

犹太民族

EBREI

第一批犹太人于公元前161年来到罗马，当时的犹太人领袖犹大·马加比（Giuda Maccabeo）派遣大使到罗马，加强双边关系，以共同抵御希腊人和叙利亚人的联合军队，而这个人数众多的大使团，在抵达罗马以后也就定居了下来。到了公元70年，当古罗马帝国捣毁耶路撒冷圣殿以后，第一波难民潮和数量庞大的犹太战俘奴隶，蜂拥而至地来到了帝国首都。兴建于1世纪的罗马提图斯凯旋门上，就有一幅以这些犹太难民与奴隶为题的浮雕，描绘着这些悲伤的犹太人扛着一座被古罗马军队抢夺来当成战利品的大型七支烛台，随着古罗马军队的胜利队伍前进的景象。

战俘和难民，一起形成了罗马的犹太社群。正因为如此，意大利的犹太社群并不属于散居犹太人的两个主要分支，既不是曾经长期生活在西班牙一带的塞法迪犹太人，也不是曾在德国东欧一带活动的阿什肯纳兹犹太人（ashkenaziti）。意大利的犹太民族是个特例，而且在公元最初几世纪中，基督信仰更是透过他们在意大利逐渐传播开来的。

4世纪间，罗马的犹太社群大约有四万人口，聚居在罗马的特拉斯提弗列区（Trastevere）。当时的意大利犹太人与其他市民享有同样的权利，并没有受到任何形式的分离，这种聚居的情形与意大利境内其他社群一样，是因为文化与实际之故。这种状况一直维持到1492年。1492年，哥伦布（Cristoforo Colombo）在一些犹太后裔的支持下，带领悬挂着西班牙国旗的几艘卡拉维尔（caravelle）三桅帆船，发现了美洲，而笃信天主教的西班牙女王伊莎贝拉一世（Isabella I）和其丈夫费迪南二世（Ferdinando II），却在该年将犹太人逐出西班牙。许多犹太人从西班牙逃到罗马，向同胞寻求帮助，当时在意大利境内的犹太人尽管富裕，却也因为天主教徒日益高涨的反犹太情绪而担忧着。

抵达罗马的西班牙犹太人数量超过预期，使得罗马犹太社群人口遽增且越来越引人注目。然而，16 世纪中期的反宗教改革思想氛围，让罗马人几乎难以忍受这个现象，因此，当好以异端裁判所进行调查审判的教宗保罗四世（Paolo IV，他也将人们的异教信仰归咎于古希腊与古罗马雕像而企图摧毁之），霎时间以基本教义主义为借口，下令把犹太人和其他市民隔离，把犹太人关到卡比托利欧山（Capitolino）前的渥大维（Ottario）门廊，一个邻近当时罗马鱼市场的居留区中的时候，并没有令太多人感到意外。此后，犹太人只能在日间外出，一到夜晚，犹太人聚居区的三座大门就会被用巨大门闩关上，并有卫兵守卫着通道。

对犹太人来说，教宗保罗四世在位时间（1555—1559）虽短暂却影响深远，象征着数世纪以来生活结构的崩毁。教宗保罗四世在 1555 年 7 月 14 日颁布的诏书中表示，犹太人由于某种原因被赋予和基督徒相等的权利，是很"荒谬"的一件事：

> 曾几何时，这些因为罪行而受到上帝判处为永恒奴隶的犹太人，由于基督徒的博爱而得以受到保护并与我们共居一地，然而他们对基督徒的仁慈感到愤怒，甚至要求支配权而不愿表示归顺，这些忘恩负义之举，都是极度荒谬且不恰当之事；我们也知道，在罗马和其他服膺罗马教会之处，这些犹太人的行径厚颜无耻，不但混居在基督徒之中，住所甚至离教堂很近，而且还没有任何服装上的差别……

教宗保罗四世在位的四年间对犹太人的处置便已足够，因为罗马犹太人在接下来的三个世纪中，仍然受到限制，必须住在聚居区里，他们的身家财产受到剥夺，也无法享受财富与生活空间。一直到 1870 年，教皇国被武力征服，终于成为意大利王国的一部分，此后，犹太人可以在意大利半岛内自由活动，行动范围再也不只局限于聚居区。

16 世纪的犹太社群必须改变他们的习惯与生活形态。然而，这个处处受到剥夺的新生活，让罗马犹太人有机会凭借着想象力，发明新的烹饪方式，他们很聪明地融入罗马原本的传统，在此基础上加以发挥，丰富其内涵，替罗马带来了崭新且原创的新饮食体现。时至今日，只有专家才吃得出罗马市主要犹太餐厅皮佩尔诺（Piperno）和邻近卖地道罗马菜的吉格托餐厅（Gigetto）到底有什么不同。这两间餐厅只有咫尺之距，菜单并无太大差异，只不过吉格托餐厅的菜色比较多炖肉，皮佩尔诺则有比较多原创的蔬菜料理，尽管如此，两间餐厅无论在中餐或晚餐所提供的菜色，都是极为相似的。

无论如何，并非意大利所有地区都有充分的准备，能够迎接这群被笃信天主教的西班牙国王所驱逐的犹太难民。举例来说，在 1492 年，西西里岛尚为西班牙属地，总督服从母国的命令，将所有居住在西西里岛上的犹太人驱逐出境，迫使他们在三个月的期限内离开家园。较年长的犹太人在离开西西里岛以后，聚集在离岛四公里以外的雷焦卡拉布里亚（Reggio Calabria）；之后，这些人接受了一位德高望重的拉比的建议，全数朝罗马迁移。结果，这群西西里犹太人让罗马地区的饮食更加丰富，原本就已经让人很难用言语来形容的罗马烹饪，又加入了西西里饮食的元素，尤其是各种以茄子为基础食材的各种变化。在此之前，罗马人认为茄子不好消化，并以伪词源将之命名为“mela insana”，意为“不健康的苹果”，这也就是后来意大利文茄子“melanzane”这个字的由来（西西里方言和法文分别把茄子称为berenjenain 和 aubergine，这都是受到西班牙文的影响所致，显然，意文对茄子的称呼，并没有因为它从阿拉伯世界或西班牙引进而受到影响）。

不论是美食家皮耶罗·安德烈·马蒂奥里（Piero Andrea Mattioli）或安东尼奥·弗鲁戈利（Antonio Frugoli），都相当排斥茄子。马蒂奥里曾说（1557）：“（茄子是）庸俗的植物；跟菇类一样油炸再撒上盐和胡椒的吃法也很粗俗。”[1] 根据弗鲁戈利的说法（1631），茄子则是“……若非贱民和犹太人，就不该吃的食物”[2]。然而，另一位美食家文森佐·塔纳拉（Vincenzo Tanara）则对国内少数民族的经验抱持着不同的态度，他认为某些产品（例如茄子）值得关注，因为即便这么难消化的食物，犹太人还是这么喜欢。塔纳拉（1644）表示：“乡野粗食……由于对犹太人来说是相当好的食物，因此对家庭而言更是最佳食品。”[3] 茄子就这么进入了罗马犹太人聚居区，被人们用来油炸、腌渍、镶馅食用。而在托斯卡纳的蔬果市场中，茄子非常廉价，因为根据佩莱格里诺·阿尔图西的说法，“他们被当成犹太人食物而受到鄙视”[4]。

另一方面，栉瓜（又称西葫芦）则被认为是珍贵的蔬菜，价格昂贵，聚居区内的犹太人负担不起。会来到犹太聚居区内的，都是一般人在市场里丢弃不吃的部分：从栉瓜尾部长出、毫无用处的雄花。然而，犹太人却能将利用栉瓜花做出精致可口的菜肴，即使到现在，仍然是意大利烹饪的代表与骄傲。栉瓜或南瓜花的烹饪方式，都是在花里塞入起士馅或用面包屑、鳀鱼、鸡蛋和欧芹做成的馅料，或是沾上少量面糊油炸了吃。

从西西里传到罗马的还有朝鲜蓟，它可能是16世纪初塞法迪犹太难民带进来的。“犹太风”朝鲜蓟是采外型浑圆的罗马种朝鲜蓟制作，这种朝鲜蓟在意大利一般称为“紫朝鲜蓟”（mammole）。人们用肉槌或石头敲打紫朝鲜蓟，然后一个个地将它浸在热橄榄油里炸，直到所有叶子像扇子一样张开为止，之后，搁在吸油纸上将油吸干，直到它变脆为止。加入橄榄油水煮的紫朝鲜蓟也很好吃。这种犹太式煮法，必须选择体积比较小的朝鲜蓟，意大利人一般以“小孩”（figlioli）称呼之；除此以外，还有一种被称为“孙子”（nipoti）的朝鲜蓟，它的体积非常小，一般采加了醋的“罗马式”煮法。

油炸的烹饪方式，马上显示出这道菜的来源。在狭窄的聚居区内，并没有足够的空间可供设置设备完善的厨房，然而，油炸只需要有深锅和火炉就可以了。当然也不能忘了橄榄油，不过在那个时候的罗马，橄榄油的价格并没有太昂贵。

犹太人聚居区

犹太教堂的入口

吉格托餐厅（Gigetto）

烹煮朝鲜蓟

1985 年教宗约翰 · 保罗二世（Pope John Paul II）与罗马的犹太教首席拉比伊里奥 · 托夫（Elio Toaff）会面

此外，在罗马还有“犹太式”综合炸点的存在。在皮埃蒙特地区也有同样名称的菜色，不过两者其实完全不同，皮埃蒙特的犹太综合炸点用的是肉，而且这些肉来自各种出人意外的部位。根据罗马犹太人的传统，“综合炸点”是由各种切片蔬菜稍微蘸上面糊后进热油锅油炸的综合炸菜。

公开贩卖油炸物是犹太人被允许从事的少数职业之一，犹太人可以在街上贩卖油炸物，也可以开设以虔诚天主教徒为对象的餐馆。犹太人被允许从事的其他职业，包括捡破烂和高利贷，而天主教徒因为教规的规定，无法从事高利贷放款（也因为这被教会认为是一种罪行），所以这种行业就被下放给犹太人。对犹太人来说，油炸物还有另一个好处，就是可以在安息日之前先行准备。

犹太聚居区在16世纪初的历史与日常生活，替一道罗马犹太代表菜肴，也就是犹太式烩杂蔬（caponata alla giudea）创造了最佳条件，让预炸好的茄子，加上甜椒、西红柿等，在锅里幻化出甜美蔬菜香。所有蔬菜都在甜酸酱汁里小火慢炖，煮好后放冷食用。烩杂蔬和油炸物一样，都是在星期五先煮好，待星期六吃。在炉上入味一夜的烩杂蔬比刚煮出来的更加美味。

犹太教饮食教规在许多方面都和天主教的斋戒极为类似。

这些教规乃根据旧约圣经的规定：

> 可吃的牲畜就是：牛、绵羊、山羊、鹿、羚羊、麃子、野山羊、麋鹿、黄羊、青羊。
>
> 凡分蹄成为两瓣、又倒嚼的走兽，有趾及反刍的，你们都可以吃。
>
> 但那些或是分蹄之中不可知的，乃是骆驼、兔子、沙番；因为是倒嚼不分蹄；就与你们不洁净；猪因为是分蹄却不倒嚼，就与你们不洁净。这些兽的肉你们不可吃，死的也不可摸。可吃的乃是有翅有鳞的，都可以吃；凡无翅无鳞的，都不可吃，是与你们不洁净。雕、狗头雕、红头雕、鹯、小鹰、鸰鹰与其类、乌鸦与其类、鸵鸟、夜鹰、鱼鹰、鹰与其类，鸮鸟、猫头鹰、角鸱、鹈鹕、秃雕、鸬鹚、鹳、鹭鸶与其类，戴鵀与蝙蝠。凡有翅膀爬行的物，是与你们不洁净，都不可吃。凡洁净的鸟，你们都可以吃。凡自死的，你们都不可吃。可以给你城里寄居的吃，或卖与外人吃，因为你是归耶和华你 神为圣洁的民。
>
> 不可用山羊羔母的奶煮山羊羔。你要把你撒种所产的，就是你田地每年所出的，十分取一分。又要把你的五谷、新酒和油的十分之一，并牛群羊群中头生的，吃在耶和华你 神面前，就是他所选择要立为他名的居所。这样，你可以学习时常敬畏耶和华你 的神。（《申命记》第十四章，第四至二十三节）

让我们根据这段圣经，归纳出主要的犹太饮食教规：

1. 分辨出可以吃的动物（洁净的：牛、羊、家禽，以及具有鳍和鳞的鱼）与不可以吃的动物（不洁的：四足动物、没有偶蹄或不会反刍的动物、掠食动物、爬虫动物、昆虫；甲壳动物和软件动物也不能吃）。

2. 动物的宰杀必须依据犹太的律法仪式。

3. 禁止吃血：这是首要也是最基本的饮食禁忌。血代表生命，是属于上帝的。

4. 禁止食用特定种类的动物脂肪：这些是耶路撒冷圣殿仪式所专用的。

5. 禁止食用坐骨神经，藉此纪念雅各布与上帝的斗争（《创世记》第三十二章第二十节："那人见自己胜不过他，就将他的大腿窝摸了一把，雅各的大腿窝，正在继续和那人摔跤的时候，就扭了。"）。

6. 禁止食用从活体动物身上取下的部分。

7. 禁止食用生病或残废动物的肉。

8. 同一餐内不可同时食用肉类与奶制品（《出埃及记》第二十三章第十九节："要把你地上最上好的初熟之物带到耶和华你神的殿中。不可用山羊羔母的奶去煮山羊羔。"有关这条戒律，各拉比和注经者都有不同的解释。

9. 禁止食用会对生命与健康带来威胁的物质（遵循一条主要戒律："总是选择生命而非死亡"）。

罗马广大的犹太社群之所以能创造并提供给罗马人如此丰富、即使在天主教斋戒期亦可享用的饮食，就是因为上述之故。犹太人不用猪脂或奶油烹煮蔬菜的饮食诫律，与天主教斋戒期间不能或限制食用动物制品的规范相符合。禁止吃血的诫律，也与意大利饮食传统非常接近，因为要拿来烟熏和盐腌的肉品，必须经过放血的程序。意大利文中的火腿"prosciutto"一词，按字面就是将腿部"（液体）放干"的意思。

此外，在过去的数世纪中，嘉年华以后到复活节周日的斋戒期间最受罗马天主教徒和朝圣者欢迎的精致佳肴，也是犹太人那美味且富含维生素的犹太风味香草比萨。

1. 马蒂奥里,《论迪奥斯科理德医用材料》(*I discorsi di Pietro Andrea Mattioli su De materia medica di Dioscoride*),第七十八章。

2. 弗鲁戈利,《常规与宴会筹办》(*Practica e scalcaria*),第 245 页。

3. 塔纳拉,《庄园居民经济》,(*Lèconomia del cittadino in villa*),第 244 页。

4.《厨房的知识与食的艺术》食谱编号 399,阿尔图西以托斯卡纳古语“Petonciani”称呼茄子;16 世纪名厨巴托洛梅奥·斯卡皮称之为“molignane”;另一位文艺复兴时期名厨克里斯托弗·达梅西布尔戈(Cristoforo da Messisburgo)则称之为“mollegnane”;而在罗马一般则称为“marignani”。在《托斯卡纳中篇小说选》(*IL Novellino*)中,大厨塔迪奥(Taddeo)“在阅读他的医学书籍时发现,连续吃九天茄子的人会发疯”。诗人薄伽丘(Boccaccio)的作品《亚梅托仙女》(*Ninfale LÀmeto*)中,则使用了“petronciani violati”的字眼,有紫色茄子之意。

USCITA

6

MONTE

皮埃蒙特地区

皮埃蒙特地区的意大利名“Piemonte”，一语道出它坐落于山脚下“piè dei monti”的位置（“piè”指的是脚，“monti”是山），这地区邻近瓦莱达奥斯塔地区，于北于西紧临阿尔卑斯山，南方则座落着亚平宁山脉。

这个地区的特色会让人连想到瓦莱奥斯塔地区。皮埃蒙特也曾经是萨伏依王朝的属地，尽管这归属其实是断断续续的：自 16 世纪起，萨伏依公国与法国之间持续争战，到 18 世纪初，法国占领了原为萨伏依属地的皮埃蒙特，之后将它归还，然后再次侵略，循环不休……然而，尽管在法国政治势力较弱时，此地仍然可以持续感受到法国精神。皮埃蒙特人殷勤、优雅并追求完美的性格，就是在与法国的持续接触中逐渐形成。因此，即使是类似瓦莱达奥斯塔菜的典型乡村菜，在皮埃蒙特地区都被拿来一再精炼，当成真正艺术作品一样地来包装，也就不会让人觉得有何矛盾之处了。

皮埃蒙特是由 1209 个城镇乡村所拼凑而成的地区，这些处于田野、山丘、丘陵、湖畔或河边的城镇，都有着独一无二的特有景观。这里跟瓦莱达奥斯塔一样，仍有许多以瓦勒度教派信徒为主的村落（他们具有自身特有的饮食和仪式）。在库内奥省（Cuneo），仍然可以找到居民大多为法国普罗旺斯后裔的村庄，而在省区西缘也有很久以前从普罗旺斯来到此地定居的奥克人后裔。

语言与饮食都具有德国特色的瓦尔瑟（Walser）族群，可见于瓦尔塞西亚（Valsesia）、奥索拉（Ossola）河谷与瓦尔斯特罗讷（Valstrona）。瓦尔瑟和瓦勒度的差别，在于前者并非弱势宗教团体，而是一个少数民族。瓦尔瑟人的祖先（又称 vallesi，音译为瓦莱西人，来自山谷［valle］之意）是德国的古老部落，在 11 至 13 世纪间翻山越岭，穿越阿尔卑斯山来到此地。这些德国人与当地政府签下一纸世袭租赁合约，在此开垦荒地，并未因为此地区生活艰辛而打退堂鼓。

15 世纪时，许多瓦尔瑟家庭再次移居到瑞士与德国，从事织品贸易。积极且行动迅速的瓦尔瑟商人，与他们在皮埃蒙特地区的家乡保留了商业与亲属联系；我们知道，当时的商人其实同时具有商人、旅行者与语言学家的身份，正因如此，瓦尔瑟人逐渐因为他们勇于冒险、性格开朗幽默与喜好啤酒而打开了知名度。

古罗马人建立的都灵市（Torino）跟大多数北方城市，尤其是奥斯塔一样，都是源自于朱利亚氏族和罗马皇帝奥古斯都，在罗马帝国初期被称为朱力亚奥古斯塔陶利诺伦姆（Julia Augusta Taurinorum）。然而，人们习惯以该城市的昵称，亦即影射有“顽强公牛”之意的“陶利诺”（taurino）来称呼之，城市名称逐渐演变为现在的都灵。

都灵曾是王国的首都（自 1713 年起为撒丁王国的首都，在 1849 年至 1861 年间亦为意大利王国首都）。在意大利的近代史中，除了都灵以外，只有那不勒斯（Napoli）曾经扮演过类似的角色（自 1282 年至 1815 年间为那不勒斯王国首都，在 1816 年至 1860 年间为两西西里王国首都）。

其他城市可以是郡、公国、侯国或独立共和国的首都，不过意大利境内再也没有其他首都城市的传说和象征，可以如此紧密地与王国历史和基督信仰圣物结合在一起，这里所说的，分别是位于都灵的耶稣裹尸布，以及位于那不勒斯的圣真纳罗圣血。

耶稣裹尸布常常出现在文学作品里，翁贝托·埃柯的小说《波多里诺》就曾虚构了这块裹尸布出现的过程。我们所确知的，是在 1349 年的法国，尚尼的戈弗雷骑士（Goffreclo di Charny）宣称他手上握有来源不明的一块布，上面印有一个人体肖像（可能是耶稣基督）。1453 年，萨伏依王朝的路易一世（Ludovico）将这块裹尸布买下，自此以后，这件圣物就一直被保留在都灵市。

都灵是亚平宁半岛上唯一未曾受到外国势力侵略的地方，自 1848 年起（在独立战争以前），也开始出现了意大利统一的声音。19 世纪与 20 世纪早期，知道如何定义出意大利文化与政治特质的意国精英，纷纷聚集到都灵，为 20 世纪蓬勃发展的“意大利奇迹”奠下了基础。意大利统一运动的领导人是加富尔伯爵（Conte di Cavour），他是位精明的外交家，是百分之百的都灵人——完全符合目前一般人对“都灵人虚假有礼”的印象（这当然是草率又概括性的说法）。加富尔伯爵不只是都灵人，更是无可救药的皮埃蒙特人，连政治著作都用法文来书写。

操着一口流利法语的加富尔伯爵，活灵活现地展现了一句堪称本书标语的意大利俗谚：“Parla come mangi!”这句话按字面翻译是：“讲话水平要与饮食水平相当！”（如果一个人住在某个地方，平时习惯吃特定流派的菜肴，那么他也应该要能使用那些菜肴来源地的“母语”。）加富尔伯爵不论在日常生活或政治上都以法语为沟通语言，饮食也相当法国化。即使到现在，还有一间历史悠久的餐厅持续推出加富尔伯爵的菜单。这间餐厅名为坎比奥餐厅（Ristorante del Cambio），会让顾客就着一张巴洛克风格餐桌旁的深红色小沙发坐下，用餐室中央还插着一面小小的意大利国旗，完全按照服侍加富尔伯爵的方式上菜，用的也是同样的盘子。这些菜单反映出欧陆色彩而非地中海风味，就加富尔伯爵的饮食偏好而言，甚至是反地中海风的。这些名字有浓厚法国色彩的地方风味菜色，在皮埃蒙特地区饮食中非常受到欢迎。[1]

举例来说，一道名为“长礼服”（finanziera）[2]的炖菜就深受加富尔伯爵喜爱。这道菜用的是牛的内脏和生殖器，把它们放入加了醋和马尔萨拉酒的水里烫熟，再用当地产的巴洛洛红酒（Barolo）调味。根据传统食谱的做法，这道菜应有犊牛的肾脑、肝、胰脏、鸡冠和菇类，上菜时放在酥盒里或搭配白炖饭。[3]

牛骨髓经常出现在皮埃蒙特的菜肴中，这情形和伦巴底地区一样，只不过皮埃蒙特人将牛骨髓称为“filone”，不像意大利其他地区把它叫做“midollo”。牛骨髓的脂肪含量相当高，常被用来煎肉、猪脚和牛肝菌菇。此外，在制作弗利瑟肉饼（frisse）时，也会在加入肺脏、心脏和肝脏的绞肉中加入骨髓。皮埃蒙特地区还有一种“脂牛”（bue grasso），其牛肉布满脂肪，让人一眼就能认出，被称为“大理石纹肉”（marezzata）。[4]

脂牛的饲养以库内奥省的卡鲁（Carrù）和离阿斯蒂（Asti）不远的法梭内（Fassone）为中心。这是一种皮埃蒙特产品种的白牛，以糠、乳清、甜菜等为饲料，有时也会加入沙巴翁蛋酒酱（zabaione），以促进肌肉量的生长为目的；这种牛最重可达一千两百五十公斤，甚至到无法自行行走的程度。脂牛节自 1910 年起就在卡鲁村举行，一般在圣诞节前的第二个周四。（见《地方节庆》）卡鲁人还请来了雕塑家拉斐尔·蒙达齐（Raffaele Mondazzi），替这些巨牛立了大理石纪念碑，题为《卡鲁瞭望》（*IL Belvedere di Carrù*），以六幅浮雕描绘这种牛从在牛厩出生到屠宰场以至于饕客餐桌上的过程。

若讲到维托里奥·伊曼纽尔二世（Vittorio Emanuele II）最爱的豪华综合炖肉（Gran bollito），就不能不提到“七的法则”：七种不同部位的肉、七种牛杂和其他肉品、七种蔬菜与七种配菜。

豪华综合炖肉确实也用到七种不同部位的肉，包括肩胛肉、牛腱、胸腹肉、后腿肉、前胸肉、腹胁肉，以及用外侧胸肉做成的肉卷（将外侧胸肉包入猪脂或火腿、熟萨拉米香肠、两个鸡蛋、一整条红萝卜、一些香草和胡椒等卷起来绑好，煮熟后切片食用）。

在另外的几只锅中，将其他包括牛杂和其他肉品在内的七种肉分别煮熟，这七种肉是一般综合水煮炖肉的常见材料，如包括鼻子在内的整颗牛头、牛舌、牛蹄、牛尾、母鸡、猪肉肠和腰肉（用带油的外侧胸腰肉包入香料作成肉卷再以烈火烤过，是这道豪华综合炖肉中唯一经过火烤处理的材料）。

到这里还没完！这道菜还得搭配七种配菜：水煮马铃薯、波菜、醋渍红洋葱、芜菁、红萝卜、芹菜和韭葱。

最后在这道疯狂菜肴端上桌时，还得附上七种酱汁：首先是青酱，之后是红酱，然后是蜂蜜酱、葡萄酱、辣根酱、克雷莫纳芥末蜜饯以及芥末酱。

有时人们也会用鱼酱替肉类调味，用罐头鲔鱼和水煮小牛肉制作而成的绝妙组合，鲔鱼酱小牛肉（vitello tonnato）便是一例。水煮小牛肉切片摆在盘子上，覆盖上鲔鱼酱（新鲜美乃滋加入鲔鱼块、水煮蛋、续随子和鳀鱼再加以搅拌），就大功告成。

脂牛

白松露

阿尔巴松露节

皮埃蒙特最能显现出自我风格的季节，非秋季莫属。人们在这满是浓雾的季节，打开第一瓶浅龄酒。出生于亚历山德里亚（Alessandria）的翁贝托·埃柯曾以独到的笔触，将皮埃蒙特的景观带到读者眼前。在埃柯的小说中，不论是我最喜欢的地点（《玫瑰的名字》中的修道院），或故事主人翁（《傅科摆》的贝尔勃、《昨日之岛》的罗贝托和《波多里诺》的同名主角），都位于或属于皮埃蒙特地区。透过《波多里诺》中的中世纪英雄，埃柯这么描绘出他所熟悉的地方：

“在这两城之间有两条河流过，一是塔纳罗河，另一是波尔密达河，两者之间有个平原，平日若不是热到可在石板上煮蛋，就会起雾，不起雾的时候就会下雪，不下雪时会结冰，不结冰时仍旧酷寒无比。我就在那里出生，一个叫做弗拉斯凯塔—马林卡纳的地方，那边还有一个位于两河之间的美丽沼泽。这地方和马尔马拉海海岸不太一样……”

“可以想象。”

“不过我还挺喜欢这种气氛的陪伴。我去过很多地方，尼切塔先生，也许曾经远至印度文化圈……”

“你不确定？”

“不，我不太了解自己到底走到哪里；当然曾经到过那些有长角和肚子上有嘴巴的人的地方。我曾在浩瀚无垠的沙漠和一望无际的草原上度过好几个礼拜的时间，不过我总是觉得自己像是个囚犯，受到某种超出我想象的力量所束缚。换作是我的家乡，即使走在起雾的森林中，你会觉得自己好像仍然在母亲肚子里一样，一无所惧，感到自由。即使在没雾时走在森林里，口渴了，可以从树上折下冰柱，之后再对着冻着了的双手猛呼气……”[5]

秋天也是采松露的季节。阿尔巴（Alba）的白松露（Tuber magnatum Pico）是皮埃蒙特地区丰富美食的代表。“白”松露的名称，据说就是从号称“松露之都”的阿尔巴流传出来的。意大利也产黑松露（Tuber melanosporum 或 tartufo del Perigord），不过相形之下，黑松露的价值低了许多。

法国著名美食家让·安特姆·布里亚—萨瓦兰（Jean Anthelme Brillat-Savarin，1755—1826）曾在《厨房里的哲学家》（*La Physiologie du Goût*，1825）一书中，将外观丑陋的白松露认定为“餐桌上的钻石”。萨瓦兰很明确地解释了这句话的意思：他认为白松露是一种天然春药，能够“让女人更充满柔情，让男人更可亲”。用钻石来比拟，理所当然是因为白松露的质量高且市价昂贵。产于翁布里亚地区卡斯泰洛城（Città di Castello）的白松露价格大约介于每公斤一万至一万五千欧元，诺尔恰（Norcia）的黑松露约在每公斤五千欧元之谱。1954 年，阿尔巴市将世界上最大的白松露（重达五百四十克）捐给美国杜鲁门总统，意大利藉由这个珍贵的礼物，向杜鲁门总统在马歇尔计划期间对意大利人道援助提供的协助表达谢意。

意大利也有比较不珍贵的“夏季”松露，价格大概只在每公斤八十至一百欧元左右，这种称为黑夏松露（scorzone）的品种，在食品工业的运用很常见。经验不足的美食新贵常常争相品尝这种次级奢侈品，并将它当成质量最佳的松露来囤积，恶炒哄抬的结果，价格也就水涨船高。一般来说，采购松露时会面临的最主要问题，就是贩卖赝品或恶意诈骗的卖家。对这些人来说，要行骗是很简单的事，只要把十个产自马尔凯地区、质量较低的阿夸拉尼亚（Acqualagna）白松露，和一个号称钻石的阿尔巴白松露放在同一个密封容器里，让低级品沉浸在高级品的香芬中即可，如此一来，技术上就无法辨识出两者的差别，只有到稍后要品尝的那一刻，较便宜的松露才会散发出完全不同的气味。

拿到我们眼前的松露真的是从阿尔巴来的，或者只是被放在阿尔巴松露旁边，吸收了它的香气？这是个没有答案的好问题，要加以判断，只能依靠卖家的个人经验与知识，以及该位松露掮客的好名声。

松露采集靠的是狗的嗅觉，而且在夜间比较容易找到。一只训练有素的狗，价格可达两万欧元。另外还有一种效率比较不高的方法，不必靠狗就可以找到生长在树根上的松露：及时注意到一群小苍蝇（Helomyza tuberivora）的存在。如果看到这种苍蝇在树木下方飞舞，那么这底下可能就有松露存在。

专家经常在讨论，哪种树木的根部最能吸引松露菌丝。松露最主要长在橡树根部，不过杨柳和核桃树上也可以找到。有关松露有着许多浪漫的传说，其中的一个传说，诉说着松露在寒冷的夜晚为了躲避月光而藏到地底下，不过月光穿过了湿冷的土壤，一直达到树木的根部，所以松露才会躲在树根旁；另一个传说，则说松露来自雄鹿身上滴下的精液；不然就是根据古老信仰，相信在秋季时分，树根附近有闪电打到的地方会长出松露。

在报纸杂志上也常常看到，猪也是寻找松露的好帮手。不过在意大利一般不用猪来找松露，因为它们不但会找还会吞吃，一口就会吞掉一万到一万五千欧元。只有法国人才用猪找松露：因为某种因素，法国猪比较听话，不会吃掉它们所找到的松露。

要让白松露的滋味发挥到极致，就必须以高温烹调。那些能够拥有此类珍宝且正在纳闷该怎么办的少数读者，也许会感谢我提出下列建议：松露必须用具有钛制锅柄的 999.6 纯银锅来烹煮（在所有厨房用具中，这种锅子的热传导性最高）。乔纳森·斯威夫特（Jonathan Swift）曾在《奴婢训》（*Directions to Servants*）中提到一些清洁和照顾银制松露锅的建议。

品尝松露的最好方法，是在切片后放在烤过的手工面包上，再滴上些许橄榄油，而且最好还是来自翁布里亚地区的橄榄油，因为翁布里亚橄榄油的味道比较不明显，而托斯卡纳橄榄油有着浓厚的果香，西西里橄榄油的香气太浓郁。在松露片和橄榄油上，我们还建议撒上少许粗盐（精盐在高档意大利菜里是没有容身之地的）。

打算买松露的人，必须要记得一个令人伤心的法则。在同一个季节里，无法同时拥有好葡萄酒和好松露：就松露而言，如果夏季雨水多质量就越高，葡萄酒刚好反过来，炎热干燥的夏季才会有好酒。

白松露并不是阿尔巴的独占事业，马尔凯地区的圣阿加塔费尔特里亚（Sant' Agata Feltria）和托斯卡纳的圣米尼亚托（San Miniato）都找得到质量优良的白松露。运气好的，有时也会在莫里塞地区的偏远乡镇寻得。在更南边的地方，偶尔也可能有所斩获：这些地方甚至让人难以想象，不过就事实而论，白松露显然也可能生长在卡拉布里亚地区。

阿尔巴和阿斯蒂两城，从很久以前就开始打“松露战争”。阿斯蒂想在 8 月 15 日就开始卖松露，偶尔也能成功开卖，阿尔巴则倾向将日期往秋季延后，因为越靠近秋季，松露质量越佳。相关时程是由阿尔巴白松露暨葡萄酒骑士团（Ordine dei Cavalieri dei tartufi e dei vini d'Alba）制定。[6] 阿尔巴松露节每年于 10 月的第一个周日举办。参展者好像古罗马军队高举着战利品一般，陆续捧着闻名全世界的阿尔巴白松露进场，这些都是阿尔巴质量最优的极品。随后还有花车游行、赛驴、“松露小姐”选美等。这些松露狂热者也常有慈善之举，每年阿尔巴松露协会（Associazione Trifolau dell'Albese）都会从十大优质松露的贩卖所得中拨款专用于慈善用途。

之前已经提过，松露不只出现在皮埃蒙特地区，在法国和翁布里亚地区也有它的踪影。不过，世界上的确也有只出现在皮埃蒙特的独特风味，也就是皮埃蒙特美食的代表，香蒜鳀鱼热沾酱（bagna cauda 或 bagna caòda），是种将热橄榄油、大蒜、鳀鱼和融化的奶油混在一起制作而成的浓郁沾酱。

我们在此引用的，是意大利餐饮学院与意大利鳀鱼协会为了 1989 年皮埃蒙特鳀鱼美食年度香蒜鳀鱼热沾酱飨宴，特别在瓦尔迈拉鳀鱼商协会（简称 AVALMA）举行聚会时所提出的食谱。有关香蒜鳀鱼热沾酱的做法如下：

1. 鳀鱼必须是来自西班牙且至少经过一年熟成的上好红鳀。从盐水中取出，趁气味浓郁之际清理干净，用水和酒洗过以后擦干去骨。每人分量大约至少两至三条鳀鱼（五至六条的重量大约为一百克）；
2. 大蒜可以减量，不过不能完全不用，因为不用大蒜就称不上是大蒜鳀鱼热沾酱了！至于大蒜的分量，“基本教义派”认为应以每人一个蒜头，也就是大致十至十五个蒜瓣来计算，不过事实上，每人两至三个蒜瓣的分量就已足够。大蒜不须在沸腾的水或牛奶里煮过，只需要把芽去掉，切成薄片即可；你也可以把大蒜薄片放在一碗冷水里泡几个小时，如果能用活水来处理更好；
3. 橄榄油必须要是质量好的橄榄油，最好用特级初榨橄榄油，不过也可以用一般的橄榄油取代，只要不用菜籽油都可以。橄榄油的分量，每人不少于半杯（以酒杯计）；
4. 蔬菜必须是皮埃蒙特地区菜园种得起来的种类，并且去掉几种因为香味明显而不适合用来沾酱吃的蔬菜（如西洋芹、茴香、樱桃萝卜等）。将蔬菜洗干净，切成四等分，可采用的蔬菜包括奇耶里刺叶蓟（cardo spadone di Chieri）或尼扎蒙费拉托刺叶蓟，生的、烤过并去皮的，以及醋腌的甜椒、芜菁、洋姜（菊芋）、羽衣甘蓝、结球甘蓝和红甘蓝，莴苣心和苦苣，新鲜韭葱，青葱等；
5. 烹煮是决定香蒜鳀鱼热沾酱做出来是否好吃、健康且容易消化的决定性步骤。烹煮时间必须短，而且在煮好后必须持续微温加热……

演变到现在，在吃香蒜鳀鱼热沾酱的前后到底该吃些什么？

在此要提醒一下，香蒜鳀鱼热沾酱本身就是一道完整的主菜，而且食客还会沾酱吃掉很多面包。因此，聪明的皮埃蒙特人在香蒜鳀鱼热沾酱上桌以前，只会端上少许用上好猪肉制作的美味小萨拉米香肠，用来搭配浅龄的巴贝拉葡萄酒（Barbera）开胃。

如果要弄得更丰盛一点，除了切片的萨拉米香肠以外，还可以加上烟熏鲱鱼制成的开胃小点、热乎乎的炸鳕鱼块，以及一块块热腾腾的韭葱和菠菜蛋煎（简单来说，都是未坐上餐桌前可以用来搭配开胃酒的小点心）。

那么，在吃完香蒜鳀鱼热沾酱以后呢？

当然不是皮埃蒙特的豪华综合炖肉，不过可以是稍微简化的版本，然而无论如何，这仍然是种浪费，因为香蒜鳀鱼热沾酱本身就具有主菜的特质所致；事实上，这种端上简化版综合炖肉的习惯其实是皮埃蒙特地区现有的错误习惯，必须要加以改正。端上一杯热腾腾的牛肉高汤反而是比较好的搭配。[7]

香蒜鳀鱼热沾酱是一道简单的家常菜，与皮埃蒙特地区的各种奢华享受如松露、上好菲力牛肉，以及世上最美味的热巧克力等，形成了强烈的对比。就大多数例子而言，皮埃蒙特地区的食物的确昂贵。这是个不识意大利面的地方，因为意大利面主要出现在需要节省物料和金钱的地方，只是让人填饱肚子的方法，而皮埃蒙特却很像是中世纪唱游诗人和法国文艺复兴时期作家弗朗索瓦·拉伯雷口中的“安乐乡”。

人们不免一问：这又干鳀鱼何事？说来也许奇怪，不过盐腌鳀鱼事实上在中世纪被视为财富象征。中世纪时期，盐就代表财富，而鳀鱼是最容易将蛋白质和维生素结合成一种美味产品的方法，因此早在古罗马帝国时期，就已经会利用鳀鱼来帮食物调味，而且还不仅限于海鲜，即便是蔬菜、肉类与汤品都会用鳀鱼提味。弗凯萨托·沃尔特（Fochesato Walter）和普隆扎蒂·维尔吉利奥（Pronzati Virgilio）合著的《鳀鱼》（*L'acciughe: donne, donne, pesci freschi pesci vivi*）一书，就解释了鳀鱼在那个代表意大利国内传统经济的“女性世界”中，可能有着什么样的意义。

盐腌鳀鱼在皮埃蒙特代表菜中占有一席之地，并非偶然。利古里亚水域的鱼种不丰却盛产鳀鱼，而这种鱼所生活的狭长海岸，也正是欧洲最古老的盐道。这条盐道始于利古里亚，穿过皮埃蒙特后往北可达北欧。货车除了载盐（合法公开运送或走私的都有）以外，也运了一定数量的鳀鱼。这些鳀鱼在捕获时就先进行盐腌以便长途运送，与盐一起经过奥斯塔与包括首府都灵在内的皮埃蒙特城市，运往北欧。

这种利古里亚特产在都灵相当受欢迎，与来自西班牙的盐腌沙丁鱼一样地抢手。尽管西班牙沙丁鱼较意大利鳀鱼便宜，产自利古里亚的鳀鱼，在稍微腌渍并浸在清香的利古里亚橄榄油里以后，不论在嫩度或风味浓郁度上，都远远超过任何竞争对手一大截。一般相信，最适合用来做罐装鱼的橄榄油，就是利古里亚橄榄油。托斯卡纳的橄榄油具有独特的香气与味道，绝对不适合拿来处理鳀鱼。

传统的香蒜鳀鱼热沾酱，如同菜名中的“热”字所示，是一道品尝过程中必须持续加热的菜肴，不过绝对不可以达到沸腾的程度，因此在上菜的时候，沾酱是放在餐桌中央的一个小锅子里，下头用酒精灯加热，品尝方式与起士火锅相同。这种热菜自然不适合夏天食用，而是秋季与冬季的围炉乐事。与香蒜鳀鱼热沾酱一并上桌的，是切好摆盘的冬令时蔬：甘蓝菜、胡萝卜，以及最重要的洋姜[8]。

皮埃蒙特和其他位于北纬44度至48度之间的其他地区（伦巴底和威内托）一样，都有以米饭为主的特色菜肴。加富尔伯爵在世时致力于为意大利人的福祉而努力，正是在他的努力下，阿尔卑斯山的丰沛水源得以被引到皮埃蒙特地区的干燥平原。在为政府组织操劳的同时，加富尔伯爵于1866年设计了该地区的灌溉系统。这个运河系统总长超过八十公里，具有许多支流，让阿尔卑斯山的山泉能够流到维尔切利（Vercelli）、诺瓦拉（Novara）和洛梅利纳平原等地以灌溉稻田。这些运河至今尚存且运行完善，被称为“加富尔运河”的确也实至名归。

加了硬质起士和肉豆蔻，运用巴洛洛红酒、菇类和肉汤煮成的“皮埃蒙特炖饭”就是这么来的。炖饭也是维尔切利省的特色（维尔切利是周围稻米栽植区的首府，这里有稻米交易所和稻米栽植实验中心，到田里所有利用人工智能代替劳力的各种现代手法，都是这里发明研究出来的）。然而，维尔切利的传统炖饭，用的却是蛙肉，而且自中世纪到现在，维尔切利青蛙节每年都会在9月的第一周举行。

维尔切利青蛙节一定会出现蛙肉炖饭、蛙肉汤，以及炸蛙肉。蛙肉汤的热量高且有益健康，在当地医生的眼中，甚至与中欧犹太人日常生活中经常出现的鸡汤一样具有疗效。维尔切利的医生亟须这种具有疗效的食品，因为维尔切利位于法兰齐杰纳道上，从北方前往罗马朝圣的旅者（见《朝圣之旅》），经常在这里停留，以休养生息并治疗沿途染上的疾病。维尔切利有许多独特的建筑与机构，例如斯考蒂医院（Ospedale degli Scoti），都是从那段期间流传下来的。维尔切利人也替这些徒步旅行者精心制作了许多长途旅行的食粮，例如杜亚萨拉米香肠（sala d'la duja）这种脂肪含量极高且没有经过烟熏处理的萨拉米香肠，它一般是放在一种称为杜亚（duja）的陶器中，再覆上一层融化的猪脂加以保存。

融化的猪脂是以固体猪脂制成。即使是未经加工的猪脂，也会在维尔切利和托斯卡纳地区（位于朝圣之路上的城市）经过盐腌处理以后，随着时间演进，这些东西名声逐渐大了起来，人们再也不把它当成穷人的食物，而成为一种非常珍贵且对人体有益的好东西。到了 20 世纪，有些种类的猪脂也在所谓的极品美馔中占有一席之地，其中以托斯卡纳地区在大理石容器中熟成的科隆纳塔猪脂（lardo di Colonnata）为最，我们在讲到托斯卡纳地区时会详尽介绍。

向来被视为最佳农民粗食的玉米糕，在意大利北部的所有地方（因此也包括皮埃蒙特地区在内）都相当普遍。位于亚历山德里亚省的蓬蒂市（Ponti），每年 4 月的最后一个周日，都会举办一个很特别的玉米糕节。据传，早在 15 世纪，住在蓬蒂的贵族德卡列托（Del Carretto）世家，常常会准备一大锅加了鳕鱼干的玉米糕请村民吃。村民为了表达感谢之意，在 1650 年决定替这个贵族赏赐的超大玉米糕制作一个大锅。自此以后，村民每年都会用那个锅子替全村煮玉米糕，并请一位村民乔装成公爵，从山丘上的城堡骑马来到村中，开启宴会的序幕。

皮埃蒙特人变出了不少扎实粗菜（例如前面提到的“长礼服”），也做出不少以贵族为对象的精致小点。面包条（grissini torinesi）最初就是为了贵族们纤弱的肠胃所准备的。面包条的意大利文“grissino”来自皮埃蒙特地区内另一种历史悠久的葛尔瑟面包（gherse），不过是这种面包的缩小版。据说在 1668 年，都灵市的面包师傅安东尼奥 · 布鲁内洛（Antonio Brunero）替萨伏依公爵阿梅迪奥二世（Amedeo II）烘焙出第一批面包条，由于阿梅迪奥二世有消化障碍的问题，医生建议他吃面包皮，把里头比较松软的部分舍弃不吃。后来，拿破仑也爱上了这种面包条，还特地从都灵将面包条运往他的皇宫。流亡的俄罗斯作家果戈里曾在 1837 年 7 月 16 日写给巴拉毕纳（Balabina）的信中提到：“对了，都灵还有配茶很好吃的咸饼干。”这里的咸饼干指的就是这种面包条。

这种都灵特产的面包条在意大利蔚为风潮，尤其受到减肥人士的欢迎。至于那些不担心体重的（即使是现在这种人也不多），则可以享受到皮埃蒙特地区著名的沙巴翁蛋酒酱，配上糖渍栗子享用更是一绝。皮埃蒙特地区产的栗子有两种，其一是体积较小的野生栗树的果子，每个果实里有三个栗子，另一种较被珍视的栗子种类，来自嫁接栽植，每个果实里只有一个栗子，一般来说体积较大也较甜。

皮埃蒙特地区似乎也还保留着文艺复兴时期宫廷厨房的规则，东西都做得很花俏。即使是巧克力（巧克力在文艺复兴时期自然还没有传入欧洲），在皮埃蒙特都会以一种非常复杂的形式出现，就法国人类学家克劳德·列维-施特劳斯（Claude Lévi-Strauss）和法国文学家罗兰·巴特（Roland Barthes）的说法，就是所谓的“熟食”，意指文化层面的转变。首先要说的是，巧克力产业的创始者苏查德（Suchard）的第一块巧克力砖，其实是在皮埃蒙特制作出来的，而不是一般所误以为的瑞士。其次，榛果巧克力，也就是都灵市著名的“吉安杜亚”（gianduia）巧克力，也是在这里发明的。这种产品的名称，来自都灵当地的一个典型戏剧人物，是即兴喜剧所使用的主要面具之一，称为“Gioan d'la douja”，或称“酒杯乔万尼”（Giovanni del boccale）。在1807年法国侵占皮埃蒙特期间，由于禁运之故，皮埃蒙特地区买不到巧克力粉，必须好好地运用现有库存，于是一位当地的糕饼师傅发明了这种加了牛奶和榛果的都灵巧克力，开始制作这种一半榛果一半可可的巧克力。

在2006年都灵冬季奥运开幕典礼上，这榛果巧克力确实也成为主导动机：戴着假发穿着美丽巨大裙架的特技艺人，在典礼的一段表演中品尝了这种迷人美味。在这场华丽的奥运开幕表演中，榛果巧克力不但被当成皮埃蒙特萨伏依王室的象征，甚至也成了主办国意大利的代表，地位可比拟波提切利（Botticelli）的名画《维纳斯的诞生》（*Venere*）。

皮埃蒙特的糕饼师傅也创作了另一种著名的巧克力甜点，一种用巧克力、朗姆酒和杏仁饼干做成的巧克力慕斯，称为“布内”（bunet）。

在“意大利经济奇迹”期间的1964年，披头士乐团开始受到瞩目，朗生酱也开始在全世界风行了起来。然而，意大利人却有胆抵制这种来自美国的抹酱。费雷洛巧克力公司的所有人乔万尼·费雷洛与皮耶特罗·费雷洛（Giovanni & Pietro Ferrero），先后在意大利与全球市场针对学校点心推出了一种膏状的榛果巧克力。这种榛果巧克力膏的名称，是把英文的坚果“nut”，加上意大利文通用后缀“ella”，有“甜的”的意思，成了“nutella”，名字巧，味也好（中文的正式商品名为“能多益榛子果仁可可酱”）。这精巧甜点既不甜腻，代表欢乐且百分之百意大利，吃法变化多端且不可取代。由于这款榛果巧克力酱的缘故，美国的花生酱无法进入意大利青少年与儿童的饮食中。深受小朋友喜爱的榛果巧克力酱，也很受到大人欢迎，尤其是那些不爱墨守成规的人和左派分子。不过到了20世纪末，它也征服了计算机世代与最前卫的网络无政府主义者，他们发明了最优秀的分布式档案分享系统，因为非常喜爱榛果巧克力酱，而将这种系统取名为“Gnutella”（www.gnutella.com，2001）。

这些年来，榛果巧克力酱早已散播到世界各地，以各种不同的雅致包装出现，有瓶子、罐子、杯子、水壶等造型，也引起了人们的收藏兴趣。在意大利，每人每年平均吃掉八百克的榛果巧克力酱，不过不知道为什么，最会吃榛果巧克力酱的却是卢森堡人，每人每年平均消耗一公斤。www. mynutella. it网站有超过一万名使用者，全部都因为共同的爱好聚集到这里。以榛果巧克力酱为题的还有各种音乐剧、电影、戏剧与文学小说等，作曲家安东内洛·莱尔达（Antonello Ledra）甚至还为它写了一出喜歌剧《清唱努特拉》（*Nutellam Cantata*，2001）。

在榛果巧克力酱的历史中，曾出现超过八百种不同的彩绘玻璃瓶与玻璃杯包装，这是个很明智的营销决策（消费者没有丢弃容器的问题，也就是说，包装方式不会制造废弃物，反而是给了消费者一个好玩的礼物）。著名收藏家如米兰的路卡·卡拉蒂（Luca Carati）和罗马的卡罗·坎帕内利（Carlo Campanelli），搜集这些杯子的时间已达 30 年。收藏的游戏一直是这种欢乐童趣的一部分，也难怪这相当于意大利对美国的响应，且具有成功、欢乐和年轻等特质的巧克力酱，也成了代表民主和左派理想象征的新词语。著名创作歌手乔治奥·加柏（Giorgio Gaber）就曾经唱道："努特拉是左派的，瑞士巧克力是右派的。"

由于飞雅特、艾奥迪（Einaudi）出版集团和都灵印刷编辑协会（UTET）之故，皮埃蒙特地区首府都灵市在 20 世纪也是工业与出版业重镇，是当时最具前瞻与实验倾向的意大利城市。这些有识者的创意实验，常常触及食物的层面，而且经常威胁到最神圣不可侵犯的事物。这些卤莽发明家所制作出来的不堪成果，有时超乎想象。1931 年 3 月 8 日的晚上，在法西斯主义的全盛时期，安杰洛·久阿齐诺（Angelo Gioachino）的圣味餐厅（Taverna del Santopalato）在都灵开张。这间餐厅的使命在于利用发明新菜的方法来贯彻味觉革新与饮食习惯革新计划，藉此"落实未来主义论述"。参加开幕酒会的有路易吉·柯伦波（Luigi Colombo，又称菲利亚［Fillia］，是都灵地区未来主义团体的领袖），以及未来主义艺术评论家保罗·阿尔希德·萨拉丁（Paolo Alcide Saladin）等。由大厨皮奇内利（Piccinelli）和波尔格塞（Borghese）负责当晚菜单，而且还替每道菜取了稀奇古怪的名字，如"直觉开胃菜"、"太阳汤"、"塑肉"、"意国之海"、"飞雅特鸡"等。这些似是而非的菜单叙述也被保留了下来。

> 太阳汤（出自大厨埃内斯托·皮奇内利之手）：加热高汤至沸腾的程度。在汤碗里打三个蛋，边搅打边加入三小杯马尔萨拉酒、一匙油、柠檬皮、帕米森起士、盐和胡椒。之后，一边搅拌一边慢慢加入滚烫的高汤。装盛在带有太阳颜色成分的盘子里，例如红萝卜色、柠檬色……
>
> 塑肉（由菲利亚设计）：塑肉（意大利菜园、花园与牧场的综合诠释）是一个大型圆筒状烤小牛肉饼，里面塞了十一种不同的煮熟蔬菜。这个圆筒状肉饼竖立在盘子中央，从上方淋下大量蜂蜜，下方有一圈香肠搁在三个煎至表面金黄的鸡肉球上，作为支撑。
>
> 意国之海（由菲利亚设计）：在一个长方形的盘子上，用西红柿酱汁和波菜糊作成一条条整齐交织的绿色与红色装饰。在这个绿色和红色的海中，放上包括小块水煮鱼、切片香蕉、一颗樱桃和一块干无花果等的组合。用牙签让这些组合的每一个成分竖立并串连起来。
>
> 钢鸡或飞雅特鸡（迪乌尔赫洛夫［Diulgheroff］设计）：先烤一只鸡……放凉以后，从背后把鸡切开，在里面填满红色的沙巴翁蛋酒酱，并放上两个银色的圆形彩糖。把切开处周围的背脊抬高。[9]

这些厨师建议的味道组合异乎寻常：鸡肉与彩糖的组合很奇怪，杏仁蜂蜜糖与香肠、咖啡和萨拉米香肠的组合也难以想象。品尝时，来宾的右手握着叉子，左手则不断地翻动一块特别的板子，据说可以让人感受到味觉的触感。一个盘子上摆了一块丝绸，另一个盘子上则放了沙纸，第三个盘子上则是一块上了漆的板子。室内满是各种能够造成感官刺激的香粉……只可惜这间未来主义餐厅很短命——而且并非因为没有通过审查，而是因为最常见的原因：客户的不满。

---

1. 自古以来便是如此，如同我们从 18 世纪（1776 年）的饮食烹饪专书《在巴黎臻至化境的皮埃蒙特厨师》（*Il cuoco piemontese perfezionato a Parigi*）所知。

2. 这道菜原本是穷人吃的菜，利用处理阉鸡和屠宰牛肉时剩下的材料烹煮而成，历史可回溯到中世纪，第一次文献记录出现于 1450 年。名称来源不可考，据称这道菜演变到后来，逐渐进入上流社会，人们以 19 世纪皮埃蒙特地区财务官员（finanza）在都灵穿着的一种礼服（就称为“finanziera”）来替此菜命名。

3. 只用奶油或橄榄油、洋葱、白酒、高汤、米和帕米森起士烹煮而成的炖饭。

4. 这名称来自其外观，也来自意大利文“carne marmorizzata”的谐音，意为具有大理石纹路的肉。

5. 埃柯，《波多里诺》，第 33–34 页。

6. 葛林乍内凯沃尔（Grinzane Cavour）城堡内的古农具博物馆也由该机构进行布展。此外，它也重新出版了 16 世纪医生阿方索 · 齐卡雷利（Alfonso Ciccarelli）所写的《松露手册》（*Opusculum de tuberibus, Alphonso Ciccarello physico de Maeuania auctore. Adiecimus etiam opusculum de Clitumno flumine, eodem auctore. Cum duplici indice, capitum scilicet, & auctorum*，1564）。

7. 乔万尼 · 格利亚（Giovanni Goria）提供的食谱，摘自 www.saporidelpiemonte.it 网站。

8. 学名为 Heliantus tuberosus，英文名称为“Jerusalem artichoke”，直译为耶路撒冷蓟。不过这东西跟耶路撒冷毫无关连，英文名称其实是意大利文“girasole”（向日葵）的变形。

9. 安娜玛丽亚 · 席格洛蒂（Annamaria Sigalotti）整理，《艺术电子杂志》（*e-Art Magazine*），2005 年 1 月刊。

皮埃蒙特地区的地方风味

开胃菜

- 鲔鱼酱小牛肉：切薄片的水煮牛股肉覆上鲔鱼酱（新鲜美乃滋加入鲔鱼块、水煮蛋、续随子和鳀鱼再加以搅拌）。

第一道

- 牧师帽面饺（Agnolotti）：是利古里亚方饺的亲戚，不过在皮埃蒙特地区这种面饺内馅以肉类、蛋和起士为主。牧师帽面饺的煮法，一般是水煮后捞起与肉汤一起盛盘，或是水煮后捞起拌入融化的奶油和新鲜鼠尾草。然而，在朗格（Langhe）、阿尔巴与邻近地区，人们不喜欢吃肉汤面饺，所以汤饺端上桌以后会倒在一个盖上亚麻餐巾的盘子里，让餐巾把液体吸干。
- 数种炖饭：不过一定会用到奶油和炒洋葱。
- 朗格有一种特产的细扁面称为“tajarin”，音译为塔亚林，是皮埃蒙特地区唯一的蛋面，制作时用双手将面拉长拉细，一般淋上肉汁食用。

单一主菜

- 香蒜鳀鱼热沾酱

第二道

- 巴洛洛红酒炖肉
- 肉质特别嫩的卡尔马尼奥拉的烤灰兔肉
- 以起士、鸡蛋和奶油作为馅料的镶洋葱
- 长礼服综合炖菜：加入菇蕈的水煮杂碎、鸡胗、脊和肝，一般盛在杯子或酥盒里上桌。
- 猎人炖萨鲁佐（Saluzzo）白鸡：亦即以洋葱和西红柿炖煮。
- 炖兔肉：用红酒、芹菜、洋葱、红萝卜、月桂、欧芹、鼠尾草、迷迭香和胡椒腌过再炖煮。
- 莫罗佐镶鸡
- 镶甜椒
- 蜗牛
- 炖驴肉
- 洋姜酱佐桑布科（Sambuco）羊
- 桑布科羊肝栗子酱。
- 腌波伊里诺皮亚纳尔托（Pianalto di Poirino）金丁鱥。

甜点

- 布内巧克力慕斯（bunet）

- 镶蜜桃
- “比谢林”（bicerin）：这种在1852年被大仲马誉为“令人难忘的饮料”，由咖啡、牛奶和热巧克力调制而成的饮品。这种饮品初次在位于都灵市康索拉塔广场的同名咖啡厅调出，名称来自一种叫作“bicerinè”的杯子，这种具有铁制杯座的玻璃杯当时被用来装盛这种饮料。

皮埃蒙特地区的特产

- 面包条
- 起士：皮埃蒙特地区最著名的布拉起士（Bra）。同名城市布拉自1997年起，每两年举办世界起士（Cheese）博览会，邀集全世界起士制作者参展并非偶然。皮埃蒙特地区的卡斯特尔马尼奥起士（Castelmagno）也很有名（上面有一层青霉素，自1277年就有这种起士的记录：流传下来的文件记载着起士制作者在特定草原牧牛的权利，藉此确保他们能取得这种起士所需要的牛奶）。此外，皮埃蒙特地区的起士还有布鲁斯（Bruss）、帕达诺格拉纳（Grana Padano）、罗卡韦拉诺罗比欧拉软起士（Robiola di Roccaverano）、阿尔巴洛比欧拉软起士（Robiola d'Alba）、塔雷吉欧起士（Taleggio）、托玛起士（Toma）、奥索拉起士（Ossolano）等。马康起士（Macagn）和蒙特博雷起士（Montebore）产于高山区，制作时会用栗树叶包起来。瓦尔弗尔马扎的贝托马特起士（Bettelmatt）具有一种独特的滋味，这是乳牛吃了当地牧场的阿尔卑斯欧当归这种香草之故。除了上述这些以外，索埃拉（Soera）、史佩雷斯（Spress）和拉斯凯拉（Raschera）等起士也是来自皮埃蒙特地区。
- 蓬佐内香肠（Filetto baciato di Ponzone）：用萨拉米肉将猪脊肉包起来做成的香肠。
- 科焦拉腌猪肩（Paletta di Coggiola）
- 加维杂碎肠（Testa in cassetta di Gavi）：将水煮猪舌、猪心和腰子填入猪头后，用蓝姆酒和松子炖煮制成。
- 尼扎蒙费拉托刺叶蓟：这种刺叶蓟在栽种的时候必须小心翼翼地将茎部弯曲，让它逐渐丧失弹性，植株的叶绿素也会越来越少，颜色变白，口感越嫩。这是世界上唯一能够生吃的刺叶蓟，也因此成为传统香蒜鳀鱼热沾酱不可或缺的配菜。
- 又甜又多汁的卡普劳纳芜菁（Rape di Caprauna）：无法放在酒窖里保存，一般在煮食之前才会摘采。
- 加尔巴尼亚美人樱桃（Bella di Garbagna）：因为无法承受运输与保存，现已少有种植。人们习惯把这种樱桃泡在加入肉桂和丁香的烈酒中，一般用来搭配水煮炖肉。
- 托尔托纳草莓：只能在托尔托纳（Tortona）品尝到，而且产期只有6月下半月的10天左右，一般会搭配巴贝拉葡萄酒一起吃。
- 皮埃蒙特地区也具有几种特殊且受到保护的苹果，包括托里亚纳灰苹果（Grigia di Torriana）、布拉斯苹果（Buras）、刺灌苹果（Runsè）、细梗苹果（Gambafina）、马尼亚纳苹果（Magnana）、多米尼契苹果（Dominici）、卡拉苹果（Carla）、卡维拉苹果（Calvilla）等。

- 皮埃蒙特的榛子
- 苏萨谷（Val di Susa）的栗子
- 潘卡里耶利（Pancalieri）的薄荷精油，来自一种胡椒薄荷（*Mentha piperita Ludse*），常被用在烈酒、甜食与制药业中
- 阿斯蒂牛轧糖
- 蒙瑞盖列瑟（Monregalese）的玉米饼干（paste di meliga）
- 榛果巧克力

代表性饮料

皮埃蒙特地区生产了许多葡萄酒里的贵族，例如用内比欧罗品种（Nebbiolo）的葡萄酿造的巴洛洛红酒及巴尔巴瑞斯科红酒（Barbaresco）。

1786 年，皮埃蒙特地区初次蒸馏出苦艾酒（Vermut），这种酒用到包括中亚苦蒿在内的许多种药草，目前几乎违法。我们也知道这种蒸馏酒最初是由贝内代托·卡尔帕诺（Benedetto Carpano）制作出来的。苦艾酒和琴酒的结合，蕴育了许多著名的鸡尾酒，例如辛辣马丁尼（Martini Dry），以及由坎帕里开胃酒、苦艾酒和琴酒调成的内格罗尼（Negroni）。

RISOTTO

炖饭

RISOTTO

一位技术高超的比萨师傅制作比萨饼的过程，是多么迅速、准确又充满示意动作的仪式；烹调意大利面的过程则是既安静又科学的，因为意大利面只能在滚水里煮上六分、八分或十分钟，当面煮熟的那一刻就得捞起，放到另一个没有酱汁的锅里。面型与酱汁的搭配必须严格遵守规范，食材的分量也必须按照用餐者人数，以克来计算之，因为吃剩的意大利面只有丢弃一途。这样说来，烹煮意大利面似乎是件艰巨又麻烦的事——相较之下，准备炖饭的饮食符码似乎就比较轻松简便，烹煮过程的压力少了很多。

煮炖饭的过程中，如果出现一些不正确或错误的地方，是没有关系的。炖饭米可以在火上待个半小时左右，多或少一分钟都不会是致命的错误。如果分量太多也不会酿成悲剧，隔天在锅上炒一炒又可以吃了。炖饭和佐料在同一个锅子里烹煮，因此大厨不必另外担心得算好两者的烹调时间。

煮炖饭的另一个好处，是大厨不用费尽心思地设想出最完美的面型与酱汁搭配。炖饭米和形状千奇百怪的意大利面不同，米只有少数基本品种，只要别不小心拿到制作米色拉或亚洲菜用的米（如印度香米）就好。至于那变化无穷的炖饭佐料，总是可以在某些食谱书上看到一二。在本书中，截至目前已经提到过米兰炖饭、墨鱼炖饭、海鲜炖饭，而炖饭也可以用南瓜、芦笋和蛙腿来烹煮，此外尚有豌豆煨饭、鳗鱼炖饭、羊肉炖饭、虾虎鱼炖饭、特雷维索红菊苣炖饭、番红花炖饭、河鲈炖饭、碾米工炖饭、猪肉炖饭、蜗牛炖饭、猪小排菱角炖饭等，还

有帕维亚西多会修道院修士留下来的食谱，以淡水虾、菇和豌豆做成的炖饭，以及以巴洛洛红酒和菇来烹煮的皮埃蒙特炖饭。除了这些，我们还提到黑松露炖饭和番红花虾仁炖饭。试着想想，书中没特别赞扬或提及的炖饭种类，其实还有更多！

这就讲到重点了。炖饭能促进交谈，煮炖饭就等同讲话。首先，因为炖饭煮熟的时候，大部分客人都已经到了，可能也会聚集在厨房里，和大厨交换意见——除了聊天以外，大厨可能也不需要其他东西，毕竟大厨必须一直待在炖饭锅前持续搅拌，每三分钟还得倒入一大汤匙的高汤，这其实是挺令人厌烦的工作。不过，煮炖饭无疑也确实有那么一点哲学思考的味道。单调、冗长且强制性的动作，会让人更容易倾吐心声；在这样的黄金时刻，朋友之间能热情地交换意见，诗人也更能谱出杰作。在一锅炖饭前沉思，写下的作品也与炖饭有关，这样的例子在意大利文学史中非常地多。我们下面会提到几件诸如此类的名作，也许读者们早已读过，不过它们的确也值得一读再读。

曾写下犯罪小说《梅鲁拉纳大街的烂摊子》（*Quer pasticciaccio brutto de via Merulana*，1957）的意大利知名作家卡罗·埃密利欧·加达（Carlo Emilio Gadda），和其他意大利知识分子一样，具有绝佳的料理功力，而且还会用他个人写作的特殊铺张风格写下食谱。这里指的是《意大利惊奇》（*Le meraviglie d'Italia*）一书：

要煮出一道美味的米兰炖饭，必须要采用质量好的炖饭米，例如维亚隆内品种（Vialone）这种米粒是比卡罗琳娜品种（Carolina）长米还大并饱满的米。米粒不应该完全是“棕色”，也就是说，皮层不应完全被去除，这和皮埃蒙特地区与伦巴底地区人的习惯相吻合，也是农家厨房里采用的材料。如果仔细观察这些米粒，可以看到米粒上处处都是残余的皮层，带点非常浅的胡桃木或皮革色；按一般方法处理，能煮出一顿美味、营养丰富且富含维生素的炖饭。帕埃萨纳炖饭尤其美味，不过米兰炖饭也不差，后者颜色较深且带金黄色，是由于番红花的洗礼所致。

烹煮米兰炖饭的典型锅具是以镀锡铜制成的圆形或椭圆形铁柄锅：这种沉重的古式锅具，之前突然从历史中消失地无影无踪，成了老厨房和大厨房的装饰。这种锅跟许多不可或缺的“铜制”厨房用品一样，诗人巴萨诺甚至在作品《室内》（*Interni*）中也提到这些放在砖墙上的光亮厨具，是如何捕捉并反射了耀眼阳光，直到人们的午餐消化得差不多了，阳光才逐渐消逝。从我们手中剥夺了铜制品以后，我们只得对它的替代品——铝——表示信心。

掌厨的用左手拿毛毡握着锅柄，控制着炉上的锅，锅里放入切瓣或切小块的嫩洋葱，四分之一长柄勺的滚烫高汤，以及牛肉和洛迪来的高级奶油。需要多少奶油，端看有多少人吃饭。首先要炒适量的洋葱，然后分次把米加入，米要慢慢加，根据用餐者的食量，加到每人两至三个拳头的量为止。只要一点高汤，就可以开启这把米煮熟的程序，此时，就得拿着木勺不停地搅拌，无论如何都不能停下，在这个阶段，米粒甚至得到稍微变棕色并黏锅的程度，保持各自的“个性”，不能混成一团或凝结成块。

奶油只要加入适量即可，千万不要过量；不要让炖饭浸在奶油里，或是让奶油影响了酱汁的风味，奶油的作用在于让米粒融合，而不是让米粒浸泡在奶油里。我在上面提到过，米粒必须稍微黏锅变硬，然后再因为缓缓加入的高汤，重新吸入汤汁慢慢炖煮，在加入高汤时必须小心也要勤快：每次只加入一点点，基本上从另一个高汤锅里，每次舀两次半个汤勺的量加入。高汤里溶了番红花粉这种让人胃口大开的好东西，它是将番红花雌蕊干燥并磨成粉制成。八人份约莫需要两茶匙的量，加了番红花的高汤必须到呈现橙黄色的程度，如此一来，烹煮了十至二十分钟的完美炖饭，才能呈现出番红花炖饭该有的橙黄色；肠胃比较虚弱的，不需要加到两满茶匙的量，可以酌量减少，成果会呈淡淡的金黄色。最重要的是，要以敬畏医神阿斯克勒庇俄斯（Aselepio）之心来看待烹煮的仪式，完全沉浸在这神圣的“米兰炖饭”的上好食材之中：之前提过的维亚隆内米、洛迪奶油、嫩洋葱等；高汤则以来自波河平原的牛肉、胡萝卜和芹菜烹煮而成，牛肉绝对不是来自老牛或巴尔干半岛；至于番红花，建议用来自米兰卡罗厄尔巴（Carlo Elba）药局的密封试管，每人份约十、十二，至多十五里拉，不过就半根香烟的价钱。千万别想欺骗神，别忘了医神阿斯克勒庇俄斯，别背叛家庭与受到宙斯保护的宾客，也让卡罗·厄尔巴对自己的合理所得感到欣慰。[1]至于奶油，若无法取得洛迪的产品，也可以用梅莱尼亚诺（Melegnano）、卡萨尔布塔诺（Casalbuttano）、索雷西纳（Soresina）、梅尔佐（Melzo）、卡萨尔普斯泰伦戈（Casalpusterlengo）等地的产品代替，这些都来自米兰南方，提契诺河至阿达河（Ada）南岸，一直到克雷马和克雷莫纳一带。千万别用人造奶油和尝起来有肥皂味的劣质奶油。

在其他可以额外添加的食材中，有些甚至是美食家和名厨特别要求者，包括可以预先在一旁准备好，小心保存在另一只碗中的（牛）骨髓。一般是在米煮到半熟时，将骨髓放在上面，分量至少以一人份一支来计算，并且只用煮炖饭的那把木勺搅拌。骨髓和必须酌量使用的奶油不同，会带给炖饭适度的滑润感，而且显然也对人体造血有所帮助。两汤匙滋味醇厚的（皮埃蒙特）红酒虽然不是必需材料，不过这可以按个人喜好添加，不但可以增添食物的香气，也能促进消化。

米兰炖饭千万不可被煮坏了！饭只可以比弹牙再熟一点点：米粒会个别吸入高汤酱汁，不会相互黏在一起，也不会在汤里烂成一团。磨碎的帕米森起士刚被炖饭好手放入炖饭中；它代表着米兰人高雅稳重的风范与热情。在9月下了第一场雨后，新鲜菇蕈就会出现在锅里；在圣马丁节过后，一片片用特殊工具切出来的松露就会出现在盘中炖饭上，这大厨的杰作，在美食飨宴结束以后，也会获得恰当的回报。

然而，不论是菇或松露，都不损米兰炖饭本身深沉、重要且高贵的意义。

在米兰炖饭中到底该不该用到洋葱，是最受争议的问题。曾出版许多食谱书籍的餐饮权威埃琳娜·斯帕尼奥尔（Elena Spagnol）说服了笔者，一道美味的炖饭中并不该有洋葱的存在。尽管如此，在加达的叙述里，还是出现了在锅里炒洋葱再炒米粒的桥段。而另一位来自索阿维（Soave）的诗人乔万尼·帕斯科利（Giovanni Pascoli）也和加达同一阵线，在《炖饭》（*Il risotto*）一诗中提出了他非常米兰的炖饭做法（他所描绘的大厨是米兰人）：

朋友，我读了你那充满未来式的炖饭做法……
写得不错，只是有点太未来
因为那些“你将做、你会想要、你将知道”的叙述。

这来自我家乡的做法比较安全

因为它是属于当下的。他切了一些
洋葱并放在干净的锅子里。

里头放入番红花色的奶油
与（来自米兰的）番红花；
之后在炉火上慢慢地烹煮。

你跟我说：奶油和洋葱？我会加入
额外的一些鸡肝、腹肉和菇。

烟囱飘来了好味道！
我在读完希腊、拉丁文后，已经闻到一点炖饭香！
之后你们挤了点西红柿，
让它在炉上慢慢煮
直到它散发出金黄色为止。

直到如你所言，
生米煮成熟饭为止。

已是晌午……这会儿炖饭上桌
马留替我煮的罗曼尼亚风味。

很有趣的是，帕斯科利是为了回应另一位身兼作家与晚邮报编辑的友人奥古斯托·圭多·毕昂奇（Augusto Guido Bianchi）的一篇类似主题之作时，写下了这作品（两人书信往来目前收藏于米兰市布莱登塞图书馆［Biblioteca Braidense］）。

……锅子应该旺盛的炭火上；
一百克的好奶油与少许洋葱。

待奶油转红即放下
生米，量随个人所好
烘烤时不停翻动搅拌。
之后加入高汤，不过得是滚烫的。

一点一点徐徐加入
必须持续沸腾，不能干涸。

最后让番红花溶在里面
因为它能染上一抹金黄。

观看汤汁便可知，
与饭一样稠密时就煮好了。
放入许多起士，
就成了米兰炖饭。

1. 加达在这里用了罗马方言“guadambio”一字来表示所得、利润。因为这位日渐衰老、离乡背井的作家，早就把他原本无懈可击的意大利文给忘了（卡罗·埃密利欧·加达的批注）。

7

IGURIA

利古里亚地区

面积约五千五百平方公里的利古里亚地区，拥有三百五十公里的海岸线，尽管面积并不大，山区所占的部分却与瓦莱达奥斯塔、特伦蒂诺或阿布鲁佐相当。因此，利古里亚人自古至今能够依赖的饮食就很明显了：首先是鱼，山羊次之，再次则是自身的进取开拓精神。

在这狭长且土地贫瘠的多山海岸上，农业种植以一座座石墙围出的梯田为主，人们以不规则的页岩和板岩直接堆砌而成（水泥和混凝土按理来说受到环保法规严格禁止，几乎所有人都会遵守），而且完全以手工调整。由于大型机器很难用在只有四个步幅宽的地方，因此现代的栽植方法并没有在此生根。从农业的角度来说，利古里亚地区仍然是所谓“有机产品”的绿洲，是农业旅游的天堂，也是生态与酒食文化中“受保护食物名单”的捍卫者（参考《慢食》）。在这里，关于简单事物的知识是如此地发达，人们最关注的反而是在其他地方被认为是最贫乏、最不受珍视的食材，如香草、时令蔬菜、鸡蛋等。

在利古里亚菜中，最普遍的是渔夫料理，其次是“回乡菜”，也就是一般陆地上的料理，泛指让水手们魂牵梦萦，在船只靠港时摇摇晃晃踏上的那片土地。在航行期间，讨海人吃的是饼干和佛卡夏（focaccia）面包（即使到现在，这些东西仍在热纳亚人和利古里亚人的饮食中占有重要的一席之地）。原本用橄榄油和称为“莫夏美”（mosciame）的传统海豚肉干调味的佛卡夏面包，在全国禁止猎杀海豚以后已改由鲔鱼片代替。在船上，热食几乎是被忽略的，每天只有在中午十二点以前，也就是晚班正要上工，早班刚收工时供应一次。人们也会在佛卡夏面包上抹上用青酱，青酱以橄榄油和罗勒为底，加入热量相当高的松子和佩科里诺羊奶起士（pecorino），以及维生素丰富的捣碎大蒜。

利古里亚人对他们的海洋抱持着相当怀疑，甚至敌对的态度，有句当地俗谚就说："绝对不会用海来称呼好东西"。然而，利古里亚人还是非常愿意出海！包括哥伦布在内的伟大航海家，都认为来自利古里亚的船员能力最佳、抗性最好，对他们来说，世界上没有不可能的事情。热纳亚在古代被称为"人类的骄傲"（La Superba），因为早在11世纪，她就已掌控了地中海地区的商业运输，是意大利四个海上共和国之一（海上共和国包括威尼斯共和国、阿马尔菲［Amalfi］共和国、热纳亚共和国与比萨共和国，她们与阿拉伯人和拜占庭帝国并驾齐驱，控制了与亚洲和非洲的贸易往来）。后来，热纳亚共和国不只称霸地中海，势力甚至拓展到黑海，还在希腊、小亚细亚、西班牙、非洲、拜占庭与克里米亚半岛建立殖民地。

一旦上陆，水手们再也无法欣赏大海之美（大海是他们已克服的难题），并用一个背向大海、抬高眼睛和鼻子的姿势表达了他们对大海的怀疑，并欢欣地欣赏着高山。我们必须特别提到的是，许多意大利高山部队的军人来自此地区，而当地饮食也以陆地生产的食物为主。这个情形从心理学上是可以解释的：讨海人返航后，再也吃不下任何鳕鱼或带壳海鲜，他们念兹在兹的是用蔬菜、菠菜、菇蕈、新鲜起士、瑞可达起士所制成的咸蛋糕。这些水手的太太在前一晚先准备好面团，早上把咸蛋糕煮好，然后带着它到码头迎接丈夫，午餐准备好了，自然也比较容易享受与家人共聚的欢乐时光。

著名的利古里亚面包就是一种最简单的咸蛋糕。有时候会放入洋葱，有时候加入起士（传统的会加入雷科起士［Recco］），不过绝对不可或缺的，也最基本的，则是当地产的橄榄油。

事实上，很久以前，在热纳亚港口的柴炉诞生了准备佛卡夏面包的传统，主要让水手们当作存粮带出海，而橄榄油则在港口当场压榨，数量丰富。橄榄油是船运的主要货物，一桶桶大量堆积在港口仓库，而且价格很荒谬地比面粉还低。在这里，麦子完全是另一回事，由于利古里亚的土地至今不适合栽种五谷，因此麦子是进口而非出口货。有鉴于皮埃蒙特地区产核桃油，伦巴底地区产亚麻油，意大利其他地区产芝麻油，利古里亚的橄榄油也大量从热纳亚出口，尤其以意大利半岛上的邻近地区为交易对象。由于生产量大，利古里亚人并不会像省面粉一样地省橄榄油，他们把佛卡夏面包做得又薄又扁，上面还有许许多多的小坑，让从上头淋下的橄榄油可以聚集到这些凹陷的地方。

除了面粉和橄榄油以外，佛卡夏面包的第三个重要成分，是撒在上头的粗盐。在这里，盐也是唾手可得之物。利古里亚地区与其他地区不同，它从来不缺盐，而且盐还是这里的主要货物之一。从前的意大利人，事实上是重咸不重甜，对咸的食物比较热中，而且拥有盐货就等于拥有权力。意大利文中的盐，也就是"sale"一字，也常常出现在一些赞美的话语中，例如，"Ha sale in zucca"（直译为"南瓜里有盐"）就是赞美人有智慧的一种说法。在开始帮四个月大的婴儿断奶时，意大利人会开始喂婴儿吃一种咸的副食品，主要材料为帕米森起士、菠菜和橄榄油，而吃这种副食品的小婴儿长得也特别快（根据笔者个人经验）。另一个与盐有关系的义文字是"salario"，现在是"薪资"之意；在古罗马时期，是指被用来当作士兵与军官旅行补偿的盐量（和谷物、橄榄油与酒一起），一直到后来才用金钱补偿来代替这些货物（不过“salario”这个字也就一直沿用至今）。罗马的主要街道之一称为“萨拉里亚街”（Via Salaria），也与盐有关。此外，意文中的酱汁“salsa”和冷切肉片“salumi”这两个字，也是来自盐，而在许多传统国菜如巴卡拉、腌鳀鱼、腌鲱鱼、泡椒等中，盐也是不可或缺的材料。

在全意大利，盐的生产与贩卖是市场独占的国营事业。由于与盐相关的法规所致，海水具有商业价值，按理来说，在未获得政府许可的情况下，一般人甚至不能随便到海边打一桶水来用，也不能随便把海水抽到私人游泳池使用，也正是因为这个原因，就意大利的海边度假村而言，淡水游泳池比海水游泳池常见。

这样的情况并不让人感到意外。有史以来，意大利的饮食文化对盐的需求一直都很高。为了了解并评估这种需求的规模，就必须想象一下，所有被迫离家的意大利居民，在启程或上船时，都会确保自己带了充足的盐。旅人除了带盐以外，也会带着经过盐腌处理的食品。由于人们可以从大自然取得食盐并用来调味蔬菜，水手、军人与新领土的征服者才能够迎向长途旅行的艰辛。居住在朝圣之道沿途的居民，则会向朝圣者兜售盐巴，朝圣者得以继续长途跋涉。没上路的，一样也需要盐巴和香料，才能保存易腐坏的储粮。

将盐视为不可或缺的重要物资的，显然并不只有意大利，不管对谁来说，盐都很重要。然而，肉吃得比较多的民族，实际上也会从动物的血中吃进不同的矿物质，由于地中海饮食以栽植植物为主，与北方的高蛋白饮食相较之下，地中海饮食需要加入更多的盐，身体才能透过饮食获得充分的钠。

地中海的历史，就是以盐货为主角的冲突史。威尼斯、热纳亚与比萨等国之间，就为了撒丁岛、西西里岛、巴利亚利群岛与北非等地盐资源开采的独占而争战不已。在16世纪的头十年，教宗儒略二世和费拉拉公国阿方索·德斯特大公（Alfonso d’Este）发生武装冲突，就是因为盐的关系。身为拉文纳（Ravenna）附近科玛基奥盐矿（Comacchio）所有人的教宗，原本独占了伦巴底和皮埃蒙特地区的盐市，当他发现拥有邻近切尔维亚盐矿（Cervia）的费拉拉大公竟然开始用较低的价格抢生意时，感到非常愤怒而大举挥兵。教廷除了控制盐价以外，在卖盐时还会向购买者收一笔奢侈税，因为他们将盐视为“非必要的奢侈品”。

中世纪时期，欧洲从西西里（经海路）往法国、德国与欧洲内陆的主要“盐道”，就是经由热纳亚走陆路穿越亚平宁山脉与阿尔卑斯山。因此，对热纳亚人来说，盐并不难取得，尽管对他们来说也是进口，不过相较之下，热纳亚人比较不吝于用盐。不过无论如何，在制作香草面包的时候，都必须慷慨地撒上粗盐才行。

自中世纪至今，热纳亚佛卡夏面包一直都以同样的方式制作。人们在晚上和好面团放着发酵，一大早进行烘焙，出炉时恰好让正要出海的渔夫带走。从中世纪以来唯一的不同，在于热纳亚教会曾针对佛卡夏面包下了一条但书，禁止人们在弥撒时偷吃，否则将受到处罚。偷吃面包是一种亵渎的行为：近期内被抓到偷吃的人，不能够领受圣体。在弥撒时无法忍受这香软滋味诱惑的人，显然不在少数。

有关佛卡夏面包，还有另一个流传自中世纪的“准则”，针对地道的热纳亚佛卡夏面包，订定出有关材料与正确制作技术的规范。即使到现在，这个规定仍然有

利古里亚风光

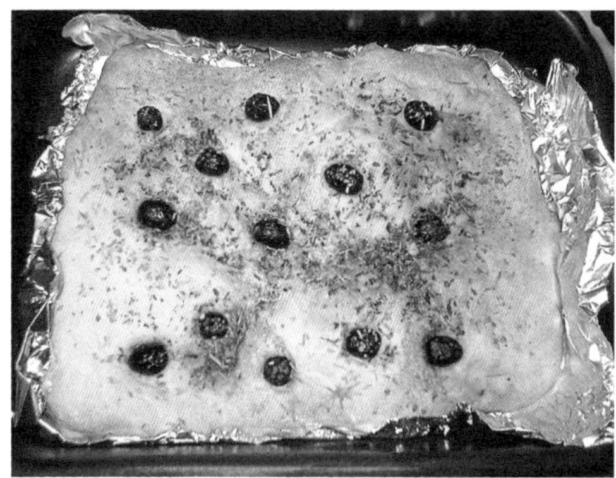

橄榄佛卡恰面包

利古里亚知名餐厅 Ristorante Raieü 的招牌

效，整个制作时程不应少于八小时，而面包成分必须包含百分之六以上的利古里亚特级初榨橄榄油，内软外脆，大体而言色带金黄，凹陷处微白。

利古里亚地区有佛卡夏面包、鹰嘴豆饼和蚕豆脆饼——用蚕豆粉制作，在石板上烤熟的脆饼（蚕豆脆饼的意文“ciappe”就是来自这种石板的名称“ciappa”）。除此以外，直到前不久，利古里亚人也会用境内常见的石板制作学校用的黑板，销往欧洲各地。

利古里亚还有用栗子粉为材料的栗饼（testaieu）。这些东西其实都是非常简单的食物，其间的差别主要在于使用的材料到底是谷类、鹰嘴豆、蚕豆还是栗子。这些都是穷人吃的家常菜，不过一旦搭配了菜园里甜美多汁的蔬果，就能摇身一变，成为日常盛宴。

不同种类的佛卡夏面包，可以配上不同的鲜果时蔬和起士，人们会把佛卡夏面包和朝鲜蓟、南瓜、韭葱与刺叶蓟等拿来搭着吃。

自然条件所带来的限制，可能也反映在利古里亚人的性格上，而一般人也都认为利古里亚人性格贪小便宜，至少这一点常被意大利人拿来大开玩笑。有一个笑话是这么说的，一位伤心欲绝的热纳亚寡妇想要在报上刊登丈夫的死讯，她发誓说自己没有多余的钱刊登长篇讣文，所以只要写“马里奥已歿”这么几个字，报社老板深深同情她的遭遇，于是让她免费再多写几个字，最后，这位寡妇写道：“马里奥已歿，飞雅特待售。”

诸如此类的守财奴，在以利古里亚人为对象的笑话里常常出现。无论如何，就史实而言，利古里亚农村生活的确是很贫困的。这一带被称为“潘索蒂”（pansoti）的面饺是白色的，而且跟一般比较为人所知的黄色面饺有着非常大的差异。这原因很简单，因为利古里亚人在制面时不加鸡蛋。就利古里亚传统而言，此地区少有密集养鸡场，鸡蛋向来不多，所以人们会节俭使用（所有种类的复活节面包都是如此：一个大面包里只会放四个全蛋），一般是生吃或熟食，要不就是用来装饰。在利古里亚人的饮食中，也很少用到香料。数世纪以来，利古里亚人从事香料贸易，他们寻找、取得、运送、分类、混合并包装了各式各样的香草，却从来不允许自己把这些香料加到食物里。

这个地区有的是土地的芬芳，在旅途或航行过后，尤其能给人留下强烈的感受。这些香味不但强烈，而且实际上还挺刺鼻的：这里指本地产罗勒和大蒜的浓郁气味。在利古里亚的菜园中，以朝鲜蓟最有名，有些蔬菜的味道较为强烈，有些则比较容易为人所接受（例如著名的阿尔贝加［Albenga］紫芦笋）。此外，还有其他地区比不上的各种绿色蔬菜，是人们春季、秋季与夏季的维生素来源，在利古里亚地区，几乎每走一步就会出现不同的品种，在每个乡村和城镇更因为方言各异而出现不同的称呼。利古里亚人自古就有在春季摘采香草的习惯，这些香草各自都有怪异的名称，集结在一起的称为“prebuggiono”、“prebuggiun”、“pro-buggiun”或“per Buglione”（据说是布永的戈弗雷［Goffredo di Buglione］，厨子开启的传统），[1] 其中包括蒲公英、荨麻、罂粟、甘蓝、琉璃苣、莙荙菜、野菊苣、细叶香芹（或称细叶峨参）、地榆、苦苣菜、墨苜蓿、羊胡草等。在冬末春初之际，利古里亚人趁着在乡间散步时摘采这些香草，用它们来制作蛋煎、咸派或面饺馅。

这里的土地要是没开发成菜园，就会种着具有三百年悠久历史的橄榄树，此地区有超过三千座的橄榄园，而且必定还会在这里继续存在好几个世纪。地势之故，这里的橄榄树不容易接近，几乎不可能使用任何农业机具，因此，橄榄摘采全靠人工，出产的橄榄油，品质更在意国境内名列前茅。

意大利南部橄榄园的采收工作早已完全机器化。托斯卡纳地区人工摘采的比例比其他地区高出许多，因此托斯卡纳橄榄油的价格也比南部橄榄油来得高。不过在利古里亚地区，橄榄树生长在崎岖不平的地带，使用人工的比例甚至比托斯卡纳更高，聘请专业摘采工人的成本亦随之水涨船高。

在橄榄采收期间，利古里亚的山丘全被橘色或绿色的网子覆盖，从一棵橄榄树连到另一棵橄榄树，像是绵延不绝的大型吊床，让一颗颗被棍子打下的橄榄落在上面。然而，这些网子其实是第二次世界大战以后才出现的现代化辅助工具，在此之前，人们要不把先把橄榄打落在地再动手捡起，就是直接从树上摘采。

橄榄采收期间，橄榄园内的所有人都得工作，没有例外。其中最有用的，是身手矫健的青少年，西西里作家西莫内塔·阿涅洛·霍恩比（Simonetta Agnello Hornby）的小说《杏仁摘采工》（*La mennulara*，2003）中就以一位年轻的采收女工为主角。这个没受过太多教育的乡下姑娘，在杏树园里当季节工。在杏树园里，工头注意到这名少女如何靠智慧与矫健在树间移动，从未迷失方向，也没漏采一颗橄榄；之后，女主角展开了自己的职业生涯，成为一间大型工厂的女主管，不过却一直保有幼时“杏仁摘采工”的绰号。

时至今日，网子让采收工作容易许多，不过把网子覆盖在橄榄树周围的工作仍然得靠人工，如果中世纪的人们也有这种网子可以用，一样得靠人工架网，今日的处理方式无异于前，唯一的差别在于这些网子并非用手缝制，而是以一台六针缝纫机来制作（这也是此地橄榄采收唯一机器化的地方）。

橄榄油适合用来油炸。热纳亚尤其充斥着油炸食品店，专门在顾客面前用热油炸对虾和切片章鱼。我们千万不能把这些小店和毫无特色的快餐店划上等号，它们代表的是一种精炼和完美，让赶时间或想在街上吃些点心的人们可就近取得美味小点。狭窄巷道内的骑楼小店，更有许多绝无仅有的珍馐：裹上面糊油炸的各种鱼和海鲜、栉瓜、朝鲜蓟、菠菜与莴苣。在油炸小点中，有时（不过很罕见）也会出现传统食材，例如切成条状的牛百叶和盐腌鳕鱼。

拉斯佩齐亚省（La Spezia）韦内雷港（Portovenere）[2]每年9月第一个周日的节庆活动，除了音乐表演与活动以外，充斥在大街小巷内的油炸章鱼摊更是重要的节庆特色。

质量绝佳的利古里亚橄榄油，也是世界知名的热纳亚青酱（pesto）的重要材料。在利古里亚海岸地带，美味且香气四溢的罗勒繁茂生长，然而由于这种植物凋谢得快，为了从夏季、秋季到冬季都可以吃到，人们于是发明了青酱。当然，除了大量的罗勒以外，青酱的制作还必须将罗勒放在大理石研钵里用木杵磨细（青酱的意文名称“pesto”指的就是“捣碎”的动作）。除了罗勒以外，研钵里还要放入松子，不过松子在此地非常容易取得，只要在住家附近路边随手捡起松果取出松子即可（这里不用太讲就，也可以使用买来的松子）。

青酱还需要其他两种材料，一是大蒜，另一是撒丁佩科里诺羊奶起士（pecorino sardo）。有些假专家声称可以用帕米森起士代替，不过每位美食家其实都很清楚，就历史而言，利古里亚地区不可能出现来自帕尔马（Parma）的起士，因为帕尔马和利古里亚之间有高山阻挡，而在那个时代，要横越山脉并非易事；利古里亚只能从与它交好且紧临同一片海洋的撒丁岛，透过热纳亚港与撒岛的便捷海运将撒岛产的起士运往利古里亚。撒丁的牧羊业发达，生产一种硬质的佩科里诺羊奶起士……所以撒丁佩科里诺羊奶起士才是利古里亚青酱的正确材料。

利古里亚可开发成果园的空间并不多，不过由于采密集栽植，因此水果占了居民饮食的百分之三十以上。16 世纪晚期从维洛纳来到热纳亚的名医巴托洛梅奥 · 帕斯切蒂（Bartolomeo Paschetti）就曾抱怨道："热纳亚人……吃太多水果，而且水果吃得比其他食物还多。与其他地方相较之下，你们这里的午餐和晚餐，水果的比例比其他食物高出许多。"[3]

利古里亚地区的地方风味

开胃菜

- 鲉仔鱼（称为 gianchetti 或 bianchetti）：捕捞鲉仔鱼必须遵守严格的规范，如果不是当地人，要品尝鲉仔鱼还必须打听一下才可能找对门路。当地人自然知道在什么时候到哪里捕捞，也知道何时到哪间餐馆吃得到。鲉仔鱼一般以油炸或水煮的方式料理。
- 利古里亚鳟鱼：先油炸以后再腌渍二十四或三十六个小时。
- 醋腌牛眼鲷（将鱼裹面粉油炸后再用加入炒洋葱、大蒜、月桂、鼠尾草和迷迭香的醋料腌制）。
- 蒙特罗索盐腌鳀鱼：一种几乎绝迹的特产。从前人们必须打灯夜钓才能钓到这种小鱼，并且利用清晨在岸边盐腌处理。达维德·鲍里尼（Davide Paolini）曾在《24 小时太阳报》专文探讨，称蒙特罗索为“鳀鱼之都”，并提供有关鳀鱼的各种信息，包括鳀鱼群在活动时怎么形成巨大球形等问题。
- 热纳亚综合海鲜色拉（cappon magro）[4]：搭配大蒜酱的蔬菜、鱼和各种海鲜（虾、龙虾和牡蛎）。
- 以啤酒面糊制作的炸点（frisceu）
- 贻贝
- 镶贻贝
- 利古里亚色拉（Condiggion）：以水手常吃的咸饼干、大蒜、各种切片蔬菜，加上海豚、鲔鱼或其他大型鱼类的去骨鱼片制作成的肉干来调味。
- 许多利古里亚菜都有一个共同特色：不用盘子就可以吃。在利古里亚地区，很少有人会坐下来好好吃顿午餐。水手、渔夫与在半山腰工作的农夫们宁可不用餐具，如果吃甘蓝菜，那就用一片烫过的甘蓝叶来盛装，如果吃佛卡夏面包，就把其他准备好的食物放在面包上一起吃。热纳亚肉卷（当地称为 cima）这种“口袋食物”也很受欢迎，这种肉卷的做法，是用犊牛的肉、胸腺、脑和静脉等，加入经过温水浸泡并拧干的干菇，以及豌豆、起士、鸡蛋和新鲜的墨角兰等制作成馅料，再以一片犊牛胸包起来，做成袋状并用针线缝好后烹煮，放冷后食用。
- 鹰嘴豆饼（在利古里亚很常见，一般会加入洋葱、迷迭香、胡椒等调味）。
- 起士面包、南瓜面包、洋葱面包等。
- 鹰嘴豆泥（panissa）
- 利古里亚地区的咸派与咸蛋糕类，以复活节咸蛋糕（torta pasqualina）为最。这种咸蛋糕以酥皮派制作，内馅材料包括甜菜、水煮菠菜、脱脂牛奶，以及新鲜瑞可达、熟成的帕米森和佩科里诺起士粉等三种起士（有“三位一体”之意）。这种咸蛋糕里面还有四个全蛋，藉此纪念四福音书的作者。就理想而言，酥皮应该有三十三层，代表耶稣的寿命三十三岁。此外，传统的布永香草总汇也会被运用在复活节咸蛋糕上。

第一道

- 呈八字形的小十字扁圆面（corzetti）[5]，通常搭配墨角兰松子酱或新鲜鲑鱼、洋葱和核桃。
- 搭配核桃酱的玻璃苣帽形面饺
- 热纳亚蔬菜汤
- 利古里亚地区还有一种称为“trenette”的细扁面，其名来自热纳亚方言的“trene”，有“花边、细绳”之意，不过也指古罗马对意大利面的称呼“tria”，这名称一直被保留在西西里和普里亚方言里，而在这两地区还有鹰嘴豆面（tria con ceci）。这种面与此地区的其他面型，尤其是扭绳面（trofie），一般搭配青酱食用。布带面（Piccagge）[6]是一种宽面，一般搭配青酱或朝鲜蓟酱。
- 烤通心面、咸蛋糕、用布永香草总汇做成的咸布丁（sformato）。在制作咸蛋糕时，内馅常常会用到一种用牛奶制成、味道微酸的新鲜凝乳，在当地称为“prescinseua”。

第二道

- 阿萨多（asado）：低温烘烤七小时以上的烤犊牛胸。
- 热纳亚肉卷（cima）：以犊牛胸肉将馅料包起制成。
- 香草炖羊佐朝鲜蓟
- 炖干鳕：圣雷莫（San Remo）的地方风味，在当地称为“Stoccafisso accomodato”，不过到了别的地方就改了名，变成“buridda”，音译为“布里达”；无论如何，这都是道冬季菜肴，一般以鱼为主要材料，各地做法略有差异，最有名的版本是以泡软的鳕鱼干为主，加入干菇、松子和西红柿制成。
- 热纳亚海鲜汤（cacciucco genovese）：从托斯卡纳传入后加以变化的版本，做法是用橄榄油将洋葱、红萝卜和芹菜炒香，加入鳀鱼和香草以后，再放入橄榄、松子和马铃薯，之后才放入泡软并切成小块的鳕鱼干。人们在开始榨橄榄油的季节之初，绝对会吃热纳亚海鲜汤，这时的橄榄油较为混浊，带点绿色且略苦，也非常适合拿来替布里达调味。
- 鳕鱼内脏汤：用鳕鱼干未处理掉的内脏制作，需要相当常的浸泡与烹煮时间。
- 不论是白南瓜（zucca pasticcina）、茄子、洋葱或其他蔬菜，都可以用来制作菜盅；把蔬菜内层的肉挖掉，用来与鸡蛋、面包屑，以及切细的大蒜、欧芹和其他香草混合，做成内馅，有些地方的做法也会加入水煮马铃薯和干菇。
- 拉斯佩齐亚豆子汤（mesciua）：用在沸水里煮熟的鹰嘴豆，另一种豆子和小麦，将它们混在一起并用盐、胡椒和橄榄油调味。

甜点

- 甜牛奶（dolci latte dolce）：在热纳亚方言称“炸甜牛奶”，是油炸的柠檬饼干。

利古里亚地区的地方特产

- 最有名的特产是利古里亚海岸的特级初榨橄榄油，品质在意国境内名列前茅（见《橄榄油》）。
- 比较不出名的（部分是因为产量不可能更多或更少），是圣斯特凡诺德达维托（Santo Stefano d'Aveto）出产、经过两个月熟成的起士，以及拉斯佩齐亚的贻贝。
- 利古里亚的罗勒也非常有名，可说是全世界最芬芳的品种，以热纳亚省普拉市（Pra）栽植者为最。
- 塔吉亚橄榄（oliva taggiasca）：体积小不过味道绝佳；人们在处理这种橄榄时，仍然采用非常古老的传统技法，它非常适合用来腌渍，更是利古里亚地区烹煮兔肉时不可或缺的材料。
- 阿尔贝加紫芦笋：在阿尔贝加，为了促成第一批芦笋的成熟，农民会在棉布上种植芦笋，因为棉花纤维发酵时会提高周围温度，让芦笋长得更快，大约十多天就可采收。
- 栗子
- 利古里亚（或热纳亚）青酱
- 核桃酱
- 用蚕豆、大蒜、薄荷和起士制成的马洛酱（salsa marò），圣雷莫特产。
- 盐腌鳀鱼
- 厚叶橙（chinotto，学名为 *Citrus myrtifolia*，或称桃金娘叶橙）：只在朋嫩特海岸（Riveria di Ponente，指从热纳亚往西到法国边界的海岸）阿尔贝加一带种植，人们用它制作糖渍水果、利口酒以及与水果同名的苦橙汽水。
- 拉加乔茴香饼干（biscotti del Lagaccio）
- 加了柠檬汁的玫瑰糖浆（最初的做法来自热纳亚）

代表性饮料

- 冰白酒（vino bianco freddo）：用一种叫作“皮洛内”（pirone）的玻璃壶盛装。这种壶的壶嘴细高，呈圆锥状，壶里的酒氧化得很慢，可以以一种如诗如画的方式，直接用壶从高处直接倒进嘴里豪饮。[7]

1. 译注：中文译为“布永香草总汇”。

2. 译注：又译作波托韦内雷。

3. 帕斯切蒂《保健与热纳亚人的生活》（*Del conseruare la sanità, et del viuere de'genouesi*），第 418 页。

4. 有关这道菜的意文菜名“cappon magro”来源有两种解释：其一认为菜名来自材料之一的鬼头刀，这种鱼在当地俗称“cappone”；其二是指，这道菜在古时被认为是庶民美食（海鲜和蔬菜在过去是穷人家吃的东西），因此用“油脂丰富、代表阔气”且只有在圣诞节期间才会出现在富家餐桌上的阉鸡“cappone”来命名，称之为“低脂阉鸡”（magro 在意文中有低脂肪之意）。

5. “corzetti”是小十字的意思，源自文艺复兴时期，当时的贵族要求厨师做出带有家徽的意大利面。厨师们以圆形面模印出家徽，因为面模图样上通常会出现十字架的图案，而以小十字称呼之。

6. 名称来自做女红时使用的布带，在方言中称为“piccaggia”，因外形状似而得名。

7. 圭里奥（Gueglio），《马里奥！马里奥章鱼的悲剧冒险故事》（*Mario! Storia vera tragica e avventurosa del polpo Mario*），第 23—24 页。

Laurus Op. her-
ba e odorata ap-
ta coronis folia
habens aspa et
alta me diuisa
Cum vga e an-
gulosa lōgitudis
cubiti vnius ramu-
lis plena et aspis
flore bx. purpu-
reu et pīgue et
subalbu et odora-
tu anamomo silēs loc nasat aspis et humi-
dis Radix eius in aq cocta et bibita q̄ illaco-
bus de alto cadētibus fert opē tusiētibus et
dissnoias medicat vrinā pūocat mēstrus sub-
posita ipetit morsib venenat occurrit cū vino bi-
bita id pstat Radix eius supposita viridis abortū
facit eiratā herbi id pstat vulneribus ponde bn-
imsecet vto ei e stiptica et digestibil dolore capit-
iposita tollit tiraciōnē oculor apurit alopicias
emēdat i ime mamar tumore iposita spgit
igne acru extinguit riba eius sup dixit in alio
Bacca lauri i laurus. vbi prouinca
Bakeke vbi vecca

Balanus repsico Op. semen est arbo-
ris similis mirice nucs habens
ab initis rotundas quas cū digit-
confricaueris humore eiciunt qui cōfectio-
nibus miris iniscetur pro oleo. Nascitur
uero in ethiopia et in arabia et in locis
iudee. Ipse sicias melior est qui e recens
et odore plenus et albus et siccus se fri-
cans qui 3 v bibitus cū pusca splen sic-
cat Cum vris illinita mirtu et in cata-
pullis impositu et mulla adhibita dolores
podagricos mitigat. Cum aceto sane mirto
lepras maculas et pustulas corporis tol-
lit Acceptus solucionē ventris facile p̄s-
tat Auulse mirtus nauseam prouocat
et stomachoticum est. Olleum q ex ipso se-
mine erit acceptū ventrē mollit. Sorum
radicis eius stipticum est. Succus eius
expressus utile est ut aspredinē et prurī-
ginem corporis mirifice purget

来自美洲的古老恩宠

I VECCHI DONI DELL'AMERICA

意大利北部饮食传统的形成与沿袭，与南部是完全分开独立的。尽管如此，在步入现代之际（17 至 18 世纪），不论是北意或南意，都同样处于悲惨贫穷的状态。在这两百年间，西欧地区有相当比例的人口生活在贫困之中，意大利的状况尤其严重，特别在乡下，营养不良是常态，更别提饥荒连连的情形。南意人口的贫困状况已经到了吃草填饱肚子的地步，不过至少幸运的是，这些东西尚且富含维生素；然而在北意地区，人们勉强以麦汤充饥，使得恶疾肆虐，死亡率非常高。

情况自 18 世纪开始改观。当时，北意大部分为哈布斯堡王朝的领土，这些奥地利帝国的统治者以果断且合理的方式进行统治，他们采用了有效的税收政策，并透过科学方式革新农业，以积极作为来消弭贫困。奥地利帝国在北意这广大的农业地区，引进了一个在半世纪以前才从新世界来到欧洲的新作物，使得饥荒不再。在奥地利政府的主导下，玉米这种农作物开始在意大利传播，逐渐进入意大利人的饮食，而奥地利政府也用同样的手法，让马铃薯在部份地区生根。至于西红柿，则不需要太多推广，在南意早已非常普遍，而且已成为南意人日常饮食的一部分，深受人们喜爱。

就这样，玉米这个在 15 世纪从美洲来到欧洲的新玩意，就因为哈布斯堡王朝的缘故，在意大利广为流传。当时的哈布斯堡王朝，统治着奥地利、匈牙利、荷兰、意大利北部与巴尔干半岛，在 17 世纪末，其势力甚至拓展到对发现新世界贡献极大的西班牙。有趣的是，在意大利毫无科学根据的居民传统中，有关玉米这种植物的来源众说纷纭。托斯卡纳人将它称为“土耳其小麦”（granoturco），威尼斯人称之为“土耳其高粱”（sorgo turco），然而，到了土耳其，它却成了“埃及小麦”（frumento egiziano），而埃及人则称之为“叙利亚小麦”（frumento di Siria）。比较接近事实的可能是住在庇里牛斯山一带的法国人，将玉米称为“西班牙谷”（grano spagnolo）。让人惊讶的是，从来没有人用最适合的名称，也就是“墨西哥谷”来称呼它。

在哥伦布写给笃信天主教的西班牙女王的报告中也可以发现，哥伦布本身和他的随从在新大陆初次看到玉米时，也感到极大的震撼：

> 他们带来了面包、各种水果以及红酒和白酒，不过这些酒不是用葡萄酿的，它们应该是用水果做的，红酒和白酒各来自不同的原料，另外还有其他类似的白酒，是用玉米这种被穗包起来的种子制成，虽然卡斯提亚（Castiglia）已有不少酒，我还是会带一些玉米酒回去。当地人似乎将上好的玉米酒视为珍品，价值不斐。（1498 年哥伦布发现新大陆以后的第三次美洲之旅）

与哥伦布同时代的许多旅人，例如杰罗拉莫·班佐尼（Gerolamo Benzoni，1572）[1] 和皮埃特罗·安德烈亚·马蒂奥里（Pietro Andrea Mattioli，1568）[2]，以及稍后的荷西·德阿科斯塔（José de Acosta，1589）[3]、胡安·德卡德纳斯（Juan de Cardenas，1591）[4] 和印加·加尔西拉索德拉·维加 （Inca Garcilaso de la Vega，1609）[5] 等，也都留下了许多有趣的见证。皮埃特罗·马蒂尔（Pietro Martire di Anghiera）曾写道：

> 人们也会用一种在伦巴底至西班牙格拉纳达（Granada）之间非常普遍的谷物来制作面包，制作方式大同小异。这种谷物的穗轴比手掌还长，呈纺锤状，大概与手臂一样粗；固定在穗轴上的谷粒，不管是形状或饱满度，都呈现出完美的秩序，与豌豆非常相似：未成熟时呈白色，成熟后颜色变得非常黑，不过把它拨开，颜色却比雪还白还亮；人们把这种谷物称为玉米。[6]

著名欧洲饮食史学家马西莫·蒙塔纳里（Massimo Montanari），在他那本让人着迷的童书《魔法锅》（*Il pentolino magico*）中，就曾引用了一段 18 世纪作家乔万尼·巴塔拉（Giovanni Battarra）的文字。蒙塔纳里引用了一段典型罗曼尼亚小型农家的有趣对话（以 1780 年为背景）：

> “玉米植株的使用，”父亲在回答儿子切科内的问题时说道，“可以追溯到四十多年前（也就是 1740 年左右）。一开始我们种得很少，产量大概足够做八至十次玉米糕；后来，因为收成卖得不错，我们便保留更多土地种植玉米。孩子们，如果你们在 1715 年饥荒的时候在这里，你们会看到我们这些贫困的农民，到处寻找青草和草根来充饥，完全不调味就吞下去，或是用橡实或葡萄藤

的幼芽来做面包。现在我们有了这种新食物，即使收成不好，还是可以安然渡过。而且，现在人们还引进了一种完全没看过的根，长得很像松露，据说叫作马铃薯。”

“它们可以拿来做什么？”切科内问道。

“它们对人或对牲畜来说都是很好的食物，”父亲解释道，“如果我们能成功种植，就再也不会挨饿了。”

“你们在开玩笑吧？”另一个儿子敏戈内插嘴道。

“我是说真的，”父亲反驳道，“今天早上，庄主给了我两大袋这种根，说可以用很多方法煮熟了吃：水煮、用余烬烘烤、加上牛奶或奶油……甚至可以拿来做面包。”

“面包？不过用这种根做出来的面包，味道跟用面粉做的面包不一样。”

“这种面包味道好色泽佳，放一个月以后才会变硬，也不会长霉……”

“这将是很有利的一点，”敏戈内说道，“我们每年吃掉十一到十二袋谷物，如此以来可以省掉一半。不过请告诉我，单用马铃薯粉可以做出面包吗？”

“可以”，父亲回答道，“不过这样子做出来的面包，据说非常难消化。”

“很好！”敏戈内感叹道。“对农民来说，消化不良也不是坏事。事实上，他们还可能因此觉得比较饱。”[7]

因此，这些受过教育的士绅将玉米引介给人民，教他们怎么做出玉米糕。自16世纪中叶起，玉米就开始出现在静物画与书籍插画中。16世纪末的肖像画家朱塞佩·阿尔钦博托（Giuseppe Arcimboldi）以寓意手法替神圣罗马帝国皇帝鲁道夫二世（Rodolfo II）绘制肖像时，就曾画了好几次玉米（《四季》系列的《夏》、《秋》、《四季之神维尔图努斯》）。

玉米的主要问题在于当它被带到欧洲时，有关如何正确食用的信息并没有随着植株一起被引进。[8] 玉米缺乏维生素PP（烟酸），使得糙皮病开始在意大利蔓延，由于这种病在意大利大为流行，世人于是将它称为意大利痲疯病。只吃玉米糕而造成的另一种疾病是矮呆病（先天性碘缺乏症候群），主要由于饮食中缺乏碘造成。贝加莫省山区的饮食普遍缺碘（而且过量摄食玉米糕），因此在一些老掉牙的笑话中，贝加莫人常常是被取笑的主角。

欧洲人并不知道，马雅人和阿兹特克人为了让玉米变得更好吃，会用石灰水把它泡软。[9] 欧洲人直到稍后开始感觉到必须在饮食中加入蛋白质成分时，才开始在玉米糕里加入起士或奶油，并且搭配高盐分食物如鳀鱼、辣萨拉米香肠、野味（贝加莫）、兔肉（洛迪）等一起吃。此后，玉米糕才摆脱了“穷人吃的有害饮食”的形象。

“最初进口”的玉米有种特殊的味道，玉米穗轴有八排玉米粒。目前的玉米是遗传选种的结果，有十五甚至二十四排玉米粒。不幸的是，玉米的风味却因为遗传选种之故而逊色许多。慢食协会近年来致力拯救这种植物的原品种，也就是具有八

《四季之神维尔图努斯》

“金苹果”

火鸡

排玉米粒的加尔法尼亚纳种（Garfagnana），在20世纪末期，这种玉米在意大利只剩下几株而已。在慢食协会的努力下，这种玉米目前已受到大规模栽植，不过尚且未能避免灭绝的危机。

除了玉米以外，北意政府也同时“由上而下”强制人民接受被认为是“美洲栗子”的马铃薯。马铃薯自然是从美洲来的，不过它并不像玉米经由西班牙传入欧洲，而是由法国率先引入（而且大获成功），进入了路易十六（Luigi XVI）宫廷美食家奥古斯丁·帕门蒂尔（Augustin Parmentier）的日常饮食。根据法国饮食史家所述，帕门蒂尔实验性地在一小块皇室土地上种下了第一批马铃薯块茎。这种来自法国的新玩意，由于法意两地长期不合且相互竞争，我们不难猜测，意大利人其实是百般不情愿，接受度并不高。一直到19世纪初期，由于战争之故，饥荒不断，在统治政府的迫使下，马铃薯才成功地进入了意大利人的日常饮食。

政府进行了广泛的宣传活动并采取胁迫手段，由受过教育的上层人士领着平民百姓施行，甚至针对这些士绅，在1800年左右翻译并出版了帕门蒂尔的著作。至于一般人，这“白松露”一开始在北意是被当成猪饲料（可见人们的接受度不高），人们开始把它当成食物看待，是后来的事情。这和俄罗斯的状况就很不一样，俄罗斯在1834年与1840—1844年间的“马铃薯革命”以后，人们便爱上了这种吃法变化多端的根茎植物，然而，意大利人并未背离其饮食传统，一直没有太受到马铃薯的诱惑。

西红柿（在墨西哥那华族［nahua］语为“tòmatl”，多肉果之意）和其他从美洲引进的植物不同，甫引进就在南意生了根。在16世纪中叶，欧洲人认为它具有神奇的力量，而且还是种春药。一开始，它被称为“爱情苹果”（pomme d'Amour），不过来自西恩纳的植物学家皮埃特罗·安德烈亚·马提欧里成功地将它重新命名为“金苹果”（pomme d'or，意文中的西红柿“pomodoro”由此演变而来）。至于法国人、英国人和德国人，则随着它在美洲的称呼，按发音将这种新果称为“tomate”。

16世纪的人们，无法不对西红柿的美感到惊艳。摩德纳医生科斯坦佐·费利奇（Costanzo Felici）曾写道，西红柿“看起来比吃起来美味”[10]。初次出现在欧洲绘画中的西红柿，和玉米一样，都是在1592年出自阿尔钦博托之手，在鲁道夫二世化身的《四季之神维尔图努斯》（*Vertumno*）中，用樱桃小西红柿（Lycopersicon cerasiforme）画成下唇。

西红柿的命运与马铃薯截然不同。马铃薯的普及是几乎由上而下强制性推行，西红柿则在16世纪先广受下层民众欢迎，然后才引起贵族的兴趣，至少卡斯托雷·杜兰特（Castore Durante）是这么说的。杜兰特表示，早在16世纪中叶，南意民众就已经在吃西红柿，会把西红柿用盐和胡椒调味后油炸，吃法和茄子差不多。[11]然而，统治阶级的态度却相反，对这种食物展现出某种抗拒。在1607年，乔万尼·弗朗切斯科·安赫利塔·洛可（Giovanni Francesco Angelita Roco）甚至还特地在《学术不平衡》（*Academico Disuguale*）一书中以专章论述，指号称“金苹果”的西红柿名实不符。之后，耶稣会食堂的厨师弗朗切斯科·高登齐奥（Francesco Gaudenzio）在其著作《托斯卡纳蒜味橄榄油面包》（*Panunto toscano*）大力称赞了西红柿，不过该书手稿一直被收藏在阿列佐（Arezzo）的图书馆中，两百七十多年以来默默无闻，直到1974年，才被圭多·钱宁（Guido Gianni）发现并编辑出版。这本书里出现了第一个“金苹果”（pomi d'oro）食谱：“这些果实和苹果非常相像，可以在园里种植，并以下列方法烹煮：把这种苹果拿来切成小块，放在小锅里并加入油、胡椒、盐、切碎的大蒜和野薄荷，慢慢煎并经常翻面，如果想加点茄子和长栉瓜也不错。”

耶稣会士荷西·德阿科斯塔在1589年写道，如果人们早点接受西红柿，可能完全是为了“抑制辣椒的刺激性……不过这两种东西同样好吃”。一直到18世纪末，从文森佐·科拉多（Vicenzo Corrado）开始，知名大厨和美食家才对西红柿感兴趣并认真看待之，而自19世纪中叶起，那不勒斯才出现了被视为意大利国菜的茄汁意大利面（这道在当地方言称为“vermicielli c'a pummarola”的代表菜，确实在一百五十多年前才出现）。

布翁维奇诺（Buonvicino）总督伊波利托·卡瓦尔康蒂（Ippolito Cavalcanti）在用那不勒斯方言撰写，以1850年烹饪理论与实践为题的《家常菜》（*Cucina casareccia*）一书中，叙述了他如何在因缘际会下，于1839年初次品尝到西红柿意大利面。

在人们很自然地发明了“快餐”并在街上卖起热腾腾的“通心粉”的那不勒斯，早在歌德时代，意大利面是白的，也就是说，搭配起士酱一起吃。此地的茄汁意大利面，是在19世纪中期才逐渐成为我们现在认识的意大利爱国象征，白面红酱搭上罗勒的一抹绿，名声渐渐在世界上传开，并进入每个意大利人的血液中。[12]

那不勒斯人在发明这道菜以后，为了吃这些浸在红酱里的通心面，又发明了四齿叉。在两西西里王国国王费迪南二世（Ferdinando II di Borbone，1831—1859）的明确要求下，皇室管家杰纳罗·斯帕达齐尼（Gennaro Spadaccini）于19世纪30年代将短四齿叉引入宫廷，取代了原本的长三齿叉。用三齿叉根本不可能卷起带着酱汁的意大利面，酱汁会不停地滴落，而在换成四齿叉以后，吃起来就简单许多。所以四齿叉的发明导因于番茄从美洲到意大利的进口，进而对现代生活造成长远的影响，如果没有四齿叉的发明，现代社会的生活将是我们所无法想象的。

美食家布里亚－萨瓦兰认为，新世界替旧世界带来最美好的礼物是火鸡。[13] 布里亚－萨瓦兰在居游美国期间，甚至还猎过几只，也曾打到过一只相当大的火鸡（这也许完全出乎欧洲人意料之外，因为火鸡在欧洲人眼中是家禽）。

火鸡由耶稣会士引进欧洲并积极饲育，所以这种新鸟也因此有了“耶稣鸟”的别称。耶稣会士对火鸡之所以如此热衷，是因为他们在美洲领土有相当庞大的商业利益，他们甚至拥有南美洲的巴拉圭，而将火鸡从巴拉圭出口到欧洲，也替他们带来稳定的营收。

就我们所知，正是在耶稣会士的推广下，教宗庇护五世（Pio V）的私人厨师巴托洛梅奥·斯卡皮于1570年出版《烹饪艺术》（*Opera*）一书时，才会将许多火鸡食谱列入书中。透过这本书和其他深具影响力的食谱书，耶稣会和天主教教廷试着让火鸡成为珍贵且受众人致力追求的食材，将它和宗教节庆绑在一起，进入圣诞节飨宴的菜单之中。替亚历山德罗·法尔内塞（Alessandro Farnese）主教服务的文森佐·切尔维奥（Vicenzo Cervio）也随之起舞，在1581年出版的《切肉术》（*Trinciante*）中，特别把火鸡当成重要宴会菜来推荐。同样的情况也发生在撰写《烹饪艺术》的曼托瓦大公私人厨师巴托洛梅奥·斯蒂芬尼身上，以及帕尔马公爵拉努齐奥二世（Ranuccio II）的厨师卡罗·纳夏（Carlo Nascia）写下的《四季宴飨》（*Li quattro banchetti per le quattro stagioni dell'anno*）中。

显然，火鸡取代了中世纪被当成宴会装饰与象征的蓝孔雀。事实上，按中世纪时期的风俗，人们就是在一只烤孔雀之前宣布庆典开始：当时的人有种奇怪的想法，认为孔雀肉不会腐坏，可以永久保存。人们把孔雀肉烤熟以后，会重新装饰，展现出栩栩如生的模样，被拔下的羽毛会重新插回去，呈现出高雅的孔雀开屏之姿。吃孔雀，象征着极度奢侈与欢乐宴飨，而这个习俗一直到16世纪初都还存在，常见于当时的许多细密画与素描之中。16世纪的欧洲人仍不识火鸡肉，所以哥伦布才会在日记中写下他初次在伊斯帕尼奥拉岛（Española，今海地）看到的火鸡；随后，费尔南多·科尔蒂斯（Fernando Cortez）率军入侵墨西哥时期（1519—1520）的笔记中，也曾经提到过火鸡。科尔蒂斯将这种他从未见过的鸟称为“印第安鸡”，并在写给查理五世（Carlo V）的《信件与报告》（*Cartas y relaciones*）中详细描述了这种鸟，这些资料后来也在1522年于西班牙札拉哥沙（Saragozza）出版。

16世纪初的状况大致如上所述。不过从16世纪中期起，火鸡就取代了孔雀与鹅，成为宴会菜单的常客。在米兰布雷拉美术馆和阿姆斯特丹国立博物馆的收藏中，文森佐·坎皮（Vicenzo Campi，1536—1591）和佛兰德画家约阿希姆·伯克拉尔（Joachim Beuckelaer，1530—1573）就曾用画笔描绘出宴席上的火鸡。

刚开始，没人知道该怎么称呼这种新鸟；于是和玉米一样的混淆情形也发生了。法国人称牠为“dinde”，有影射“新印度”之意，英国人则因为这种鸟从土耳其引进而将之称为“turkey”，而到了德国，则以旧印度将之命名为“Calecutischerhahn”，意为“加尔各答鸡”。至于意大利文的“tacchino”则是拟声而来，模仿这种鸟咯咯叫的声音。

“火鸡肉，尤其是冷的，有绝佳的风味，而且比鸡肉好吃。”大仲马曾在《烹饪大全》中这么写着，“有些美食家只吃鸡蚝的部位”[14]。

大仲马在《烹饪大全》中曾针对火鸡在饮食史和旧世界文化的角色做了一些记录，让我们一起看看其中的一部分记述：

> 红色会对火鸡造成刺激，让它生气，这和公牛一样；它会攻击身上带着红色东西的人，用喙啄之。著名的布瓦洛（Nicolas Boileau-Despréaux）就是这么发生意外的。[15]
>
> 布瓦洛年幼时，某次在一个养了很多鸟的庭院里玩耍，里头也有一只火鸡；他不小心跌了一跤，上衣被掀开，而火鸡在看到它痛恨的颜色时，马上发动攻击，用喙啄伤了可怜的尼可拉斯，这伤势使他永远无法成为情色诗人，让他决定追随着讽刺诗人的道路，专讲女人的坏话。[16]

1. “……这些原住民女人通常会将这种谷物磨碎，然后在晚上拿起一些磨好的粉，把它们浸在冷水里；隔天早上，她们会用两颗石头，一点一点慢慢将它打碎；她们或站或跪，仔细观察，看看有没有头发或虱子掉进去。处理好以后，慢慢喷水，用手揉成团，把它们做成一个个长条或圆形的面团，放在甘蔗叶里，而且尽量不要太湿，然后再拿去煮熟，就成了一般庶民吃的面包，煮熟后可以放三天，之后就会开始长霉。贵族的煮法是这样的，他们把玉米用钳子夹着，然后用石头把它打碎，再用热水冲洗，将叶子拨掉，只剩下里头的花，尽可能地将它磨碎，做成面团后再分成小块，在一个圆形器皿上用小火慢慢煮熟。”（班佐尼，《班佐尼的新世界历史》[*La historia del mondo nuovo di M. Girolamo Benzoni milanese*]）

2. “人们能合理地将这种植物归类到谷物里，将它称为土耳其小麦其实是错的，应该称为西印度小麦，因为它来自西印度群岛，并非来自亚洲的土耳其。”（马蒂奥里《马蒂奥里针对狄奥斯克里德斯的医用材料提出的讨论》[*I discorsi di Pietro Mattioli Su De materia medica di Dioscoride*]，第 21 章，第 3 卷，第 281 页）

3. “我不认为玉米比其他谷物来得差；玉米长得比较大，营养丰富，还有助造血；那些第一次吃玉米，而且一次吃了很多的人，之所以会感到腹胀和发痒，就是因为这个缘故。”（德阿科斯塔，《西印度群岛自然史与道德观》[*Historia naturale e morale delle Indie*]）

4. “玉米是一种必须受到世人珍视的谷物……人们在石头上将玉米磨碎，不用加盐、酵母或其他东西，只要加进一点水，马上在锅里或陶盘上烘烤或烹煮，就可以制成面包。”（德卡德纳斯，《西印度群岛奥秘》[*Problemas y secretos maravillosos de las Indias*]）

5. “（印地安人）以它代替面包，用火烤或水煮的方式调理……西班牙人会用玉米粉制作咸饼干、蛋煎，或其他给健康或生病的人吃的菜肴……”（加尔西拉索 · 德拉 · 维加，《印加秘鲁评述》[*Commentari reali sul Perù degli Incas*]）

6. 出自马蒂尔于 1493 年 11 月 13 日从西班牙宫廷写给阿斯卡尼欧 · 斯弗尔扎 · 维斯孔蒂红衣主教（Ascanio Sforza Visconti）的信，收录在他的第一本《十年记》（*Decade*），于 1511 年在西班牙塞维亚问世，该书的第二版于 1516 年出版，初次以“mais”这个字指称玉米。

7. 巴塔拉，《农业》（La Pratica agricola，1778），摘自蒙塔纳里的《魔法锅》，第 95 页。

8. 克罗斯比（Crosby）在《哥伦布大交换：1492 年以后的生物影响和文化冲击》（*The Columbian Exchange: Biological and Cultural Consequences of 1492*）一书中曾详尽阐明（见后面的参考文献）。

9. 科利尼（Clini），《饮食史：人、饮食、疾病》（*L'alimentazione nella storia: uomo, alimentazione, malattie*）。

10. 费利奇，《自然史记》（*Scritti naturalistici*），第一章《可食用蔬菜》（Del' insalata e piante che in qualunque modo vengono per cibo del' homo）。

11. 杜兰特，《新植物标本集》（*Herbario nuovo*）。

12. 有关西红柿与意大利饮食的历史，可参考由阿尔贝托 · 卡帕提（Alberto Capatti）编辑并插图，名厨吉安佛朗科 · 维萨尼（Gianfranco Vissani）文字撰述的《金苹果：西红柿在饮食史的形象》（*Pomi dòro: immagini del pomodoro nella storia del gusto*）。

13. 布里亚 - 萨瓦兰，《味觉生理学》（*Physiologie du goût, ou meditations de gastronomie trascendante*）。大仲马指出许多布里亚 - 萨瓦兰的错误假设，其中包括火鸡是耶稣会士从美洲引进欧洲的说法。不过大仲马提出的异议却很难查证，他认为，“古希腊人早就知道火鸡的存在……索福克勒斯在一出已佚失的悲剧中曾用一群火鸡的鸣叫，哀悼梅利埃格之死。”（大仲马，《烹饪大全》[*Grand dictionnaire de cuisine*]，第 990 页）

14. 鸡蚝指法文中的“sot-l'y-laisse”，意思是“只有傻瓜才不要”，在意文中称为“boccone del prete”，用“神父的一口食”来形容这种家禽腿部最美味的部分。

15. 尼可拉斯 · 布瓦洛 - 德普雷奥（1636—1711）是法国诗人暨评论家，与莫里哀、拉辛、拉封丹等人相交。

16. 大仲马，《烹饪大全》，第 994 页。

8 艾米利亚—罗曼尼亚地区

EMILIA-ROMAGNA

不论是艾米利亚或罗曼尼亚，都是古罗马时期大型道路的名称。前者来自公元前 187 年由执政官马可 · 艾米利奥 · 雷必达（Marco Emilio Lepido）建造的艾米利亚道（via Emilia）；这条道路非常笔直，从里米尼（Rimini）穿越伦巴底地区与皮埃蒙特地区的诺瓦拉（Novara）和托尔托纳（Tortona），一直到奥斯塔，以及大圣贝尔纳山口这个战略性极高而且是古时穿越阿尔卑斯山前往法国的唯一隘口。艾米利亚道穿过博洛尼亚（Bologna）、摩德纳（Modena）、瑞吉欧艾米利亚（Reggio Emilia）、帕尔马（Parma）与皮亚琴察（Piacenza）、伊莫拉（Imola）、法恩扎（Faenza）、弗利（Forlì）、切塞纳—马恩省（Cesena）等，东西向主要道路几乎是由这些城市构成的。事实上，时至今日，艾米利亚地区的许多城市，在规划上仍然反映出古罗马军营的棋盘布局，是古罗马人以土地测量进行城市规划的成果。在古罗马帝国，城市街道就像纽约第五大道一样，各街道彼此垂直和平行，横向街道称为 cardi，纵向街道称为 decumani，如此形成一个个边长 710 公尺的方形区块，古罗马时期老兵退伍离营的遣散费，大体上也是用这个尺寸的土地来支付。

尽管目前艾米利亚道的正式称呼是九号省道，它的名称在两千多年以来并没有改变。

罗曼尼亚的称呼来自罗梅亚道（via Romea）。罗梅亚道比较不笔直，它和缓地绕着山丘前进，连接着里米尼和罗马。罗梅亚是“Romea”的音译，罗梅亚道的正确翻译应该是“朝圣者之道”的意思，罗梅亚也是常见的人名，也常被当成其他忏悔之道的名称，因此在许多文献中，法兰西道、安珀道、诺曼道或圣彼得道（via Petrina）等，也都被称为罗梅亚道。

在古罗马时期朝圣传统尚不存在的时候，罗梅亚道另有它名，为纪念在公元前2世纪下令建造这条道路的执政官普布里奥·波庇里奥·雷纳特（Publio Popilio Lenate），被命名为波庇里亚道（via Popilia）。波庇里亚道在公元5世纪初，因为西罗马帝国霍诺里乌斯皇帝将帝国首都由罗马移至拉文纳而重要性大增。东罗马帝国狄奥多西二世（Teodosio II）之女加拉·普拉西狄亚（Galla Placidia，葬于位于拉文纳的加拉·普拉西狄亚陵墓）下令重修这条道路，并将之重新命名为“皇后大道”（via Reina）。

之后，当基督信仰传遍欧洲，罗马也成为基督教世界的精神中心和朝圣目的地以后，这条道路的名称又再次改称为“罗梅亚道”。人们会走这条道路从欧洲极东——目前位于波兰的琴斯托霍瓦（Częstochowa）——前往意大利，到了意大利以后会在阿奎雷亚停留（对许多朝圣者来说是重要的中继站），由此经海路前往拉文纳，再由拉文纳走陆路，经由托伦蒂诺（Tolentino）、阿西西（Assisi）、斯波列托（Spoleto）等古罗马时期圣地朝罗马前进。

在朝圣者抵达阿奎雷亚以后，会在此地区长时间停留，并前往设有大型医院的帕多瓦。朝圣者可以在帕多瓦喘口气，看病并接受治疗，然后再重拾前往罗马的漫长步行旅程。从帕多瓦开始，朝圣道穿过湿地（这些沼泽一直到法西斯执政期间才被抽干）往旁波萨修道院（abbazia di Pomposa）这个位于小岛的富庶地区前去（11世纪期间）。这间本笃会修道院是朝圣者旅程中的重要中继站，旅人在此会受到修士们的迎接与招待。修士们能向富人、商人与权贵们提供精神慰藉与物质支持（不过通常价格不菲），许多旅人也会在修道院停留上数月之久。旁波萨的艺术活动兴盛，许多作品都被收藏在此地重要性极高的图书馆中。修道院是中世纪神秘主义的主要根据地之一，是圣歌的摇篮。公元1026年，圭多·达雷佐（Guido d’Arezzo）就是在这里受到圣乔万尼圣诗的启发，发明了用来表示音符的图像符号，而这些符号即使在今日仍广泛受到作曲家使用。

艾米利亚—罗曼尼亚是许多道路交会的地区，即使到现在，这里仍然交通繁忙，经由此地的道路几乎延伸到整个意大利。在这个地区，我们很容易就能透过流行和风格来追寻想法与形象如何随着时间演变的轨迹，事实上，只要随着世界建筑发展的不同阶段便可一窥究竟。每走一公里，旅人眼前就会出现截然不同的视觉艺术，这里有摩德纳的罗马式大教堂，博洛尼亚的哥特风，拉文纳的拜占庭时期马赛克，文艺复兴瑰宝、好似出自同一枝画笔之作的费拉拉，以及海岸城市里米尼充满自由风格的建筑。不只如此，在罗曼尼亚和艾米利亚地区，还可以感受到一股变化运转的力量，速度所带来的诗意，以及被开放空间拥抱的兴奋感。这里的每一个居民都拥有摩托车或脚踏车。只有在艾米利亚，工程师蓝宝坚尼（Lamborghini）、马莎拉蒂兄弟（Maserati）与伟大设计师恩佐·法拉利（Enzo Ferrari）等人，才可能实现他们的天赋。时至今日，法拉利赛车仍然在邻近摩德纳的马拉内罗（Maranello）进行设计、组装与测试的工作。

从外观来说，艾米利亚—罗曼尼亚反映出意大利两个对比极为鲜明的形象，艾米利亚是个肥沃富庶的地区，而罗曼尼亚一直以来则贫穷落后、问题不断。

这种双重性始于罗马帝国解体与伦巴底人于568年入侵此地区以后。伦巴底人占领了此地区的西半部（艾米利亚），而东半部的罗曼尼亚，则仍为东罗马帝国的领地。没多久，到了8世纪，教宗哈德良一世（Adriano I）召来了查理曼大帝率领的法兰克军队协助，教皇国得以将伦巴底人逐出艾米利亚，将整个艾米利亚—罗曼尼亚地区收归于同一个统治者之下。受神职人员管辖的侯爵领主，压榨百姓从事杂务缴交重税，最后导致人民忍无可忍，接续群起反抗。因此自10世纪起，艾米利亚就开始出现由民选执政官与市长治理的自治市，而该地区最先取得自治权的城市有博洛尼亚、皮亚琴察、摩德纳、瑞吉欧、帕尔马和费拉拉。这些城市彼此之间争战不断，而势力最强大的家族也藉由这些城市战争巩固自己的专制权力，也就是因为这样，各城市贵族如帕尔马的法尔内塞（Farnese）、皮亚琴察的维斯孔提（Visconti）、费拉拉的埃斯特（Este）家族才随之崛起。

至于罗曼尼亚地区，在经过拜占庭帝国与威尼斯之手以后，由于城市未能在反叛之际保卫其自主权，最后收归教皇国统治。在16世纪初，威尼斯共和国势力衰微，加上在阿尼亚德洛战役（1508）中败给了支持教皇国的康布雷联盟，此后，原本受威尼斯人管辖的罗曼尼亚成为教皇国领土，一直到意大利统一为止。

艾米利亚与罗曼尼亚，背负着两种命运、两个灵魂与两个形象。艾米利亚的畜牧业围绕着大型工厂发展，畜养动物以猪和牛为主，最主要的厨房用具是铁锅；到了罗曼尼亚，则以农村文化为中心，东西比较小，生活比较贫困，连养的家禽家畜如鹅、鸡和羊等都比较小，主要的厨房用具则是加热使用的陶锅。在罗曼尼亚南部的丘陵地区，由于红色黏土非常容易取得，陶锅（当地称为testai）的制作极为普遍。这些陶锅的贩卖有专人负责，这些销售员将陶锅间塞满蕨叶，以人背或驴驮的方式，从丘陵地带运到海岸地区，在市场上贩卖。

此地区西部以各种香肠、起士、面疙瘩和炸物闻名，东部则有各种“阉鸡”（火鸡和鸡）肉和烙饼。食物的名称也因地而异，填了馅的面饺在靠海地区称为“卡梭内”（cassone），到了丘陵与亚平宁山脉一带则成了“板子面饺”（tortello sulla lastra）。在西部，大部分菜肴都是白色的，到了东部则变成红色（因使用西红柿和红椒之故）。西部人在炸鱼之前会覆上面包屑，东部人则跟着威尼斯人的习惯指用黄色的玉米粉。东西部人的日常生活几乎完全不一样，只有以面粉做成的油酥面皮，同时出现在两边人民的日常饮食中。

在多山的意大利半岛，艾米利亚和罗曼尼亚由于平地多、河流也多而独树一格。在这个地区，波河共有七条主要支流，灌溉着介于亚平宁山脉和阿尔卑斯山脉之间的广大平原地。很久以前，这些主要支流与其分支形成了一大片沼泽，拉文纳受到沼泽包围，而在这些难以穿越的沼泽之间，旁波萨修道院隐身其间，沼泽保护着修道院免受俗人与野蛮人的侵扰。穆拉托夫（Muratov）[1]曾写道：

> ……围绕着费拉拉的沼泽与稻田，形成了一种带有悲伤色彩的景象……当从帕多瓦出发的火车穿过埃乌加内丘陵以后，就迷失在薄雾弥漫、疟疾横行的潮湿低地，这也许让人产生了想要尽快通过这个袅无人烟地带的念头，赶快看到美好且令人愉快的博洛尼亚。[2]

要在不稳定的沼泽地务农，需要特殊的方法与工具。位于蒙蒂切利东吉纳

（Monticelli d'Ongina）的农业暨手工艺博物馆收藏了许多这类农具与此地区古时农业文化发展物证。在农业经过彻底改造以后（于法西斯时期达到高峰，保守的右派人士很爱谈论这些事情），人们更加珍视罗曼尼亚地区的土地。到了现在，艾米利亚与罗曼尼亚的耕地包括在沼泽尚未抽干时就已存在的"古耕地"，以及由于排水系统的建造而开发来的"新耕地"。艾米利亚—罗曼尼亚地区原本百分之八十为荒地，经过改造以后，目前栽植地达百分之八十，土壤肥沃，生产丰富。原本的沼泽现已成为广大的耕地，一旁则有许多被设为自然保留区的未开垦地带，仍有野马群自由驰骋。

这个地区的地理景观以波河平原和亚平宁山脉为主，波河两岸平原广布，一排排白杨树与耕地尤其醒目，偶有大如碉堡的古老农庄点缀其间。这些农庄大多呈方型，内有庭院，周围土地种满玉米与芳草，牧场则饲有牲口放牧。

此地生产的饲料也会拿来喂猪，有些地方甚至会饲养一种自由放养的品种猪，它们日间在托斯卡纳和艾米利亚之间亚平宁山脉山坡上的广大栗树林与橡树林里活动觅食，晚上会自行回到猪舍。历史学家波利比乌斯（Polibio），早在公元前180年写道，这个地区橡树多到大部分猪只都以掉到地上的橡实为食。

由于这样的食物供给，艾米利亚和罗曼尼亚成为意大利境内最著名冷切肉和世界最知名起士的国度，也就不令人意外了。这里所指的，就是帕尔马生火腿（Prosciutto di Parma）和特选臀腿生腌肉（culatello），以及帕米森起士。在艾米利亚购买生火腿的时候，必须要准备好，回答肉店老板的问题：帕尔马生火腿还是摩德纳生火腿？熟成一年还是十八个月？要用去骨腿肉制成的雪花腌肉（fiocco）还是特选臀腿生腌肉？再深入一点，即使是特选臀腿生腌肉也按风味差异分成三个部位：一种油脂较少却较甜，一种口感较滑润且滋味丰富，另一种则介于前两者之间。

艾米利亚和罗曼尼亚地区广大平坦的土地，比山坡更适合进行栽植，和利古里亚是不一样的。在这里，不需要把握住每一簇芳草，不用在梯田上爬上爬下，也不必挥汗征服每一寸土地。艾米利亚—罗曼尼亚与普里亚和坎帕尼亚，并列为番茄、甜菜、豌豆和其他豆科植物的最主要产地。

波河里有许多珍贵的淡水鱼。当地特色菜之一，就是铸铁锅炖鱼片，如丁鲷、鲫鱼、鲤鱼、梭子鱼和鲶鱼。这些菜通常搭配玉米糕一起吃。在山丘上，兰布鲁斯科（Lambrusco）葡萄在园里随意生长，还有以现代方法栽植的各种果树。

此地区的海洋容易抵达且鱼产丰富，菜园开垦范围一直达到海岸区。因此，离罗曼尼亚地区亚得里亚海海岸不远之处，由于有效经营的休闲产业，而能吸引大批来自世界各地的游客，随之而生的，则是一种结合了海产与菜园蔬果的独特美食，弗利（Forli）的地方菜肴如虾酱茄子或海鲜红葱酱卷面等，便属此类。

整体而言，是艾米利亚接纳了罗曼尼亚这个贫困地带，也早已成为意大利饮食的重要中心。在这里还是要强调一下，艾米利亚一直以来都是美食的同义字。意式肉肠、火腿、帕米森起士、各式各样的手工蛋面……要消化这些丰富的美食，需要好醋的调味，而且不是随便什么醋都可以，一定要是来自摩德纳的巴萨米克醋这种全世界最高贵的好醋。

香醋是意大利饮食传统与地中海饮食文化的重要成分，其历史相当多彩多姿。在中世纪时期，醋被认为是一种药品，具有消毒的效果，能预防常为疾病。到了18世纪，巴萨米克醋成了常用药品，不只如此，来自摩德纳的历史学家卢多维科·安东尼奥·穆拉托利（Ludovico Antonio Muratori，1672—1750）还认为它是治疗瘟疫的有效用药。

因此，醋的生产通常离设有大型医院或大学的城市不远，也就不令人意外。位于帕维亚和博洛尼亚两个大学城之间的摩德纳便属此例，尤其是此地生产的巴萨米克醋，不但是其他地方无法复制的经典产品，也成为来源城市和全意大利的代表特产。

最初提到巴萨米克醋的古老文献记载，一直被保存至今，这份文件属于生活在11至12世纪期间的本笃会修士多尼琮内（Donizone）。多尼琮内是中世纪圣徒传记《马蒂尔德的一生》（*Vita Mathildis*）的作者，书中曾经写道，在1046年，法兰克王朝德意志国王暨神圣罗马帝国皇帝亨利三世（Enrico Ⅲ）来到意大利，要求卡诺萨家族的博尼法丘（Bonifacio di Canossa），亦即民间传说中极受欢迎的女英雄马蒂尔德[3]的父亲进贡。书中提到"那种极受赞誉，在卡诺萨家族碉堡制作的醋"。18世纪著名冒险家贾科莫·卡萨诺瓦（Giacomo Casanova）也曾大力赞赏这种醋能激发性欲。在意大利统一的过程中，摩德纳大公转而服膺于萨伏伊王朝加富尔伯爵的势力，喜好品尝罕见珍馐的加富尔伯爵，下令扣押所有存放在摩德纳仓库里的珍醋，并将它们运到自己在伦巴底蒙卡列里（Moncalieri）的私人庄园。然而在运送过程中，由于人员经验不足，导致这些珍贵的醋全都走味，只剩下一堆让人沮丧的酸水。

自15世纪起，烹饪书就开始出现以这种用葡萄醪制成的醋作为材料的食谱，不论在贵族宴席或庶民饮食中，都具有无可取代的地位。追随费拉拉大公的卢多维科·阿里奥斯托（Ludovico Ariosto）曾在1518年写下《第三首讽刺诗》（*III Satira*），我们也可以在其中发现巴萨米克醋的身影。这位《疯狂的奥兰多》（*Orlando Furioso*）的作者，在讽刺诗中并未把这醋当成极致美食来赞美，反而将之视为禁欲的基础。诗中主角是位渴望自由的文人，他不追求富人餐桌上的美味，如歌鸫、鹧鸪、野猪等，只要在家中水煮芜菁，再用醋、葡萄酱和葡萄醪调味，就能感到满足。[4]他眼中最美好的食物是这样的：

> 在我家，最好吃的是我煮的芜菁，我把它插在棍子上煮熟以后清干净并撒上醋和葡萄酱。
>
> 他人的餐桌上有歌鸫鹧鸪和野猪，摆在一席丝绸或黄金桌巾上。

醋的陈化需要在特别的地窖里进行，这些地窖每天必须有剧烈的温度变化。陈化过程至少为期十二年，特别珍贵的种类，更可能经过二十五年、三十年，甚至更长的陈化时间。

为了制作这种比干邑白兰地还要昂贵的巴萨米克醋，必须采用上好的白酒或红酒，如兰布鲁斯科或特里比安诺（Trebbiano），先将酒煮沸，然后加入醋母。这个醋母里有负责酸化过程的醋杆菌（Acetobacter aceti），也就是指在存放成品的木桶底下形成的凝胶状沉积，这种醋母非常珍贵，制造商会小心看管存放以保持商业机密，远离“美食间谍”的好奇目光。在制醋的第一个阶段，这些被煮过的汁液会被存放在非常巨大的桶子里（在意文中称为 botticelli），然后陆续加入新的醋母并倒入比较小的桶子里，陈化时间越久，醋桶越小。每个木桶上都有一个特制的圈圈作为屏障，让其他细菌不至于进入醋桶里。在倾倒和加入的过程中，必须遵循着复杂的规则：从比较大的木桶中，按照规定的量，将一些液体倒入小桶中，让液体在小桶中放置三周、一个月，然后再加入或取出……刚开始使用的木桶必须由桑木制成，接下来则必须用栗木桶和樱桃木桶，最后则是橡木桶和桴木。在由一个桶子倒入另一个桶子的过程中，偶尔会加入丁香、肉桂、芫荽、甘草与肉豆蔻等（这处方当然也是机密）。

就这样，很久以前原本在药房贩卖的巴萨米克醋，成了厨房里不可取代的材料，它能让煮鱼用的海鲜料汤获得更精纯的风味，让炖腰子口感更佳，也让甜椒和茄子变得更好消化。

如前所述，美味又能助消化的醋之所以成为不可或缺的必备品，是因为它让胃能够承受一顿丰盛的大餐或暴饮暴食。有时候，当其他意大利人讲到艾米利亚地区的菜肴分量时，会想到《极乐大餐》（*La Grande Abbuffata*）这部电影（也许不尽然像马可 · 费莱利［Marco Ferreri］在 1973 年拍摄的电影和该电影的色调一样，不过无论如何，其中有许多引人思绪的场景）。

博洛尼亚有个“胖子城”（la Grassa）的别称。在过去几世纪间，许多意大利城市都陆续有了别称，[5] 威尼斯是“至静之所”（la Serenissima），[6] 热纳亚被誉为“人类骄傲”（la Superba），布雷夏是“母狮”（la Leonessa），罗马则是“永恒之都”（la Città eterna）。不过，博洛尼亚其实有两个别名，其一的“学者之都”（la Dotta），是因为此地于 1119 年设立了欧洲第一座法律学院，其二则是前面提到的“胖子城”。“博洛尼亚一年吃掉的东西，相当于威尼斯两年、罗马三年、都灵五年或热纳亚十年的量。”伊波利托 · 尼埃沃（Ippolito Nievo, 1831—1861）曾这么写道。[7] 帕维尔 · 穆拉托夫是这么对尼埃沃说的：

> 博洛尼亚是个轻松的地方，赏心悦目且不复杂。这个城市的人民暨欢乐又健康，周围有意大利最丰实的谷仓与葡萄园，生产著名的葡萄酒。就食品丰富度、多样性和价格而言，没有其他地方可以和博洛尼亚相比，也难怪意大利人将博洛尼亚称为“胖子”。[8]

从有关 1487 年 1 月 28 日博洛尼亚庆典的叙述来看，博洛尼亚确实也不枉此名。该庆典是博洛尼亚领主乔万尼二世 · 本蒂沃里奥（Giovanni II Bentivoglio）为庆祝其子安尼巴莱（Annibale）和媳妇卢克蕾齐娅 · 德埃斯特（Lucrezia d'Este）从费拉拉到来而举办的，他在大型宫殿里举办晚宴，用了黄金制的花瓶和白银做的烛台，共有 14 张长桌，用了 25 位宴会管家，每位管家下设有 6 个侍员。包括总管在内，该次宴会共享上了 175 位仆役：

同时，在下方的广场上，一盘盘盛在大盘子里的菜肴正如游行般地展示，马上就要被端到宴会厅里。这些菜是做来展示的，为了让人民看到宴会豪华奢侈的程度。人们最先看到的是松子糖和甜饼，搭配着装在银器里的甜酒；之后出现的是搭配橄榄和葡萄的烤乳鸽、网油猪肝、欧鸫和山鹑；全部都展示在125个银盘中，每个银盘（根据当时习惯）的食物可供两位宾客食用。然后，一篮带有金黄色泽的面包经过，之后是具有城垛和塔楼的糖制城堡，里面满是活生生的小鸟，小鸟被释放时会全部一起飞出来，用以娱乐来宾。接下来上了鹿肉和鸵鸟，以及派和犊牛头[9]，然后是水煮阉鸡、犊牛胸腰肉、羔羊、香肠、乳鸽等，以及和这些肉一起端上的各种蘸酱，全都装在黄金白银制的盆子里；此外还有蔬菜泥和各种配菜。之后，一只只煮好再重新插上羽毛呈开屏状的孔雀被送上，每位宾客都有一只以其家徽装饰的孔雀。在这个同时，厨房也忙着准备——并在广场展示——一盘盘的肉肠、炖野兔和炖鹿肉，不过每只动物都会用他们的毛皮装饰，以呈现栩栩如生的样貌。然后，又再端上一盘盘搭配着苹果、橙子和新酱料的鸽子和野鸡。还有糖蛋糕和杏仁糕，搭配饼干的新鲜软起士，羔羊头、烤鸽和烤山鹑、以及另一座装满了活兔子的糖制城堡……

这时另一座城堡又被抬上来；里头关了一只大野猪，正因为无法脱身而低吼着……当野猪喷气咆哮时，侍员们端上了金黄色的烤猪。宴会最后端上的是各种起士和果冻、梨子、糕点、糖果、杏仁蛋白糖和其他诸如此类的美味……[10]

由于社会富有阶层热爱美食，难怪在那几个世纪中，人们普遍认为肉感能增加女性魅力，而一般人认为最无可抗拒、最让人饥渴的，正是博洛尼亚居民。薄伽丘曾写道：

博洛尼亚啊！该城女性的血液何其甜美！个个都值得赞美！她们不会无故叹息掉泪，客气对待拜倒裙下的追求者与爱人。若有任何值得称许之处，我必不吝赞美之词，讲再多也不嫌累。[11]

即使到现在，若从社会新闻来看，意大利美女大多还是来自于博洛尼亚和帕尔马。萨德侯爵在第二次到意大利旅游（1775）的记述中，也大大称赞了博洛尼亚女人的风姿绰约。有关博洛尼亚居民活力性感的名声与轶事传闻，尤其是女性居民，显然是由于居民好啖美食之故，不过也可能是大学城气氛的影响，因为古时博洛尼亚居民有百分之三十五是年轻学子，他们除了在此研习课业以外，当然也有调情和享乐之举。

在艾米利亚地区，肉店和奶制品店会在店门口大方展示马车轮状的起士和意式肉肠切段，大面包就放在巨大火腿和一瓶瓶巴萨米克醋旁，各种你能想到的尺寸瓶装都有。在餐厅里，客人也很习惯穿过用餐区直接进到餐厅厨房，以确定食物的质量和分量。

如果说利古里亚菜是“回乡菜”，那艾米利亚菜就是“美食烹饪”，而罗曼尼亚菜自然就成了“旅人菜肴”。这个地区的美食象征是中世纪时期的三明治，也就是意式烙饼（称为“piada”或“piadina”），这种罗曼尼亚地区最著名的特产，是一种圆形的软饼，一般包着蔬菜或起士一起吃。这种烙饼的名称“piada”来自意大利文的“piatto”，有“盘子”或“扁平”的意思，一般用炭火或炉子，放在之前曾经提到过的陶器上焙烤至熟。诗人乔万尼·帕斯科利（Giovanni Pascoli）就曾经以制作烙饼为题，写了一首抒情诗：

> 你，玛莉亚，用那双温柔的手搓揉面团，然后将之延展铺开，它光滑如纸，庞大如月，你用沾满面粉的手将软饼拿给我，将它慢慢铺在炙热陶锅上，然后远离。
>
> 我将饼翻面并用钳子添柴火，直到这微温穿透，饼皮涨起，面包香充满屋内。[12]

类似的陶器也曾风行利古里亚地区，专门用来在炭火上烹煮利古里亚薄饼（testaroli）。不过和罗曼尼亚不同的是，利古里亚薄饼现已成为特定烹饪活动的专属美食，而在罗曼尼亚，吃烙饼的传统依然。

烙饼常常被视为终极手段，在食物柜里面包快吃完时就会被拿出来救急。烙饼的制作不需要花太多时间，因为根据传统方法制作的烙饼面糊，具有不需要发面的优点。不过还是要提到的是，自20世纪起，人们在制作烙饼面糊时常常会加入小苏打或啤酒酵母，有时也会加入牛奶、猪脂和蜂蜜；这些材料能让饼皮变得更柔软，即使煮好不马上吃，也还能放上一段时间。

烙饼的烹煮成本非常低，因为只要使用未烧尽的炭火即可，不用消耗新柴生火。此外，配料成本也不高，一般用煮熟或生的野菜或蔬菜，偶尔也会使用新鲜起士。

烙饼在从前也有许多不同的变化，如称为“piadotto”的玉米烙饼（用水、玉米粉和葡萄干制成，现在只见于烹饪古籍），以及形状类似罗马比萨饺，不过用烙饼面团制成的馅饼或夹饼，称为“cassone”或“crescione”，它一般是对折后填入野菜食用，或（在弗利山区）搭配南瓜、马铃薯及瑞可达起士。

因此，烙饼可以说是一种穷人吃的快餐，而且非常适合当成旅人带在路上吃。然而，如果说罗曼尼亚美食完全是“旅人菜肴”，那就完全落入俗套的陷阱。不论是意大利的哪一个地区，都无法用单一的刻板印象来描绘其饮食文化，因为实际状况其实是更多元的，罗曼尼亚的例子亦然。只要想想罗曼尼亚舄湖区的科玛基奥（Comacchio），或是原本朝圣者络绎不绝、现在却已被沼泽覆盖的古教堂，就马上进入了一个不寻常的世界，这些遗世独立之地，离旅人行经的迅速便捷道路及旅人无忧无虑的愉快旅程都很遥远，让人身陷一种罗曼蒂克的梦幻环境中。那盘旋不散的幽灵薄雾，都被在罗曼尼亚长大且对这些地方怀抱深刻情感的费里尼（Federico Fellini）拍进电影里去……尤其是《阿玛珂德》（*Amarcord*）、《扬帆》（*E la nave va*）、《月亮的声音》（*La voce della luna*）等，都有浓雾、薄雾，在雾里寻找一些难以理解的事物的场景……

“舄湖”这词语会让人引起错觉，让人想到玻里尼西亚微风轻轻的景象，不过，科玛基奥与玻里尼西亚其实相去甚远。虽然科玛基奥也有极其灿烂的日落美景，舄湖上赭红色天空有群鸟飞翔，沼泽上散布着已荒废的灯塔和中世纪碉堡废墟，不过此地狂暴激烈的海流却足以撕裂人的身体和灵魂。这里的湿度高到会渗入人的身体。科玛基奥曾经是个水患肆虐的地区，居民主要以开凿运河疏浚维生，也因为工作需求常常推着手推车，而有“推车工”（scariolanti）之称。在寒冷环境做苦工的情形，或多或少造成地方居民在政治上彻底左倾，甚至无政府主义的地步，罗曼尼亚的这个地区，在 20 世纪 20 年代爆发了许多无政府主义分子和法西斯分子之间的意识形态冲突、丑闻与斗争，也绝非偶然。[13]

在科玛基奥附近挖了许多运河以后，这些推车工开始离乡到外地找工作。此类工作需求自然以威尼斯为最，其次则是费拉拉埃斯特宫廷的建筑师。费拉拉周围的沼泽目前虽然已经消失，不过在数世纪以来，一直都需要持续疏浚。后来，这些来自科玛基奥的工人，在墨索里尼时期甚至有组织地“受邀”参与该政府的伟大工程：罗马附近旁蒂内沼泽的疏浚工程，或是将撒丁岛上的沼泽恶地抽干。由于这些推车工的苦劳，原本的沼泽地上出现了由一座座经济公寓形成的法西斯城市，如拉齐奥地区的拉蒂纳（Latina）、萨包迪亚（Sabaudia）、旁蒂尼亚（Pontinia）、艾普瑞利亚（Aprilia）和波梅齐亚（Pomezia），以及撒丁岛的墨索里尼亚（Mussolinia，今已改称阿博雷亚［Arborea］）。

除了在家乡和外地开凿排水运河以外，当地居民也有很多以捕鱼和鳗鱼加工维生。这类在海里出生并回到海里产卵的鳗鱼，在长到约三岁时会溯河游到大型河流的三角洲，在淡水渡过生命中的大部分时间，一直到八至十岁时才返回海里并宣告自己的死亡。这些鳗鱼在达到性成熟时，会穿过波河三角洲寒冷多雾的沼泽游向外海，来到大西洋并横越到西岸的墨西哥湾，最后抵达马尾藻海产卵并死亡。当鳗鱼还在淡水里的时候，鳗鱼会开始为这趟洄游自杀做准备，这些年约八岁的鳗鱼，体色会从黄色变成银白色，并开始用力吞食，以替很久以后的繁殖季节，亦即在马尾藻海发生的一分钟激情累积体内脂肪。

鳗鱼洄游在最寒冷的季节开始，约在 11 月底到 12 月底之间，不过有时在 2 月也会发生第二次洄游。为了不让这些胖嘟嘟的鳗鱼溜入海里，渔夫会用芦苇制作出复杂的陷阱，并将这种陷阱称为“功夫陷阱”（lavorieri）。这些陷阱通常设在策略位置，在舄湖中打破海流，是温暖且溶氧饱和的环境。从环境维护的角度来看，芦苇制作的陷阱非常完美，事实上，许多专门捕鳗鱼的渔夫，即使到了现在，原则上还是不使用塑料网或围栏。功夫陷阱的组装方式，让从海往河游的三岁幼鳗能够安全通过，抵达祖先生活的家乡，也就是位于科玛齐奥的沼泽；不过与幼鳗一起经过的红羊鱼、鲈鱼和真银汉鱼等就会落入陷阱中，让当地居民的饮食能有所变化。相反地，从河流游往海洋的成熟鳗鱼，则会被困在芦苇制的功夫陷阱中。渔夫会在酷寒的夜里，在一片死寂和满月的陪伴下，靠着仅能看到有东西在水里搅动的微弱月光（人工照明是禁忌），将鳗鱼从陷阱中取出。

科玛齐奥河谷有间很棒的河谷博物馆（Museo Civico delle Valli），就说明了在当地流传了好几个世纪的捕鱼方式。渔夫在鳗鱼洄游期间会暂时定居在搭建在木筏上的棚屋，团队遵循着船舰规矩，而且还有严谨的等级地位：从低级的菜鸟到高级的船长，而且每个团队都有书记负责记账。这些坚守着单调工作，从沼泽把滑溜溜的鳗鱼取出的渔工们，在工作季结束后有两种选择，一是将渔获活生生地运送到设在威尼斯的筏笼（当地称为“marotte”，是一种被固定在木筏底部、完全浸在水里的特殊鱼笼），在隔天早上将活鱼运到市场贩卖，另一则是捕捉后当场在“鱼工厂”开始加工腌制。若是后者，鳗鱼在砍头以后，还会在滑溜溜的地板上继续挣扎上一个小时，之后才能将牠们一条条串起来火烤，渔工们还会用托盘收集火烤时滴下的脂肪，将之装罐保存。

当地的烤鳗鱼是著名的出口货。据载在维也纳会议期间，还特别为了当时的奥地利代表梅特涅（Metternich），专门从科马基奥运了四大桶烟熏烤鳗到维也纳。罗曼尼亚居民幻想能藉此取悦梅特涅，在欧洲版图确定重划之际，能让自古以来就极度爱好自由的罗曼尼亚获得独立地位，脱离教皇国的管辖，取得自治权……不过平心而论，梅特涅是不接受贿赂的：他收了鳗鱼，却没有因此妥协。

鳗鱼除了串烤以外，也可以铺在架子上烤，因为烤出来的形状，所以也被称为“小提琴鳗”；另外的做法则是直接在炭火上烤。体型较大的雌鳗尤其被视为珍品。每到圣诞节前夕，许多意大利人会发疯似地到处寻找这种罕见的美食，作为佳节盛宴的菜肴；这种时节通常会用上最珍贵的雌鳗，其体长可达一公尺，重达五公斤。至于体型比较小的鳗鱼，在当地被称为“buratelle”，就不是那么抢手。

鳗鱼段是出口用的，当地居民拿到的则是加工剩余物，也就是鳗鱼头。这些传统原料被制作成当地的“海鲜炖汤”（brodetto），除了直接食用以外，也可以用来煮成炖饭。根据威廉·布莱克在《加里波底的吸管面》的说法（第 177 页），人们从前也会在这种炖汤里加入海鸥肉。根据专家的说法，在科马基奥的传统菜肴中，也有一道炖鳗鱼内脏，以及把加工剩余的碎鳗鱼装到鳗鱼皮后风干制成的鱼肠。

离科马基奥不远处，有一个知名的自然保留区，叫作斯蒂罗内公园（Parco dello Stirone），是候鸟停留暂栖之地，来自俄罗斯的苍鹭是此地常客，它们在往返冬季栖地摩洛哥期间会经过这里。这里也有许多鹳鸟，尽管鹳鸟不能吃，此地过去却极为风行猎水鸟的活动，而这种打猎活动促成了罗曼尼亚烹饪中非常有趣的一个部分：镶野禽。

另一个风格特色迥异的城市，大萨索温泉（Salsomaggiore Terme），则直接建于富含溴碘盐泉的土地上。在这里，除了具有疗效的温泉水和能够回春的矿泥以外，还会提炼出一种“杰玛盐”（sale Gemma）进行包装贩卖，据称可以替代海盐使用。在这个介于皮亚琴察和帕尔马的地区，有法兰西道越过亚平宁山脉，将帕维亚和路卡连接起来（见《朝圣之旅》）。当朝圣者来到大萨索温泉后，会在此稍事休息并泡温泉，他们也会在巴尼亚卡瓦洛（Bagnacavallo）洗马，然后到佩莱格里诺帕尔门塞（Pellegrino Parmense）向卡雷诺圣母（Madonna di Careno）致敬。就在佩莱格里诺帕尔门塞这个地方，每年 7 月初都会举办帕米森起士节。帕米森这种热量高、富含维生素而且即使在大热天也不会坏掉的硬质起士，显然起初也是为了朝圣者发明的食物。继续向前走，则会来到博比奥（Bobbio）这个以 614 年圣科伦巴（san Colombano）所创设之修道院闻名于世的古城。博比奥的特产还包括蜗

法拉利赛车

巴萨米克醋

帕尔马生火腿

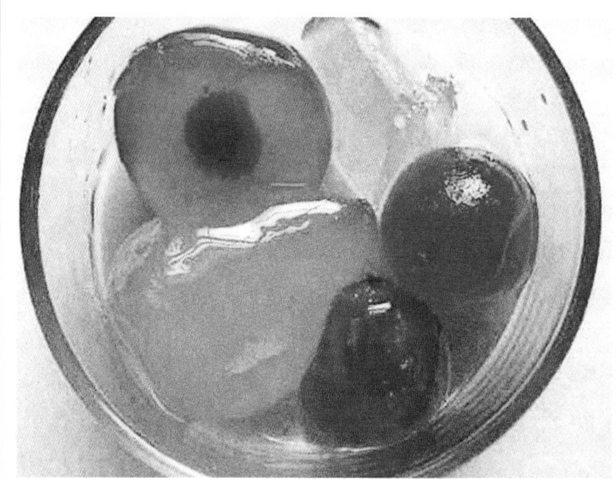

卡尔皮芥末蜜饯

串烤鳗鱼

牛和非常抢手的白松露，蜗牛更是罕见地以烟熏方式处理（每年 12 月举办烟熏蜗牛节）。

费拉拉是一个世俗与贵族特质兼容并蓄的地方，有着文艺复兴时期最奢华的宫廷之一，是博亚尔多（Boiardo）、塔索（Tasso）和阿里奥斯托（Ariosto）等诗人寻求庇护的地方，而在 15 至 16 世纪期间，费拉拉更是意大利设计师与香水师发表创意的主要橱窗。在大公们庄严隆重的宫廷生活中，豪华宴席是常事，而在离费拉拉不远的法恩扎，早在 15 世纪就已经出现专门为此目的制作的陶瓷餐具；这些餐具以来自阿拉伯世界的盘碟器皿为模仿对象，这是因为当时的罗曼尼亚，有许多往返西班牙圣地亚哥（Santiago de Compostela）的朝圣者和僧侣，引入了阿拉伯元素之故。这些被带回来的盘子称为“马约利卡”（maiolica），指来自马略卡岛之意。在这样的背景下，与欧洲应用艺术史密不可分的法恩扎锡釉彩陶于焉诞生。在同一个法恩扎，还诞生了两种与彩陶一样以缤纷色彩点缀着宴会餐桌的甜点，也就是糖渍水果和水果色拉。不论是醒目的彩陶餐具或是颜色鲜艳的水果色拉，都是费拉拉宴会餐桌上不可或缺的装饰品。

在经过中世纪这个暴饮暴食的时期以后，费拉拉也许是史上第一个出现餐桌礼仪的城市，这或许是因为精美高雅的餐桌装饰之故。餐桌礼仪之所以出现，就是为了要让主人好维持宴会进行、客人能巧妙应对并让侍员迅捷服务。参加宴会的客人得接受，吃肉时再也不能用手撕，不过东道主同时也得确保侍员能及时将肉切好并一盘盘装好。因此，宴会的成功与否，取决于专门切肉上肉的侍员是否能迅速敏捷地提供服务。在费拉拉，这项工作通常由品行端正且聪明的侍员负责。公元 1533 年，费拉拉宫廷总管克里斯托弗 · 梅希斯布戈（Cristoforo di Messisbugo）就因为切肉技术高超，让东罗马帝国皇帝查理五世印象深刻，更因此受封为帕拉丁伯爵。当时，克里斯托弗已经以宴会服务艺术为题，撰写了一本名为《宴会饮食》（*Banchetti compositioni di vivande*，1529）的指南，后来，他更汇集了许多食谱，加上这本指南重新出版成《鱼肉烹饪大全》（*Libro novo nel qual s'insegna a far d'ogni sorte di vivande secondo la diversità de i tempi così di carne come di pesce*）。

学识渊博的克里斯托弗 · 梅希斯布戈并不孤单，除了他以外，费拉拉还出了《切肉师》（*Il trinciante*）的作者乔万 · 巴蒂斯塔 · 罗塞蒂（Giovan Battista Rossetti），帕尔马则有写了另一本《切肉师》的文森佐 · 切尔维奥（Vincenzo Cervio），而 17 世纪的博洛尼亚则有巴托洛梅奥 · 斯蒂芬尼（Bartolomeo Stefani）。

早在克里斯托弗 · 梅希斯布戈这本意大利最古老的烹饪暨餐桌服务书籍中，就已经出现了专门谈论犹太饮食的章节《犹太人肉类料理》（Ricette ebraiche di carne），这一点是很值得注意的（参考《犹太民族》）。克里斯托弗对于按犹太教规调制的食物非常热衷，认为这是理想生活的极致，完全符合当时医学的体液论（参考《地中海饮食》）。费拉拉的犹太社群精心制作出新菜肴（对流散在外的德裔犹太人而言），也就是以豆类和肉类烹煮成的安息日炖肉（hamin），以及甜咸皆宜的油炸馅饼（burricche）。

在艾米利亚和罗曼尼亚，传统总是结合着创新。在这里，人们可以享受智性活动的乐趣，也非常尊崇有想法的人。在 20 世纪，这里的人若无其事地看待着社会主义的发展，以至于产生了墨索里尼之类的法西斯分子（最先在罗曼尼亚形成）。在15世纪的时候，皮奥（Pio）家族著名的作家与人文主义者阿尔贝托三世（Alberto III）设想出他心目中的理想之都，并将他的规划画了下来。建筑师巴达萨雷·佩鲁齐（Baldassarre Peruzzi）将这个梦想化做真实，具有便捷设计、市区呈环形且至今仍非常富足的卡尔皮（Carpi）于焉诞生（卡尔皮也是著名的织品重镇）。卡尔皮自创城之初，就以一种罕见美食闻名于世。在该城创建的同时，人们制备了一种又辣又甜的蘸酱，即使到现在仍然从此地出口到世界各地。这里指的是卡尔皮芥末蜜饯（mostarda di Carpi）。卡尔皮芥末蜜饯和克雷莫纳芥末蜜饯（mostarda di Cremona）的不同点，在于前者制作时并不加糖，而是将水果放在加入芥末的葡萄醪煮滚，然后用橙皮糖浆让它变甜。

在费拉拉的诸多美食特产中，有一种在经过六个世纪的时间以后，仍然按照最古老最严谨的方法制作。这里指的是爆汤香肠（salama da sugo），而且要特别声明的是，它和一般的萨拉米香肠并不一样，其实并不是萨拉米香肠。在端上桌以前，它必须在锅里滚上很长一段时间，一直到内容物呈半流质状为止，就像一个充满多汁肉酱的囊状物。这种香肠要用汤匙来处理，绝对不可以用刀子划开。安东尼奥·弗里齐（Antonio Frizzi）就曾经以这爆汤香肠为题写了一首诗《萨拉麦德》（*Il Salameide*，1772）。根据这首诗，我们尤其可以清楚地知道，这种香肠的主要原料是肝脏而不是肉：

> 以猪肝和少许猪肉混在一起，并用铁器敲打弄碎，成为多汁的萨拉米，只有我的费拉拉会食用……

根据里卡多·巴凯利（Riccardo Bacchelli，1891—1985）在其著名小说《波河磨坊》（*Il mulino del Po*，1938—1940）里提供的做法，这种爆汤香肠必须在冰库里放上五年熟成（根据佩莱格里诺·阿尔图西的说法则是一年）。取出香肠以后，必须长时间在滚水里煮，不过烹煮时间各家说法不一，有人说8至10小时，也有人说10至12小时。朱塞佩·隆吉（Giuseppe Longhi）以《疯狂的奥兰多》第一首歌第一句诗文“女人、骑士、武器、爱情”来命名的作品，描述着费拉拉宫廷奢华的日常生活。在书中就曾提到，这“爆汤香肠”是婚宴里不可或缺的重要菜肴，因为人们相信它能帮助造血，而且让吃过这道菜的男人精力强壮又柔情满载。18世纪的罗曼尼亚特希雷加洛（Tresigallo，位于费拉拉省）牧师多米尼科·文森佐·肯迪（Domenico Vincenzo Chendi），在专文论述正确农村生活时，曾在谈到冷切生肉时特别提到爆汤香肠，认为在上帝给犹太人的惩罚中，最严重的无非是“无法吃到这种既美味又有益身心的食物”。

艾米利亚—罗曼尼亚地区的地方风味

第一道

- 各式各样的方形面饺：传统的方形面饺内馅有很多种，如烤肉和帕米森起士、面包屑和蛋、蔬菜（菠菜和甜菜）、加帕米森起士等。至于包面饺用的面皮，并不是一般用面粉和水揉成的面，而是用蛋和面粉制成，一滴水都不可以混进去（参考《意式面食》）。

- 艾米利亚地区也有许多有名的面饺，如博洛尼亚和摩德纳的小面饺（tortellini）、皮亚琴察和帕尔马的小半月饺（agnolini）、雷焦艾米利亚的小帽饺（cappelletti）与费拉拉的南瓜饺。在罗曼尼亚，比较著名的面饺如环形面饺、通心管面（garganelli）、帕沙特里面（passatelli）、卷面（strozzapreti）以及法恩扎的栗馅方饺。艾米利亚的炸面疙瘩。
- 除了包馅的面饺，包了菠菜和瑞可达起士馅的镶馅薄饼（panzerotti alla piacentina）也是皮亚琴察特色菜。
- 以蛋面、肉酱和白酱交迭而成的千层面也是这个地区很普遍的菜色。扁长丝带状的宽面（tagliatelle）可以搭配许多种不同的酱料食用，不过传统吃法是搭配茄汁肉酱，或是一种用奶油和切成小块的火腿炒成的酱汁。绿色的宽面是因为制作时加了菠菜所致。
- 烙饼是此地区的另一种烹饪基本食材。
- 在艾米利亚，人们会制作一种包入帕米森起士、用猪油油炸的炸馅饼（chizze），以及称为半月面包（crescente）的博洛尼亚香草面包（当地人亦称市内马焦雷广场隆起的部分为半月广场［Crescentone］）。在制作半月面包的面团时，除了面粉和冰水以外，也会加入切成小块的猪脂。
- 浓汤：非常浓稠而且同时包含十种鱼在内的海鲜炖汤（brodetto），偶尔也会放入鳗鱼。在以鳗鱼为底的海鲜炖汤中，并不会另外加入油，因为鳗鱼本身就已经富含油脂。腌鳗鱼也很有名（波河三角洲的鳗鱼加工厂大约已有三百年历史），这些鳗鱼会先在冬青栎烧成的炭火上活烤，然后再进行腌制。

第二道

说实话，艾米利亚和罗曼尼亚并没有什么特别值得注意的第二道，了不起就是依城市而异的传统肉类菜色。虽然在艾米利亚的美食金字塔顶端，猪肉格外引人注目，在此地区也能取得猪肉的各种部位，不过在艾米利亚内有个地方（皮亚琴察），人们好食马肉与羊肉更胜于猪肉，马肉有用马绞肉制成的茄汁马肉酱（picula d'caval），羊肉则切成小块用白酒炖煮。帕尔马的特色菜如烤乳鸽，摩德纳则有兔肉。古罗马时期知名剧作家普劳图斯（Plauto）的家乡萨尔希内（Sarsine），则有杜松果炖阉羊。雷焦艾米利亚有火鸡肉饼（pasticcio di tacchino），附近的瓜斯塔拉（Guastalla）则以珠鸡闻名。在整个罗曼尼亚地区，用豌豆和西红柿糊煮成的罗曼尼亚风炖羊肉是非常普遍的地方风味。

在雷焦艾米利亚，人们常常将各种香菜拿来川烫，简单以油和盐调味后食用。拉文纳省的卡索拉瓦尔塞尼奥（Casola Valsenio）有一座占地四公顷、让人惊艳的香草植物园，其内种植了四百种可食用香草，可以说是一座活生生的香草百科全书。雷焦艾米利亚人会用香草作为烙饼的夹料，也会用香草制作香草咸蛋糕（erbazzone）。

白玉草（Silene vulgaris angustifolia）是罗曼尼亚地区最著名的可食用香草；罗曼尼亚人会将白玉草加在肉汤里，搭配手工蛋面食用（这里用的手工蛋面叫作“maltagliati”，指制作蛋面时切剩的不规则状面条）。在弗利省的格雷亚塔（Galeata），每年都会举办白玉草节。

艾米利亚—罗曼尼亚地区的特产

帕米森起士。这种起士的产地自然以帕尔马和雷焦为主。由于它享誉全球，也让同地区内的其他起士相形失色，不过在这些起士中，奇特的深坑起士（formaggio di fossa）特别值得一提。“深坑起士”是索利亚诺鲁比科内（Sogliano al Rubicone）的特产，因为其熟成是在凝灰岩层内的深坑里进行，而且过程中会经过虫噬而闻名。这种罕见起士的历史可以回溯到1486年，那不勒斯国王之子阿拉贡的阿方索（Alfonso d'Aragona）和他所率领的军队，在被法军打败后，向弗利领主杰罗拉莫·里亚里奥（Gerolamo Riario）请求“招待”。里亚里奥提供了庇护，不过随之而生的问题，则是怎么在这种化敌为友的情形下，替这支饥饿的军队提供饮食。因此，当军人们开始搜刮民财时，农民就赶紧把储粮藏了起来。几个月以后，农民发现这些被藏在地洞里熟成的起士，有着绝佳的风味。被封埋在洞穴里的起士，不但脱水情况不如存放在仓库或地窖者，而且精华都会被保存下来，整个沉浸在香味之中，并逐渐转为琥珀色。一般认为，使用时间超过十年以上的地洞才算是一个好的地洞，因为唯有如此，才会有充分的微生物聚集在内，确保起士熟成的质量。

每年8月初，人们会在空荡荡的地洞里烧起麦秆进行消毒，然后再用新鲜麦秆将地洞墙壁覆盖起来。之后，人们会把成形的起士用布包好，在圣母升天节（8月

15 日）当天用垂降的方式放到地洞里存放三个多月，才在圣凯瑟琳纪念日（11 月 25 日）拿出来。在罗曼尼亚地区，选择圣凯瑟琳纪念日作为打开地洞取出起士的日子并非偶然。这里有句俗谚说："圣凯瑟琳日，苍蝇死，蠹鱼入。"这句俗谚实为智慧的果实，一语道出苍蝇在这段期间会进入休眠，产卵在熟成起士的内部，因此最好赶快把起士取出。

艾米利亚的冷盘切肉可以说是意大利国家荣耀的一部分。以猪肉和牛肉制成的波隆纳肉肠，比只用猪肉制作的摩德纳肉肠更为精致。不论是博洛尼亚肉肠或摩德纳肉肠，在制作时都会加入葡萄酒、胡椒、干燥的肉豆蔻种皮、芫荽和大蒜。这种肉肠的内馅在猪肠衣里成形（禁止使用人工肠衣），然后会长时间在摄氏 75—77 度的环境里进行热处理。第一份肉肠食谱是由克里斯托弗·梅希斯布戈提出的。他首先叙述了清理和制作猪肠衣的冗长过程，然后一一列出馅料，再解释如何灌肠：以特定方式用拳头敲打馅料，然后加入一杯红葡萄酒。之后，再把切碎的肉块加入馅料里，还有骶骨肉、经过烧毛处理的猪耳、处理过的猪舌、烤猪脚……

弗朗西斯科·赞布里尼（Francesco Zambrini）在 1863 年出版的《十四世纪食谱》（*Il libro della cucina del sec. XIV: testo di lingua non mai fin qui stampato*）则提出另一种完全不一样的做法：

> 摘下猪肝并用沸水烫熟，之后将猪肝取出并用刀切碎或像干酪一样用刨丝器弄碎。然后准备好墨角兰及其他香草，将它们与胡椒、猪肝和足够的鸡蛋一起在研钵里捣碎至浓稠的程度。然后拿出网油，将分好堆的馅料包覆，并分别在锅里用猪脂煎过；煮熟后将之取出，放到另一个锅子里。拿出包括番红花和胡椒在内的香料以及好酒，加入锅内，让它完全煮开，便可食用。[14]

除了肉肠以外，帕尔马生火腿是另一个举世闻名的特产。帕尔马生火腿只能用在山坡地自由放养的仔猪来制作，具有一种甜美和谐的味道，是独一无二的。在帕尔马附近的兰吉拉诺（Langhirano），有许多专门替这些火腿进行烟熏和盐腌的工坊，让兰吉拉诺获得"生火腿大学"的美称。来自艾米利亚地区其他城市的萨拉米香肠、生火腿和熟火腿都会被运到兰吉拉诺放上一阵子，让它们"醒"一下：在长木屋的干燥环境内一排排吊起来放五个月，之后在移到兰吉拉诺的天然洞穴里熟成，需要的熟成时间则因加工技术而异。

在所有帕尔马生火腿中，尤以齐贝罗特选臀腿生腌肉（Culatello di Zibello）为最。这种生腌肉所使用的部位，是一般生火腿用肉的中心，而且只用十四个月大且只吃乳清、麸皮、玉米和大麦的仔猪。四公斤的特选臀腿生腌肉，需要用上十五公斤的腿肉（肉重会因为修剪、滴油和干燥而流失）。特选臀腿生腌肉的熟成时间为十四个月。根据负责维护产品质量并提供证书的特选臀腿生腌肉联盟，这种生腌肉的加工只能在 10 月到次年 2 月间进行。在这段期间，介于波河和艾米利亚道之间的平原地带，完全被浓雾和寒冷所笼罩，此时期根据古法养殖的成猪，在宰杀后取出的腿肉会呈"梨形"。大约十多天以后，才进行盐腌并"穿整"，也就是穿入肠衣并用绳子绑好，针脚在完成熟成以后，应该要宽松且呈不规则状。特选臀腿生腌肉在地窖里的熟成期，从多雾的冬天延续到潮湿闷热的夏天，并在下一个隆冬，其滋味最丰腴的时期被端到我们的餐桌上。

货真价实手工生产并获得商标的齐贝罗特选臀腿生腌肉，每年市场到货量不超过七千支；其他尚有一万三千支在制作过程中曾使用到机器的产品。这些生腌肉都有原产地保护认证（DOP）。至于在制作特选臀腿生腌肉时修整切下的肉，则会被用来制作另一种称为“马里奥拉”（mariola）的萨拉米香肠。经过长时间熟成的马里奥拉香肠，生食熟食皆可。

皮亚琴察的特产是皮亚琴察腌猪颈（Coppa Piacentina）。它所使用的是紧连猪头的颈部肌肉，而且必须来自体型庞大的帕达纳品种猪。制作过程从盐腌开始，然后将腌好的猪颈肉放入冰箱存放七天，之后进行“按摩”，再用猪的壁腹膜包起来。最后用针线绑紧并在肠衣上刺洞。成品重量不得少于 1.5 公斤。

摩德纳的猪蹄镶肉（zampone）具有地理标志保护认证（IGP）。据信，这种香肠是 1511 年在摩德纳附近一个名为洛卡米兰多拉（Rocca della Mirandola）的小村庄发明的。1511 年，洛卡米兰多拉受到教宗儒略二世的军队包围，村民在不得已的情况下，开始以一些原本从未考虑食用的猪体部位为食。需求所致，村民开始替猪皮、猪腱、猪肝和胸腺加工，不过人们很快就发现，这个产品即使在和平期间也有需求。人们用猪的胸腺、猪肝、猪腱、喉部、猪鼻子和猪皮等部位，长时间和盐、胡椒、肉桂、肉豆蔻及丁香等一起炖煮，最后煮成一团黏呼呼却不引人反感，甚至让人食指大动的猪杂。这猪杂被拿来填入猪蹄内，然后用猪腱缝起来，便可长期存放；食用前必须再次烹煮四小时以上。

猪蹄镶肉的最早文献记录之一出现于 1667 年，美食家文森佐·塔纳拉（Vincenzo Tanara）曾在《庄园居民经济》一书中提道：

> 将整个猪蹄去皮去蹄并去骨以后翻过来，加入盐和胡椒，然后再翻回来，然后迭上一层层猪脂与盐腌肉，一起压紧做成肉肠，这猪肉要用哪种稍后再说，把这肉肠放在通风良好处进行干燥，之后便可随意切下食用；不过，更好吃的其实是在翻整好的猪蹄内填入用盐腌过的猪鼻、猪耳和其他切碎的猪蹄肉，每磅盐可以腌二十五磅的猪杂，其中亦可混入四盎斯磨碎的胡椒；用针线将猪蹄切开处缝合并绑好，用替萨拉米香肠进行干燥的方法处理。

在其他地区，类似的肉馅也会被拿来做成香肠，只不过肠衣不是用猪蹄，而是一般猪肠衣，称为香咸猪肉肠（cotechino）。香咸猪肉肠和猪蹄镶肉所使用的内馅相似，不过外观则大相径庭。不论是香咸猪肉肠或猪蹄镶肉，都是人们在“受苦受难”时发明的，具有历史意义，因而成为具有象征意义的新年菜肴，一般搭配小扁豆食用：肉肠或香肉代表充裕富足，小扁豆象征金钱（由于小扁豆形状与钱币类似之故）。

在罗曼尼亚的地方特产中，还有制作时加入大蒜和葡萄酒的恰瓦洛猪杂肠（ciavarro）、猪油渣（ciccioli）和猪头。此外，也不能忘了圣塞孔德（San Secondo）特产的腌猪肩（spalla cotta）。

此地区最著名的蔬果特产，是风味一流的白芦笋（每年5月的第三个星期天，博洛尼亚附近的马拉尔贝戈［Malalbergo］都会举办白芦笋节）。其他还有阿尔泰多（Altedo）的绿芦笋、维尼奥拉（Vignola）的樱桃、梅迪奇纳（Medicina）的洋葱、布德里奥（Budrio）的马铃薯、整个罗曼尼亚地区的红葱头、皮亚琴察的白蒜，以及里奥堡（Castel del Rio）的栗子。

杰玛盐，指产于切尔维亚周围的海盐。这种海盐的历史悠久，可以回溯到伊特鲁里亚和古希腊时期。即使是现在，其生产仍然几乎完全手工，萃取出的海盐尤其珍贵。主要盐田位于卡密隆内村（Camillone）。

代表性饮料

（干型）气泡红酒兰布鲁斯科（Lambrusco）

1. 帕维尔·穆拉托夫（Pavel Muratov，1881—1950）在离开俄罗斯前往德国、意大利、法国、英格兰，最后在爱尔兰殁世以前，原已是记者与俄罗斯、拜占庭与欧洲艺术史学家。他撰写的《意大利风情》（*Immagini d' Italia*）共三册，于1911年出版。这套书让穆拉托夫在该书初版后一世纪仍闻名于世。

2.《意大利风情》，卷一，第110页。

3. 卡诺萨家族的马蒂尔德（Matilde，1046—1115）在过去的童书与民间传说中是极受欢迎的主角。1077年，亨利教宗格里高利七世（Gregorio VII）在她的城堡中公然羞辱亨利四世（Enrico IV）（因为这个事件，意大利文出现了"andare a Canossa"的谚语，指在敌人面前屈膝受辱以示归顺）。在明智治理北意广大地区以后，马蒂尔德将所有财产捐给天主教会，开启了内乱争战的大门。

4. 这里的葡萄醪其实指芥末蜜饯，在书中出现过很多次。

5. 别称自然也不是意大利城市的专利，巴黎别称花都，伊斯坦丁堡别称金角之都，大马士革别称沙漠之珠，阿伯丁是花岗岩之城，而巴格达自古以来就有和平之都的称呼（不过现在又有谁会相信呢）。

6. "Serenissima"这个字来自拉丁文"serenus"，意思是"晴朗的、清澈的、宁静的"。

7.《一个意大利人的告白》，（*Le confessioni di un italiano*），第606页。

8.《意大利风情》，卷一，第121页。

9. 在中世纪期间，动物的所有部位都会被拿来吃，尤其是头部，更具有一种重要的象征价值，代表力量与控制权。

10. 切鲁比诺·吉拉尔达齐（Cherubino Ghirardacci）的《博洛尼亚历史》（*Storia di Bologna*）所包含的叙述，引自蒙塔纳里《魔法锅》第81至83页。类似的庆典叙述也可见于马由里（Maioli）与罗维尔希（Roversi）合著的《博洛尼亚餐饮文化》（*Civiltà della tavola a Bologna*）。

11.《十日谈》（*Il Decamerone*），第七日的故事七。

12. 帕斯科利，《新诗》（*Nuovi poemetti*），第60—70页。

13. 这里以及接下来概述的沼泽地区居民生活，都摘自布莱克（William Black）所著之《加里波底的吸管面》（*I bucatini di Garibaldi*）第170至180页。

14.《十四世纪食谱》，第73—74页。

illy
ESPRESSO
18 SINGLE SERVINGS
Net Wt. 4.4 oz (125g℮)
La Gazzetta
COMPASS
FABIO CANNAVARO
Capitano,
mio capitano

生活时令

CALENDARIO

1600年2月在罗马鲜花广场上被处以火刑的乔尔丹诺·布鲁诺，写下《圣灰礼仪日的晚餐》（*La cena delle ceneri*，1584）这本支持哥白尼天文学说的作品。为了解这书的意义与意大利人进行哲学对话的特殊方式，我们必须记住，天主教教会之所以会将代表四旬期（Quaresima）[1]第一天的日子称作圣灰礼仪日（mercoledì delle Ceneri），是因为神父会在这一天将圣灰撒在信徒头上（所用的圣灰取自前一年圣枝主日所使用的橄榄树枝），并在撒圣灰时念着："人哪，你要记住，你原来是灰土，将来仍要归于灰土。"这种天主教仪式出自圣经，源远流长，领圣灰象征忏悔，而这天的饮食也必须以简朴为原则。

在布鲁诺的书中，圣灰礼仪日晚餐的场景在一个英格兰人家中，晚餐期间，布鲁诺和宾客们进行了一番以哲学论政为中心的对话。布鲁诺惯于意大利特定传统，在圣灰礼仪日的晚餐餐桌上，人们会在一种和平喜乐却又带点惆怅的气氛中忏悔；然而，英格兰的风俗则大相径庭。英格兰人在四旬期第一天的行为规范，可见于诗人都德莱·诺斯（Dudley North，1581—1666）男爵在《大千世界》（*Forest of Varieties*，1645）一书中的叙述：

> 关于在圣灰礼仪日忏悔与领圣灰的古老仪式，演变至今，在我们的教堂里还会宣读对不愿忏悔者的公开诅咒，而虔诚的信徒会在每个诅咒宣读完毕后重复地说"阿门"。

诺斯男爵还说，许多人在这天会尽量离教堂远一点，以免从自家邻居口中听到诅咒；而在学校里看来不够忧郁可怜的孩子们，则会被同学揪出来打。

我们可以假设，身处英格兰的布鲁诺，可能对于当地人对圣灰礼仪日的概念感到有所抵触，而决定以这一天为名，写下这本以争端为主要议题的作品。以纯意大利观点看待宗教日历的布鲁诺，知道意大利人在代表狂欢节尾声的圣灰礼仪日，尽管仍旧会按照传统设宴享用美味佳肴，不过大体上还是遵照着简朴的规矩，因为这虽然代表着舍弃，却也让人们表现出他们对主的爱，具有强烈的宗教意义。

即使到现在，四旬斋宴的传统还是在某些地方保留了下来，例如拉齐奥地区的格拉多利（Gradoli）。此地的一个兄弟会会花一整年筹办一个餐会，并以“炼狱奉献”的名义募款。募得的部分捐款主要拿来替在炼狱里接受长期煎熬的灵魂提供救赎（见《朝圣之旅》），其余则拿来替“炼狱午餐”采买食物。兄弟会只有男性能参加，女性一直到20世纪50年代起才被允许参加餐会。一般而言，举办四旬斋宴的团体仍然保有古老修会的特点。团体内部会分成好几个小组：第一组人负责煮鱼，第二组煮豆（在格拉多利也因此保有格拉多利品种扁豆的栽植），第三组人则负责煮蛋。尽管所有食材都符合天主教教规以简朴为原则的规范，不过从与宴者的表情来看，却一点都没有忏悔的意思！

如果考虑到意大利这种平和喜乐、渐进式的将信徒导入忏悔周氛围的传统，那么布鲁诺的论述和它所代表的意义，似乎都受到意大利饮食符码所支配。布鲁诺开始从神话和历史中引经据典，他不只想让讲者和读者都处于一个熟悉友善的环境中，也以其他著名且让人印象深刻的背景，来界定出未来饮宴的特殊性质：

> ……这不是为尊崇王权而替诸神之王朱庇特举办的花蜜宴；不是为了人的凄凉悲伤而办的原宴；不是为亚哈随鲁王（Assuero）的宗教奥秘而办；不是卢库鲁斯（Lucullo）为彰显财富而办；不是吕卡翁（Licaone）为渎圣而办；不是梯厄斯忒斯（Tieste）为不幸而办；不是为坦达罗斯（Tantalo）的折磨而办；不是柏拉图为哲学而办；不是第欧根尼（Diogene）为贫穷而办；不是替为小事依附他人者而办；不是波利亚诺（Pogliano）大祭司为贝尔尼（Bernesca）的讥讽而办；不是博尼法西奥（Bonifacio Candelaio）为喜剧而办。这是个如此重要却小规模的宴会，如此像教授却又像学生，如此亵渎却又虔诚，如此欢乐却又愤怒，如此残酷却又和善宜人……

就这样，布鲁诺从对话引言开始，就借着书中主角吃饭之际，一一道出宇宙奥秘与历史典故。之后，似乎在呼应着我们在本书中对《可食用徽章》的反思一样，写下：

> ……像佛罗伦萨人一样地精瘦，却又与博洛尼亚人一样肥胖；如此讥讽却又过分豪华；既微不足道却又必须重视；既庄严肃穆却又滑稽；既悲又喜；我确实相信，你很少会有机会表现出英勇和谦卑；如师如徒；虔诚却又不信

主；又喜又悲；阴沉又快活；轻巧又笨拙；吝啬又慷慨；像粗民又像官吏；诡辩家如亚里士多德（Aristotele），哲学家如毕达哥拉斯（Pitagora），与德谟克利特（Democrito）同欢，和赫拉克利特（Eraclito）同悲……

稍后，宴会的隐喻也延伸到哲学教学的层次：

我想说的是：在你们探索了逍遥学派，和信奉毕氏学说者同桌共食，与追寻斯多亚学派者共饮后，总是还有一些可以从他身上吸取的残存之物，这人咧嘴的笑容如此真挚，笑起来嘴巴几乎要碰到耳朵。事实上，当你把骨头敲破，取出骨髓时，你也会找到让玫瑰圣母堂创办者圣科伦巴（San Colombino）显得道德沦丧的东西，让任何市场里的人吓呆，猴子龇牙咧嘴大笑，打破墓园的寂静……

意大利人热爱传统烹饪所包含的隐喻意象，这一点推了抱持不同看法的布鲁诺一把，让他在天主教传统的范围里表达己见，不过，与其说宗教历法是规定人在某一天内该做些什么，还不如说它规定人们在那天应该吃些什么。

南部人的想法和心态较受宗教传统所影响，对待食物的方式，总是有种冥想沉思的成分在，对日常仪式总是有着重大意义。不论时历史英雄或神话人物，人们都会以某些与食物相关的物品或情景来加以纪念：

你觉得人们为什么一再再地阅读荷马的诗？
也许因为只要一想到这位智者所写的种种，
就能跃身到千里以外的种种惊奇之中？

得了吧！绝对不是这样：
你们知道为什么人们会喜欢特洛伊战争和奥德赛吗？
因为故事里常常讲到吃的；
因为在该时该地出现的尤利西斯等人既是英雄也是好厨子。

因理智而备受尊崇的苏格拉底，
若让他阅读色诺芬（Sonefonte）和柏拉图的《会饮篇》，
你们会看到苏氏在饮宴欢乐中教起哲学来。

圣经里有许多美食：
我们的祖先亚当可以为了一颗苹果乱讲话，
并将食欲带给了人类。
如果他为了一个苹果可以失掉伊甸园，

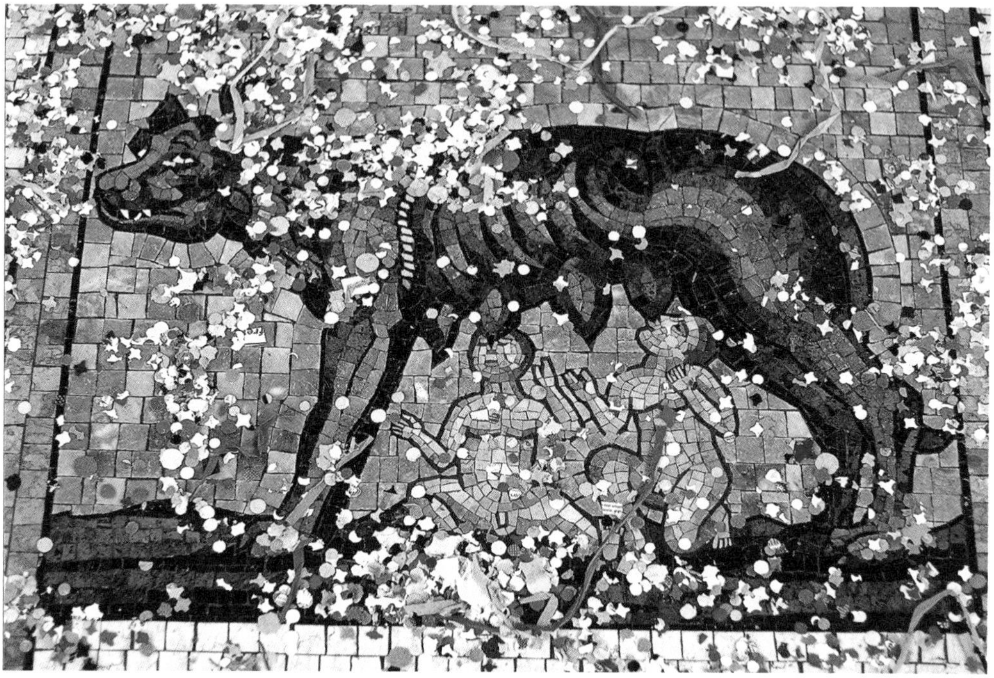

狂欢节——斯卡拉歌剧院到米兰大教堂的路途上，撒满了缤纷的纸片

西西里岛的节庆游行

我们为了一只火鸡又会干出什么事?

上面这首《敬酒》(*Brindisi*,1843)是朱塞佩·朱斯蒂(Giuseppe Giusti)的作品。他的想法既开放又具革命性,这首诗写后来更将神圣和世俗混合在一起,开起教会的玩笑,甚至到了亵渎的程度:

重新阅读从圣经旧约到新约的所有事件,
在各种任务、本分、圣礼、寓言、教规、典范中,
(如果把某些奇迹的部分删掉)
我发现耶稣的神迹都发生在最后的晚餐。
似乎耶稣那超自然意志也对味觉和胃口有所偏好;
就好像宾客恰在迦拿婚礼的高潮将美酒饮尽,
耶稣便用他神奇的力量化水为酒。

最后一个证据,
圣祭礼仪中将面饼献给上主的地方,
若犹太人将之称为约柜、至圣所或圣幕,
基督徒则把它称为祭坛华盖,
而这个字眼其实来自食堂。

[……]因此我们这些相信圣父、圣灵与圣子的信徒,
似乎注定要暴饮暴食,
一直把餐巾放腿上不停地吃;
如果你们觉得我说的都是异端邪说,
那你们听听就算了。

物极必反。这诗最亵渎的地方,大概在于它对既定宗教规范显示出一种令人讶异的坚定信念。更何况,诗里处处都有食物,还对饮食符码的每个细节极其关注,这正代表著作者是个地道的意大利人,是天主教教育的典型产物。

意大利人对北欧人快活嗜杀的生活形态,和布鲁盖尔(Bruegeliana)笔下那种不识斋戒的欢宴,抱持相当怀疑的态度。意大利人并不会激烈地斋戒,而是抱持着适度饮食的态度(参考《地中海饮食》),很讲究而且要求很高,他们谨慎面对生活的富足,大体上是以量来弥补质的不足。因此,墨索里尼领导的法西斯政府会以"一天吃五餐的民族"这个宣传口号,塑造出敌人(英国人)的形象,实非偶然。每天坐上餐桌五次的巨人(早餐、午餐、下午茶、晚餐、宵夜),会让饮食习惯节制的意大利人害怕到直打哆嗦。即使到现在,贪食肉品、牛奶、奶油、啤酒[2]和伏特加的北方人,仍然被以葡萄酒、橄榄油、谷物、豆类和水果为主食的南方人视为异类。

我们还是要再次强调，意大利人饮食态度的主要特征，在于他们将它当成一种持续的追寻。吃什么？（见《原料》）在哪里吃？（见《餐厅》）不同食物怎么搭配？（见《意式面食》）怎么烹煮？（见《步骤》）

而最后一个问题，则是在什么时候该吃什么菜？

有关最后一个问题，总是能在宗教日历上找到答案。这日历形式化也仪式化了意大利人的生活，将一年中的每个日子分成两类，一是禁吃某些食物的日子，一是必须吃某些食物的日子。

让我们从这些禁忌和禁忌所导致的斋戒和禁食说起。无疑地，这些把酒和肉从人民日常生活中除去的禁食活动（根据圣保罗的教诲："你若愿意做完全人，无论是吃肉、是喝酒、是甚么别的事，一概不作才好"），在一开始可以说是一种人口政策，这是由于教会期望能藉此在一定程度内限制自由性行为的缘故。

在拉奇奥地区首都罗马，流传着意大利的神职人员和一般人民如何规避禁忌，以及如何更正确地在不失餐桌乐趣和其他乐事的前提下谨慎遵守规范的各种故事。显然，除了某些僧侣修士以外，意大利人从来就没有严格进行斋戒。在各修会中，最严格禁欲苦行的无非是方济会（创办于 13 世纪初），而在两个世纪以后，则有被法王路易十一视为精神导师的隐修士圣方济保拉（Francesco di Paola，1416—1507）和他的追随者。然而还是要特别说明的是，就全意大利僧侣人数来看，会进行类似斋戒的只是少数人而已，这种严格的斋戒活动其实在欧洲其他国家更加普遍。法国历史学家费尔南·布罗代尔（Fernand Braudel）表示，在法王路易十四（Luigi XIV）在位期间（17 世纪），四旬期期间禁止贩卖肉类、鸡蛋和家禽（只有病人例外，不过病人必须从神父和医生处分别取得两张许可）。然而在意大利，斋戒命令的维护并非由国家政府单位执行，而是由市政府委派特别的执行代表。[3]有些城市立法规定，市民在周五与周六不能吃肉。

为了让人们容易记忆，宗教日历经常请诗人书写成韵文。笔名为"来自圣吉米尼亚诺的福尔戈雷"（Folgore da San Gimignano）的托斯卡纳诗人，[4]在《每周一诗》（*Sonetti de la semana*，1310）里按日写下每周饮食清单："星期三是：野兔、山鹑、野雉、孔雀，和煮熟的小母牛及烤阉鸡……。"而按月份的饮食符码则在《月系列》（*Collana dei mesi*，约 1323 年）里很清楚地交代，在 2 月应该吃鹿肉，在 3 月（四旬期期间）该吃鱼肉和鳗鱼："鳟鱼、鳗鱼、八目鳗和鲑鱼，以及牙鲷、海豚、鲟鱼，和其他种类的海鱼……"

《月系列》在那个时代流传极广，阿列佐的吟游诗人吉他（Cenne della Chitarra，13 至 14 世纪）便曾以滑稽的方式将它改写，收进他的十四行诗系列《论各种麻烦与不适》（*Collana delle noie e di fastidi di vario genere*），描述着每个月都会因为这些规范而遇上什么恼人的事情。在佛罗伦萨市府担任传令员的 14 世纪诗人安东尼奥·普奇（Antonio Pucci，1309—1388）也和吉他同调，写了类似的作品，普奇尽管工作时必须大声朗读官方敕令与法规，不过在闲暇时常用滑稽讽刺的语汇重写这些规定，藉此娱乐大众。普奇的十四行诗，曾经以禁酒、清苦生活、嘉年华饮食、四旬期饮食和复活节饮食等为题，而这些都呼应了吉他以《麻烦》（*Le noie*，约1350年）为题的系列诗篇。普奇在《老市场的特色》（*Le proprietà di Mercato Vecchio*）中，也花了不少篇幅描绘宗教月历所规定的每月饮食限制：

> 在四旬期还有大蒜和洋葱，
> 和欧洲防风草，而再也没肉吃，
> 因为亲爱的教会喜欢这样、想要这样……

那么，根据这些宗教规范，人们每天到底都该吃些什么呢？

基督徒和犹太人都有在复活节吃羊肉的习惯。在基督信仰中，羊肉象征着钉在十字架上的耶稣，而在犹太信仰中，羊肉代表犹太人脱离埃及人的奴役，以及回归上帝应许之地。从犹太人复活节餐桌上传到天主教徒复活节餐桌的，还有各种苦菜，例如利古里亚地区的布永香草总汇，就被拿来当成复活节咸蛋糕的内馅材料。

天主教教会的饮食诫律，基本上自10世纪起迄今保持不变，有些19世纪的饮食传统，很容易就能根据罗马诗人朱塞佩·乔阿切诺·贝利（Giuseppe Gioacchino Belli，1791—1863）这位平民化风格大师的十四行诗来重现，食物显然在他自由且世俗的作品中占了极重要的地位。以下是他以复活节饮宴为题所书写的诗作《神圣的复活节》（*La santa Pasqua*）：

> 复活节到了。你已看到，尼诺：
> 桌上已有各种装饰，
> 有圣母玛莉亚草、罗马薄荷、
> 鼠尾草、墨角兰、紫萝兰和迷迭香。
>
> 早在上周就已备妥
> 十个酒瓶和一桶好酒，
> 感谢上主，炉子正冒着烟，
> 准备着基督庆典的到来。
>
> 基督复活了，普天同庆！
> 在这一天不必锱铢计较，
> 也不用替烦恼伤神。
>
> 清汤、蛋、萨拉米、英式汤、
> 朝鲜蓟、各式谷物和其他等等，
> 荣耀尽归于神圣教会。

复活节的羔羊蛋糕 / 西西里岛

撒丁岛的复活节面包

贝利笔下在复活节餐桌上用作装饰的香草，显然是犹太人复活节仪式的痕迹，被基督徒接收并重新制定。顺道一提的是，原本是节庆饮宴主角的复活节浓汤，也有另一个名称，叫作罗马风味滑蛋汤（stracciatella alla romana）。人们只会在复活节这种最庄严神圣、最值得庆祝的节庆，才会准备这种浓汤；材料需要用到牛肉、羊肉、蛋黄、柠檬、新鲜的墨角兰叶、面包及佩科里诺起士。在每个盘子里，都会放上烤面包和新鲜的墨角兰，淋上加入鸡蛋调味的肉高汤，然后撒上磨碎的硬质起士，而且以羊奶起士居多。将蛋黄放在碗里并加入柠檬汁用木匙打散，然后在蛋液里淋上浓缩高汤，这高汤的温度不能太烫，以免蛋液马上凝结，使这道风味绝佳且质地均匀滑嫩的汤品变成一盘飘着煮熟蛋白丝的蛋花汤。千万不要将这道汤品和其他加了蛋、西红柿或粗面粉的蛋花汤搞混了，而著名的"英国汤"（zuppa inglese）指的其实是一道甜点，是将海绵蛋糕浸在朗姆酒再加上蛋黄酱和巧克力制成。

天主教的复活节其实与古罗马时期的两个节庆有关。第一个是庆祝春分的"密涅瓦节"，第二个是每年 2 月为送走冬天而举办的牧神节。在牧神节期间，有一天（称为净化日或赎罪日）会宰杀羊只并举行特别仪式。时至今日，羔羊和羊肉仍是复活节餐桌上不可或缺的菜肴，而在一般称为"小复活节"的复活节次日，人们会按习俗出外踏青，好比绕着帕拉蒂尼山（Colle Palatino）跑步或沿着圣道上来回跑步一样。复活节次日的传统也与耶稣复活之日有关，因为耶稣在距离耶路撒冷数公里距离的伊姆瓦斯（Emmaus），向两个正步行前往伊姆瓦斯的门徒显现，于是为了纪念这两位使徒的旅程，复活节次日通常会去郊外踏青，或是到城外野餐。意大利家庭在复活节次日通常会蜂拥出城，在户外、山上、山丘或乡野间度过一整天，在"复活节篮子"装着烤肉野餐，和亲朋好友一同度过。

复活节甜点是鸽子蛋糕（colomba），其面团和圣诞节期间的圣诞面包很相似，只不过里头不放葡萄干，而且制作成鸟的形状。据说这种甜点由意大利伦巴底王国开国者阿尔博因（Alboino）的宫廷厨师所发明，这位阿尔博因为让妻子萝丝蒙达（Rosmunda）用岳父格皮特国王库尼蒙多（Cunimondo）的头骨喝酒，最后被萝丝蒙达毒死。阿尔博因决定攻占帕维亚，围城三年，最后帕维亚人因为饥饿难耐而投降。之后，他将这备受战火摧残的城市立为首都，宣布为了庆祝 572 年的复活节，将推出一种鸽子形状的复活节美食，藉此象征和平。这是意大利北部对于这种甜点来源的传说（和阿尔博因这种冷血角色似乎显得很不协调），至于为何是鸽子形或鸟形，主要在于它们不但象征着春天也代表圣灵，而这种象征意义很早就存在于诸多文化的春祭之中，其中也包括斯拉夫文化在内（斯拉夫人会烹煮云雀形状的小面包）。

蛋也是复活节的象征，而且上面常有繁复的装饰，这就跟世界上许多国家和宗教用蛋来象征春分一样，用它来影射太阳，以及重生。光是 2006 年复活节期间，意大利人就消耗了三亿六千五百万颗蛋（根据全国家禽养殖协会的资料）。

在过去，日常生活尚且受到传统规范时，复活节之后的周日，亦即救主慈悲主日，离开原生家庭的已婚妇女，都要回到原生家庭吃一顿饶富象征意义的午餐。根据最早的记录，这顿传统午餐的菜单以高汤和水煮肉为主，几乎就让人联想到孩童时期，重现了早已被人遗忘的过往日常生活。

每年的圣马可节（4 月 25 日）威尼斯人只吃豌豆煨饭：豌豆象征着大自然最初生的果实。在圣彼得日（6 月 29 日），全意大利都会以吃鱼的方式来纪念原为渔夫的圣彼得。威尼斯的救世主节在每年 7 月的第三个周六，人们会吃海蜗牛和经过盐腌、油炸和酱渍的醋渍沙丁鱼。11 月 21 日的安康圣母节，威尼斯会举办活动欢庆纪念 1630 年的历史事件，因为该年造成欧洲半数人口死亡的瘟疫，并没有传到水都；在这一天，人们会吃经过日晒风干和烟熏处理的阉鸡，藉此纪念那个威尼斯人只吃这种烟熏阉鸡的时代，天知道他们为了避开与外界的接触，以免染上瘟疫，到底靠这些肉活了多久。

11 月 1 日，全意大利都会庆祝诸圣节，隔天则为诸灵节。在 20 世纪的最后十年，美国的万圣节也被刻意引进意大利，不过完全属于商业炒作行为。不论在诸圣节或诸灵节，都必须吃蚕豆，因为它象征着与另一个世界的连接。在许多民族的神话故事中，蚕豆被认为是一种具有超自然力量的东西：发芽的蚕豆长出直达云霄的巨大枝干，或是能实现故事主角愿望的魔豆。毕达哥拉斯对蚕豆几乎抱持着一种畏惧的态度，为了它们牺牲了自己的生命：他原本可以免于饿死的命运，却因为拒绝吃豆而丧命。古罗马诗人贺拉斯曾经这么写着：

> 我何时才能坐在一盘蚕豆前，
> 那些被毕达哥拉斯视为至亲的豆子，
> 和许许多多用猪脂调味的蔬菜？[5]

毕达哥拉斯派的信徒可能将蚕豆视为崇敬的对象，认为它是亡者灵魂的庇护所。老普林尼（Plinio）也抱持相同的看法。[6] 在欧洲的民间传说中，蚕豆被赋予永生或蔑视死亡的意义，这也许因为蚕豆在种植时埋在土里，并且在土里获得生命力并蓬勃生长，因此蚕豆在民间传说中也有第二种意义，代表着男性的生殖力。在举行仪式时，意大利人会吃蚕豆泥，也会吃用蚕豆做成的甜点。

至于万圣节用的南瓜，文具店和玩具店等的橱窗装饰，都一定会用到（因为这样子才跟着上流行）。不过从美食的角度来看，这种南瓜大概不会在节庆餐桌上挣到一个位子，就跟万圣节不会在意大利文化里生根，是一样的道理。

无论如何，万圣节的来由，也是为了在 10 月底 11 月初这段意大利人纪念诸圣诸灵的时间庆祝鬼节。意大利人的纪念方式之一，是烹煮并购买一种称为“鬼面包”的香料面包（里面用了巧克力、松子、葡萄干、果酱、鲜奶油等）。栗米面包或小米面包是一种甜饼，原本也是献给死者的仪式用食物（目前已经不用小米，完全用玉米来制作）。小米跟蚕豆一样，在巫术信仰中有着特殊的角色，不过，蚕豆象征的是与死者和阴间的联系，小米则代表醒悟与对未来喜乐的希望。人们必须在圣乔治节（4 月 24 日）吃小米面包，藉此祈求丰收。

11 月 11 日的圣马丁节，是雇主、地主和劳工及租赁者之间合约到期的日子（因此租赁者必须迁出，所以直译为“过圣马丁节”［fare sanmartino］的这句俗谚，在意大利部份地区就是搬家的意思），也是收成中协议的部分从一个所有人过渡给另一个所有人的时候，全意大利都会举办饮宴欢庆，在乡间尤其如此。人们在这一天会取出深坑起士，有可能的话也会重现古老的农村仪式。

至于圣诞节，根据饮食传统，餐桌上出现的应该是能让人回想起贫困生活与过往的菜肴，同时也要重新营造出伯利恒山洞那传播福音的简朴精神。人们在圣诞节会准备各式各样的高汤与蔬菜汤，以及水煮肉。

圣诞节前夕通常是从子夜弥撒结束以后开始（对比较虔诚的家庭而言），要不就是指人们坐上桌等待午夜到来的那段期间（对大部分意大利人而言）。这是整个圣诞节最让人感到诚心挚情的时刻，家人与来自远近的亲戚相聚一堂，一同等待子夜弥撒。圣诞节前夕当晚的菜色因地而异，不过罗马人和威尼斯人在圣诞节前夕吃得比较多，而且人们此时吃的是上帝恩赐的食物，认为上帝在圣诞节会赐给每个意大利家庭他们应受之物。在意大利，人们会在圣诞节将食用礼品分送给诸亲好友或是在过去曾帮过忙的恩人，尤其是个借机表达谢意的场合。在阅读罗马诗人朱塞佩·乔阿切诺·贝利的十四行诗《圣诞前夕》（*La vigija de Natale*）时，就可以看到在这个时节人们会看到什么样的豪华景象：

乌斯塔丘，在圣诞前夕
到某些高级教士或主教的大门边等着
你会看到下面的阵仗。

先是一箱的牛轧糖，
然后是一桶鱼子酱，
之后之牛肉、鸡肉与
阉鸡
和一壶美酒。

接下来有火鸡，然后是
羔羊
甜橄榄和弗亚诺的鱼，
油、鲔鱼和科玛基奥的鳗鱼。

总之，一直到夜晚，
亲爱的乌斯塔丘，你会慢慢发现，
罗马人民有多么虔诚。

圣诞节蛋糕

圣诞水果面包

12月25日的餐桌会摆满了这些来自各送礼者的美馔，不过除了这些临时出现的菜肴以外，还有一些必须出现的菜色：意式汤饺或填了肉馅的面食、放了葡萄干的甜点、蜂蜜以及核桃，尤其是诗里提到的意式牛轧糖。

然而在威尼斯和罗马以外的地方，尤其是意大利南部地区，圣诞节前夕通常是遵守禁食斋戒的规定。举例来说，在普里亚地区的乔亚德尔科勒（Gioia del Colle），人们在12月24日子夜以前，根据传统不能坐上餐桌，亲朋好友会互相拜访交换礼物，在忍耐饥饿折磨的同时，等待着子夜弥撒的到来。

时至今日，天主教的斋戒规范已经比以前减少了许多，信徒只要在四旬期期间的周五吃得简朴些或是禁食，并且在参加圣餐仪式前一个小时不要吃东西即可。不过在古时，信徒每周都必须参加圣餐仪式，而禁食意味着从早上睁眼的那一刻起就完全禁欲，周六就成了每周最难过的一日。每周周六，直到晚上的“周日”弥撒为止（从宗教的角度来说，周日从周六晚上开始，这跟犹太人的周六从周五晚上算起，是一样的道理），没有人可以把食物放进嘴里。民间诗歌和乔阿切诺·贝利模仿民间诗歌所写下的十四行诗，都描述了许多与周六有关的折磨：人们努力忍耐，等待着日落与晚上的弥撒，之后终于可以吃上一大碗酱百叶，然后享受各种生命中的乐事，在女人和烟草之间度过接下来的时间：

我的妈呀——喔——妈呀，
帮我拿床头的烟斗
也顺便给我个硬币。
—这硬币，拿去，你要干嘛？

—与你何干？
你只要照我说的做就好，
他妈的别来烦我。
—至少跟我说这么晚了你要去哪。

—随我高兴。—啊，尼诺！—你又开始了。
—不过，儿子啊！—好啦，我要去吃百叶。
—跟谁？—你管我跟谁去。

—喔，你要去找你那姘头……
—好了，你到底给不给我这硬币和烟斗？
—拿去。你啥时回来？—晚安。

牛肚仅管不属于素食，却被当作是一种介于奢宴和斋戒之间的中庸食物。古罗马人在周六准备的牛肚尤其有名，如贝利以《安息日》（sabbatico）为名的十四行诗中所提及者，又如用了洋葱、芹菜和红萝卜等材料的米兰牛肚汤（busecca），不过罗马人的做法多加了薄荷。在准备这道菜的时候，牛肚必须炖煮五小时，而且过程中得不断地捞除表面浮末和油脂。

除夕夜举办的新年大餐，菜单像极了一种为求和解而举办的仪式或一种爱情灵药。在这个晚上会吃到的东西，都得要能促人实现愿望。因此，菜单上就出现了小扁豆（象征钱币）和猪蹄镶肉或香咸猪肉肠。几世纪以前，类似的肉冻让意大利人在战争和荒年期间免受饥饿所苦，所以肉冻就有了象征丰收的意义，小扁豆代表财富，两者都成了节庆餐桌上最具有象征意义的菜肴。讲到丰收，为了要让它能持续一整年，桌上必须放上新鲜水果，藉此画龙点睛地将宴会幻化为夏季或秋季的飨宴。在过去，要替新年大餐取得新鲜水果并不容易，人们从秋天就开始将葡萄当宝贝一样地吊挂在阁楼椽条上保存，留到新年大餐时端出来享用。

利古里亚地区有一种钱币状的面，是专门在新年时吃的；这种面是片状的，目前的制作方式是将一片片的面用木制印章手工盖过，然而在过去，盖印时使用的是货真价实的西班牙金币。这种面被称为小十字扁圆面（corzetti）。在意大利北部，人们会在新年互相赠送类似的钱币和用金色包装纸包起来的金币巧克力。

到了 1 月 17 日，人们会庆祝圣安东尼节（Sant'Antonio Abate）。生活在公元 3 至 4 世纪的圣安东尼深受麦角症所苦，时至今日，当人们感染带状疱疹（在意大利文里称为“圣安东尼之火”［il fuoco di sant'Antonio］）时，就会祈求圣安东尼降福。活了一百零六岁的圣安东尼只吃面包和盐，他在沙漠里遁世隐居，与恶魔缠斗并保护家畜。圣安东尼因为用了受麦角菌感染的麦子所磨成的面粉做面包，感染了麦角症。在每年 1 月 17 日，人们会按传统烹煮乳猪（一般在描绘圣安东尼时，都会在圣人身旁画上一只倚在罩袍边缘的小猪）。然而，很重要的一点是，圣安东尼节的乳猪不能独自享用，得邀请穷苦人家一起分享，或是碰也不碰，直接整只送给穷人。

每年在葡萄收成时，人们都会按仪式烹煮炖羊肉，因为酒神狄奥尼索斯曾化身为羊，人们相信吃羊肉能让葡萄酒的质量更佳。在刚开始采收橄榄时，炖干鳕（布里达）是绝对不能少的佳肴；在圣雷莫和利古里亚地区其他盛产橄榄的城市（萨沃纳、因佩里亚、朋嫩特海岸、莱万特海岸），在开始榨橄榄油的头几天，都必须要吃这道炖干鳕。不论在何处，这道菜都得用当季初榨的橄榄油调味，这种油有些混浊，带绿色，口感略带苦味。

在嘉年华期间，人们不论到哪都在吃，不过嘉年华的吃法并不是大分量的吃，而是这边吃一点那边沾一些的吃法。因此，这段期间人们爱吃小萨拉米香肠和油炸甜点，大部分食物都是高热量而且可以快速吃掉的食物，边享受边等待着随之而来的四旬期斋戒。在威内托地区和弗留利地区，嘉年华的一种炸薄片甜点叫作“克罗斯托里”（crostoli），同样的东西在威尼斯称为“嘎拉尼”，在托斯卡纳地区是“钱奇”（cenci），在皮埃蒙特地区和利古里亚地区是“布吉耶”（bugie），在其他北部地区叫作“斯特拉齐”（stracci），到了南部则成了“弗拉佩”（frappe）；在马尔凯地区，这种甜点用栗粉制成，在西西里地区则将它做成筒状并填入用瑞可达起士制成的甜馅，做成美味的甜酥奶酪卷。在佩萨罗，嘉年华期间的点心则是炸饭团。

1. 编按：亦称大斋期、大斋节期或预苦期，由大斋首日（圣灰礼仪日）开始至复活节前日止共四十天（不计六个主日）。教徒以斋戒、施舍、刻苦等方式补偿自身的罪恶，准备庆祝耶稣基督由死刑复活的神迹。

2. “谁让那脏污的麦酒碰到嘴唇，将不久人世，或很少活到老年……” —— 托斯卡纳秕糠学会会士、诗人兼医生弗朗切斯科·雷迪（Francesco Redi，1626—1698）的伪医学观察。

3. 知名学者艾利斯·奥里戈（Iris Origo）曾在《普拉多商人弗朗切斯科·迪马可·达提尼》（*Il mercante di Prato: Francesco di Marco Datini*）一书中有关中世纪日常生活饮食的章节，发表精彩的分析陈述。

4. 原名为贾科莫·迪米凯勒（Gaicomo di Michele）或雅各布·迪米凯勒（Jacopo di Michele），约在 1270—1332 年。

5.《讽刺诗集》（*Satire*），第一卷第六首。

6.《自然史》，第十八卷，第 118 页。

LEATHER LUCA FACTORY
1966
Firenze
Gruppo GIORGIO

9 TOSCANA 托斯卡纳地区

不论古今，只要是曾在意大利进行过大旅行（Grand Tour，又译做修业旅行）的人，都会对托斯卡纳的美景赞不绝口。壮游这个词汇，最初出现在17世纪理查·拉塞尔斯（Richard Lassels）所作的《意大利之旅》（*The Voyage of Italy* 或 *A Complete Journey through Italy*），不过其雏形早在16世纪便已存在，我们可以从法国作家蒙田（Michel de Montaigne）的评论略知一二。在18与19世纪期间，到意大利旅游，欣赏古罗马时期和文艺复兴时期艺术作品，也就是进行壮游，是当时正规教育中非常重要的一个阶段。1738年和1748年，埃尔科拉诺（Ercolano）和庞贝（Pompei）的古迹分别开挖，而在1764年，这些古罗马城市就已出现在艺术史家温克尔曼（Johann Joachim Winkelmann）的《古代艺术史》（*Storia dell'arte antica*）中。壮游的主要目的，在于参观罗马、西西里、那不勒斯周围的古迹，并欣赏佛罗伦萨和威尼斯的文艺复兴时期艺术，而托斯卡纳恰巧落在这条道路的中间位置，是游人必经之地，不过无论如何，人们在经过时总是会为它所着迷。

让我们来看看狄更斯的记述：

> 回到比萨并雇用了一位品格良好的车夫和他的四匹马，这马车在穿过托斯卡纳的友善小镇和赏心悦目的美景以后，将会带我们到罗马。[1]

邻近托斯卡纳的罗曼尼亚为教皇国领土，是从贫穷萧条的地区，人民终年生活在穷困悲惨的生活中，无法享有表达自由，意志受到箝制，当旅人从罗曼尼亚进到托斯卡纳时，则会注意到完全相反的情形，自由人如何能有效率地发挥创意，这景象甚至体现在整个地区的景观上。歌德曾写道：

大体上，人们都会被托斯卡纳地区公共艺术、街道和桥梁的美观宏伟打动。所有东西都既兼容并蓄又整洁，试着结合实用性、可用性和典雅特质，不论走到哪里，都会感受到轻快活泼的氛围。然而，教皇国尚且存在的原因，似乎只是因为大地不想要将它吞噬。[2]

旅人从亚平宁山脉下到托斯卡纳时会看到，即使是天空也开始呈现地中海地区的神奇色彩，眼前出现了画家杜奇奥·达波宁塞尼亚（Duccio da Boninsegna）、皮耶特罗·洛伦泽蒂（Pietro Lorenzetti）、巴尔托洛·狄弗雷迪（Bartolo di Fredi）、桑诺·迪皮耶特罗（Sano di Pietro）与乔万尼·迪保罗（Giovanni di Paolo）等人笔下的景色。和缓的山丘被分割成许许多多几何形状的耕地和葡萄园，在田野、酒庄、油坊、磨坊、箍桶工坊和陶器店之间的大自然，因为人类的智慧与辛勤劳动而更显尊贵。富裕和受过良好教育的市民们，更是将他们的乡间庄园当成艺术品一样地来装饰。

第一本提到乡村与城市文化交流的著作，是文森佐·塔纳拉的《庄园居民经济》（1644）和马可·拉斯特里（Marco Lastri）的《庄园业主与农民之利益规范》（*Regole per i padroni dei poderi verso i contadini per proprio vantaggio e di loro*），以及另一本《农民保健通知集》（*Aggiuntavi Una raccolta di avvisi ai Contadini Sulla Loro Salute*，1793）。在意大利，尤其是18世纪启蒙时期，农业相关知识在贵族与上流社会相当普及。有关这点，法国作家司汤达就曾写过一件1816年10月在米兰发生的趣事：

两天前，这些美丽房屋的屋主之一，晚上睡不着觉，早上五点从拱廊穿过时，一阵热雨淋下。突然间，他看到一位俊美青年从一楼的一个小门蹿出来，而且还是他的一个熟人。他马上意会到，这位青年在屋里过了夜。由于这位青年热爱农业，这戴了绿帽的屋主以等待雨停为借口，陪着这位青年在拱廊来来回回，连着两小时不停地讨论农业。将近八点时，由于雨一直不停，他终究还是被这位青年请上楼休息。[3]

这种以农业为题的对话也会发生在其他场合。众学者们穷毕生之力替农民和农学家制定规则，其中一位好学不倦、健健康康活到八十岁高龄的学者马可·拉斯特里（1731—1811），就曾出版几本很有用的手册，包括《播种日历》（*Calendario del seminatore*，1793）、《翻土日历》（*Calendario del vangatore*，1793）和前面曾提到的《庄园业主与农民之利益规范》（1793），以及《一位吉奥戈菲利学者的农业讲座》（*il Corso di agricoltura di un accademico georgofilo autore della Biblioteca georgica*，共5卷，1801—1803）。

像是马可·拉斯特里之类的爱好者和研究者，为什么会有机会在1753年齐聚佛罗伦萨，针对他们的科学活动进行经验交换、讨论与评论，则是因为拉特兰法政牧师乌巴尔多·蒙泰拉蒂奇（Ubaldo Montelatici）在该年创立吉奥戈菲利学院（Accademia dei Georgofili）之故。这间学院是欧洲第一间聚集了“能改善农业的脑袋”的机构。这些学者聚在一起的目的，是为了进行实验与观察，以改善“能带来利益的托斯卡纳栽植艺术”，当这些成果从城市传播到农村地区加以实践，并扩大到居民和能够灵活运用这些知识的农民身上的时候，也就代表了农学理论的落实。

在讲到托斯卡纳人的时候，普雷佐里尼（Giuseppe Prezzolini）曾说：

> 这是世界上文明最开化的一群人；他们的文化渗透到道德与思想之中，除非用风俗习惯或语言为标准，否则很难以界定出什么是托斯卡纳人。要了解他们，必须从格言、谚语、诗篇韵文、响应、小名或评论等地方来观察，你可以从这些地方听到点点滴滴的常识，都是经过数世纪累积筛选的智慧。除了少数例外以外，大部分农民都具有罕见且高度的人道素养与深度。[4]

司汤达也赞成普雷佐里尼的观点，说：

> 托斯卡纳农民很特别；这些村民大概是欧洲社会中最有礼貌的；和城市居民相较之下，我比较喜欢这些农民。[5]

至于俄国作家帕维尔·穆拉托夫，则是这么描写托斯卡纳的城市与乡村生活的：

> 在这里，人会一直注意到乡村近在咫尺……在这里，人们很容易感受到季节的交替与农务和农村生活的轮替，同时也很容易察觉到节庆与市集日——街道比较拥挤，小餐馆的午餐菜单会多一道选择。每到此时，前往瞻仰米开朗基罗（Michelangelo）打造之梅迪奇家族墓的人潮，就会圣洛伦佐广场上皮肤黝黑的农民们混在一起，这些农民们刚把蔬菜货品运到邻近的市集，正在黑旗队乔万尼大理石雕像附近的摊贩采购。[6]

托斯卡纳的种种，都有着简单、明确、充满活力和坦率的特质，并且带着那么一点无伤大雅的讽刺意味，只要从某些菜名来思考，例如托斯卡纳人将稠到连汤匙都可以站起来的浓汤称为“煮好的水”（acqua cotta），就可以理解这些特质。这里的人们似乎精力充沛且身体健康，完全没有受到城市的污染，满身的热情与幽默。人的情绪和手势都一目了然，在日常生活中完全不见威尼斯人或都灵人的客套与手腕。海涅（Heine）就曾注意到托斯卡纳人和威尼斯人心理的差异，并写在《慕尼黑到热纳亚旅行记》（*Viaggio da Monaco a Genova*）第二十八章：“因此，我稍后得以在阿诺河畔了解到佛罗伦萨人正式务实且充满活力的作风，也在圣马可广场见识到威尼斯人色彩缤纷的写实主义与流于空想的肤浅态度……”[7]

当我们回顾中世纪晚期的历史，会发现此地区城市里各有一半的支持圭尔夫派（支持教宗）和吉伯林派（支持神圣罗马帝国皇帝）。不过即使在单一党派里也发生了同样泾渭分明的两极景象，圭尔夫派分成黑派和白派，吉伯林派又分成大吉伯林和小吉伯林。至于个人选择，则以所参加的社会团体、城区与村落为根据。

强烈的个人主义，很自然会导致严重的人际关系对立，世界上大概也很难找到

地域主义跟托斯卡纳一样发达的地方。比萨人痛恨利沃诺（Livorno）人和佛罗伦萨人，佛罗伦萨人痛恨锡耶纳人；格罗塞托（Grosseto）与佛罗伦萨为敌，利沃诺以挖苦比萨的损失而活，更是津津有味地揶揄着比萨塔倾斜的事实。要在其他地方找到这种完全无法脱离恶意、讥讽、意识形态争论和争斗的地域主义，也并不容易。这也会让我们想起政治的不可化约性，以及但丁因此面临的痛苦命运。在意大利要找到另一个这么懂得诅咒人的地方大概很困难，就整个意大利而言，托斯卡纳地区脏话的程度可说是名列前茅，几乎是其他地区无可比拟的。

在莎士比亚的作品中，常以街坊城区之间无法化解的世仇为背景，而锡耶纳赛马会（Palio di Siena）就会让人联想到这样的情节。意大利文中的"Palio"一字，亦指颁给赛马会优胜者作为奖品的圣母肖像旗帜，自 12 世纪起，每年在该市康波广场（Piazza del Campo）举办两场著名的赛马会，第一场是每年 7 月 2 日为纪念曾在普罗文扎诺广场显灵的圣母（Madonna di Provenzano）而办，而在 8 月 16 日举办的第二场则是为了纪念圣母升天。锡耶纳自 17 世纪起就分成 17 个城区，每次赛马会都由这 17 个城区抽出 10 个参加（根据 1719 年的一项法令）。在很久以前，赛马会原本有超过 50 个相互为敌的城区派队参加抽签，不过到了 17 世纪末，因为兼并与合并的缘故，只剩下 17 个。每个城区都有自己的颜色、赞歌、旗帜和区徽，包括老鹰、毛毛虫、蜗牛、猫头鹰、长颈鹿、豪猪、独角兽、龙、母狼、扇贝、鹅、波浪、黑豹、森林、乌龟、塔、公羊。每到赛马会，市区里到处都会摆上桌子，邀请所有锡耶纳居民和宾客加入餐宴，同时也会替参加赛马的马匹准备特殊的粮草。在原本有很多屠夫居住的鹅区，在赛马会时期会特别烹煮牛肉菜肴，而到了塔区则以猪肉菜肴为主，老鹰区则是黑松露炖饭。

托斯卡纳烹饪简单朴素的特色，会让人想起古罗马时期的军旅生活。这里的宴会通常忽略各种仪式的繁文缛节，也许是因为在托斯卡纳地区的历史中，很少出现什么专制政体、王室密党、按辈分分配席位与宫廷礼仪等诸如此类的事情。托斯卡纳菜肴的做法都很简单，让人不用浪费太多时间，尝试混合各种材料的可能性——尽管最后的下场可能是跑到街上吃厚片面包。"根芹菜、蚕豆和肉干、老面包、苹果和梨子、三月起士和一点能将起士的辛辣味综合掉的小酒，就是简单朴实的一餐。"[8]

做法简单名字却不太好听的恶魔鸡（pollo alla diavola），是位于吉安地（Chianti）山丘上的因普鲁内塔（Impruneta）最引以为傲的象征。每年 10 月 18 日纪念当地主保圣人的圣路卡节，当地人都会吃这道菜。在皮斯托亚（Pistoia），人们会在市集日烹煮烤歌鸫、猪里脊和猪脂烤蒜。

然而，尽管托斯卡纳乡村菜简朴不花俏，在食材质量和做法上却也很要求，食材搭配的规则更是非常严谨。在这里，人们主要以明火来烹饪，每种食物所使用的木材都不一样，而每种木材都有不同的芳香与燃烧方式（大火、小火）。厚度不高的面饼（schiacciata）必须在榛树枝烧出来的火上烘焙，熏肉必须用山毛榉木材，烤东西必须用橄榄木，烤面包得用橡木。海岸松、金合欢和栗树等，不适合用来烹饪，而莓实树则适合用来烹煮任何食物。

按受欢迎程度而论，炭烤是托斯卡纳地区次受欢迎的烹饪方式。不论是什么东西，从佛罗伦萨丁骨牛排到牛肝菌菇的蕈帽，从塞了猪脂的野味到从亚诺河钓上的鳗鱼，都可以被托斯卡纳人拿到炭火烤架上烤来吃。

事实上，鳗鱼并不是多沼泽地的威尼斯和罗曼尼亚地区的专利，虽然科玛基奥的鳗鱼比较有名，它们在托斯卡纳的亲戚也不错，甚至让托斯卡纳地区著名的讽刺诗人弗朗切斯科·贝尔尼（Francesco Berni）为它写下了一篇诗作。不论是什么主题，贝尔尼都可以拿来嘲弄一番，其中也包括《热恋的罗兰》（Orlando Innamorato）在内，不过当他以鳗鱼为诗时，却是一本正经：

若我有成千上万的舌头
而且全身就只有嘴、唇和牙齿，
也无法说尽赞美鳗鱼之词，
我的所有亲戚也是如此，
不论是曾经、已经和即将出现的，
我指的是未来、过去和现在的亲戚。

托斯卡纳人喜爱各式各样从田里直接摘采、送上桌时还很鲜脆的新鲜香草。有关此地区的众多香草，普林尼曾费心记述下它们的自然史。记录中也提到，托斯卡纳地区的鱼也能享受到药草疗效，为了让池塘里的鱼保持健康，人们会将切碎的欧芹撒在池塘里。

在中世纪与文艺复兴时期，以医药为专长的比萨大学，会替医师和厨子挑选药草（比萨大学成立的证据为1281年从那不勒斯前往比萨教授医学的医药艺术与外科艺术博士，如米凯勒·班迪尼［Michele Bandini］、恩里科·班迪尼［Enrico Bandini］，以及大师托辛戈［maestro Tosingo］）。佛罗伦萨僭主科西莫·德·梅迪奇（Cosimo de'Medici）显然不愿佛罗伦萨落居于后，紧急召来比萨植物园园长路卡·吉尼（Luca Ghini）。因此，在佛罗伦萨领导人的命令与工程师尼可洛·佩里科利（Niccolò Pericoli）的协助下，佛罗伦萨植物园于焉创立。到了1753年，植物园甚至交由吉奥戈菲利学院管理。

以各种香草为基本食材的菜色，主要调味料自然是橄榄油。托斯卡纳的橄榄油自古便被视为极品，而且一直以来就名声不坠。管理托斯卡纳地区的梅迪奇家族，要求地主每年都要在橄榄园里种植一二或三棵橄榄树。试着想想，橄榄树的树龄可高达四百年以上，即使到现在，当我们使用托斯卡纳橄榄油时，我们都还享受着与梅迪奇时代的成果，能够吃到法兰托优（Frantoio）、雷奇诺（Leccino）、莫拉优洛（Moraiolo）和潘朵林诺（Pendolino）等品种的橄榄。

托斯卡纳油醋生蔬（pinzimonio）世界闻名，以当地人喜欢的蔬菜沾着橄榄油食用。这托斯卡纳油醋生蔬会让人联想到皮埃蒙特地区的香蒜鳀鱼热沾酱，不过两者的差别，在于前者的橄榄油不需加热到几乎沸腾的地步，而是在冷油里加入醋、黑胡椒和盐里搅拌均匀。这个油醋酱会直接被端上桌，人们则拿起桌上已切块的蔬菜沾着吃，蔬菜种类包罗万象，如朝鲜蓟、西红柿、芹菜、细香葱、生芦笋、红萝卜、甜椒、樱桃萝卜和比利时苦苣。罗马和拉奇奥地区的美食传统中，也有类似的菜肴，不过在那里被称为“cazzimperio”。

托斯卡尼地区的烹饪，完全与邻居艾米利亚—罗马涅区—罗曼尼亚地区相反。如果邻居喜欢繁复的做法，托斯卡纳则喜欢生食，要不就是只在火上稍微烫过即可，不用猪脂，不填馅料，不加香料，只会偶尔撒上一点点黑胡椒，而且常常连盐也不加。托斯卡纳地区的面包在制作时不放盐，佛罗伦萨丁骨牛排也只会用橄榄油调味。受到放逐的但丁在拉文纳的时候就曾经抱怨道："你将亲身体验，别人的面包有什么样的盐味，从别人的楼梯上下又是多么步履维艰。"[9] 但丁所指的盐并不是因乡愁而留下的眼泪，而是指厨房里使用的食盐。事实上，这里的意思是说，但丁在家里吃惯了佛罗伦萨淡而无味的面包，而罗曼尼亚由于有大型盐田，和托斯卡纳的任何面包相比，拉文纳的面包似乎都太咸，这实在不单只是因为诗人受到放逐而伤悲满怀的缘故。

这样的情形，是因为拉文纳的盐唾手可得，而在托斯卡纳地区，盐则被视为奢侈品课以重税。因此托斯卡纳地区的面包无味，也就不足为奇，不过这些无味的面包，却更能衬托出托斯卡纳当地风味明确的萨拉米香肠、羊奶起士和火腿。

在托斯卡纳地区，面包一直是饭厅食堂的必备之物，面包的供应也一直受到政府管辖，这跟过去的罗马是一样的。这里的面包采集中供应的方式。就像两千年前的庞贝城，面包店是专门被选来制作烘焙产品的地方，托斯卡纳地区的村庄也是如此，更不用说这里的城市，面包制作一直以来都是一种专业，不是家庭主妇的工作。

托斯卡纳人的早餐，会把面包用咖啡牛奶沾着吃，而在午餐之前，会吃一些加了配料如番茄、肝酱、橄榄酱、碎鸡胗或其他动物内脏和橄榄油的烤面包，在意大利文里称为"bruschetta"。如果烤面包片上只有橄榄油，没有其他配料，那么就不叫做"bruschetta"，而是"panuto"或"fettunta"。

皮斯托亚人会烹煮以栗子粉做成的栗饼（necci），以及茴香脆饼（brigidini）和外脆内软的甜酒橘香饼干（berlingozzi）。锡耶纳的代表甜点叫作"硬面包"（panforte），是一种外观呈圆形，用了很多香料和葡萄干、蜂蜜、杏仁、南瓜及甜渍柑橘皮的点心。这硬面包的做法据说是一个叫做乌巴尔迪诺（Ubaldino）的人发明的，但丁曾在《炼狱篇》提到他："我看到来自皮拉的乌巴尔迪诺，因饥饿难耐而用牙齿在空中乱咬。"[10] 这个乌巴尔迪诺来自皮拉市的乌巴尔迪尼家族，与当地红衣主教奥塔维亚诺具有兄弟关系，而《神曲》里同样也曾提到这位奥塔维亚诺。据传说，奥塔维亚诺从来自蒙特切尔索修道院的贝尔塔修女处得到了一些甜点的做法，奥塔维亚诺把它们传授给乌巴尔迪诺。贝尔塔修女因为觉得自己贪吃（杏仁、核桃、糖渍水果、香料！）而感到羞耻，否认这些食谱是她发明的，然而，因为乌巴尔迪诺是俗人并非修士，没有什么好感到羞耻的地方，因此就成了硬面包这种意大利甜点特产的发明人。

起初，硬面包完全是锡耶纳的食物，之后才慢慢传播到其他地方，成为意大利境内常见的甜点。自 1370 年起，硬面包更正式成为威尼斯嘉年华期间的精美佳肴。不论硬面包或其他托斯卡纳地区的甜点，如来自普拉托（Prato）的杏仁饼干（cantucci）和乔托饼干（giottini），都必须沾着圣酒（vin santo）品尝。

面包是利沃诺海鲜汤（cacciucco）不可或缺的材料，而面包屑则会用在通心

面、豆制菜肴和甘蓝菜上。在午餐将近尾声之际，人们会在面包上放上一些羊奶起士、无花果干、核桃和葡萄。至于餐与餐之间的点心，吃的则是撒上奶油、糖和几滴陈年甜酒的面包。

托斯卡纳一直给人质朴简洁的形象，即使是高级餐厅，上菜时也会用陶碗盛装蔬菜汤。一般用陶碗上菜的是“隔夜汤”（ribollita），这道汤品原本是指用前一天煮好的肉汤加入新鲜蔬菜重新滚过的意思。此外，西红柿面包粥（pappa al pomodoro）也是用陶碗装盛。

巨大的佛罗伦萨丁骨牛排（bistecca alla fiorentina）是举世闻名的托斯卡纳美食代表，它所使用的牛肉，只能是契安尼娜品种牛（chianina）的腰脊肉（产自吉安地山谷一带），而且每一份的重量至少为四百五十公克。牛排的烹煮方式，是直接在炭火上烤，不加香料也不加盐。

在地道托斯卡纳人普雷佐里尼的《佛罗伦萨人尼可洛·马基雅维利的一生》这本书中，佛罗伦萨丁骨牛排备受推崇，成了该地区的美食代表：

> 鼠尾草、荆芥和迷迭香……
>
> 在16世纪初期，佛罗伦萨菜肴刚从中世纪那种大分量、吃饱不吃巧的农村粗食里走出来，尽管如此，就已经出现了一些永垂不朽的美食杰作，而且之后无法让它更臻完美，只能加以维护。名列前茅的是取自犊牛且连肉带骨的炭烤牛排；这牛肉看来像一块红中带白纹的锦缎，将它拿到以橡木木材烧成的炙热炭火上，烤到两面都印上炉架痕迹的程度，然后撒上橄榄油、盐、胡椒和碎欧芹调味。大胆将它和尚且带血的英式烤牛及裹粉的维也纳炸肉排相比，这炭烤牛排绝对毫不逊色。
>
> 皮斯托亚白豆与山上的雪一样白皙，它来自摘采于春初时节的豆荚，此时的豆荚仍因冷风萧瑟而紧闭，剥开后可取得嫩豆。烹煮这种豆子，千万不要像仓促而就的庸妇一样加入苏打，而是要按着性子，在一些水里加入一瓣大蒜和一片鼠尾草慢慢滚熟，再加入大量橄榄油、几滴醋和适量胡椒；毫不客气地将它吃下肚，并记住“佛罗伦萨人不但吃豆，还把盘子和勺子拿来吃干抹净不留渣”这句让佛罗伦萨人名声大噪的俗谚。
>
> 特别要提到的是佛罗伦萨极品烤猪脊排（àrista），它在1439年征服了几位希腊主教的心。这些主教们从巴塞尔逃到佛罗伦萨，商谈基督教统一大事，因为他们的缘故，这道菜才有了这个名称，意思是赞极了。取上好的猪脊肉，在长时间用迷迭香、蒜瓣、丁香、精盐和胡椒腌渍以后，再拿到烤炉里用小火慢烤。这道菜是冷盘菜，因为放冷了风味更加，口感介于烤肉和盐腌肉之间，烤好后即使放上好几周，颜色仍然如少女脸颊的玫瑰色一般，让上面的那一小枝迷迭香，看起来好像是个绿色的痣。它绝对和意式肉肠、腌猪颈、香咸猪肉肠、腌火腿和茴香腊肠不相上下。[11]

1953年，一个名叫科拉多·特德斯奇（Corrado Tedeschi）的怪人，宣布成立“佛罗伦萨丁骨牛排党”。特德斯奇个性古怪，常身穿粉红衣，据说曾经在中国和佛罗伦萨近郊的庄园分别待过一段时间，而且在庄园里成天坐在一艘由天鹅拖曳的木筏在池子里闲晃。他所成立的这个党，完全符合所有规定，而唯一的理念是“为了让每位公民每天都能吃到一块重达四百五十克的牛排而奋斗”[12]。该党章程的第四条是这么写的：“该是结束限制的时候了”，“只有重量在四百五十克以上者，才堪称佛罗伦萨丁骨牛排，如果重达一公斤，当然更好。不过，绝对不能低于四百五十克，不然就只是一般的肉排，那么这党就不是佛罗伦萨丁骨牛排党了”[13]。

当年，这个政党在米兰地区获得一千两百零一票，在佛罗伦萨获得三百四十七票，在维洛纳也有少数人投给它。创党者给该党的口号是“今天的牛排胜过明天的帝国”（指眼前利益至上），以及“一视同仁地向所有意大利人提供退休金和一杯热巧克力”。特德斯奇建议将政治活动改为有吃有舞有抽奖的隆重晚宴。一旦由他执政，他将成立国立小丑中心，并取消一切税收。在该党的赞助下，也举办了牛排小姐选美活动。

在受到这些滋味所环绕的情形下，也难怪托斯卡纳地区能改进传统农牧业方法，并将之发挥到淋漓尽致的程度。早在歌德的时代，这种按古法务农的方式，就已经显得有些异乎寻常：

> 犁地犁得很深，不过还是以原始的方法进行：犁具没有轮子，犁头是固定的，因此农夫必须在牛后面弯着腰拖着犁具耙土犁地。他们至多来回犁田五次，然后会动手撒上少许肥料。最后再播上麦种，然后作畦，让雨水能流过畦沟。麦种在畦上生长，农夫在畦沟上上下下努力除草……几乎不可能看到这么整齐有序的田野：没有任何不得其所的土堆，所有都干净整齐到好像用筛子筛过的程度。麦种长得很好，似乎找到了所有适合的生长条件。[14]

有关玛瑞马品种牛的畜养，可以参考大量科学文献。不过，泽里羊也是特殊畜养艺术的成果结晶，因为要找到能够符合托斯卡纳人所要求质量的羊肉或羔羊肉并非易事。我们在这里要特别指出，泽里（Zari）一带并没有产羊奶起士，事实上，该地所有的羊奶都被拿来喂羊。这些羔羊肉和羊肉通常会在火炉里以陶器炖煮。

格罗塞托（Grosseto）附近临地中海的玛瑞马沿岸（Maremma），古时是伊特鲁里亚人居住的地区，（从食谱书来看）当地居民偏好的地方风味是炖雉鸡。尽管这道菜的意文菜名直译为“在煮好的水里炖煮的雉鸡肉”（carne di fagiano stufata nell’acquacotta），菜里却看不到水的影子，锅里除了雉鸡肉以外，只有许许多多放在一层面包上紧密摆好的西红柿和烤菇，上头再撒上打散的蛋液和帕米森起士。这道罕见菜肴可以直接回溯到伊特鲁里亚时期。起源相同的菜肴还有盖满迷迭香、搭配炖白豆一起吃的去骨乳鸽（这里的炖白豆又称普加托里奥炖白豆［fagioli del purgatorio］或大肚壶炖白豆［fagioli nella fiasca］）。第三个流传至今的伊特鲁里亚食谱，则是将牛肝菌菇的蕈帽用葡萄叶包起来炭烤的炭烤叶包菇。

在这个地区，可食用菇种非常多，不只牛肝菌菇而已。在从前伊特鲁里亚人活动的地方，终年都会生长鸡油菌、羊肚菌、喇叭菌和蜜环菌等可食用菌种。在圣米尼亚托（San Miniato），每到 11 月和 12 月，猎菇人会到处寻找品质与阿尔巴白松露并驾齐驱的白松露，为了保护这种地方特产，当地也成立了专责社团。

托斯卡纳地区的海岸线很长，一部分是受风暴侵蚀的开放岩岸，一部分是由阿根塔力欧半岛保护，并因半岛地形形成了平静的舄湖。此地最著名的港市利沃诺位于开放的岩岸地区，在 16 至 19 世纪期间，利沃诺就好比意大利的纽约。在大部分旅人的想象中，这个城市代表着人间天堂。俄国诗人博拉廷斯基（Evgenij Boratynskij）在 1844 年的作品《轮船》（*Il piroscafo*）中，就写出他在即将登陆这美丽海港时，那种紧张期待的心情：

明天我即将看到利沃诺的土地，
明天我即将看到人世间的天堂！

要了解利沃诺为何有这么特殊的形象，可以参考威廉·布莱克的叙述。[15] 在梅迪奇家族还统治着利沃诺的时候，可能有意将这里营造成一个理想之都、一个自由港、一个如同现代人对美国的认知一样的城市。佛罗伦萨收藏着一份称为“利沃诺法”的手稿，上面有托斯卡纳大公费迪南一世在 1591 年 7 月 30 日盖上的印记，邀请“黎凡特人、西班牙人、葡萄牙人、希腊人、德国人、意大利人、犹太人、土耳其人、摩尔人、亚美尼亚人、波斯人和其他国人民……前来，到深受人们喜爱的比萨和利沃诺进行贸易”。

利沃诺居民活力旺盛，当地小区龙蛇杂处，有冒险家、前科人士，以及想要隐藏过去者，而且不论从种族或宗教的角度来看，当地人都展现出相当大的容忍度。举例来说，当地的犹太人可以到基督徒家里担任看护（护士就不行）和工人。很自然地，利沃诺的犹太社群因此形成并逐渐壮大，规模可比罗马和威尼斯（参考《犹太人》），而且也比其他地区的犹太人更幸运。事实上在 1516 年，威尼斯人将所有犹太人关在犹太保留区里[16]，自此以后，威尼斯的犹太人再也不能在晚上和深夜离开居住地，若非工作所需，也不能与基督徒接触。至于罗马的犹太社群，同样也因为梵蒂冈宗教法规之故，生活在相同的聚居条件下。罗马人的生活完全受到天主教教规规范，其工作大多在向朝圣者提供服务，不喜欢犹太人，也会努力避免和这些人接触，对他们还会不断地极尽嘲弄辱骂的能事，只有在生重病的时候会求助于犹太人，因为最好的医生往往都是犹太人（和亚美尼亚人）。

在意大利境内，利沃诺是唯一没有设立犹太人保留区的城市，这个临着第勒尼安海的港市，不但成为 1492 年被西班牙驱逐出境的塞法迪犹太人梦寐以求的目的地，对其他在意大利境内其他大城归化超过一百年的犹太人来说（对罗马的犹太人来说则是一千年），也非常有吸引力。

利沃诺迅速地蓬勃发展起来。这里成了科学重镇，伽利略（Galileo）就是在利沃诺码头上，用自己发明的天文望远镜观察星体运转。艺术和医学也发展了起来，同时出现了银行，各式各样的合法非法事业也都进驻此地。来自互相敌对国家的船舰，在其他状况可能会对彼此开战，不过在这里却能和平共存地停靠在港里。想要金盆洗手的海盗，则和市府协调，将船舰和财宝缴交府库，藉此交换利沃诺的公民权。利沃诺也在突尼斯（Tunisi）设立了一个大型贸易中心以购买谷物、珊瑚和鸵

配料烤面包片

契安尼娜品种牛

利沃诺：多元化的民族熔炉

鸟羽毛，透过这样的财务管道洗钱，并且向海盗支付赎金换取人质。

在当地的荷兰、亚美尼亚和希腊教堂等的周围，逐渐成了各个欣欣向荣的小区，而利沃诺菜自然也就反映出这个民族熔炉的多元性。由于利沃诺的犹太社群之故，或者更正确地说，由于那些暂时搬到伊斯兰教势力范围的突尼斯，然后又被“遣返”回利沃诺的犹太人之故，意大利烹饪又增加了一项被视为旧约圣经之吗哪化身的库斯库斯（Cuscus）。佩莱格里诺·阿尔图西在《厨房的知识与食的艺术》就曾写到（食谱编号 46）：

> 库斯库斯来自阿拉伯世界，是摩西和雅各布的后代在散居各地时一起传播出去的食物，不过在这漫长的时间和旅程中，到底经历了多少改变，其实是不得而知的。现在，在意大利煮以色列浓汤的时候会使用这种食材，两位以色列后裔很好心，不但让我试吃了这种汤，还让我观察怎么烹煮使用这种米。

知名意大利犹太人历史专家阿里尔·托夫（Ariel Toaff）是罗马拉比后裔，他在《犹太饮食：意大利自文艺复兴时期以来的犹太烹饪》（*Mangiare alla giudia: la cucina ebraica in Italia dal Rinascimento all'età moderna*）一书中证实，北非米是经由利沃诺的犹太人传入意大利的。我们从托夫的专著中也知道，在准备库斯库斯的时候，必须要吟诵祈祷文，这种食物含有一种精神能量（对伊斯兰教徒来说就是透过力量和神迹的方式而获得的“祝福”，称为巴拉卡［barakah］）：巧妙运用手指准备库斯库斯那一颗颗的小米时，必须小声吟诵神圣的经文。

将这些粗粒麦粉放到一种称为“玛法拉达”（mafaradda）的喇叭状大型汤盘里，喷上盐水。用旋转手指的方式将这一大团米慢慢分成小粒，然后把这些米放在一块布上，让它干燥几个小时，然后把它放到专门煮北非米的库斯锅，再把这个特殊的滤锅放在一个大锅上，并用布把米盖着蒸熟。库斯库斯必须连续蒸至少三刻钟，然后再放到喇叭盘里静置十至十五分钟。

以粗粒麦粉做成的库斯库斯就是这么准备的，不过有关库斯库斯的配料，在准备上也有特殊的技术。配料可以由羊肉、羔羊肉、鸡肉或牛肉和哈里萨（harissa）辣椒酱做成，此外也会用到一些蔬菜和香料，如栉瓜、红萝卜、蚕豆、洋葱、西红柿、黄姜粉等，同时自然也会加入橄榄油。有创意的厨师会按自己的想象，在库斯库斯和配料里面加入其他材料如巧克力、开心果、肉桂等（真希望这不是真的）。

就这样，原本在突尼斯的犹太人在迁居利沃诺以后，带来了非洲的库斯库斯，而英国人则从多雾的家乡带来了潘趣酒（punch，又称五味酒）。在利沃诺郊区，以鹰嘴豆粉做成的三明治仍然很受欢迎，这种传统风味是从热纳亚传到利沃诺，再被当地人收归已有的。

上面这些尽管不一定带有异国风味，至少也毫无规则可循。在 19、20 世纪交界期间，利沃诺曾是社会抗议和反抗活动的大本营，是意大利无政府主义运动的堡垒。“利沃诺卡布奇诺”就颠覆了传统，将奶泡放在杯底，咖啡在上，奶泡在下。至于众人口中所谓的“利沃诺的大笑话”，是指 1984 年，在利沃诺的皇家运河（Fosso Reale）里找到三件雕塑作品，据传是意大利表现主义雕塑家亚美狄奥·莫迪里亚尼（Amedeo Modigliani）的真迹，不过后来证实它们其实只是三个学生为了开玩笑而做的仿品。在发现之初，这三个石头头像让世界上许多艺术学者非常兴奋，着实花了很大的力气，才让这些兴奋的莫迪里亚尼迷、艺术评论家和巴黎艺术交易商相信，这其实只是个玩笑而已……顺道一提，利沃诺还有间愚人大学，在这三人做出这值得纪念之举的十七年后，特地颁给他们荣誉学位。

利沃诺是利沃诺海鲜汤（cacciucco）的发源地，这道菜独一无二，美味到无法言喻，而且非常难以形容。这道海鲜汤与法国的马赛鱼汤（bouillabaisse）、希腊鱼汤（kakavia）、西班牙什锦鱼汤（zarzuela）和葡式海鲜汤（caldeirada）等非常相似。这菜名源自土耳其文“küçük”，指“小的”，也就是说，这道菜是路经此地的土耳其人带进来的，望文生义，指它是用剩菜和鱼碎煮成的。不过除了这些以外，还有些什么样的材料呢？数世纪以来，利沃诺商业一直都以鱼货交易为主，昂贵的鱼货如海鲈、龙虾和红山羊鱼等通常供销售用，而这些鱼货在加工以后的剩余部分和其他小鱼，则由渔夫保留，最后被煮成鱼汤，和放陈了的托斯卡纳面包一起成为盘中餐。这种淡而无味的面包，总是能完美地衬托出这道经巧手料理的鱼杂汤，这跟它和托斯卡纳辣酱的搭配，有异曲同工之妙。根据传统，这道汤品里面必须包含的海鲜材料种类，至少必须跟原文名称“cacciucco”里的“c”字母一样多。

利沃诺海鲜汤的材料，绝对不能少了赤鲉这种被威廉·布莱克形容为“几乎与叶芝诗作般一样地美”的鱼。然而，有关美的问题不是所有人都意见相同，在某些地区，人们会以赤鲉来形容人非常地丑，而这种形容法男女皆适用。

赤鲉全身长满了有毒的刺，头部很大还长满了许多疙瘩，看来似乎对自己和祖先能够带给周遭生物的戳刺伤害非常的骄傲。赤鲉可以是紫色或鲜红色。利沃诺海鲜汤就是以它为主角。这道汤品在端上桌的时候，会盛装在一个稍微有点深度的盘子里，浇在一片托斯卡纳面包上，里面有各种小鱼、一块块的章鱼、鱿鱼、小点猫鲨、山羊鱼、虾蛄和贻贝。此外，还有乌贼、欧洲康吉鳗、星鲨、细鳞绿鳍鱼等，以及整瓣的大蒜。在所有材料上撒上洋葱酱和西红柿，然后以小火慢炖，再以辣椒调味。

利沃诺风味山羊鱼是这里的另一道名菜。在这道菜中，必须使用长得比较大的山羊鱼，以大蒜和西红柿酱汁烹煮。利沃诺自古以来就是个把地方特产卖出去（利沃诺品种鸡世界闻名）、将点子带回来的城市。因此，当地饮食从阿拉伯人和犹太人那边吸收了库斯库斯与各种美味甜点。当然，西班牙文化对此地的影响也不容小觑，因此以番红花和虾子为材料的海鲜炖饭，在利沃诺也可以找到。

在托斯卡纳饮食中，酱汁并不常见，然而，如果真的要制作酱汁，在利沃诺北方通常以橄榄油和黑胡椒为主要材料，而在利沃诺周围通常会加入西红柿，不过黑胡椒永远不会少。辣椒是亚得里亚海沿岸地区饮食的特色，在第勒尼安海沿岸很少使用。

第勒尼安海北部沿岸“没有西红柿”的地方称为韦西利亚，这里的菜肴都是“白的”（甚至维亚雷焦风味海鲜汤都被称为“白海鲜汤”）。然而在利沃诺一带，几乎每道菜都会用到西红柿（在发现新世界以后，利沃诺很快就和新世界建立了长久稳定的贸易关系）。

在托斯卡尼海岸的舄湖区，也就是阿根塔力欧和奥尔贝泰洛（Orbetello），有着非常丰富的舄湖鱼类：鳗鱼、舌齿鲈、乌鱼和金头鲷。这一带也和托斯卡纳其他地区一样喜欢把东西烤来吃，常常以炭烤或炉烤的方式处理这些鱼。偶尔，这些鱼也会被拿来煮成“海军上将面”（spaghetti all'Ammiraglia）。托斯卡纳人并没有特别钟爱意大利面，不过在沿岸地区，人们却会吃包着鲈鱼馅的面饺。当地人最不寻常的习惯，是点心不吃三明治或水果，而是吃熏鱼咸鱼，尤其是在当地方言中称为“scavecciato”的鳗鱼。这鳗鱼的吃法很多，有油炸的、撒上面包屑的，或是用油醋大蒜和薄荷调味的冷盘。此外，人们也会制作烟熏鳗鱼，而鲔鱼也是常见的点心（以鱼背肉为主）。

托斯卡纳地区的地方风味

开胃菜

- 配料烤面包片（Bruschette）：在烤面包片上抹上用剁碎的小牛脾、洋葱、鳀鱼、续随子和胡椒做成的抹酱，另外也有用剁碎的内脏（心脏或肺脏）、肝脏、鸡杂碎、竹蛏等作成的抹酱。配料还可以放上切成小块的西红柿，或是大量的橄榄油与盐（只撒上橄榄油的称为 fettunte）。

第一道

- 面包色拉（Panzanella）：这道绝佳的夏季菜肴，是用在水和醋里泡软的面包，加上鳀鱼、西红柿、洋葱、橄榄和罗勒做成。
- 托斯卡纳地区的典型面型如利沃诺的细扁面（bavettine）和阿列佐的传统宽面（pappardelle），一般搭配鱼片。

一般而言，托斯卡纳的第一道以乡村浓汤如隔夜汤和面包西红柿粥，以及利沃诺海鲜汤较为常见。

第二道

- 佛罗伦萨丁骨牛排：重约半公斤，以炭烤方式烹调，不加调味料也不加盐。
- 胡椒肉（peposo）：常见菜肴，是加入大量黑胡椒的水煮肉，而这道菜的特色正如菜名“胡椒肉”，就是胡椒。
- 佛罗伦萨风味牛百叶：将牛百叶切成细条，用橄榄油、香草、西红柿和罗勒煮成的佛罗伦萨风味牛百叶也很受欢迎。另一种烹煮牛百叶的方式，则是将牛百叶和犊牛腱一起放在陶制平底锅里烹煮。
- 在几道让人惊艳的荤菜中，最值得一提的无非是没有鲔鱼的“吉安地鲔鱼”。这道菜是在 6 月与 7 月间用养殖过程中被淘汰的乳猪制成。事实上，在炎热的夏季，

《吃豆》——画作中的菜色是大肚壶炖白豆

人们并不太吃猪肉，因为猪肉的热量太高了。此外，夏季高温也让人很难进行任何盐腌处理，因为高温之故，在腌好前早已腐坏。因此，这些乳猪并没有经过盐腌，而是把肉放到布鲁斯科酒内烹煮，这种酒原本是制造白葡萄酒过程中舍弃不用的液体部分（指在榨取特雷比亚诺［Trebbiano］和马尔瓦西亚［Malvasia］这两种白葡萄品种的葡萄汁时取得的第一批汁液制成的酒），然后再将煮熟的乳猪肉放进油里保存。据说经过这种处理的乳猪，吃起来会有鲔鱼的味道。古时候的托斯卡纳人无法取得像鲔鱼这类的珍贵鱼肉，因此也很心甘情愿地用这种自制品来代替之。曾几何时，人们几乎已经不吃这种假鲔鱼了，不过现在则因为"烹饪考古"之故再次活络，欲品尝者，可至吉安地省的潘扎诺（Panzano）。

- 比萨风味仔鳗（cee alla pisana）：托斯卡纳的地道菜色。这道菜所使用的仔鳗，是人们在夜间于流经比萨的阿诺河里捕捞的初生幼鳗，渔夫会用光照吸引幼鳗聚集，捕捞上岸后再与油、大蒜和鼠尾草一起烹煮，然后撒上帕米森起士食用。在托斯卡纳沿岸地区，则以利沃诺风味山羊鱼闻名（加上西红柿和香草一起烹煮）。
- 大肚壶炖白豆：别名"炼狱白豆"，是用来自吉安地的玻璃烧瓶作为烹煮工具。将瓶塞打开后，在瓶子里倒入白豆、水和油，再加入大蒜、迷迭香和鼠尾草，然后盖上瓶塞，把烧瓶放到即将烧尽的炭火中（或是挂在火炉上好几个小时）。我们可以在巴洛克时期画家安尼巴莱·卡拉契（Annibale Carracci，1560—1609）的作品《吃豆》（*Il mangiafagioli*）中看到这道菜肴，目前该作品由罗马的石柱宫美术馆（Galleria Colonna）收藏展示。
- 托斯卡纳人专为冬季制作的果酱，则以莓实酱最为地道。

托斯卡纳地区的特产

- 羊奶起士：托斯卡纳佩科里诺羊奶起士与托斯卡纳卡求塔起士（caciotta toscana）。这些起士的外层，似乎上了一层托斯卡纳地区中世纪湿壁画的色彩，这是将起士表面覆上一层西红柿片（让起士外层变成橘色）或核桃树叶（让起士变成褐色）、或木炭（黑色表面）而得。
- 来自托斯卡纳山区的加尔法尼亚纳毕罗尔多肉肠（Biroldo della Garfagnana）：是一种用猪头和猪杂碎制作成的辣味肉肠；
- 布里斯托血肠（sanguinaccio Buristo）
- 茴香腊肠
- 知名的科隆纳塔猪脂（lardo di Colonnata），的确和柱子有很大的关系（意大利文的柱子是"colonna"，而"colonnata"指的是"柱列"），因为它是人们从一个名为"科隆纳塔"的石场取出卡拉拉大理石（marmo di Carrara）时的次级产品。这种猪脂的秘密在于它的腌制方式。将猪肉中油脂较多的部位，撒上高质量海盐，然后抹上大蒜及香草，一起放到大理石盆里。这些大理石盆，其实只是人们在科隆纳塔裁切大理石之后所剩下的石材。在盆底先放上一层猪脂，然后一层海盐、现磨黑胡椒、新鲜大蒜、迷迭香和鼠尾草，然后再逐渐一层层地迭上其他猪脂。将石盆填满后则用一块大理石将石盆盖好，如此放置六个月以上。

来自科隆纳塔石场的大理石，是让猪脂熟成的理想材质，因为这种石材特殊的多孔性让空气得以进入，而它高碳酸钙的组成能营造出微碱性环境，让猪脂表面不至于形成"皂味"，因此成为制作腌猪脂时不可或缺的材料。此外，在地下的天然微气候，能将温度和湿度维持在最适合熟成的条件。在19世纪末20世纪初，这种今日只有美食家才吃的猪脂，被认为是无政府主义者的食物。正如政治文献与当时的报导所言，石场工人一直都有自由主义的特质，许多革命运动都由此而生。在由卡罗·卢多维科·布拉加利亚（Carlo Ludovico Bragaglia）执导、亚梅德奥·纳扎里（Amedeo Nazzari）主演的电影《天使之墓》（*La fossa degli angeli*，1937）中，既感性又具革命性的故事主题，就是以科隆纳塔一带的大理石采石场为背景。即使到现在，去石场参观的游客还是会看到专门用来串猪脂和替猪脂翻面的古老别针和石板，庄严地在里面展示着。

- 发酵鱼酱（garum）：奥尔贝特罗（Orbetello）仍保有在16世纪从西班牙传过来的熏鱼传统。早在古罗马时期，这里就已经有制作发酵鱼酱的习惯，而这种鱼酱是古罗马饮食中不可或缺的重要材料。时至今日，奥尔贝特罗人会用从舄湖里捕获的鳗鱼，或腌制或烟熏，和乌鱼子一起制作成鱼酱。
- 慕杰罗（Mugello）和阿米阿塔（Amiata）的栗子
- 栗粉是托斯卡纳特产之一，其中最常出口的是产自加尔法尼亚纳的栗粉。同样来自托斯卡纳北部的加尔法尼亚纳斯佩耳特小麦也很有名。
- 托斯卡纳的面包也可以算是绝佳的地方特产，不过由于种类繁多，无法一一列举。随便举几个比较特殊的例子：如加了胡椒的"疯狂面包"（pane pazzo），加了蜂蜜、胡椒和葡萄干的拉迪科法尼面包（pane di Radicofani），加了杏仁和核桃的诸圣面包（pane di Tutti i Santi），以南瓜为材料的十二月面包。

此外，还有辫子面包（treccia di magro），以及卢尼甲纳圆面包（carsenta della Lunigiana）这种以栗树叶包覆烘烤的大型蓬松面包，对信徒而言，卢尼甲纳圆饼是基督受难日餐桌上具有重要仪式意义的要素。阿列佐黄面包（pane giallo aretino）则是复活节周日吃的面包；每年1月17日是农民和养殖业者保护者圣安东尼的圣名日，人们会准备圣安东尼面包。一种称为恰恰（ciaccia）的玉米面包，是玛瑞马的特产，一直以来都被认为是穷人吃的庶民饮食。"东泽勒"（donzelle）、"费卡托勒"（ficattole）和"斯卡贝"（sgabbei）指的都是用深锅油炸的炸面团。阿米阿塔山的木匠和烧炭工吃的"费安达罗内"（Fiandalone），通常以栗粉和迷迭香叶制成。此外还有另一种迷迭香面包，不过这种迷迭香面包奇特的地方，在于它没有加入迷迭香的叶子，而是用了大量的迷迭香油。摩洛哥面包（pan marocco）里加了松子，而卡梭拉摩洛哥面包（marocca di Casola）则是用栗粉和马铃薯泥制作。这里还有加了洋甘菊、薄荷和辣椒的香草面包。卢尼甲纳的圆饼（panigaccio）是在陶器上烘熟并撒上碎起士的薄饼。路卡一带比较具有特色的是名为"布切拉托"（buccellato）的甜面包，里面加了葡萄干和茴香子。

- 栗饼（castagnaccio）：利用主要产自加尔法尼亚纳的栗粉，加上葡萄干、迷迭香和松子，可以作成栗饼。

- 面饼（schiacciata）：以猪油渣、马铃薯、香草及西红柿制成。
- 松软的西恩纳杏仁饼（ricciarelli）：从托斯卡纳出口到世界各地的知名甜点。
- 主要蔬菜特产：切塔尔多（Certaldo）的紫洋葱和红洋葱。薄伽丘早在《十日谈》第六日的故事十中，就已提到这个地方：

> 切塔尔多，也许就如你曾听说的，是邻近此地的一座城堡，位于艾尔莎河谷中，尽管它面积不大，却有很多贵族与富人居住。人们在城堡里饮食精美且不虞匮乏，尽管如此，城内圣安东尼修会的齐波拉（Cipolla）修士，多年以来还是年年请庶民提供捐助。这位修士的本名也许并不叫做齐波拉，而是因为他喜好洋葱并努力栽植而得此名，该地种出来的洋葱闻名全托斯卡纳地区。

- 索拉诺（Sorano）产的白腰豆（cannellin）和山区产的佐菲诺豆（zolfino）。
- 旅人常常从托斯卡纳带走的，还有各型各状的无花果干和茴香子。

代表性饮料

- 盛名远播的吉安地红酒和蒙塔尔奇诺的布鲁内洛红酒（Brunello di Montalcino）。

1.《意大利风光》，第 191 页。

2.《意大利游记》，1786 年 10 月 25 日，第 123 页。

3.《罗马、那不勒斯与翡冷翠》，第 19 页。

4.《佛罗伦萨人尼可洛 · 马基雅维利的一生》（*Vita di Nicolò Machiavelli fiorentino*），第 94 页。

5.《罗马、那不勒斯与翡冷翠》，1816 年 12 月 6 日，第 89 页。

6.《意大利风情》卷一，第 153 页。

7.《游记》（*Impressioni di viaggio*），《意大利篇》，第 100 页。

8.《佛罗伦萨人尼可洛 · 马基雅维利的一生》，第 142 页。

9.《神曲 · 天堂篇》，第十七章第五十八至六十节。

10.《神曲 · 炼狱篇》，第二十四章第二十八至二十九节。

11.《佛罗伦萨人尼可洛 · 马基雅维利的一生》，第 159-161 页。

12. 切卡雷利，《共和国的胃》，第 67 页。

13. 莫奇，《佛罗伦萨丁骨牛排党》，载《罗马时报》，1953 年 4 月 11 日。

14.《意大利游记》，1786 年 10 月 25 日，第 124 页。

15.《加里波底的吸管面》，第 60 页。

16. 也就是原本威尼斯铸造场所在的小岛。而在威尼斯方言中，“gheto”和“getto”发音相同，前者指铸造场所在的小岛，后者指烧熔的金属，意大利文中犹太人保留区“ghetto”这个字就是这么来的。

DONKEY
DEER
WILDBOAR
GOAT
ROEDEER
CHAMOIS
GOOSE
PAPRIKA
TRUFFLES
WILDBOAR FILET
WILDBOAR HAM
1,50
PASTA
ITALIA MILANO VENEZIA PISA VATICANO ROMA
NO COMMENT
-BICICLETTE
-FARRAD
-BIKES
-VELOS
FORMULA 1
RACING CARS
LOCOMOTION
ZOO
-SPAZIO
-SPACE
-ESPACE
-AEREI
-AIRPLANES
-AVIONS
-FLUGZEUG
-UVA
-RAISIN
-ROSINEN
-ORTA -LAKE
-PESCI-BARCHE
-FISHES-BOATS
-POISSONS BATEAUX
-ORSETTI
-TEDDY BEARS
-TEDDY BÄR
-CUORI
-HEARTS
-COEURS
-HERTZ
-STELLE ALPINE
-EDELWEISS
GONDOLE
-FUNGHI
-CHAMPIGNONS
-MUSHROOMS
-PILZEN
-FARFALLE
-PAPILLONS
-BUTTERFLIES
SCHMETTERLING
DOLLARI
-ABETI E STELLE
-CHRISTMAS
-NOEL
-ORECCHIETTE
-LITTLE EARS
-PETITES OREILLES
TROFIETTE
-CARAMELLE
-BONBONS
-SWEETS-CANDIES
NOTE
MUSICALI
GERMANIA
DEUTSCHLAND
Novità!!
Gelato da bere... bicchiere da mangiare!!

意式面食

PASTA

相较之下，面食是种便宜且容易取得的食品，它存有更多可能性，更适合以创意方法与个人诠释来处理。它最符合健康，是最适合地中海饮食的食物。人们可以在面里加进各式各样的营养素与维生素，丝毫不会受到任何限制，然而，最重要的一点，也许在于它那多元的组合，总是赏心悦目，让人眼睛一亮，常常搭配了最具诱人滋味和颜色的材料，也就是在旧世界出现时间极晚、却最能让人眉开眼笑，也是意大利菜里最受欢迎的材料：西红柿。

为了避免一些词汇上的混淆，我们必须要特别区分出“干燥面”和“生面”。生面又称蛋面，制作时不加水，而是用鸡蛋黏合，因此只能放在冰箱里保存数日。

在意大利文中，面食一般通称为“pasta”，不过在许多非意大利文的西方语文中，则使用“maccheroni”这个字来称呼，而会发生这样的情形并非偶然。事实上，正是意大利人开始把“maccherone”这个字当作泛化的称呼：在 12 世纪至 19 世纪初，人们其实是用“macaroni”来称呼任何种类的面。然而，在这种用词广为流传到意大利以外的地方，全世界的人都用“maccheroni”和“spaghetti”来指称意式面食，让这两个字成为“pasta”的同义字以后，意大利人却突然变了卦，因此在最近的两百多年间，意大利人是以“pasta”来通称各种意式面食，而“maccheroni”（而非“macaroni”）则在意大利境内成为一个意义比较狭隘且具有地域性的词汇。

天知道为什么会这样——也许词太长看起来很可笑，或是人们不喜欢这个词的发音，或者还有其他原因——不过事实是，意大利人在一些谚语和尖酸刻薄的玩笑中，最喜欢用“maccheroni”和“spaghetti”这些字眼，例如“Guaje e maccarune / Se magnano caude”这句那不勒斯方言，直译为“麻烦和面都得趁热吃”，指麻烦事得马上解决，这句俗谚出自詹巴蒂斯塔·巴西莱（Giambattista Basile）在 17 世纪将当地传说与民间故事重新编写而成的《最好的故事》（*Lo Cunto de' li cunti*）。[1] 另外的例子，则是贾科莫·毕费（Giacomo Biffi）红衣主教向美国巴尔的摩约翰霍普金斯大学的学生发表演说时，曾经开玩笑地说，意大利人只有两个普世公认的价值观：一是宗教，另一为意大利面（在此毕费用的字眼是 spaghetti），这样的说法虽有挑衅，却也非常贴近事实。

意式细面似乎是很有趣的食物，常带给人开玩笑和恶作剧的灵感，因此在笑话里常常会遇到。在提到两西西里王国费迪南一世的时候，人们最喜欢拿出来讲的故事，是在费迪南一世在位时（1816—1821），他为了讨民众欢心，在那不勒斯广场上吃起细面，还把面吃得全身都是，让自己看起来就像个小丑。不管这是不是真的，以那不勒斯人为对象的典型描绘，通常是“在大庭广众下吃起细面，将面条高高拿到头上，张开两只手指似乎要把挂在空中的面条卷起一般，就以这个姿势吃将起来，还不会吃得到处都是”，而这形象几乎也成了那不勒斯的代表。另一个有关费迪南一世的趣闻，则是受到当地极受欢迎的滑稽剧所影响，表示“当费迪南一世成为国王以后，对那些因为认为面食是庶民饮食而不让他吃面的人，他会用那不勒斯方言对他们说‘我很快就会下台’”。这个在广场上的场景，摘自法国作家拉朗德（Lalande）写于1765至1766年的作品《一个法国人的意大利之旅》（*Voyage d'un françois en Italie*）。[2]

在18世纪的英格兰，“macaroni”被拿来称呼讲究衣着和外表的纨绔子弟，也就是指那些追求欧陆（意大利）时尚，不过实际上只抄了表面皮毛的人，例如走小碎步假装有气质，用垫肩、追求蜂腰与各式各样的配件。

文学史中，曾经出现一种“仿拉丁语”现象，在意大利文中称为“poesia maccheronica”。用《仿拉丁语》写成的作品称为“maccheronea”，历史学家和文学家自1543年起就开始使用这个词汇，不过它事实上可回溯到诗人米凯勒·迪巴托洛梅奥·德利·欧达希（Michele di Bartolomeo degli Odasi，卒于1492年）[3]的诗作《马卡隆内亚》（*Macharonea*，1488）。这个“仿拉丁语”的概念，反映出一种把对与错混在一起的概念，就好像在盘子里加入面、酱汁和磨碎的起士并搅和在一起一样。

这种仿拉丁语主要是一种变形的拉丁语，是一种意大利文和外国语文的综合体，一般将公元4世纪的古罗马诗人奥索尼乌斯（Ausonio）当成其发起人，当时的奥索尼乌斯将希腊文词汇引入拉丁文使用。到后来，这种仿拉丁语变得很普遍，不论是16世纪法国作家拉伯雷，17世纪的莫里哀（Molière）以及乌克兰作家柯特利亚列夫斯基（I. P. Kotljarevskij）的史诗巨作《埃涅阿斯纪》（*Eneide*，1789），都有仿拉丁语的踪迹。

很有趣的是，仿拉丁文式的诗作，常常以意式面食为题。在最伟大的仿拉丁文诗人特奥菲洛·福伦戈（Teofilo Folengo，1491—1554）以笔名默林·科凯（Merlin Cocai）发表的作品《巴尔度斯》（*Baldus*，1571）中，奥林匹斯山上的诸神出现在烹饪的场景中，尤其是正在准备意大利面的朱庇特，在身边打雷闪电，用大叉子和平底锅大肆挥舞翻搅。在甘尼米（Ganimede）出现时，还有住在奥林匹斯山上的火腿大师传授如何烹煮面食的技巧。在福伦戈写下这篇大作以后，宙斯在世上呼唤暴风雨（也就是煮面）的形象也被用在《对神的蔑视》（*Lo scherno degli dei*，1618）这篇由教宗乌尔班八世（Urbano VIII）宫廷诗人弗朗西斯科·布拉乔利尼（Francesco Bracciolini，16世纪下半叶到17世纪上半叶的诗人）所写下的作品中。诗的第八节叙述了一种制作面食的方法，据说是自古以来未曾改变，在村妇中仍然非常普遍的方法：将擀平的面皮卷在擀面棍上，将面皮切成长长的宽面，然后根据食谱制作：

之后将那层擀了上百次的薄面皮卷在干净的擀面棍上，
以利刀切面，藉此将面棍上的面团除去；
之后将面条抖松，待水滚后放入锅内。
锅内冒出蒸气，面条翻滚，面条就在沸水中煮熟。

意大利巴洛克学派领袖乔万巴提斯塔·马利诺（Giovanbattista Marino，1569—1625）在他的《艺廊》（*La Galleria*，1619）中收录了据说是默林·科凯（也就是特奥菲洛·福伦戈）写下的韵文，这些句子很巧妙地将意指滑稽讽刺诗作的“maccheronico”和指称菜肴的“maccheroni”绑在一起：

我以面为题所作的伟大诗作
与面一样地完美
上有融化的起士
里面用了阉鸡料
里面隐藏的许多教义
不是两口就能囫囵吞下
如果酱料有好滋味
能吃完就能吮指回味乐无穷

将这马凯罗尼通心粉当成食物来开玩笑的作品也相当多。17世纪后半叶的戏剧脚本作家弗朗切斯科·德雷梅内（Francesco de Lemene）就以《论通心粉的得体与高尚》（*Della discendenza e nobiltà de'maccheroni*，1654）写过一篇滑稽讽刺之作，让两个分别戴着札卡尼诺（Zaccagnino，代表贝加莫）和科维耶洛（Coviello，代表那不勒斯）面具的角色，手拿着叉子进行决斗，竞相争取帕斯塔女士（Pasta），亦即玛卡罗内小姐（Maccarone）的母亲的注意力。在18世纪，则有雅各布·安德烈·维托瑞里（Iacopo Andrea Vittorelli）的以《马凯罗尼》（*Maccheroni*，1773）为题的讽刺诗；另外也有一位匿名诗人于1785年在维洛纳发表了另一篇《马凯罗尼》。在安东尼奥·维维亚尼（Antonio Viviani）于1824年发表的著名讽刺诗《那不勒斯的马凯罗尼》（*Li Maccheroni di Napoli*）中，第一次出现了“spaghetto”的字眼，并且描述了制作意式面食从面粉到成品的过程。

被遗忘的17世纪诗人斯格鲁腾迪奥（Sgruttendio），曾写过一篇以通心粉为对象的《赞美马卡卢内》（*Laude de li Maccarune*）：

我歌颂着美丽马卡卢内的伟大惊奇……
若我能找到、尝试它，绝对会让我津津有味；
若煮得好，我绝对会吃个精光，融化在这美妙之中……

之后，诗人将场景带到帕纳塞斯山（Parnaso），召唤了至高无上的天神：

“只要午餐时刻坐在一盘意大利面前，这些半岛居民就会对意大利产生集体认同，就像下午茶之于英国人一般。”

意大利电影《一个美国人在罗马》剧照

利古里亚地区的“面条窗帘”

笔管面

伟大的朱庇特，
若这热祷让祢为之动容，
若纳西瑟斯（Narciso）能化为花朵，
我也能变成马卡罗内

贾科莫·利奥帕尔迪（Giacomo Leopardi）和那不勒斯人之间因马凯罗尼通心粉而起的谩骂与争论，也是相当有名的。这位来自雷卡纳蒂（Recanati）的忧郁诗人可能从来就没有吃过这种面，却在1835年的诗作《新信徒》（*I nuovicredenti*）中，以短短几行字嘲讽了那不勒斯人对它的爱恋：

那不勒斯人对我群起围剿以保卫他们的马凯罗尼；
因为马凯罗尼的消失对他们太过沉重。
这些人无法理解那不勒斯地区以外的美。

那不勒斯人以杰纳罗·夸朗塔（Gennaro Quaranta）的十四行诗《马凯罗讷塔》（Maccheronata）回应：

你既不快乐又疾病缠身，
噢，伟大的雷卡纳蒂诗人，
你诅咒自然与命运，
带着恐惧审视内心。

你那干瘪的双唇从未微笑，
双眼尽管有神却空洞，
因为……你不爱手切面片、
煎蛋饼和烤千层面！

倘若你能爱上马凯罗尼，
胜过那些让人消息的书本，
你就不用承受疾病的严酷折磨……

生活在一群快乐的胖子之间，
你也会心宽体胖起来，
也许还能活到九十甚至一百岁。

1860年，马凯罗尼通心面（已是那不勒斯的象征）被当成一种“饮食符码”的元素，在这种饮食符码中，食物被赋予了文化意识的意义，代替文字成为沟通的工具：在皮埃蒙特地区驻巴黎代表康斯坦蒂诺·尼格拉（Costantino Nigra）参加的一场宴会中，女皇派宫廷内侍假扮成加富尔伯爵坐在餐桌上，并安排端上了许多对当时政治情势具有影射意义的食物，如斯特拉奇诺起士（stracchino）和戈尔贡佐拉干酪（影射伦巴底地区被法国强占）、帕米森起士（指帕尔马伯爵）、博洛尼亚莫塔戴拉火腿（指艾米利亚—罗马涅区地区）。在艾列阿提可甜酒（aleatico）以后，侍者端上了来自西西里岛的橙子，这位假伯爵也津津有味地吞下了。最后，侍者又端上了一大盘那不勒斯美食代表，马凯罗尼通心面。这位假扮的加富尔伯爵（在女皇的指示下）拒吃这道菜肴，并说："不，今天已经吃够了，剩下的明天再上……"这个小故事马上被尼格拉回报给真正的加富尔伯爵，暗中传递了女皇愿意放弃西西里岛，却不愿放弃那不勒斯的讯息。

事实上，从很久以前，意大利人就将意大利面当作地位与但丁作品相当的国家象征。德国浪漫主义诗人海涅在《斯纳贝勒沃普斯基的回忆录》（*Memorie di von Schnabelewopski*）也用"碧特丽丝"（Beatrice）来比喻马凯罗尼：

> 意大利烹饪，不论是油脂澄黄、香料满满、幽默装饰或那慢悠悠的思想，都是意大利女人的美丽特征……所有东西都浮在油里，有着既慵懒又温柔的样貌，欢唱着罗西尼的优美旋律，为洋葱的汁液、为乡愁掬下一把眼泪……我总是在晚上梦到意大利……马凯罗尼流在河流般的黄色奶油中；磨碎的帕米森起士由高处撒下，有如白色的雨般。啊，出现在梦里的意大利面是无法让人满足的……碧特丽丝！[4]

旅居美国的知名意大利文学史家朱塞佩·普雷佐里尼（Giuseppe Prezzolini）曾在 1954 年说：

> 意大利面比但丁更伟大的地方在哪里？意大利面进入了许多美国家庭，不过在这些地方，但丁的名字未曾被提及。此外，但丁的作品是一个天才的智慧结晶，而意大利面则是意大利人集体才智的表现，意大利人将它化为国菜，却未受政治想法左右，也没受到伟大诗人的态度所影响。莫雷蒂提到的那位澳洲人，可能无法了解和谐是什么，更无法理解但丁诗句的意义，不过一盘意式宽面应该就可以说服他，让他认同这种"文明"。[5]

切萨瑞·马奇（Cesare Marchi）则说：

> 恩尼奥·弗拉亚诺（Ennio Flaiano）说，与其说我们意大利人是个民族，还不如说是个集合体。不过只要一到午餐时刻坐在一盘意大利面前，这些半岛居民就会对意大利产生集体认同，就如同下午茶之于英国人一般。即使是从军、选举（更别说缴税）都无法凝聚这种共同意识。意大利统一运动先驱所向往的

状态，现在叫作意大利面；要达成统一不须流血，只要倒进许多番茄就好。[6]

干制面食的发明，是为了当作水手的储粮。西西里水手在远航时会准备“马凯罗尼”带在路上，利古里亚水手则带比较细的“面线”卷。[7]热纳亚商人将面线传到欧洲各地：早在14世纪，就有文献记载这些东西曾经出现在普罗旺斯和英格兰地区。[8]

干制面食是在港城发明的，而且还受到中世纪商界及意大利文艺复兴时期的有力人士所支持。来自热纳亚的哥伦布，在率领由尼尼亚号、平塔号和旗舰圣玛莉亚号（Santa Maria）组成的首航美洲舰队上，就是因为有大量面线作为存粮，才得以支撑到发现美洲大陆。在西西里岛和普利亚地区的第勒尼安海沿岸，那些生活受到移动、体力活动和快速准备工作所箝制的地区，干制面食是最首要的生命补给，[9]然而在波河河谷流域，意大利北部生活宁静平和的田野间（艾米利亚—罗马涅区地区、伦巴底地区、温内多地区），对类似产品并无需求，而偏好村妇每天早上制作的新鲜蛋面（即使到现在仍然是这些地区的特色）。

意式面食制作的秘诀，在于正确的干燥方法。面的表面必须具备多孔性，而且手工揉制的面才会有多孔性，机器制作并无法达到这种效果。面具备多孔性的目的有二：首先，面在滚水里煮的时候，必须尽可能地吸取水分；其次，一旦盛盘，必须尽量吸取酱汁。

更何况，干制面食的制作是个极为复杂巧妙的过程，尤其需要绝佳的通风，只有在特定环境条件才能做出具备必须性质特征的产品。举例来说，风和阳光都比较不足的罗马，面条的干燥条件比不上那不勒斯或热纳亚，而这也是为什么会出现加入鸡蛋制作的干燥蛋面之故。

之前曾经提过，主要的麦种有二，一为硬粒小麦或杜兰小麦，另一则为一般小麦。前者（学名 Triticum durum）也被称为“塞莫拉小麦”，一般小麦则是制作蛋面时所使用的材料。相较之下，硬粒小麦的麦粒既长又透明，一般小麦的麦粒则短又浑浊，前者指生长在气候干燥阳光充足的地区，也就是意大利南部，后者则能够忍受较为潮湿的环境，在意大利北部波河平原一带亦能栽植，而这也是为何干制面食的消耗以南部为大宗，北部人以蛋面为主的原因之一。

此外，在鸡蛋相当罕见的南意，又怎么可能出现蛋面这种东西？在意大利北部，母鸡终年生蛋，到了南部，每到冬日就会停产，一直到复活节才又开始。因此，鸡蛋在南意人眼里是很珍贵的，会被用来代替货币，成为交易的筹码，然而在富裕的北部，鸡蛋的消耗就比南部多出许多，有些蛋面的制作，每公斤面粉甚至得用到十颗鸡蛋，而就南部经济而言，这种浪费是难以想象的。

要制作好吃的干制面食（不用鸡蛋的意式面食），只能使用硬粒小麦，用一般小麦制作干制面食是一种欺骗，而且对经典意式面食的本质更是一种侮辱：这种面条会黏锅，无法吸附酱汁，而且会让消费者变胖。早在古罗马帝国韦斯巴芗皇帝（Vespasiano）在位时期，古罗马人就开始从切尔松内索（Chersoneso，位于今希腊）一带进口硬粒小麦，硬粒小麦在起源上与一般小麦不同，可追溯到阿富汗，在当时经由叙利亚和巴勒斯坦被带进地中海地区。在文艺复兴时期，热纳亚和那不勒斯就是进口硬粒小麦，用以制作著名的干制面食。在意大利，干制面食的质量受到 1976 年发布的第 580 号法律“谷物、面粉、面包和面食加工暨贸易准则”所规范。最有权威的试吃员大多居住在港口城市并在当地工作，这些港口也是干制面食出口之地，因此所有品管与认证等工作亦在此进行。最优秀的制面师大多居住在那不勒斯周围。从历史的角度来说，意大利最著名的面食制造业就是在那不勒斯省区发展出来的。数世纪以来，那不勒斯的太阳和和煦海风，一直是天然制面过程不可或缺的条件。坎帕尼亚地区的强烈日照，让产品能迅速干燥，而持续往葛拉尼亚诺（Gragnano）丘陵吹抚的海风，不但有助于干燥，更将邻近栗树林的芬芳带了过去。

在众多干制面食供应地之中，与那不勒斯齐名者尚有热纳亚，不过热纳亚人和西西里岛与坎帕尼亚地区的不同点，在于他们用的是进口小麦，而不论是西西里岛或坎帕尼亚地区，用的都是当地生产的小麦。热纳亚人从西西里岛或俄罗斯进口小麦，然后在当地进行面食制作，而利古里亚地区也提供了面食干燥的良好气候条件（与那不勒斯类似：早晚都有海风轻抚吹过周围山丘的栗树林）。

阿涅希基金会（Fondo Agnesi）在罗马成立国立意大利面博物馆时，选中位于斯坎德贝尔格广场（Palazzo Scanderberg）一百一十七号的同名建筑，也就是建造于 14 世纪的斯坎德贝尔格大厦；在馆内的十五间展示厅中，藉由文物和文件展示说明意大利面从伊特鲁里亚时期至今的历史。参观者在博物馆中可以了解到，最好的意大利面是用“塔甘罗格”（Taganrog）品种的小麦制成，用这种小麦制成的面食不但具有无与伦比的色泽，口感更是相当美妙。数世纪来一直从塔甘罗格进口到意大利的俄罗斯小麦，在过去是南意经济的重要支柱。甚至在波旁王朝时期，尽管由于地方政治因素实施禁运，这种小麦仍然持续进口到两西西里王国。不过到了 1917 年俄国革命之际，由于亚速海地区发生饥荒，连种子都被消耗殆尽，俄罗斯小麦的出口于是告终。根据意大利制面业者的说法，自此以后，意式面食再也找不回过往的滋味。

塔甘罗格小麦的幻想，即使到现在都还制面师傅魂牵梦萦。[10]目前，被称为“塔甘罗格”的小麦品种只有在阿根廷才有栽植（不过我们并无法确定这种小麦的基因是否与前几世纪大受赞赏的俄罗斯小麦相同）。

我们必须知道，在过去，面食生产并没有磨面粉的程序。时至今日，一切工作都有机器代劳，烘干的小麦会被磨成面粉，待需要时才和面捏揉，不过就传统制面方式来说，整个工序由麦粒开始，麦粒会在揉制过程中加水压碎并混合。

从古罗马作家威特鲁威（Vitruvio）的时期至 19 世纪液压装置出现之际，意大利境内质量最优的面食来自热纳亚和那不勒斯。热纳亚人的制面方式，是用手以半碾小麦来和面开始，然后将面团移到一个设有搅拌兼石磨研磨器的专用木桶中，并将面团完全浸泡在温水里。操作者绕着木桶移动，转动搅拌器，麦粒破碎，几乎完全失去玻璃质，化为具有弹性又黏稠的面团。

那不勒斯人的制作方式，则是将材料倒入石槽，研磨器为木制，加入的是沸水，揉面者的动作不是绕圆圈水平移动，而是垂直操作。操作者以脚来控制这个活塞，动作跟骑脚踏车一样，如此一来，就能够混合并未完全压碎的小麦，制成的面团仍然保有小麦的玻璃质，使得面能带有光泽，成就了那不勒斯干制面条的优越质量。

面团揉好以后，就到了压制的步骤，一般是将面团压过具有孔隙的铜制圆盘来制作。若使用目前常见的材质如特氟隆来制作圆盘，并无法达到完美的效果，因为如此以来，孔隙边缘太过均匀，让面的表面太过光滑，酱汁无法沾附。而根据完美烹饪准则，不论面型为何，表面都必须粗糙，即使极其细微亦然。

1917 年，费罗尔·桑德拉涅（Ferol Sandragné）仿照砖头制造机，以螺旋钻代替活塞。之后到 1930 年，制面业发生了真正的革命，引进了续动式压制机，面食制造终于能从材料混合、揉面、到压制一气呵成，生产循环再也不必中断。

早期的干燥步骤，只能在特定地点挂在木棍上进行，这也是为什么意大利早期面食生产集中在特定能生产出质量皆高的面食产品的地区，而其他地区的制面却量少质劣。何况，多样化的面型选择，也是近年来因为交通发展与全球贸易导向之故才逐渐普及。目前的荣景，有赖二次世界大战以后，人工干燥的引进推了制面业一把，让制面业不再受限于单一地点的气候条件；而到了生产自动化的年代，意大利终于开始制造足够的面食，供应全国之所需。

由于全球战略与面型差异化之故，干制面食得以建立起它作为主要食品的地位，并成为国家象征。在 18 世纪，歌德旅行意大利并写下那些有关那不勒斯的著名记述之际，没有任何意大利人会将面食当作一个独立的食品类别，每个地区都按该地区的某些面食建立起各自的烹饪哲学，歌德就观察并品尝到一种那不勒斯当地面食，一种既长又粗且中空的马凯罗尼通心面，是两西西里王国的发明，而且只有在当地才能吃得到。俄罗斯作家果戈里也只会把马凯罗尼通心面和那不勒斯联想在一起：

> 这样说来，你们已经到了那不勒斯……你们面前会有许多肢体语言丰富的那不勒斯人；这些那不勒斯人爱吃马凯罗尼通心粉；马凯罗尼的长度好比罗马到那不勒斯的距离，你们匆忙掠过的那段路……[11]

只有到意大利统一，以及人们对“地中海饮食”的风尚更加肯定以后，将意式面食视为独立食品类别的概念、各种面型清单、以及将各种面型信息汇集成册的做法，才开始深入意大利人和国外意大利面爱好者的意识之中，这些面型和信息集结在一起，就好像颜色缤纷的乐高积木一样，提供了无限的可能性。

面型的命名，常会用到许多比喻与想象。例如：

- 一般面条 spaghetti 和更细的细面 spaghettini，指面条状似细绳（来自意文的细绳 spago）。
- 笔管面（penne），指状似鹅毛笔的笔尖，大笔管面（pennoni）是较大型的笔管面。
- 粗吸管面是 bucatoni，指较粗且中间有洞的吸管面。
- fidelini 是细发面的另一种称呼，来自撒丁方言。

- 细扁面（trenette）的名称来自热纳亚的方言 trene，有“花边、细绳”之意。
- 螺旋通心面（tortiglioni），有外型扭转之意。

有些名称来自动物世界，如：

- 蝴蝶面（farfalle）
- 贝壳面（conchiglie）
- 蜗牛面（lumache）
- 鸡冠面（creste di gallo）
- 燕尾面（code di rondine）
- 牛眼面（occhi di bove）
- 象眼面（occhi di elefante）
- 条纹狼眼面（occhi di luporigati）
- 雀眼面（occhi di passero）
- 蝌蚪面（girini）
- 译作面线的 vermicelli，名称来自其外观状似小虫。
- 译作宽扁面的 linguine，指外观状似小舌头。
- 宽扁面 bavette，形容状似婴儿口水。
- 小耳面（orecchiette）

取自植物世界的有：

- 接骨木花面（fiori di sambuco）
- 绊根草面（gramigna）
- 芹菜面（sedani）

来自宗教实践的则有：

- 天使发丝（capellid’angelo）
- 修女服袖子（maniche di monaca）
- 圣母（avemarie）
- 教士帽（cappelli del prete）

每一位意大利美食行家都必须知道如何搭配面型和各种酱汁，而且一般也都会知道，不论在选择配料、烹饪过程与何时将面从水里捞出，都具有相当丰富的象征意义。作家唐·德里罗（Don DeLillo）在小说《地下世界》（*Underworld*）中讲到美国意大利人社群时，就揭露了一些诸如此类象征的意义。

萝丝玛莉听到其他女人和丈夫或儿女谈论酱汁，完全知道他们想要说的是什么。他们要说的是，谅你不敢晚归；他们要说的是，这事情很严重，所以要注意自己的所作所为。那是个警告，有提醒家庭责任的意味。是的，不论是家庭聚餐、食物历史、饮食历史，以及强烈的大蒜味都可以是享乐，不过里面也有责任，也有义务。今晚，家长要求每位家庭成员都必须出席。因为对这些人来说，家庭即艺术，晚餐餐桌是这种艺术得以表达的地方。

那些女人说着，而我正在准备酱汁……

这种酱汁、这个家庭聚餐、在锅里和香肠、猪排、洋葱和大蒜一起慢炖的肉酱，都代表着对过往的忠诚、一种联系、一种安乐……[12]

最有名的酱汁如热纳亚青酱、那不勒斯茄汁、博洛尼亚肉酱、辣味培根[13]、培根蛋酱[14]、意式辣味[15]、妓女面[16]，以及蒜味辣椒油。

意式面食的配料并没有固定的清单。若要针对可能的搭配方式给个数字概念，光就面条这单一种面型来说（又长又细且直径一定的面条），在米兰市索尔费里诺街的“面条专卖店”（Spaghetteriadi）就推出了112种搭配。这间餐厅的菜单共有112道，包括以柠檬、橙子、草莓、西瓜、菠萝、百合、栀子花、郁金香、紫罗兰、新鲜玫瑰、玫瑰酱、西梅、南瓜、蓝莓、醋栗、无花果、龙虾、蛙肉、核桃、蜜瓜、瑞可达起士、松露、勿忘我（店主显然藉此大开玩笑，而事实上这道菜加了许多大蒜和胡椒，毫不手软）。

1.《最好的故事》，第四日故事三。

2.《一个法国人在意大利的旅程》卷五，第494页。

3. 又称蒂费·奥达希（Tifi Odasi）或蒂费斯·奥达希乌斯（Typhis Odaxius），约卒于1492年。

4. 海涅，《斯纳贝勒沃普斯基的回忆录》，第一章第8页。

5. 普雷佐里尼，《马凯罗尼面食》（*Maccheroni & C.*），第15页。

6. 马尔奇，《用餐之际》，第24页。

7. 利格布埃（Ligabue），《航海补给与船上食物历史》（*Storia delle fornituren avali e dell'alimentazione di bordo*）。

8. 托内利（Tonelli），《从热纳亚绘画看饮食历史》（*La pittura a Genova come fonte per la storia dell'alimentazione*）。

9. 倘若翻阅1992年《配额簿：古今航海饮食史》（*Il rancio di bordo: storia dell'alimentazione sul mare dall' antichità ai giorni nostril*）的展览目录就可以清楚看到这一点。

10. 阿涅希，《该吃面了》（*È tempo di pasta*），第38-39页，第56页。

11. 果戈里从罗马写给雷普妮娜（V. N. Repnina）的信，1838年6月14日。

12.《地下世界》，第745-746页。

13. 这道菜有所谓的“5P”：面（pasta）、培根（pancetta）、番茄（pomodoro）、辣椒（peperoncino）和佩科里诺起士（pecorino）。

14. 培根或猪颊、佩科里诺起士、蛋，有时也会加入猪油。

15. 培根、大蒜、辣椒、黑胡椒、黑橄榄、白酒和磨碎的佩科里诺起士。

16. 番茄、鳀鱼、续随子、橄榄、胡椒、洋葱、大蒜和辣椒。

10

MBRIA

翁布里亚地区

相对于托斯卡纳地区直截了当、坚定实际与活力十足的形象，翁布里亚地区在旅人的眼中，向来沉浸在一股罗曼蒂克的光环里：

> 翁布里亚！这名称似乎在告诉我们，这里的山谷、山丘顶上的古城与寂静深夜，都受到轻微阴影所覆盖……这里的阳光好似透过一层隐形薄纱般地和煦，流水是如此清澈宁静……世人在此找寻珍贵的纯真与快乐，藉此替世间的许多痛苦与失落寻求慰藉，而就在那刻，神圣的翁布里亚出现眼前，替所有不安和心烦意乱的灵魂提供了一个受祝福的庇护所，对任何在生命之舟上发出求救信号的人来说，这可谓救赎之岛。[1]

这个地区没有高山深谷，到处都是平缓的丘陵阶地，山丘上尚有原始森林，湖边处处都是童话故事般的美景。即使是现在，翁布里亚还保有许多以自然和谐为中心思想的修道院与隐修院，例如圣方济各创设的阿西西静修院（eremo di Assisi）。雅格布·达瓦拉吉内（Jacopo da Varagine，或作 Jacopo da Varazze［雅各布·达瓦拉泽］）的《黄金传说》（*Leggenda aurea*）在提到圣方济各的部分说，圣方济各会从地上把虫子捡起来，让路人不至于踩到它们，又说他会拿蜂蜜和酒给蜜蜂，让它们好过冬，还会拯救即将被带往屠宰场的羊儿，帮助兔子脱离陷阱，并且以兄弟来称呼所有动物，而这生命赞歌里如诗如画的世界，就是围绕着这个可谓圣方济各神秘主义庇护所的阿西西静修院。

大体而言，翁布里亚可以说是一种圣人保护区。480 年，西欧修道主义的创始者圣本笃（san Benedetto）在诺尔恰（Norcia）出生。七个世纪以后，圣方济各将这

翁布里亚地区的平缓丘陵地

阿西西静修院

腌腰肉

佩鲁贾

种修道主义的一部分（小兄弟会）推往具有使徒传教特质的禁欲主义，就许多方面而言，圣方济各的禁欲主义都与和他同时期却较年长的皮埃特罗·巴尔德斯（Pietro Valdès）非常类似，巴尔德斯在瓦莱达奥斯塔创立了瓦勒度教派。创立贫穷修女会的圣嘉勒（Santa Chiara）也是翁布里亚人。此地居民受到诸位圣人周围那股难以解释的狂喜情感所感染，纷纷替他们建起圣殿，让这里出现了一座座难以言喻的罗马式大教堂，不论从诺尔恰到奥维亚托（Orvieto），或是从斯波列托（Spoleto）到阿西西和古比奥（Gubbio），每座教堂从头到尾都覆盖着乔托（Giotto）、菲利波·里皮（Filippo Lippi）、卢卡·西尼奥雷利（Luca Signorelli）等绘画名家之作。

每年5月，阿西西人都会穿起中世纪装束举办庆典，人们在大广场上烤起野猪并分食麦汤，而这些在黑暗森林里自由生活的野猪，正是翁布里亚主要特产野猪生火腿的主要材料。

翁布里亚地区人口稀疏，因此这里无论畜牧或农业都不密集，人们自古以来就从草原、湖泊和森林里取得食物。大自然除了带给人们食物以外，也替人们准备好了厨具，人们通常用一种以河卵石做成的烤盘上烘烤此地传统的咸面包（目前大多改用铸铁制烤盘）。

这里最好的食物有时被称为“黑金”，而这个名词可以同时指称此地区特产的野猪黑火腿和黑松露。这里也可以找到白松露，主要以台伯河河谷（val Tiberina）、奥维亚托、古比奥和瓜尔多塔迪诺（Gualdo Tadino）一带为主要产地；而著名的黑松露则分布在诺尔恰和斯波列托。在各种松露之间，还有人们所谓的“冬松露”和“麝香松露”。

一般而言，与其宰杀家畜家禽作为食物，翁布里亚人比较喜欢从它们身上取得牛奶和鸡蛋，因此这里出现“如果农夫吃鸡就代表其中之一生病了”这句俗谚，亦非偶然。不过这个原则并不适用于猪，因为猪身上既没有蛋也没有奶，猪肉只能拿来吃，而翁布里亚地区猪肉加工艺术是如此地根深蒂固，因此意大利人用“norcini”这个原意为“来自诺尔恰”的字眼，来指称专门屠宰猪只的屠夫。

诺尔恰生火腿绝对是这块土地上不容置疑的骄傲。翁布里亚人（和其他意大利人）说，猪身上没有任何一丁点的部分是可以丢弃的：有些部位吃新鲜的，有些拿来灌香肠，放上几天慢慢品尝，有些则拿来腌制。被用来做成生火腿的猪腿，通常会被拿来腌制，经过长时间仔细处理以后，用盐进行干腌并存放约一个月的时间。用量根据经验来取舍的盐，主要的功能在于让肉脱水。在经过这第一个阶段以后，经盐腌处理的猪腿肉会再经过洗净、修整、用胡椒和大蒜调味的过程，然后和许多即将成为生火腿的猪腿肉，一起吊挂在恒温环境中进行长期的干燥熟成。

在七至八个月以后，生火腿便可以进行“涂泥”的步骤：屠夫会在猪腿肉的裂缝上涂上一种以油脂为主要成分的脂肪泥；之后，就得让这种艺术制作最主要的两个元素，也就是盐和时间，发挥它们的效应。

此地区的各种特产随着这样的手艺而生，包括腌颈肩肉（capocollo）、萨拉米香肠、腌颈肉（coppa）、香肠、腌腰肉（lonza）、口袋生火腿（prosciuttinitascabili）和最著名的“骡子睪丸”[2]。

翁布里亚主要特产——野猪生火腿

烤镶乳猪（porchetta）是用一整只乳猪，填入内脏、茴香和各种香草以后烤熟制成，这道料理一般被当成点心（面包夹切片烤乳猪），在市场、演唱会或集会场合随处可见。笔者于 2006 年 5 月造访都灵时所看到的景象，至今令人难以忘怀：在书展里塞满书本的一个个书架间，三位男士把一只体型庞大且还滴着油的“烤镶乳猪”拖进翁布里亚的摊位，炒热了整个活动的欢乐气氛，翁布里亚出版商更邀请所有想要参加庆祝活动的人共襄盛举，一同吃镶乳猪（而且跑来吃吃喝喝的人非常多）。即使在精英文化这种不太寻常的场合举办，整个活动看起来和意大利乡间的所有节庆活动几乎一模一样。这只猪的表情看来和善，似乎忙着观察隔壁摊位里各种刚出版的新书；它的颈部和身体异乎寻常地长，好像它前世不是猪而是龙一样，难道是因为好奇心驱使，脖子才会变得那么长？

翁布里亚地区有个内陆海，也就是特拉西梅诺湖（lago Trasimeno），它面积广大，水量充沛。此外，台伯河也流经翁布里亚地区。在当地清澈的水域中（翁布里亚几乎没有工厂），常常可以看到钓客垂钓，水里淡水鱼种繁多，有鲤鱼、鳟鱼、鲢鱼、拟鲤、查布鱼、软口鱼、红眼鱼、河鲈、茴鱼、鲋鱼、欧白鱼、丁鳜和鳗鱼等出没。

散布在中世纪朝圣之道上为数众多的修道院，替翁布里亚带来了一股身体与心灵平静的氛围，也难怪此地的政治历史，同样也反映了这样的形象，少有征战纷扰的情事。

翁布里亚向来没有什么太强大的城市。此地没有入海通道，没有殖民地和港市，也未参与产业与商业。尽管如此，这个远离权力与经济利益之地，在11至14世纪间，还是发展出许多自由行政区如佩鲁贾（Perugia）、阿西西、弗利尼奥（Foligno）、斯波列托、特尔尼（Terni）、奥维亚托和古比奥等。此后，这里也一直试着在意大利境内各种冲突之间，维持着一种和平中立的立场。

1. 穆拉托夫，《意大利风情》卷三，第223页。

2. 名称据说来自其外型状似骡子睪丸，不过其实是用瘦绞肉（猪肩肉、腰肉和腿肉）加上猪脂制成的腌制香肠。

翁布里亚地区的地方风味

第一道

- 手工制作的乡村粗面：可拿来搭配各种酱料，其名称因地而异，在特尔尼称为“奇里欧雷”（ciriole），在古比奥称为“毕戈利”（bigoli），在利夏诺尼科内（Lisciano Niccone）称为“布尔戈利”（bringoli），在佩鲁贾和奥维亚托称为“翁布里切利”（umbricelli），在托帝（Todi）称为“呛神父”（strozzapreti），在巴斯基（Baschi）和奥特里科利（Otricoli）称为“曼弗利科里亚”（manfricolia）；如果面条比较细一点，例如在斯波列提诺（Spoletino）和特尔拿诺（Ternano）等地，则称为“斯特雷戈奇”（stregozzi）或“斯特朗戈奇”（strangozzi），或以其外型称为鞋带面或绳面。
- 白豆搭配玉米糕（impastoiata）也是一道著名的地方风味。

第二道

- 塞了家禽内脏、香肠、百里香、墨角兰和橄榄油的诺尔恰镶鹬。
- 飞廉烘蛋
- 弗利尼奥的蜗牛
- 松露蛋煎
- 野兔镶橄榄
- 镶野鸽
- 野猪生火腿搭配茴香
- 生火腿卷鲤鱼
- 黑松露酱克里多诺鳟

甜点

- 杏仁蛋糕（佩鲁贾）：以甜杏仁、松子和糖为主要材料的圆形蛋糕，一般做成盘蛇状，并用一粒杏仁代表蛇吐信的样子。

圣诞菜肴

- 宽面或圆饼加上碎核桃、糖、柠檬和肉桂所做成的“甜面”(maccheroni dolci）。
- 用融化的糖和松子制成的松子糖（pinocchiata），一般做成菱形，有白色（只用糖）和棕色（加了可可）两种版本。

翁布里亚地区的特产

- 黑松露（学名 Tuber melanosporum）
- 著名的腌颊肉（prosciutto barbozzo）、萨拉米肝肠（mazzafegati）

- 坎纳拉（Cannara）的红洋葱
- 特拉西梅诺湖的豆子
- 特雷维（Trevi）的黑芹
- 可菲欧里托（Colfiorito）和坎皮泰洛（Campitello）的马铃薯
- 用在高钙黏土层种出来的橄榄所制造的橄榄油，口感非常细致（翁布里亚特殊的气候条件让橄榄能缓慢成熟，而且此地橄榄的酸度极低）。具有翁布里亚原产地保护认证（DOP）的橄榄油来自五个区域：阿西西、斯波雷托、马尔塔尼山（monti Martani）和阿梅里尼丘（Colli Amerini）、特拉西梅诺湖湖畔，以及奥维亚托周围。
- 斯佩耳特小麦，一般在用猪大骨熬汤煮成的汤品时会使用（斯波雷托省的蒙特莱奥内［Monteleone］）。
- 卡斯特卢乔（Castelluccio）产的小扁豆特别嫩，在烹煮之前不需要泡水处理。
- 可菲欧里托的特产是红马铃薯，非常适合用来烹煮马铃薯疙瘩和现在很少见的扁平豌豆汤；扁平豌豆是一种“穷人吃的豆子”，从前在特拉西梅诺湖一带，人们会把它拿来和猪皮一起烹煮。

步骤程序

PROCEDIMENTI

在我们打算动手烹饪、打开食谱时，我们会预期食谱中应该会说明必须使用哪些材料以及材料顺序。然而在这些信息的另一面，却假设我们已经在其他地方学会了各种步骤程序，因此一般食谱并不会针对这些基本功夫详加说明。每个人在成长过程中，都会在家里学到这些步骤程序，因此各种烹饪学派的死忠支持者之间，才会常常发生争论。以有关米兰炖饭的争论为例，这个主题似乎已经一而再再而三地讨论过了，尽管如此，人们并没有针对其烹饪步骤达成共识。米兰炖饭到底应该在铝锅还是无釉陶器里烹煮？要不停搅拌，还是在刚开始的时候用力搅拌就好，然后静置在炉上并随时注意，直到离火为止？洋葱到底要不要炒过？什么时候加进起士，是炖饭还在炉火上慢煮的时候，还是关火以后？在开始加入一勺勺高汤以前，要不要在米上喷点葡萄酒提味？要参与这些讨论，或多或少必须对化学、历史、人种学等略知一二，并且得对文学有所认知，还要具有美感和直觉力。

意大利的烹饪传统是如此丰富，使得那些在外国人眼中看来既有异国风情又令人着迷的烹饪程序，可以列出一张很长的清单。在这清单里，笔者刻意略过农村与工业的食品加工技术，而只列出早晚得在家庭烹饪时所遇到的一些操作程序：

- 替朝鲜蓟去皮
- 用石头将朝鲜蓟压开的“犹太式”处理（carciofiallagiudia）
- 捆绑芦笋
- 大火翻炒意大利面至收汁

在肉和鱼上“雕花”：在食材上稍微切割，让食材更容易烹煮并吸收香草香料的味道

- 在茄子上抹点盐巴并静置一段时间，以去除苦味。
- 摔打活章鱼，让肉质更柔软。
- 将肉品进行吊挂熟成的处理，以让肉质变软。
- 焯西红柿（放在开水里煮一下就拿出来）并剥皮，再切成长条状。
- 切松子
- 浸泡仙人果以利去刺剥皮
- 冲洗鳕鱼干并在浸泡过程中经常换水
- 用洗菜篮的旋转功能沥干蔬菜色拉上的水分
- 用专门机器替菊苣嫩芽切丝
- 将丁香插进洋葱
- 剔除鱼骨并做成鱼排
- 在海鲈上抹盐以做成盐封鱼
- 一一替小黄瓜和西红柿去籽
- 替柑橘类水果削皮取瓤，并去除每瓣果肉上的橘络。
- 在大理石研钵里磨碎罗勒
- 用半月型切碎刀将大蒜切碎
- 准备柑橘类水果的外皮：把切成细长形的柠檬皮或橙皮（去除里面白色味苦的部分），在滚水里稍微烫过，以减低呛味。
- 用剪刀剪下一小枝欧芹
- 用线切软质起士
- 取出乌贼的墨囊
- 利用一种特殊的小针将猪脂塞入肉块中，增加烹煮后的滑嫩口感。
- 取出章鱼的眼睛
- 替比目鱼剔骨
- 准备煮高汤用的“香草束”，烹煮完毕后便丢弃。
- 在牛奶里煮大蒜以去除臭味
- 知道如何分辨肉品不同程度的大理石纹及其调理方式——肌间脂肪平均分布者称为“大理石纹”（marmorizzata），肌间脂肪分布仅在主要肌肉束的是“欧芹纹”（prezzemolata），肌间脂肪分布细密的叫作“脉纹”（venata）。
- 用橄榄油爆香大蒜后取出，制作具有大蒜香味却没有实际放入大蒜的酱料。
- 准备帕米森起士薄片
- 擦碎肉豆蔻
- 用生火腿薄片将切片的哈蜜瓜包起来
- 用生火腿薄片将牛肉包起来准备香煎牛肉卷（saltimbocca）[1]
- 用木制的胡椒碾磨器研磨黑胡椒粒
- 制作浓缩肉高汤或鱼高汤并加以保存，以便稍后用作菜肴调味。
- 将红酒从酒瓶倒入醒酒瓶，让红酒接触空气中的氧气并沉淀杂质。

- 清理川烫后冷却的犊牛脾
- 将鳕鱼干浸泡在牛奶中
- 在奶油上刮出奶油卷
- 用猪脂切片包覆肉、鱼、禽和野味，以免在烹煮过程中过分受热，举例来说，在烹煮以前用培根把鹌鹑包起来。
- 摘除乌贼嘴
- 切除朝鲜蓟的叶尖
- 知道特定菜肴（用油酥皮包起来烹煮的肉品、肝酱或肉酱）必须使用厚纸板卷成的“烟囱”，在烹煮过程中，内部的水蒸汽才能够跑出来。
- 替栉瓜花填入肉馅或起士馅
- 用专门的“松露刨器”替松露切片，这种特殊工具上装有可以调整切片厚度的螺丝，藉以刨出各种厚度的切片。
- 文火慢炖并在最后加入动物的血或切碎的肝脏作为黏合剂的煮法（称为 civet）。
- 文火炖煮野兔、鹿肉和鸽肉，但最后不加入血和肝（称为 salmì，与前述的 civet 类似）。
- 替甜椒去皮
- 用线把家禽肉绑好，让它在烹煮时不会变形。
- 用一块布让煮好的玉米糊成形
- 在肉和鱼上“雕花”：在食材上稍微切割，让食材更容易烹煮并吸收香草香料的味道。
- 准备高汤时只把锅子放在炉火的一部分上，让浮沫集中在表面的一侧，只要一个动作就可以捞除。
- 用水浴的方式烹煮，也就是把小锅置于放水的大锅里隔水烹煮（据说这种方式是炼金术士引进的，在 16 世纪炼金术非常普遍）。
- “淹”鱼：把鱼浸泡在少量香味强烈的液体中（灼海鲜料汤、酒或胡椒调味汁），以文火加热的方式烹煮，不能煮滚，温度不超过摄氏 80 度。
- 在另外的烤盘或油滴盘搜集肉汁，以供未来制作酱汁使用。
- 准备新鲜的西红柿丁，先在西红柿上划十字，放进滚水里烫一下再沥水去皮，然后把西红柿切成四瓣，再切成每边半公分的方形小丁。
- 把鱼用盐、糖和香料腌两天
- 准备调味蔬菜，也就是将西洋芹、红萝卜和洋葱切成小丁，一般作为烹饪基底（称为 mirepoix，在意大利一般叫作 soffritto）。
- 将蔬菜切成每侧两厘米的小粒，可用作烹饪或冷冻（一般称为 brunoise）。
- 在肉丸表面淋点矿泉水，让口感更柔软。
- 将炖饭烹煮到最适当的程度：不会太水也不至于太密实，在晃动锅子时米饭会形成“波浪”。

- 准备“菜底”，用天然食材代替几乎无所不在却不太健康的高汤块。
- 用少许液体让食材长时间在小火上慢煮。
- 把打发的蛋白或（根据古老食谱）鱼子酱加入高汤里以制作清汤。
- 把面粉堆弄成火山口状，并把蛋、盐或水放在火山口中。
- 将酱汁覆上食材（意文里称为 nappare，指将少许酱汁用勺子慢慢舀上）
- 在平底锅里用奶油稍微将面粉炒过，制作面粉糊（roux）；一般用来当成酱汁的黏合剂。
- 处理油炸用的栉瓜花：早晨在栉瓜花还结实开着的时候摘取，去除花蕊和中央带有苦味的部分，并把花展开，以免花瓣边缘起绉褶或烂掉。
- 品尝正在水里煮的面，判断是否弹牙。
- 把内脏或骨头用冷活水冲泡，以去除杂质和血块。
- 用海水烫龙虾和贝类
- 用绳子将禽肉的翅膀和腿部靠着身体绑好，呈“蹲坐”的姿势，以免在烹煮过程中变形。
- 加入太白粉、玉米淀粉、奶油、先奶油、蛋黄或蔬菜泥，让酱汁变稠。
- 事先准备酱汁调味料：可以用粗盐、肉、红萝卜、洋葱、西洋芹等制作，先用食物调理器把所有食材打碎，然后在炉子上用沸水烫，再捞出来重新磨过，之后用大火翻炒至干，用此代替高汤味精，增进菜肴风味……

这烹饪程序的列表可以一直列下去，不过我们无法以这么多的篇幅和精力一一列出，否则就模糊了本书的焦点。

这些意大利美食家和食谱建议的步骤程序，基本上都不难想象或接受，笔者本身也常常动手实践……除了虐待章鱼以外。

1. 直译为“跳进嘴里”，意指好吃到让人不停往嘴里送。

11

MARCHE

马尔凯地区

马尔凯地区的一些地名如阿斯科利皮切诺（Ascoli Piceno）、波坦察皮切纳（Potenza Picena）、阿夸维瓦皮切纳（Acquaviva Picena）等，保留了过去皮西努姆（Piceni）人曾在此地居住的记忆。皮西努姆人跟其他曾在意大利生活的民族一样，随着时间演进，被古罗马人逐渐同化。在中世纪早期，神圣罗马帝国在这个地区开始发展（或结束），而此地区的名称则是因为这里在中世纪时期是受到侯爵统治的边疆地带，而侯爵在意大利文中称为"marchesi"，因而逐渐演变成此地区名称"马尔凯"（Marche）。在 10 世纪期间，此地区的统治者包括卡梅里诺（Camerino）、费尔莫（Fermo）和安科纳（Ancona）等侯爵，而这些称呼后来也成为这里的地名。

自中世纪时期起，马尔凯地区的居民就以娴熟的手工艺技术闻名。他们的作风并非重新复制已经测试成功的模型，也不是勤奋地仿古，而是臻求完美、发展与进步，马尔凯就好比意大利境内的日本。世界上最大的货轮，是安科纳（Ancona）的造船厂建造的。马尔凯地区的制造业极为发达，不但以全意大利为市场，更占意大利全国出口总值的一半，其中包括家用品、家电、鞋子、衣服、摩托车、家具、乐器等。此地尤其以手风琴的制作闻名于世，世界上最好的手风琴全都来自马尔凯地区的卡斯特费达尔多（Castelfidardo）；手风琴的安装和修整可以在其他地区处理，不过内部结构绝对得出自卡斯特费达尔多的工厂。

在这里，所有人都不断地学习。大学城乌尔比诺（Urbino）就跟英国牛津一样，旧城区就是校园所在，在城内各广场和文艺复兴风格的街区之中，有超过四十个不同的学系，而最现代的学生宿舍则设置在山坡的一侧。这种新旧融合，塑造了一种理想城的效果，而此种道德与艺术完美的精神，可见于乌尔比诺总督府收藏的《理想城》（*La città ideale*）之中，根据某些学者的说法，这幅画是出自建筑师卢西亚

《理想城》

诺·劳雷纳（Luciano Laurana）之手，而乌尔比诺之美，就是劳雷纳和詹蒂莱·达法布里亚诺（Gentile da Fabriano）、布拉曼特（Bramante）和拉斐尔（Raffaello）等人一手创造出来的。

繁复、想象与对工作那股毫无保留的爱，也成为此地区饮食的特点。马尔凯地区的厨师根据传统，勤奋且仔细地处理所有的食物元素，不会为了节省时间或力气而偷工减料。在这里，所有可以被拿来塞馅的食材，从野猪到小小的橄榄，都会被拿来塞馅处理；人们会在粗面卷（cannelloni）里塞满芦笋和生火腿（此地亦盛产生火腿），或是在乌贼里塞近犊牛绞肉。这里的烹煮方式费时耗工，甚至会把烟熏培根填进骨螺[1]这种人们用来萃取紫色染料的软件动物中。这里制作的镶橄榄，销售范围广及全意大利，人们取出橄榄核以后，会填入和香草、蛋、帕米森起士、肉豆蔻和肉桂等一起烹煮的肉和火腿；在塞入馅料以后，会在橄榄外部裹上一层面粉，然后沾上蛋液和面包屑，放置在冰箱里冷却以后，再用大量橄榄油油炸一分钟至一分半的时间。

在各种典型的地区风味之间，有许多菜肴做法极其繁复耗工，如镶羊头、先碳烤再炖煮的镶馅炸猪皮、以及“恰林姆伯里”（ciarimboli，将内脏用大蒜、盐、胡椒和迷迭香调味后置于炉火旁间接干燥再碳烤的菜肴）。这里也有一道用鸡胗煮成的怪异菜肴，称为乌尔比诺风味蜗牛，据说这道菜的发明人是 15 世纪米兰大公卢多维科·斯弗尔扎（Ludovicoil Moro）之妻碧特丽丝·德斯特（Beatrice d'Este）。碧特丽丝曾向布拉曼特及达·芬奇提供庇护，力促达·芬奇将那些无可取代的装置保留下来，例如机器烤肉架和可以在炉边抽取烟雾的抽风机[2]，她同时也将这些想法提供给米兰古堡和帕维亚修道院的建造者；碧特丽丝甚至还发明了不少相当有意思的菜肴搭配，例如羊肚菌和蜜红萝卜、朝鲜蓟心与嫩芜菁的搭配。

人们凭直觉就可以理解的烹饪艺术与音乐，由于两者都有类似的创意机制，所以常被结合起来：这两种艺术都依赖诠释，若能匠心独具地跳脱常规，更会受到人们正面的肯定与赞赏。因此，探讨音乐和烹饪两者关连性的书籍不在少数，更有许多真实或谣传的趣闻轶事。据说，最让当地人倍感光荣的马尔凯之子作曲家乔阿奇诺·罗西尼（Gioacchino Rossini）非常嗜吃，一辈子只掉过三次眼泪：一是当他完成第一部歌剧时，另一是当他听到帕格尼尼（Paganini）的演奏时，第三则是当他在船上不小心让一只火鸡和松露掉落湖里之际。有关罗西尼的趣闻，还有他将某些食谱带给一位主教，请主教让上帝降福之。在《塞尔维亚理发师》（*Barbiere di Siviglia*,1816）首演以后，罗西尼写了一封信给女高音伊莎贝拉·科尔布兰（Isabella Colbran），不过信中谈论的并不是首演失败的种种，而是松露酱汁；伊莎贝拉显然一点都不意外，要不就是大受惊喜，以致决定嫁给罗西尼。

> 除了无所事事以外，我最喜欢做的事大概就是吃，而且请注意，我指的是该怎么吃就怎么吃的吃法。胃口之于胃，好比爱情之于心。胃就像是唱诗班指挥一样，掌管并驱动着由我们的激情所组成的大型管弦乐团。空空的胃好比低音管或短笛，咕哝着表示不满或以尖锐的声音一表忌妒之情；相反地，吃饱的时候，胃就好比三角铁或铙钹，发出喜悦满足之声……

写下这段文字的罗西尼个性乐天，也曾留下许多有趣的食谱。1842 年，当《摩西在埃及》（*Mosè in Egitto*）于博洛尼亚首演时，罗西尼发明了“盐烤雉鸡”这道菜，将各种香草（月桂、杜松子、迷迭香、百里香）填入雉鸡内，再用抹满大蒜的纱布裹起来，之后将这个木乃伊用粗盐覆盖并堆成金字塔状，让它在盐里煮熟（意大利人在烹煮金头鲷和鮟鱇鱼的时候常常采用这种烹饪方式），上菜时会搭配大量的库斯库斯，让它看来好像是摆在沙漠里金黄色的沙子上一样。

马尔凯人很严肃认真地研究烹饪，在马切拉塔省（Macerata）雷卡纳蒂港（Porto Recanati）成立了海鲜炖汤学院（Accademia del Brodetto）。来自马尔凯地区的诗人和音乐家，他们对美食的想象可以到达一种荒谬却浪漫的程度；知名导演费里尼的好友、电影剧本作家兼诗人托尼诺·古埃拉（Tonino Guerra）住在马尔凯地区的彭纳比利村（Pennabilli），他就开拓出“遗忘之果花园”，种植地中海山楂、枣树和杏李（杏子和李子自然杂交而生）。

在四旬期期间，佩萨罗省（Pesaro）的蒙多尔福（Mondolfo）会举办非常盛大的美食节“四旬期面节”（spaghettata della Quaresima），据说在此地出生的音乐家阿梅戴奥·塔里尼（Amadeo Tarini）在与神父大吵一架后，设法让这个节庆活动正常举行，答应会用鳀鱼、鲔鱼和橄榄油来替面调味，以符合四旬期的斋戒规定。

马尔凯地区的地方风味

开胃菜

- 镶橄榄（olive ascolane）：一般填入用肉（鸡肉、犊牛、猪肉）、火腿、意式肉肠、起士、蛋和面包做成的馅料，然后沾上蛋液与面包屑再油炸。

第一道

- 称为“文希斯格拉希”（vincisgrassi）的烤千层面：酱汁材料包括鸡胗、鸡肝、犊牛的胰脏、犊牛脑、火腿与腰背肉，分量按个人喜好调整。

第二道

- 乌尔比诺风味菲力（Filetto all'urbinate）：在肉里挖出一个洞并填入蛋煎和火腿。
- 佩斯卡拉橄榄（Olive allapescarese）：完全跟橄榄无关，而是填入火腿与罗勒馅的犊牛排卷。
- 镶兔肉（Coniglioripieno）：内馅以犊牛肉、意式肉肠、碎起士及面包屑，混入兔肝和兔心，再加入猪脂、大蒜、肉豆蔻、丁香与其他香料等，再用打散的蛋液把所有材料黏合在一起。这道镶兔肉一般在壁炉里烤熟。
- 酒炖鳗：典型的马尔凯风味之一，则是酒炖鳗。但丁写出了教宗马丁四世（1281至1285年在位）所受的折磨，马丁四世嗜吃产自博尔塞纳—马恩省湖的鳗鱼（拉奇奥地区的特产），不过根据马尔凯地区的食谱，炖鳗是用维尔纳恰葡萄酒（Vernaccia）炖煮的：

> 那副面容
> 比其他鬼魂更显千疮百孔，
> 此人曾握有神圣教会之权：
> 他来自托尔索（Torso），如今只能禁食
> 以洗净他曾贪食的博尔塞纳—马恩省湖鳗鱼和维尔纳恰葡萄美酒。[3]

- 野茴香烤镶兔：去骨兔肉填入熟火腿、培根和萨拉米香肠，用野茴香调味后进烤箱烤熟。
- 野茴香炖海螺
- 填入起士、面包屑和蛋的镶乌贼。即使是贻贝也是用同样的处理方式，不过馅料则采用火腿、大蒜、迷迭香、野茴香、剥皮西红柿与欧芹，将填好馅的贻贝放在烤盘里并撒上面包屑，再进烤箱或炭烤。

甜点

- 半圆形的卡丘尼甜饼，里面包了用佩科里诺起士、蛋黄、面包屑、糖和磨碎的柠檬皮做成的馅料。在进烤箱烘烤前，会先把卡丘尼甜饼划开，让融化的起士会从划开处跑到表面。
- 用米、巧克力和松子制成的波斯特伦戈饼（Bostrengo）也很受欢迎。

马尔凯地区的特产

- 深坑起士：与罗曼尼亚地区弗利附近鲁比科内河沿岸的索利亚诺（Sogliano）生产的深坑起士类似，做法也一模一样；马尔凯地区的深坑起士也是放到帆布袋里，用麦子和麦秆覆盖，然后放到小箱子里，垂降到凝灰岩洞穴里埋起来。每一个洞穴的温度湿度条件都不同，起士从 8 月 15 日（圣母升天日）放进洞穴里，一直到 11 月初才会取出。马尔凯地区在罗曼尼亚地区的南方，气候条件更为炎热，起士熟成的速度比较快，因此打开洞穴的时间也比较早，不像罗曼尼亚地区得等到 11 月 25 日圣凯瑟琳纪念日，而是在 11 月初的诸圣节。托尼诺·古埃拉替这种在地底下熟成的金黄色深坑起士取了另一个名称，按产地叫作“塔拉梅洛琥珀”（Ambra di Talamello）。作家古埃拉是著名的广告代言人，也是高品味的美学家，他在这里扮演的角色，跟受邀替知名的里纳仙特百货公司（La Rinascente）命名的加布里埃莱尔·邓南遮（Gabriele d'Annunzio）是一样的。时至今日，“塔拉梅洛琥珀”已经是一个注册商标，成为深坑起士的正式名称。
- 卡究罗起士（formaggiocagiolo），与瑞可达起士非常相似。
- 恰乌斯科洛生肉肠（ciauscolo）一般用做面包抹酱，制作时会加入橙皮。
- 松露：每年在阿夸拉尼亚（Acqualagna）松露节交易的松露，占全意大利总收成量的三分之一。此地交易的松露为次级品，质量较皮埃蒙特地区阿尔巴一带的松露差。狡猾的掮客常常在阿夸拉尼亚购买松露，将这些次极品放在阿尔巴松露旁边一段时间，让它们吸收阿尔巴松露的香气，然后再高价卖出。
- 法布里亚诺（Fabriano）的生火腿
- 卡特里亚（Catria）的马肉
- 萨索费拉托（Sassoferrato）和马切拉塔的杏子
- 塞伦加里纳（Serrungarina）的天使梨（pera Angelica）[4]
- 阿索河河谷的桃子
- 阿曼多拉（Amandola）的红苹果
- 圣埃米迪奥（Sant'Emidio）的库库切塔梨（cucuccetta）
- 西兰花（整个马尔凯地区）
- 阿斯科利的朝鲜蓟、耶西（Jesi）的嫩朝鲜蓟。
- 蜂蜜（整个马尔凯地区）。

代表性饮料

- 茴香利口酒（Liquore all'anice）

1. 译注：学名 Murex brandaris，中文称染料骨螺。
2.《亚特兰大写本》（*Codice Atlantico*），第五叶背面。
3.《神曲·炼狱篇》，第二十四首第二十至二十四节。
4. 译注：或译为安洁莉卡梨。

11 I NUOVI DONI DELL' AMERICA

来自美国的新恩宠

I NUOVI DONI DELL' AMERICA

16 世纪，美国尚为殖民地期间，来自美洲的农产品被引进欧洲（见《来自美洲的古老恩宠》）；到了 20 世纪中叶却反了过来，由美国自己把产品带到了欧洲，而旧世界有一半的人将它们当成必要而及时的协助，另一半则将之视为让人忍无可忍的扩张主义。作为饮食传统保卫者的意大利，尤其因为这种“饮食殖民”而受到相当大的伤害。知名主编、记者暨幽默大师里奥 · 隆加内西（Leo Longanesi，1905—1957）曾说过一句受到许多人认同的名言：

> 我吃美国的罐头肉，不过伴随着它的意识形态，留在盘里就好。[1]

根据我们的观察，倘若没有这些美国的罐头肉，意大利人可能在劫难逃。在 1944 年 12 月，罗马人每天可以按配给卡购买两百克的面包，每月可购买一公升的橄榄油；社会学家根据配给卡来计算，意大利一般公民每天只能吃进九百卡路里，而每人每日所需的卡路里平均在两千五百卡左右。配给卡以外的食物需求，只能在黑市购买。

许多著名的著作和影片都以这种黑市为背景和主题[2]，我们得以从中了解罗马和那不勒斯的市场在大战期间所发生的种种，而马拉帕尔特的小说则在某种程度上谈到了富人家里的情况。

然而，即使是住在豪宅里的意大利共和国行政官员也吃不饱。意大利国王维托里奥 · 伊曼纽尔三世（Vittorio Emanuele）于 1943 年 9 月 9 日逃离，而继位的翁贝

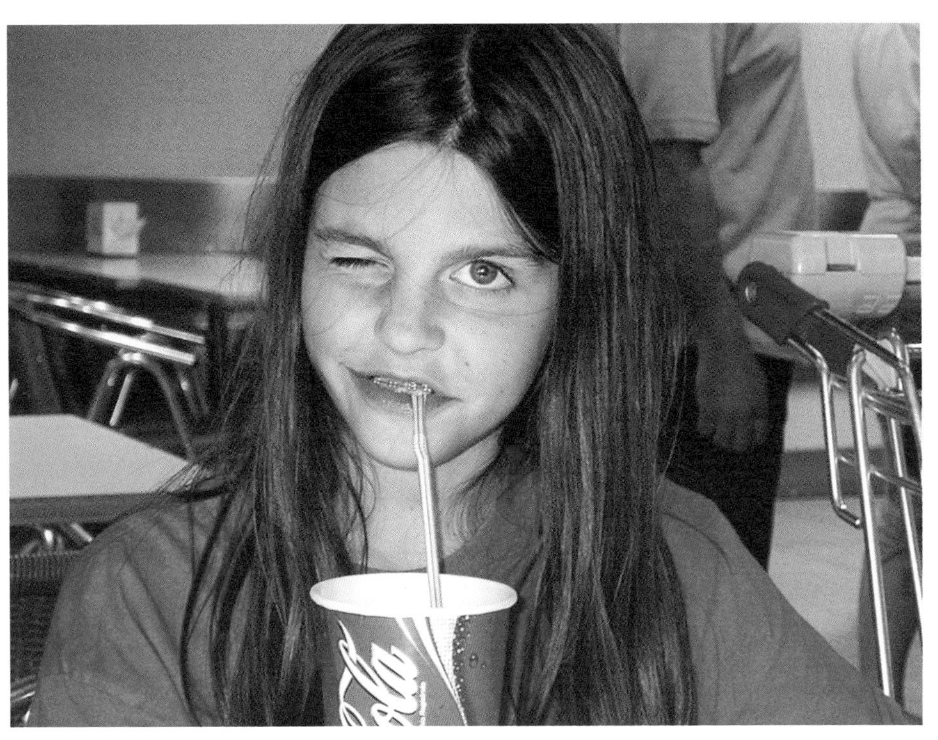

托二世（Umberto II），也是萨伏依王朝的最后一个国王，于1946年6月13日逊位并受到放逐。原本的皇宫奎利纳雷宫（Palazzo del Quirinale）被新成立的共和国接收，连同宫内所有物品一起成为总统的财产，不过，里面并没有任何食物，镶嵌装饰的佛罗伦萨式餐具橱，空荡荡地迎接新主人的到来。为了解决这个困境，第一个共和国政府决定派人到位于圣罗索雷（San Rossore）的总统庄园，取出皇家花园里落地松果内的松子。[3] 共和国政务次官皮埃特罗·巴拉托诺（Pietro Baratono）受到任命，全权替王室珍宝制作库存清单。在这份清单中，出现了一只1943年在黑市购买供维托里奥·伊曼纽尔三世私人使用的“圣多明各”咖啡纸袋，尽管这纸袋在橱柜里放了两年，香气仍然非常浓郁，据说还让在大战期间喝惯了难喝的咖啡替代品的巴拉托诺感到头晕。食物短缺的情况，严重到艾莲娜王后在1943年9月9日离开意大利之前，要求带着王室人员在王宫花园里种植的红萝卜和芜菁一起流亡。[4]

伊凡诺·波诺米（Ivanoe Bonomi）执政期间（1944年6月18日至1944年12月10日），每到内阁举办庆祝活动与酒会时，身着制服的服务生在端着盘子上肉丸时，会屈身凑到宾客耳边说：“部长先生，两个。”[5] 在1964年至1971年担任制宪会议主席与共和国总统的朱塞佩·萨拉加特（Giuseppe Saragat，1898—1988），曾于1944年因为参加反法西斯活动被捕，在罗马监狱服刑；他的狱友记得，众人深深

SPECIALITÁ
GELATI
PRODUZIONE PROPRIA
TAVOLA FREDDA
Bevete
Coca-Cola

受到萨拉加特所叙述的各种食物（见《原料》）与烹饪方式（见《步骤程序》）所着迷。[6] 而捷克作家哈谢克（Hašek）笔下的《好兵帅克》（*Il buonsoldato Sc'vèik*）更是一直流传了下来：

> 任何有听过他讲述的人，都会误以为自己受到许多美食家所围绕，身处高级餐饮学院中，或是正在参加美食讲座。
>
> “即使是油渣，”一位胃炎患者正说着，“趁着热腾腾的时候都很好吃。当油脂开始融化时，会开始缩，直到整个干掉为止，在此时加入胡椒和盐调味，我向你们保证，即使是鹅油渣也比不上这种美味。”
>
> “鹅油渣就不用说了，”一个胃癌患者说道，“没有比这更美味的东西。把它们拿来比较，天知道猪油渣差了多少！我们知道，鹅油渣必须在火上烤到表面金黄的程度，就像犹太人的处理方式一样。他们会拿起一只肥鹅一直剥，直到把鹅脂取出，然后就这样子烤。
>
> “你们知道你们其实搞错了吗？这指的其实是猪油渣。”帅克旁边的人说道，“当然，我指的是在家里煮的猪油渣，因此又被称为‘家用油渣’的那种。颜色不可以太深也不可以太金黄，色调介于两者之间，所以口感也不能太软或太硬，咬在嘴里尤其不能卡吱作响，不然就煮过头了。吃进嘴里应该要化开，而且不应该让人有粘在下巴上的感觉。”
>
> “你们有人吃过马油渣吗？”有个人冒出来说，不过刚好医务士走了进来，没人来得及回答。
>
> “全都给我上床，大公夫人要来参观，把你们的脏脚盖好，不准给我露出来！”[7]

1948 年，当路易吉·艾纳乌迪（Luigi Einaudi）成为共和国总统时，下令把他在皮埃蒙特的个人食品库藏带在身边，在国宴与酒会时使用。这个做法引起媒体相当负面的反应，因为舆论认为这不是解决粮食计划的方法；有位漫画家画了一排珍贵的内比奥罗葡萄酒作为总统仪队，藉此讽刺之，更因此以侮辱总统人格的罪名受到起诉。

尽管存在着类似的越轨行为，那个时代的意大利政府其实花了很大的力气在粮食计划方面，而且其层次不仅限于意国政府，而是拉抬到国际援助的层面。事实上，当时的意大利和欧洲境内许多没有受到苏联占领的地区，都是美国喂饱的，而且美国大使詹姆斯·克莱门特·邓恩（James Clement Dunn）更精心策划了隆重的运粮仪式。尽管觉得尴尬，也理解此种援助对民族自尊会造成何种程度的伤害，当时的意大利总理阿尔契德·德加斯佩里（Alcide de Gasperi）还是代表意大利收下了这些粮食，并借机发表演说。

类似的仪式（也有办得更夸张盛大的）重复发生了很多次。第一艘运粮船是在紧急支持的情况下抵达的，不过没多久以后，于 1947 年通过的欧洲复兴计划开始生效。[8] 根据美国政府的计划，预计（与实际上）对意大利提供的粮食援助，价值几乎高达十五亿美元，品项包含制作面食必需的面粉或谷物、牛奶、食用油、果酱与巧克力。美国大使邓恩非常熟练地操控着手上的政治筹码，每天都有货船从美国抵达意大利，并在船次一达整数时，例如每百船次，就展开宣传活动，而且一定刻意安排在意大利境内的不同港口靠岸；第一百船次在拉齐奥地区的奇维塔韦基亚（Civitavecchia），第二百船次在普利亚地区的巴里（Bari），第三百船次在利古里亚地区的热纳亚（Genova），第四百船次在坎帕尼亚地区的那不勒斯（Napoli），第五百船次在普里亚地区的塔兰托（Taranto），每次活动都有乐队演奏，演说发表，而且一定会登上新闻影片。

1947 年 12 月，那不勒斯码头上正大肆庆祝着人道援助船艾希利亚号（Exiria）的抵达，船首摆放艏饰像的位置，贴的是罗斯福（Roosevelt）总统的肖像。[9] 美国大使邓恩手上拿着三粒麦子，一粒象征性地交给了德加斯佩里总理，一粒交给那不勒斯大主教，最后一粒则交给一名岸边围观的群众。然后，邓恩抱起了一个擦鞋童——这个孤儿收到的并不是一粒象征性的谷粒，而是一整袋面粉和两箱罐头。

1948 年 4 月 17 日重大选举的两周前，第五百船次的运粮船抵达塔兰托，当时，民主党和共产党之间的竞争已达白热化阶段，正是决定意大利命运的时刻。两方获胜的机率相当；在反法西斯组织获胜后，意大利约有一半国民是前游击队队员和他们的亲属，不过同时也有一些地区（如罗曼尼亚、艾米利亚—罗马涅区）全区人民都打算支持共产党。在第五百船次运粮船抵达塔兰托时，美国大使邓恩发表了一场演说，对意国舆论更是关键性的一击。邓恩对于这几个月来从美国运到意大利的粮食做了估计：80 万吨谷物、1800 吨的面、6900 吨的油、115 万的豆子等，其中谷物的量比全意大利国民消耗总量的一半还要多！[10]

我们注意到的是，这些粮食都符合意大利人的传统饮食。若有任何意大利人对这种情况感到困窘，这完全是因为他的民族自尊受到伤害之故。至于相关美感和品味的抗议，其实是一直到稍后可口可乐和麦当劳出现以后才发生的。

1948 年 4 月 16 日，全意大利境内的广场上甚至出现许多海报，声称假如共产党在明日的选举中获得大部分选票，美国将会停止对意大利的粮食援助。意大利共产党已经知会了苏联老大哥这个问题，不过苏联自己其实也自身难保。无论如何，苏联共产党已经竭尽所能地向他的西方同伴提供援助：在 1948 年 2 月，苏联航空母舰在伦敦港口卸下了数百吨的谷物。这些货物是提供给英国共产党的。一名匿名评论员写道：

> 如果有其他数百艘船舰随着苏联航空母舰由东往西，沿路留下着谷物、矿物、石油与交换物资等，那么马歇尔计划就不会有争议。不管是欧洲还是意大利，都没有理由对明尼苏达或乌克兰集体农场的谷物表现出任何偏好。[11]

然而，乌克兰集体农场生产的谷物，连当地农民的生计都无法维持，而这艘苏联航空母舰所运载的货物，就如历史所示，只是一个孤立的事件罢了。

民主党则在集会时用简单易懂的方式表示：

> 陶里亚蒂（Palmiro Togliatti，意大利共产党总书记）的谈话没法拿来拌面吃，这也是为什么聪明人会把选票投给替意大利人向美国争取到做意大利面的免费面粉和面酱的德加斯佩里……[12]

在 1948 年 4 月的选举中，民主党获得多数选票支持，人民民主阵线打败了社会党和共产党组成的联盟，用这个胜利，替意大利接下来五十年的历史划下里程碑。

在这五十年间，青年团体常常在意识形态与政治层面，针对美国介入欧洲内政发动抗争，活动常常以"反美国食品"[13]的宣传形式和拒绝"美国礼物"的方式进行，这些指的通常是战后从美国来到欧洲的新兴食品，尤其是象征美国的可口可乐、炸薯条和麦当劳。[14]

记得在战后苏联的政治宣传中，可口可乐曾经相当地受到妖魔化。在 1980 年莫斯科奥运会期间，尽管有些西方世界的象征（暂时）得以进入苏联，其中甚至包括限量生产的百事可乐，仍然严禁提及可口可乐的名称。因此，哥伦比亚作家马尔科斯（Gabriel Garcia Marquez）将苏联这个国家定义为"毫无可口可乐广告的两千两百四十万平方公里"并非偶然，他在 1957 年世界青年与学生节期间写下的游记，也以此为标题。在 1948 年至 1952 年间，在巴黎广场上参与示威活动的激烈群众，常常推倒运载可口可乐的货车以示抗议，而在意大利，不论是共产党或抱持怀旧情绪的法西斯分子，甚至到怀疑可口可乐配方里掺杂人骨的程度。

在意大利，由于受到消费者的本能反抗，可口可乐也毫不保留地以广告轰炸民众，甚至连圣诞节都有专门的电视广告，藉此试着让市面上的各种橘子汽水、柠檬汽水和苦橙汽水步入历史。

所以呢？在抵制可口可乐的行动中，意大利境内包括共产党、法西斯和民主党等三大主要政治势力也悖于常理地联合了起来。

至于天主教教廷，从一开始就从另一个角度来看待这个来自大洋另一头的瓶子，瓶身女性化的曲线看来就像布基乌基（boogie-woogie）爵士乐一样，既性感又危险。此外，乡下地区的每位牧师都知道，可口可乐所威胁的不只是地方上的道德体系，连葡萄酒生产也会受到影响。因此，执政的基督教民主党坚持不懈地敦促国会通过法律，对可口可乐征收高额关税，藉此避免这项产品进入正在意大利各地蓬勃发展的超市网络。

法西斯分子之所以痛恨可口可乐，则是因为可口可乐是跟着战胜者的刺枪来到意大利的，因为它和另一个同样来自美国的口香糖一样，对意大利的民族价值造成威胁，并在意大利播下了堕落、乞讨与卖淫的种子。法西斯党甚至筹备游行示威，支持意大利本地品牌圣佩雷格里诺（San Pellegrino）的橙汁汽水，以对抗代表"精神背叛"的可口可乐。[15]

至于共产党人士，对可口可乐则有更强烈的抵制，只要看看民谣歌手弗朗

麦当劳在米兰伊曼纽尔二世长廊的分店

科·特林卡勒（Franco Trincale）唱了些什么就可以知道：

你每喝下一罐可口可乐
就替美国买了一颗子弹
如果海军士兵瞄得准
一位越南同志就会被谋杀

近年来，由于反全球化运动与世界社会论坛之故，这种敌意甚至变得更加坚定。世界社会论坛在2003年7月22日宣布将该日订定为“全球抵制可口可乐行动日”，不过在此之前，就已经存在着一个行之有年、以抵制大型跨国企业为宗旨的媒体活动，这活动尽管属私人筹划，不过对意大利的意义却很重大。当时意大利力量党的领袖西尔维奥·贝鲁斯科尼（Silvio Berlusconi）正准备再次坐上总理的位置（2001），他曾表示，在他发起的政治运动中，可口可乐扮演了中流砥柱的角色，公开宣称“可口可乐是自由的伟大象征”。这番话让媒体大为紧张，纷纷以《可口可乐：从越南到西尔维奥》诸如此类的耸动标题进行报道：[16]

更甚者，还有一些无所顾忌者，决定投身对抗跨国企业，并想到一个办法，至少在一个地方禁止可口可乐的销售。都灵市市议会有十二位议员，宣布参加这个以美国饮料为对象的战争。他们体认到自己力量渺小，无法与势力庞大的跨国企业对抗，因此建议至少在市府自助餐和食堂的菜单，以及市内公家机关办公室里，不要贩卖可口可乐。尽管这个范围有限的活动相当坚决果断，若非两个月后冬季奥运开幕，而可口可乐刚好是冬季奥运的十一个正式赞助商之一，这个行动可能会如船过水无痕一般，完全受到忽视。由于这间美国公司对冬季奥运的赞助金额超过一千万欧元，市议会的这个举动确实引发了一些流言蜚语，都灵市市长塞尔吉奥·吉安帕里诺（Sergio Chiamparino）只得赶紧向可口可乐公司的意大利代表尼可拉·拉法（Nicola Raffa）提出解释，保证社会整体并不同意这些代表们不负责任的做法。奥委会被迫发表正式声明，表示若没有来自赞助商的经费，奥运会将无法继续举办。媒体全都报道了运动部次长马里奥·佩斯坎特（Mario Pescante）大发雷霆的新闻，因为根据佩斯坎特的说法，意大利因此再度成为世人笑柄。[17]

1999年6月3日的《新闻报》，发表了一篇题名为《榛果巧克力酱和可口可乐的两极分裂》（Il bipolarismo divide Nutella e Coca-cola）的文章，而两者间的差异可以说是一种符号代码，帮助我们解读意大利的现实状况以及隐匿在意识形态中的意涵。榛果巧克力酱的诞生是为了对抗花生酱（深受美国儿童与青少年喜爱的面包抹酱），这一点我们已经在前面谈到皮埃蒙特地区时谈过。

至于麦当劳在意大利的发展，一直都不太顺利。[18] 有些分店甚至受到抵制并被迫关门：2005 年 9 月，麦当劳再次被迫关闭分店，这次是位于特伦蒂诺地区佩尔吉内山谷（valle del Pergine）里的分店。意大利观光客认为，在一个处处都是传统美食诱惑的地方度假，却到麦当劳用餐，是很没面子的事情，而光靠少数外国人的消费，其实毫无利润可言。不过麦当劳在意大利的命运还不只如此，它甚至被迫更动它神圣的商标；在米兰旧城区最热闹的地段，也就是伊曼纽尔二世长廊，麦当劳和长廊内其他商家一样，统一使用黑底金字的商标，这是否因为麦当劳被迫遵循米兰市府要求长廊内所有商家将商标风格“标准化”的决议所致呢?

这间麦当劳卖的不是汉堡，反而在架上放着奶油蛋卷和切片的圣诞面包，而且还卖浓缩咖啡……这个地方到底还保留了多少麦当劳元素，可能得好好想想才知道。

1.《里奥隆加内西的格言警语》(Raccolta di frammenti, aforismi ed epigrammi di Leo Longanesi)，载《说到大象》(*Parliamo dell'elefante*)。1944 年 1 月 14 日批注。

2. 如 1945 年罗伯托·罗塞利尼（Roberto Rossellini）的《罗马，不设防城市》(*Roma, città aperta*)、1945 年爱德华多·德菲利波（Eduardo De Filippo）和巴比诺·德菲利波（Peppino De Filippo）的《那不勒斯，百万富翁之城》(*Napoli milionaria*)，以及 1949 年库尔齐奥·马拉帕尔特（Curzio Malaparte）的《皮肤》(*La pelle*)。

3. 穆雷杜（Mureddu)，《总统的奎利纳雷宫》(*Il Quirinale dei presidenti*)，第 27 页。

4. 本章自此后大量引用切卡雷利（Ceccarelli)，《共和国的胃：意大利 1945 至 2000 年间的食物与权力》(*Lo stomaco della Repubblica:cibo e potere in Italia dal 1945 al 2000*）之材料。此处出自该书第 22-23 页，第 30 页。

5. 卡帝·德加·斯佩里（Catti De Gasperi)，《德佳斯佩里，只不过是人》(*De Gasperi uomo solo*)，第 193 页。

6. 福尔切拉（Forcella)，《三十年来》(*Celebrazione di un trentennio*)，第 104 页。

7. 哈谢克，《好兵帅克》，第 82 页。

8. 欧洲复兴计划简称 ERP，或称马歇尔计划，这缩写一直受到意大利左派嘲弄，甚至还用一个专门的字眼“epivori”称呼那些接受美援的人。

9. 札泰林（Zatterin）于《新闻报》的报道：《载满礼物的友谊船在那不勒斯靠岸》(La nave dell'amicizia sbarca i suoi doni a Napoli)。

10.《第五百艘美国运粮船》(*La 500 esima nave americana*),《新闻报》1948 年 4 月 4 日报道。这篇报道的署名是 V.G.，根据菲利波 · 切卡雷利 (Filippo Ceccarelli) 的看法，可能出自维托里奥 · 戈雷西奥 (Vittorio Gorresio) 之手 (《共和国的胃》，第 34 页)。

11《选战基础：美援和意苏关系》(Il cardine della lotta elettorale: i rifornimenti americani e le relazioni con la Russia),《新闻报》。

12. 金斯伯 (Ginsborg),《战后意大利历史》(*Storia d'Italia dal dopoguerra a oggi*)，第 155 页。

13. 译注：为了对意大利左派里倾苏联的大多数表示支持，餐厅甚至推出像是“伏特加酱拌面”这种东西，将伏特加酒撒在水管面上。即使到现在，在餐厅点这道菜仍会被视为一种带有知识分子“激进时尚”精神的高雅举止。

14.《意大利当代社会的美国梦和苏联神话》(Sogno americano e mito sovietico nell' Italia contemporanea)，出自《天生的敌人》(*Nemici per la pelle*)，第 31 页。

15. 博内斯基 (Boneschi),《贫穷却美丽》(*Poveri ma belli*)，第 19 页。

16. 2000 年 2 月 9 日《晚邮报》报道,《可口可乐：从越南到西尔维奥》(Coca-cola dal Viet Nam a Silvio)。另可参考 2000 年 2 月 9 日《罗马时报》报道,《当饮料闯入政治》(Quando le bevande irrompono in politica)。

17. 俄罗斯媒体《独立报》记者艾琳娜 · 巴巴耶娃 (Elena Babajceva) 的报道:《可口可乐在都灵的争议》(Il caso Coca-cola a Torino)，2005 年 11 月 28 日。

18. 艾里斯 (Ariès),《麦当劳之子：汉堡的全球化》(*I figli di McDonald's: la globalizzazione dell'hamburger*)。

Roma 51
6475

12

LAZIO
CITTÀ
ROMA

拉奇奥地区与罗马

LAZIO E CITTÀ DI ROMA

早在古时，罗马就是个人口过剩的地区。自古以来，罗马的外国人人数若没有超过居民人数，就是与居民人数相当，然而在古罗马帝国衰亡以及天主教兴起以后，罗马除了是一般旅客和所有基督徒朝圣的目的地，也成了教廷所在，亦为神职人员和教皇官员的居住地。

在获得这种崭新面貌以后，罗马城、城内各圣殿及熙来攘往的招待所，就很自然地适应了宗教日历的节奏和规范（参考《生活时令》）。就像马西莫·佩特罗奇（Massimo Petrocchi）汇整在《十七世纪的罗马》（*Roma nel Seicento*）一书中，有关巴洛克时期罗马人生活的历史见证一样，为了遵守斋戒规范，更强制在居民饮食方面推行严格诫律。为了不要犯七大罪之中的贪食罪，幽默感十足的罗马人就绞尽脑汁钻漏洞，以在节庆与斋戒期间满足口腹之欲。然而，高阶神职人员至少在这个世界没人可管，似乎就肆无忌惮，没有类似的顾虑。

尽管满嘴斋戒论调，教宗本身却没有怎么遵循苦行禁欲的生活。至今仍相当有名的“博尼法斯八世烤面”，就是来自于 1294 年至 1303 年在位，开始大赦年传统的教宗博尼法斯八世（Bonifacio VIII）（参考《朝圣之旅》）。这道让人食指大动的菜肴，里面用了通心面、肉丸、鸡胗与切片松露，全用面皮包起来烤。下一位以博尼法斯为名号的教宗博尼法斯九世（Bonifacio IX, 1389 至 1404 年在位），非常喜欢吃用肝脏做成的肉丸，也就是一般人口中的“托马塞利”（tomaselli），而这个称呼就是来自于这位教宗的原名托马切利（Tomacelli）。

自 16 世纪起，教宗对精致饮食的热忱愈显高涨。在描述教宗专属厨师眼中的教宗时，著名的人道主义者暨美食家普拉提纳（Platina）[1] 曾在他执笔的教宗传记中提到，保罗二世总是要求厨师准备许多特殊的菜肴，不过他不识优劣，总是会挑最糟的那道赞美；有时候，甚至会因为在那一餐找不到自己偏好的食物而大吼大叫。他嗜酒，不过喝的都是很一般，甚至还有兑了水的酒。他非常喜欢虾子、模制馅饼、鱼、盐腌猪肉与甜瓜，甚至到因贪吃而中风的程度，在去世前一晚独自吞下两个大甜瓜。[2]

出身梅迪奇家族的教宗利奥十世（Leone X，1513 年至 1521 年在位），在卡特琳娜·德·梅迪奇（Caterina de'Medici）嫁到法国并把奢华的美食风尚带到法国宫廷之前，就先把从这种流行带到罗马。这就如 16 世纪梅迪奇王朝侯爵们所好，所谓的“佛罗伦萨风俗”意味着回到过去罗马帝国粗俗传统的怀抱，无止境地大开奢华宴会，以食物为题地高谈阔论。许多想要引人注目并进入教廷的罗马人，拍去鞋子在拉奇奥乡间沾上的灰尘，否定了祖先传下的清淡饮食，同意坐在大理石和豪华家具间参加佛罗伦萨式奢侈宴会，还准备在教宗开玩笑时大笑几声：举例来说，利奥十世喜欢偷偷整人，用大麻纤维制成的绳子代替鳗鱼，而这位运气不好的宾客，只能边吃边呛地度过一整夜。

朱塞佩·普雷佐里尼以其优雅却锋利的语汇和生动辛辣的风格，写下当时的罗马和罗马风俗：

> 罗马是世界的首都、世人的公厕、疾病的源头。各辖区之间争执不断，到处都是宏伟废墟，沼泽丛生，慢性疟疾与脏乱肆虐，奢侈与穷困比邻之地。罗马人将女巫处以火刑，梵蒂冈里却到处都是占星家和高级妓女。教廷将马丁·路德逐出教会，却又贱卖基督信仰。它根本就是一个充满着控制、贪婪、皮条克、圣人和诈骗诡计的地方。对当时的正直人士而言，罗马就好比把所多玛、蛾摩拉和巴比伦联合起来搅和一下……教宗会包养妓女、有小孩和情妇。众枢机主教在腰缠万贯时大肆饮宴作乐，日渐发福。主教们个个有小孩有孙子……有些教宗喜爱餐桌更胜于武器。[3]

16 世纪中叶，教宗儒略三世登基（Giulio III，1550 至 1555 年在位），我们从当时的传记中得知，儒略三世在位的最后几年，是在罗马城外的一间豪华庄园度过的，完全浸淫在世俗欢乐之中。根据《布洛克豪斯—埃弗龙百科全书》的记载，“有位名叫因诺琴佐的青年冒险家晋升为枢机主教，并成为教宗宫廷里权力最大的神父。教宗的许多亲戚，尽管不胜任，仍受到安排在教会里担任重要职位。”

根据教宗专属厨师登记簿的记载，这位因诺琴佐先生[4]每天都要厨师把镶鸡（这是富有贵族而非忏悔者吃的食物）和加埃塔（Gaeta）洋葱（由于能刺激性欲而受人喜爱）送进教宗的私房里。

在儒略三世之后成为教宗的保罗四世（1555 年至 1559 年在位），一顿饭可以长达五个小时，每餐可以吃上二十道菜。

然而，到了后来受到封圣的庇护五世（1566 年至 1572 年在位），又将教廷带回严苛简朴之路。原为多明我会士的庇护五世，在登基之前是异端审问的裁判人，对异教徒的迫害几近疯狂。在戴上象征教宗地位的三重冕以后，庇护五世便禁止一般的世俗节庆：违反规定的贵族必须要缴交罚金，至于其他人，第一次违规必须向神父告解，第二次则当众处以鞭刑，第三次则关进大牢。修道院里更是引进了非常严苛的规定，许多人都无法忍受。异端审问的惩罚可以回溯到二十年以前，而且教宗从未施以减刑，反而在执刑数量少时，会以缺乏工作热忱为由，将裁判人召来质问。不论是坏习惯、裙带关系或胆小懦弱的性格，在庇护五世身上都看不到（就是他把英国的伊丽莎白一世［Elisabetta I］逐出教会的），他独自用餐，因此有关他的饮食习惯，人们只能从其专属厨师的证词一探究竟——不过这就好像是上天刻意的安排一样，这位教宗专属厨师不但是美食家，更写得一手好文章。这位大厨就是本书中一再提到的文艺复兴时期名厨巴托洛梅奥·斯卡皮（Bartolomeo Scappi），意大利第一本重要食谱的作者，西欧烹饪的改革者。在他1570年出版的作品《烹饪艺术作品》（*Opera dell'arte del cucinare*）中，他描述了几道教宗最爱的餐点，例如来自加达湖的淡水鱼、来自利古里亚地区的海鱼、来自埃及亚历山德拉的黑色鱼子酱。

从书中可以理解到斯卡皮是如何操弄他的创意，也了解到庇护五世并没有舍弃精致美食，而是态度持重冷静的美食家。庇护五世坚持必须严守斋戒规范，斯卡皮对此深感欣喜，因为他完全无法忍受之前来自佛罗伦萨的教宗所带来豪华奢侈的风气，希望能遵循真正文艺复兴时期烹饪的道路，以和谐与平衡为原则。

斯卡皮是如此杰出，以至于在1549年负责替参与教宗选举会议的枢机主教们准备餐点。该次会议选出了来年登基的儒略三世，由于斯卡皮竭尽所能地服伺这些高级教士，让他们饮食无虞，得以愉快地度过超过两个月与世隔绝的生活。这次事件决定了他的成功：当儒略三世获选后，马上招揽斯卡皮担任他的私人厨师。斯卡皮在儒略三世在位期间一直替他服务，此后更继续服侍了接下来的六任教宗。

天主教日历规定了每年必须遵守斋戒规范的时间（每年有一百七十至两百天），据此调整饮食的罗马人，有些是因为虔诚，有些则只是做表面工夫而已。正因为这个原因，在罗马人的饮食中，会出现用橄榄油调味的意大利面与各种以蔬菜为材料的菜肴。此外，四旬期也有特定的豪华美食：水煮梭子鱼、面汤或西兰花棘鳐汤。

在此期间，贵族和富裕的资产阶级遵守着神职人员强制执行的规范与习俗。法国作家司汤达敏锐地观察着18世纪末期的罗马生活，写道：

> 因此，罗马大部分资产阶级都穿着袈裟。
>
> 如果一位药材商和他的妻子与子女不穿得跟修道院僧侣一样，就可能眼睁睁地看着教区的枢机主教到其他药铺采购。黑色袍子尽管不贵，穿上它却会备受尊崇，因为即使胸部并没有装饰，着装者仍然可能是权力至上的高阶教士。因此就出现了黑色袍子到处都是的景象。
>
> 罗马有许多的小型审判庭，数目与枢机主教人数一样多。
>
> 如果一位枢机主教成为教宗，他的医生就成为教宗的医生，他的侄子外甥也就因此晋升贵族。这就好像赢了乐透彩一样，一人中奖全家大小都可以享受到。在1778年，人们常说，政府就好像每八年把一张黑牌和三十九张白牌放进帽子里，再让人伸手进去随便抽一张一样，谁拿到黑牌谁就赢得皇冠（基本上罗马人觉得这是乐透或碰运气的事，毕竟每一位教宗在登基以后都活不过七年或八年）。罗马人议论纷纷地谈论着在位教宗的病，这种对话既残酷悲哀又

指向天空的巨手
康斯坦丁二世巨型雕像的一部分，收藏于罗马的卡比多利尼博物馆（Musei Capitolini）

特来维喷泉（Fontana di Trevi）

金杯咖啡馆（TAZZA D'ORO）——罗马最著名的咖啡馆

人民圣母教堂（Santa Maria del Popolo）内一景

无聊，而且常常提到不少有关手术的细节。

……在 1800 年盛行于红衣主教团的那种极度放荡的风气逐渐消逝，不过原本聚集在周围的人才也随之消失。罗马就跟其他地方一样，最无能者要不就在政府里执政，要不就对政府极度畏惧。每个恢复期的环境差不多都是这样。

试着想想，全世界最专制却也最温和谨慎的审判庭就在这个国家，而且周围还围绕着三十个小审判庭，要在这里生活，人们至少得具备跟这些审判庭一样精明谨慎的能力才行。[5]

为了存活也为了发达，罗马上层社会的居民必须具备外交手腕。假使想要和具有影响力的高级教士保持良好的关系，就不应该违反道德规范，而且至少在公开场合必须严格遵守斋戒的规定（见《生活时令》）。

周二是禁欲日，周三吃野兔、孔雀和阉鸡（今日则以兔肉和鸡肉代替），周四吃马铃薯疙瘩，周五吃鱼，周六在晚间弥撒过后，可以吃牛肚。

此地菜名常常受到天主教文化的影响。在我们现在这个去意识形态化的年代，人们在替菜肴命名时，并不会对具有特定政治理念的人造成伤害，不过在 20 世纪 70 年代，意大利共产党领导人在餐厅老板塞萨列托（Cesaretto）同为共产党党员的塞萨里庄园餐厅，替苏联代表举办欢迎餐会。餐厅里根据罗马人民族—人民概念的部分菜名和内部装潢，让苏联代表大感震惊。在这间共产党党员开的餐厅里，服务员的穿着完全好莱坞化，打扮成古罗马时期的奴隶。同为共产党党员的古列尔莫·皮尔斯（Guglielmo Pierce），就描述了苏联代表在看到“小圆帽面”（小圆帽指主教和枢机主教戴的便帽）的表情，以及口译员如何努力避免外交风波。有些客人狐疑地看着盘里的食物，好像认为盘里的食物被撒上圣水和圣灰一样。[6]

罗马的贵族饮食继承了卢库勒斯（Lucullo）的道德观，具有一种欲盖弥彰的感官享受，事实上只会片面遵守斋戒规定。至于完全没有从事生产活动的一般罗马市民，他们的饮食哲学是数世纪以来从事服务业的成果，也是一种重新利用次级材料的艺术。这种艺术也成为罗马人的特质，即使到现在，只要一进入罗马，客观一点进行观察，就会对他们世故老练的粗糙手法，那种“差不多先生”和不注意细节的态度感到惊异。

那些在上一个千禧年期间抵达罗马的人，不论是为了朝圣或工作，都必须要有地方可以过夜。朝圣者、商人、批发商、教宗宫廷供货商、外包商、从事教堂设计和替教堂画壁画的建筑师和艺术家与他们的学徒、各种冒险家、其他城市的劳工、僧侣、古代艺术之美的爱好者以及游手好闲的懒汉，都得找到地方睡觉吃饭。市内有许许多多的旅馆和客栈，也有驿站、马医和铁匠铺，以及让朝圣者休养生息并避免传染病蔓延的医院。位于罗马市中心台伯河上的台伯岛，于是成为检疫隔离区。目前梵蒂冈的所在地，从前也设有诊所和医院。

18 世纪的罗马，登记有案的有两百间客栈、两百间招待所以及上百间让人在路让喝杯咖啡提神的地点，而且这些地方在那时就称为“咖啡厅”（caffè）。提供浓缩咖啡、卡布奇诺、奶油蛋卷、夹心面包和开胃饮品的小吃馆（bar），一直到 20 世纪才出现在意大利。在来到罗马市的旅人之中，有许多不识读写的文盲，因此罗马人用了许多让人朗朗上口且色彩鲜艳的招牌（“旅馆！餐馆！客栈！咖啡厅！酒窖！”），而且还在墙壁上画上各种图像，说明“这里让你可以睡觉，这边有东西喝，这边也可以吃饭”，即使傻瓜都看得懂。顺道一提的是，小酒馆也有类似的宣传考虑，因此在酒馆内会陈列酒桶，入口周围则会种上在意大利文中称为“frasche”的葡萄藤，因此即使到现在，罗马人还是以“frasche”和“fraschetterie”称呼酒馆。

就这样，罗马出现了非常紧密的餐馆网络。不论在过去或现在，罗马餐馆的风俗都是以友善而非礼貌取胜。过去有相当多的旅者和讽刺文学作家，都针对罗马的平民百姓留下相当夸张的描绘，这些罗马人的目的在于从外国人身上赚钱，替自己和家人在这么炎热的气候中省点精神和力气。罗马平民住所一楼中任何可以当成饭厅的地方都被拿来待客，与梵蒂冈的辉煌与款待完全相反，这里提供的招待方式与餐饮，具有一种朴实简单却根本的特质。

罗马是个罕见的例子，数世纪以来，市内外国人的人数高于居民人数，单身男性（包括神职人员在内）人数远超过女性人数。因此，罗马对专业人员（而且是真正的专家）的需求一直很高，尤其在洗衣（在台伯河充沛的流水中）、上浆与打褶熨烫，以及替私人住宅和公共厅堂提供外烩等方面。

文学作品与游记中提到的罗马人，似乎都厌恶油炸的东西，也不喜欢在家里煮饭，倾向在“家附近”的餐馆享用餐点。这种习惯由来已久，并不只是因为罗马餐馆数量众多且质量优秀。罗马一直是个人口过剩的地方，建筑物楼层很多，因此一直都面临着火灾的危险。与其在家里的火炉上煮饭，还不如到同栋一楼的餐馆享用愉快又安全的一顿饭。

古罗马的菜肴可以分为两大类。在举办重要活动时，如佩特罗尼乌斯的《萨蒂利孔》（Satyricon di Petronio）里戏剧般的宴会，会出现来自希腊、叙利亚、迦太基、埃及，甚至印度的精致美食：

> 推车上的大锅里，有一只相当大的野猪，头上戴着获释奴隶戴的帽子：一对獠牙上分别吊着用棕榈叶编织成的小篮子，分别装满了来自叙利亚和底比斯（Tebe）的枣子。

有时，这些来自外国的稀货会预先准备好放在酒窖、庭院或谷仓里保存，等待品尝时机：

> 为了你的味觉，把全身羽毛覆满了巴比伦挂毯的孔雀关在室内饲养，同样一起养的还有努米底亚（numidica）母鸡和肥美的阉鸡。因此鹳鸟这种受众人喜爱的候鸟……

富人会在自家庄园里栽种养殖来自外国的珍稀动物花草，并在宴会中展示：

> 千万别以为这些都是买来的。你眼前所见，不论是羊毛、雪松或胡椒，都

是自家生产的。即使你跟他要求母鸡的奶，他也会设法弄到手。长话短说，由于他家羊毛产量不丰，他于是在塔兰托买了绵羊，弄出一群羊来。另一次，为了要在家里能享用阿提卡蜂蜜，他请人弄来了阿提卡蜜蜂，让本地种和希腊种混在一起，提升本地种的质量。这几天他甚至写信到印度，请人家寄来罕见蕈种的种子。

这些都是很特殊的供给，目的在于让人印象深刻，予人奢华感受。不过一般习惯的日常饮食，无论在古罗马时期、中世纪时期或接下来的时间，所使用的都是产地直接供应的新鲜农产品。让我们来看看玉外纳笔下的人物，都拿些什么招待朋友：

这是菜单：没有任何东西来自市场。

蒂沃利的牧场会送来一只肥美的小山羊，是整群羊里最嫩的一只，还没习惯吃草，而且还咬不动垂下来的杨柳新枝，喝掉的奶比全身血液还多；

还有农民栽种的山芦笋。

刚从干草窝取出的硕大鸡蛋、生蛋的母鸡和仿佛从藤上刚摘下的葡萄，也不会少……[7]

弗朗切斯科·坎切里耶利（Francesco Cancellieri）在1817年写的《记跳舞症、罗马与周围田野的气氛》(*Lettera sopra il tarantismo, l'aria di Roma e della sua Campagna*)，是物质文化学者的宝贵研究材料，他曾写道："罗马也有各种相当丰富的食品，维持奢侈生活所需的种种，一样也不缺，这些全部来自罗马周围非常肥沃的土地……"尽管外国人和当地居民为数众多，罗马却能毫无问题的存续下来，这完全有赖于周围肥沃的土地与良好的气候条件。那不勒斯则是另一个人口密集甚至过剩，在和平时期却同样未受饥饿折磨的南方城市，我们将在稍后的章节里提到。

在罗马和其周围地带，有许多牛只，不论是公牛、大型乳牛或其他各种白色或黄色的种都有。那里也有许多的长毛长尾巴的大绵羊，全部都是白羊，没有黑羊。猪的数量也不少，一般都长得相当肥硕，而且全是黑毛猪。大山羊和火鸡也很多，尤其火鸡通常一群群五百只甚至一千只地带进罗马……在外国人去的餐馆里，烤鸽的数量比较多，鸽子汤也比鸡汤常见。罗马人的教养良好，在他们的家里或他们为外国人开设的餐馆中，可以看到各式各样的菜肴如烤肉、汤品、烤面等各种精致美味的食物。[8]

因此，古罗马人偏好在庆典时使用进口的保存食品，而在日常生活中则偏好乡间的新鲜农产品。有时，同样的道理也适用于现代罗马人。他们在圣诞节喜欢在餐桌中央摆上一盘挪威的腌鲑鱼，如果经济能力许可，更会放上来自伊朗的欧洲鳇鱼子酱；不过在平常时候，罗马人的午餐是牛百叶、新鲜莴苣、加了牛至的佛卡恰面包、蔬菜蛋煎，或裹上面糊油炸的栉瓜花。根据传统，大部分新鲜食材都只做基本处理，因为主人必须很快地喂饱众多食客。

自古至今，鸡蛋一直是罗马人最爱的食物：它经济实惠、简单、普及、容易取得、烹煮迅速且容易消化。

> 我一定要找一天带你去看看我在乡间的小屋。吃的东西我们一定找得到：春鸡、两个蛋。[9]

两千五百年以来，罗马的屠宰场一直都位于市内的泰斯塔乔区（Testaccio）。该区居民惯于利用各式各样且免费的屠宰副产品（屠夫舍弃不用却相当美味的部位，被称为牛肉的“第五块”），因而发展出各种超乎想象的处理方式，绝非偶然。著名的“扒亚塔水管面”（rigatoni alla pajata），就是在泰斯塔乔区发明的。“扒亚塔”是“pajata”的音译，是犊牛肠。这道菜的制作，不需要倒空或清洗犊牛肠就可直接使用，因为犊牛肠里只有食糜；令人伤心的是，倘若这犊牛肠果真这么干净，其实也是因为在屠宰前，它已经挨饿好一段时间的关系。

在泰斯塔乔区和特拉斯特维雷区（Trastevere），人们会烹煮以犊牛内脏、肝和脾脏煮成的“牛杂”（意文“padellotto”是指用平底锅烹煮的意思），一般搭配朝鲜蓟食用。炖牛尾是罗马特有的名菜，而罗马烹饪里至臻完美的菜肴则是烤羔羊，一般以三至四周大的羔羊制成，是道精致且昂贵的菜肴。

朝鲜蓟是罗马的“饮食标志”，最能代表罗马的蔬菜。处理这种蔬菜时必须非常谨慎，不论是栽种或烹饪都一样。朝鲜蓟一般在 8 月至 10 月播种，之后就必须根据时令，进行相当复杂的清除工作，之后才是剪枝和修整的工作（栽植技艺纯熟与否完全在此）。这样的栽植手法，使得每株植物只会有精挑百选的单一花苞，每年 2 月或 3 月收成，一般以春天为主要季节。

在罗马，对于朝鲜蓟的品种有非常严格的等级制度。朝鲜蓟之王，是外观呈紫色的“齐玛洛罗”（cimarolo），接下来是花瓣又大又圆，主要产区在罗马南部卡斯泰利罗马尼（Castelli Romani，此地区土壤高比例的火山熔岩能带给蔬果独特风味）的“罗马内斯科”（romanesco），又称“玛莫勒”（mammole）。此外，罗马的朝鲜蓟还有一种称为“卡塔内塞”（catanese）的特别品种，这种外观修长且不带刺的朝鲜蓟以切尔维特里（Cerveteri）、塞泽（Sezze）和阿尔巴诺（Albano）为主要产地。

以罗马式煮法处理的朝鲜蓟，只需要用到一点水和少量油，因此当烹煮分量大时，只要增加水和油的量就好。这道菜还有热量比较高的版本，建议在朝鲜蓟的花瓣间里塞入大蒜、欧芹和薄荷，之后在撒上油、肉高汤和酒烹煮。罗马人也喜欢“酸味”的煮法：把朝鲜蓟放进加了醋的水里煮熟，之后加入欧芹、油、醋、薄荷和盐调味。

然而，罗马还有一种更高档、更耗工的朝鲜蓟烹饪方式。这里指的是犹太式煮法，它和其他在早期梵蒂冈旁犹太人聚居区发明的菜肴一样，都具有无与伦比的风味。这些朝鲜蓟会先用石头压扁，然后在深锅里用高温橄榄油油炸（温度摄氏120度，不可过高或过低），利用热让朝鲜蓟向扇子般地打开；之后，巧妙地将它完全弄干，小心翼翼地让它展开并摆盘。在把朝鲜蓟从滚烫热油里拿出来时，必须马上喷上三滴冷水，让花瓣边缘覆上酥脆的泡泡，之后吃入口时就会有在嘴里“跳”的口感。

罗马还有一道鲜为人知的朝鲜蓟煮法，是从伊特鲁里亚人那里继承的考古珍宝，称为“玛提切拉”（matticella，指摘采葡萄后修剪剩余的部分）。这些除此之外别无他用的残枝，被放在壁炉里燃烧，然后把清洗修整好的朝鲜蓟放进去，利用大量余灰将它煮熟。每个朝鲜蓟的中央都会插入一个小管子，并透过这管子慢慢将混了薄荷、大蒜和盐的橄榄油滴进花心里。

此地区的朝鲜蓟节，每年4月的第二个周末在距罗马不远的拉迪斯波里（Ladispoli）举行。[10]

讲到罗马菜，不能不提到知名的“美食警察”费德里科·翁贝尔托·达马托（Federico Umberto D'Amato）。达马托是意大利内政部机密事务办公室主任，尽管他曾在1970年参加共济会意大利分会（称为P2），他还是安稳地度过任期与一生。达马托是满怀热忱的美食家，习惯搜集有关罗马地区餐饮界人士的资料，后来并把部分资料发表在《菜单与档案》（*Menu e dossier*）[11] 这本单册作品中。书里曾提到，当苏联外交官刚抵达罗马的前几天，达马托曾在餐厅宴请这位外交官吃饭。这个苏联人毫无疑虑地点了犹太式朝鲜蓟和牛尾酱水管面，这种完全无可挑剔的罗马作风，让达马托在那次饭局后下了结论，认为苏联国家安全委员会帮助外派外交人员做了完全的准备，这些人非常能够融入驻地社会，按理来说即使当间谍也不会有问题。换成另一个假扮意大利人的法国人（法西斯秘密军事组织成员）则在罗马市场里被达马托识破，因为这个骗子正试着要购买红葱头，此举完全背叛了他的乔装身份，明白显露出他根本就来自阿尔卑斯山的另一边。

罗马是朝圣者和游客接踵而至的城市，是政治组织和工会举行示威游行的主要地点，也常成为阅兵、马拉松、自行车赛和童军集会等活动的场地。由于活动频繁人流众多，在市区随处可以找到充饥止渴的地方。罗马的小吃馆数目大约是意大利其他城市的十倍之多，在这些小吃店里，可以找到好咖啡和卡布奇诺。在罗马，卡布奇诺是典型的早晨仪式，不适合在其他时间饮用：罗马人认为，卡布奇诺应该早上喝，而且只有早上可以喝，过了早上，吧台服务员宁可不再准备这种饮料。然而，观光客却会在早上吃点心、午餐后、晚餐前，甚至晚上任何时候点卡布奇诺，也就是说，是没有标准可言的。这些吧台服务员也习惯了听到这些荒谬的野蛮人自以为是地点了饮料，迅速地煮好卡布奇诺端上，脸上甚至不带有一丝微笑。[12]

拉奇奥地区的饮食传统几乎与罗马相同。即使到 19 世纪中叶，首都罗马周围的地区仍然是荒芜的野地，处处废墟，人民懒散且无所事事。俄国思想家赫尔岑就曾经写下罗马周围田野的景象：

> 刚看到时，确实会因为这荒芜的景象而倍感震惊，这里没有耕地也没有树林，全部都是一片贫瘠荒凉，让人觉得好像不在意大利中部……不过，这块永恒荒野得慢慢用心体会。它的寂静、那种遗世独立，以及地平在线蓝色的山峦，都会让人越来越熟悉……在那里，一只驴子缓缓地移动着，身上的铃铛叮当作响；一个皮肤黝黑、穿着羊皮围裙的牧羊人，悲伤地坐着发呆；一名手拿蔬果的妇女，身穿彩色服饰，头戴着折好的白色手帕，她停下来休息，用手优雅地支撑着头上的物品，向远方看去。[13]

对歌德来说，罗马近郊非常具有异国风情，让他联想到非洲：

> 在路况很差且泥泞的道路上，我们朝着两座美丽的高山前去，在河岸与溪流间向前行时，公牛用那充满血丝的双眼瞪着我们，好像河马一样。[14]

在莱皮尼山脉（Lepini）和亚平宁山脉之间的是丘恰里亚地区（Ciociaria）[15]。没多久以前，丘恰里亚人还被认为是不甚开化的半野蛮人，与吉普赛人一样。[16]

> 羊栏……由身形高大的年轻牧羊人看管，他们在腰际绑着传统围裙并将皮毛反折露出——一副牧神的装扮。他们冷漠地看着马车，完全是另一个世界的人，没有任何事情可以唤醒他们那着魔般的睡意……这些人介于野兽与半神之间，透过那双圆滚滚、好似无底洞的黑眼睛看着这个世界。[17]

丘恰里亚地区不甚肥沃，完全是取悦人的双眼与艺术感官的地方。在邻近阿拉特里（Alatri）、波尔奇安诺（Porciano）和费伦蒂诺（Ferentino）的山丘上，像拉奇奥地区北部一样有许多美丽的湖泊，其中面积比较大的，都是在火山口形成的湖泊，例如博尔塞纳—马恩省湖（Bolsena）、布拉奇安诺湖（Braciano）、维科湖（Vico）、蒙泰罗西湖（Monterosi）和马尔提尼安诺湖（Martignano）。在丘恰里亚地区、罗马周围的自然保留区以及偏远乡镇，饮食仍然相当具有牧民风情，几乎跟希腊菜一样，以蔬菜和加了起士的佛卡恰面包为主。然而在农村里，却有肥沃丰硕的果实与蔬菜。在各种蔬果中，最著名者也许是佛罗西诺内（Frosinone）的绿豌豆与各式各样的豆子，如：布拉奇安诺湖区产的豆子、阿库莫利（Accumoli）的斯卡托洛尼豆、阿蒂纳（Atina）的白腰豆、博尔塞纳—马恩省湖的夸朗提尼豆。

海岸地区的风味菜肴以各种海鱼为主要材料。无论从历史或美食的角度来看，加埃塔（Gaeta）这个介于教皇国和西西里王国边界，据说是特洛伊勇士埃涅阿斯创建的城市，可说是拉奇奥沿海地区最有趣的城市之一。人们在地图上绝对不会错认这个城市，因为从加埃塔的市中心会延伸出一块又长又直的土地，一直延到海里，而这样的自然奇迹，使它成为最佳的港市。加埃塔至今仍保存从前的策略与军事重要性，为海军基地所在地。拜占庭帝国在此筑成防御的古堡，在中世纪时期帮助抵御了撒拉森人、哥特人、西哥特人和伦巴底人的入侵，只有在 11 世纪因为诺曼人施压而被迫向敌人投降。15 世纪的亚拉冈王朝重建并强化了这个碉堡，因此尽管这座城堡的历史比亚拉冈王朝进入意大利的时间早了许多，它到目前为止仍然一直被称为安茹—亚拉冈城堡。

加埃塔大公承认教宗，加埃塔公国为教皇国的附庸国。因此，在政治动荡之际，在罗马和梵蒂冈的教宗常常逃到邻近的加埃塔公国寻求庇护。1409 年受到众枢机主教罢黜而被迫退位的格里高利十二世，就在教会大分裂之际逃到加埃塔，之后在 1848 年 11 月，庇护九世（Pio IX）在反教会干政革命与罗马共和国宣布成立之际，也是选择以加埃塔为避居地点。

加埃塔的主要特产为橄榄，不过这里的橄榄很特殊，并非一般橄榄常见的颜色如黑色或绿色，而是酒红色，此外，这些橄榄果实小，香味芬芳。这些橄榄只能人工摘采，采下以后会在活水里泡上数周，之后才泡进盐水里。经过这样的处理，这些橄榄会多了一股甜味、苦味和独特的风味。这些橄榄一般被加在章鱼色拉和比萨饼上。除了橄榄以外，加埃塔也以一种名为“提耶勒”（tielle）的佛卡恰面包闻名于世，这种佛卡恰面包一般会填入菊苣和松子馅、鱿鱼、章鱼块与橄榄；这里的起士栉瓜、西红柿、鱼、大蒜、葡萄干和续随子也很有名。此外，黄肉且富含碘的海胆，也是加埃塔的特产。

1. 普拉提纳（真实姓名为巴托洛梅奥·萨基［Bartolomeo Sacchi］1421—1481）是梵蒂冈图书馆馆长，教廷第一个平民出身的历史学家，著名人道主义者，与来自提契诺行政区的知名厨师马蒂诺·罗西，意大利第一本食谱《烹饪艺术全书》（*Libro de arte coquinaria*，1450）的作者，相交甚密。自 15 世纪中叶起，所有人都在抄袭马蒂诺的食谱，包括他的好友普拉提纳在内；普拉提纳的《论阁下的享受与健康》（*De honesta voluptate et valetudine*，1468）就是根据马蒂诺的食谱写的，而且流传更为广泛。即使是萨基也说，他的书是以马蒂诺食谱为蓝本的加工作品（"哪位厨师或哪个神，可以比得上我来自柯莫的好友马蒂诺？我这里所提到的，大部分出自马蒂诺之手。"）普拉提纳的作品是第一本有写上印制日期的食谱（1474 年在罗马以拉丁文出版），而意大利文版出版相当快，在 1487 年便已在威尼斯问世，之后德文版、法文版和英文版相继出刊。至于写作风格，普拉提纳创造了一种滑稽的仿拉丁语，模仿了阿比修斯（Apicio）的语言（有关阿比修斯请参考本章其他部份），模仿古典文学的手法，以意大利文为本，混合拉丁文和希腊文创造出另一种语言（例如将牛奶冻称为"leucophagium"，其中"leuco-"表示白色的，"-phagium"则有吃或吞噬的意思）。

2.《教宗传》（*Liber de vita Christi ac omnium pontificum*），1479 年出版。

3.《佛罗伦萨人尼可洛·马基亚维利的一生》（*Vita di Nicolò Machiavelli fiorentino*），第 49 页。

4. 在年二十岁时受到任命。对于教廷风俗改革较为敏感的高级教士为了反制新教改革，极力反对因诺琴佐的任命，不过只是白费力气而已。很讽刺的是，在教廷里有些人认为，从教宗指派的任务，也就是照顾教宗的猴子来看，就可以了解教宗对这位男孩主教的爱慕（因此这位男孩主教又有"小猴子"的昵称）。

5. 司汤达，《罗马漫步》（*Passeggiate romane*），第 237 页。

6.《与弗特赛娃共进午餐》（*A pranzo con la Furtseva*），出自《辉煌的五零年代》（*I magnificianni '50*）。

7.《讽刺诗集》，11、64-73。

8.《托尔斯泰总管欧洲游记》（*Il viaggiodelloscalco Pëtr A. Tolstoj in Europa*），第 225 页。

9. 佩特罗尼乌斯（Petronio），《萨蒂利孔》，第 38 页。

10. 有关朝鲜蓟的讯息，汇整了 2004 年第六期《美食家》（*Grand gourmet*）杂志第 64 页及以后各页的信息。

11. 我们和许多其他人一样，是从菲利普·切卡雷利撰写的《共和国的胃》得知这本故事集。

12. 不过在背后仍然可以批评。一位来自莫斯科、对意大利传统极为了解的知名教师嘉琳娜·慕拉耶娃（Galina Muravieva）就曾写下出色的描述："两个俄国人在意大利小吃店里吃着比萨饼配卡布奇诺。服务员背着他们，用不甚低的音量说道：'白痴，比萨和卡布奇诺！'"（慕拉耶娃，《论食物》［*Del cibo*］，《对话与分歧》［*Dialog und Divergenz*］，第 215 页。）

13. 赫尔岑，《法意书简》（*Lettere dalla Francia e dall'Italia*），第五封，1847 年 12 月 6 日。

14.《意大利游记》，1787 年 3 月 23 日，第 243 页。

15. 此名称来自"cioce"这种古希腊人穿了一千多年的绑腿凉鞋。

16. 在阿尔贝托·莫拉维亚（Alberto Moravia）的同名小说《丘恰里亚人》（*La ciociara*）中，这群人尽管不识字，却很有魅力、自豪且浪漫冲动。

17. 穆拉托夫，《意大利风情》，卷二，第 100 页。

拉奇奥地区的地方风味

热开胃菜

- 炸饭团（Arancini di riso）：馅料如肉馅、杂碎与莫扎雷拉起士。此地炸饭团称为“supplì di riso”，“supplì”一字来自法文，为惊喜之意。炸饭团有时候也被称为“supplì di telefono”，因为里头包了莫扎雷拉起士，咬下时会牵丝像电话线一样，因此得名。

第一道

- 用各种能迅速准备的面酱搭配的意大利面：例如辣味培根西红柿面（amatriciana，这种面酱的材料包括培根、西红柿、辣椒和佩科里诺起士，因为在意大利文中这几个字的前缀都是P开头，因此简称四P）。辣味培根西红柿面来自里耶提省（Rieti）的阿马特里切（Amatrice），不过现在已经成为罗马烹饪的代表。罗马式面疙瘩，自古以来罗马人在周四吃的菜肴；对罗马人来说，面疙瘩只能用麦糁来制作，揉好面团后压平并用一种特殊的圆形切板切开，煮熟后用奶油和起士调味。在意大利其他离罗马较远的地区，面疙瘩适用水煮马铃薯、鸡蛋和面粉制成小球状，搭配肉酱食用。培根蛋意大利面（pasta allacarbonara）是由来自阿布鲁佐的厨师们引进的（见《阿布鲁佐与莫里塞》）。
- 用湖鱼煮成的博尔塞纳—马恩省鱼汤（sbroscia）
- 炖羔羊肠（pajata 或 pagliata）：加入洋葱、欧芹、西洋芹、大蒜和西红柿的炖菜。海胆，可以当成开胃菜或准备面酱的基本材料。

第二道

- 羊肉
- 朝鲜蓟
- 牛尾
- 豆烩牛百叶
- 罗马式炸牛脑或羊脑
- 罗马式香煎牛肉卷（saltimbocca allaromana）：用生火腿将牛肉片或小牛肉片盖起来，再加上鼠尾草并用牙签固定。
- “烫指”炭烤羊排
- 在丘恰里亚地区，则有青酱犊牛蹄筋，其中青酱以欧芹制成。
- 香草鹌鹑
- 搭配牛肝菌的海鲈：在沿岸地区的高档餐厅中较常见。
- 蒜香菊苣（cicoriapazza）：丘恰里亚地区阿拉特里的风味菜，以大蒜、辣椒、橄榄油和盐来替菊苣调味。
- 罗马地区生菜色拉的种类可能是全意大利之最。巴塔维亚莴苣，白色、金黄、绿色与红色的罗洛莴苣，带有淡淡的核桃香。新鲜采摘的萝蔓莴苣非常美味，不过还有更令人难忘的罗马菊苣，或称尖叶菊苣（puntarelle），后者指的是抽芽的菊苣，一般的处理方式是先切成细长条，之后在冰水里浸泡（一般而言，因为气候之故，冰块和冷盘在古时被视为奢侈品），之后用橄榄油、醋、鳀鱼、盐和大蒜调味。此地产的红菊苣，味道也与特雷维索和维洛纳的相去甚远。此外，还有深绿色的萝蔓生菜与比利时苦苣（一种在黑暗的洞穴环境里栽种的菊苣，没有叶绿素，因此叶片完全呈白色）。鳀鱼苦苣是典型的罗马犹太菜肴。在市中心广场的市场上，人们购买着橡叶生菜、蒲公英、欧洲菊苣和世界知名的芝麻菜。顺道一提的是，芝麻菜在近年来因为新式烹饪风行，世界各地的餐厅争相运用，而且只在特定清爽的菜肴采用，尤其对其新鲜度要求很高，一位优秀的厨师会知道如何根据各种芝麻菜的强烈滋味加以运用搭配。

- 油醋生蔬是托斯卡纳地区最主要也最典型的菜色之一，在该地区称为“pinzimonio”，不过一到拉奇奥地区，却改名叫作“cazzimperio”，而这道菜除了菜名来自意大利文里的起士“cacio”一字以外，并没有什么太奇怪的地方。在从前，“cazzimperio”指的是“加了胡椒的融化起士”，因此在谈到古早时期的饮食时，自然也可能碰到以这种意涵解释的情况，不过还是要记住，在意大利南部，这个字事实上指的就是油醋生蔬。

甜点

- 拉奇奥人最喜欢的甜点是马里托奇（maritozzi）这种夹了打发鲜奶油馅的葡萄干甜面包。
- 罗马的冰淇淋非常美味，俄罗斯作家果戈里（Gogol）曾经在1837年4月15日写给好友丹尼列夫斯基的信中提道：“然而，冰淇淋却是你做梦也想不到地道美味。这跟我们在托尔托纳吃到你很喜欢的那个烂货不同，这口感简直就跟奶油一样！”

拉奇奥地区的特产

- 起士：罗马佩科里诺起士。奶花起士（fior di latte）。佛罗西诺内的瑞可达起士：以只吃苜蓿草的乳牛所生产的牛奶制成，因为苜蓿草的关系，这种起士的密度与其他起士不同。普罗沃拉起士（provola）是一种质地紧密结实的莫扎雷拉起士。普罗瓦吐拉起士（provatura）由水牛乳制成，体积比莫扎雷拉起士还大。人们常常把普罗沃拉起士和普罗瓦吐拉起士搞混，这是因为这两种起士名称相似，都可以拿去烟熏，而且都可以裹面糊油炸之故。
- 内米（Nemi）产的草莓
- 朝鲜蓟
- 西兰花
- 甜度高的马利诺（Marino）白洋葱
- 野芝麻菜

- 欧纳诺（Onano）的小扁豆
- 加埃塔的橄榄
- 瓦勒拉诺（Vallerano）的栗子
- 拉奇奥的榛果
- 珍扎诺（Genzano）和拉里阿诺（Lariano）的手工面包。

代表性饮料

由法勒尔诺酒（Falerno）发展而来的葡萄酒系（马尔瓦西亚［Malvasia］、特雷比阿诺［Trebbiano］和近年来非常流行的皮里欧切萨内塞［Cesanese del Piglio］）和教宗之泉（Fontana di Papa），以中世纪时期教宗夏宫的卡斯泰利罗马尼周围为著名产区。

自 1571 年起，马利诺每年都会在 10 月的第二个周日举行白葡萄节。这个节庆活动，最初是由教宗下令举行，以庆祝最后一次十字军东征时，十字军舰队在对抗奥斯曼帝国的勒班陀战役中大获全胜。

弗拉斯卡蒂白葡萄酒（Frascati）和一种以维泰博省（Viterbo）蒙特菲亚斯科内（Montefiascone）产的特雷比阿诺种葡萄所制作的埃斯特气泡白酒（Est! Est! Est!）。根据传说，一位德国主教在往罗马朝圣的途中，每天都派一名侍从到前方勘查，替他寻找最好的餐馆与值得品尝的好酒。侍从若找到好酒，会在餐馆门上写下“Est!”做记号，而在他抵达蒙特菲亚斯科内的时候，由于找到质量极优的美酒，忍不住在门上写了三次“Est!”，自此以后，这种酒就被称为埃斯特白酒……不过我们还是要强调，这故事不过是传说而已。

地中海饮食

DIETA MEDITE-RRANEA

意大利的饮食习惯（也就是所谓的“地中海饮食”）具有不会让人发胖的珍贵特质。一般人可能会怕“吃太多意大利面而发胖”，不过事实上，硬粒小麦做出来的面有助于维持身材。而且，倘若面食不过量，多吃蔬菜、鱼和不要煮太熟的肉，并且不要把蛋白质和淀粉混着吃，要保持完美曲线就不是难事。意大利的法西斯主义分子非常渴望能达到这种精实的线条，他们特别珍视行动力、速度与精瘦的特质，也计划将这种特质融入饮食计划；这就是未来派的概念，严格说来，是菲利波·托马索·马里内蒂（Filippo Tommaso Marinetti，1876—1944）的主张。马里内蒂曾说：“铁血民族不该吃软糊糊的食物。”他的计划也带有讨喜的未来主义风格：“避免意大利人因为那无用的油脂成为一团肉……在未来，轻型铝制火车将代替以铁、木头和钢材建造的笨重火车，我们应该为那个时刻准备好轻巧灵活的体魄。”

未来主义分子的第一个眼中钉是自拜占庭文化流传下来的“精致文化”。马里内蒂（和普雷佐利尼［Prezzolini］）认为，真正且受欢迎的地中海饮食应该是意大利南部那种迅速且清淡的饮食。于佩鲁贾（Perugia）出生、双亲为锡耶纳人的普雷佐利尼，很自然地将托斯卡纳认定为最主要也最纯粹的意大利传统。

> ……健康的饮食：清淡、微酸、滋味丰郁芳香、充满灵魂，为聪明人和不愿意因为久坐而长出大肚子的人而做；他们从来没想要煮炖饭或意大利面，对脂肪保持距离，保留了烤肉叉和烤架，以及木柴木炭生出来的净火，要求油炸不腻且烧烤不湿……[1]

在普雷佐利尼的眼中，托斯卡纳人的烤肉串是：把瘦肉、乡野或树林间的雀鸟、鸫鸟、鸡肝、月桂叶与用百里香腌过的猪肉块等，穿插着面包块和切片猪脂串在串肉扦上，用柴火烤熟。不过在讲完这个至今尚存的古老食谱，并藉此提醒读者托斯卡纳地区还有制名的佛罗伦萨丁骨牛排存在，以及之前曾在《托斯卡纳》一章提到科拉多·特德斯奇成立佛罗伦萨丁骨牛排党的故事以后，我们暂时把肉类摆在一边，毕竟肉品在地中海饮食的角色是微不足道的。

文艺复兴时期法国作家蒙田（Michel de Montaigne）曾在《意大利游记》（*Viaggio in Italia*）中写道："这个国家与我们不同，没有吃很多肉的习惯。"贾科莫·卡斯泰尔韦特罗（Giacomo Castelvetro）在英国写下的《意大利蔬果香草》（*Breve racconto di tutte le radici di tutte l'erbe e di tutti i frutti che crudi o cotti in Italia si mangiano*）一书中则声称："在意大利这个美丽的国度，人们吃肉吃得不比法国和英国人来得多。"名厨巴托洛梅奥·斯卡皮在他的意大利想象之旅中（也就是《烹饪艺术》一书），以"海鲜菜肴清单"简要地描述意大利烹饪，而跟他同时代的人也都同意，意大利饮食的特色是多鱼多海鲜。罗马人在古罗马帝国与中世纪时期的待客之道，就是端出抹上发酵鱼酱（garum）的面包。

事实上，既然因为严格的宗教历法规定，每年有一百七十至两百天为斋戒日，为何不好好利用周遭丰富的鱼类资源（见《生活时令》）？意大利几乎完全被海洋环绕，境内河流湖泊众多，居民因此惯于将鱼类海鲜视为基本食材，是取之不尽用之不竭且既经济又健康的蛋白质来源。不只如此，意大利人更在数世纪以来发展出一种独特的能力，能将各种海鲜化为简单却又非常受欢迎的滋味，即使到今天仍无其他民族能出其右。

意大利的海鲜汤是至臻巅峰之境的美食橱窗：以撒丁和热纳亚的布里达鱼汤（buridda），与利古里亚地区和托斯卡纳地区的海鲜汤（cacciucco）为代表。艾米里亚罗曼尼亚地区也有里米尼风味海鲜汤。这些汤品都是马切拉塔省雷卡纳蒂港海鲜炖汤学院的教材。

在意大利周围海域（也就是古罗马人口中的"mare nostrum"，意指"我们的海"，也就是地中海的旧称），可供食用的海鲜包括500种鱼、70种甲壳类与30种头族类。据统计，意大利人的平均海鲜食用量在全世界仅次于日本，每人每年约吃掉25公斤的鱼和海鲜。

在某个满天繁星的11月夜晚，凌晨两点四十分，米兰市隆布罗索街（via Lombroso）的批发鱼市，让人联想到一场服装秀。坐车逛着偌大的鱼市，到处都会是灯光、群众与活力。所有主要建筑的入口前塞满了车辆，走到里面，房间里有令人眩目的灯光，中央有条宽大的走道，"舞台"两侧是长凳和观众。观众们板着一张脸，俯伏着身体向前，好像随时都要从长凳上滑下来一样。这些观众，其实是尾部对着我们摆放的鲔鱼和旗鱼，我们随着商人、餐馆人员、研究人员和批发商等所构成的群众在走道上移动。突出的鱼鳍恫吓着人群，整个画面不只让人想起服装秀，更像是一群骁勇善战的哥萨克武士在开战前弯刀出鞘的景象。

更有画面的，其实是装在保丽龙盒内的鲔鱼、大型鲟鱼和鲑鱼，整个鱼头从盒子左侧的洞探出来，鱼尾则从盒子右侧伸出达半公尺长，就像马戏团里等待魔术师用假锯子“动手术”的女助手一样。

每种鱼都有正式的商品名，旁边也按法规附上拉丁文学名。鱼市主任雷纳托·马兰德拉（Renato Malandra）不但知道所有鱼类海鲜的正确与正式名称，还知道特定城市与村落的各种方言称呼方式。在意大利，每一种鱼可以有两种称呼，不多不少，就只能有两种。牙鳕是“molo”或“merlano”，蓝鳕是“melu”或“potassolo”，舌齿鲈是“spigola”或“branzino”，长臀鳕是“busbana”或“cappellano”。不论鱼贩是有店面或流动摊贩，只能在两种正式名称之间择一写在厚纸板标签上，绝对不能使用方言名称。[2]

这些标签每日都要更新，因为昨天写的标签泡在冰块里，满是鱼腥味，无法再次使用，而且价格也不一样了。所以，鱼贩每天都要写新标签，也常常会借着这个机会要些伎俩，用一种方言的称呼代替另一种，试图利用消费者对一些较珍贵好吃的鱼类的印象，选择与这些好货相近的称呼，造成混淆以低卖高。举例来说，不使用章鱼的正式称呼“polpo”，而用大章鱼“piovra”；鼠鲨不用“smeriglio”，而写成星鲨“palombo”；或者把旭鲷写成价格两倍的锦鲷，这都是狡诈鱼贩引诱消费者上钩的手法。

因此，马兰德拉这位身兼鱼市主任和大学教授（身后有两个正在修习最后一年课程的大学生紧紧跟着，有幸与权威一起夜巡鱼市），又精通鱼类学、医学与寄生虫学，同时还通晓语言学的专家（他还得整理出这些鱼虾贝类无脊椎动物蜗牛蛙类在意大利各地区的名称），还得成为心理学专家。他知道如何和这些不诚实、长年在外奔波的狡猾鱼贩打交道，尽管这些鱼贩背后还有强大的公会撑腰。然而我们还是不得不承认，许多鱼贩会让人衷心佩服：他们实在无人能比，的确是博学多闻的专家，双手灵巧且技艺高超，是高手中的高手。

要担任这种市场的管理职，除了周六和周日以外，每天晚上都要工作，而且任职者不论在经济或地理方面，都必须具备相当不错的能力（能在不引起财务危机、商品腐败货或造成恶性竞争的情况下，迅速决定如何控制鱼货拍卖）。他必须认识在意大利各港口进出的船队，并了解每个港口在每天会因为季节、气象预测、即将到来的节庆，甚至每周哪几天为斋戒日（参考《生活时令》），而应该会有什么样的鱼获量。

在这些渔港贩卖的鱼获，首要条件自然是新鲜度。这种新鲜度不是用气味来判定的，因为从气味的角度来看，一切都很完美，因为在这种市场里，没有任何货品是有怪味的，或者该说，所有渔获都有一股淡淡的海水味；然而，那种绝对的新鲜度是不辩自明的，绝对不可能弄错。把鱼从尾巴拿起来，如果整个身体跟棍子一样僵硬，和地面呈平行，那么这只鱼就呈尸僵状态。它的背鳍竖起，肌肉因失去弹性而挛缩僵硬，这种鱼是比较珍贵的。鱼眼必须有光泽且凸出（要注意的是，深海鱼类在出水后，会因为压力造成眼部凹陷，不过这并不代表鱼不新鲜）。

米兰的夜间鱼市

鱼市主任雷纳托 · 马兰德拉教授

海水鱼通常不卖活的——这种鱼和淡水鱼不同，因为海水鱼一旦离开它们生活的环境，就会马上死亡。不过讲到贝类，则又是另一种状况。螯龙虾、龙虾、小虾、明虾等的可销售性，完全看这些动物的活力。双壳贝类、蜗牛和其他同类动物一样，只有卖活的，死的不能卖——当然也没人会买。马兰德拉在走过一个个装满龙虾的大小水桶时（龙虾都用链子拴了起来，以免它们彼此伤害），偶尔会在龙虾身上拍一下，让它们的须动一动，可以清楚看到，这些龙虾活力十足又愤怒。虾中之王，是来自大西洋的紫虾，它的头部呈紫色，两条须非常长：这两条须虽然不能吃，还是有许多人愿意花上两倍或四倍的价格购买！多肉多汁且外形美丽的普通黄道蟹，则是另一种海鲜明星。

在这个展示厅的“狭小舞台”上，有许多来自米兰、贝加莫、布雷夏、洛迪、克雷莫纳和帕维亚的专家，如餐厅老板、批发商等，不过最大宗的买主其实是市场的流动摊贩。历史可回溯到希腊露天市集的意大利市场，因为这些开朗、喧哗且无所不在的摊贩，有了独特的活力。

大约在早晨五点或六点左右，流动鱼贩开始把一箱箱一桶桶的鱼货搬进市场，每天的产品都会依周间日期而定。随便找个城市的广场，仔细看看脚下，会在石板地面上看到痕迹非常淡的数字：这些数字标记着每周露天市集的摊位。有些摊贩在市中心广场或市镇主要街道已有三十多年的历史，这些摊位是以世袭的方式来继承。

每个星期二，戴着金边眼镜、一副学究样的流动摊贩协会省分会会长埃尔科利诺·皮瓦（Ercolino Piva），约莫在早上六点半离开批发市场，自七点二十分到下午两点左右，在米兰尤斯塔奇大街（via Eustachi）门牌单号侧提款机窗口前编号 E58 的大树下清理、切着他的鱼货，解释着鱼货的各种烹调方式（这个提款机附近的位置很重要，因为他的顾客通常需要准备好大把银子）。自早上七点二十分起，埃尔科利诺的摊位前就开始大排长龙，顾客有在佣人陪伴下前来采购的有钱人家家长和大公司老板（买完后这些大老板就赶去公司上班，佣人则将鱼货带回家放进冰箱），有刚上完夜班的早报记者，有住在附近只是下来买片鲔鱼肉的老太太，（自八点一刻起）有刚把小孩送到小学的妈妈，也有一起来买生蚝的男女朋友。一大早买生蚝固然是个好点子，不过接下来的问题在于买主是否能用一般弯刀将生蚝打开，或是是否有处理生蚝专用的铁手套，开生蚝是件非常讨厌的工作，对外行生手尤其如此。要吃生蚝，最好还是让人伺候，打开后和柠檬一起放在冰上端出来，才是乐事一桩。

《来自大海的味道：品尝鲜鱼的艺术》（*Sapore di mare. L'arte di gustar ei lpesce fresco*）是丽娜·索蒂斯（Lina Sotis）2006 年春季在《晚邮报》上发表的短文，其中就写到这位知名鱼贩：“提供各种海产渔获的著名市民集结点，是享有盛名的埃尔科利诺海产摊，是全市最著名的摊贩……正如我们之前所言，吃鱼是种时尚。”

我们在批发市场中看到了现存的各种鲔鱼，有在西西里岛西边法维尼亚纳岛（Favignana）附近、俗称“鲔鱼屠杀场”（mattanza）[3] 的埃加迪群岛（Egadi）一带捕获的黑鲔鱼[4]，也有黄鳍鲔、长鳍金枪鱼（日本人对这种鱼不感兴趣，反倒是西班牙人常常用它来烹煮传统菜肴）和大目鲔。每种鲔鱼的价格不一，而且几乎每种都很抢手。价格也根据鲔鱼的部位而有差异，大腹肉最贵，鲔背肉其次，接下来才是其他部位（如下腹肉）。

鲔鱼的体积大小也有规定，尺寸一定要超过最低限度才符合规定。未达最低限度的鲔鱼，表示年龄不够大，这种鱼是禁捕的。不过绝对不能将这些幼鱼和一种体积特别小的侏儒种鲔鱼搞混。这种侏儒鲔鱼不会长太大，是可以捕来吃的。

同种鱼的养殖鱼和海捕鱼之间，也有很大的差别。让我们以瘤棘鲆[5]为例，养殖的瘤棘鲆和海捕鱼在外观上有相当大的差别。瘤棘鲆的背部正如名称所言，有许多瘤状突起，从海里捕获的瘤棘鲆，背部的瘤状突起闪烁着一抹美丽的棕色，养殖鱼的瘤状突起则呈现出黯淡无光的灰色。

海捕和养殖的瘤棘鲆在味道上的差异也很大，养殖鱼的口感既油又粉。一般而言，鱼类最受珍视的特质，就是它们的肌肉，而鱼儿必须生活在持续生存斗争的环境中，才能让肌肉越长越大又带有弹性，在池里悠闲生活等待每日三次喂食的养殖鱼，根本无法达到这种质量。若鱼肉充满性荷尔蒙又更好，因此最优的渔获，应该是在交配前捕获的那种；产卵后的鱼绝对不是最好的选择，因为在产卵或排精以后，鱼肉质量完全无法入口。

让我们来看看两种从外观上完全无法辨识差异的咸鱼干：它们都是鳕鱼干，也就是我们之前提到过的“斯托卡费索”。这种受到慢食组织保护的好东西，最容易在批发市场里找到各种质量最优的好货，亦即用大西洋鳕（学名 gadusmorhua）制作成的鳕鱼干，以灰色外皮上的纵向黄色条纹为主要辨识特征。这种鳕鱼干价格不菲，想要带一块回家，必须付出相当的代价。

另一种以鲟鳕做成的斯托卡费索身上没有纵纹，价格绝对低了许多……不过将次等鲟鳕干充当为身上有黄色条纹的大西洋鳕干贩卖的状况，就不在此限。

从前，以海豚背部肌肉做成的“莫夏美”（mosciame）肉干，是米兰鱼市场最受欢迎的产品之一，不过自 1980 年起，地中海地区全面禁猎海豚以后，因此现在市面上的莫夏美，只能用鲔鱼制作。

另外值得一提的，是在意大利美食中非常丰富的各种蓝鱼，包括鲱鱼、鳀鱼、沙丁鱼、鲭鱼、小沙丁鱼、竹筴鱼、玉筋鱼和颌针鱼等。这些鱼肉富含多元不饱和脂肪酸如 Omega-3 和维生素 D 等珍贵物质，有助于预防血栓形成与其他疾病。以蓝鱼为主的食疗，常常被用在牛皮癣和类风湿性关节炎等疾病的治疗，蓝鱼确实贮有丰富的矿物质，比其他海鱼含有更高的钙、碘、磷、氯与锌。此外，这些鱼大多来自亚得里亚海，绝大部分都是意大利的本地产品。因此，这些鱼价格不高，而且在捕获当天就被送到鱼市贩卖，保证新鲜。对消费者来说，这两点非常重要，尤其因为多元不饱和脂肪酸在高温环境下会氧化，所以若要健康地食用蓝鱼，要不是稍微腌渍处理后生食，就是短时间在烤箱里或用锡箔包起来烘烤，唯有如此，这些对人体有益的脂肪酸才不会因为高温烹煮而消失。蓝鱼不论是拿来搭配意大利面、面包屑或西红柿酱汁，都很好吃。市面上各种鳀鱼的差别，主要在于其生活环境的盐度：来自亚得里亚海的鳀鱼味道比较没有个性，来自利古里亚海岸的鳀鱼，吃起来的口感咸了许多。

每天晚上，渔船都会载着钓鱼灯出海。灯照下的海洋，浮游生物会变得特别明显，吸引鱼儿往光源游去。一旦捕起，渔夫们马上就会在这些鱼身上撒盐。在渔船上直接盐腌的生沙丁鱼，是威尼斯名菜醋渍沙丁鱼的重要材料（加上用醋、洋葱、葡萄干和松子等调成的酱汁制作）。

意大利的海鲜菜色充斥着许多相当有趣的产品。罗曼尼亚人有引以为傲的鸡帘蛤（学名 Venus gallina）；全意大利都吃槽帘蛤（学名 Tapes decussatus），尤以那不勒斯和西西里岛为甚。美味的乌贼是意大利常见的家常菜，竹蛏（学名 Solen vagina）也很普遍。俗称“圣雅各布之梳”的扇贝也很受欢迎，不过在餐厅和市场里通常采用法文，称为“Saint-Jacques”，不过将它称为“圣地亚哥贝”也许还比较正确，因为在中世纪时期，前往圣地亚哥—德孔波斯特拉（de Compostela）朝圣的朝圣者，在吃掉贝壳肉以后，会把清理干净的美丽贝壳黏在软帽上作为装饰，而扇贝在意大利之所以也被称为“圣雅各布之梳”，就是来自这样的传统。仔细观察，不论是天主教大教堂或东正教教堂的正门入口装饰，都可以找到扇贝边缘波浪状的元素，以此象征着基督信仰。

贻贝、章鱼、麝香章鱼等在意大利饮食中极为常见。在鱼贩或超市冷冻食品部门，也经常看到墨鱼、疣帘蛤和鸟蛤。虾蛄、蝉虾和各种美丽的软件动物如小虾、明虾、卡拉摩对虾、挪威海螯虾、螯龙虾、棘刺龙虾、螃蟹、蜘蛛蟹和正在蜕皮的蝉虾等，也不是什么不寻常的食材。

意大利厨师是出了名的会料理鱼类海鲜，饮食权威达维德·鲍里尼更表示，天妇罗其实是由意大利人带进日本的。[6] 根据鲍里尼的理论，天妇罗（tempura）一词来自意大利文的“tempora”，有“暂时的、季节性的”的意思。来自意大利、葡萄牙和西班牙的传教士在抵达日本以后，仍然遵守着“四季”（暂时）斋戒的教规，在斋戒期间只吃鱼……鲍里尼也认为，日本料理中的“刺身船”是为了纪念葡萄牙舰队的到来（刺身船指欧洲与美国的日本餐厅里专门用来装盛生鱼片和寿司的木制小船，料理通常放在船的甲板上），而日本人将鲭鱼和海藻一起放在特制木模里腌渍的做法，会让人想到葡萄牙帆船，因此腌鲭鱼也是欧洲人教的。

除了大量吃鱼和海鲜以外，另一个无论是本地人或外国人都会注意到的意大利饮食特色，是意大利人慎喜爱未经繁复处理的生蔬。

这种习惯早在古罗马帝国时期就已存在。古罗马剧作家普劳图斯的一出喜剧作品中，就有一位厨师解释了为什么没有人聘他当厨师：他的索价确实高昂，因为他的烹饪艺术，让他能从众多“几乎将食客当成牛只看待，随便把草皮拿来调味便端上桌的厨师”中脱颖而出。如果我们继续看下去，会发现这些“草皮”其实是指甘蓝、甜菜叶、琉璃苣、菠菜、大蒜、芫荽、茴香、亚历山大草和芥末。[7] 文学家瓦罗

水果和蔬菜对意大利半岛的居民来说非常重要

（Varrone）在《梅尼普讽刺集》（*Satire menippee*）曾写道："我们的祖父和曾祖父，嘴里满是大蒜和洋葱的臭味，不过对他们来说，这代表勇气和力量。"[8]

在中世纪时期和文艺复兴时期，外国游客就对意大利人吃掉的蔬果量感到惊奇。1581 年，蒙田就在他的游记中写下他的惊奇感："意大利人会吃生的蚕豆、豌豆、未成熟的杏仁，甚至朝鲜蓟。"自然史家康斯坦佐·费利奇（Costanzo Felici）在他的植物学论文（1569）中，对于生食西红柿大表劝阻之意：

> 因为颜色强烈而有"金苹果"之称，或称为"秘鲁苹果"的西红柿，外观呈深黄色或艳红色——它要不外观圆润，要不就是跟甜瓜一样有凹纹——那些喜好尝鲜的人和饕客，会拿来搭配酸葡萄汁直接生吃或在锅里炒过，不过就我的口味来说，这种东西看来漂亮，味道并不是那么好。

费利奇还说：

> 生菜色拉几乎可以说是意大利饕客专属（来自国外的学生如是说），那群人专门跟野生动物争食青草。[9]

水果和蔬菜对意大利半岛居民是如此重要，使得学者们不得不严正以待：在 18 世纪末，生物分类与百科全书汇编正时兴之际，植物学家乔治奥·加勒希奥（Giorgio Gallesio，1772—1839）带着启蒙运动时期学者的热忱与收藏家的狂热，决定展开一段长达二十五年的旅程，由北到南拜访意大利的每一个乡野村落，以替意大利现存水果种类进行观察、记录、叙述与分类的工作。这段旅程的成果是从 1817 年至 1839 年间以期刊方式出版的《意大利花果图鉴》（*La Pomona Italiana*），目前完整保存的复本并不多，不过在电子版本和超文本的方式整理上线以后，目前可以在网络上自由查阅（www.pomonaitaliana.it）。

以蔬果为主的饮食，加上意大利友善周到的风俗和宜人的气候，让许多浪漫主义作家趋之若鹜。歌德不论在叙述绿叶生菜或是把那不勒斯和西西里当成"意大利性"的典范来谈论时所表现出的高度热忱，就非常典型。在歌德的想象中，饮食清淡的南意地区，是人世间最宝贵之地。"有关城市的位置和其内各种让人惊叹的事物，他人已留下许多描绘与赞美之言，不容我再多所赘言。"[10] 向来能言善道的歌德，甚至也无法有条不紊地写下这个美好的城市，唯一能说出口的，只有"让人无言以对"（kein Wort）。

> 那不勒斯人深信自己拥有天堂，认为北方的状况相当艰困：终年为雪所覆盖，房子都是木造的，人民愚昧无知、财大气粗，他们就是这么想象我们的国家，而为了启迪广大的德意志人民，我尤其想要指出这一点。[11]

那不勒斯是个让人在不知不觉中陶醉其中的天堂。至少对我而言就是这样；我完全不认识自己，觉得自己完全成了另一个人。昨天我想到：“你之前就本来就疯了，即使现在也是如此。”……只有在这个国度，才可能了解到植被的真正意涵，以及为何耕种的原因。[12]

有关食物和地方菜色这个不容忽视的议题，我至今尚未有任何着墨。这里的蔬果非常美味，尤其是清甜又带有奶味的生菜；这会儿就能理解，为什么古人用“lactuca”[13]替这类生菜命名。[14]

意大利有承袭自阿拉伯文化的饮食学传统，最主要的影响来自农业学家伊本·阿瓦姆（Ibn Al-'Awwam，12至13世纪）的农业专书。在中世纪与文艺复兴期间，饮食学更是结合了体液互补并协的原理（根据古希腊医学家盖伦［Galeno］的理论）、素食主义（根据古希腊哲学暨数学家毕达哥拉斯的主张）以及古罗马晚期烹饪理论家阿比修斯的概念。

马可·加维奥·阿比修斯（Marco Gavio Apicio）据说是古罗马时期第一本食谱《论厨艺》（*De re coquinaria*）的作者，书中收录了一系列工作笔记，处处洋溢着漫无边际的幻想。《论厨艺》是本很复杂的专书，其中包括了许多文笔相当不一致的部分，可能是因为书中收了数世纪以来（公元前1世纪至公元4世纪）的不同作者作品之故。这本书由许多酱汁和菜肴食谱构成，而阿比修斯也藉此建议读者采取地中海饮食，也就是意大利南部以谷物、葡萄酒和橄榄油为基础的日常饮食。先后替奥洛夫（Orlov）公爵和俄罗斯帝国女皇叶卡捷琳娜二世（Caterina II）服务的弗朗切斯科·莱昂纳多·罗马诺（Francesco Leonardo Romano）就对阿比修斯的理论非常狂热，并在服务期间将地中海饮食原则带进了俄罗斯宫廷。当罗马诺结束了他在叶卡捷琳娜二世宫廷的服务以后，便潜心伏案，写下了一本重要性极高的饮食学专论《现代阿比修斯食谱大全》（*Apiciomodernoossial'arte di apprestareognisorta di vivande*，1790）。

2世纪古希腊医学家盖伦的理论，一直流传到18世纪。他的理论乃根据四种基本体质，也就是热、冷、干、湿的组合，而这四种体质又分别对应到火、风、土、水四种元素。他认为，人的体质因年龄而有差异，例如老年人体质干冷，年轻人体质湿热，而生病则是因为某些体质高出标准值所致。

在古时和文艺复兴时期，人们认为身体健康有赖体内体液的平衡。人体的四种体液分别是血液、黄胆汁、黑胆汁和黏液，如果其中之一过多或过少，人体就会出现疾病症状，病征与体液平衡息息相关。这种理论说明生物体最基本的表现形式，以哲学而非以实验为根据，根据此说，人类是自然的一部分，自然灌注人体之中。在人体这个小宇宙的四种体液，都和四元素（风、水、土、火）和四体质（轻、湿、重、热）息息相关。理论上，整个自然世界都是由这些元素构成，血液与风相关，代表湿热；黄胆汁与火相关，代表干热；黑胆汁与土相关，代表干冷；黏液与水相关，代表湿冷。

在理想的世界秩序、完美的生物体和最佳的菜肴中，都必须具备每一种元素，缺一不可，而且各元素之间必须达到平衡。不论是何种烹饪，都以搭配的艺术和对基本材料的认识为基础。世上只有少数食物，尤其是面包，本身就已经非常完美平衡，其他大多数例子，厨师都得以根据材料性质强度来分类的复杂系统加以矫正，要选择正确的烹饪规范，必须从动物的种类、年龄和性别为出发点来判断。

意大利有些经典菜肴，就是根据类似的营养概念发展而来，例如梨子和硬质熟成起士的搭配，或者切片生火腿和甜瓜的组合。盖伦医学与文艺复兴时期的烹饪规范，都不建议人们生吃甜瓜和梨子，因为它们都是过分湿冷的食物；然而，起士和生火腿都是干热性食物，若能将它们和湿冷性食物搭配，就可以按个人喜好使用。

不过最后还是要强调，意大利饮食最重要也最基本的原则，在于适度。

威尼斯出身的文人埃尔维斯·路易吉·科尔纳罗（Alvise Luigi Cornaro，约1484—1566），部分因为其健康实践，终于在年届四十之际，摆脱了长期受病痛折磨的命运，并获得延年益寿之方：他在临终之际声称，自己几乎活了一百岁，不过我们只能确定他身殁之日是1566年5月8日，并无法得知其确切出生日期。科尔纳罗在其作《论简单生活》（*Discorsi intorno alla vita sobria*）中表示：

> 对老年人来说，吃得少有益身体健康！……我吃的东西如下：先吃面包、小面包、加了蛋的清汤或其他适合的汤品；肉类的话，我会吃犊牛肉、羔羊肉或阉鸡；每种鸡肉我都吃，还会吃山鹑肉和像是鸫鸟类的小鸟；我也会吃鱼，海水鱼如海鲈之类，淡水鱼如狗鱼等。

根据科尔纳罗的说法，长寿的秘诀在于每天吃12盎司的固体食物和14盎司的葡萄酒。“在吃饱饭后马上伏案写作，对我来说从来都不是问题，我的思绪并不会受到影响，饭后也不会打盹，因为那么点食物无法让人头脑不灵活。”

科尔纳罗自鸣得意的态度，很自然地受到后辈讽刺攻诘。1662年，一名自称“学者”的人士，用仿拉丁文将科尔纳罗的主张改写，出版成三部曲，并署名“行尸走肉”……

经历了法西斯统治的萨拉珀鲁塔的阿利亚塔公爵（Duca Alliata di Salaparuta，其庄园生产著名的萨拉珀鲁塔科尔沃葡萄酒［Corvo di Salaparuta］），在那个人们渴望身体和谐的时期（见《极权主义》），写下《素食与生食》（*Cucina vegetariana e crudismo vegetale*）一书，大致解释了在上流社会人士眼中地中海饮食有何好处。根据他的说法，西西里岛农民之所以能维持精实强壮且能抵抗各种恶劣天候的身体，是因为他们每天都吃淋上橄榄油或用起士或番茄调味的面食，不吃肉类或动物性脂肪，这一点和肥胖臃肿的富裕阶级完全不同，因为有钱人大多用肉酱、海鲜和动物性脂肪来替面食调味。[15]

医学研究证实，地中海饮食事实上能预防所谓的文明病，如动脉硬化、中风、

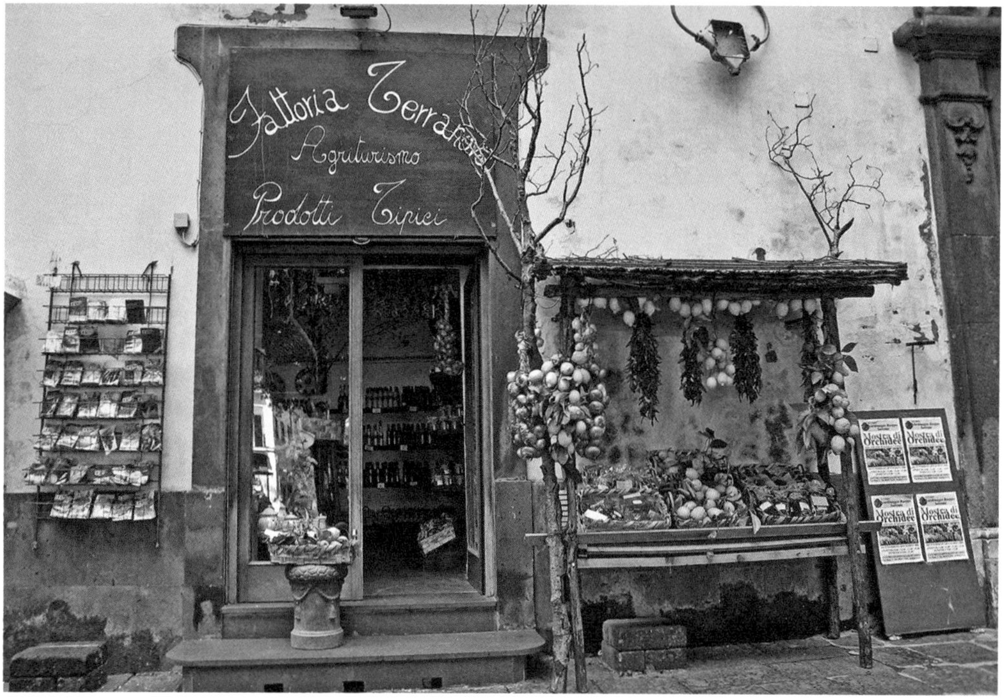
Fattoria
Agriturismo
Prodotti Tipici
Mostra di Orchidee

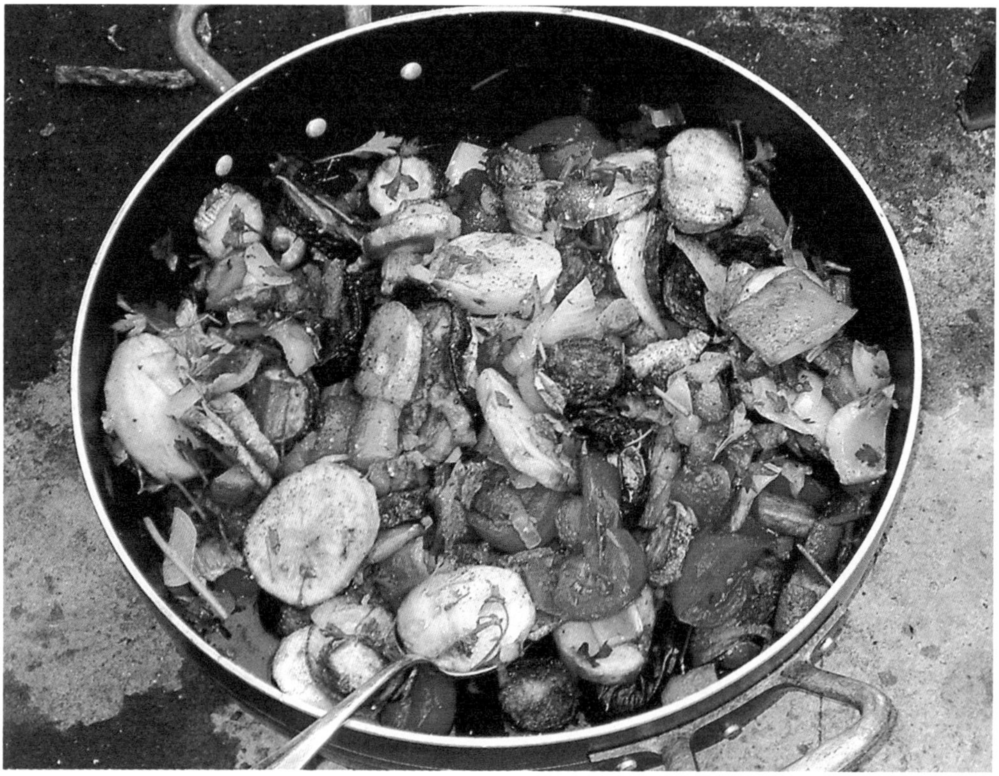

肥胖和高血压。市面上更出现了许多以“吃得好活得更好”为名的书籍，内容讲的就是地中海饮食。

大部分意大利人或多或少都对饮食学和食品科学感兴趣，家里都会摆上一两本这类书籍做做样子，他们偶尔会想起胆固醇这个字眼，也知道它可能对健康造成何种危害，不过还不至于定期到医院验血的程度（跟美国人有很大的不同）。有关食品议题，目前已为大部分人所接受且不会受到流行时尚所影响的常识，可以归纳成下列两点：

- 不要吃“垃圾食物”如洋芋片、可口可乐，以及对健康无益又会导致体重增加的点心。
- 煮过头的意大利面，即使只是多煮了一分钟，也要狠下心丢掉。煮至弹牙程度的面才不会让人发胖。

现代人都渴望拥有苗条纤瘦的身材，斤斤计较着身上多出来的几公斤。我们很难不注意到，在当代意大利社会的人际关系中，保持外表体面与健壮、有型，尤其是身体上的和谐，才能拥有让人满意的社会认同。班戴洛（Bandello）那个崇尚丰腴体态与暴饮暴食的时代早已远去（班戴洛是15世纪末作家，在一部小说中，他特别赞美了米兰人的“丰腴”，同样的形容词也曾被拿来描述博洛尼亚）。著名的人道主义者暨美食家普拉提纳，向学界好友斯考里奥（Scaurio）和切里奥（Celio）建议怎么吃才能增胖的年代，也是过往云烟。[16]那些受到教廷谴责，将之拿来和古罗马时期庆典监督所举办庆典宴会相提并论的奢华盛宴，以及切鲁毕诺·吉拉尔达齐笔下的那场1487年博洛尼亚领主乔万尼二世·本蒂沃里奥为庆祝其子安尼巴莱和媳妇卢克蕾齐娅·德埃斯特的婚礼而举办的豪华婚宴，为新人和宾客端出一道道让人瞠目结舌、受到作家大肆褒扬称颂的美食，也都成了过去。

现代的意大利人不只渴望苗条的身材，也希望维持饮食清淡，保持活力，免受饭后恍惚的困扰。不论在家庭午餐或正式酒会上，都可以注意到这一点。在1999年11月英相托尼·布莱尔和美国总统比尔·克林顿同时出席的国际高峰会期间，当时由马西莫·达莱马领导的意大利政府，在佛罗伦萨拉皮耶特拉庄园（Villa La Pietra）吉利厅（Gigli）举办了餐会，达莱马照例邀请身为好友兼私人专属大厨的吉安弗朗科·维萨尼（Gianfranco Vissani）鼎力相助。维萨尼开出的菜单私底下被称为“轻盈的象征”，包括龙虾马铃薯汤、松露兔肉酱佐宽面、鲈鱼佐橙酱茴香饺和佛罗伦萨风南瓜甜点。我们要特别指出，在不久以前，这些人也都参加了科隆高峰会，在古罗马美术馆坐在透明餐桌上，在古老马赛克艺术的陪伴下用餐。德国大厨准备的餐点油腻，当会后众人移驾爱乐厅聆赏音乐会时，克林顿睡着了，布莱尔打了小盹，达莱马则不停地捏自己以免打瞌睡，达莱马夫人琳达偶尔也会用手肘顶一下先生，以免他在大庭广众下失礼。

意大利总统卡罗·阿泽里奥·齐安比（Carlo Azeglio Ciampi）在2003年宴请美

国总统乔治·布什时所开出的菜单，更是清淡到让人难以评断：杯子清汤、水煮米饭、犊牛排和菠萝奶霜，搭配蒙特卡洛（Montecarlo）、莱弗斯科（Refosco）等葡萄酒和法拉利气泡酒。我们相信，吃完这顿饭，绝对没有人会在音乐会里打瞌睡。

另一方面，太严肃地看待自己的饮食计划，在意大利总会引来一阵讪笑讽刺，例如作家加达（Gadda）在小说《品味悲哀》（*La Cognizione del dolore*）第一部分中的描述：

> “吃太多了，”医生喃喃自语道，“半个苹果，一片滋味丰盈且富含各种维生素的全麦面包……一个人的理想餐食就该是这样……该怎么说……正常人……吃多了没什么，只是会造成胃和身体的负担，好比非法进入身体内的东西，就像摸进特洛伊城的埃及人一样……”（我确实是这么想的）“之后，胃肠道被迫要挤压、推动、排出…要分解蛋白质，肝要运作，胰脏也是，要进行酰胺化作用，要分解淀粉和果糖！……一句话……我真想亲眼看看这些作用……在重要季节还可以加入一点时蔬……生的或熟的……豆荚、豌豆……”

这种情形如今更胜以往，尤其在经过20世纪80年代放荡脱轨的时期以后，过分深奥的饮食主张再也不像从前一样受到重视。实验性趋势无法成就什么威信，许多人看到在欧美媒体和因特网流传相当广泛的“布拉特曼测验”时，可能都会感到莫明惊恐，因为第一个问题就是：“你们每天会花超过三小时思考饮食相关问题吗？”这个测验是为了诊断健康食品强迫症（orthorexia nervosa），这种疾病由科罗拉多大学斯蒂芬·布拉特曼（Steven Bratman）博士率先提出，指一种“对健康食品的病态迷恋”。[17] 欧洲食品信息委员会也提出警告：过度关切饮食问题与食品质量再也不是一种时尚，而是一种病态。罗马翁贝托一世综合医院，为了治疗众多饮食失调的患者，设立了专门中心，教育人们不要过度担心食物质量的问题。

然而得感谢上天的是，大部分意大利人都倾向追随合理的饮食传统和先人流传下来的美食佳肴（见《慢食》），美好的“地中海习惯”，意大利人是不可能放弃的。

1.《佛罗伦萨人尼可洛·马基雅维利的一生》，第 161 页。

2. 马兰德拉与雷农（Renon），《鱼货海产的主要诈骗伎俩》（*Le principali frodi dei prodotti della pesca*）。

3. 这种使用鱼叉的捕鱼方式将在讲到卡拉布里亚和西西里岛的两章中进一步解释。

4. 学名 Thunnus thynnus，鳍呈蓝色，日本人拿来作成生鱼片和寿司的鲔鱼。

5. 瘤棘鲆又称大菱鲆，是一种滋味清淡可口的食用比目鱼，千万不可与一般常见的菱鲆搞混。

6. 鲍里尼，《美食冒险》（*Il mestiere del gastronauta*），第 56 页。

7. 普劳图斯，《撒谎者》（*Pseudolo*），第三幕。

8.《梅尼普讽刺集》，第十九节。

9. 费利奇，《自然史记，人类食用的色拉与植物》（*Scritti naturalistici, I, Del'insalata e piante che in qualunque modo vengono per cibo del'homo*）。来自阿奎拉的萨尔瓦托雷·马松尼奥（Salvatore Massonio）也曾经在他的论文《色拉与其使用方式》（*Archidipno,ovvero Dell'insalata e dell'uso di essa*，1627）中谈到可食用蔬菜。

10.《意大利游记》，1787 年 3 月 2 日，第 209 页。

11. 同上书，1787 年 2 月 25 日，第 204 页。

12. 同上书，1787 年 3 月 16 日，第 230 页。

13. 在拉丁文中，"lacè"可以指奶水或草本植物分泌的汁液。歌德在这里了解到，原来生菜之所以有这个称呼是因为汁液颜色的缘故。

14. 帕勒莫，1787 年 4 月 13 日，第 280 页。

15. 萨拉珀鲁塔·阿利亚塔公爵，《素食与生食》，第 19-20 页。

16. 原名巴托洛梅奥·萨基的普拉提纳，《论阁下的享受与健康》。

17. 布拉特曼，《论健康食品强迫症：对健康食品的病态迷恋》（*Essay on Orthorexia: Unhealthy Obsession With Healthy Foods*）。

1
ABRUZ
E MOL

ABRUZZO E MOLISE

阿布鲁佐与莫里塞

这里的气候寒冷，辣椒却特别的辣！拉奇奥地区的东南方，一个具有严苛大陆性气候的地区，硬生生地出现在意大利拼图里。阿布鲁佐地区是亚平宁山脉的屋脊，海拔最高几乎达 3000 公尺，以大石山为最高峰（Gran Sasso，海拔 2912 公尺，又译大萨索山），整个地区有一半以上为国家公园，自 1872 年起便由政府管理，目前面积达四万四千公顷，居民包括马尔希卡棕熊（分布在从前马尔希民族生存活动的空间）、意大利狼、阿伯鲁兹雪米羚、鹿、西方狍、老鹰、水獭、野猫、红嘴山鸦、黄嘴山鸦、达尔马提亚啄木鸟、渡鸦等，其中马尔希卡棕熊、意大利狼和阿伯鲁兹雪米羚在意大利其他地区非常罕见。

此地区的饮食特征与邻近地区迥异，清一色的重辣重口味：从浓烈的百草酒（Centerbe）到特辣肉盘，在阿布鲁佐地区都很普遍。一直到不久之前，此地居民还是畜牧为业，只有近年来，阿布鲁佐地区的工业才开始密集发展，地区地貌才为之改变。

当地饮食富含蛋白质的情形，清楚表明了出此地区多山的地势。由于山峦遍布，农务经营不易！更何况古时称为萨尼奥（Sannio）的莫里塞地区还是地震频繁的危险区域。因此，这里的经济以观光业和畜牧业为主力（不过近年来也有建材业、陶瓷业与玻璃业在此发展）。至于在陡峭山坡发展的畜牧业，自然就无法放牧牛只，而是以绵羊和山羊为主。

牧羊可说是古希腊乡村生活的风俗。这里和意大利其他地区一样，被淘汰的羊只和羔羊常常成为餐桌上的菜肴。啖羊肉以春季为宜（俗话说“三四月的羊肉最美”），因此羊肉也成为复活节的经典菜色，而且这并不仅限于阿布鲁佐和莫里塞，而是遍及全意大利的风俗。

阿布鲁佐地区的厨师在调理羊肉时，要不先裹上面粉后再和生火腿、蛋、胡椒、柠檬和肉豆蔻等一起去烤，就是裹上面粉油炸、做成肉汤，或搭配橄榄与胡椒烹煮。

在阿布鲁佐地区几乎不可能吃到剪过两次毛的周岁羊，这跟同样以牧羊为主的撒丁岛有很大的差别，因为撒岛就是以这种周岁羊煮成的菜肴闻名遐迩。这里和拉奇奥地区一样，都偏好三个月以内的羔羊，至多六个月，而成羊在餐桌上并不甚受人喜爱。意大利人一般认为羊肉“有野味”，不过在阿布鲁佐和莫里塞，畜养的是去势的肉羊，野味较不明显。莫里塞地区的菜肴也有以绵羊肉为材料者，这一点尤其有趣，因为在意大利其他地区的烹饪中（除了撒丁岛以外），完全没有提到以成年绵羊的肉为主要材料的菜肴，尽管它的确常常被用来准备酱汁。阿布鲁佐人有食用成年绵羊的习惯，每年在伊塞尔尼亚省（Isernia）卡普拉科塔（Capracotta）举办的牧羊节，就是以炭烤绵羊肉为佳节菜肴。卡普拉科塔牧羊节于 8 月的第一与第二个周日举行，其起源可以回溯到古时在海拔一千六百公尺的青草原（Prato Gentile），亦即该地区的夏季放牧区所举办的畜牧季节移动仪式。

阿布鲁佐的厨师也是烹煮山羊肉的魔术师：根据莫里塞风俗，会将山羊肉与红酒、迷迭香、鼠尾草、月桂和辣椒一起炖煮。

此地也有一些较鲜为人知的民情。阿布鲁佐流传着许多不寻常且有趣的传说。从历史与人类学的角度来说，这里的人际关系一直都带有一抹特殊的色彩。尽管此地曾经受到各种势力如伦巴底人、诺曼人、斯瓦比亚人、安杰文人、阿拉贡人、西班牙人、奥地利人或波旁王朝等的侵略，真正统治此地的并非这些来自海外的征服者，而是封建制度所造成的落后与贫穷。由于此地强盗肆虐，实在也不难理解这里为何会有“强盗烤羊”（pecora alla brigante）这样的代表菜，而非常特别的是，具备能够与罪犯及终年在浓密森林里烧碳贩卖的工人谈判协调的能力，在阿布鲁佐社会里尤其受到赞赏。

“从战略的角度来看，阿布鲁佐非常优异，因为只有一条道路可供往返，军队很难进入。”20 世纪初于俄罗斯出版的《布洛克豪斯—埃弗龙百科全书》如是说。在 12 至 13 世纪时，支持教宗的圭多夫派人士就是向阿布鲁佐地区的烧炭工寻求保护，在他们的小棚子里躲避，以免受到支持神圣罗马帝国的吉伯林派所迫害。若阿尚 · 缪拉（Gioacchino Murat）也是在这片山里躲避那不勒斯国王派出的军队，对抗波旁王朝暴政与法国侵占那不勒斯的爱国人士，也都在此寻找庇护，而在意大利统一运动中极为重要的烧炭党，就是以这种象征意义为该党命名。许多浪漫主义作家都将烧炭党视为英雄来歌咏，认为他们的追随者应该被写入历史，名称应该列入欧洲语言词汇里。烧炭党和共济会有许多相同点，其集会受到许多伟大奥秘所围绕，创造出由各种神秘仪式所组成的系统，并撷取圣经和烧炭工作术语而发展出独到的措辞用语。烧炭党人士称呼他们的集会场所为“棚舍”，集会省份叫作“森林”，集会本身称为“销售”、一批“棚舍”、“共和国”。“把狼逐出森林”指让祖国从暴政中解放。他们用狼来代表暴政，象征耶稣的羊，则成为暴政下最大的受害者。“向欺压羔羊的狼复仇”成了这个组织的暗号。若从饮食分析的角度来看，“羊”这个比喻很有指示性，因为羊肉正是此地的基本食物。

在意大利非常普遍的“培根蛋面”（pasta alla carbonara）就是在这里出生的，其意大利文名称里的“carbonara”是来自烧炭工“carbonai”，因为烧炭工常常烹煮这道菜肴。这里的所有隐士，一定都会备有许多腌猪肉（通常是颊肉、培根和猪脂）和羊奶起士。要煮培根蛋面，有这些就够了。新鲜的蛋总是可以在森林里的鹌鹑巢里找到。

在烹煮培根蛋面的时候，只要拿一口锅，先将猪脂或切小丁的腌颊肉或培根炒过，然后倒入生蛋液，撒入一些磨碎的佩科里诺起士，加入大量胡椒，然后放入面稍微加热即可离火，直接用锅子吃。培根蛋面是意大利境内非常受欢迎的一道菜肴，在拉奇奥地区和坎帕尼亚地区尤其深受喜爱。

阿布鲁佐居民顽强地忍受着严苛的环境，极力争取生存空间。意大利最庞大的再造计划，就是在很久以前以此地为背景。工程早在古罗马时期便开始，直到意大利统一的那一年（1860）才完成。这个计划是以富契诺平原（piana del Fucino）为始，随后扩展到切拉诺湖（Lago Celano）和卡佩斯特拉诺（Capestrano），决定清理并整顿大片原本无法使用的土地，除供农业发展之用以外，也藉此解决每年春天水患肆虐的状况（富契诺湖的海拔相当高，位于死火山的火山口）。

初期大型工程的目的，在于避免洪灾并抽干湖泊周围的广大沼泽，这部分在1世纪，罗马皇帝克劳狄乌斯一世（Claudio I）在位时进行。在完成主要的排水道（克劳狄乌斯排水道）与奥斯提亚港（Ostia）以后，克劳狄乌斯一世规划建造一个下水道，替富契诺湖调水引流。结果，在14公尺深的地方，出现了一条长达4700公尺的下水道（工程进行了十一年，用了三万名奴隶）。该地区居民终于可以喘一口气：水终于不再像下雨般从头上落下，而是流往利里河（Liri）。然而在几个世纪以后，这个古罗马下水道的维修工作变得非常复杂，在经过一千五百年以后，整个状况相当糟糕，除了年久失修造成底部持续阻塞，地底火山造成的地震也可能让状况持续恶化。

1852年，托洛尼亚亲王（Prince Alessandrio Torlonia）建议完全将湖抽干——这湖不算小，面积达165平方公里。由于托洛尼亚亲王获得政府保证，将湖抽干以后所取得的土地将成为他的财产，他着手安排新下水道的开挖，而且深度比之前的古下水道还要深。这个工程在意大利统一以后才完成，托洛尼亚亲王也因此获得庞大的土地，甚至也出现来自其他地区的移民在此定居（阿布鲁佐人口向来不多）。然而人们在把湖抽干以后发现，地区整体气候变得更严峻，百年橄榄树纷纷死去，在抽干的土地上只能栽种甜菜。

此地居民性多疑且严肃，还很迷信。这样的形容看来奇怪，不过就历史而言却完全无误：有些计划在通过时必须要取得一种以魔术数字来表达的秘密和谐，而且有时还会是让人出乎意料的数字，例如99，即使是城市规划也不例外。创建于公元13世纪的地区首都阿奎拉（L’Aquila），是神圣罗马帝国皇帝霍尔斯陶芬的弗里德里克二世亲自规划的。弗里德里克二世（Federico II，1194—1250）重视科学与哲学，宫廷里还招待了来自法国和德国的吟游诗人，以及阿拉伯炼金术士。弗里德里克二世本身也是画家和科学家，精通六种语言，其中包括阿拉伯文和希腊文，他于在位期间立法实行对基督徒、伊斯兰教徒与犹太人的宗教包容。弗里德里克二世创设了那不

番红花

勒斯大学，根据他的规划，这里的学生是欧洲最先开始学习代数并使用阿拉伯数字的。腓特烈二世对深奥理论极感兴趣，并向阿拉伯人学习炼金术的概念。在炼金术所使用的符号中，老鹰（aquila）代表哲学家之石；以此为名的阿奎拉，集结了周围 99 座城堡主的财力才得以进行，然而在工程完成之际，弗里德里克二世却已经过世。

"创城"仪式于 1254 年举行，不过到了 1259 年，阿奎拉就因为弗里德里克二世私生子曼弗雷德的命令而被摧毁，以免这座城池落入敌人安茹的查理一世之手。然而，敌人（也就是查理一世和他的军队）在取得废墟以后，却按最初的都市计划重建，许多地方都遵照着原本魔术数字 99 的规划。市内主要喷泉上设有 99 座雕像，代表着该城的 99 位创建人，每座雕像的嘴巴都设有出水口。阿奎拉的主要钟塔附属于良政宫（palazzo del Buongoverno），每天晚上会敲 99 下。此外，阿奎拉市内的教堂也有 99 座。

佩斯卡拉（Pescara）有间著名的七哀圣母修道院，圣母像上有七支剑插入心脏，以此表达圣母丧子的哀痛。此地每年都会举办游行，当地少女会捧着蜡烛，并努力护着烛火以免被海风吹熄。这里的数字迷信也很特别：具有神圣意义的事物，通常以数字七为代表，不过有时候也会以十三作为"魔术"数字。

每年的基督圣体节，坎波巴索（Campobasso）都会盛大举办"神迹游行"（Sfilata dei Misteri）：群众会用肩膀扛着一台台的木制花车游街，人们将这些花车称为"神迹机器"，总共有十三台，上面有许多以圣经故事和圣人生平为主题的雕像。邻近坎波巴索的托罗（Toro），在 3 月 19 日圣若瑟瞻礼节（或称怜贫节）会举办穷人盛宴节；根据规定，总共会有十三道菜肴。在雷维松多利（Revisondoli），圣诞节期间除了真人扮演的圣诞马槽以外，也有用成千上百的小型偶像装饰成的马槽展示，每年都吸引许多民众到此参观。

阿布鲁佐地区的传统风俗，早在过去就有人类学家和民族学家加以描述：

> "贪杯醉汉们快来，庆典开始了！喝酒免费，不过时间有限，动作要快，你们可以往阿韦扎诺（Avezzano）、苏莫纳（Sulmona）、布尼亚拉（Bugnara）、拉亚诺（Raiano）、普拉托拉佩里尼亚（Pratola Peligna）等地前去……"基督圣体节的游行队伍行进时，广场中或沿街的临时祭坛常常会出现酒泉。人们从房子的三楼或四楼将酒倒入漏斗中，通过专门的管子，以魔术般的欢乐形式流出，好像喷泉或缎带一样。想喝酒的人就可以喝酒……同样的东西也会出现在拉亚诺的圣约翰节。[1]

在佛萨尔托（Fossalto），每年 5 月 1 日举办"五月盛宴"（Maggio grasso）：众人会在一个用枝叶将身体包起来的人身上倒水，呼喊着有 5 月丰收之意的"Rascia, Maje!"向上天祈求。在同个时期，也有其他与蛇相关的祈求丰收庆典（蛇与神话的关联，在于蛇就好比阳物，将自己深深插入土壤深处），或是让人联想到献祭的活动。邻近阿奎拉的科库洛（Cocullo），会在 5 月的第一个周四以纪念佛里尼奥的圣多明我（san Domenico da Foligno）举办以蛇为题的游行。四名强壮的教友会扛着被许多活蛇缠绕的殉道者圣多明我塑像游街。塑像后方会跟着一群少女，每人头上都顶着篮子，篮里装着五条要献给蛇的辫子面包；人们认为可以从蛇看到面包时的行为来预知未来吉凶。

这里无论是什么都很奇异，风俗如此，民众装扮如此，甚至面食的形状、外观和名称也如此。在莫里塞和阿布鲁佐，人们会制作“吉他细蛋面”（maccheroni alla chitarra），面条是在一种叫作“吉他”的特殊器具上“切”出来的，之所以如此称呼，是因为它的结构跟乐器吉他很像，是将金属线在骨架上撑开而得。全世界似乎只剩下两位工匠还在制作这种切面器，其中一位名叫加布里埃尔·科拉桑特（Gabriele Colasante），住在佩斯卡拉附近的圣布切托（San Buceto）。

将擀面棍杆过放在切面器上的面团，让面团穿过金属线间的细缝，便可做出长方条形的面条。这制面器的使用就好比弹奏乐器，工匠技艺也有优劣之分，甚至可以达到精湛成熟的程度。做出来的面条外观，与金属线在骨架上撑紧的程度有关。如果金属线相当松、以对角方式撑开或是利用其他装置的辅助，就可以制作出“林特罗切洛面”（maccheroni al rintrocilo，以有齿的木制擀面棍辅助制成）或“棍子面”（maccheroni della ceppa，将擀平的面皮绕在一种称为“ceppa”的棍子上制成）。不论是金属线或其他配件，都根据传统以铜制作。切好的面会静置自然干燥50－60个小时，唯有如此，在烹煮时面条遇水的反应才是对的，而面的表面才会够粗糙，能够吸住酱汁和肉酱。阿布鲁佐地区的酱汁与肉酱如此浓郁芳香，倘若用错面，造成酱汁无法吸附在面上而错过美妙的滋味，对当地人而言可以说是天大的罪过。

许多世界名厨都来自阿布鲁佐地区，因为他们知道如何以正确的方式烹煮菜肴，而且运用香草的手法出神入化，无人能比，对于当地特产的番红花尤其如此。番红花取的是花的雌蕊柱头，每公斤香料需要两万朵花、五百个小时的工时。番红花一般在10月开花，花期只有两周，因此也不难想象花季期间需要多少季节工进行短时间密集摘采。

番红花的栽植非常耗工，却也是世界上最如诗如画的景象。番红花的花冠内部呈红色，花瓣为紫色，雌蕊则是黄色。番红花在印度和中国一直被当成一种食材，也是一种染料。我们在前面也曾提过，这种香料的美，让米兰炖饭的起源有了浪漫的传说：时值16世纪，一位艺术家在替米兰大教堂进行玻璃彩绘时，不小心让画笔掉到饭里去的意外所致。

即使我们不难追溯番红花出现在米兰烹饪的时间，上面这个说法当然也只是传说而已。番红花无疑是西班牙人带进米兰的，西班牙人从很久以前就将番红花当成食物香料来使用，而这样的习惯是从阿拉伯世界传入的。西班牙的卡斯提亚—拉曼切却不只因为《堂吉诃德》闻名，它也是番红花的重要产地。西班牙人在1535年至1706年间统治米兰，因此番红花应该也是在这段时期之初被引进米兰烹饪。有关玻璃彩绘画家的传说发生在1527年，说来也是同一个时期的事情。

在阿布鲁佐，番红花的引进与栽植早于米兰人开始利用它烹饪的时间。番红花和意大利许多重要的农业革新一样，都是因为修道院的育种工作而得以传播（见

《朝圣之旅》)。修士们一直都在针对有远景的新作物栽植进行实验。根据大萨索多明我会修道院院记的记载，番红花是多明我会修士多米尼科·坎图奇（Domenico Cantucci）在1300年左右从西班牙带回来的。坎图奇曾是天主教异端审判的裁判人，他的到来可能在修道院里引起不少涟漪；不过长远而言，他的确替修道院带来不少好处。一直到现在，多明我会修士仍然在大萨索种植番红花。番红花价格高贵，香料产品价格甚至可达每公斤一万欧元之谱（比阿尔巴白松露还贵）！

自13世纪起，番红花在意大利中部就被视为珍宝。在1228年，圣吉米尼亚诺（San Gimignano）市政府就是用现金和番红花来付钱给那些出资赞助军事行动征讨内拉堡（castello della Nera）的债主。[2]

当然，并不是每个人都认为番红花具有不容置疑的优点。举例来说，歌德就抱持着不同的意见：

> 事实上，如果不是因为放了太多番红花，让这道菜变得又黄又难以入口，不然和米饭一起煮的鸡肉应该不难吃。[3]

大仲马甚至认为番红花是危险物质，并在《烹饪大全》中写道：

> 番红花的气味非常具有渗透性，可能会导致剧烈头痛，甚至死亡。

然而，番红花在意大利烹饪中具有无可取代的地位。撒丁人会将番红花加入面团制成面包，阿布鲁佐人则是做成吉他细蛋面（阿奎拉）或是在烹煮兔肉或比目鱼时运用。没有番红花，就没有西西里岛恩纳省的皮亚琴蒂诺（Piacentino）羊奶起士，因为这种起士在制作过程中，会将番红花撒在放置起士的木板上，让外表呈黄色。最近，意大利甚至出现了番红花冰淇淋。番红花总是被当成染色剂和药品来使用。中世纪时期的厨师，在处理肉和米饭的时候会用上番红花，总是会对菜肴的外观和番红花强身的特性感到赞叹。在16至17世纪期间，阿奎拉的番红花外销到米兰、西班牙和法国马赛地区。这珍贵的花蕊是最受欢迎的商品之一，因为少了它，就煮不成米兰炖饭或西班牙锅饭。政府深谙此道，因此总是千方百计针对番红花的贩卖课税。番红花的贵，不仅限于21世纪：根据流传下来的文件记录，在15世纪时，半公斤番红花与一匹马的价值相当。

一般而言，阿布鲁佐人非常能够掌握香料的运用，能在不过度使用香料的状况下获得又香又辣的好滋味。据传，来自阿布鲁佐地区的厨师，舌头上有更多的味蕾，因此比一般意大利人更能抓到味道之间的细微差异。这样的名气，使来自阿布鲁佐的厨师，在餐厅聘请厨师和指派品尝员时非常受欢迎。许多在世界知名餐厅、旅馆和邮轮上服务的名厨，都来自奇耶蒂省（Chieti）的桑格罗河谷，而且这些人有许多都是移民或移民后裔。至20世纪80年代末为止，阿布鲁佐地区一直是相当贫困萧条的地区，在被迫离弃家园的意大利移民中，阿布鲁佐地区的农民就占了将近一半。由于连接阿奎拉和罗马之间的高速公路完成，整个状况在1984年开始好转，整个地区的工业开始慢慢发展，被迫移民的情况也逐渐减少，不过在移民量仍然庞大的时期，来自阿布鲁佐的厨师遍及世界各地，无论在瑞士、德国，甚至日本天皇皇宫和美国白宫等，都有他们的踪迹。阿布鲁佐厨师真的是宝贝，他们对自身工作的投注近乎虔诚，而且他们在食材搭配上更有一种微妙的特殊天赋。有关这一点，又怎么可能从气候或传统的角度来解释？显然，这和阿布鲁佐地区既不属于北部也不属于南部有关，仔细想想，它的位置也是不东不西，可以说是一个独一无二的特殊例子。这里的食材贫瘠，只能从进口香料来下手，此地居民的巧妙手法和烹饪智慧于焉而生。

阿布鲁佐与莫里塞的地方风味

第一道

- 吉他细蛋面（Maccheroniallachitarra）：在莫里塞地区称为“克雷优里”（crejoli），搭配犊牛肉、羊肉、猪肉等制成的综合肉酱，或搭配培根和佩科里诺起士。
- 蒜辣意大利面
- 培根蛋面
- 芜菁面疙瘩，与普里亚地区名菜类似。
- 意大利面搭配以阉羊肉或一般羊肉做成的肉酱。
- 裹番红花面糊油炸的莫扎雷拉起士和薯条。

第二道

- 强盗烤羊：以成年绵羊羊肉做成的羊肉串，在意大利其他地区，大概没有人会吃这种东西；然而阿布鲁佐人因为能娴熟地使用美味香料，连这么难料理的食材都可以处理。
- 棚子炖阉羊（Castrato alla baraccara）：在一只大型陶锅里，将来自塔维纳（Tavenna）的阉羊肉和橄榄油、新鲜西红柿、洋葱、甜黄椒、芹菜、欧芹和罗勒等一起烹煮；菜名之所以会称为“棚子”炖阉羊，是因为这道菜一般是在牲口市集里临时搭建的棚子下烹煮。
- 畜牧社会常见的羊杂卷（torcinello）：以羊的胸腺胰脏、内脏（肝、羊肚）、欧芹、胡椒、大蒜和柠檬制成。同样的材料也可以拿来做成羊肚结（annodate di trippa）：将羊肠内填满蔬菜和猪脂，之后水煮至熟。
- “潘帕瑞拉”（Pamparella）：用大蒜和胡椒腌过的猪肉，食用时再放入醋中使之软化。
- 佩斯卡拉的特色是镶鱿鱼，在鱿鱼里填入虾子、面包屑、大蒜和欧芹以后放在白酒里煮熟。
- 番红花醋渍炸鱼（scapece di Vasto）：用醋和番红花腌渍油炸过的鳐鱼和星鲨鱼片。
- 佩斯卡拉鱼汤：材料有赤鲉、小点猫鲨、鳐鱼、章鱼、虾子、贻贝、西红柿、洋葱、辣椒和番红花。

阿布鲁佐地区和莫里塞地区的特产

- 阿奎拉的番红花
- 阿特里（Atri）的甘草
- 蒙特内罗迪比萨恰（Montenero di Bisaccia）的文特里奇纳腊肠（Ventricina）
- 腌猪颊肉

- 大萨索地区生产的坎波托斯托莫塔戴拉火腿（Mortadella di Campotosto）；这种肉肠还有另一个比较粗俗的称呼，叫作“骡睾”，这是因为这种成对的香肠里面塞了许多猪脂，外形稍长，看起来就很像骡睾之故。
- 在克罗尼亚列托（Crognaleto）生产的文特里奇纳腊肠
- 奥托纳（Ortona）的杂肠
- 起士

法林多拉（Farindola）、阿特里和彭内（Penne）的硬质佩科里诺起士是意大利境内质量最优的羊奶起士，每个牧羊人和每间工坊都有自己的独门配方和熟成标准（从两天到两年）。在法林多拉，这种起士使用的凝乳酶是切成细长条并用葡萄酒、盐和胡椒腌三个月的猪肚。坎波巴索的博亚诺（Boiano）所生产的奶花起士（fior di latte）非常有名，这种起士与莫扎雷拉起士很像，不过所使用的原料是乳牛奶而非水牛奶。史卡莫扎起士（scamorza）可以是新鲜的或烟熏过的，两种都适合裹面糊油炸；里维松多利（Rivisondoli）和钦奎米利亚（Cinque Miglia）高原还有生产干制的史卡莫扎起士（scamorza appassita）。篮子起士（formaggioin canestrato）是将起士放在灯芯草编成的篮子里熟成，成品有一股特别的草香。

- 苏莫纳的红蒜
- 富契诺的红萝卜
- 蚕豆
- 豆子
- 扁豆
- 斯佩耳特小麦
- 伊塞尔尼亚的洋葱（自 1254 年起，便奉切拉诺的鲁杰罗公爵之命，于每年 6 月 28 日和 29 日，也就是圣彼得日和圣保罗日举行节庆活动）。

1. 德尼诺（De Nino），《阿布鲁佐风俗传统》（*Usi e costumi abruzzesi*），第一卷，第 51 页。

2. 法尔科尼（Falconi），《友谊之堡：内拉河圣天使堡的起源、历史、观光与形象》（*Amico castello: origini, storia, turismo e immagini di Castelsantangelo sul Nera*）。

3.《意大利游记》，1787 年 5 月 2 日，第 321 页。

民主风范

DEMOCRAZIA

让我们跟着赫尔岑复述：

> 意大利人的自尊特别发达，也特别敬重他人；他们和法国人的伪民主不一样，民主风范根深蒂固在意大利人的血液里；讲求平等，并不意味着所有人都得受到奴役。[1]

当然，意大利人的自尊和他们对于世界排名的满意度，与其社会状况并无关，而就意大利的民族性来说，这种特质也相当发达。我们可以说，意大利社会的特质，在于它少有阶级冲突，不过这当然也有例外：尤其在过去意识形态高涨的时期，社会和平常常受到偏执的示威运动和对立情绪所影响。然而，即使在那残酷无情的年代，人们面对对立情绪和阶级抗争之际，行为举止仍然相当地文明，就整体情况而言，几乎没有出现什么越轨之举、迫害或暴行。

只要想想乔万尼·瓜雷斯基（Giovanni Guareschi）笔下的人物，以及系列影片《唐·卡米罗》(*Don Camillo*）里的主角卡米罗神父和佩彭内（1948—1969）。忠贞共产党党员和睿智神父之间，因为一股强烈的吸引力和敌对态度而被紧紧相连，提供了助人理解意大利社会历史的绝佳关键。这种适度冲突的源头，可能来自一种相当普遍的尊重态度——这种态度是在数世纪以来慢慢形成，它能在意大利生根的原因之一，在于意大利人能够直接取得生存所需的资源，如食物、热能、太阳、水、土地。这些条件让意大利人具备了相当程度的独立性与随之而来的喜乐，如自给自

足、免受奴役、深刻的历史记忆以及对于节庆和日常生活的审美态度。

要达到自给自足，必须要注重细节。意大利一般民众都有一些不容侵犯的信念。这些信念与政治无关，而是与吃有关，也就是表现在更个人的层次、更容易理解的创造和个人表述方面。

意大利人认为，追求昂贵的食物毫无意义。真正懂吃的人，一方面蔑视“高价食品”，另一方面又将代表浪漫和禁欲的朴实饮食奉为圭臬，几乎就是如 20 世纪作家里奥·隆加内西（Leo Longanesi）所述：

> 苦痛……仍是意大利唯一的生命力，那或多或少还维持着的生命力，只是贫穷的果实罢了。地方美景、文化遗产、古老词汇、乡村烹饪、公民修养与手工艺特产等，都因为贫穷而能保留下来。那些受到资本入侵的地方，见证了艺术与道德资产的完全崩毁，因为穷人保有古老的传统，生活在具有数世纪传统的老城，而富人的历史不长，没有传统支撑而随意拼凑，对于在他之前、会对他造成羞辱的所有事物都怀抱敌意。他的财富得来容易，通常是来自欺瞒、容易做的买卖，而且几乎都是模仿外国事物而来。因此，当意大利终将受到已经相当普遍的虚假财富所淹没之际，我们将会发现，自己再也不认识这个地方，它的外观和灵魂，对我们是如此的陌生。[2]

美食家达维德·鲍里尼特别称赞一种被视为次等货的蛤蜊，它生长在里米尼（Rimini）周围的沙岸，在当地有许多不同的称呼如廉蛤（poveracce）、鸟蛤（telline）、鸡蚝（ostriche di pollo）、纹蛤（filoni）、背蛤（schienali）等，其实指的都是同一种蛤蜊。人们会直接用海水烹煮这种蛤蜊，常见于罗曼尼亚地区的海滨摊贩。根据鲍里尼的说法，这种廉蛤可谓美食之最，他写道：

> 这道绝对是货真价实的美食之王，如果有人不同意，那他这辈子只配吃养殖的海鲈、古巴龙虾或用饲料鱼做成的生鱼片。

真正喜爱意大利美食的人，不会以食物的美观当作评断的标准。太漂亮的食物，总是会让行家起疑，因为他们知道，有些厨师专门做拍照好看的食物，而为了拍照煮出来的菜，向来都令人难以下咽，更何况，有些在拍照前还会上胶或亮光漆，让它们更加上相。

一般来说，热爱意大利烹饪的人，对意大利社会通常也有一定程度的了解，也相当具有民主风范。其实，在意大利，即使非精英社群如渔夫、水手、农民等，都非常通晓烹饪艺术，只要能跨跃语言隔阂，便能略窥一二，因为这些人的烹饪语汇大多为方言：不论到哪里，农夫渔夫都比城市人了解烹饪食材与方法，而他们通常只会讲口耳相传的方言。尽管如此，只要仔细听，加上一些猜测，其实并不难理解。

没有人能否认，意大利人对食物的态度是很民主的。在这里，人们每逢佳节，会替贫苦人家举办餐宴，会在市内主要广场分发食物，牛百叶这种庶民菜肴也会出现在高级餐厅，以“卡车司机会光顾”的原则来判断餐厅好坏，会在店里多付一份咖啡钱或比萨钱，让吃不起的穷人在路过时也能享受一番（见《比萨》）。一切的一切，都是真正且发自内心的民主态度，就跟他们不会鄙视餐厅侍者和比萨师傅一样。

然而请注意，意大利人还是有他们的底线，一但跨越了这条线，他们会马上翻脸。只要触碰到饮食符码的基本原则，那就完了！你会在意大利人宽容的外表下发现他们固执的一面，一种近乎狂热、基本教义派的偏执。一踏到这一点，民主态度要不消失的无影无踪，就是转变成完美的民主集中制，不论愿意与否，少数都被迫遵守多数人的意见。我们在此列出在外国人眼中，意大利人不知变通之处：

- 试着说服你，某两种菜肴或材料的搭配非常不适当。
- 试着说服你，卡布奇诺是大清早才喝的东西。
- 试着说服你，饭后不要喝茶。[3]
- 早餐很难吃到起士三明治。
- 在用完午餐以前，没人会乐意端上烈酒（伏特加、格拉帕、琴酒、干邑白兰地）。
- 没有人会为了讨好外国人而同意将煮过头的意大利面端上桌。
- 午餐一定在十二点半到下午两点之间，提早或延后都不行。

• 如果某人对菜肴和葡萄酒的搭配有定见，必须在客人相当坚持的情况下，他才可能屈服，端上他认为不搭的酒。

博洛尼亚著名的鹦鹉餐厅（Pappagallo）老板兼主厨马里奥·祖尔拉（Mario Zurla），就曾经说过一件发生在他身上的趣事：

> "在你的餐厅里，曾发生过什么让你感到最难堪的经验？"多年前，有人向博洛尼亚鹦鹉餐厅的老板马里奥·祖尔拉问道。
>
> 他回答："美国人解放博洛尼亚的那一天。千万不要误会我的意思，我热切期待盟军胜利的到来，当一位军官前来告诉我，美军第五陆军部队官员想到我的餐厅举办庆祝餐会，那真的是我这辈子最欢欣鼓舞的一天。这位官员告诉我，他们会准备材料，终于有那么一次，我可以不用担心配给卡，也不用跑去黑市采买。我可以随心所欲地提出菜单。我提议，意式汤饺？官员说，很好。然后我建议烤火鸡，这道他也欣然接受。我再加了一些水煮炖肉、意式肉肠、镶猪脚和扁豆泥。官员毫无异议地答应了。那么，他们想喝些什么呢？热巧克力，这个美国人回答道。我几乎快昏倒。面饺和镶猪脚用热巧克力佐餐，这是什么来自异世界的诡异组合！官员见状，知道自己失态，马上改口说：祖尔拉先生，如果热巧克力不妥当，我们可以喝可乐佐餐。我对这第二个提议又能说些什么？当然是没有。我回答道：随便你们。本着我的爱国情操，我走进厨房开始忙了起来。"[4]

俄罗斯评论家亚历山大·格尼斯（Aleksandr Genis），曾在自传中坦白承认自己因准备不周而发生过类似之事：

> 第一次到意大利，在品尝了各种可能吃得到的食物以后，我在旅途接近尾声之际，走进了一间开在岸边的餐馆。浸在油醋酱里的小章鱼，让我食指大动，在点完菜、还没来得及品尝时，我很不幸地想起海明威。海明威笔下的人物，在意大利常常会喝一些名字很有异国风情的饮料，如"巫婆酒"和"桑布卡"（Sambuca）。我完全没想到它们是烈酒，就向餐馆老板要了这种饮料。老板脸都绿了，双手掐着脖子，不过还是大声吼了出来："要配白酒，笨蛋！"即便听不懂意大利语，我马上就懂了，不过我还没来得及改口，他就把围裙往地上一丢，径自跑出餐馆。希望他没跑去跳海，即使我自此以后就再也没有看到他。[5]

对意大利人来说，上面这些例子显然是因为极度无知，才会搞到这种让人无法想象的地步。在这样的例子中，意大利人很难展现民主风范，因为对他们来说，这样的选择是毫无意义也不容商榷的。不过总的说来，对于外国人脑袋里跑出来的组合，尤其当这些老外并不住在欧洲，如俄罗斯人和美国人等，他们其实也不会多说些什么。事实上，他们甚至还可以敞开心胸接受这么随意、这么不协调的组合，最后让自己大感惊奇：

> 在这里，食物都以非常实际的方式呈现，这些方式通常只有美国人才想得出来。在弗吉尼亚火腿周围放上闪烁着各种鲜明色彩的菠萝切片，热腾腾的牛排淋上蘑菇酱，巧克力蛋糕上像小山一样高的打泡鲜奶油，让人在不知不觉中先把自己的情绪摆一边，试着品尝，最后享用了一顿绝佳的午餐，如释重负地叹了口气……[6]

我们很难想象，读了上面这段文字的意大利人，能怎么样“如释重负地叹了口气”。事实上，意大利餐最基本的原则之一，就是餐桌上在同一时间只会出现一道让所有人都专心品尝的菜肴，如果已经到上第一道的时间，前菜就不能继续摆在桌上。如果有客人还继续在吃桌上大盘子里的生火腿和萨拉米香肠，同桌的其他人就得忍受饥肠辘辘，等到接下来的第一道面食上桌，也许都已经冷了。[7]第一道菜，必须等到前菜离桌才能端上，前菜如同序曲，是午餐的前奏，不过在其他食物上桌以前就必须端走并且抛诸脑后。

好吧，让我们来自我安慰一下，无论如何也得在意大利饮食符码中找到民主精神的展现，没有什么好气馁的。下面提到的，就是意大利人在讲到饮食时的少数宽容表现。举例来说，只要跟侍者交代，顾客可以要求把比萨饼上的续随子用橄榄代替。用餐前的主要饮料选择也很民主，可以选择气泡或普通矿泉水，只不过顾客必须马上决定。无论如何，根据卡尔·马克思（Karl Marx）的思想，自由是需求的意识。因此，没有人会支持用餐者突发奇想将帕米森起士撒在海鲜酱汁上的举动。

在安德烈·卡米累利（Andrea Camilleri）的小说里——尤其是《点心小偷》（*Il ladro di merendine*）一书——包含了许多有关此类议题的珍贵材料。这些材料的可贵之处，并不在于它们列出哪些材料和食谱（这些参考食谱书就够了），而是有关意大利人观点的叙述，让人了解哪些是意大利人的普世价值，这位西西里作者的书，可以说是意大利人集体潜意识的百科全书。下面引用的这段，就明白说明了意大利人对于将帕米森起士撒在海鲜上的态度：

> “这是您的前菜。”
>
> 蒙塔巴诺很感谢他的食物终于来了，再读个几则新闻，他大概会胃口尽失。稍后，侍者端上了八块鳕鱼，这分量显然是四人份。盘里的鳕鱼似乎因为受到正确料理方式对待而雀跃着，这道菜闻起来非常完美，有着分量精准的面包屑，鳀鱼和蛋液的拿捏也非常好。
>
> 吃进第一口，我并没有马上吞下去，我让整个滋味缓慢且均匀地散到舌头和味蕾上，让它们完全感受到这份天赐礼物。我把嘴里的鱼吞下去的那一刻，

咪咪·奥杰罗突然在桌前冒了出来。

"坐下。"

咪咪坐了下来。

"我也要吃。"他说。

"随便你，不过把嘴巴闭上，我把你当兄弟才告诉你，也是为了你好，无论如何都不要讲话。如果你在我享受这鳕鱼时打断我，我会把你给宰了。"

"给我一份蛤蜊面。"咪咪若无其事地向恰好经过的卡罗杰洛说。

"白的还是加酱？"

"白的。"

等待时，奥杰罗读起探长的报纸，边读边笑了起来。待蛤蜊面上桌时，还好蒙塔巴诺已经吃完鳕鱼，因为咪咪在面上撒了大量的帕米森起士。老天！即使是专吃腐尸的鬣狗，想到蛤蜊面上撒满了帕米森起士，也会反胃吧！[8]

总之，自由可能触及个人生活的每一个层面，不过如果与蛤蜊有关，这个人就得承认，世界上还是有更高的法则必须依循。然而，不论在哪一间餐厅，顾客都可以自己用橄榄油、醋或柠檬、盐来替生菜色拉调味，这一点就民主到让人难以置信的程度了；不过，这里还是有些法则得遵循，如果要调出美味的生菜色拉，下醋得吝啬，下橄榄油要大手笔，下盐要巧，下胡椒要慎重，然后用力搅拌。

意大利饮食符码的原则非常死板僵化，不过就词汇而言，确实非常民主，以简单、清楚和愉悦为原则，任何人都不会听不懂。因此，政客常常喜欢用食物来做比喻。每到选举之际，饮食词汇常常被广泛运用在群众行为的操控。一扯到选举这个民主自由的根本层面，专家都会建议政客广泛运用饮食词汇，让讯息能迅速被选民了解并深植人心。

即便近几年来，例如可以被视为2005年特色的两大主要党派选前斗争，罗马前任市长兼意大利雏菊党领导人弗朗切斯科·鲁泰利（Francesco Rutelli）为了更清楚地勾勒出左派内部的政党冲突与不满，在该年5月19日召开党内大会，并在会中表示：

三年以来，我做牛做马，吃了许多面包和菊苣，才把一个能够赢得选举的左派联盟交到罗马诺·普罗迪（Romano Prodi）手中，这就是我们结盟的现实，这是我们等待许久的一役。雏菊党愿服膺在更大势力联盟底下，如果这个大联盟真的成立，雏菊党将是重要势力之一！

这段话里的"面包和菊苣"，鲁泰利是利用一般劳工滋味不丰却能维持体力的饮食，来比喻能加强政治实力的事物。从这席话来看，普罗迪仅管与鲁泰利同盟，两人其实也互为竞争者。普罗迪有个"莫塔戴拉火腿"的绰号，这种火腿是一种脂肪丰富口感柔软的萨拉米，好吃且热量高，暗指软弱无能的意思。

这席话让鲁泰利赢得了“菊苣先生”（er Cicoria）的绰号；左派橄榄树联盟在2005年5月25日集会期间，党工还在罗马圣使徒广场上分发面包皮和小盘菊苣，藉此讽刺并引起论战。

在达莱马在位期间，菊苣也成了国宴上的主角。维萨尼用菊苣和海胆做了咸派，在1999年5月17日于巴里德意高峰会时端上餐桌招待当时的德国总理施洛德（Gerhard Schröder）。几年之后，这种菊科植物在2006年4月10日黑手党大老贝尔纳多·普罗文扎诺（Bernardo Provenzano）于西西里被捕后，再次跃上意大利报纸头条，这位黑手党老大在被捕的时候，藏身之处炉子上的小锅里还摆着吃剩的烫菊苣。

受简单手势和滋味所规范的古老饮食……牛和穷人吃的东西，只要跟数百万意大利人在第二次世界大战期间一样，在野草间仔细检查就可以找到。尽管人类的健康情形大幅改善，进入第三个千禧年以后也有进步的科技，人类迁徙也越来越频繁，许多人仍然对野生菊苣趋之若鹜。《纽约时报》以头版报导了纽泽西州和纽约州意裔美人的一些奇怪习惯：他们会把车子暂停在高速公路路肩，下车在车阵中尽可能地摘采植物。尽管卫生单位警告“这些野草都深受污染”，人们仍旧视若无睹。有关当局束手无策，这些意裔美人仍然继续寻找野菊苣，就跟古罗马人所言一般。[9]

在选举宣传期间积极运用饮食符码的行为，更受到昵称“舰长”、后来因为用意大利面买票而成为那不勒斯市长的船主阿奇勒·劳罗（Achille Lauro）大力赞赏。那不勒斯人也自嘲，在1953年选举期间，“磨坊比印刷场更忙”。[10]

根据1953年6月5日《新闻报》的报道，“市长候选人阿奇勒·劳罗请瓦卡（Vacca）家族成员在选举期间分发意大利面。瓦卡家族成员中有人发现，有邻居在吃了面以后却走出摊位替意大利共产党宣传，双方起了争议，最后演变成流血冲突，四人……严重挂彩。”新闻报记者也在阿奇勒·劳罗竞选期间，写下《热腾腾的意大利面和配菜是劳罗的最新秘密武器》（Pastasciutta calda con contorno nuova arma ‘segreta’ di Lauro，1953年5月16日）和《君主制拥护者再次在那不勒斯擦枪走火》（Nuovi incidenti a Napoli per le violenze dei monarchici，1953年6月5日）。另一媒体《团结报》，则在同年4月30日刊出《基督教民主党选举宣传再次出现了意大利面和橄榄油》（Ricompaiono pasta e olio nella campagna elettorale Dc）。

由于意大利面、橄榄油和番茄之故，拥护君主制的阿奇勒·劳罗获选成为那不勒斯市长。与劳罗敌对的基督教民主党在得知劳罗分送食物的做法以后，在选前三个月就透过当时的劳工部长莱奥波尔多·鲁比纳奇（Leopoldo Rubinacci）送了一万四千包免费食物给市民。不过阿奇勒·劳罗对于对手分送干面条这件事，采取了革命性的回应：在那不勒斯的各个君主党服务中心开始发送热食。自1953年4月8日起，那不勒斯花市里设了一个免费热食中心：供应量达每小时一千份。只要出示君主党党员证或是持有该党选举委员会发送的餐卷，就可以领一份餐。

人们开始将阿奇勒·劳罗的人民君主党戏称为“番茄面党”，不过事实上，该党选票并没有因此减少。

在意大利其他地区，尤其是支持共产党的艾米利亚—罗曼尼亚地区，免费的意大利面大概不会这么成功。阿奇勒·劳罗试着在博洛尼亚的马焦雷广场举办类似集会，不过在民众中有人开始发送传单，上面写着：“在艾米利亚—罗曼尼亚区，那不勒斯面条沾不起面酱：我们喜欢家里手工做的宽面。”宽面就如我们之前在《地方节庆》一章提到的斗争面饺一样，在意大利都成为共产党的饮食象征。这种共产主义被墨索里尼称为“宽面社会主义”，因为在他眼中，这些所谓的革命分子“一看到白色餐巾就会马上把红旗子收起来”，有得吃就会忘了他们的抗议行动。

不过，在第二战甫结束后的1948年7月，共产党宣传活动是这么发展的。在意大利共产党领袖帕尔米罗·陶里亚蒂（Palmiro Togliatti）被刺却侥幸幸存后，该党为祝他早日康复，在位于罗马的意大利广场体育馆内举办庆祝活动，而在这个活动之中，共产党原本庄严肃穆的形象荡然无存：

> 绿色草皮和白色大理石广场上人声鼎沸，只有卖油炸馅饼的、卖汽水的、卖气球的，以及发传单的人才有办法穿越……丽都的水手站在象征渔船的推车上边煮边吃着海鲜汤，轮流唱党歌欢呼。在此期间，与会民众纷纷抵达，在各

个卖着葡萄、甜瓜、橘子汽水、冰淇淋和甜面包的摊位间流连，在体育馆台阶上挥汗如雨、接踵磨肩。[11]

时至今日，饮食符码已成为政治操控的技巧之一，受到非常广泛的运用，左派的选举宣传尤谙此道。[12]

1. 赫尔岑，《法意书简》，第五封，1847 年 12 月 6 日。

2.《阁下》（*La sua Signora*），1957 年 1 月 7 日。

3. 发生在现实生活中的轶事。在罗马，一位俄罗斯文化专家兼俄文翻译家，在家里替一位来自莫斯科的作家举行欢迎餐会。午餐在下午一点开始，用餐完毕以后，作家问何时可以喝茶。“听到这问题，我愣了一下，不过也没因此慌了。”这位热情的女主人笑着说。“我决定娱乐一下在座的意大利人。你猜我怎么做？我说，我们现在就喝茶！在座的意大利人，连眉毛都没动一下！我把茶端出来，每个人都喝了起来。我就是这么过关的。”让我们认真思考一下这整件事：如果一位俄罗斯文化专家，一个在莫斯科住过十年的人，都可以认为午餐后要求喝茶是件不合时宜的事情，那么其他意大利人又会做何反应？“有什么好愣一下的？”他们不知道，俄罗斯客人不知道意大利人餐后只喝咖啡，而且是甜点用完才会端上。俄罗斯客人会说，“很好，不过如果家里有茶，泡茶也不会造成太多麻烦，让客人吃甜点配茶又有何不可？”这种主随客便，在俄罗斯并没什么大不了，可是在意大利，类似的事情似乎是不可思议的。（慕拉耶娃，《论食物》，载《对话与分歧》，第 215 页）

4. 马奇，《用餐之际》（*Quando Siamo a tavola*），第 114 页。

5. 格尼斯，《科洛布克》（*Kolobok*），载《甜蜜生活》（*La dolce vita*），第 103 页。

6. 帕金森，《帕金森女士的法则与其他家政科学研究》（*Mrs Parkinson's Law and Other Studies in Domestic Science*）。

7. “还要另一片生火腿吗？”女主人向俄罗斯客人问道。“谢谢，我晚点再拿。”客人心不在焉地回答，继续着他和邻座客人的有趣对话。同桌的意大利人都愣住了，女主人感到很困惑。晚点再拿是什么意思？到底要等多久？事实上，只要前菜还在桌上，就没法上第一道。（慕拉耶娃，《论食物》，载《对话与分歧》，第 217 页）

8. 卡米肋利，《点心小偷》，第 33 页。

9. 孔蒂（Conti），《共和报》（*Repubblica*），2006 年 4 月 13 日。

10. 本页部分信息引自切卡雷利的作品《共和国的胃》，第 60-66 页。

11. 戈雷希奥（Gorresio），《亲爱的敌人》（*I carissimi nemici*），第 236-237 页。

12. 有关此议题，可在托尼诺·托斯托（Tonino Tosto）的著作《民主食谱：新政府的味道与美食实验》（*Le ricette democratiche. Gusti e sapori e sperimentazioni gastronomiche per una nuova cucina di governo*）和《橄榄树党的厨房：左派的食谱和材料》（*La cucina dell'Ulivo. Le ricette gastronomiche del centro-sinistra e degli altri ingredienti*）中，找到许多有趣的信息。

CAMPANIA E CITTÀ DI NAPOLI

4

PANIA
CITTÀ
APOLI

坎帕尼亚与那不勒斯

在古罗马帝国殒落以后，那不勒斯前后受到诺曼人、斯瓦比亚人、亚拉冈王朝、安茹王朝、波旁王朝和萨伏伊王朝等所占领，然而就饮食层面而言，这些外来势力对那不勒斯的影响不大，无论从传统菜或食谱来看，都没有太多异国痕迹（烤米糕［sartù］和兰姆巴巴蛋糕［babà］除外）。

长久以来，世人就把那不勒斯菜和坎帕尼亚菜视为意大利特质的最充分表现。事实上，西红柿意大利面、蛤蜊面和比萨饼，都是那不勒斯人发明的。自古罗马时期，“卡普阿晚餐”（cene Capuane）就被和“奢华宴会”画上等号，歌德1787年5月29日在那不勒斯写道：

> 我们在任何季节都被食物包围；那不勒斯人不但爱吃，还会坚持东西的卖相要好看。
>
> 在圣露西亚，各种渔获如虾、蚝、竹蛏和贝类等，都分别被放在单独的绿叶上贩卖。干果和豆谷店的装饰变化多端，摊子上摆满各式各样的橙子和柠檬，绿叶偶尔从中窜出，煞是好看。不过在众多食品摊之中，陈列最赏心悦目的却是肉摊，而且由于人们常常被迫放弃价格高昂的肉品，使得它们看来更让人垂涎，让人胃口大开。
>
> 在肉摊上，不论是牛肉、犊牛肉或羊肉，一定都先将臀肉和腿肉脂肪修整过后，才摆出来。每年中，总有特定节日，会让人特别注重餐桌上的美馔，例如圣诞节；这是个盛宴的时节，人们好似口耳相传着要到哪里找寻好料一样，托雷多街和市内其他许多街道与广场，上演着一场又一场的美食展览。最赏心悦目的食品店，是展售着葡萄干、甜瓜、无花果等的蔬果店；一般食品被挂在

走道上方的花圈上，红绳绑着一串串的金馔香肠，每只火鸡的腿上都插有红色的小旗子。肉摊老板跟我保证，他至少卖了三万只，如果加上私人饲养的数量，那数字确实惊人。此外，还有一群群载满蔬果、阉鸡和羔羊的驴子在街道和市场上走动，跟着主人到处兜售一堆堆硕大的鸡蛋，商人到底怎么把这些硕大的鸡蛋堆在一起，也是让人难以置信的奇观。这一大堆东西还不够那不勒斯人吃，而那不勒斯的习俗之一，就是每年会有骑警和号角手，一同在市内主要路口和广场宣布那不勒斯人在该年到底吃掉了多少的牛肉、犊牛肉、羊肉等。[1]

这个地区土壤肥沃、具有高低起伏的地势，而且气候宜人。无论何时，这里的户外生活都能让人真切地感受到体力活的快感。气候条件非常理想，冬季温暖，夏季不至于过分炎热，还有和煦海风持续吹抚。更者，这里的自然景观美不胜收，会让人不知不觉中在沉思里度过一天：这是旅人的天堂，尤其是意大利最美丽的海岸之一，亦即阿马尔菲海岸（Costiera Amalfitana）就坐落此区，更是让人流连忘返。

法国评论家泰纳啥都不爱，却对坎帕尼亚情有独钟。1864 年 3 月 6 日，泰纳在离开那不勒斯以后写下：

一直到卡普阿，整个田野就跟花园一样。一整片绿油油的农田，就好像五月暖春一般。多节瘤且错综复杂的葡萄藤，行列以每十五英尺为单位，整个原野就是一个绵延不断的蔓藤架。在棕色葡萄枝和白色榆树枝上，海岸松就像高傲自大的外国人一样地挺立着……田野肥沃，空气甜美，让人忍不住把火车车厢窗户打开这芬芳。[2]

这里的农产如此丰盛，产量甚至可以充分地供应两个位于同一个农业区内相互紧邻的都会区（罗马和那不勒斯）。和身为教皇城并隶属教会管辖的观光胜地罗马不同的是，那不勒斯是个货真价实的王城。法国作家司汤达就写道（1816 年 12 月 6 日）：

那不勒斯王国的领地缩减到仅限于城区所及之处，这是意大利境内唯一具有首都的嘈杂和气势的城市……也许因为那不勒斯是首都，跟巴黎一样，让人不知从何下笔……那不勒斯是意大利境内唯一的首都；其他大城充其量不过是规模较大的里昂罢了。[3]

那不勒斯曾经是王城，因此也具有许多伴随而来的不便之处。其中之一，就是举世闻名的混乱与败坏的治安。在那不勒斯市郊地带，失业率从古至今始终居高不下；不过，情形又怎么可能改观？就本质而言，那不勒斯从来就不事生产，至今仍然如此。身为商港的那不勒斯，意味着它是贫穷地区的输出口，因此并无法向市内就业市场提供什么真正的工作机会。那么，那不勒斯到底是以什么闻名，又有何特出之处？由于身为王城之故，与宫廷相关的各种技艺行业，数世纪以来在那不勒斯蓬勃发展。即使到现在，全意大利（也是全世界）最好的裁缝仍出身此地，尤以男装、帽子、扣子、鞋子、领带等的制作为上乘，非常受到全世界贵客的欢迎。

此外，那不勒斯一向活力十足的学术界，就某种程度而言（不过不完全）也是围绕着上流社会和宫廷。神圣罗马帝国皇帝弗里德里克二世在位期间（13 世纪中期），那不勒斯成立了全世界第一所大学（1224），并以弗里德里克二世之名命名。这里的宫廷贵客来自世界各地，有诺曼人、意大利人、希腊人和阿拉伯人等，他们在那不勒斯和帕勒莫宫廷之间往返，其中包括各界知识分子，亦不乏知名律师、官员，以及弗里德里克二世政府机构的雇员。

许多诗人也在此流连，并组成了世界文学史中最独特的创意团体，也就是以帕勒莫为中心的西西里诗派。弗里德里克二世的大臣皮耶·德维尼（Pier delle Vigne），据说是十四行诗创作的始祖，这种文体后来对世界文学的发展有极大的影响（德维尼后来因为与弗里德里克二世发生冲突，在皇帝一声令下，双眼被弄瞎，还被关在牢笼里接受众人羞辱）。不过也有另一派说法，认为发明这种文体的是在弗里德里克二世宫廷担任公证人的雅各布·达伦蒂尼（Jacopo da Lentini）。那不勒斯学界不论在巴洛克时期、波旁王朝统治时期、意大利共和国统一建国时期，或是在法西斯统治期间，都在意大利享有极高的评价。即使到现在，那不勒斯仍然是许多文学风潮的发源地，并因为重视新兴哲学家而能创造趋势与品味。

那不勒斯的一侧是不吉利的维苏威火山，另一侧是埃尔科拉诺（Ercolano）和庞贝（Pompei），这些持续不断映入眼帘的景观，好像是个永恒的“死亡警告”，尤其能引发深刻的哲学醒思。因为火山爆发的灾难所带来的火山岩，让这里的土地含有丰富的天然肥料海藻。在这片肥沃的腐殖质上，长出了一片片大好的蔬果光景，有着海与火山的滋味与香味，著名者有朝鲜蓟、杏子、苹果、白色无花果，以及让人难以置信的美味柠檬。坎帕尼亚地区还有一种特别的圣马尔扎诺番茄（San Marzano），人们在此大规模栽植，供应在此蓬勃发展的罐头食品工业。坎帕尼亚比其他地方还早开始种植番茄，而那不勒斯人更是发明了许多以番茄为材料的地道菜肴，不管是什么菜，都会洒点番茄酱汁在上面。坎帕尼亚地区的水果产量占全意大利的三分之一，还有制作面食不可或缺的硬粒小麦。

坎帕尼亚地区在畜牧业方面也有专精，以水牛饲育闻名。直到不久以前，从罗马到那不勒斯的海岸地带仍然是一片沼泽地，到了墨索里尼时期，这些沼泽地区虽然经过抽干整治，不过在那个时代，要在这片土地上养乳牛几乎是不可能的事，因此坎帕尼亚居民便养起水牛，让水牛吃起在湿地和漫滩河流生长的莎草，不过事实上，水牛也喜欢潮湿的环境（我们常在亚洲画家笔下看到水牛在热带景观内的景象），所以此地环境其实很适合。因此，罗马和坎帕尼亚地区并没有乳牛奶，所有的牛奶都是水牛奶。生的水牛奶并不好喝，不过用这种奶却能制作出一种非常美味的杰作，也就是被喻为自然奇迹的水牛莫扎瑞拉起士，以及莫扎瑞拉起士的各种变化，如樱桃莫扎瑞拉起士、小水牛莫扎瑞拉起士（bocconcini）、大水牛莫扎瑞拉起士（aversane）、辫子莫扎瑞拉起士（trecce）、小辫子莫扎瑞拉起士（treccine）、卡尔迪纳利（cardinali）、史卡莫扎起士（scamorza）、普罗沃拉起士（provola）等。

莫扎瑞拉起士的制作，显然在制作工法、配方、剂量等都有严格的规范。樱桃莫扎瑞拉起士的重量是每个二十五克，小水牛莫扎瑞拉起士则是每个五十克，而大

那不勒斯人不但爱吃，还会坚持食物的卖相要好看

水牛莫扎瑞拉起士就必须要重达每个五百克。

当地人一般都坚信，莫扎瑞拉起士既无法出口也无法存放，应该在制作当天马上在制作现场品尝。

作家莉迪娅·拉维拉（Lidia Ravera）在《水牛莫扎瑞拉起士》（*La mozzarella di bufala*）[4]一文中曾说道：

> 人们在最热闹的广场上开设“商店”，里面有挽起头发、戴着白帽的年轻女子，贩卖着莫扎瑞拉、小水牛莫扎瑞拉起士、大水牛莫扎瑞拉起士、辫子莫扎瑞拉起士、小辫子莫扎瑞拉起士、卡尔迪纳利起士、优酪、史卡莫扎起士、烟熏普罗沃拉起士、瑞可达起士、奶油、冰淇淋、布丁等，全部都是用水牛奶制成的产品。……星期日上午，广场上车水马龙，一阵骚动，顾客显得非常焦虑：一旦莫扎瑞拉起士卖完，当天就再也买不到了，柜上这些起士卖完以后，向隅者只能空手而返。

然而，正牌莫扎瑞拉起士的爱好者，并不仅限于那不勒斯居民，他们当然也努力在不至于过度长途跋涉的情况下，满足自己的口腹之欲。米兰的地道莫扎瑞拉起士迷，每天清晨五点就在地区批发市场的卸货站（梅切纳特街［via Mecenate］）引领盼望，等待着前一晚从坎帕尼亚出发的冷藏车出现。超市里常常可以看到存放在质地类似泪液的液体中，并用塑料袋包装的工业量产高质量莫扎瑞拉起士，尽管它们也挺好吃，不过老实说，这和地道的水牛莫扎瑞拉起士其实是两回事。所有人都知道，莫扎瑞拉起士在制作完成以后必须尽快食用，为了延长保存期限，人们会烟熏处理（也就是普罗沃拉起士，比较扎实的莫扎瑞拉起士），因此它的外表才会染上一层深棕色，不过内部仍然维持着浅色与清淡的口感。

虽然莫扎瑞拉起士单独品尝的滋味较佳，不过人们偶尔也会将一片莫扎瑞拉起士放在两片去边的白土司中间，沾上面包屑和蛋汁以后用奶油煎过，做成“煎莫扎瑞拉起士三明治”（mozzarella in carrozza）。

卡布里岛（Capri）的地方菜肴，到处都充斥着莫扎瑞拉起士：卡布里岛有着世界上最闲散安逸的生活，任何人都不应该把生命浪费在炉火前，因此，这里有相当清淡却又色彩鲜艳的菜肴。将一球莫扎瑞拉起士切成圆片，然后以同样方式将大番茄切片，摆盘后再放上小片罗勒叶并洒上海盐、奥勒冈和黑橄榄，然后在这盘鲜艳欲滴的佳肴上，以划十字的方式淋上橄榄油。这道菜可以是晚餐，也可以是午餐，名称随人发挥想象，不过如果你想不出来，我们可以告诉你，这道菜的技术名称是“卡布里色拉”。

在把沼泽抽干以后，坎帕尼亚获得了许多适合用来种植谷物蔬果的耕地。运河流过原本的沼泽，并以此事实证明，丰富的淡水资源能够替一地区的农业和居民生活带来何种难以估量的财富，而强大富裕的海上霸权阿马尔菲共和国之所以能在中世纪时期崛起，也是拜此地良好淡水资源之赐。一般相信，阿马尔菲生产的面食是意大利之最，甚至也是世界之最（见《意式面食》），这其实没啥好惊讶的，正是因为这里的丰沛好水，才总是能制作出特别美味的面食。人们用充沛湍流提供的能源来磨麦并带动挤压机。即使到现在，这里仍然利用当地的好水制作意式面食，以及白如霭雪的纸张，游客可以在格拉尼亚诺（Gragnano）参观传统制面与制纸工坊，格拉尼亚诺一带的景观会让人联想到荷兰，因为一眼望去，可以看到一整片的风车磨坊和遍布的水道。

走笔至此，我们也不难理解，坎帕尼亚很难不出现好吃的面包，也很难不出现令人眼睛为之一亮、异常美味的意大利面，而让人食指大动的比萨饼，更可说是理所当然（见《比萨》）。

这里的面包是用硬粒小麦磨成的面粉来制作，而且所使用的还是只生长在坎帕尼亚、南美洲和俄罗斯的硬粒小麦品种，以及养在陈酒上的酵母。和托斯卡纳地区不同的是，坎帕尼亚的面包比较酸，厚实的面包皮下藏着滋味丰盈、能长时间保持松软的面包心。

坎帕尼亚的意大利面（这里指长条形的面条）通常以贝类、海鲜做成的酱汁来调味，不然就是单纯用番茄酱汁来处理（番茄在当地方言中称为“pummarola”）。除了传统的意大利面烹煮方式，也就是将面煮熟后加入酱汁调味的烹调法以外，那不勒斯省也有将面送进烤箱里烹煮的做法。

甜点在坎帕尼亚地区的烹饪也占了很重要的地位。在意大利这个地方，地方菜肴的强项很少会是甜点，这种情形只发生在那不勒斯和西西里岛。那不勒斯人对甜点制作的热情，显然是波旁王朝和奥地利的遗风，不过地方上数也数不清的糕饼店，则是受到观光业繁荣的影响。坎帕尼亚能提供给游客相当丰富的活动，例如在卡布里岛享受忙碌的社交生活，或在伊斯齐亚岛（Ischia）进行全身温泉水疗。观光客爱吃甜点，一走进糕饼店，都会很乐意享受一些点心。这些甜点的制作非常耗工费时，成品也需要别出心裁的展示。轻柔的兰姆巴巴蛋糕，满是甜酒的芬芳，苏莎米耶利饼干（susamielli）、斯特露佛里炸面球（struffoli）、拉费欧里甜馅饼（raffioli）、莫斯塔丘里巧克力香料饼（mostaccioli）等，则是圣诞节的应景甜点。至于一般出现在春季、制作时必须使用到玉米的蜜饯起士派（pastiera），玉米除了具有象征意义以外（玉米必须先在牛奶里煮过，象征动植物界的联合），同时也是含有丰富维生素的材料。

海洋替坎帕尼亚带来丰富的海鲜、贝类和虾蟹。若认为卡布里岛、伊斯齐亚岛和整个海湾地带的其他岛屿都盛产海鲜与蟹类，也是很合情合理的推测，不过事实并非如此，各岛屿烹饪使用海鲜的情形，反而比海岸区域少很多。不论是谁，只要一踏上伊斯齐亚岛，都会有“周围大海其实不存在”的感觉，就好像地方菜肴刻意弃海就陆一样。伊斯齐亚人最常使用的食材，是岛上居民唯一能在自家庭院饲养的动物，也就是兔子。因此我们可以说，兔肉是伊斯齐亚菜的重要基础。

在希腊神话中，巨人堤丰（Tifeo）因为不愿意向宙斯低头，而被宙斯用铁链囚禁在伊斯齐亚岛上，尽管被打入冥渊，堤丰仍然不停地兴风作浪，让火山喷出一阵阵的硫烟。时至今日，伊斯齐亚岛已成为极受德国观光客欢迎的旅游胜地。硫烟替这里带来具有疗效的温泉，原本就非常受到古罗马贵族欢迎，现在更是让观光客趋之若鹜。由于来了很多德国观光客，当地餐厅开始在门外贴上德文告示，邀请游客进餐厅品尝维也纳炸肉排和蛋糕。仅管如此，我们还是不需害怕，真正的伊斯齐亚菜肴仍然存在。搭配兔肉酱的吸管面，是伊斯齐亚最具代表性的菜肴。面形细长中空的吸管面，可以说是这道菜的秘密，因为如此以来，就可以让面由里到外整个浸在兔肉酱里（兔肉酱的材料包括大蒜、罗勒、百里香、墨角兰、迷迭香、红酒、番茄、橄榄油、辣椒），煮出连面心都有兔肉味的管面。所有人都会同意，这道菜绝对是高水平的上乘之作，不过人们在吃吸管面时，难免都会发出稀哩呼噜的声音或啧啧作响，就不是那么雅观了。

那不勒斯的街道一景

翁贝托长廊购物大街

坎帕尼亚地区的地方风味菜

开胃菜

- 那不勒斯烤米糕（Sartùn apoletano）：做成圆圈状的米糕，内有鸡内脏、菇、豌豆和莫扎瑞拉起士。这道菜的名称来自法文的“surtout”一字，指放在餐桌中央的托盘（那不勒斯方言中常常会出现法文字，这是因为自13世纪起至1860年止，那不勒斯王国和两西西里王国先后受到法国安茹王朝和波旁王朝统治之故）。

第一道

- 西兰花面
- 蛤蜊面
- 妓女面（Pasta allaputtanesca）[5]
- 帕克里面：类似水管面（rigatoni），不过直径较大且长度较短，由于表面粗糙，特别能吸附酱汁，过去也曾被称为巴掌面，因为就跟呼巴掌一样，不管是谁，只要吃几个就饱了。
- 加了水煮蛋、肉丸和茄子的烤面。
- 黑橄榄面蛋煎
- 撒上面包屑，再进烤箱烘烤的烤羊头
- 用橄榄油、大蒜和柠檬调味的烫鳀鱼。这道菜是冷盘。
- 用胡椒和柠檬调味的生海鲜，尤其是生贻贝和生蛤蜊。
- 婚礼汤（minestra maritata）：结合了肉和蔬菜的汤品。在意大利，汤品大多清淡简朴，人们一般在斋戒期间食用；这道婚礼汤因为用了肉类，较为油腻，不符合教会斋戒规范，在意大利极为罕见，是货真价实的地方风味。
- 不过，这里的汤除了可以“结婚”以外，还可以“发疯”：在坎帕尼亚地区，有一道称为“spigola all’acqua pazza”的舌齿鲈汤，“pazza”一词是疯狂的意思。会如此命名，是就当地人的说法，只要在水里加入三把现磨胡椒以后，这水就“疯了”。
- 比萨

第二道

- 烤彩椒
- 薄荷酱腌栉瓜
- 比萨饺和炸比萨饺（比萨对折并将边缘压紧后烹饪）
- 蜗牛
- 煎莫扎瑞拉起士三明治：在两片白吐司面包中间夹进莫扎瑞拉起士，裹上面包屑和蛋液再煎熟
- 那不勒斯产的四季豆，“跟细面一样，滋味丰盈，又软又嫩，天生就没有豆丝”。[6]

甜点

圣约瑟炸馅饼，一种在街上卖的小点心，一般在3月19日圣约瑟节品尝。圣

柠檬树

诞节点心则有苏莎米耶利饼干（susamielli）、斯特露佛里炸面球（struffoli）、拉费欧里甜馅饼（raffioli）、莫斯塔丘里巧克力香料饼（mostaccioli）等。

坎帕尼亚地区的特产

- 水牛莫扎瑞拉起士
- 布里诺奶油心起士（burrino）
- 维苏威火山山坡上种出来的杏子
- 奇伦托（Cilento）的白色无花果
- 阿马尔菲和马萨（Massa）的柠檬
- 萨莱诺（Salerno）的苹果和梨子
- 圣马尔扎诺番茄
- 帕埃斯图姆朝鲜蓟
- 蒙特拉（Montella）的栗子
- 吉弗尼（Giffoni）的榛果
- 索伦托（Sorrento）和伊尔皮尼亚（Irpinia）的核桃
- 那不勒斯蜜饯起士派
- 兰姆巴巴蛋糕（由法国传入那不勒斯，后来成为那不勒斯特产）。

代表性饮料

- 自古希腊时期就有生产的白葡萄酒
- 塔布尔诺白葡萄酒（Taburno）
- 图佛格雷科葡萄酒（Greco di Tufo）
- 法莱尔诺葡萄酒，会让人想起卡图鲁斯（Catullo）的颂诗（第二十七首）（“来吧，我的男孩，给我斟了陈年的最好的法莱尔诺的少年，我们要倒最多的那一杯，与这位疯狂的女人痛饮，好像根据我们今晚主人——的命令一样，脸比葡萄还红；而它不再是水，而水是酒之死亡。”）

1.《意大利游记》，第 377 页。

2.《意大利游记》，第 69 页

3.《罗马、那不勒斯与翡冷翠》，1817 年 2 月 20 日。

4.“食品和承诺”（Il cibo e l'impegno）专辑，*MicroMega* 杂志，第 62 页。

5. 编者按：“妓女面”的酱汁主要以黑橄榄、刺山柑、鳀鱼、番茄制成。这道菜的命名由来众说纷纭。一说是其口味强烈、香辣浓郁，一如妓女之风骚诱惑；一说是妓女手边食材有限，因此选用易保存易取得的食材来制作。另有一说则指出，这道意大利面的制作方式十分简单，在短时间内即可烹煮完成，便于妓女们尽快吃饱、恢复体力。

6. 阿尔多·布奇（Aldo Buzzi）在既有趣又讽刺十足的《完美蛋谱》（*L'uovo alla kok*）一书中（第 86 页），就是这么形容的。他还说：“可惜，一旦出了那不勒斯，要被有线的四季豆绊倒就不是那么困难。世上有许许多多的谜团，农夫们为什么一直种植有线的四季豆，就是其中之一。”

ATERIE
PRIME

原料

MATERIE PRIME

意大利人常将食材转化为诗的元素歌颂，让它们当作世界上最美的东西来看待。他们个个都是美食行家，通晓食品的各种变化与名称。对他们来说，能够解释西西里岛上生长的各种柑橘如柠檬（Citrus limonum）、来檬（Citrus lumia）、香橼（Citrus medica）、香柠檬（Citrus bergamia）、青柠（Citrus limetta）、柚子（Citrus decumana）等植物之间有何差异，是非常时髦的一件事。

这种态度就和某些法国人大相径庭，例如法国作家拉布吕耶尔（Jean La Bruyère）笔下的人物："如果当你们走进厨房时，同时也知道所有厨房里的秘密；……如果你们不是在餐桌上看着这些食料的荣光，而是在其他地方看到它们，那么你们可能会认为它们不是什么好东西，甚至觉得恶心想吐。"

无疑地，意大利人对市场商品研究会如此着迷，必定其来有自。这种热忱自古罗马时期就存在：

这些准则我铭记在心，
不过其名姑且保密。
那种瘦长的蛋，
要记得放上桌：
这种蛋较为美味，
而且蛋黄色浅：
事实上，它的蛋壳里

包含着公鸡的卵。
在干燥土地成长的甘蓝菜
比市郊土地长出来的要甜：
最淡而无味的蔬菜
大概来自菜园里的栽植。
如果晚餐时分
突然有客人来访，
你不希望炉上的鸡肉变老味涩，
那就赶紧把它浸在
冲淡的法莱尔诺酒里，
让肉能保持鲜嫩。
蘑菇的品质绝佳：
其他菇类最好别贸然尝试。
夏天要身体健康
得在早餐最后
吃下艳阳高挂前
采摘下的黑莓浆果。
奥菲底乌斯（Aufidio）将蜂蜜融在
法莱尔诺酒里：真是大错特错！
空腹时只能喝下
清淡的饮品
甜酒和淡酒才是正确的
能有较好的润肠效果。
如果你受到肠胃蠕动不佳所困扰，
乌蛤和常见的海鲜
将能帮助你排除障碍，
就像酸模的小叶子
以及有何不可的库（Coo）白酒。[1]

古罗马人对于其农产品及购入食品的各种最微小细节，有着独特的敏感性，这一点让包括饮食历史学家在内的所有历史学家感到非常惊讶："这些古罗马美食家能够从滋味来分辨出鱼是从桥上钓到还是在下游地区捕捉的，对这些具有此种感官灵敏度的人，你根本不用感到讶异。现在不是也有人能靠味道分辨出山鹑是用哪一只脚站着睡觉吗？"[2]

在参与意大利人的餐桌交谈时，谈话者若能针对主题纵情发表冗长论述，例如正确的切割肉部位，他绝对不会引起丝毫反感（与拉布吕耶尔恰相反），甚至会引发同席人士的高度热忱与兴趣。不过到了现在这个一切求快的年代，这样的对话反而成了一种高尚的少数言论。假使我们继续朝着目前的方向前进，再没多久，大概就只有少数人能够辨别、挑选并烹饪少见的牛肉或羊肉切割部位了。

同样也是为了赶时间，许多人认为，只要在街上随便走进一间肉店，知道得购买动物后四分之一部位的肉就已足够，不过这些人并没有想到，在这后四分之一的部位中，其实还分肋排、里脊肉、臀肉、上腰肉和腰肉等等。同样在这个部位，还有肉质比较嫩的小肋排和后臀肉；此外还有腰臀肉与腿肉。在当今求快又注意力分散的日常生活中，人们或多或少还会使用后腿胫肉或前腿胫肉，以及动物的皮下脂肪，不过只有少数人知道该怎么烹煮肩肉、颈肉和下颈肉，更别说特定部位的背脊肉该怎么处理了。

美食专家通常很乐意分享哪些地区地道风味（还特别说明它的确实来源地区、城市或乡村）必须使用像是背脊肉这种比较不珍贵的切割部位，哪些必须镶馅然后用针线逢好的特色菜肴（例如热纳亚肉卷）不可以不用胸脯肉来制作。会让这些行家感兴趣的，是后腹胁肉该怎么用，或是牛头、里脊肉、肌腱、舌、肺、心、肝、瘤胃、尾、胸腺、脑、唇、脾、肾、肚、胰等内脏，甚至睾丸等该如何料理。

这些东西是怎么列也列不完的。外臀肉、肩肉和臀肉适合拿来大块烧烤，最嫩的菲力，也就是最珍贵的部分，可以做出非常美味的烧烤。上腰肉非常适合拿来做成英式烤牛肉。背脊肉、后臀肉、鲤鱼管、后腹胁肉和臀肉是炖烧的最佳选择。此外，腹肉和肋排的做法都各有差异。

颈肉一般似乎都拿来做成炖肉，要不就做成肉酱和肉丸。肩肉耐煮，因此在艾米利亚—罗曼尼亚地区和撒丁地区，就被拿来做成当地人最引以为傲的传统炖肉，称为“stracotto”（字面上是“炖得特别久”的意思）。上肩肉一般搭配沙巴翁酱，而香咸猪肉肠还可以处理成称为“Cotechino‘in galera’”的肉包肠，字面译为“被囚禁的香咸猪肉肠”，因为这道菜的制作方式是用一片又薄又大的牛肉将已经煮熟并去掉肠衣的香咸猪肉肠包起来烹煮之故。搭配白酱的胸脯肉是艾米利亚—罗曼尼亚地区的名菜，托斯卡纳的烤野禽必须搭配巴尔贝里纳酱（salsa barberina）。至于以牛尾为主要材料的菜肴，以罗马的炖牛尾最具代表性，这道菜也是拉齐奥地区最有名也最让人惊骇的菜肴（见《情欲》）。

在讲到内脏时，专家的对话很明显地让人觉得只知到皮毛是不够的，还需要以某种攻读博士学位的精神来研究才行。更者，从意大利的肉品销售系统就可以了解到，这是个既传统又专业化的行业，肉贩必须具备相当深厚的相关知识才行。早在两千年以前，这里的肉店就有牛肉店、猪肉店和禽肉店的分别，这样的传统也被保存至今，由于肉贩必须经过专门训练，因此有些商店只会卖冷切肉（萨拉米和腌肉）和鸡肉，并不贩卖其他肉类。

我们从学校学到，牛有四个胃，分别是瘤胃、蜂巢胃、重辨胃和皱胃。在以牛胃为材料时，每个部位都必须以不同的特定程序来处理，才能正确地烹煮出这道罕见的烹饪之宝。犊牛的皱胃（指含有食糜的小肠）是烹煮罗马名菜扒亚塔犊牛肠（pajata）的主要材料。牛脊髓则是正确烹煮皮埃蒙特名菜“长礼服综合炖菜”时不

可或缺的材料。

此外，这里的犊牛肉也很常见（年纪在一百二十天左右）；年纪更小的（至多十周）则叫作乳牛。这两种肉的色泽都很浅，热量都不太高，不过不容易消化，因此意大利人通常不会拿犊牛肉来喂小孩。不论就滋味和营养价值来说，小牛肉（十二至十八个月大）或一般牛肉就好上许多（一般牛肉来自年龄三至四岁的牛：公牛必须经过阉割处理，母牛不能怀孕，因为性荷尔蒙会对肌肉的消化性造成负面影响）。

四岁以上阉割公牛或母牛的牛肉比较不珍贵。一般公牛的牛肉属质量平庸的次级品，至于生产过的母牛，肉质颜色深且纤维粗硬，一般认为这种肉几乎是吃不得的。

羊类和羊肉的切割部位有着另外的分类。从烹饪的角度来说，人们会特别把年纪不超过三个月大、只吃母奶的乳羊和其他母绵羊、公绵羊和小羊等区隔开来。这种乳羊在意大利语中叫“agnellino da latte”或“abbacchio”，后面这种称呼，原意指“用棍子打死”或“跟棍子绑在一起”，因为被绑起来的乳羊无法吃草，其独特的肉质就不会因此降低。

羔羊肉在意大利烹饪里也相当受欢迎，这种小羊的年纪不超过十周，以母奶为主食，也开始吃草。肉色越浅的羔羊肉，品质越属上乘。已经剪过两次羊毛的一岁年轻公羊，在意大利语中称为“agnellone”，人们会吃这种羊的羊腿、肋排、羊肚和羊头。成年公羊的肉就不是那么受珍视，意大利人认为成年公羊的羊肉有“野味”，甚至觉得这种肉“有油臭味”。同样的看法也适用于母羊身上。母羊肉一般用来制作酱汁。在众多羊肉分类之中，阉公羊的肉是例外，并没有上述缺点，不过这种羊的畜养和食用只存在于意大利南部，尤其以阿布鲁佐地区和莫里塞地区为主。

这种肉品知识的另一支则告诉我们，肉品切割部位的名称会因地区而异，而且在一地区非常受到珍视的部位，换到另一个地区可能在让人始料不及的状况下，突然被视如敝屣。显然，这些状况就某种程度而言还是受到流行时尚所影响的。在深究米兰式肉排的准备方式时，我们会很惊讶地发现，在美食家的眼里，不能使用的部位就占了整只宰杀动物的一半，而剩下的另一半（七根肋骨），最后还会再去掉一半：

> 原谅我插个嘴，这种浪费好肉的状况必须画下个句点，不然就太浪费了。您知道吗，我们从荷兰和德国进口肉品时，付的是整只动物的钱，不过只会把后躯部位带回来，并把前半送给肉商，因为前半部脂肪太多，会让人发胖。我们的所作所为，就好像一个人去店里买套装，付了整套衣服的钱以后，请店小姐只把上衣包好，然后把裤子送给店小姐一样。这太疯狂了……
>
> “阿尔弗雷多，犊牛能使用的肋骨有几支？”
>
> “十四支，一边各七支。第八支其实也可以用，不过我个人不喜欢，它太靠近颈部，里面神经太多了。最优的是前四支，其余三支则带点脂肪。”[3]

对于食材，我们必须认识之、了解之、爱惜之并保护之，以有智慧并谨慎的态度来处理之；我们必须要知道，即使是无心之举，都可能破坏了上帝赐予人类的丰富资源。慢食组织创办人卡罗·佩屈尼就在他的著作中举了个吊诡的例子，表示有名学徒因为以不同于大厨要求的方式拿刀，就被踢出师门：

> 举例来说，皮朗杰里尼（Pierangelini）曾经跟我说了个故事，表示有个年轻的学徒，尽管曾经在一些知名餐厅待过，在经过几天试用以后仍然当场受到解雇。这个年轻人不想按照皮朗杰里尼所教授的方式来切鱼，他为了求方便，或是因为愚蠢无知，以完全不同于大厨示范时的切割角度，在流理台上切起鱼来。[4]

古时候的专家建议以下列方式把好酒慢慢移出酒窖：第一天把酒瓶从台阶的最后一阶往上移到倒数第二阶，隔天再从倒数第二阶移到倒数第三阶，按这种方式慢慢移到酒窖出口。唯有如此，瓶中物才不至于因为过度剧烈的温度变化而受损，而这样的建议绝对不是偶然，是经验的累积与智慧的结晶。

1. 贺拉斯，《讽刺诗集》，第二卷第四首。

2. 布里亚—萨瓦兰，《味觉生理学》（*Physiologie du gout*），第 36-37 页。

3. 玛齐，《用餐之际》，第 16 页。

4. 佩屈尼，《新美食主义》（*Buono, pulito e giusto: principi di nuova gastronomia*），第 73 页。

14
MATERIE PRIME

VENDE

15 PUGLIA

普利亚地区

普利亚低地可谓意大利的粮仓。这个地区每年生产 80 万吨的硬粒小麦、60 万吨的番茄、50 万吨的鲜食葡萄、30 万吨的橄榄油，以及 20 万吨的朝鲜蓟。

整个普利亚地区都是平原，容易耕种，具有良好的气候条件，不过它和坎帕尼亚地区却有非常大的差异：这里的水资源非常贫乏。因此，这里生产的橄榄油和葡萄酒，质量并非上乘，不过量却非常充裕。就全意大利而言，百分之三十三的橄榄油和百分之三十的葡萄酒生产都集中在普利亚地区。另一方面，此地区农业生产成本低廉，也是因为有充分的人力供给，尤其是来自北非地区的非法移民。这些季节工人在整齐划一的田野中辛勤耕种着各种蔬果，如番茄、栉瓜、西兰花、彩椒、马铃薯、菠菜、茄子、花椰菜、茴香、菊苣、黑甘蓝、续随子、无花果、杏仁、桑椹（奥里亚［Oria］特产）、莴苣和各种豆类（蚕豆、小扁豆、菜豆等）。日晒番茄干是奥斯图尼（Ostuni）和法萨诺（Fasano）的特产，也是普利亚地区的重要出口商品。

这里也产燕麦。当地产的谷物是制作面食的绝佳原料，因此在普利亚菜里，面和面包总是被摆在第一位。搭配面条的酱汁，可以是海鲜或肉类（牛肉和马肉），以及番茄、羊奶起士以及任何蔬菜，甚至马铃薯。

普利亚的景观以围有高耸石墙的农田为主，石墙的功能在于抵御海盗和抢匪，曾经经手这片土地者包括诺曼人、摩尔人和海盗等。农田中央盖有塔楼，内为领主寓所（在此无法用高塔来形容，由于安全上的顾虑，这一带的建筑物向来不高），这种塔楼比较像是具有住所功能的碉堡。宏伟塔楼周围是农民住所、马厩、磨坊、谷仓、酒窖和小礼拜堂，整个城镇又受到护城河围绕。时至今日，这些建筑物一一受到修复重建，改为一间间的奢华旅馆。

除了农舍以外，坐落在城市周围的果园也是普利亚常见的乡村景观。这里的农村规模都不大，大多规划成放射状的格局，以方便进出（换作是军事城，从古罗马时期的城市到圣彼得堡，一般都是以棋盘格局规划，由东西走向和南北走向的道路构成）。

普利亚的城市与乡野有着密不可分的关系。农民每天从黎明到日落在城外辛勤工作，晚间和假日则在城里度过。在许多小乡村里，周间任何一天的早上，从市中心向外延伸的放射状道路上车龙绵延，在过去则是一排排的马车推车赶着出城。到了日落时分，换作进城方向繁忙了起来。这情况与大都会完全相反，在都会区，人们早上忙着进城上班，傍晚则回到郊区住家。

在《晨声》（*Suonano mattutino*）这首诗中，洛可·斯科泰拉罗（Rocco Scotellaro）描绘了这种“市民变农民”的行列，只不过他描述的其实是巴斯利卡塔地区。尽管如此，这事实上是巴斯利卡塔和普利亚所共有的传统：

行列早在夜间便已形成。
我看到收割者沿街蜿蜒曲折的队伍
碰到了街道末端那颗唯一的星星。
在我的那条羊肠小道上
踩在铺路石上的驴子晃动着脖子上的铃当
召告着早晨的到来。

不论地皮大小，人们总会找到地方栽种橄榄树和杏仁树，或是种植豆类植物。豆类这种绝佳的蛋白质来源，在灾荒时常常是人们存活的保障。一直到19世纪末为止，蚕豆、鹰嘴豆和小扁豆一直都是普利亚地区的主要豆类作物，而在普利亚人的饮食中，蚕豆泥和菊苣更是常见的菜肴。

普利亚到处都种了一种芜菁（cime di rapa），专取其嫩叶食用，在一般家庭、市外菜园或大型连锁超市都很常看到。这种芜菁的花苞，在普利亚常被煮成面酱搭配小耳面。就这种芜菁来说，普利亚人只吃还没开花的嫩枝叶，不过同一种芜菁到了弗留利人手中，叶子就成了喂猪的饲料，人只吃其根部。普利亚的朝鲜蓟非常美味而且不带刺，尤其以莫拉（Mola）产的朝鲜蓟最有名。最近，普利亚地区食用“兰帕休尼”（lampascioni）这种流苏葡萄风信子野生鳞茎的习惯，也逐渐传播到意大利其他地区，与红葱头相较，这种植物的味道稍苦，它在近年来越来越受到富人所喜爱，人们一般是川烫过后用醋和橄榄油调味食用。

普利亚地区的第三大农业经济支柱是排在谷物和蔬果后面的橄榄油。这里的橄榄油，在口感上比利古里亚、托斯卡纳及意大利北部湖区等产区的产品来得更具圆润果香，酸度也比较高（因此品级较差）。普利亚地区生产的橄榄油，占全世界产量的百分之十五。此地行家能够分辨出各地产的橄榄油，来自福贾地区（Foggia）、巴里省区（Bari）和萨伦托半岛（Salento，包括莱切［Lecce］、布林迪西［Brindisi］和塔兰托［Taranto］等省份）的橄榄油，风味皆有不同。

各种橄榄油的差别，与它来自哪个农庄或栽植场无关，而是与城市有关，因此名称也以地名为名，如“特拉尼橄榄油”、“巴列塔橄榄油”。这种命名方式，在每个城市都有各自“代表特产”的意大利非常普遍，然而，在普利亚这个大部分土地都由农人市民亲手耕种的地区，这种命名方式尤其蔚为特色，反映出城市与土地之间的密切关系。

普利亚比较有名的“橄榄油之城”包括乔文纳佐（Giovinazzo）、穆尔菲塔（Molfetta）、毕谢列（Bisceglie）、特拉尼（Trani）、巴列塔（Barletta）、卡诺萨（Canosa di Puglia）、安德里亚（Andria）、蒙特堡（Castel del Monte）、卢沃（Ruvo di Puglia）、乔亚德尔科勒（Gioia del Colle）、比泰托（Bitetto）等。这些城市全都有宏伟壮丽的罗马式大教堂（此地区哥特式教堂较为少见，奥斯图尼大教堂为一例），常常也有诺曼式城堡的存在。

普利亚菜的第四大支柱，是各式各样的海鲜。在亚得里亚海，渔民用渔网捕捉小型鱼类，用鱼叉猎捕大型鱼类，另外在塔兰托的小内海（Mar Piccolo）则有蚝和贻贝的养殖。

普利亚是个历史记忆极为丰富的地区，尽管20世纪替她带来不少改变，其古老样貌仍然清晰可辨。在巴列塔、比通托（Bitonto）、莫诺波利（Monopoli）、波利尼亚诺（Polignano）等地，既能让人感受到过往的贫困，也保有了古希腊时期的记忆。普利亚南部（萨伦托半岛和塔兰托，也就是过去曾辉煌一时的塔伦特姆）曾经是大希腊城邦（Magna Grecia）的一部分；阿拉伯曾称霸此地（8至9世纪）的证据，目前仅剩下萨拉森瞭望塔，不过这座瞭望塔自古时阿拉伯人和拜占庭帝国争战以取得这块土地的控制权以来，外观上并没有什么改变。此外，安茹王朝和亚拉冈王朝也都在此地烹饪和语言留下了痕迹。在法耶托（Faeto）和切勒圣维托（Celle di San Vito），即使到现在，人们都还在使用来自法国普罗旺斯的语言，自安茹王朝占领时期，经过八百多年一直流传下来。

神圣罗马帝国的统治（自1043年起）对普利亚文化的发展具有关键性的影响。弗里德里克二世自13世纪起，在普利亚地区陆续盖起八座城堡，其中最著名者非蒙特堡莫属。蒙特堡极其深奥难解，完全根据密码来建造，即使到现在，人们仍然没有完全解开这座城堡的谜。它位于人烟罕至的偏远地带，完全与其他城市隔绝。至于弗里德里克二世所建造的其他城堡，也都和蒙特堡一样，选在独特的地点兴建。

我们在讲到坎帕尼亚地区的时候，已经提到过弗里德里克二世这位杰出的领袖，并在提到阿布鲁佐时，简略介绍了他独到的城市规划哲学。弗里德里克二世所建造的城堡，并非为了在特定城市里替自己盖皇宫，也不是为了军事目的，而是个人任性的决定，是为了自己和朝臣创造出一个专属的空间。据传，弗里德里克二世会根据春季或秋季的候鸟迁徙路径来选择城堡的兴建位置。有人相信，这是为了让他更容易狩猎，不过也有人认为，弗里德里克二世的目的在于藉由观察候鸟迁徙来了解难以领略的世界和宇宙结构。

无论如何，弗里德里克二世确实也写了狩猎技艺文章，而这篇文章也一直流传到现在。在计算候鸟飞行路径时，他把天体赤道、地轴、春分和秋分时太阳倾斜的角度都考虑了进去。蒙特堡那完全符合几何的结构，会让人联想到计算实验室。学

普利亚的石墙

位于莱切的圣十字圣殿（Basilica di Santa Croce）

圆顶石屋

者阿尔多·塔沃拉罗（Aldo Tavolaro）根据弗里德里克二世的设计，重新建造了其中几座建筑，藉此显示，固定在城堡屋顶特定位置的竿子（日规），会因日照而投射出的影子会按时间和日期而改变，而投射位置也确认了弗里德里克二世对黄道带的计算和测量。

在普利亚地区，外观特殊、以贵族和天文学家为对象的诺曼式城堡，旁边就座落着此地独有的圆顶石屋（Trulli，或音译为土卢里屋）。乍看之下，居住在这种古老圆顶建筑似乎令人难以置信，因为它们没有窗户，而且只有圆锥状屋顶的顶端设有通风口。不过更令人惊讶的是，这些圆顶石屋目前仍然有人居住，其分布地区包括波利尼亚诺、莫诺波利、诺奇（Noci）、卡斯泰拉纳岩洞（Castellana Grotte）等，尤其以丽树镇（Alberobello）为最。丽树镇有世界上最大的圆顶石屋群，目前已名列联合国教科文组织的世界文化遗产，这个小城全都是圆顶石屋，而且面积还相当大，一座座白墙黑顶的石屋林立其中，吸引着自世界各地蜂涌而至的观光客。不只如此，一到夏天，这些石屋要不租给游客当渡假公寓，就是摇身一变，成为豪华旅馆。这种住屋的发明，是在 16 世纪至 17 世纪西班牙暴政政权统治普利亚期间，不过一直到 18 至 19 世纪才慢慢散布各地。显然，这些住屋的设计，就是为了要逃税，因为占领此地的外来政权，不论是西班牙人或波旁王朝，都按建筑物的开窗数来课税，窗子越多税就越高。

建筑爱好者在来到这个地区的时候，也会对老油坊很感兴趣。普利亚地区的古老油坊常常设在地底下，目的在于保护橄榄油免受温度变动所影响。许多油坊都设在水蚀石灰岩洞里，只有一个出入口，如此一来除了能抗暑防寒以外，岩洞厚实的墙壁还能中和榨油机造成的震动。橄榄被倒入岩洞里的天然坑洼里，榨出的橄榄油则沿着洞里的天然沟槽流出，在这里，人工与自然有着非常完美的融合。光在加利波里（Gallipoli），被保留下来的老油坊就超过三十间之多。

普利亚地区的橄榄品种，主要以切里尼奥拉（Cerignola，又称切里尼奥拉美人）和科拉蒂娜（Coratina）为主要品种。前者主要分布在福贾省区的南部，其栽植约莫在 1400 年从西班牙引进。这种橄榄可以是绿色或黑色，果肉非常紧实，单一果实的重量介于十一至十八克之间。科拉蒂娜品种的橄榄，其名称由地名，也就是巴里省区的科拉托（Corato）演变而来，不过其起源古老，已不可考。这种橄榄的栽植区在巴里和福贾两省区，不过亦可见于普利亚以外的其他地区。科拉蒂娜橄榄的抗氧化成分（多酚类）尤其丰富，其果实瘦长，稍呈不对称状，每颗橄榄的重量大约可达四克左右。

端看普利亚地区保留了多少尚未开垦的荒野自然，以及此地居民如何在驯化自然上发挥独创性，就能了解当地饮食的特性，因为这些特质完全都反映在普利亚地区的特产中。我们可以很清楚地看到，未经太多加工处理的生食产品，对普利亚人有着非常大的吸引力。无论在橄榄油生产的哪个阶段，普利亚的农民和工人都很爱吃橄榄，而且只要有面包搭配即可。那么，又用什么面包呢？当然是来自阿尔塔穆拉（Altamura）的高质量面包！这里的面包与北意完全不同，在刚出炉的时候既酥脆又好吃，不过只要放隔夜就成了耐放的老面包，因此这里制作的面包都相当大，而且可以放上一个月。

普利亚人嗜生食的习惯，尤其表现在他们爱吃生鲜海鲜的习惯上。举例来说，在鱼店，老板会准备一些生虾、墨鱼和贻贝，专让等待的顾客当场洒上柠檬汁试吃。普利亚地区跟葡萄牙一样，餐厅里会供应生的红斑对虾、刚捕获并在石柱上用力甩打过的新鲜章鱼、鲱鱼、海胆、海星和乌蛤。鱼类（例如波里尼亚诺的纵带羊鱼）通常最后是以炭烤的方式烹调，不过一般只会烤个十分钟左右。显然，如果不是因为确定食材质量极佳，也不太可能出现类似的饮食习惯。在普利亚地区，人们并不用担心海产新鲜度的问题，此地介于亚得里亚海和爱奥尼亚海交会处，海水罕见地清澈，水质极佳，不论捕鱼或养殖渔业，都有世界公认的高水平。

塔兰托蚝受到老普林尼的极度赞赏。在罗马皇帝图拉真（Traiano）在位期间，人们开始大量养殖塔兰托蚝，不过在罗马帝国崩落以后，水产养殖停摆了一千五百年之久，一直到 1784 年，在波旁王朝两西西里王国国王费迪南一世（Ferdinando IV）在位时，才又重新开始，再次启用原本的苗圃，甚至根据古罗马时期的养殖技术来执行。塔兰托蚝的特征，在于它的外壳呈绿色，表面呈鳞片状且凹凸不平，壳缘硬但易碎，壳的内部则呈珠光光泽。根据专家的看法，这种蚝的质量几乎与法国马伦内斯（Marennes）和阿卡雄（Arcachon）产的蚝不相上下。即使到现在，沿着普利亚海岸还可以看到一根根作为海产养殖箱的大型尼龙管，海浪潮汐将海洋中珍贵的矿物质和海藻冲往海岸，滋养着这些动物。在十二至十四个月以后，就可以从养殖网中取出这些软件动物，再进行筛选以供贩卖。

在普利亚地区，除了传统用渔网和钓线以外，还有采用抛石机捕鱼的方式。萨拉森人很早就在使用这种方法，它的好处，在于不须远离海岸便可捕鱼。人们用抛石机构成垂直网络，在固定在岩岸边的老旧船只上运作。在利用抛石机捕鱼时，渔夫的工作会让人想到马戏团里的特技演员。横卧在一艘不太可靠的木筏上，被称为“莱斯”（Rais）[1] 的捕鱼团队领袖会利用一种特别的管子进行搜寻，了解水底下的状况。此刻，抛石机会被降到海底，一但发现鱼群，“莱斯”一声令下马上收网，而鱼网就会被绞车快速地卷起。这个如诗如画的景象和包括竹筏和绞车在内的特色，常常成为画家描绘的对象，也常引起纪录片导演的兴趣。以这种方法捕到的鱼，通常以盐烤的方式处理，也就是用盐将整只鱼完整密实地包覆起来烘烤，用这样的方式将鱼肉本身的汁液、香味和滋味完整保存下来。

从这种盐烤的烹煮方式来看，就不难猜到这个地区也产盐。事实上，普利亚地区自公元前 4 世纪就开始采盐。在玛格丽特迪萨沃亚（Margherita di Savoia）周围海岸，有一条长度超过二十公里、宽度至多可达五公里的平坦盐带，是欧洲地区最大的盐田区之一。在这里，海水被引进偌大的坑里，以天然且不受污染的方式慢慢让水份蒸发，这种方法是数世纪以来的智慧结晶，慢慢地把碳酸盐、铁、硫酸钙等分离，最后剩下纯净的食盐。

除了贻贝和蚝以外，普利亚地区也有染料骨螺（Murex brandaris）的养殖。这种软件动物的腺体所分泌的物质，被古罗马人拿来替他们的托加长袍染色，原本是皇帝专用，稍后才慢慢有贵族和政府官员开始使用。这种紫色染料非常昂贵，因此并没有用来染整件袍子，而只有用来染镶边，制作成镶边托加（Toga praetexta），因此，那些纯粹因为虚荣心而穿上执法官所属托加长袍的人，才会被古罗马诗人贺拉斯拿来大开玩笑：

> ……嘲笑着那疯狂裁判官的标记：
> 紫边托加、元老的白罩袍和点燃的炭盆……[2]

在 314 年，教廷也发现了紫色染料，因此自教宗西尔维斯特一世（Silvestro I）以后，天主教高级教长都会使用这种珍贵的染料。这种紫色染料之所以价格高贵，主要因为它的搜集需要大量的时间与人力：每一万只骨螺只能搜集到 1.2 克的染料。塔兰托与腓尼基古城提洛（Tiro）长期以来一直都在争夺紫色染料生产的冠军，最后意大利的紫色染料因为呈色强烈且具有淡紫到鲜红的渐层而赢得胜利。

巴里是个古老的商港，是当地和拜占庭文化的交流中心，即使到现在，因为此地的主座教堂仍保有其主保圣人，也就是特别受东正教崇敬的米拉（Mira）城主教圣尼古拉（San Nicola）的圣髑髅，所以仍然是教徒朝圣的目的地。

和其他朝圣者经常往来的地区一样，面包制作也是普利亚的主要活动之一，而且早在贺拉斯的年代就已如此：

> 当时他们开始跟我介绍普利亚著名的群山……
> 在这里，连最基本的水都得用买的；
> 不过面包却是无比的美味，
> 所以注意到这一点的旅客都会趁机补给粮食……
> 隔天天气好转，不过路况依然糟糕，
> 至少到渔获丰富的巴里一直如此……[3]

阿尔塔穆拉的面包外硬内软，又大又能长时间保存，不只在普利亚地区贩卖，全意大利的超市和面包店都可以看到它的踪迹。其他种类的“路边小吃”，还包括叫作“普奇亚”（puccia）的黑橄榄餐包，和被称为“普迪卡”（pudica）的大蒜番茄佛卡恰面包。专门为了旅行携带方便而发明的，则是塔拉利（taralli）这种与红酒非常搭的酥脆咸圈饼。这种咸圈饼非常受到欢迎，而意大利也有俗谚，用“以塔拉利和酒作结”（a tarallucci e vino）来表示原本相互冲突的双方最后和解收场。塔拉利咸圈饼有着光滑发亮的表面，这是因为在放入烤箱烘焙以前，会把生面在滚水里浸一下的缘故。

普利亚地区的面包师傅向来优秀，不过他们无法像托斯卡纳和罗马的同业一样，依靠政府的支持。在普利亚地区，掌权者的行为完全和其他地方相反，想尽办法处处刁难面包店的生计。在 18 至 19 世纪期间，愚蠢的地方长官甚至想向公共烤箱课以重税！不过带有希腊基因的普利亚人也不是省油的灯，即使统治的波旁王朝带来了这样的梦魇，他们还是想办法找到因应之道。前面曾经提到过，统治政权按房屋窗户数目来课税，普利亚人就盖了没有窗户的房子，所以当政府要针对火炉课税时，人们就不在家里设火炉。到普利亚游览的观光客，一定都会看到路边一堆堆奇形怪状的石堆。这些石堆就是非法火炉，不属于任何人。即使这样的炉子被查税

圆顶石屋

塔兰托蠔

盐烤：通常用盐将整条鱼完整密实地包裹起来烘烤，如此可将鱼肉本身的汁液和香味完整地保存下来。

员看到了，他们也很难辨别出炉主。为了解决这个问题，波旁政府甚制下令迫使巴里大学特地派员进行领土调查，统计这些非法火炉到底有多少。

不论再怎么原始的石炉，普利亚人都可以用来烹饪，拿来当作火炉烤面包，用烤盘烘烤各式菜肴（这里使用的有盖平底烤盘是从西班牙传进来的），烤香肠和烤肉都行。

小耳面是此地区典型的意大利面，在这里甚至还有大小之分，比较小的称为“强卡雷勒”（chiancarelle），比较大的称为“波恰喀”（pochiacche）。硬粒小麦粉做成的小耳面，必须用大姆指和食指将切好的小面团压成型，完全是手工制作。

在福贾一带，人们会一种特别的机器制作外观类似阿布鲁佐吉他细蛋面的“特罗科里面”（troccoli）。莱切的特产是一种叫作“图奇内利”（turcinelli）的杂碎卷，布尔迪西则有用棒针辅助制作而成的管面（fenescecchie）和用麦糁做成的小面疙瘩（mignuicchie）。图奇内利杂碎卷一般会用花椰菜和鳀鱼调味。布林迪西的特鲁求雷第面（trucioletti）通常搭配乌贼、贻贝和罗勒。意式细面则搭配海鞘。在 1647 年，由于意大利面的缘故，巴里人甚至掀起了一场小小的革命：由于西班牙统治者打算按面条消耗量课税，并派员挨家挨户调查，引起民众群起反抗，市内发生暴乱屠杀，一直到西班牙政府在一周后撤掉这种引发民怨的税，风波才慢慢平息。

---

1. 这个字眼在意大利南部同时也指渔夫的领班或工头。举例来说，撒丁渔民在捕鲔鱼的时候，负责射鱼叉的那个人也称为“莱斯”。

2.《讽刺诗集》，第一首第五节。

3.《讽刺诗集》，第一卷第五首。

普利亚地区的地方风味

开胃菜

- 慕尔希（muersi）：将白面包和西兰花及豌豆一起烤过，再用橄榄油和辣椒调味。
- 焗烤贻贝、焗烤鳀鱼：将去头的鳀鱼铺在平底烤盘上，一层层放上面包屑、大蒜、薄荷、续随子、牛至和橄榄油，再放进烤箱烤熟。
- 水煮蓟菜
- 炸比萨饺（calzoni 或 panzerotti）：对折并将边缘压紧的比萨，里面包有洋葱、番茄、大蒜、橄榄和鳀鱼；在萨伦托，这道菜叫作"普迪卡"（puddica）。
- 帽子烤饼（cappello）：用炸茄子、炸栉瓜、肉片、水煮蛋和起士制成。

第一道

- 鹰嘴豆面（ciceri e tria）：是把硬粒小麦粉制成的宽面条和鹰嘴豆及洋葱一起放在滚水里煮，这是道从古罗马时期流传至今的菜肴，据说已有两千年历史，在萨伦托一带很普遍。
- 芜菁花苞小耳面
- 婚礼汤：与那不勒斯的婚礼汤相同，也就是将蔬菜和肉放进同锅烹煮的汤品。川烫过的蔬菜和切片猪脂及佩科里诺起士，被一层层地放在有深度的烤盘里，然后浇上肉高汤，再进烤箱烹煮。

第二道

- 小炸弹（bombetta）：普利亚人很少煮肉，不过只要一用到肉，向来都是热量极高的菜肴，因此最有名的一道，就很直接了当地叫作"小炸弹"，指一种包了起士馅的猪肉丸。
- 瓜加瑞贝（quagghiarebbe）：在羊肠里塞进起士馅，然后用猪网油包起来炖煮，就成了叫作"瓜加瑞贝"的起士杂碎卷。
- 蔬菜在普利亚的饮食传统和区域经济中几乎是无所不在，即使在用餐完毕以后，人们还会端上生的胡萝卜、西洋芹和朝鲜蓟，也就是之前提到过的油醋生蔬。在其他地区，这道油醋生蔬是前菜，不过在普利亚地区，却被当成甜点来看待。

甜点

- 卡丘尼炸馅饼（caciuni）：包有蜂蜜、巧克力馅、水煮鹰嘴豆、浓缩葡萄醪和肉桂的炸馅饼。
- 苏莎梅利饼（susamelli）：用橙皮、橘子汁、柠檬汁、肉桂、碎杏仁、葡萄醪和香草做成饼干，再洒上糖粉。

普利亚地区的特产

- 浓缩葡萄醪（vincotto）：主要用内格罗阿玛罗（Negroamaro）和马瓦席亚（Malvasia）这两品种的葡萄制成，产地以莱切省区为主。葡萄必须在枝条或木架上先干萎约莫三十天，才能拿去捣碎，之后，将制成的葡萄醪慢慢煮（二十四小时以上），直到液体变成刚开始的五分之一。煮成的浓缩果汁，会被存放在小木桶里，再加入醪母并放置一到四年的时间，让它慢慢熟成。这种浓缩葡萄醪，一般用来淋在一种洒上肉桂粉、名叫作玫瑰饼（cartellate）的油炸薄饼上，或是把用面粉和马铃薯做成的炸面团，趁刚炸好马上浸在浓缩葡萄醪里趁热食用。
- 福贾的卡内斯特拉托起士（canestrato，亦可译作篮子起士），因为存放在篮子里而得名。
- 安德里亚（Andria）的布拉塔起士（burrata）
- 塔兰托的塔兰特拉萨拉米香肠
- 兰帕休尼
- 阿尔塔穆拉的面包

.Cucurbite.

Cucurbite. cplo. fri. 7 hu. i 2°. Electio recētes virides. iuuamentum mitigant. sitim. No
cumentum. cito lubricant. Remo nocumenti. cū muri 7 sinapi. Quid generat. nutrimentum
medicum 7 frm. Conueniunt colericis iuuenibus, estate, omibus regioibus, 7 precipue meridionalibus.

情欲

EROS

美食家在讲到食物的时候，常常会使用一些让人有点害臊的叙述，拐弯抹角地用做爱来加以比喻。人们不会直接了当地说，不过当对话步上美食的正轨，空气中会弥漫着一股欢愉的电流，轻轻地挑逗着所有的谈话参加者。一点点贪吃，加上性冲动，就成了爆炸性的组合，而这种结合很早就出现在文学之中，不论是佩特罗尼乌斯（Petronio）、拉伯雷或薄伽丘的作品，都可以看到。巴西小说家若热·亚马多（Jorge Amado）就将烹饪主题和卧室混在一起，赋予了巴西、尤其是巴伊亚（Bahia）一种魔术般的色彩。[1] 法国美食家让·布里亚—萨瓦兰（1755—1826）曾在《味觉生理学》（1825）一书中写道：

> 爱吃的女性脸部轮廓比较精致，外观看来比较纤细，动作较为优雅，而且尤其可以从她动舌头的方式来辨别。
>
> 最懂吃的人通常具有这样的特质；他们来者不拒，细嚼慢咽，并且细心品尝辨别。他们不赶时间，慢慢在用餐地点享受精致的款待，甚至也会带着美食聚会中常见的各种游戏和消遣，在那里消磨整夜。
>
> 那些不懂得享受美食乐趣的人，通常有着延长的脸型、鼻子和眼睛，无论体格如何，整个加在一起看起来就很犀利，他们的头发又黑又直，身体缺乏曲线；裤子就是这些人发明的。
>
> 具有同样特质的女人，一般都长得瘦骨嶙峋，在餐桌上容易觉得无聊，只靠纸牌游戏和八卦维生。

我相信，这个生理学理论不会有太多人反驳：不论是谁都可以环顾四周以确认。不过，我现在将用其他证据加以证明。

某天我参加了一场午宴，面前坐着一位极为迷人、面貌性感的少女。我倾身靠近邻座友人并低声说，这位小姐具有这样的线条，不可能不是美食家。

“别闹了！”他说，“她至多不过十五岁，年纪还不到。”

……她不但来者不拒地把眼前的食物都吃了下去，还意犹未尽地请人将桌子另一头的菜给传了过来。总之，她什么都想尝试，这么小的胃却装了这么多的食物，让我邻座友人大感意外。这情形证实了我的判断，科学再次获得胜利。[2]

之后布里亚—萨瓦兰还说，两年后再次遇到同一位少女时，她刚结婚没几天，模样更加迷人，更显得风情万种，当时时尚风俗许可下，能露的都露了。只要有仰慕者经过她身旁，她的丈夫就会嫉妒地发抖，因此没多久以后，他就带着她远走他乡，结束了他受苦受难的日子。

布里亚—萨瓦兰是法国人，他的哲学论述是以所有人为对象，不分国籍。然而，受到天主教影响最为深远的意大利人，确有着自己的独特性。意大利人对情欲的态度，向来不以行为放荡的方式来显现，而是展现在禁律对人们的诱惑上。在意大利，从教会礼仪年的角度来看，一年之中约有一半是属于斋戒期。在这些斋戒期间，神父会直接要求信徒禁欲（斋戒期禁止发生性行为），或者采取间接的方式来执行——从早到晚都禁食的人，有些事情根本不会想到。然而，性爱机制是与生俱来的，越受到禁止，吸引力越高。由于这样的环境，使得意大利男士对女士们特别殷勤，而且这种风流态度甚至举世闻名，另一方面，许多原本用来描绘禁食禁欲的语汇，现在都多了一种台面下的意义，转而成了表达猥亵淫秽的言辞；也许正是后者，让某个始作俑者开始以“鱼”（pesce）或“甘蓝”（cavolo）来称呼性欲很强的男性，因为鱼和甘蓝都是斋戒期吃的食物。在意大利文中，男性生殖器也称作“巴卡拉”（baccalà）：因为讲到这种鳕鱼干，人们会将这种“斋戒期的食物”与勃起的概念联想在一起。

在斋戒期间，不论是罪人或正人君子，思维很自然地都会绕着食物转。法国文学家泰纳就曾提到罗马卡比托利欧山（Campidoglio）天坛（Aracoeli）圣母堂教友的故事：

在四旬期期间，讲道者在布道时完全围绕着禁食、可以吃和不能吃的食物打转。讲道者在讲坛上手脚并用地叙述着地狱的样子，然后接着解释几种烹煮鳕鱼面的方法，尽管方法各异，它们都是在斋戒期间不被允许的……对于不加修饰、赤裸裸的概念，意大利人的接受度并不如英国人或法国人来得高。意大利人会在不自觉中以可触知的形式将这些概念包装起来，模糊与抽象者都会受到忽略与排斥，他的意识结构让他只能了解明确的事物，一种具体的慰藉，这种持续不断的形象侵扰，在过去孕育了他们的绘画生命，现在则由他们的宗教来执行。[3]

在斋戒期禁食的食物中，有部分是完全不可碰，偷吃等同犯下不可原谅的罪行，不过有一部分，如果不要明目张胆地吃，即使在斋戒期间一样是被允许的。在比较不严格的斋戒期间可以吃牛肚猪肚的宽容态度，就是这么来的。牛肚猪肚可以被当作是肉，也可以不是肉，端看从哪个角度来看。人们在斋戒期间，会产生一种想要欺瞒的情绪，这对象假使不是上帝，至少也针对自己。什么是“假阉鸡”？这显然是一只以蔬菜泥做成的阉鸡。在意大利人的意识中，这些例子的仪式性就因此绝对化、具体化了。泰纳在描写罗马教会如何在四旬期期间“恐吓”信徒的时候写道：

在这段期间，大街上的一间肉店，把自家店里的火腿布置成墓穴的样子，还在上头摆了灯饰和花环；里面还摆了个装了金鱼的鱼缸，意图直接与顾客的感官沟通。[4]

性爱不停地在意大利饮食符码中出现。盲从式的虔诚，最终难免缓缓深入了信徒的灵魂深处，让他们认为即使产生情欲的念头都是有罪的。因此在费里尼的电影《阿玛珂德》（*Amarcord*）中，神父对前来告解的善男信女一而在再而三的提问，并没有显现出牧者对年轻灵魂布道的热忱，反而呈现出不道德偷窥者的形象。

某天我走进一间教堂，里面有位神父正在向四十名年纪七八岁的女童讲道。这些女童好奇地转了头，对我眨眼，低声窃笑，那小小的身躯渴望活动，古灵精怪的脑袋静也静不下来。神父以和蔼且慈父般的态度，在一张张长椅间走动，试图让她们静下来，口中不停地重复“恶魔”这个字。“孩子们，要小心恶魔，恶魔很坏，会想要吞噬妳们的灵魂。”在接下来的十五、二十年间，这个字眼常常浮现在我脑海中，而且浮现的不只这个字，还有恶魔的形象、可怕的脸庞、尖锐的爪子、噬人的火焰和其他等等。[5]

天主教信仰向信徒灌输了一种概念，认为罪孽是源源不断的，教徒只有在少数时刻才能享受到涤罪、无罪的快乐，也就是他们在告解后感受到热忱之际，而这恰好也是分发食物，也就是领受圣体的时候。因此，当被视为禁忌的情欲升华成为食物的一部分以后，也就成为可以被原谅的罪。

不论在何处，烹饪语汇都是带有情欲色彩的。全世界都知道意大利有“提拉米苏”（tiramisù）这道甜点，佩鲁吉纳公司（Perugina）生产的“Baci”巧克力（baci是吻的意思）。很少有人知道，在1922年该公司推出这种巧克力时，还邀请了未来派诗人来帮它命名，这种做法在当时是很常见的。这位未来派诗人在一些民间传统里寻找灵感，马上找到了一个他自己觉得相当挑衅的“cazzotti”（有重拳击打之意），过了几年以后，才被公司老板乔万尼·布伊托尼（Giovanni Buitoni）起了“Baci”的名字，并在每颗巧克力的包装纸里塞进一张写着一句甜言蜜语的纸条。

在充满比喻且快活的托斯卡纳方言中，甚至用“让人受孕”来比喻夹了一片火腿的三明治：“他替他准备了两个‘怀孕’的面包，也就是那些缺乏想象力的国家称为三明治的东西。”[6]

在同一个甜筒放进两种口味的冰淇淋，或是将蔬菜放进色拉盆的时候，意大利人会用“结婚”来形容。

那不勒斯烹饪有“婚礼汤”这道菜，也就是搭配肉食用的蔬菜汤。由于畏惧上帝，所以放进蔬菜以示忏悔，而蔬菜汤是无罪的；放在这蔬菜汤里的肉，它所造成的改变被拿来比喻成失去童贞，这道汤“结婚”的概念就是由此而生。马里托奇甜面包（maritozzi）的意义也是个类似的例子，这个字原有男性阳具的意思，而用来当作甜点名称，绝对有阳具崇拜的意味。伪造食品或在饮食中掺假的行为，在法院被称为“adulterati”，在意文中，这个字也有“通奸、偷情”的意思。

有些烹饪步骤的名称，如果翻成大白话来说，其实也语带双关，含有情色意味。根据字典的解释，“intingere il biscotto”（浸饼干）、“menare la polenta”（搅玉米糕）这两种说法，都有具有色情意味的影射意义，用以形容做爱。不过就字面而言，这些步骤也会让人产生特定的联想。在皮耶特罗·隆吉（Pietro Longhi）的画作《玉米糊》（*La polenta*，目前是威尼斯雷佐尼可宫［Rezzonico］的收藏）之中，描绘了又热又没穿多少衣服的女佣，正在把锅里柔滑细致的玉米糊往铺在桌上的白布上倒。这幅画不但画出女性躯体的诱人魅力，也以香汗淋漓的景象来表现搅拌和盛盘这些集体动作的剧烈。另一个威尼斯艺术家的作品，也表现出另一种同样生动的性感，只不过这次是戏剧作品：卡尔洛·哥尔多尼（Carlo Goldoni）的喜剧作品《高雅仕女》（*La Donna di Garbo*，1743）剧中人物萝绍拉和阿莱基诺的对话。萝绍拉答应替阿莱基诺准备一道丰富的玉米糕：

> “听着：我们等全部的人和那狡猾的布里盖拉都上床，我无法忍受这个人；之后，我们俩慢慢溜进厨房……当水开始滚以后，我会拿出那种如金沙般美丽的粉状材料，它被称为黄色面粉；我会慢慢把它加进锅里，你则拿着棍子，有技巧地以画圆画线的方式搅拌。当这东西越来越稠，我们将锅子从火上移开，人手一支汤匙，一起将玉米糊从锅里舀到盘里。然后我们一起放入新鲜光滑的黄色奶油，以及磨碎的黄色起士……”
>
> “噢，不要再说了，亲爱的，你讲得我都快晕了。”

人们在表达感叹时，也会“玉米糊”（polenta）一字代替平日不能随便滥用的“圣母”（Madonna），因而有了“Santa polenta!”的说法。

在文学与视觉艺术中，有许多类似的例子。不过即使在日常生活中，以及单纯到餐馆用晚餐的时候，我们也会看到类似的联想。事实是，在意大利菜中，有许多道餐点在吃的时候必须花点功夫，因此也容易弄脏身上的衣服……这大概也是它们最迷人之处。

要把意大利面条卷在叉子上并不容易，尤其是当面整个浸在红酱里的时候。在意大利烹饪尚且不识番茄（哥伦布之前）的时候，意大利面条和那不勒斯通心粉并不是用番茄调味的。即使到了 18 世纪末，根据歌德的叙述，人们在街上还是直接用手吃面：这种食物很容易吃，而且不会把身体弄脏。不过到了现在……吃面则成了一种酷刑。

只要以有些历史学家称为“哨子面”的辣味培根西红柿面为例，就可以知道所谓的酷刑指的是什么，因为浸在酱汁里的吸管面，如果吸得太快太猛，就会发出一股不太雅观的嘶嘶声。如果吃的是吸管面，在享受晚餐和对话的同时，也必须要注意身上的夹克、领带、衬衫和短上衣，因为吸管面是毫不留情的：

> 因为吸管面跟鳗鱼一样滑溜溜地，人们在享用时，很容易不小心就把酱汁沾在桌巾、衬衫、领带、裤子或地毯上。不过真的爱吃面的人，绝对不会让这些无可避免的意外影响到他当下的喜乐。身上绝对不用痱子粉，因为痱子粉的香味会毁了一切。痱子粉是吃完以后才用的。最理想的食用方式，是赤裸着上身坐在松树阴影下享用，旁边还有忠心狗儿的注视。[7]

阿尔多·布奇就是在思索享乐和不适之间的关系时，发展出以吃的过程为乐趣的主题，并将这些概念推到极致，甚至到觉得必须脱光衣服的程度，让食客藉此获得更私密的关系，不要受到羞耻心的桎梏。这食客最好还对你们具有无私的爱，可以是未婚夫、未婚妻或是你那忠心耿耿的狗儿！

吃着一个把酱汁弄的到处都是的比萨饼，是件尴尬的事；人们总是搞不清楚该怎么拿比萨，到底该用手抓，把手弄脏，还是切成三角形后边卷边把牵丝的莫扎雷拉起士塞进去呢？

面对蘸满茄汁的虾，要把虾肉从壳里取出，将虾壳留在汤汁中，也是件棘手的事。牛尾的肉非常难挖，它滑溜溜的，一丁点肉完全聚集在中间，挖的时候还可能到处乱溅，而且吃的时候也没法看清楚，因为牛尾是和火红色的酱汁一起盛在相当高的陶碗里端上桌的。把蛤肉从壳里取出也不是很方便。吃鱼几乎也是个麻烦。在一间高级餐厅里，侍者会先把整只鱼端上，然后把它端走，把肉剔干净以后换盘端上，不过在一般的小餐馆里（受大多数意大利人欢迎、也比较常见的餐厅种类），在上鱼的时候可以整只端上，不去皮不去骨，而是由食客自己剔肉去刺。即使是一顿简单的午餐，例如淋了橄榄油的佛卡恰面包和以大片菜叶做成的生菜色拉，食客都必须要非常小心，才不至于在放进嘴巴里时喷溅到领带或衬衫上。

食材的抗拒，会引起一种近乎情爱的结合。而对意大利人来说，这种在公开场合力求表现优雅的状况既非艺术亦非娱乐，而是一种文明的表征，一种个人国籍和来源地的展现。在意大利的餐厅，餐桌摆放是如此紧密，使得这种精湛技艺的展现不只是同桌用餐者才会看到，连邻桌食客也成了观众，众目睽睽下，举止自然更加谨慎。

在叙述食物的时候，即使它和情欲概念并不直接相关，对饮宴乐事最深刻的描绘，仍旧会将情感推到无法用言语表达的程度（“噢，不要再说了，亲爱的，你讲得我都快晕了……”），反而只能以音乐或诗歌的形式来倾诉，而且这种热情与性爱其实只有一线之隔：

> 离和瓦伦特碰面的时间还早，于是他走进上次去的那间餐厅，将一盘加了面包屑的炒蛤蜊、一份份量相当多的蛤蜊面、一份以拔丝柠檬和牛至调味的大菱鲆一扫而尽，之后又点了橘酱巧克力布丁，替这顿饭画下句点。最后他站了起来，向厨房走去，很感动地握了大厨的手，一语不发。之后，他朝着瓦伦特的办公室前去，并在车里扯开喉咙高兴地唱着。[8]

这其实是不同于情欲的！美食爱好者在遇上一盘好菜时，那种享受更甚于性爱乐趣，是一种崇高的喜乐，能让人忘却办公室的烦恼和心底的忧虑。那是种超越所有、让人再也无所企求的喜乐，使得满心喜乐迎接死亡来临之际，反倒成了唯一有尊严的出口，让人能离开这个极致之境。卡米累利的《点心小偷》里还可以找到许多类似的叙述：

> 他很知道自己该去哪里。来到马扎拉的餐馆，受到马扎拉视如己出地款待：“我前几天才知道你们有出租房间。”
>
> “是啊，楼上有五间房。不过现在是淡季，只有一间有人租。”
>
> 他们给他看了房间，空间宽敞明亮，而且就在海边。
>
> 他躺在床上，试着抛开思绪，胸中却充满了一股快乐的忧郁。当他快进入梦乡时，突然听到敲门声：
>
> “请进，门没锁。”
>
> 门口出现了体格壮硕、年约四十、黑眼睛黑皮肤的大厨，说：“干嘛？不下来？我知道你来了，替你准备了一样东西……”
>
> 他听不清楚大厨准备了什么，因为门外飘来一阵悦耳动听的音乐，好像来自天堂一般。……
>
> 海蟹面有如一流舞者般的高雅，不过番红花酱鲈鱼却让人目瞪口呆，几乎让人感到害怕。
>
> “如果在临死之际吃到这样的菜，搞不好连下地狱都可以很高兴吧。”他小声说道。[9]

倘若食客在公开场合想要避免任何情色意蕴，那么炖饭是最好的选择。而米兰居民在餐厅里最常点的，也恰巧是炖饭。我们要特别强调，这里指的是居民，并不必然是米兰当地人，因为后者事实上常常展现出肉食性动物的本能，尤其是吸吮烩牛膝里的脊髓时。然而，米兰居民中的特定类别，或者该说周间在米兰生活的人们，大多来自北方，性情较为保守内敛，对于方便性怀抱着一股执念，他们来到米兰时，已是认真寻找就业和赚钱机会的年纪，会试着将自己丰富的感官享受隐忍在潜意识中，尽量不要明显表现出来。然而，这感官享受在潜意识深处竭力嘶喊……不过我们讲到这个就离题了。简单说，这些西装笔挺的生意人，在上馆子吃饭时常常点米饭类，甚至炖饭这个米兰饮食象征。米兰一带的稻田是西班牙人统治时期种下的，而这种吃米的习惯在经历西班牙和奥匈帝国统治以后，仍然保留了下来，继续成为此地传统，而且从心理层次而言，还和斯巴达式的严谨、组织和勤奋等特质连在一起；另外，稻米由于颗粒微小，从美学观点而言也被视为一种精致高雅之物。

炖饭是午餐应酬的惯例，也是和人初次碰面时最常点的菜肴。这一点和比萨饼是完全相反的。比萨饼是和熟识友人共享的食物，只有已经认识且彼此交好的人才会一起吃比萨。如果认识不深，一起吃比萨就比较难以释怀，因为所有人吃比萨的吃相都不太好看，有人习惯用手吃，还会伸舌头去舔融化的莫扎雷拉起士。吃面条会涉及吸吮的动作，这一点也会联想到亲密行为，而且连迪士尼卡通都曾出现类似的场景：两只狗在结婚以前同去意大利餐厅用餐，从同一条面的两头吃了起来。这给了我们一个浪漫晚餐的好点子：海鲜意大利面！至于炖饭，从情欲的角度来看，就完全不会有此类的联想。

---

1. 在《加布里埃拉、康乃馨和桂皮》（*Gabriela, garofano e canella*）与《弗洛尔和她的两个丈夫》（*Dona Flor e i suoi due mariti*）这两本作品中。
2. 布里亚—萨瓦兰，《味觉生理学》，第 101 页。
3. 泰纳，《意大利游记》，第 236 页。
4. 同上书。
5. 同上书。
6. 出自普雷佐里尼，《佛罗伦萨人尼可洛 · 马基雅维利的一生》，第 91 页。
7. 布奇，《完美蛋谱》，第 53 页。
8. 卡米累利，《点心小偷》，第 193 页。
9. 同上书，第 227-228 页，第 235 页。

16

BASILI-
CATA

巴斯利卡塔

巴斯利卡塔是个遗世独立的僻静地区，它多山，曾经森林遍布，居民以牧人为主。它的地名可以回溯到拜占庭帝国时期，来自希腊文的“basilikos”，是当时对拜占庭帝国地区行政长官的称呼，不过到了古罗马时期，此地因为森林繁茂，按拉丁文的“lucus”，也就是森林之意，改称为“卢卡尼亚”（Lucania）。在过去，这里的森林并不少，提供了伐木业发展的条件，然而在历经大量伐林以后，每到春天，山区融雪顺流而下，恣意地侵蚀冲刷着这片土地，破坏了景观。同样的灾难——由于毫无节制且无计划地滥用森林资源而造成森林消失——也扼杀了邻近的卡拉布里亚地区。

土石崩落的状况越来越频繁，而且一直到不久以前，街道可以说是完全不存在。交通不便，让这里成了绝佳的藏匿地点，许多罪犯、逃犯，甚至守法公民，都以此为藏身之处。到了 7 世纪时，这里更多了来自亚洲和非洲，为了躲避阿拉伯人和波斯人迫害的基督教僧侣。在反对供奉圣像的东罗马帝国皇帝利奥三世（Leone III）在位期间（717 年至 741 年），许多在宗教上与他持相反意见的圣像崇拜者，纷纷逃出君士坦丁堡。这些基督徒逃到了邻近的西西里岛，不过当时的西西里岛由阿拉伯人占领，所以许多人又辗转到了巴斯利卡塔。这让马泰拉（Matera）一带完全改观，整个区域都成了基督徒躲避迫害者并建造地下礼拜堂的地方。到现在，马泰拉还有保存状况良好的古迹，目前已名列世界文化遗产之列，共有建造于第 8 至 13 世纪间的 137 座教堂，以及其内的湿壁画。

这确实是个非常贫穷的地区，就如法西斯统治期间被放逐此地的艺术家卡尔洛·列维（Carlo Levi）在《基督停在埃波利》（*Cristo si è fermato a Eboli*）中的描绘，是个充满了贫苦、迷信和疾病的地方。从卡罗·列维的叙述，大部分巴斯利卡塔农民，在从秋季到春季的这段时间，只吃 11 月烘焙并保存在储藏柜的面包；这些面包又硬又实，与现在意大利市面上又新鲜又酥脆、早上在自家楼下面包店买到的面包截然不同。巴斯利卡塔居民很少吃羔羊肉（只有在家里有人生病、婚礼、新生儿或主保圣人节才吃）或羊肉（每二十人中有一人会在圣诞节吃羊肉）。

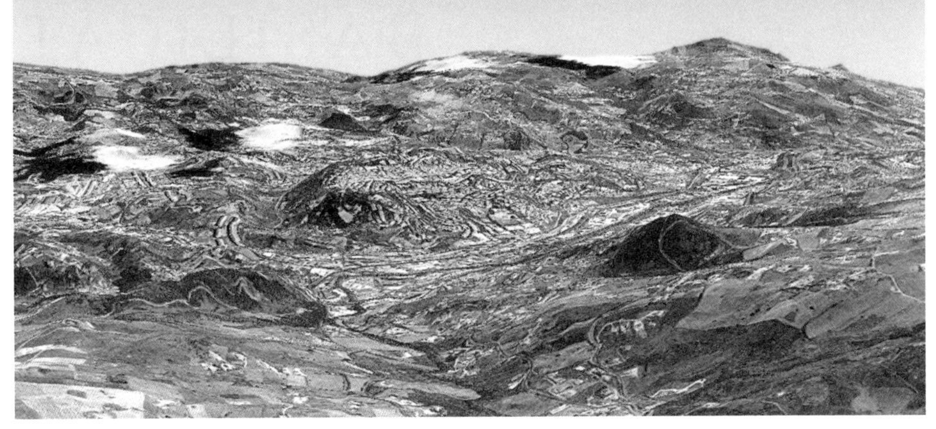
今日的巴斯利卡塔地貌

由于人们尚未发现这块宝地，所以目前的巴斯利卡塔少有游客足迹，另一方面，即使市面上的地区食谱琳琅满目，却少有提到此地区的地道风味。尽管如此，在它仍然称为卢卡尼亚的年代，西塞罗、马提雅尔（Marziale）和贺拉斯等人都非常赞赏此地出产的辣香肠，而著名古罗马美食家阿比修斯也对这里的美味腌肉非常热衷，甚至还特地写下制作方法："将敲打得很彻底的猪肉塞进肠衣里，加入磨碎的胡椒、茴香子、香薄荷、芸香、欧芹、月桂叶和猪油，然后吊挂在火炉旁边。"在当时的巴斯利卡塔，家家户户都有养猪，猪可以说是穷人的牲口，而这个习惯也一直流传了下来，即便是现在，每间农庄仍然至少会养一只猪。居民用这些猪肉所制作的卢卡尼亚香肠、佩岑塔香肠（pezzenta）和猪肉肠，丰郁滋味早在17世纪便大受诗人赞赏，如乔万·巴提斯塔·拉里（Giovan Battista Lalli）在《梅毒》（*Franceide*，1629）一诗所述：

> 巴斯利卡塔人将最肥的猪送了出来，
> 大小猪只数量共达一千五百之多，
> 此外还制成了需要长时间熟成烟熏的腌肉。

巴斯利卡塔的菜肴大多辛辣，是胡椒和辣椒的国度，这里的辣椒种类众多，一般辣椒可分为恶魔小辣椒和长辣椒等两种，此外还有红胡椒、印度胡椒、红椒粉、塔巴斯科辣椒等。这些几乎完全来自新世界的东西，在巴斯利卡塔本地化，成为巴斯利卡塔菜肴不可或缺的重要材料，因此，这里会发明出香辣茄酱管面（penne all'arrabbiata，用番茄、培根、洋葱、大蒜、辣椒和佩科里诺起士做成）、波坦察风辣味鸡、辣洋芋，以及不太营养又被戏称为"熟面包"（pancotto）和"盐水"（acquasale）的面包蔬菜汤，也就没有什么好意外的。

蜂蜜是巴斯利卡塔的特产之一。利古里亚有熏衣草蜜，伦巴底有金合欢蜜，卡拉布里亚有杜鹃花蜜和石南蜜，而在巴斯利卡塔，则有著名的百花蜜，是蜜蜂从许许多多不同的植物花朵如柑橘类的花、栗树花、浆果鹃、桉树、向日葵、百里香等采集而来。

巴斯利卡塔地区的地方风味

第一道

- 熟面包（pancotto）：相当水的面包汤，里面有洋葱、胡椒和水煮淡调味。
- 蚕豆酱宽面：盗匪吃的面，里面有蚕豆、番茄、大蒜等，在烹煮时不用滤锅也不用平底锅，把全部材料丢进一只锅里用水煮即可。

第二道

- 烤羔羊头（capuzzelle）
- 羊杂卷（gnummerieddi）：羔羊的内脏用佩科里诺起士、猪脂、欧芹和柠檬调味，再灌进肠衣内包成圆柱状。
- 炖杂蔬（ciaudedda）：将蚕豆、马铃薯、朝鲜蓟和洋葱一起炖煮，盛盘时放在一片厚厚的手工面包上。
- 烫豌豆和菊苣
- 炸蔬菜（ciammotta）

巴斯利卡塔地区的特产

- 波多利卡马背起士（caciocavallo podolico）：是用波多利卡品种牛所生产的牛奶所制成；这种牛一般在草原上自由放牧，专吃三叶草、锦葵、杜松子、红莓、野草莓和玫瑰果，生产的牛奶脂肪含量特别高。这种起士呈“袋状”，因为牛所吃的各种青草而有一股特别的香气和颜色，在春天，因为牛只吃多了野草莓，制作出的起士会稍呈淡粉红色。
- 用杜松木烟熏的瑞可达起士。
- 用羊奶制成的莫里特诺起士（Moliterno）和费瑞安诺起士（Filiano）。
- 马泰拉的重味瑞可达起士（ricotta forte），经过一个月的熟成，内有胡椒。
- 从古罗马时期流传下来的卢卡尼亚酒和马泰拉的面包。
- 百花蜜

马泰拉（Matera）

CAFFETTERIA
da Pietro
GELATERIA
BAR
RISTORANTE

餐厅

RISTORANTI

意大利能吃东西的地方很多，不论是餐厅、餐馆、小酒馆、比萨店、咖啡厅、乳制品店、面包店、糕饼店、咖啡馆、茶馆、食堂、酒吧、工厂员工餐厅、高速公路休息站、油炸店、烧烤店、酒店、三明治店、杂货店、摊贩等，甚至在有些商店或大卖场食品贩卖部柜台后方，顾客都可以找到地方吃东西。美食冒险家达维德·鲍里尼就曾在2006年5月14日的《24小时太阳报》周日副刊中发表了《柜台后方的美味》(Che bontà dietro i lbanco...)一文，文中写道：

> 食品店在店里设置的用餐区，愈形成为美食家必然得光顾的宝地。在历史悠久的萨拉米店里站着品尝简单却越来越罕见的炸面皮，搭配特选臀腿生腌肉，然后再到原本是屠房的用餐室享受炸豆子汤、抹上搅打盐鳕的炸玉米饼、犊牛颊肉、野樱桃馅饼，以及店里特制的奶花冰淇淋。

意大利人口中的“酒吧”(bar)[1]，主要是用早餐的地方。

观光客一般都认为，吃早餐是世界上最容易的事，不觉得个中会有什么样的危险，因此在初来乍到，第一次用意式早餐的时候（这里指的不是国际观光旅馆提供的那种早餐），通常都会遇上一些文化冲击。对刚到意大利的人来说，这种不愉快经验通常发生在第一天的早晨，之后就没什么好怕的了。意大利人的早餐非常贫乏，它甚至不是一餐；客人常空着肚子被带出门，之后被带进一间咖啡厅，甚至不坐下，当着台子配着小小的可颂面包吞下一口黑漆抹乌的咖啡，意大利人的一天，就这么开始。[2] 如果客人在主人问道“早餐想吃什么”的时候，结结巴巴地响应道：“随便吃吃就好，也许来点起士。”那么，就换主人这方经历文化冲击了！因为对意大利人来说，起士是在午餐当成第二道，或晚餐时当成点心食用的东西。

意大利人的早餐时光，是在咖啡厅柜台前站着边吃边看报纸度过的（指尖飘着咖啡和可颂面包的香气，这可颂面包大部分是不包馅的，因此它最重要的特质就是香气、外观和柔软度）。尽管如此，外国人还是可以找到他们的救赎之道，只是他们可能一下子没想到而已。这里指的，就是可以点杯卡布奇诺来喝！不论是谁都该这样反应，而且如果这位无知的观光客把享受卡布奇诺的乐趣往后推延（“我晚点还有时间喝”），那绝对是因为他不知道，在下午或晚上点卡布奇诺是多么不得体的举动。

卡布奇诺是意式生活的一种象征，其象征意义如此显著，以至于还在欧盟获得产品地理标志。真正好喝的卡布奇诺是用最好的浓缩咖啡泡出来的：新鲜烘焙的好咖啡，加上高质量的鲜奶，绝对不可以使用保久乳。在冲泡卡布奇诺时，首先得将牛奶加热到即将沸腾却尚未沸腾的程度，然后把杯子加热到室温，并在杯里倒一点冷牛奶。在把牛奶和奶泡倒入咖啡杯的时候有个特别的仪式，必须把奶泡杯轻叩几下，让奶泡沉下去，然后把奶泡杯放在一边再晃一下，整个冲泡的动作得慢慢进行，而且在泡好以后，也得慢慢喝才行。因为这个缘故，真正的意大利人很少喝卡布奇诺，至少不是想喝就喝，早上能在咖啡厅柜台前消磨的那两分钟，每个人都啜饮着那一小杯浓缩咖啡，之后就准备上工了。

意大利人当然不是不知道世界上也有其他类型的早餐，例如有面包果酱香肠的德式早餐，以及有蛋、培根和粥品的英式早餐。不过对意大利人来说，这些都是很令人难以置信的事，每次只要听到其他人谈起，仍然会以手势和话语来表示他们的惊奇。

在早餐时间后，咖啡厅里再也没有赶着上班上工的人群，整个空间完全属于无所事事的悠哉族群，如恰好经过的老太太，以及不照着当地生活节奏走且经常在点菜时出错的观光客。不过对于来去匆匆的上班族和经理，咖啡厅也会在上午十点左右，针对他们的五分钟休息时间提供现榨橙汁和榛果点心。同一批人在吃完午餐以后会再次回到咖啡厅里，花两分钟站着啜饮另一杯咖啡。就大部分人的普遍认知，用餐的餐厅菜再好吃，也很难煮出跟咖啡厅水平相当的咖啡，因为咖啡厅的咖啡机维持着一定的温度，每天煮的量多，维护得比较好，在里面流动的液体和香氛，穿过大型咖啡机的炉缸以后，以黑色露水的方式，沉淀在我们的杯底之中。即使在家中用午餐，下楼到邻近的咖啡厅喝杯咖啡，也是合情合理的事，毕竟没有多少人可以在家里煮出一杯像样的咖啡，这样的希望实在也是荒谬可笑的。

俗话说，好咖啡必须具备五个“m”：咖啡豆的调配（miscela）、磨豆（macinatura）、咖啡机（macchina）、维护（manutenzione）和技法（mano），全部都得达到最高水平，缺一不可。

下午三点以后，根据无所不在且强制性的进化周期，咖啡厅里几乎空无一人，不过一到将近下午六点，也就是所谓的“快乐时光”（happy hour，指上班族终于能自由离开办公室的时刻），人潮再度涌现。在这段“快乐时光”中，顾客只要买杯开胃酒就好（可以是一杯啤酒或苦味酒如坎帕里利口酒［Campari］、阿培洛［Aperol］等），其他如坚果、咸饼干和各式小点心等，都由店家请客。

更晚一点，咖啡厅的人潮再次散去，直到大约十点左右才又有人出现，享受餐厅大餐、家庭晚餐或朋友聚餐过后的那杯咖啡。不过在晚餐后，人们喝的是“烈酒咖啡”（在意大利文中称为“caffè corretto”或是ammazza caffè），也就是加入苦酒、格拉帕蒸馏酒或茴香酒以除去口中咖啡香的咖啡。

餐厅是为了要向朝圣者和其他旅者提供饮食而设置的，而餐厅“ristorante”这个字本身指的就是吃东西好恢复体力的地方。意大利少有以装潢夸张或奢华闻名的餐厅，这一点和莫斯科或好莱坞不一样，不过这里的确有些餐厅以其拘泥形式而声名大噪，特别受到观光客的欢迎，例如邻近曼托瓦省奎斯泰洛（Quistello）的大使餐厅（l'Ambasciata）、都灵的坎比奥餐厅（Ristorante del Cambio）、蒙福特达尔巴（Monforted'Alba）的贝卡利斯庄园餐厅（Villa Beccaris）、罗马的梅奥帕塔卡餐厅（Meo Patacca）、布雷夏省艾布斯可（Erbusco）的瓜提耶罗马尔凯希餐厅（Gualtiero Marchesi）皆属此类。认真且非常传统的餐厅业者，会以相当一板一眼且一丝不苟的态度，照本宣科地遵循着传统的规定与历史记载。在罗曼尼亚地区的弗林波波利，也就是佩莱格里诺·阿尔图西的国度，有一间马场餐厅（Al Maneggio），菜单上还特别标示阿尔图西那本着名食谱的参照页数。餐厅的名气大，可以是因为某本知名小说曾提到它，或是曾有卖座名片在此拍摄。曾经有一位西西里厨师在他的菜单上写道，当他准备梨子和布隆特（Bronte）开心果的时候会回想到柴可夫斯基（Tchaikowski）的阿拉伯之舞，巴洛克式炖蔬会联想到巴尔托克（Bartók）的一首匈牙利民歌，巧克力则是勃拉姆斯（Brahms）的音乐……这样的叙述，让人觉得自己好像来到了音乐厅。

观光胜地的餐厅不在我们讨论的范围，因为游客的主要目的在于参观古迹、城堡和博物馆，餐点在这些地方是次要的，不过相较之下，这些餐厅也会以露天平台、阳台、紫藤花架或湖边景致的方式，提供令人赞叹的美景。

意大利自然也有一些相当时髦的地方，以让人感到精疲力竭又浪费时间的法国新料理主义为主，而且有些菜色光听起来就像刑罚——腌蛋黄配蜜环菌和油菜、一般的罗勒青酱，不过不知道为什么在里面加了葡萄干、盖上一层鹅肝酱的玉米糊、咖啡酱海胆米糊、枣泥鸽胸肉、蜂蜜苹果泥配羊奶起士慕思，上面再撒上一层阿尔巴白松露……。

那么，到底在哪些餐厅，我们才能避免这些自命不凡的荒唐冒险和过分严肃的态度，同时至少又能躲开那些漫不经心的经营者和虐待呢？到底该怎么选餐厅呢？其实这没什么好害怕的，总是有避开陷阱的方法，知名美食评论家在各大报执笔的

意大利人口中的“酒吧”主要是用早餐的地方

餐厅“ristorante”这字本身，指的就是吃东西好恢复体力的地方

每周专栏，也会提供线索。我们可以遵循朋友和熟人的指引，或是听取旅馆人员和出租车司机的建议，不过在后者的状况就得先以貌取人：如果这位仁兄看来福态又气色红润，那他的建议是可以听的，如果是个瘦皮猴又面色枯黄，那他的可信度就不高。其次就是要在心里评估整个对话，看看这建议是根据哪些标准来的：也许不是因为那间餐厅的老板是建议者的小叔？

美食指南通常是不完美的（从某种意义来说，慢食组织的餐馆名单算是例外）。一般来说，米奇林指南和其他类似美食导览推荐的餐厅，都是铺着白色桌巾且价格高贵的法式餐厅。在意大利，这种都会区的高级餐厅只有在相当小的圈子里受欢迎，例如在股市周围、参议院附近和比较高档的观光地点。在这些餐厅中，用餐空间和厨房以一道透明的墙壁隔开，大厨和二厨助手等就在众人眼前忙进忙出，而且每位厨师的围裙和帽子都有名牌。在用餐室里，除了侍者以外，侍酒师还会屡次来到桌边提供配酒建议。总之，经营成本高得吓人，而且还欠缺幽默感。

更糟的是，除了某些值得赞赏的特例以外，这些受到某些名人拥护的“无与伦比的老餐馆”早就把灵魂卖给了恶魔，报纸媒体的吹捧更是造成无可挽回的堕落，使得这些地方质量堪虑，侍者也过分自我膨胀。

避免落入陷阱之方在于观察。我们得仔细研究市内大街小巷人潮往来的状况，从中找线索。如果两位老太太满脸笑容地从一间看来不很显眼的餐馆走出来，那就是个好征兆，因为老太太通常要求高又很难以满足，而且不会随便浪费钱，能让她们感到满意，表示这间餐馆必然有两把刷子。如果刚好在省道上，我们总能就近找到卡车司机用餐的地方，倘若这地方在午餐时刻聚集了许多卡车，那们我们绝对可以大胆走进去。这些地方通常都不差，因为稳重的卡车司机通常不会让人耍着玩，跟他们吵架更是自找麻烦，真的吵起来，就可能跟发生在古罗马时期，马达莱纳（Maddalena）奥尔索（Orso）餐馆的侍者向前来餐馆用餐的顾客抱怨时发生的状况：

> 大约在傍晚五点，被告和其他十二个人一起吃饭，我端上了八个煮熟的朝鲜蓟，其中有四个是以奶油提味，另外四个则用橄榄油，被告问我哪些是奶油哪些是橄榄油，我回答说，闻一闻应该就可以轻易辨认出哪些是奶油哪些是橄榄油。他在那时突然生气了起来，没再多说一句话，就拿起陶盘往我脸上砸了过来，打中了我这边的脸，让我受了点小伤，然后站起来，拔出他同桌友人身上的剑，似乎要对我不利……

很巧的是，这顾客不是卡车司机，而是画家米开朗基罗 · 梅里西（Michelangelo Merisi detto il Caravaggio），也就是众所周知的卡拉瓦乔。[3]

餐厅名称也透露出许多讯息。一般来说，如果餐厅名称有“da”字在内，后面跟着人名，如“Da Peppino”、“Da Vasco e Giulia”等，大多是可以信赖的。[4] 另外，除了一些例外状况，在名称上不用“Osteria”而刻意改用伪古字“Hostaria”的情形，则应该特别小心。让我们来看看下面这个真实情况：

> 噩梦一场。我在餐馆里坐上了桌，发现身前桌布上竟然有各种污渍，来自来源不明的葡萄酒、番茄酱汁、博洛尼亚肉酱、非初榨橄榄油和非葡萄酒醋等等。一位满身臭汗的侍者，身穿着满是污痕的西装，拿着那条他习惯性夹在腋下的脏餐巾擦拭着额头上的汗珠，然后拿它清扫着满是污渍的上层桌巾上的大块面包屑，再用同一块布试着将脏酒杯边缘的口红印擦掉。玻璃胡椒罐里的胡椒早已香气尽失，盐也因为湿气而结块。塑料盆里的面包也不新鲜，显然经过好几顿饭都没受到食客青睐，最后大概会被用来做成米兰式（牛）[5]肉排。餐桌会晃动，顾客大声喊叫加上餐具碰撞的声音，让大家非得提高音量交谈，才能知道彼此在说些什么。往厕所门口看去，水渍清晰可见……这种失格落魄的情形往往是全面性的，而且来自一种迹象，也就是当餐馆主人用“Hostaria”一字取代“Osteria”、“Trattoria”、“Vino”和“cucina”等词的时候。[6]

不论是谁，在浏览菜单时若读到“葡萄酒有智慧，格拉帕酒有力量，水里有微生物”这种愚蠢的笑话，或是看到餐厅墙上挂着“甜瓜跟人一样，会随着时间由硬变软”或“只有和父母亲一起前来、年纪在九十岁以上的顾客才可以赊账”这样的格言标语，都会觉得不舒服。其实，只要对每个地区的地方菜色（也就是本书主题）有基本认识，就能从菜单里看出端倪，避掉许多麻烦状况。举例来说，如果在伊斯基亚岛的某间餐厅出现了下面这样的菜单：“1. 诺玛面，2. 祭司帽面饺……”那就最好赶紧起身离开。

在餐厅用餐时，选菜是当晚最重要的仪式，也是用餐者、侍者或餐厅经营者之间友善交谈的高峰，藉此确认并提升餐桌上的美食层次。类似的谈话能提供许许多多的信息，更能增进我们的方言表达。

读菜单既有用也有趣，就像阅读是个宜人又有益身心的活动一样。尽管如此，菜要选得好，最好还是请教侍者，并且瞄一下“主厨推荐”。这“主厨推荐”通常是写在一张纸上再夹进菜单中，有时字迹歪斜潦草难读，不过这却是餐厅额外建议的菜色通常都写在这里，都是用当天早上“难得”采买到的好料所做成的。

坐上餐桌，侍者会马上端上面包和酒，然后才去进行其余的煮烤工作。在向客人询问要气泡水还是一般矿泉水以后，侍者也会马上端上水，藉此彰显用餐者之间的相似与相异性。

有些餐厅在客人坐上桌后，会马上在餐桌中央以“餐厅免费招待”的方式放上比萨或弗卡恰面包，不过在这种状况下，开胃菜往往就到此为止。地方烹饪事实上并没有用开胃菜的习惯，这种风尚其实是从法国传进意大利的，因此在皮埃蒙特地区尤其受欢迎，而在皮埃蒙特地区，正餐开始之前通常也会端上绿酱鳀鱼、炸蔬菜、鲔鱼酱犊牛等做为开胃菜。

就大部分状况来说，开胃菜不论在餐厅或在家庭饭桌上，都是一种奢侈，是节庆的象征，是种时髦摆阔的行为。餐桌上必然得端上开胃菜的传统，其实是在20世纪60年代才在意大利流传开来。

地方烹饪也以自己的方式反映了这个新传统。不论在哪里，作风低调的食肆餐馆都会以当地的产品或特色菜来当作简单的开胃菜，它们可以是腌橄榄、甜酸白洋葱、油渍菇蕈、镶橄榄、镶菇、搭配松露或续随子的烤面包片和油渍时蔬（朝鲜蓟、甜椒、茄子、栉瓜、日晒番茄干、白蚕豆），也可以是刚切片的生火腿或熟火腿、莫塔戴拉火腿、萨拉米香肠或风干牛肉，或者是以冷盘或温食方式出现的综合腌渍海鲜，加酱汁食用或单吃皆可。另外，开胃菜也可以是生蚝、腌贻贝、鲔鱼子、淋上一点点橄榄油的莫扎雷拉起士、莫扎雷拉起士与番茄（卡布里色拉）、帕米森起士块、咸瑞可达起士等。在利古里亚地区可以是弗卡恰面包，在普利亚地区可以是用油醋酱调味的烫蒜苗。

无论如何，早在狄更斯的年代，人们就对环境和菜单的“地道性”与简单性大表重视：

> 在这趟旅途之中，我来到了一间相当地道的热纳亚餐馆，用餐者可以在此品尝货真价实的热纳亚菜肴，像是来自该地区的细面、面饺、蒜味四溢的切片小萨拉米配新鲜的绿色无花果、鸡冠和切成小块的羊肾羊肝，用碎布包起来油炸并像炸银鱼一样放在大盘子里专上的不知名部位犊牛肉，以及其他罕见珍馐。这间位于城门外的餐馆，常常会出现来自法国、西班牙和葡萄牙的葡萄酒……[7]

开胃菜也可以是热食，例如数种以小碗装盛的海鲜汤、搭配西红柿酱的综合海鲜、或是薄切肉片。

与开胃菜不同的是，以面食和炖饭为主的第一道，是意大利人餐桌上不可或缺的要角，意大利境内不论是何种食肆餐馆都有提供。既非面食又非米饭而是蔬菜汤或肉汤的第一道比较罕见，通常会被放在菜单的边缘。意大利传统菜色这种欠缺蔬菜清汤的情形，常令来自北方的外地人因此感到困难，因为对这些北方人来说，没有蔬菜汤的午餐就称不上是午餐。大部分人都知道，汤品是俄罗斯菜肴的基础，不过我们也知道，这种欠缺汤品的状况也对德国人造成困扰，就如海涅所言：

> 第一道：没有汤品。这是件可怕的事，对于像我这种受过良好教育的人尤甚，因为我们从少年时期以来就习惯每天喝汤，甚至无法想象早上太阳不会升起、午餐没有汤可以喝的世界。[8]

观光客必须要谨记，意大利人并不把比萨饼当成第一道（见《比萨》）。一般而

为观光或特殊目的而设的饮宴：在威尼斯原为修道院之处举办公务宴会

为观光或特殊目的而设的饮宴：坎帕尼亚的贵宾宴会

言，若不是点比萨来吃（在肚子不是很饿的状况下），就会选择包括第一道、第二道和水果在内的“正常”餐点。

菜单里的第二道通常分为两大类：鱼类海鲜和肉类。按地点而异，第二道可以是维琴察奶炖鳕鱼、腌炸鱼、纸包或以其他各式各样的方式所烹煮的鱼类海鲜。以肉类为主的第二道，几乎都会带着那么点特殊色彩，例如猎人野禽（与番茄、葡萄酒和香料一起在液状酱汁里炖煮）、以巴洛洛红酒炖煮、香煎肉卷（以热油煎熟的肉块或肉卷），或是搭配迷迭香和塔吉亚橄榄的兔肉。

在意大利餐厅里，顾客必须明确表明要点配菜的意愿，而且配菜通常是另外盛盘端上的。与其他国家相较之下，意大利人不是那么常吃马铃薯，而且通常偏好以综合色拉或其他蔬菜代替，例如烘菊苣、烧烤茄子、搭配薄荷的烘茄子、模烤菠菜等。

甜点常常是餐厅引以为傲的强项，不过观光客一般比当地居民更无法抵抗甜点的吸引力，当地居民通常惯于抵抗甜点的诱惑，会试着不朝着从眼前经过的甜点推车里看。不论是何种餐厅，众多甜点之中最了无新意者包括水果色拉、因为闻名全世界而导致在观光客眼里异国风味尽失的提拉米苏蛋糕，以及意大利人口中的英式蛋糕（“zuppa inglese”，直译为“英式汤”，不过它既不是汤也一点都不英国，而是以吸满利口酒的海绵蛋糕、奶糊和巧克力所制成的甜点）。

在用完时令水果以后，起士推车终于被推到客人面前。此一时刻可谓美食体验的高峰，也是交换信息、满足好奇心与了解偏远地区特产的时刻。在餐厅或朋友家中，通常可以品尝到自己平常可能根本不会购买的起士，而且说不定你自此就会爱上这种起士，让自己的采购清单上又多了一笔。

出菜的次序是神圣的，是不容质疑的。要是着更动这样的次序，必须具备翻盘、革命的决心才行。

1910 年 1 月 12 日，几位前卫艺术家就在位于第里雅斯特的罗塞蒂（Rossetti）剧院举办了一场非常有趣的“颠倒晚餐”，试图颠覆意大利人的习惯；在马里内蒂主导的未来派饮食运动中，这个“颠倒晚餐”是该运动三十年历史中最初期的宣传活动之一。在这个晚餐之中的每一道菜，都有着具有争议性或深奥难解的菜名，像是“血块汤”、“烤木乃伊配教授的肝”、“光荣牺牲者果酱”等，不过事实上都没有太大的意义。晚餐中比较让人惊讶的，是上菜次序完全颠倒，从咖啡开始，以开胃菜画下句点。

意大利人的正餐，一般以一杯浓缩咖啡作结，喝不喝完全取决于个人。不过，在开始用餐时就告知侍者，请他在甜点过后端上一般咖啡，其实是一件很古怪的事情，大概是观光客才有的行为。嘉琳娜·慕拉耶娃在分析比较俄罗斯和意大利风俗的时候，就曾经以这个主题写过一则讨喜的小故事：

“请给我一份意大利面、一份牛排和咖啡。”一位俄罗斯女士在一间意大利餐厅里这么点菜。她周围的意大利友人都笑了起来。

“他们在笑什么？”俄罗斯人大表不解，气愤地问道。

这怎么可能不让人发笑呢？她把餐食和咖啡都一起点了。

不懂吗？咖啡不只是正餐的结尾，它和午餐或晚餐是完全区隔开来的一件事。咖啡不会拿来搭配其他东西，在咖啡以后至多就喝点白兰地、干邑或类似的烈酒而已。意大利人和其他欧洲人一样，喜欢在用餐过后转移阵地喝咖啡，如果在家里用餐，就是换到另一个房间去，如果在餐厅用餐，则是到另一间咖啡厅去。当然，在餐厅里喝咖啡也是可以的，不过在点菜时马上点好咖啡，是件很荒谬的事情。[9]

餐厅的知名度常常来自其社会地位与历史地位，而非它所提供的餐食。在罗马市内意大利国会周围的餐厅用餐是很有趣的一件事，因为这些餐厅还有党派之分，餐厅内还有许多饶富象征意义的用餐仪式，值得我们解读玩味。在基督教民主党尚且存在时，该党议员通常在一间由宣教工修会（Travailleuses Missionaires）的修女们所经营的餐厅用餐。该党党员和议员乃按照天主教教规生活，而修女们提供的餐点亦如此。在晚餐开始之前，修女们会在用餐室里引导客人进行一分钟默祷。在此之前，客人们会因为这些享受与奢侈，而在心里产生那么一点罪恶感，不过修女所引导的默祷，可说是在用餐之前，以包容之名先替这些罪恶进行赎罪，如此以来，客人便可以安稳用餐。

在过去几十年之间，罗马共产党员在坎皮泰利广场（Piazza Campitelli）附近犹太人保留区所开设的维齐奥咖啡厅（bar Vezio），供应着相当棒的咖啡，不过现在这间咖啡厅已经搬走了。天知道店里墙壁上是否挂着列宁和斯大林的肖像，或是红场的明信片，以及其他各种代表苏联的象征。

糕饼店和糖果店是有钱人去的地方。米兰市内最有名的糕饼店，有蒙特拿破仑大街（Via Montenapoleone）上高雅至极的科瓦糕饼店（pasticcerie Cova，自 1817 年至今）和马泰奥蒂大道（Corso Matteotti）上的圣安布罗斯（Sant' Ambroeus）。到了热纳亚，则有以秘方特制的手工巧克力砖、糖渍水果、杏仁糖和糖衣杏仁等闻名于世的罗曼嫩戈糖果店（confetteria Romanengo Pietro fu Stefano，自 1780 年至今）。

咖啡厅不一定能够重塑精致名店那古老高贵的型态，不过常常致力向它们看齐。在古老的市中心中，往往有一些文人荟萃的咖啡厅（在帕多瓦有超过两百五十年历史的佩德罗齐［Pedrocchi］，在第里亚斯特有圣马可咖啡厅［San Marco］，在摩德纳有时钟咖啡厅［Caffè dell' Orologio］）。此外，还有一些咖啡厅是以美食家为对象的，例如都灵的都灵咖啡厅（Caffè Torino）、布隆斯咖啡厅（Caval' d Brons）、圣卡罗咖啡厅（San Carlo）和位于康索拉塔广场的比谢林咖啡厅（Bicerin）。都灵特产的饮料比谢林，就是在这间同名咖啡厅调配出来的，这种饮料用了咖啡、热巧克力、热牛奶和糖浆，饮用的方式有三：咖啡加牛奶（叫做 pur e fiur）、咖啡和热巧克力（pur e barba）和三种都加一点（叫作 'n po' d' tut)；这种饮料最初称为“巴瓦莱莎”(bavareisa)，之后因为这种饮料通常装盛在具有金属杯托的玻璃杯里，而逐渐被这种杯子的名称所取代，成为目前的“比谢林”。

意大利用餐地点中的“餐馆”(trattorie)，通常指位于路边(tratte)的饮食店，也就是指旅途中停下来休息的地方。一直到几年以前，米兰有相当多的“托斯卡纳”餐馆，这一点一直让人深感迷惑。位于“米兰时尚金三角”[10]上的巴古塔餐馆(Trattoria Bagutta)，不论它再怎么时髦昂贵，从餐饮和装潢来说，还是一间托斯卡纳餐馆。这间从1924年开店至今并自1991年起受到文化部保护的餐馆，是文人墨客聚集的地点，也是巴古塔文学奖的颁奖地点，墙上满是各种文学与艺术收藏。不过若是换到于1880年开门的老佩莎餐馆(Antica trattoria della Pesa)，则清一色全是伦巴底风格，不论装潢、食物或方言皆然。

餐厅经营者当然可以创造出许多独创的传统与特色，举例来说，在某些地方，例如罗马鲜花广场附近的帕拉罗餐厅(Pallaro)，客人无法按照自身喜好点菜，也无法拒绝侍者端上过多的食物，因为所有用餐者吃的都是一样的菜，道道美味且菜肴量相当庞大。当然，用餐者付出了高额的金钱代价，不过每个人都心甘情愿且相当满意，想要享受这样的美味，还得提早一个月才订得到位子。

如果一间餐厅到深夜还有提供餐点，通常会被称为“dopo-teatro”，是指剧场演出结束以后还有供餐的意思，例如米兰斯卡拉歌剧院(Teatro alla Scala)附近的斯卡拉比飞餐厅(Biffi Scala)或是米兰市中心的圣露西亚餐厅(Santa Lucia)。即使在晚上十一点、甚至午夜以前走进去，都不会受到拒绝，不过在这个时间，一般就只会提供煎炖饭(risotto al salto)，用正餐剩下的番红花炖饭做成。

从历史的角度来看，意大利人口中的“osterie”可以说是一间特别重视酒窖的餐厅，一般出现在港口城市，尤其以热纳亚的港湾老餐馆(Antica osteria del Bai)闻名。这间餐厅目前已成为一间高级餐厅，最有名的菜肴是菠菜酱墨鱼(以菠菜、大蒜、欧芹和莙荙菜制成酱汁)。

在北意有许多乳品店(latteria)。在过去，每个街坊都有自己的乳品店，除了卖牛奶以外，也兼卖肉品、鱼类和蔬菜，是相当棒的地方！可惜的是，只有少数乳品店幸存至今。

称为“fiaschetterie”的葡萄酒店来自吉安地一带(和罗马的“fraschetterie”不同)，这种酒店是从吉安地慢慢往外传到整个意大利的。在吉安地一带，“fiasca”一字指的是酒瓶，而“fiaschetterie”就是指有许多酒瓶的地方。米兰的高级餐厅钱宁诺(Giannino，位于维托利亚区)在1899年开门的时候，就是一间这样的酒店，而这间餐厅卖的也是托斯卡纳菜肴。

译作小酒馆的“taverna”也是从古罗马时期就存在的用餐地点，其起源甚至可以回溯到古希腊时期。

茶室或茶馆，就没有专属的意大利文称呼，就直接从英文的“tea room”翻译为“sala da tè”，有点矫揉造作的意味。在意大利，喝茶的仪式很罕见，而且

佛罗伦萨的知名餐馆 Cipolla Rossa Osteria

也相当贵族化，即使在上流社会，也不一定有足够的品味品茶。尽管如此，如果真要喝茶，时间就会安排在下午五点。泡茶的手法采英式，也就是来自印度的方法。仕女们会约好五点在茶室碰面，茶里的那点柠檬香，象征的最高级的品味，就像歌乔治奥·加柏（Giorgio Gaber）描绘伯爵和女伯爵时的吟唱："茶里放了一片柠檬……"如果像大多数俄罗斯观光客一样，在餐厅用完午餐或晚餐以后向侍者要一杯茶，完全是白费力气之举，侍者至多就端上一壶热水和一只寒酸的茶包而已。

在意大利，称为"cantina"的酒窖，是指可以喝葡萄酒并吃点起士和面包的地方。时至今日，部分酒窖仍然保持了他们的特色，部分则改作餐厅，而且常是以豪华奢侈著称的高级餐厅。有些酒窖有维持了数世纪之久的好名声，例如罗曼尼亚地区贝提诺洛（Bertinoro）的饮酒家（Ca'de be'）便是一例。贝提诺洛离普雷达皮奥（Predappio）并不远，对许多怀念强权时代的人来说，普雷达皮奥是它们的朝圣地，因为此地正是墨索里尼的墓地所在。

酒坊（enoteca）可以是具有纪念性的地方，例如利古里亚公设酒坊（Enoteca pubblica della Liguria），和位于马格拉新堡（Castelnuovo Magra）市政厅地下室、常举办艺术展的卢尼加纳酒坊（Enoteca della Lunigiana）。而在最刁钻的意大利美食家眼中，佛罗伦萨市中心著名的品齐奥里酒坊（Pinchiorri）则是全意大利最优的酒坊。

人们可以在托斯卡纳城市的市中心找到贩卖散装酒的小店，当地人将这些地方称为"mescita"或"vinaino"。在利古里亚、坎帕尼亚和西西里岛的许多城市，人们相当喜欢专卖油炸食品的炸物店（friggitoria），常常在这种小店里买熟食带回家或边走边吃。在这种店里，人们也可以买到咸的或甜的点心。和炸物店具有相同功能的，还有称为"rosticceria"的烤肉店。

此外，顾客也可以直接在制造商设在城镇里的卖点直接购买产品，这种卖点在意大利非常普遍，数以万计。要不然，人们也可以直接在农场采购。

不论在大城市或小镇，市中心或市场里的摊位都可以买到各种小点心，例如栗子、烤玉米、西瓜等，不管是西瓜摊、豆摊或梨摊，都替城市带来了人情温暖，在城市里具有无可取代的地位。然而，在这个地貌景观迅速变化的现在，这些只是谨守传统的少数，大多数人则愈形果决地朝向着已经成为现实的第三个千禧年迈去。

要不，人们可以让自己纵情于皮埃蒙特地区朗格（Langhe）一带的群山之中，以参加"美酒美食之旅"的方式，在那里的丘陵地带上上下下，寻找用餐地点并支持偏远地区的经济。这是人们以行动来拯救小型农场的实践，如果没有这些人的支持，这些小型农场可能就得被迫关闭。这种类型的观光活动对生产者所带来的直接利益是不容置疑的，不过除此以外，所有参加者在活动完毕以后也都因为享受了一段美好的旅程而心满意足（见《慢食》）。

然而，在意大利外出用餐的最美好经验，其实是远离大城市两百四十公里，沿着湖边的蜿蜒小路向前行进，缓慢沿着曲折的泥石小径爬升到阿尔卑斯山奥索拉内山谷（Alpi Ossolane）标高一千五百公尺的一间农舍，一间养了一百头乳牛、每年生产一百种不同的托马起士的农舍。在这里，我们吃到了搭配着奶油、鼠尾草和起士或烟熏瑞可达起士的马铃薯栗粉面疙瘩，主人也替我们准备了一道用红马铃薯和猪皮或切片培根所煮成的“苦凯拉”（cuchela），也让我们品尝到当地产的起士。无疑地，到这种地方用餐，才能找到最合理也最地道的美味。

1. 译注：在意大利，“bar”这个字的用法与英语系国家大相径庭，并不单纯指贩卖酒精饮料的店铺，还是人们喝饮料如咖啡、卡布奇诺、热巧克力等，和吃点心如小比萨、可颂面包、甜点等的地方，而且不一定只有吧台，还可以设有座位区，因此就真实情况而言比较接近“小吃店”或“咖啡厅”。

2. “早餐。意大利女主人配着一片薄薄的饼干喝掉了她的咖啡，并且把面包、奶油和果酱端给客人，举动好像意味着‘你不用太客气，尽量吃’。不过这女主人对早餐的想象就仅止于此，不禁让人觉得真应该给她看看俄罗斯小旅馆提供的早餐菜单才对。俄罗斯的早餐自苏联时代就没有太大的改变，有荞麦粥、鸡排、搭配果酱的瑞可达起士布丁、起士、奶油和巧克力！”（慕拉耶娃，《论食物》，载《对话与分歧》[*Dialog und Divergenz*]，第 217 页）

3. 杨纳托尼（Jannattoni），《罗马的餐馆与节庆》（*Osteria e feste romane*），第 195 页。

4. 布莱克，《加里波底的吸管面》，第 176 页。

5. 只有用犊牛肉制作的才能称为米兰式肉排！

6. 布奇，《完美蛋谱》，第 115 页。

7. 狄更斯，《意大利风光》，第 46 页。

8. 有关海涅的介绍，引自马奇的《用餐之际》，第 237 页。

9. 慕拉耶娃，《论食物》，载《对话与分歧》，第 220 页。

10. 译注：指米兰市内最有名的三条名店大街，包括蒙特拿破仑大街、史皮卡大街和伊曼纽尔二世长廊。

17

CALABRIA

卡拉布里亚地区

被第勒尼安海和爱奥尼亚海包围的卡拉布里亚地区，向来因为地理位置而具有高度战略意义，因此一直都是外来征服者的目标。这地区经常是不同民族相互争战之处。尽管如此，卡拉布里亚人仍然能在不介入的状况下，慢慢吸收这些征服者的语言和习惯，并将他们各种怪癖迷信的饮食文化融入自己的文化中，并且流传至今。一直到现在，卡拉布里亚地区某些地方的农民，在杀猪时会跟伊特鲁里亚人一样利用猪的内脏来占卜，或者又跟古人一样，相信可以藉由占星来预知生男或生女。此外，圣诞节和主显节的午餐仍然是十三道，不多也不少。每到圣洛可节（San Rocco），居民身体上若有哪个部位有病痛，可以用面团做出那个部位的模样再拿去烘焙，认为如此以来就能不药而愈。又，古时候妇女在制作生面团时，必须边跳舞边大声念咒，以驱赶恶灵。如果没有事先向圣马丁请示，就不能靠近正在揉面的面包师傅。最后，在卡拉布里亚地区每一个正要进烤箱烘焙的面包上，至今仍有人会在上面画上具有保护作用的圣十字。

民族学家在搜集这些仪式相关材料时往往会感到惊骇：民间传说没关系，不过那些狂妄幻想到底从何而来？这些幻想确实就在眼前，人们称之为“海市蜃楼”。在天气非常炎热时，从雷焦卡拉布里亚（Reggio Calabria）港口往海上看，可以清楚看到，一个有房子有棕榈树的城市霎时出现眼前，漂浮在海上。从科学的角度来看，这景象其实是西西里岛的墨西纳（Messina）“飞”到了海峡的另一边，主要是因为水蒸气和饱含水分的热空气往上浮而造成。

有些卡拉布里亚习俗与一般意大利人的仪式大相径庭。在意大利大部分地区，早餐通常就是一杯咖啡或一些相当清淡的轻食；不过到了卡拉布里亚，早餐却相当丰盛，而且是意大利境内唯一吃英式熟食早餐的地方。卡拉布里亚人的早餐，可以是一种名叫“慕塞度”的肉派（murseddu，来自西班牙，是包了家禽内脏、肝脏、培根和猪脂的派，在西班牙一般当成午餐），以及辣萨拉米香肠。这么丰盛的早餐，通常是和亲朋好友在餐馆里享用，不过也有人的早餐是包了冰淇淋的酥皮甜饼（相当奇异的早餐变化）。南意人都有吃路边摊的习惯，一大早，卡拉布里亚各城市的广场和街道上，就可以买到炸饭团、炸比萨饺、炸馅饼、比萨和包了馅料的佛卡恰面包。

在公元前8世纪，卡拉布里亚地区与普里亚地区和西西里岛一样，是大希腊城邦的一部分。雷焦卡拉布里亚、西巴里（Sibari，以骄奢淫逸闻名的古希腊城市）、克罗托内（Crotone）和洛克里（Locri）等，都是希腊人创城的。五百年以后，古罗马人来到了卡拉布里亚，对当地生产的葡萄酒大为赞赏。在古罗马帝国衰亡以后，卡拉布里亚陆续受到德国人、哥特人、伦巴底人、拜占庭人、诺曼人、法兰克人、斯瓦比亚人、萨拉森人、西班牙人和法国人统治；和其他受到外来政权统治的地区一样，这种情形一直持续到19世纪下半叶，地方黑道势力光荣会（ndrangheta）崛起为止。仅管如此，稀少且零星散布的卡拉布里亚人仍旧维持政治中立，并没有努力经营政治关系，自顾自地离群索居，过着恬静的生活。

这的确是很适合遁世隐居的地方。11世纪起，与北部地区修道院相距甚远的西巴里一带，开始出现一间间的西多会修道院。西多会与本多会在那个时期分道扬镳，前者以更严谨的方式奉行苦行生活和圣贝尔纳的严峻规定。卡拉布里亚地区非常贫穷，以至于人们口中的苦行生活，在这里其实就是日常生活状况，而西巴里地区僧侣的隐修生活，也绝对不会让人联想到古希腊时期以骄奢放荡闻名的那个西巴里。这些西多会僧侣平日毫不保留地勤奋工作，替卡拉布里亚引进了许多农业革新，并且带来了发展相当成熟的乳品加工业。

仅管从北部引进了许多新方法，卡拉布里亚人的生活大体上是与外来影响绝缘的，毕竟，在山上离群索居并依靠大地产物和相当单调的畜牧产品维生，早已深植于卡拉布里亚人的习惯中。卡拉布里亚地区的主要农作物是茄子和彩椒，水果则以柑橘类，尤其是橙子为主。这里的橙子并非原产，而是跟西西里一样，由阿拉伯人从印度和中国带来的。

茄子也是阿拉伯人带来的（在阿拉伯文中称为badigian）。北意地区一般不会种茄子，因为气候太冷，长出来的茄子没有味道，而南部的卡拉布里亚由于烈日酷热，种出来的茄子又香又多汁。卡拉布里亚可以说是茄子的国度，茄子品种非常多，包括阿斯玛拉（Asmara）、努比亚（Nubia）、拉尔加莫拉达（Larga Morada）、瘦吉姆（Slim Jim）、黑美人、维奥雷特（Violette）和纽约巨茄（Mostruosa di New York）。

直到19世纪末为止，意大利人对茄子一直抱持着怀疑的态度，这跟现在的意大利消费者排斥黄瓜，认为它不好消化一样，从前的意大利人，认为茄子并不是什么好食物，集所有坏处于一身。人们原本以为，茄子是消化不良、精神失常和心理异常的罪魁祸首，一般意大利人将它（意文为melanzana）解读为“mela insana”，意指“不健康的苹果”，确实也其来有自，因为这种植物无法生食。总之，只有性格乖戾固执的卡拉布里亚人，才会在数世纪以来持续不断地用茄子、种茄子、护茄子和爱茄子。

卡拉布里亚人发明的菜肴之一，以“帕米森起士焗茄子”（melanzane alla parmigiana）之名声名大噪，不过很讽刺的是，帕米森起士在这道菜的角色其实是微不足道的。帕尔马人不煮这道菜，菜名完全是因为那撒在炸茄子上的帕米森起士之故。至于这里使用的帕米森起士，自然也不是从北方买来的，而是邻近的西多会修道院僧侣根据来自北方的配方与做法制作而成。

除了茄子以外，卡拉布里亚菜也常常用到两个品种的蚕豆以及白豆。这些富含蛋白质的植物类，大多在冬季天冷时食用。然而，卡拉布里亚人认为豆类植物提供的蛋白质已足够，所以不会跟北方人一样地把蚕豆放在炖锅里和肉类一起炖煮。他们会将豆类和西红柿、芹菜、菊苣及大量橄榄油放在一起烹煮，要不就是用甘蓝菜和马铃薯来搭配。在烹煮之前，会先用香料将蚕豆腌渍将近一天的时间；这也是从古罗马时期和中世纪时期流传下来的做法，可以说是饮食界的古老文物。

卡拉布里亚人的主要蛋白质来源其实是鱼类和海鲜。这里的渔夫有着极其理想的工作环境，可以在第勒尼安海和爱奥尼亚海之间，自在地选择鱼群较容易落网上钩的时间与地点，以及暴风雨较少的地方捕鱼。旗鱼对卡拉布里亚地区的经济尤其重要，其镖捕以皮佐（Pizzo）、帕尔米（Palmi）和席拉（Scilla）为大本营。这个席拉，就是尤利西斯故事中六头女海妖的所在地，尤利西斯在危机四伏的状况下逃脱，而他的六名伙伴却被女海妖所吞噬：

> 那里面住着嗥叫声极为可怕的席拉。她的声音像只刚出生的小狗，不过身躯却是个可怕的怪物。看到她，没人高兴得起来，即使是神也一样。她有十二条畸形丑陋的脚、六条长长的脖子，脖子上每个头，个个让人惊骇，嘴里还有三排又紧又密的牙齿，满是她利齿下的牺牲者。[1]

席拉和卡里迪（Cariddi）终年都有沙丁鱼和鲱鱼，不过每年一到五六月期间，在圣尤菲米娅湾（Sant' Eufemia）就会全体总动员，等待全年最重要季节的到来。这是旗鱼的季节，而且它们体长最长可达四公尺之多！按照常规，委托者会预先支付渔民的工资，在岸边耐心等待渔民晚上回港时交付渔获。

在巴尼亚拉卡拉布拉（Bagnara Calabra）这个根据最新人口普查总共只有一万一千户，却有两千名讨海人的小城，每年 7 月的第一个周日，都会举办别具一格的旗鱼节，一直以来都吸引着大批人潮从卡拉布里亚其他地方和西西里岛前来参加。节庆期间，神父会降福给传统的捕旗鱼船（在当地叫 ontre），而节庆的时间恰好就是旗鱼通过此地区海域的时间。旗鱼在这段期间会游往比较温暖的海域产卵，必须穿过梅西纳海峡。在这个海域中，海里的鱼灵活自在，换成人类则步步维艰，麻烦不断，有关席拉和卡里迪的可怕故事并不是天外飞来一笔，随便杜撰而来的：在这险峻的海域，潮流每个小时都会变换方向，只有最优秀的水手和渔夫才可能驾着自己的船通过这段海道。

18 世纪的西西里历史学家安东尼奥·蒙吉托雷（Antonio Mongitore），也是《西西里图书馆》（*Biblioteca sicula*）这本详细研究报告的作者，是这么叙述镖捕旗鱼的

位于特罗佩亚的圣玛莉亚岛（Santa Maria dell' Isola）教堂

卡拉布里亚瓯柑

鲔鱼

准备仪式的。渔船中央耸立着一枝高达二十英尺的桅杆，上有瞭望台，瞭望员就在这台上观察猎物。两支大型镖枪被绑在长达一百二十英尺的绳索上。一看到猎物，瞭望员从位于高处的瞭望台上大声一叫，一场追捕于焉展开。由于这段期间是旗鱼的交配期，因此渔夫们常常是一对一对捕到的。渔民所采取的安全策略，就是先以雌鱼为目标，因为雄鱼不会放弃雌鱼，所以雄鱼就成了渔民轻易到手的猎物。意大利歌手多米尼科·莫杜尼奥（Domenico Modugno）就以捕旗鱼为题，写下了《旗鱼》这首歌（*Lu pisci spara*，1956），描述着旗鱼的悲伤故事。

旗鱼节当天，巴尼亚拉卡拉布拉的居民会在市中心最主要的马可尼广场（Piazza Marconi）上生火，并用旗鱼颈背下方的鱼肉做成旗鱼酱尖管面。至于滋味最丰郁的鱼鳍部位，渔民在捕获的当下就会直接在船上吃掉了。在市内各区域的主广场上，炭火烤着一片片的旗鱼，也会出现著名的生旗鱼饺。此地居民烹煮旗鱼的方式有二，其一是在烹煮时不时蘸上西红柿酱汁（这种边烤边蘸酱的方式称为allaghiotta），其二是将旗鱼先放在用橄榄油、盐、大蒜、牛至、续随子和欧芹制成的特制酱汁里腌渍，然后再放在炭火上烤熟（称为col salmoriglio）。

这些渔夫也捕鲔鱼，就跟海明威《老人与海》（*Vecchio e il mare*）一书中的主人公一样。当地的著名风味菜“鱼肚管面”（maccheruni con la ventresca），就是用鲔鱼肉煮成的。

即使到现在，这一切都还是按照着两千年前的仪式和风味。古罗马时期阿特纳奥斯（Ateneo di Naucrati）所选编的《欢宴的智者》（*I deipnosofisti: idotti a banchetto*，3世纪出版），就收了一篇伊波尼亚鲔鱼的颂文。[2]

> 在神圣伟大的萨莫斯（Samo），你会看到体型非常巨大的鲔鱼。这种大鲔鱼叫作“欧奇诺”（orcino），其他则称为“切托”（ceto）。只要看到欧奇诺，不论价格如何都一定要买下。你在比桑奇奥（Bisanzio）、卡里斯托（Caristo）和西西里地区的其他著名岛屿也可以找到好鲔鱼。在切法卢（Cefalu）和廷达利（Tindari）海岸出没的鲔鱼质量非常高，不过倘若你哪天有机会到阿布鲁齐一带著名的伊波尼亚，那么你会在那里找到最好的鲔鱼，而且在吃过这种鲔鱼以后，绝对会将它视为世界之最，没有任何东西能出其左右。我们能捕到的那些鲔鱼，已经是人家捕剩的，上等货早在抵达本地之前，就已经消失在汹涌波涛之中，因此在轮到我们捕鱼时，早已经错失了最好的时机。这种鱼的下腹部鱼肉尤其受人赞赏。[3]

1. 荷马，《奥德赛》，第十二章。

2. 伊波尼亚（Ipponia）是迦太基人在卡拉布里亚地区创设的城市，也就是现在的维波瓦伦提亚（Vibo Valentia）。

3. 引述自列维尔（Revel），《餐桌历史三千年》（*3000 anni a tavola*）。

卡拉布里亚地区的地方风味

开胃菜

- 慕思提卡酱（Mustica）：油渍鳀鱼稚鱼。慕思提卡酱跟茄子和部分炸沙丁鱼的处理方式一样，会在稚鱼上面撒满辣椒以后放在大太阳底下晒干，然后以橄榄油、葡萄酒醋和香草等腌渍保存。

第一道

- 婚礼汤：也就是同时以蔬菜和肉类烹煮的汤品（这道菜也出现在坎帕尼亚和普利亚，我们也在《情欲》一章解释过）。
- 用香草、蔬菜、香肠、炸猪皮和烤猪皮一起烹煮的香肠蔬菜汤。
- 以瑞可达起士调味的牧人面（maccheroni alla pastora）。
- 利库迪亚汤（Licurdia）：洋葱辣椒汤，是以阿拉贡王朝遗迹闻名的皮佐卡拉布罗（Pizzo Calabro）料理。
- 烤千层面（lasagne chine）：将肉丸、水煮蛋、史卡莫扎起士、莫扎瑞拉起士、磨碎的佩科里诺起士，以及用朝鲜蓟及豌豆制成的面酱等材料一层层交迭铺好以后放进烤箱内烘焙的千层面。
- 皮塔饼（pitta）：当地的比萨饼；另有用新鲜番茄、橄榄油和辣椒调味的"奇库里阿塔皮塔饼"（pitta chicculiata），以及用水煮蛋、瑞可达起士、普罗沃拉起士、香肠肉和辣椒等做成的猪肉馅起士皮塔饼（pitta maniata）。

第二道

- 镶羔羊：将肉酱面填入整只去骨羔羊中做成，肉酱以羊杂（内脏如心脏、肝脏和肺脏）制作，填馅时加入猪脂和香草，在火上烤熟。
- 迪亚曼泰（Diamante）有海葵薄饼。
- 波利斯泰纳（Polistena）有以希腊古法烹煮的羔羊。
- 维波瓦伦提亚以搭配安杜亚辣猪肉香肠（nduja）的笔管面闻名。
- "库恰"（cuccia）：这道用羔羊或羊肉加上麦子或玉米所煮成的古罗马菜肴，在卡拉布里亚也很受欢迎。
- 茄子卷：将培根、大蒜、欧芹、起士、面包屑、去籽橄榄、鳀鱼等当作馅料，放在切成薄片并油煎过的茄子里面，撒点橄榄油包起来做成，可以在炭火上烤过，也可以放在用糖、醋、巧克力、松子等制成的甜酸酱中炖煮。
- 莫塞度派（morseddu）：一种用了动物内脏、百叶、心脏、肺脏和脾脏的派，馅料也会加入红酒、西红柿、辣椒和香草。
- 提亚纳烤羊（tiana）：将羊肉和马铃薯一起放在陶制烤盘里烤熟。
- 羊杂肠（mazzacorde）：用羊内脏制成。
- 用西红柿酱汁（allaghiotta）和特制酱汁（salmoriglio）烧烤的旗鱼。

- 将鲔鱼和续随子一起烧烤的卡拉布里亚风鲔鱼。
- 用长鳍鲔做成的甜酸酱鲔鱼。

甜点

- 莫斯塔求利饼（mostaccioli）：或称安阻达饼（'nzudda），是用面粉、蜂蜜、茴香酒和少许奶油做成的饼干；在圣诞节期间会做成鱼（代表耶稣）或主教牧杖的形状。

卡拉布里亚地区的特产

- 起士：席拉诺马背起士（caciocavallosilano）、卡拉布里亚瑞可达起士（羊奶制成，以无花果树浆作为凝结剂，在无花果木制成的木桶里制作）、布提洛起士（butirro）。在用灯芯草编成的篮子里熟成的软质起士卡拉布里亚莫拉诺灯芯草起士（giuncata di Morano Calabro）。用羊奶制成的克罗托内起士（crotonese）。
- 安杜亚辣猪肉香肠
- 卡拉布里亚瓯柑（Clementine calabresi）
- 香柠檬（Bergamotti）
- 香橼（Cedri）
- 皮佐卡拉布罗（Pizzo Calabro）的奇碧波葡萄（Uva Zibibbo）。
- 曾为大希腊城邦之一的克罗托内所生产的西瓜，尤其甜美多汁。因为此区土质多黏土，土壤密实且有硬砂交替分层，水分不会流到深层土壤，而会被这些硕大的西瓜吸收，化作甜美果汁。
- 特罗佩亚（Tropea）的红洋葱
- 甘草

代表性饮料

- 橙酒

Panificat
ECHO

比萨

PIZZA

我们知道，不论在意大利人或外国人的眼里，意大利面可以说是意大利美食的代表。那么比萨饼呢？它因为受欢迎程度而在意大利美食里排名第二？它也可以和意大利面一样，被视为意大利的美食象征吗？

我们的答案是否定的。更确切地说，比萨饼可以说是“美国食物的象征”或“国际快餐的象征”，而在意大利，比萨饼的意义和消耗其实相当受限，与外国人的认知是大相径庭的。

“比萨”（pizza）这个字可以回溯到希腊文的“plax”，有“表面扁平，桌子”的意思，也可以回溯到拉丁文的“pinsere”，指“捣碎，磨碎”的意思。类似的菜肴早在古罗马时期就存在（在诗人维吉尔的年代），也同时可见于全世界饮食传统之中。墨西哥薄饼、阿拉伯卷饼、印度烤饼、乔治亚的拉瓦什（lavaš）面包，都是以同样的手法制作而成：一道将容易弄脏手和衣服的油腻馅料放在面包和面皮上的菜肴；那不勒斯人会用挖空的大面包盛装蜗牛汤；而同样的原则其实也是美式快餐与全球快餐，也就是汉堡和热狗面包的基础。

目前世人眼中的比萨饼（圆形、浇上红色茄汁并洒满起士），是19世纪末的意大利发明。1889年，那不勒斯知名餐馆布兰蒂（Brandi）的经营者拉法埃勒·埃斯波西托（Raffaele Esposito）为了向意大利女王玛格丽塔（Margherita）致意，便以意大利国旗的三个颜色为题做了三色比萨饼（用了红色番茄、白色莫扎雷拉起士和绿色罗勒叶的比萨饼）献给女王，由于女王非常喜爱，这种比萨也因此被称为玛格丽塔比萨（Margherita）。

不过，早在20世纪初，被意大利移民带到美国的比萨饼，就已不再是专属于意大利文化的现象，同样也成为美国文化的一部分，之后亦成为大众饮食的一部分。从俄罗斯移民到美国的亚历山大·列文托夫（Aleksandr Levintov），在他那本既有趣又具有启发性的《大吃大喝》（*L'Abbuffata*）一书，就针对自家餐厅所提供的几种比萨饼，做了一些描述：

……可以制作彩虹比萨：我们的配料让我们能按顾客要求创造出各种比萨，不论是野餐或小型派对，我们都可以制作出六色、八色或十二色比萨饼。

既然我们可以制作玻里尼西亚风味比萨，那我们一样可以做出罗宋比萨（实验证实这是道相当美味的比萨）、波兰酱汁海鲜比萨（让人吮指回味勒无穷）、捷克风味比萨（比地道的乔治亚风味还好吃），以及做成椭圆形并搭配字母装饰的美式足球比萨。[1]

1905年，第一间意式比萨店在纽约开幕，而在此之后，比萨店也在北欧地区如雨后春笋般地冒了出来，不过反观意大利，比萨仍然是南部两三个地区的地方特色，一直到第二次世界大战以后，这个那不勒斯人的发明才随着美军舰队，从国外红回意大利。在意大利极受欢迎的意裔美人如法兰克·辛纳特拉（Frank Sinatra）和迪恩·马丁（Dean Martin），也对比萨饼在意大利的散播有着极大的贡献，法兰克·辛纳特拉就曾经把比萨唱进他的歌里："当月亮照在你那大如比萨饼的眼睛……"

比萨饼以节庆食物、集体享用的快乐餐点，面食以外的另一个选择等相当具有家庭乐趣的形象，根植在战后的意大利。对现在的意大利人来说，选择要吃面食还是比萨饼，就意味着在家中用餐和外食两者之间作出决定，也就是说，在与家人相聚（关键词是家庭、妈妈）和社交活动（关键词是朋友、同伴）之间作选择。

各种周刊杂志在在强调出意式面食和比萨饼之间的对比。根据心理学家的说法，对意大利民众来说，意式面食会让人联想到妈妈和家庭，因为面食的消耗是每日性的，是与家庭圈相关的；至于比萨饼，则会让人联想到爱人，因为在家里比较难制作，想吃就得出门的缘故。

饮食文化史专家自然会驳斥这样的说法，因为在古时候，即使是面食也不是在家里烹煮，而是在邻近餐馆购买的已调味熟食。不论是那不勒斯人、罗马人、西西里人、艾米利亚—罗马涅区人或热纳亚人，都不喜欢家中封闭式的环境，偏好在餐馆中应运而生的人际交往。在歌德的叙述中，意式面食并非家庭饮食的成分，而是社交活动的一部分：

这里的人宁可避免麻烦，加上家中没有设备齐全的厨房，所以常常以两种方式来解决。第一种方法是吃意式面食，一种以面皮制作、既薄又软且制作精美的面食，有着许多不同的形状；到处都很容易买到，而且价格低廉。这种面食通常水煮即可，盘里用磨碎的起士来上油，顺便也用起士调味。另外，此地主要街道的每个角落几乎都有炸物店，店内的锅子里满是热油，厨子随时都可以站着准备食物给客人，在斋戒日尤其如此，随时都可以按路过客人的要求准备炸鱼和炸面团。这些店的生意很好，许多人都会到这里买外带，将这些用纸包好的食物当作午餐或晚餐。[2]

狄更斯也注意到同样的情形，不过不是在那不勒斯，而是在热纳亚，同时这景象并未替他带来任何喜悦：

人们在有些骑楼下设摊卖面和玉米糕，不过毫无吸引力可言。[3]

尽管如此，在此还是要再次强调，这种把面食和家庭、比萨和社交活动画上等号的老生常谈，忠实地反映出目前意大利的现实状况。在我们这个年代，意式面食是在家里吃的，在意大利家庭中，煮面的频率比其他任何主食都高了许多。就餐饮语汇而言，盛在高汤里食用的面叫作“面汤”（minestre）。如果是以清淡蔬菜酱汁来调味的面食，通常会被当成第一道；就常识而言，倘若酱汁用了相当多的蛋白质（如肉类、虾或鱼、贻贝或野猪肉等），这盘面就不是第一道，而会被当成是唯一的一道主食。

在第二次世界大战以后，欧洲家庭生活逐渐转变成白日家中无人的行为模式，职业妇女的比例也愈形升高。尽管有些意大利人的午休时间可能长达三小时之久，但现在能趁着午休时间回家用午餐的人已经是少数。因此，意大利面就成了全家人相聚一堂同桌享用的晚餐菜肴。在这个年代，各种家电与现成酱汁充斥，冷冻食品简化了许多厨房工作，在意大利人的集体意识中，意式面食不但紧紧地和家中厨房的那只大锅绑在一起，也和有关配料的讨论、酱汁选择与面形搭配息息相关，其中更夹杂着有时可能会造成原则冲突的一些意见交换，当然，这种现象并非意大利文化独自发展的结果，外来情感模式（来自意裔美人的观念：意式面食就等于家庭和家）的内化也是促成这种现象的一股助力。

与面食相较之下，在战后随着其他所有美国时尚一起同时来到意大利的比萨饼，则是一种欢乐且无忧无虑的饮食，既不需费力也不用花脑筋！意大利面有超过七百种的面型，传统的比萨饼只有十种，而且点比萨的时候也很难出错。至于那些非传统比萨，其实也不用记在脑子里，因为它们要不是以比萨店店名来命名，就是流行歌曲的歌名、比萨师傅的女朋友等，命名时脑子里想到什么就叫什么——顾客不喜欢，大不了不点就是了。

比萨确实是一种出门消耗的食物，因为比萨饼必须用四百度高温的炽热柴烧火炉烘烤，试着在家制作比萨是不切实际的想法。要在家里弄出这样的火炉，不把整个小区烧了才怪！

在意大利人眼中，冷冻比萨一般都令人难以下咽，要把冷冻比萨做成让人吃得下去的食物，是个很愚蠢的想法。人们很难理解，超市里那些冷冻比萨到底是卖给

外带比萨——比在店内用餐便宜些

比萨必须用四百度高温的炙热柴烧火炉烘烤，试着在家制作是不切实际的想法

比萨店家常以装潢制造出一种近乎仪式性的氛围

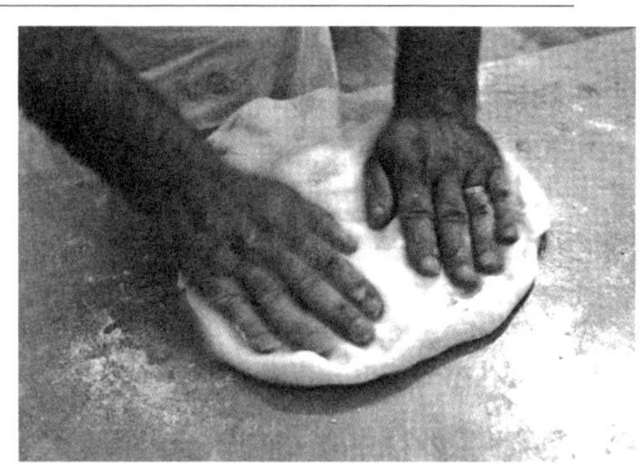

比萨的面团必须用手撑开，而不是用擀面棍擀开

谁的，更难想象谁会在超市买这些东西。

若以比萨当作晚餐，意大利人会到比萨店里去吃（花费比较高），不过在比萨店离家只有两分钟路程，而且用餐者已经坐上餐桌绑好餐巾等待食物到来的前提下，人们也会将比萨装在扁平纸盒里外带，在纸盒隙缝飘出的罗勒香、大蒜香和牛至香的陪伴下，用双手捧着热腾腾的比萨以最快的速度冲回家，在比萨还没凉掉前趁热享受。后者当然是比较便宜的，不过用餐者也知道，在这种状况下，并没有百分百地享受到这种乐趣与美味。

对年轻人和手头比较拮据的人来说，出门吃比萨是个理想的休闲活动。比萨店的消费自然比餐厅来得低，不过由于部分材料成本之故，也不如人们期望地经济民主。这里指的显然不是食材成本。在比萨店度过一晚的消费，还受到其他因素的影响。店家利用装潢创造出一种近乎仪式性的氛围（烧着旺火的烤箱、炽热的柴火、具有乡村风味的家具），而这些都属于顾客支付的潜在成本，此外，顾客也帮忙支付聘请比萨师傅的高成本。在厨师这一行，比萨师傅的所得可谓名列前茅，有许多比萨师傅并没有固定工作，而是以巡回的方式到各家轮流。许多地方只有晚上才供应比萨，也就是说，比萨师傅只在晚上进行他的个人秀。

比萨师傅的工作应该是在那不勒斯诞生的，或者说，那不勒斯人自称这行业以那不勒斯为发源地。比萨师傅得具有神父般的形象，他们好比名人，得在众目睽睽下完成每一个动作。这位保护着神圣真理的守卫，对食材比例无不通晓，对材料分量是一撮一撮来掌握的，甚至是撒在比萨烤盘里的那撮面粉亦然。[4] 比萨师傅对于时间的掌握也很精准，知道何时该多烤个几秒钟，才能把比萨烤得恰到好处，不会过生也不至于过熟。比萨师傅也是操弄手势的大师：让面团在半空中停留、把面团撑开、旋转面团、再把面团抛到空中……重复着动作直到做出一张完美的比萨皮。

比萨的面团必须用手撑开，而不是用擀面棍杆开：这是制作比萨的秘诀之一，至少 2001 年比萨美食大赛冠军强路卡 · 普罗卡奇尼（Gianluca Procaccini）是这么说的。比萨美食大赛每年在大萨索市举办，请技艺精湛的参赛者以“四起士比萨”发挥自己的创意。在 2001 年的比赛中，普罗卡奇尼并没有制作传统的四起士比萨，而是利用卡莫修道罗起士（Camoscio d’oro）、乳质软起士（Crema di formaggi）、莫扎雷拉起士和甜戈尔贡佐拉干酪的组合，替自己赢得奖杯。

比萨能促成所有同桌用餐者的参与感。用餐者和餐厅老板之间的对话既有仪式意味又不脱童稚单纯。点比萨就是一种“数数游戏”，喋喋不休的餐厅老板口头引导着游戏的进行，和有如教士般静默（在炉旁忙着）的比萨师傅，恰巧形成强烈的对比。

在选比萨的时候，顾客的响应就好像暗号一般，各种比萨都有其代号。最基本的比萨种类，包括玛格丽塔、水手、卡布里乔莎[5]、西西里、那不勒斯、四季、四起士、罗马、辣味、综合蔬菜等，对意大利人来说，这些基本口味就跟罗马字母一样，人们把这些比萨的成分和食材清单记得很熟，就这些例子来说，菜单根本是多余的。

- 那不勒斯风味（Napoletana）：番茄、鳀鱼、莫扎雷拉起士、牛至。
- 水手风味（Marinara）：在面皮上抹上大蒜番茄糊后进烤炉烘烤。
- 卡布里乔莎（Capricciosa）：莫扎雷拉起士、蘑菇、小朝鲜蓟、熟火腿、橄榄、油。
- 罗马风味（Romana）：番茄、莫扎雷拉起士、鳀鱼、牛至、大蒜。
- 四季比萨（Quattro stagioni）：材料通常和卡布里乔莎比萨相同，不过每种材料分别摆放，不会混在一起。
- 辣味比萨（Diavola）：番茄、莫扎雷拉起士、辣味萨拉米香肠、牛至、油。
- 四起士比萨（Quattro formaggi）：综合了普罗沃隆内起士、帕米森起士、格鲁耶尔干酪和佩科里诺起士制成。
- 西西里风味（Siciliana）：黑橄榄、绿橄榄、鳀鱼、续随子、马背起士、番茄。
- 玛格丽塔比萨（Margherita）：番茄、莫扎雷拉起士、牛至或罗勒。
- 综合蔬菜起士（Ortolana）：莫扎雷拉起士、茄子、甜椒、栉瓜。

也有一些比萨是根据材料来命名，例如用了帕米森起士和瑞可达起士的“帕米森起士比萨”，或是火腿比萨。比萨饺（calzone）则是将把圆形比萨对折并将边缘捏紧，看起来像是大饺子一样的比萨。

在享用这种美味又单纯的食物时，在比萨店的用餐者也常常同时享受的欢乐美好的时光，让人想把这份快乐和食物与他人共享。这个层面与那不勒斯传统相当一致。那不勒斯人对贫苦人家日常生活的不幸，抱持着一股相当特殊的同情心，著名的“暂缓咖啡”（caffè sospeso）就是个很好的例子。知名导演费里尼的好友、电影剧本作家兼诗人托尼诺·古埃拉（Tonino Guerra），在 2005 年 9 月 4 日接受莫斯科之声电台访问时，就曾经和听众分享了暂缓咖啡的例子：

> ……我们走进了一间离车站不远的咖啡厅，之后，有两位老兄走进来并说道：“五杯咖啡，两杯马上喝，三杯暂缓。”他们结账时付了五杯咖啡的钱，不过只喝了两杯。我向德西卡问道：“什么是暂缓咖啡？”他说：“等等。”之后又进来了几位客人、几个小姐，都各点了一杯咖啡并正常结账，然后，店里又来了三位点了七杯咖啡的律师，他们说：“三杯我们喝，四杯暂缓。”然后付了七杯的钱，各自喝了一杯咖啡后离开，然后又有个年轻人点两杯喝一杯，在付了两杯咖啡钱以后径自离开。我和德西卡就这么坐在店里聊到中午，那时咖啡厅的门开着，我望着那洒满阳光的广场——突然间，有一股黑影往门边靠近，待他走到门前时，我看到了一个乞丐：他往店里问道：“有暂缓咖啡可以喝吗？”

好比暂缓咖啡的存在，从前的那不勒斯也有一种叫做“每周比萨”的风俗，让穷苦人家每周能在比萨店享用一次比萨饼：比萨店顾客每次买单时把零头留下，就这样一分钱两分钱地累积，集众人之力行善。不过老实说，那不勒斯这种“让穷人吃比萨”的传统，有时候只是个幌子，而这些零头加起来也不只是几分钱而已……无论如何，在从前的那不勒斯，乞丐每晚要从比萨店拿到一碗客人吃剩的比萨边边充饥，绝对是不成问题的。

这些地道的那不勒斯风俗可以说是围绕着比萨的神圣庆典，在那不勒斯以外的地方既不存在，也被出入此类公共场所的北部人忽略，搞不好这些北部人还会把稀薄无味又油光闪烁的鸡饲料叫作比萨呢！

能让那不勒斯或罗马行家称为艺术品的比萨，必须具有外观干净利落、不带油水、中间呈金黄且边缘微焦的特质，而且上面还会按状况淋上薄薄一层的酱汁（不是随兴淋上的）……那不勒斯比萨是一种具有地理标志的地方特产，这一点在 2004 年 5 月 24 日的政府公报中定义地很清楚。有关这道菜肴的制作与呈现，洋洋洒洒写了三整页，制做过程的所有动作都被巨细靡遗地写了下来，有着严格的规范。

玛格丽塔比萨的做法是这样的：在圆形面皮上放上大约一大匙去皮碎番茄或切成大块的新鲜番茄（约 60 至 80 克），然后以画圆的动作将番茄均匀抹到整张面皮上，待整张面皮都盖满番茄以后才加盐；之后，放上 80 至 100 克的莫扎雷拉起士或奶花起士（唯一受到许可的莫扎雷拉起士替代品），起士应切成长条形（莫扎雷拉起士根据纤维方向有纵向横向之分），而莫扎雷拉起士上也可以放上几片罗勒叶；接下来，拿着尖嘴油壶以绕圆圈的方式，由中心往外的方向把四或五克的精致橄榄油淋在比萨上。

比萨师傅必须知道如何正确地把比萨面皮撑开，烤熟比萨的中心，其厚度不能超过 3 毫米，边缘厚度大约在一至两公分，直径不能超过 35 公分。比萨必须在柴烧窑里以 485 度烘烤 60 至 90 秒钟。在这样的条件下，烤出来的比萨松软有弹性、容易卷起、还会飘着一股比萨独有的香味。

1999 年 6 月，欧盟政府试图立法规范比萨柴烧窑的温度，以 250 度为上限。此举使意大利人群起抗议，使得欧盟政府不得不退一步，取消该法律草案的议程。现在，柴烧窑再次被允许使用，而且温度可以也必须达到将近摄氏五百度。唯有如此，那股真正的比萨饼方有的熏香特质才能被彰显出来，人们才能区别出哪个是地道的比萨，哪个是企图亵渎圣名的冒名假货。

---

1. 列文托夫，《大吃大喝：苏联式生活》，第 281 页。

2. 《意大利游记》，1787 年 5 月 29 日，第 378 页。

3. 狄更斯，《意大利风光》，第 57 页。

4. 译注：意文中的“pizzico”是“撮”的意思，这字几乎在所有的比萨食谱里都会看到，也许是因为“pizzico”与“pizza”（比萨）的发音相似。

5. 译注：这种比萨口味和水手风味及玛格丽塔同样来自那不勒斯，由于外观和后两者的差异极大，而被命名为“capricciosa”，有变异、搞怪的意思，藉此形容它和平常的比萨不一样。

18 SICILIA

西西里岛

西西里岛自古以来就被视为美食的发源地。雅典人很早就在使用西西里食谱，柏拉图在《高尔吉亚篇》(*Gorgia*) 说，苏格拉底曾提到一位叫做米泰可的仁兄“写了些西西里美食的文章”。

西西里地区锡拉库萨（Siracusa）美食作家阿切斯特拉图斯（Archestrato）的作品，由于被雅典纳修斯（Athenaeus，3 世纪）收录在其选集之中而得以流传至今。这位备受尊崇的大师并不喜爱在食物里加入过量的调味品，他想要创造出一种无懈可击的烹饪学派，舍弃不必要的材料，也不要过度使用酱汁和油脂：

不适当与过度
对我来说只是其他摆桌方式
就好像放很多起士、很多油脂
企图藉此遮掩这兔肉其实是猫肉一样。

阿切斯特拉图斯在《美食法》(*Gastronomia*) 一诗中，提出了一份讲究却简单的西西里鲔鱼（tonno siciliano）食谱（在当地称为阿米亚鱼 [amia]）：

在无花果叶里
加上少许牛至，不放起士，
不加其他油脂；如此准备好以后
包入鱼片，再用灯心草绑好。
之后将整块放在热灰下，

脑子里算好时间
让它烤熟并小心别烤焦。

西西里是个充满矛盾冲突的岛屿，既富裕却也贫穷，是文化的十字路口。这里的一切是那么地过度、夸张：（对外地人来说）一定要戴上太阳眼镜才能忍受的强烈阳光、蔚蓝的天空、湛蓝的海水、种植园的绿意盎然与芬芳满溢。这里的感官生活是如此地密集激烈，让人在当下没有时间理解或内化，一切都得等到它化为回忆以后才能细细品味。这里有丰富的历史，一种充斥、渗透在现今生活的过去。位于神庙谷（Valle dei Templi）的阿格里真托（Agrigento），我们可以看到牧羊人引导着他的羊儿们穿过古时基督徒的大型墓地。偶尔，羊儿们会陷入被树丛覆盖的墓穴中，此时，牧羊人就会利用手杖卷曲的一头，将受困的羊儿救出。牧羊人手上拿的是真正的牧杖，就像主教们拿在手里的令牌一样。天空如此地蓝，散发出绿色光辉，种种都以那些在此伫立许久的希腊石柱为背景。

美味食物的形象，充斥在这里的日常生活和文学之中，代表文学作品如托马西·迪·兰佩杜萨（Tomasi di Lampedusa）的《豹》（*Il gattopardo*）和安德烈·卡米列利（Andrea Camilleri）的小说（见《快乐》）。食物的比喻不断地被运用在歌曲之中，与食物相关的手势丰富了地方上各种狂热、喧闹甚至与异教信仰有关的宗教传统。

举例来说，万圣节并不是美国人发明的：早在发现新大陆的一千年前，西西里人就会在 11 月 1 日亡灵节的前夕，以与死亡相关的玩笑和用杏仁糕及糖做成的“死人骨头”（ossadeimorti）来庆祝。到了圣玛丁节（11 月 11 日），人们会准备用瑞可达起士做成的慕弗勒塔面包（muffoletta）。圣母无原罪日（12 月 8 日）则有称为“史芬奇”（sfinci）的特制油炸馅饼。12 月 13 日的圣露西亚节，人们的目光不是在殉道的圣露西亚身上，而是糕饼店橱窗里的蛋白酥和糖渍南瓜。西西里的圣诞节甜点也很有名，例如用了无花果、杏仁、核桃、开心果和巧克力碎片的布切拉托甜饼（buccellato），填满无花果果酱的慕思塔佐利甜卷酥饼（mustazzoli），以及象征太阳的库奇达蒂饼干（cucciddati）。风行全意大利，不过实际上是西西里人发明的管子酥饼（cannolo），馅料有瑞可达起士糊、巧克力和糖渍水果，是嘉年华期间的点心。每到圣约瑟节（3 月 19 日），人们会在家里、祭坛和桌子上陈列着用面包和甜点布置成的复杂装饰，这个装饰品有三个主要的组成部分，一是“希望”（象征耶稣的身体），二是“心”（上面印上“G.M.G.”三个罗马字母代表耶稣、玛莉亚和约瑟），三是“十字架”（代表耶稣受难）。整个装饰的陈设，好比精心制作的圣幛，其中除了上面提到的几种面包以外，还有手持水仙的牧人像（水仙象征纯洁）、搭配仙客来的耶稣面包、搭配玫瑰花的玛莉亚面包，以及相当多的甜点、杏仁糕和巧克力。

在古时地中海沿岸人民尚且崇敬地母神的时候，西西里人会烹煮还愿奉献仪式专用的面包。之后，海岸地区被希腊人占领，地母崇拜式微，受到酒神崇拜取代，因此葡萄酒、麦粉制成的面包与起士等就进入了西西里人的仪式与日常生活。后来的新征服者古罗马人，又将鹅只的饲养带进西西里，并教导当地居民烹煮鹅肉，同时也将鹅肉当作庆典宴会菜肴看待。

在古罗马人以后来了拜占庭势力，并带来了繁复的镶馅菜肴和甜酸酱汁。阿拉伯人（9至11世纪）则在岛民的日常生活和食品工业方面促成了真正的革命性改变。在阿拉伯人征服西西里岛以后，岛民的生活里开始出现杏子、糖、柑橘、甜瓜、稻米、番红花、无子白葡萄、肉豆蔻、丁香、胡椒、肉桂、茉莉香水、无花果、角豆等所有当今西西里饮食的重要基础。

来自北方的征服者如诺曼人和斯瓦比亚人，与杰出的西西里厨师一同发展出最好的肉类食谱。西班牙人对西西里饮食的贡献主要有二，首先是色彩明亮与让人食指大动的呈现方式，第二则是他们从新世界引进的各种材料如可可、玉米、火鸡和番茄。此外，由于法国波旁王朝曾在18至19世纪统治西西里岛，在王朝宫廷服务的西西里厨师所遗留给后世的种种，也是随处可见，西西里人更因此染上了法式饮食中大量使用洋葱的习惯。法国人也替西西里饮食文化注入华丽丰富的色彩，而这样的传统至今尚存，并没有因为庶民的社会风俗而改变；这里指的，就是西西里餐厅即使到现在看起来都和巴黎餐馆并无二异，带有一股奢华高档的味道，与一般意大利餐馆相去甚远，而且还喜欢根据带有精英与实验精神的烹饪原则来推出他们的菜单。

在西西里的街道上，高档餐厅被许多路边摊和饮食店所包围，民众能够持续不断地享受品尝小吃的乐趣。路边摊有个很赞的特点：它们和餐厅不一样，价格实惠，不需要太多时间，而且随时可吃，晚上也有供应。帕勒莫（Palermo）滨海大道一带为数众多、专门卖烫章鱼的章鱼摊（polipari）便是一例，市内专卖鹰嘴豆饼和搭着吃的面包的鹰嘴豆饼店（panellari）也属此类，而且不论走到哪里，都会看到油炸摊。在墨西纳（Messina），佛卡恰面包店非常受欢迎，卡塔尼亚（Catania）的每个街角都有用佛卡恰面包来制作夹饼的夹饼店（夹饼在当地叫作schiacciata），内馅要不是起士、鳀鱼、洋葱和番茄（在西西里最普遍的内馅做法），就是黑橄榄、土马起士（tuma）和花椰菜（卡塔尼亚当地的变化）。在锡拉库萨和拉古萨（Ragusa），这些佛卡恰面包的夹心馅料被称为“斯卡切”（scacce），而且可以是甜的：这种甜馅通常是用瑞卡达起士制作的咖啡起士霜。

在卡塔尼亚的鱼市场（Piscaria）和周一市集（Fera ‘O Luni），各式各样的美丽色彩让人不禁问道，大自然怎么可能出现这么漂亮的颜色，是不是因为埃特纳火山，使得此地土壤尤其富含矿物质，才能在当地种出色彩如此艳丽的蔬果。穿过这些市场时，人们可以买到用海鲜和沙丁鱼加上洋葱、面包屑、欧芹和马背起士等，裹上面粉高温油炸而成的炸海鲜和炸沙丁鱼卷（sarde a beccafico）。卡塔尼亚港区的斯泰拉油炸店（friggitoria Stella）是间历史悠久的老店，墙上的廉价白色瓷砖让整体装潢更显陈旧；这里贩卖的每一样东西，都是不用刀叉餐具、直接用手指取食的食物，如填入新鲜瑞可达起士馅的油炸馅饼（史芬奇）、填了巧克力和奶油馅的牛奶面包（在当地叫伊利斯［iris］）、炸饭团。港区也有卖炖牛杂（用犊牛的心脏、肝脏、肝脏、肾脏和肺脏等炖煮而成，在意大利文中称为caldume，当地方言为quadumi）和柠檬猪肉冻（zuzo）的小店。

帕勒莫和卡坦尼亚一样，是路边摊的天堂，仍然保有阿拉伯市集的传统。帕勒莫的市场和街道上，常常可以看到用热油炸着鹰嘴豆饼的摊子，炸好后用切片面包夹起来食用。从早餐时刻，人们就可以购买抹了鳀鱼、洋葱、黑橄榄和起

神庙谷

在圣约瑟节，人们会陈列以面包甜点布置成的复杂装饰

帕勒莫街景

士等馅料的著名辣比萨（sfincione），到了接近下午的时候，街上会出现卖烤羊肠卷（stiggiole）的摊子，同个摊子通常也会兼卖用蜡纸包好的柠檬汁猪皮肉饼（frittole）。牛脾三明治是帕勒莫的特产，不论早晚，任何时间都可以找得到，一般吃法有二，一是用柠檬调味，另一则是撒上起士。

淋上蜂蜜或撒上糖粉的炸甜饭团，更是不能不提的美味。这种甜点在意大利文称为“benedettini”，指本笃会修士的意思，顾名思义，正是由本笃会修士带来的。事实上，本笃会修士确实替西西里岛带来了许多食谱，后来也都融入岛民生活之中。这种点心有着令人着迷的故事，它既是西西里民众在街上抓着油纸享受的美食，也是少数人端坐在餐厅里就着美丽雅致的瓷器和桌布所享用的点心，这不禁让人对西西里人集体饮食的民主感到惊讶，同样的东西竟然会同时出现在庶民和富人的饮食中！这种炸甜饭团不但是路边摊，也是贵族和上流社会的饮食。西西里传统采长子世袭财产制，无继承权的次子大多从事神职，不过这并不表示他们就会因此放弃一些生活中的乐趣。如同许多文学作品所述，这些次子次女的生活其实还更快乐些，因为他们能自由享受闲暇，不须为维护家族财产伤透脑筋。

因为这个缘故，这里的修道院才有了各种豪华奢侈的饮食传统，西西里地区本笃会修道院在厨艺上的成就，绝对是无人可比的，世上再也没有比它们还富庶的修道院了，而卡塔尼亚的圣尼古拉女修道院，也成了世界上重要性仅次于西班牙蒙瑟拉修道院的本笃会修道院。

兰佩杜萨的《豹》中所提到，用了犊牛肉、火腿、鸡胗、蔬菜和鸡蛋等材料，完整表现古罗马奢华风格的烤面（timballo di maccheroni），就是在本笃会修道院修士手中达到完美之境。目前在西西里极为普遍，在罗马甚至打着教皇特色美食的名号来贩卖的炸饭团，也是出自这些修士之手。即使是做工繁复的油炸镶橄榄，尽管是因为马尔凯地区的修道院而声名大噪，而且在百科全书里还被列为阿斯科利皮切诺特产，追根溯源起来，其实也是西西里本笃会修士的杰作。此外，将馅料填入水管面，放在烤盘中淋上酱汁和一层厚厚的奶糊放进烤箱烘烤的焗烤镶管面，也是修士们构想出来的菜色。

要成就这样的精致，必须要有充分的时间，而只有修道院里的大厨，才有空闲时间慢慢研究。这些烹饪实验被认为是他们的圣洁之道，正是这些畏惧上帝的研究者，创造出像是西西里卡萨塔蛋糕（cassata siciliana）这种用糖渍水果、瑞可达起士慕思和香草慕思堆砌出来的惊奇美味。

卡萨塔蛋糕出现在 9 世纪的帕勒莫，自此以后，其做法不断地被改善，直到 19 世纪末至臻完美为止。

卡萨塔蛋糕的历史，其实是与帕勒莫的历史平行发展的。827 年 6 月 14 日，阿拉伯人从马扎拉德瓦洛（Mazara del Vallo）登陆，占领了西西里岛，除了将伊斯兰教统治者埃米尔居所所在地的帕勒莫划为自由贸易区以外，甚至宣布此地为可兰经延缓执行区，让班师回朝的军队可以在此休息。在帕勒莫，兵士们可以预先享受穆罕默德承诺给战死士兵的各种乐事。士兵们在这里可以喝酒，而阿拉伯人为了准备蒸馏酒，也特地带来了制酒专用的蒸馏器。到处都是糖果贩与来自东方的肚皮舞娘，诱惑着熙来攘往的过客，而且就柑橘和糖这两样来自阿拉伯世界的佳肴鲜货来说，帕勒莫的消耗量确实也是西西里岛之冠。

1060 年，诺曼人侵略西西里岛并进入帕勒莫，使这两种完全不同的文化在此相遇相融，创造出一种正面的感染，而这种文化融合的果实，当然也表现在烹饪方面。卡萨塔蛋糕就是这样出现的，为了纪念基督徒打败阿拉伯人，人们发明了一种非常高热量的复活节甜点，并将它命名为“卡萨塔”（来自阿拉伯文的“quas-at”，盆子的意思）。这种甜点的做法，是诺曼修女们在贵族埃萝依·马托拉纳（Eloisia Martorana）的引导下实验并完成发展的。用料丰富的卡萨塔蛋糕，主要材料有杏仁糕、羊奶瑞可达起士和糖渍水果，上面采管子酥饼、用威化饼制成的彩色花朵和银色糖果作为装饰，最后在侧边抹上糖霜，就大功告成。

管子酥饼在被拿来当成卡萨塔蛋糕装饰的数世纪以前，一直都是独立存在的东西。西塞罗在西西里担任检察官的时候，早就以“Tubus farinarius, dulcissimo edulio ex lacte factus”，亦即“装满甜奶糊的管状酥饼”，赞美过这种甜点。

尽管卡萨塔蛋糕在发明之初，原本是替复活节制作的瑞可达起士甜点，饶具宗教意味，不过从外观看来，这种甜点一点都不虔诚，甚至充满着被压抑的情欲。当然，这一点也不让人意外，尤其是发明者本身是处于一个出家隐居的修道院环境之中（见《情欲》）。

16 世纪期间，西班牙人带来了巧克力和海绵蛋糕。然后到了 19 世纪，由于糖渍水果装饰蔚为时尚，人们开始以将水果浸在糖浆里四十天的方式来制作糖渍水果，也就是说，整个四旬期期间都把水果泡在糖浆里。这些糖渍水果替卡萨塔蛋糕带来了更鲜艳的色彩，散布在白色的打泡鲜奶油上更是让人食指大动。此后，这种西西里甜点逐渐声名远播，举世闻名。当然，卡萨塔蛋糕会这么有名，也不是什么太奇怪的事情，毕竟意大利移民遍及全世界，移民所到之处，家乡美点自然也就跟着传播出去。

帕勒莫公设检察院反黑手党特别部法官兼副检查长罗伯托·斯卡尔皮纳托（Roberto Scarpinato），在《玛丽莲·梦露和西西里卡萨塔蛋糕》（Marylin Monroe e la cassata siciliana）这篇很有趣的文章中，解释了卡萨塔蛋糕的存在，对现实中的西西里代表了什么样的复杂意义，尤其以黑手党世界为背景的状况，以及其间复杂的权力关系与权力游戏。

如同弥撒时使用的圣饼富含了西方基督教世界两千年历史一样，卡萨塔蛋糕也与整个西西里岛的历史息息相关，从“旧石器时代”的做法，经过希腊、阿拉伯、诺曼与西班牙文化的洗礼，一直到现在那“可怜的、受到黑暗邪恶势力残忍对待的卡萨塔蛋糕……”

> 讲到西西里的权力，就不能不提到卡萨塔在黑手党世界所扮演的角色……午餐结束后，在众人欢呼声中端上了卡萨塔蛋糕：这黑手党的卡萨塔，用料向来丰盛到让人难以想象的程度。享受完卡萨塔以后，这个被设计的受害人，在毫无察觉任何异状的情况下，受到好友围绕，没有仇恨，也不是针对个人，众人待他正在吞下最后一口蛋糕时勒住他的脖子，将绳索套上他的脖子。[1]

因为西西里糕饼店而名声大噪的，还有另一种美味点心：西西里杏仁糕（pasta reale）。这种将杏仁糕形塑成各种精巧模样的技术，也是阿拉伯人带进西西里的。当然，其他地方或许也有类似杏仁糕的东西，不过西西里杏仁糕和其他杏仁糕的不同之处在于制作时必须加入橙花水，才能得到正确的可塑性。没有橙花水，就无法达到这种效果，而在西西里岛大量栽植的橙树，让人容易取得制作原料。

以正确方式制作橙花水以后，将杏仁放在石磨里捣碎，然后将碎杏仁、橙花水和糖一起搅拌。整个动作必须快速进行，不然杏仁糕很快就会变硬、破碎，就无法拿来形塑。马托拉纳本笃会修女维持了最优的西西里“宗教糕点”传统，用杏仁糕制作出各种小天使和被利剑穿透的玛莉亚圣心，并且以玫瑰、番红花和开心果等的浓缩萃取物来上色。不过，有些作品却也有着令人难以理解的亵渎意味，例如用樱桃装饰的少女酥胸，这也许是从卡塔尼亚殉道者圣阿塔加（Sant'Agata）身上得到的灵感吧。

西西里杏仁糕的雕塑艺术，不只掳获了马托拉纳修道院修女的心，也深受当地厨师的喜爱。这种艺术会在巴洛克时期达到巅峰，一点也不令人意外，因为它的技术基础和巴洛克美学的建造基础其实是一样的。这种用杏仁糕制成的水果，整个意大利都可以看到它们的踪影，其制作技术如此高超，让人难以辨别真假。乍看之下是个番茄，不过再仔细检查，你会发现它其实是杏仁糕做成的，拿起一个墨水池，你会发现那个墨水其实是可以吃的。在西西里岛，人们还会举办比赛，看谁最能做出以假乱真、与实物最接近的雕塑，帕勒莫每年 1 月 20 日圣塞巴斯蒂安诺节（San Sebastiano）举办的比赛便属此类，看看谁能用杏仁糕做出被箭射中的圣人躯体，谁又能做出让人垂涎的烤鸭！

波旁王朝时期，由于承袭了诺曼人封建制度的系统，西西里的土地被大块大块地切割，封给众男爵作为领地。这些土地很自然地带来开垦大型田地的可能性，也成了西西里岛农业有别于其他地区的特色。亚平宁半岛少有能成功开垦成大型田地的区域，而西西里则提供了这种可能性，也因此弥补了意大利小麦生产不足的问题，在市场内取得垄断独占的地位。

随着时间演进，西西里岛因为毫无节制的伐林，耕地越来越多。有鉴于岛上经济的特性，这些地主不但家族兴旺，甚至富可敌国。

欧洲大概没有其他地方比西西里岛还要重视贵族。西西里岛男爵的权威，甚至比黑手党老大还要高。事实上，西西里岛居民到底比较尊敬贵族还是黑手党，其实还是个不得而知的问题。检查长罗伯托·斯卡尔皮纳托在前面提到过的《玛丽莲·梦露和西西里卡萨塔蛋糕》一文中，就替西西里社会下了一个优雅精确的评断：

> 西西里社会一如过往，是个以主从关系为基础的社会。相较于“吻手”效忠、宗族、帮派，以及依附权贵并以出卖或放弃公民权利来交换享乐与保护等的霸权文化，权利文化仍然是属于精英阶层且相当脆弱的。[2]

一般人对西西里历史的了解大多来自于文学和电影，而斯卡尔皮纳托的描述，确实有助于了解西西里社会的许多精微玄妙之处。这篇检察官以西西里甜点为题

印度无花果

西西里自古以来就有制盐业的存在

西西里受三海环绕，渔业发达

所撰写的文章，提供了有关岛民文化与政治生活的概述，信息之丰远超过三代黑手党老大私人厨师乔·奇波拉（Joe Cipolla）所撰写的《黑手党食谱》（*The Mafia Cookbook*）：首先，这当然是因为奇波拉的故事以美国黑手党为主；其次，奇波拉的书是以诙谐秘闻的笔调来撰写，穿插着各种私人食谱，与西西里岛黑手党的关联性并不高。

无论如何，西西里贵族不论在过去或现在，都享有高度的经济特权。首先，他们一直都能大量生产并贩卖柑橘、谷物和杏仁。在过去，西西里岛曾被喻为“意大利谷仓”，由于生产量丰，自然也就成为意大利面和库斯库斯的主要消耗地区（库斯库斯的消耗以马尔萨拉［Marsala］和特拉帕尼［Trapani］为主）。当地生产的谷物质量极佳，非常适合用来制作由阿拉伯世界传入的库斯库斯，而当地人也习惯用库斯库斯搭配鱼类海鲜食用（另一个以库斯库斯为特产的地区是撒丁岛，不过在撒岛人们不只搭配鱼吃，也会拿来配肉酱和蔬菜）。

在西西里岛的岛中央，意大利人口中的“印度无花果”（fichi d’India）是很常见的水果。它其实是一种叫作刺梨的美洲仙人掌，只是当它被引进西西里的时候，人们因为搞不清楚印度和美洲，而将它称为印度无花果。这种植物除了能长出甜美多汁的果实以外，常常被种植在房屋周围作为围篱之用。此外，它还能用来养胭脂虫（Coccus cacti），一种可以用来制造绯红色染料的昆虫，人们还可以利用印度无花果和浓缩葡萄醪制作出一种非常美味的芥末酱。

阿格里真托地区是杏仁的主要产地。在新年期间杏仁树开花时，整个西西里南部似乎都覆盖上一块白色的蕾丝，飘着一股让人难以忘怀的香气。杏仁奶在此地的咖啡馆里很常见，就跟北部的卡布奇诺一样，若不是单喝，就是拿来代替牛奶，加在咖啡里喝。

西西里受三海环绕，因此市场里的鱼类海鲜也有三个不同的来源。爱奥尼亚海有发达的旗鱼业；西西里岛爱奥尼亚海北部沿岸，也就是古时独眼巨人出没的地区，有包括石斑鱼、锯鳐、鲷、一种很特别的鲭鱼，以及长鳍鲔等渔获，南部沿岸则有细点牙鲷，食用时大多以阿格里真托的橙汁蛋黄酱来调味。在锡拉库萨港口和埃加迪岛水域，尤其是法维尼亚纳一带，自古希腊时期就有屠杀三公尺巨鲔的习俗，历久不变。这种镖鱼的仪式会让人联想到卡拉布里亚和撒丁岛的类似习俗，追本溯源起来，可以回溯到拜占庭时期，因为在镖到鱼以后，不论在西西里或卡拉布里亚，渔夫们都会用希腊语大声欢呼，呼应着一种拜占庭仪式。来自拜占庭时期的，不只是这些当地人并无法理解其意义的欢呼，还有使用鱼叉的捕鱼方式。在拜占庭时期，人们也很喜欢吃黑海鲔鱼和西班牙鲔鱼。古希腊时曾写文论说腌肉和蔬菜的欧绪德谟（Eutidemo）就写道：

> 会吃雌鲔鱼的主要是拜占庭人：拿起一尾鱼，切片后完全烤熟；在上面撒盐，淋上油，然后浸在浓盐水里；这东西不加酱汁单吃非常美味，甚至神仙也会食指大动，不过如果加了醋一起吃，则会风味尽失。……拜占庭是腌鲔鱼的国度，是深海鲭鱼的国度，也是营养价值极高的天使鱼的国度。然而，帕里奥（Pario）这个小城却养了许多柯郭鱼（大型鲭鱼或鳕鱼），阿布鲁佐、坎帕尼亚

和塔兰托的商人，会到西班牙的加迪斯（Cadice）寻找切成三角形装在大玻璃瓶里腌渍的欧奇诺鲔鱼。不过，一大块放在玻璃瓶里盐腌的西西里鲔鱼，却让我对人们大老远去黑海寻找的黑海鲔鱼产生了蔑视之意。[3]

拜占庭人几乎是疯狂地爱上了西西里鲔鱼，到买光当地所有渔获，将他们全部腌渍保存以长期存放的程度。西西里渔民在和鲔鱼搏斗的时候，也会哼唱着古老的歌谣，一种听来残忍却又庄严的渔民曲调。帕勒莫人对鲔鱼的烹调方式，是先用葡萄酒、油、醋和迷迭香腌过之后再迅速火烤，要不就是在锅里和番茄及罗勒一起煎到表面变色就起锅（这种做法称为水手风味）。

雌鲔鱼腹部充满鱼子，而这鱼子是意大利烹饪里最受喜爱的食材之一。鱼子的食用方式，可以加上油、大蒜和欧芹拌过，作为意大利面的面酱。人们还会单独在木桶里用辣椒和莳萝腌渍鲔鱼眼，另外还有很多人跟古希腊老饕一样，对鲔鱼的腹肉大为赞赏。鲔鱼的睪丸和生殖腺也可以烤来吃，食道和胃在清洗并盐腌过后，可以搭配水煮马铃薯食用。然而在渔民眼中，风味最佳的却是鲔鱼的心脏：一般的处理方式是静置两到三天以后撒上盐稍微煎过便可食用。当地人还会将鲔鱼血混到制作佛卡恰面包的面团里（撒丁的这种面包也很有名，在撒岛被称为“fugasse”，音译为弗加塞面包）。在太阳下晒干的鲔鱼排，可以制成“莫夏美”肉干（又称慕夏美［musciame］或慕修马［musciuma］），莫夏美肉干加入油和柠檬加以软化以后，可以当作色拉的调味使用，要不然也可以切片加上箭生菜和切片番茄，搭配面包一起吃。即使是鲔鱼头，也会被磨碎当成肥料使用，不会被浪费掉，因此在菜园里看到大块鲔鱼骨头也不是什么新鲜事。这没什么好大惊小怪的，因为自古以来，鲔鱼就被称为“海猪”，其身体的每个部位都可以使用，跟猪一样，不会有任何部位被丢弃不用。

人们会把切成小块的鲔鱼肉浸在油中大量保存，不过在此之前，必须先进行去血的步骤，一直到鱼肉颜色变浅且变干的程度，如此以来，这些罐头食品就多了一种禁欲苦行的色彩，人们看到它的时候不会联想到鱼，反倒像是航天员吃的合成食物。从心理学的角度来看，这种颜色的食物比血红色的食物还容易下咽，幼儿不会拒绝，减肥狂热者也不会排斥，这也是鲔鱼罐头为何如此流行的原因。然而，高级餐厅经理却质疑这样的说法：

我们吃的罐头鲔鱼和地中海的红鲔鱼完全没有关系，而且相关法规也很清楚。根据意大利总统在1981年颁布的法令，授权将下列材料当成鲔鱼使用：黄鳍鲔、鲣鱼、鲭鱼、小鲔等……真正的地中海鲔鱼肉质一致，颜色深，如果跟面包棒一样容易折断，绝对是质量有问题。不过广告上教我们的，却完全是另一回事。[4]

除了谷物栽植、蔬果栽植和捕鱼以外，西西里经济和普里亚及罗曼尼亚一样，对制盐有相当程度的依赖。西西里自有史以来就有制盐业的存在，腓尼基人、希腊人和罗马人很早就开始从特拉帕尼进口盐，之后，西西里的盐业贸易落入阿拉伯人之手，而且几乎在同个时期，诺曼人因为想要将盐出口到世界上其他地方，也开始对西西里盐感兴趣。诺曼人将西西里盐带到了布列塔尼、英格兰和北欧的汉撒同盟，挪威人用西西里盐来腌渍鳕鱼和鲱鱼，而这些东西之后又从罗弗敦群岛运到利古里亚，再卖到全意大利。热纳亚商人大量进口西西里盐，并从热纳亚经陆路将这些盐运送到中欧。特拉帕尼的盐田，让西西里岛获得如同现今能源大国一样的经济保障，一直到人类发明其他保存食物的方法如冷冻、冷冻干燥、加热杀菌与消毒等，西西里盐的出口才发生危机。尽管如此，厨房对这些结晶粗盐的需求仍然不减，例如利古里亚人在当地特产风味如热纳亚佛卡恰面包上撒上西西里盐，就是个众所周知的例子。

此外，西西里盐也有不同的来源，因此风味也各异。海盐以特拉帕尼和马尔萨拉为主要产地（著名的奥古斯塔盐田），岩盐则以卡托利卡埃拉克莱阿（Cattolica Eraclea）的盐矿进行开采。

墨索里尼时期，利帕里岛（Lipari）成了流放异议分子的地方。在法西斯执政的二十年间，利帕里岛成了一个独一无二的聚落，是异议的摇篮，而岛民形同软禁的状况，也与他们对自由的热爱与追寻形成强烈的对比。时至今日，利帕里岛早已成为极受欢迎的观光胜地，人们尤其爱在夏初到岛上品尝当地特产的海胆，搭配着冰凉白酒一起下肚。海胆一般就吃它的生殖腺，因此只有在这些动物达到性成熟，也就是春季和夏初才能吃，而这也是疲惫不堪的作家们开始计划第一个夏季短期度假的时节。除了海胆以外，岛民也捕捉一般居住在大洋、远离海岸地带的鱿鱼和颌针鱼。另外，每年 1 月至 2 月岛上欠缺蛋白质来源的时候，岛民也会捕捉当时正值迁徙季节的海龟。海龟和其他海鲜一样，是在以稀释葡萄醪为基底的酱汁里烹煮，加上大蒜、洋葱、欧芹、续随子和杏仁调味。

岛上生产的家山黧豆（Lathyrus sativus）是一种很有趣的作物，目前在意大利只有少数地区如马尔凯地区、托斯卡纳地区和埃奥利群岛（Isole Eolie）有栽植。从前的罗马人也爱吃黧豆，只不过后来被鹰嘴豆取代了。风轮菜和当地品种的小番茄，是此地蛋煎的主要装饰与材料，颜色鲜艳且香味四溢。至于埃奥利群岛的作物，则以续随子为主。

就埃奥利群岛的地方菜色而言，以干芥末酱（mustarda sicca）最令人惊艳，其制法是将葡萄醪、淀粉质、核桃、杏仁、茴香子等一起煮沸，然后在太阳底下晒干，与意大利北部地区如克雷莫纳与卡尔皮等地特产的芥末酱相当不同。后者的口味又甜又辣且质地呈液状，大多搭配水煮炖肉食用，而利帕里一带因地中海气候之故，很少出现肉类菜肴，因此，这里以芥末酱微名的特产，根本就是另一种东西，是一种切成块状的干制点心。

这里还有一种既少见又重要的作物，就是美味的开心果。这里种植的品种外观呈红宝石色、内部呈翡翠色的“布隆特红开心果”（rosso di Bronte）。把这种开心果磨碎，混入鲜奶油、室温牛奶、糖和淀粉质做成冰淇淋，那美妙滋味简直无与伦比。开心果不只可以做成点心，还可以入菜；开心果酱管面就是西西里岛极为经典的一道风味菜，这开心果酱就是用洋葱、大蒜、橄榄油、培根、肉高汤、磨碎的开心果、白兰地、鲜奶油、盐和胡椒等制成。

布隆特的开心果直接种植在火山岩上，挨着亲缘关系近似的巴西乳香（Pistacia Terebinthus）生长，从巴西乳香采到的树脂，是民俗疗法的珍贵药材。开心果来年结果，目前在西西里岛上是奇数年收成。由于种植地区的土壤不透水，使得开心果的栽植成为一件很辛苦的工作，也因此让意大利开心果的价格居高不下，总是比伊朗或土耳其产的开心果来得贵。因为获益性不高，西西里的开心果差一点完全绝迹，现在之所以尚且存在，完全是因为欧盟和意国政府农业暨森林部的支持，以及一些私人单位的热心与努力。西西里开心果的命运掌握在他们的手中，如果这个市场得以存续下来，绝对也是慢食组织致力保护之故（见《慢食》）。

西西里周围小岛的另一个知名特产，是需求量远高于开心果的续随子，其中最大也最多汁的果实，是在离非洲不远的潘泰莱里亚岛（Pantelleria）上种出来的，而老普林尼在《自然史》中赞不绝口的，正是潘泰莱里亚岛生产的续随子。1560 年，昵称帕农托（Panonto）的多米尼科·罗莫利（Domenico Romoli）在其著名烹饪专文《颂扬续随子疗效的奇异学说》（*La singolare dottrina decanta le virtù curative dei capperi*）中声称，“吃续随子的人不会有脾肝痛的问题”，并表示续随子具有壮阳功用。

冰淇淋是地道的西西里特产。西西里人声称，意大利最先发现冰淇淋的就是西西里人，而冰淇淋的概念是阿拉伯人带进西西里岛，再由此传入托斯卡纳，然后才传播到世界各地。不过有关冰淇淋的发明与传播，还有另一种说法。卡特琳娜·德·梅第奇（Caterina de’Medici）在 1533 年，年仅十四岁时抵达巴黎，嫁给后来成为法国奥尔良王朝国王的亨利二世为妻。卡特琳娜带了个人设计师兼建筑师贝尔纳多·布翁塔伦提（Bernardo Buontalenti）随行，而布氏的兴趣之一就是研发甜点，据说冰淇淋可能就是他发明的。

西西里人当然坚持冰淇淋的发源地是西西里，不过要确认这个说法，尚且需要更进一部的研究才行。不过有一点是毫无争议的：冰淇淋的前身是冰沙，西西里冰沙（意大利文里的冰沙“sorbetto”一字来自阿拉伯文的“shar’bet”）。冰沙的制作并不复杂，只要把果汁和雪混在一起就成了，只是从前人们面临的主要问题，在于材料的取得。在文艺复兴时期要怎么样才能找到雪呢？西西里人靠的是埃特纳火山。每到冬末，西西里人会利用地底通道，从埃特纳火山上滚下巨大的雪球，而且这雪球还是用一层雪一层毛毡的方式堆起来的，如此以来，雪融化的速度就会变慢，也不会被压成冰块。因为这样的做法，所以西西里人到了夏天还可以把一包包的雪卖到意大利各地，甚至出口到距离不算太远的马耳他（Malta）。

若在用果汁和雪做成的冰沙里加入葡萄醪、葡萄酒和蜂蜜，那这美味的成品甚至可以在洞穴或井里保存到两天之久。到了 17 世纪，人们开始在冰沙里加入奶油和鲜奶油，做成了一种全新的甜点，并将它称为“冻糕”（parfait，指完美之意）。如果加进去的是脂肪含量较低的牛奶，就成了在意大利文中称为 mantecato 的简易冰淇淋。这些东西，同样也是修道院厨师的实验成果，而发展至此，它再也不是冰沙，早就成为另一种完全不同的东西，也就是现在众所周知的冰淇淋。时至今日，世界各地都有冰淇淋的踪迹。冰淇淋很快从西西里被带到巴黎。1686 年，西西里出身的糕饼师傅弗朗西斯科·普罗科皮奥·科尔泰利（Francesco Procopiodei Coltelli）

在巴黎拉丁区开了一间著名的咖啡厅兼冰淇淋店波蔻咖啡厅（Le Procope）。这间咖啡厅目前还在，据说富兰克林（Benjamin Franklin）就是因为吃了这里的冰淇淋而灵感大作，在此一气呵成地写下了美国宪法。

人们很容易相信西西里是冰淇淋发源地的说法，毕竟量大又便宜的雪，让西西里人能够开始持续制作冰淇淋和其他以冰为基底的甜点。然而，冰淇淋的历史却经历了一个完全无法预期的变革，以至于自 19 世纪起，尤其到了 20 世纪，冰凉饮料和甜点的产业基础移转到了北部，以威内托地区的小规模工匠为主力。

意大利自 19 世纪起加速了工业化的进程，对以技工和铁匠为主的老工坊造成不小的压力。然而，意大利人的适应力强又有弹性，很快就找到因应之道。这些工坊和铁工厂以令人惊讶的速度，开始从事其他生产活动，制作小型的冰淇淋机与奶糊搅拌器。由于能以流动性的方式制作冰淇淋，又制造出方便使用的冰车，威内托地区的技工每到夏天就出发到外地寻找工作，化身成为冰淇淋摊贩，在意大利各地的海滩与散步道叫卖冰淇淋。到了 20 世纪初，已有百分之八十的流动式冰淇淋摊贩握在威尼斯人手中。然而，由于卫生顾虑的缘故，许多地方开始对街上的流动冰淇淋摊发出禁令，于是这些威尼斯技工就开起了冰淇淋店、小点心店和固定摊位。时至今日，意大利不论在市内或海边的许多冰淇淋店，名称上都带有水都的影子，例如威尼斯咖啡馆、里奥托糕饼店、圣马可咖啡厅等，实非偶然。

在威内托人鲸吞蚕食冰淇淋事业的同时，西西里的糕饼师傅们也没有闲着，还是持续地在水果冰沙上下功夫做实验。在经过几世纪的许多试错以后，现在西西里岛的清凉甜点不论在滋味和变化上，都无人能出其左右。人们一般认为，意式冰沙（granita）是用打碎的冰块做成的，这说法在意大利大部份地区都成立，不过在西西里却不是如此，因为西西里的义式冰沙是采用一种特殊做法，由于用了大量的糖，使得这混合物不至于结冰，而且能保持细腻的口感和半液状的质地，并常搭配打发的鲜奶油或甜面包一起吃。桑葚冰沙是墨西纳的特产。桑葚这种果子不耐放，从树上摘下来以后只能保存几个小时，之后就不能吃了，不过如果将它拿来和冰块一起打，就可以在冰箱里放到当天结束，甚至超过 24 小时也不会坏。非常受到游客欢迎的另一种冰品，则是用混了奶油卡士达馅做出来的冰淇淋蛋糕（spumone 或 spuma）。

西西里岛的不同城市都有独到的冰淇淋口味，例如特拉帕尼的茉莉花冰淇淋就很受欢迎。西西里人和卡拉布里亚人一样，都会在早餐吃冰淇淋，在咖啡厅里购买包了冰淇淋、柠檬果肉冰沙或杏仁冰淇淋蛋糕的甜面包。这样冰凉又高热量的早餐，绝对足以应付整日工作所需的能量。

西西里岛的地方风味

开胃菜

- 慕思提卡（mustica，油渍炸鳀鱼）
- 炸饭团：内馅包了起士、肉酱、豌豆、火腿和酱汁。
- 意式炖蔬（caponata）：用锅炖煮的蔬菜，每项蔬菜分别炒过才放一起炖煮，盛盘前加入橄榄、鳀鱼和续随子拌匀。
- 玛库（maccu）：搭配野茴香的蚕豆泥（类似的蚕豆泥在卡拉布里亚也很有名，叫作“macco”）。
- 用油、盐和胡椒调味的橙片色拉，是道精练简洁的配菜。西西里生产的橙子在意大利境内特别受到赞赏，不过人们认为在埃特纳火山附近生长的橙子，因为吸收了自然里少见的微量元素而具有抗癌的效果，其实是没有科学根据的，尽管如此，还是有很多人相信这样的说法；人们对外皮略红带有斑点、果肉呈鲜红色的血橙（Tarocco）尤其抱有这种迷思。

第一道

- 野芦笋面
- 西西里岛上的九个省区都有各自的代表菜色：
  1. 阿格里真托的红酱茄子面。
  2. 卡塔尼塞塔（Caltanissetta）的猪肉酱面疙瘩（cavatieddi）
  3. 特拉帕尼（Trapani）的特拉帕尼风意大利面
  4. 拉古萨（Ragusa）的蚕豆泥小水管面
  5. 锡拉库萨的锡拉库萨风炒面
  6. 卡塔尼亚（Catania）有以贝里尼歌剧《诺玛》（*Norma*）为名的诺玛面，里面用了炸茄子块、番茄和咸瑞可达起士。
  7. 恩纳（Enna）有搭配栉瓜和马铃薯的玉米糊
  8. 墨西纳有旗鱼酱方块面
  9. 帕勒莫则有沙丁鱼面以及用沙丁鱼、莳萝、葡萄干、松子和番红花等制作的酱汁的吸管面。
- 用慕迪卡面包屑（muddica）作为面酱的吃法，在西西里也很受欢迎。慕迪卡是用烤过的面包屑加上化在橄榄油、番茄和欧芹的鳀鱼所制成。

第二道

- 鱼类海鲜
- 墨西纳风炖鳕鱼

甜点

- 西西里特产的各种饼干：橙酱馅饼（cuddureddichini）、无花果馅饼（mastrazzola）、橙子饼干、柠檬饼干。管子酥饼、瑞可达起士蛋糕、橙味瑞可达馅饼（sciauni）、甜炸薄片（chiacchiere）、蜂蜜饼（mastrazzoli al miele）

- 各式用蜜桃做成的甜点
- 杏仁牛奶
- 意式冰沙
- 黑桑葚冰沙
- 果肉冰沙
- 意式牛轧糖冰淇淋
- 冰淇淋蛋糕。

西西里地区的特产

- 腌鱼：墨西纳海峡的旗鱼，鲔鱼
- 形状为平行六面体的拉古萨起士
- 血橙
- 印度无花果
- 布隆特开心果
- 奇碧波甜葡萄
- 潘泰莱里亚岛的续随子
- 拉古萨的西瓜。
- 以罗索利尼（Rosolini）为主要产地的角豆：角豆状似宝石，外观相当一致且完美，常被珠宝商拿来作为秤重的砝码，这也是珠宝重量“克拉”这名称的由来。根据民间传说，在角豆树的根部可以找到宝藏……
- 杏仁糕
- 玛法达芝麻面包（pane mafalda）
- 包了杏仁和巧克力的软牛轧糖
- 各种宗教节日的甜点与饼干
- 杏仁牛奶
- 西西里卡萨塔蛋糕

代表性饮料

- 马尔萨拉酒：英国商人约翰·伍德豪斯（John Woodhouse）在1773年“发现”可被当成马德拉酒（Madera）或雪莉酒（Sherry）替代品的甜酒。

1.《食物与承诺》（*Il cibo e l'impegno*），第73页。

2.《食物与承诺》，第73页。

3. 引述列维尔，《餐桌历史三千年》，第48页。

4. 基亚拉蒙特（Chiaramonte）、鲍里尼（Paolini），《跟着大厨逛市场》（Traibanchi del mercato con il Cuciniere），2005年1月9日《24小时太阳报》报道。卡梅洛·基亚拉蒙特（Carmelo Chiaramonte）是卡塔尼亚卡塔内餐厅（Katane）主厨。

S.P.Q.R

极权主义

TOTALITARISMO

1922 年夺权执政的意大利法西斯政府，曾经试图借着容易理解的饮食语汇来进行全民改造。为了恐吓意大利人民，法西斯政府到处宣传，表示敌人一天吃五餐（事实亦如此，英国人每天有五餐，包括早餐、午餐、下午茶、晚餐和宵夜）。意志坚强的意大利人民向来习惯每天吃两餐，至多三餐，就根据这餐食频率来想象其战略假想敌有多强大。当时的法西斯政府为了加强内部纪律，甚至会强迫异议分子喝下蓖麻油[1]，以象征性的手法把生理和社会生活的神圣过程（也就是吃东西）转化成一种诅咒，利用人体消化功能来施行酷刑。

陶醉在强大权力中的法西斯政府，更试图拿意大利饮食符码的主要象征，也就是意大利面来开刀。未来派的菲利波·托马索·马里内蒂（Filippo Tommaso Marinetti）是法西斯政府的理论家，他就曾经拿起左轮手枪对着一盘培根蛋面开枪，以表示威之意。

尽管如此，这种前卫餐桌的具体理论与建议，以及其确立和宣传，其实一直到 1930 年 12 月 28 日，当马里内蒂于《都灵市人民公报》（*Gazzetta del Popolo*）发表了《未来派饮食宣言》，并在来年 1 月于翁贝托·诺塔利（Umberto Notari）的杂志《意大利烹饪》（*La Cucina Italiana*）再次发表以后，才真正展开推动。

这份文件提前到 1930 年 11 月 15 日发表的原因，在于当时伦巴底地区最著名也最成功的诸位记者，在那天出席了一个在米兰市鹅毛笔餐厅举办的晚间活动。来自埃及亚历山大城的马里内蒂，藉由这个机会明确将意大利面贬为“荒谬可笑的美食宗教”、“淀粉食物……用吞的不是用嚼的”、“传统主义者的菜肴，因为它难以消化、野蛮、对营养含量造成误导、让人存疑、行动缓慢且悲观”，并以“厨房化学”之名对意大利面提出挑战，期望借着“看似荒谬的新融合”让人忘却“平庸的日常味觉享受”。

本着同一股反对浪漫主义的精神，马里内蒂继续说：

> 或许，干鳕鱼、烤牛肉和布丁能对英国人带来好处，就如同荷兰人的起士烩肉，和德国人的酸菜、熏肉和香肠一样；然而，面食对意大利人是绝对没有好处的。举例来说，面食和那不勒斯人活力充沛、热情慷慨又直观的精神就完全成对比，尽管他们每天大量吃面，还是出了许多战争英雄、灵感充沛的艺术家、辩才无碍的演说家、精明敏锐的律师和韧性极高的农业家；面食吃多了，会产生一种充满讽刺与感伤的典型怀疑论，让人热忱尽失，若他们能戒除吃面的习惯，那成就不知会有多高。[2]

在法西斯时期，意国境内出现了许多古怪的“问题指南”，一种将意大利个别城市的缺陷和毛病集结成册的“黑皮书”。记者保罗·莫内里（Paolo Monelli）尤其本着这样的精神，拟定了一条理想美食路线，而且在这条路线上还会遇上相当多的胖子，如“卡布里岛的胖子、佛罗伦萨的掌柜、罗马那些屁股大到可以把巷子堵起来的老妈妈”[3]；莫内里此举之目的，在于和朱塞佩·卡瓦扎那（Giuseppe Cavazzana）在第一次世界大战以后重编再版的《意大利美酒美食之旅》（*Itinerario gastronomico ed enologico d'Italia*）进行对照。而与政党和政府完全站在同一阵线的马里内蒂，更是将面食当成被动消极、笨拙迟钝、“大腹便便”的象征：

> 意式面食的营养价值比肉类、鱼类、豆类的低了百分之四十，它纠缠着意大利人，把意大利人和潘妮洛普织的布[4]，以及等待风起以扬帆出发的帆船，紧紧地绑在一起。在这个意大利人早已借着聪明才智而横跨海洋大陆发射长短波网络，以及能藉由电子讯号将丰富景观传播到世界各地的年代，为什么不投向新事物的怀抱，反而还要选择面食带来的沉重感？那些捍卫着意式面食的人，个个都大腹便便，跟无期徒刑犯或考古学家一样。更者，禁止面食可以让意大利不再受制于昂贵的进口谷物，并支持意大利的稻米工业。[5]

稻米是很好的碳水化合物来源，而且能让人不至于被未来派分子在世界各地发动的改革活动影响到，因为全国稻米总会是法西斯革命的主要支持者之一。

然而在未来派饮食改革运动中，最让人感兴趣的还是与意大利面有关的斗争，这个主题也因此吸引媒体大幅报导，在台面上进行正反面意见的讨论。意国烹饪界因此展开调查，欢迎当时文化界与医界代表发表他们的看法；其他社论也陆续出现在《罗马周日报》（*Il Giornale della Domenica di Roma*）、《都灵人民公报》、《热纳亚十九世纪新闻报》（*Secdo XIX di Genoa*）等，甚至《纽约时报》和《芝加哥论坛报》

（*Chicago Tribune*）也有相关评论；而有些专门讽刺时事的刊物如《奎林梅斯其诺杂志》（*Guerin Meschino*）和《马可 · 奥勒留日报》（*Marc'Aurelio*）也不时以漫画和笑话的方式加以批评。

并非所有人都对禁止“意大利国菜”的做法表示赞同。例如诗人法尔法（Farfa）就将面饺描绘成“装在红色信封的情书”，而一位来自利古里亚地区的未来派成员则投稿给《今日明日》（*Oggi e Domani*）杂志，在 1931 年第一期刊登了他写给马里内蒂的请愿书，希望至少能将热纳亚青酱细扁面剔除在斗争名单以外。阿奎拉的妇女也摒弃了向来冷漠的态度，站出来签署替意大利面请愿，那不勒斯人更公开以保护普钦奈拉（*Pulcinella*）最爱的面线展开抗争。[6]

然而我们必须指出，人们并无法打从心底相信未来派这种有问题的声明，更何况从一些小故事来判断，大多数人会觉得这政治宣传是一回事，而大力鼓吹这些运动的诸位意见领袖其实还是衷心喜爱面食的，此外，许多小报也戏谑地以号称未来派之父的马里内蒂为主角，刊登了他忙着大口吃面条的蒙太奇拼贴照片。20 世纪 30 年代某篇政治讽刺漫画的说明文字就写着：

> 马里内蒂说“够了，把面也给我禁了。”
> 结果他被人们抓包，发现他狂吃面条。

在这种想要颠覆传统、让意大利人戒除面食（不切实际和自杀之举）的欲望中，其实有三股力量在作用着，一是权力的傲慢，一是与墨索里尼性格有关的“人为因素”，一是特定的政治逻辑。从政治经济的角度来看，倘若意大利人能舍面就面包，的确能替国家带来好处，因为就事实而言，意式面食只能用硬粒小麦来制作，而意国境内硬粒小麦的产量不足以应付国内需求，必须从包括美国在内的其他国家进口。法西斯政府的外交经营好比灾难，与外国政府的关系并不好，由于意识形态之故，断然决定不再进口硬粒小麦，也因此将意大利推向饥荒。不过我们也要注意到一点，就是在停止进口硬粒小麦以后，即使一般小麦也慢慢耗尽。类似的状况也发生在 1945 年以后，美国船舰运来的谷物成了政党意识形态辩论的主题，而此种斗争也演变成后来的冷战（见《来自美国的新恩宠》）。

若以饮食符码的词汇来叙述，墨索里尼的性格似乎并不太吸引人。这位政治领袖和其他独裁者一样，没有什么过人的胃口（希特勒和斯大林也是这样），正餐时有什么就吃什么，每天喝三公升牛奶，休息时间会吃点水果，也难怪他终生为胃病所苦。墨索里尼的独裁被称为“瑞可达起士的独裁”[7]，这种说法是当时法西斯秘密警察头子圭多 · 雷托（Guido Leto）发明的，因为雷托对墨索里尼极为不满，认为墨索里尼意志软弱，与真正的意大利精神格格不入，意大利饮食文化是鄙视如新鲜瑞可达起士这类乳制品的。

我们知道，就许多方面而言，法西斯政党继承了未来派的想法和美学。未来派份子感兴趣的是国家的工业化，对他们来说，乡野自然是极其陌生的。如此以来，

“未来派之父”马里内蒂

法西斯式农业工业城萨包迪亚

他们自然就与意大利人心中至关重要的价值观形同陌路，而这种价值观指的就是人们耕种的土地，以及人们居住、工作、沉思、尊崇与享受的那块土地。

所以，意大利饮食符码的主要价值，就受到法西斯政权的误解或否认。

意大利法西斯政府就像其他致力工业化的国家一样，开始破坏传统家庭生活结构，让人们，尤其是女性从家事奴役的枷锁解放。

> 由于现代饮食工业的成就（罐头食品、冷冻食品、现成食品），人们在厨房里忙碌的时间变短了，烹饪成果更为丰硕，而在食物与餐点的准备方面，那些根据政治论述模式所确立的规定也可以因此受到消灭、焚毁、超越……家庭主妇并非为了丈夫、儿子或爱人做饭，而是替国家准备餐点，供应这些公民吃的……

意大利著名俄罗斯文化专家吉安·皮耶罗·皮瑞托（Gian Piero Piretto）也如此叙述了苏联民众日常生活的转变。在许多例子中，这种社会转变让某些运气好的个人能藉此获得额外的机会，从束缚中解放，不过很不幸地，在大多数例子中，只是让人对常识更加疏远罢了。

极权主义政府通常也会压抑人民的性欲，即使是最微小的欲望亦然。这种趋势同样也反映在饮食符码的语汇中（见《情欲》）。在苏联政府统治下的俄罗斯社会，怀疑一个人常去餐厅用餐，就有影射此人生活放荡的意味，而在苏联时期的电影中，如果主角去了餐厅，宿舍管理人员就会马上怀疑主角“私会爱人”。恩斯特·卢比切（Ernst Lubitsch）的电影《俄宫艳史》（*Ninotchka*）很精警地调侃了奉行俭朴严谨的苏联革命。葛丽泰·嘉宝（Greta Garbo）饰演的苏联女特使，在片中开始怀疑社会主义信条，而当她在法国餐厅品尝了一道美味汤品以后，也开始发现了情欲带来的欢愉。餐厅一幕的讽刺之处，在于编剧将场景设在一间无产阶级聚集的餐厅，不过带有自由与反极权主义色彩的，却是主角进食、享受食物的那一刻。

独裁政权会出版通过审核的食谱书，不过这些食谱不是以家庭主妇为对象，而是针对集体餐厅。食材的量以干燥材料来测量，书内图说更是充斥着让人印象深刻的大型金属搅拌器和蒸馏锅。法西斯主义对意式面食的仇恨就是这么来的，因为意式面食象征着家庭自制午餐，容易在家里准备，不过在食堂用的大锅子里却很难煮得好。因此，法西斯的政治宣传要求人民减少面食的消耗，改以面包代替。为了大量取得一般面粉（也就是不适合制作意式面食却适合做面包的面粉），墨索里尼宣布了一项法西斯政府的新计划，组织农业合作社（这个模式与苏联的集体农场极为类似）。

墨索里尼政府甚至提供了一个宏伟的目标：谷物战争。当时，提倡男子气概、经济独立和民族主义的墨索里尼亲自袒胸上阵，在利托里亚（Littoria）或萨包迪亚（Sabaudia）一带的农庄拍摄宣传照（这些都是在新开垦地区创建的农业工业城）。他以好手之姿公开示范，指导打谷工人如何从事这种困难的工作，受指派的特别代表纪录了墨索里尼的打谷量，而领袖从事打谷工作的消息也见了报。与此同时，意国政府也开始对进口谷物课以重税，并且宣布，农业部部长的职责在于将意大利改造成一个能够在谷粮生产上自给自足的国家。

在当时的意大利，尽管乡村居民并没有深入了解法西斯的意识形态或美学，却也顺应了情势，在抽干沼泽而得的处女地中找到新生活舞台。在政府的主导下，原本无法耕种的沼泽地经过疏浚，开垦新地也成了极权政府的首要目标。墨索里尼甚至下令整治罗马南方疟疾肆虐的旁蒂内沼泽，同时也在撒丁岛展开大型工程。墨索里尼政府显然认为撒岛居民忠诚度不足，无法将这种世纪工程的重责大任交给他们，因此将威内托地区的几个村庄整个迁到撒岛西部，将这些工程交给这些在数世纪以来累积了许多大型沼泽疏浚整治工程经验的威内托人。

在离撒岛城市阿尔盖罗（旧称巴塞隆内塔，居民以加泰罗尼亚人）不远的费尔蒂利亚（Fertilia，有祈求丰收之意），尚有一间墨索里尼时期的集体农场可供参观。在威廉·布莱克的笔下，这些地方魅力十足，[8]然而在布莱克走访之际，这些地方已不再受到麦田围绕，居民也不是无惧无畏、头戴金黄麦穗冠的年轻法西斯分子。在过去，这里的集体农庄就是法西斯主义的样板，而费尔蒂利亚的格局也是以极权主义建筑风格来规划的，根据布莱克的说法，“介于英国女子寄宿学校和提洛尔地区精神病院之间”。这里的街道完全对称排列，然而众所周知的是，意大利城市的和谐感来自于它们的不对称，完全与法西斯时期的建筑大相径庭，因为法西斯建筑的特色在于几何结构，在于严谨精确的线条，而家庭住宅更有宽敞的空间，足以按政府的家庭计划容纳一个有七个小孩的家庭。至于农场的收成，则放置在公共仓库里，每一位农民的所有收成都必须缴纳中央，一粒谷子都不能留，之后，全部的收成再由当局统一贩卖。城市都设有主广场，主广场上一定有教堂和法西斯之家。费尔蒂利亚附近还有另一个外观几乎一模一样的城市，叫作墨索里尼亚（Mussolinia），在法西斯政府倒了以后更名为阿博雷亚；在这里，法西斯政府进行了另一种实验，以较温和的手段施政，让家庭可以保有大部分收成，因此墨索里尼亚的住宅旁都设有谷仓。

法西斯政府也规定人民养牛，以取得牛奶和奶油（它仍旧是个“瑞可达独裁”），不过在原本就以羊只为主要畜养动物的地区（例如撒丁），养牛活动一直都不受欢迎。此外，因为气候条件不同，各地谷物收成不一，而且有些地区甚至按政府要求在菜园里种植谷物，使得番茄产量剧减。在意大利，要让番茄产量剧减并非易事，我们得承认，这独裁者真是个天才。这样的结果也让厨房面临困境，不用番茄，到底要拿什么来制作面酱呢？

由于法西斯政权向意式面食宣战，因此对政府来说，番茄歉收也不是什么大事，而法西斯政府甚至对国家粮食生产改造计划所导致的悲惨后果，也就是国内粮食短缺的状况毫不介意。对于欠粮一事，法西斯政府的响应是派政宣部在各处张贴海报：某位仁兄脖子上绑着餐巾，正对着盘里的面大快朵颐，旁边还放了一只烤鸡、一些水果和一瓶酒，旁边有位身着制服的士兵从这好吃鬼的身后接近，勒着他的脖子说：“吃太多就是向国家抢劫。”

许多私下反对法西斯政府理想和美学的富裕家庭，都采取了反抗法西斯饮食符码的挑衅手段。因为有钱，这些人得以从国外取得补给，所以在这些家庭举办的晚宴中，不时会出现法国香槟、鹅肝酱、鱼子酱、苏格兰鲑鱼和英格兰威士忌等好料。这些反政府人士尤其喜欢邀请法西斯政府官员参加这种高调的贵族聚会，将这些官员奉为上宾。美食特务费德里科·翁贝托·达马托在《菜单与档案》一书中就提到过这类餐会，并在稍候参加党务会议时替自己辩解道："我之所以接受邀请，试想要看看这些反政府运动可以搞出什么名堂来。"[9]

在第二次大战以后，意大利共和国第一共和时期的政府在与民众沟通方面，展现了更高的心理成熟度、用语更为亲民、更能掌握意大利的饮食符码（见《民主》），不过在这样的背景下，显然还是有沟通中断、政府向民众传送出错误讯息的时候。这情形发生在1959年，而且差点在意大利境内引发革命——那种意大利共产党长久以来一直无法促成的革命。该年，意大利由于当时的卫生部部长卡米罗·贾尔汀（Camillo Giardin）之故，差点引起人民群起反抗，起因在于意大利议会当年刚开始讨论食品掺伪的问题，在辩论的过程中，贾尔汀部长热烈赞扬了科学和食品工业的进步，讲到口沫横飞之际，辩才无碍地描绘了人类在未来将征服太空的远景，在议事厅里说道："在未来太空旅行中，（人类）将能透过科学方法净化自身排泄物，并将它转化为可以食用的营养。"[10] 这样的说法绝对不是个好主意。反对党趁部长失言大加挞伐，而最有效的攻讦如"我们是五千万名抱负远大的太空探险家"[11]，更在反对党媒体中长时间以各种不同语气的版本出现，极尽嘲讽挖苦之能事。

---

1. 译注：蓖麻油有股难闻的味道，而且是一种强泻剂。
2. 马里内蒂、菲利亚（Fillia），《未来派烹饪》（*La cucina futurista*），第170页。
3. 莫内里，《游荡好吃鬼的意大利美食路线》（*Il ghiottoneerrante: viaggio gastronomi coat traver sol'Italia*）。
4. 译注：在《奥德赛》中，奥德修斯的妻子潘妮洛普坚守妇道，不愿接受追求者的求婚，为了借口拖延，她假装自己正在替公公织寿衣，不过她白天织布，晚上则把白天织的部分拆掉，因此这寿衣怎么织也织不完。时至今日，意大利人以"潘妮洛普的布"来表示立意良好却怎样也不可能完成的工作，因为每次都得从头开始，所以永远不可能完成。
5. 马里内蒂、菲利亚，《未来派烹饪》，第172页。
6. 席加洛帝（Sigalotti），《在宣言、盛宴与反传统食谱中周旋的未来派烹饪》[*La cucina futurista tra manifesti, banchetti e ricette'antipassatiste'*]。
7. 译注：指墨索里尼不过是个软脚虾。
8. 《加里波底的吸管面》，第243页。
9. 达马托，《菜单与档案》，第60-61页。
10. 科尔比（Corbi）、札内蒂（Zanetti），《别因为油而分心了》（*Non lasciamoci distrarre dall'olio*）。
11. 《噢，不要大便……》（No, lo sterco no...），《快讯周刊》（*L'Espresso*），1959年12月20日。

1

SARDEC

19 SARDEGNA 撒丁岛

许多观光客对撒丁岛的印象只有最近四十年的水泥海岸，并没有感受到属于撒岛烹饪的美好香味。真正的撒岛，只存在于游客足迹罕至之地，只存在于当地牧羊人夏季在山区放牧的地方，他们在那里过着没有家人、没有厨具、没有商店也没有冷库的生活，吃的是加入香草和香桃木树叶一起火烤的乳猪、羔羊和羊肉。

卡拉修烤肉（carraxiu）是源自努奥罗省（Nuoro）维拉格兰德市（Villagrande）的特色菜肴，它的存在让弗朗索瓦·拉伯雷[1]的许多发明都相形失色。根据民族志的记载，这道菜的做法是拿一只年轻的公牛，在里面塞进一整只羔羊，而羔羊里则塞一只乳猪，乳猪里塞一只野兔，野兔里塞一只山鹑，山鹑里塞一只小鸟；把这些动物塞好以后，便会找来当地的鞋匠，用粗蜡线把公牛坚韧的外皮缝起来。在撒岛的某些地方，这道菜叫作“malloru de su sabatteri”，指“鞋匠公牛”之意。只有撒岛的烤肉专家，才有办法把这个好比俄罗斯许愿娃娃的东西均匀地烤熟。

跟卡拉修这道菜比起来，其他如“帕斯图密斯图”（pastu mistu）这道将全鸡塞进火鸡里，或是兔肉塞进野兔的菜色，就显得小巫见大巫了。根据当地的传说，在准备这祭品的时候必须要同时念咒驱魔才行，不过这些菜肴都是以往百牲祭时使用的东西，目前早已步入历史。圣方济会修道院附近的卢拉（Lula）每年 10 月举行圣方济节的时候，居民会到“林中圣地”去避居九天，而保利拉蒂洛（Paulilatino）也有类似习俗，居民在 7 月底举行圣克里斯蒂娜节（Santa Cristina）时会到“圣井”暂居九天，也就是所谓的九日敬礼。圣地周围的房子是让人们在九日敬礼期间居住的，在当地叫作“坎布西亚”（cambersia）。在九日敬礼期间，全村的人都会参与庄严肃穆的动物宰杀仪式，并且准备传统食物。“货真价实的户外祭典，也许在努拉吉石殿（nuraghi）附近或里面举行，似乎是藉此强调出一种存在于遥远过去却仍然存活在岛民心目中的连续性。”[2]

由于与意大利本土隔海相望，撒丁岛经历了一千三百年（自公元前1800年至公元300年）的文化动荡，与腓尼基人、伊特鲁里亚人和希腊人交战与贸易，在撒岛土地上留下了努拉吉这种神秘的石砌圆锥体建筑。一直到公元3世纪，撒岛被罗马人占领后，这里才开始发展其独特的文化，一直延续到今日。

撒丁的习俗非常古老。倘若观察它的自然环境，碧蓝大海和山峦河川，会让人有来到伊甸园的感觉。然而，这正是麻烦的地方，因为所有人都对这块天堂虎视眈眈，使得撒丁人在过去不时得抵御外敌入侵。除了经常侵略意大利的民族（腓尼基人、迦太基人、希腊人、西班牙人、诺曼人、阿拉伯人）以外，撒岛也因为比萨、热纳亚、教皇国、阿拉贡、奥地利和萨伏依等势力而不得安宁。再加上海盗出没，以及该岛数世纪以来掳人勒赎的历史，都使得撒岛成为是非之地。时至今日，抢劫的行为或多或少仍然存在，而在索普拉蒙特（Sopramonte）这广大地区的中心，也就是卢拉，还存在着叫作强盗圣地的宗教朝圣地点，就可以知道打劫这件事对撒岛的重要性。古老的《布洛克豪斯—埃弗龙百科全书》就有记载：

> 征服者的文化从来就无法制服那些不守规矩且无法无天的狂热分子，任凭他们在难以抵达的山洞和峡谷出没。即使是在238年征服撒岛的古罗马人，也无法完全攻破山区盗匪的防御，在奴隶市场中，来自撒岛的囚犯比较不受欢迎，正是因为他们那种不受束缚的个性，无法迫使他们参与强制劳动，可靠度也不高。

撒丁人乖戾粗暴又沉默寡言的个性，衍生出撒岛独立怪异的语言，是意大利本土居民难以理解的。萨丁尼亚语的许多字根都是直接取自拉丁文，而且在经过一段异乎寻常的曲折变化以后，变得很难掌握个中意蕴。

撒丁人对家乡偏远的山洞、森林和岛中央崎岖不平的巴尔巴贾山脉（Barbagia）非常依恋。威廉·布莱克对这巴尔巴贾山脉的叙述非常有趣，说“这地方的每个角落都藏着一只眼神冷酷且手持猎枪的羊”。[3]不论在哪个时期，敌人的攻击都来自海上，这也难怪撒丁居民在和平时期仍然会远离海岸，觉得应该尽可能少去海边和海上活动。撒岛最经典的菜肴（除了龙虾以外）并不是海鲜菜肴，而是以陆地上的食材为主。

称为“乐谱面包”（carta da musica）的卡拉骚面饼（carasau），有着非常繁复的制作过程，是撒岛居民日常生活中的重要食品，也非常适合旅人带在路上作干粮。卡拉骚薄饼的制作方式，是在面粉中加入酵母、盐及水混合以后，慢慢醒面，再将受热膨胀的面饼放进烤箱烘焙。在尚未完全烤熟时将面饼取出放凉，然后用刀子将它横切成两层，切出来的面饼有一面是平滑的，另一面则粗糙多洞。这个粗糙多洞的特质是必要的，因为如此以来，面饼就能吸附液体调味料，如橄榄油和酱汁。横切以后，再将面饼重新放回烤箱里烤熟。

这种面饼一般以每包二十张的方式贩卖。它和其他游牧民族吃的面包，如高加索民族常吃的拉瓦什面包（lavash）一样，既可以在桌上吃，也可以用餐巾纸抓着吃。人们可以随心所欲地搭配酱料，如果在上面喷点水，面饼则会变得有弹性，便可夹馅做成卷饼。撒岛另一种地方风味弗拉陶面包（pane fratau）就是用卡拉骚面饼制成的，在制作时首先得把面饼放在白开水中三十秒，然后放在热盘子上让面饼变软，之后，在面饼上淋上番茄糊，撒上磨碎的佩科里诺起士，在打上一个生鸡蛋即可。

撒岛的面也很特别，而且制作也相当耗时费工，而牧羊人和水手的妻子几乎整日都在从事干面条的制作。有些面型的存在，显示当地人对于制作工时毫不在意，例如一种称为“上帝丝线”（filindeu）的面条，是以非常细的细面手工编织缠结而成。另一种称为撒丁面疙瘩（malloreddus）的面形，制作上也需要耗费极大心力，这种手工面的特色在于制作时加入番红花，表面有纹并向内弯曲，因此很容易吸附酱汁和碎起士；它的材料之所以用到番红花，自然是受到阿拉伯人的影响，据信是因为从前的人认为番红花具有抗菌的特质，而且具有丰富的维生素。

撒岛还有另一种来自海中且富含维生素的特产，也就是乌鱼子。由于可以长久保存，因此在撒丁岛中央山区亦可发现其踪影。乌鱼子的制作是先以三到四公斤重的琥珀色砖头加以压制，然后再进行盐腌和干燥。撒岛北部卡布拉斯港（Cabras）周围海产丰富，鱼类种类繁多，尤其富含乌鱼，是乌鱼子的主要产地。此外，这同时也是因为卡布拉斯有个盐水湖，拥有极佳的盐田，食盐取得容易之故，这样的先天因素，使得意大利超过八成的乌鱼子都来自此地。当地人吃乌鱼子的方法，一般是切片或磨碎撒在意大利面上食用。尽管在过去大受欢迎的儿童健康食品，也就是鳕鱼肝油也具有同样的健康效益，不过不容置疑的是，乌鱼子比鳕鱼肝油好吃多了。

部分撒岛传统食品的风味堪虑，使得政府不得不介入以维护消费者安全，然而，政府的介入完全无用，因为禁令事实上反而会引起人们的兴趣。我们这里指的是卡苏马祖（casu marzu）这种起士，它在撒丁岛又因为地点不同，而有法拉吉古（frazzigu）、贝秋（becciu）、法替图（fattittu）或贡帕加度（gompagadu，指会跳的起士）等众多不同的称呼。这种起士的腐败程度，比罗曼尼亚的深坑起士还有过之而无不及。根据一种相当广泛流传的说法，在卡苏马祖端上时，你会先闻到味道，然后听到声音（成群的蛆在桌上的起士里跳来跳去），之后，如果没有胃口尽失，才会尝到味道。此外，想品尝也得负担得起才行，因为小小一块卡苏马祖可能要价一百五十欧元，而且只有在非法拍卖会上才找得到（意大利政府已经明令禁止这种起士的贩卖）。

撒丁人心系陆地，却常常以讨海为生。[4] 此地渔获以大型鲻科鱼类为主，根据岛上传统，烹调时既不炖也不腌，而是采整只火烤或炭烤的方式处理，即使是俗称海狼、体重可达八十公斤的细点牙鲷也是如此。很有趣的一点是，撒岛自狩猎角（Capo Caccia）经过阿尔盖罗（Alghero）到波萨（Bosa）这段海岸有非常多的龙虾，一直到不久以前，撒岛居民觉得平日吃腻了，甚至在庆典时决定休息一下不吃龙虾，改以蔬菜和马铃薯代替。这里的龙虾是刺棘龙虾（Palinurus elephas），因体型巨大，在当地有“象龙虾”之称。

即使到现在，撒岛居民仍然不太吃龙虾，不过会捉龙虾来卖。龙虾的捕捉并非

烤乳猪

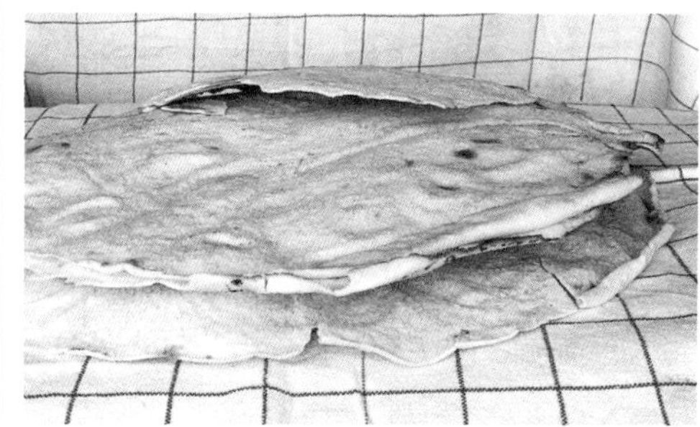

卡拉骚面饼

撒丁的嘉年华会

波萨风光

终年皆可进行，而是只有在5月根据传统方式，用灯芯草编成的笼子来设陷阱捕捉，是合乎环境要求的做法，因为即使是灯芯草，都是从岸边的沼泽地割来的。然而近年来由于工业捕鱼之故，造成龙虾数量大为减少，这尤其是因为大家都知道雌龙虾的肉远比雄龙虾多，而且滋味较为浓郁，使雌龙虾极为抢手之故。一旦捕捉到龙虾，伸手矫健的渔夫就得进行整个过程中最困难的部分：就是把在陷阱里不停挣扎的龙虾，在不伤到螯、脚和须的状况下拿出来，因为龙虾的生气、完整性和安全很值钱。这龙虾会被卖到罗马或米兰，在高档餐厅的水族箱里游上一阵子，或是在威尼斯熙来攘往的巷道里，放在餐馆外提灯下的假冰块上，挥舞着被胶带贴起来的大螯，招徕着来往游客的注意力，引人食欲。

撒岛这段具有捕龙虾业的海岸，居民多为加泰罗尼亚人的后裔。事实上，加泰罗尼亚距离撒丁并不远，这里的居民也操加泰罗尼亚语，而阿尔盖罗在16世纪前其实叫作巴塞罗内塔（Barceloneta），指“小巴塞罗纳”之意，一直到16世纪才改名阿尔盖罗，指“水藻很多的地方”。因此，这一带的居民深具海洋意识，不像岛上其他地区的居民一样拥抱陆地哲学。经过一年的围城以后，阿尔盖罗和它那蜿蜒曲折的街道在1354年落入加泰罗尼亚人之手，脱离了热纳亚的势力。在那个时期，阿拉贡国王也趁机分别在撒丁岛和西西里岛上占领了一小块土地，而统御能力高超的彼得四世也因为开拓新疆土而留名青史。

在撒岛的加泰罗尼亚属地，有一种世界上独一无二的特色菜肴，亦即炖驴肉。驴肉是岛屿常见食材（不论在埃奥利群岛、伊斯基亚岛［Ischia］或兰佩杜萨岛皆然），在这些地方，由于道路和汽车的欠缺，驴子成了唯一的交通工具，在山区尤其如此。当动物年老、效益大幅减低时，就是将它身体里的能量化作老友午餐的时候。由于驴肉的纤维很粗，无法和入口即化的安格斯牛肉相比，所以必须经过长时间炖煮才行（至少七个小时）。

会吃驴肉的并不只有撒丁人，驴肉其实在意大利本土也很常见。皮埃蒙特地区的卡斯泰尔韦特罗（Castelvetro），每年秋天都会举办驴肉萨拉米节，而在意大利北部平原中心地带、以精致奢华闻名的贡扎加王朝首府曼托瓦，居民更是将驴肉酱当作当地的烹饪珍宝来看待。

撒丁的龙虾尽管珍贵，此地产的章鱼也许更加稀有。由于智慧高，章鱼被认为是动物界的亚里士多德，尽管人们对章鱼的智慧赞赏有加，亚平宁半岛居民和意大利各岛屿居民，仍旧常以章鱼为食。行家在买章鱼时有很多准则，不过最重要的一点，是章鱼触手上的吸盘一定要是两排才可以，如果只有一排吸盘，表示这章鱼来自北大西洋，最好不要买，因为北大西洋的章鱼绝对没有在意大利沿岸生长的章鱼来得美味。

地中海章鱼在生命终结之际，是毫无尊严且令人悲伤的。渔民在捕获以后，会在石头上用力甩打章鱼，直到它完全失去意识，身体肌肉完全变软为止。根据古希腊人的建议，在岩石上甩打章鱼的次数，至少要超过一百次才可以达到效果。章鱼唯一的反击方式，是趁它还有力气的时候动口咬人，而被章鱼咬到是相当痛的；不过具有同情心（或先见之明）的渔民也知道，在开始甩打章鱼以前，得要迅速且准确地在章鱼身上咬一口，把连接在颈部的神经中枢咬坏。

那些最值得称道、在电影里受浪漫与伟大光环围绕的渔民，大多居住在撒岛另一侧海岸的圣彼得岛（San Pietro）。岛上唯一的聚落是卡洛弗特（Carloforte），是个安静冷清的小镇，居民人数并不多，却成了非常受到意大利北部专业人士欢迎的旅游地点。小镇会在5到6月时热络起来，一直到8月底渔民在海里撒下专门捕鲔鱼用的定置网为止，才逐渐恢复平日的宁静。这里自古以来就位于蓝鳍鲔的迁徙路径上，这些鱼儿会在每年5月抵达这一带的海岸，时至今日，它们在抵达撒岛海岸以后，就会坐上货机往东京移动，成为高档餐厅冰箱里的生鱼片。

威廉·布莱克叙述了他如何设法假扮成记者和摄影师，以获得许可参与鲔鱼屠杀（mattanza）这个一般不开放给外人参加的仪式。[5] 在给民众搭乘的汽艇上，除了布莱克以外，还有西装笔挺的渔船公司老板，以及专程从日本远道而来、负责视察鲔鱼肉的专家。由于监管人的在场，渔夫不会从侧边镖鱼，因为日本人认为，以这种方式捕鱼会使鲔鱼肉的质量变差，鲔鱼只能以割喉的方式宰杀。

这个在鲜血泉涌与海浪波涛中与鲔鱼搏斗的鲔鱼屠杀仪式，是个让人惊心动魄的壮观场面。镖鱼手的领队跟普利亚地区一样，称为“莱斯”（整体仪式源自阿拉伯传统的迹象之一）。尽管这种屠杀方式非常残忍，专家仍然认为，不论从环保或伦理的角度来看，这种捕鱼仪式是可以被接受的，因为这终归是一种平等的搏斗，渔民使劲搏斗所捕捉来的渔获量，并不会影响到特定海盆地的自然平衡。如果以电子设备捕鱼，则完全是另一回事，尽管比较干净，却也少了诗意，而且无论如何，在这么“仁慈宽大的捕鱼活动”以后，周遭数公里范围之内仍然不会存有一条活口。

鲔鱼屠杀跟西班牙斗牛差不多，只不过那死亡之舞是以海面为场景罢了。一只鲔鱼可重达三百公斤，而在古时候的美好年代，甚至有重达四五百公斤的鲔鱼。捕捉鲔鱼的季节，是鲔鱼达到性成熟的生殖季（雄鲔鱼因此也有“赛鲔鱼”之称），也就是鲔鱼体内性荷尔蒙的分泌达到高峰的时节。

不论在意大利北部或南部，都有整村农民联合起来杀猪的习俗（如此以来就能分担灌猪血肠、煮猪血或搬新酒的工作），而在卡洛弗特镇、卡拉布里亚地区或西西里岛等地，宰杀鲔鱼的工作也是由全村的人一同参与的。在放进罐子保存以前，这些鲔鱼肉会先被放在木桶里，并以这种未经烹煮的自然状态保存好几天，这时的鲔鱼很好吃，不过不择手段的批发商有时还是会刻意拖延采购时间，威胁渔民鱼肉可能因此腐败，作为杀价的手段。因此，不管愿不愿意，卡洛弗特的渔民会自行准备短期防腐剂，藉此让美味的撒丁鲔鱼得以进入全世界的批发市场。

另一种比较知名的当地特产，也就是踪迹遍及全意大利每个家庭、甚至在全球超市柜台都可以看到的撒丁佩科里诺起士，撒岛居民得感谢岛上的绵羊。

绵羊向来就对撒岛居民的存续与福祉有很大的贡献。众所周知，这种动物个性温驯，而且能够理解牧羊人的指令，甚至在全意大利被热浪笼罩、大伙儿纷纷关门度假去的8月，羊儿也会停止泌乳，让牧羊人能暂时放下工作，不须挤奶并借机休息。意大利这个注重男性家长生活节奏（父权社会）的国家会在8月休息并非偶然。假期的高峰恰是8月15日圣母升天节，一个属于全意大利的庆典，人们会在放下的橱窗卷帘上直接了当地贴着字条宣布放假（这天在意大利也称“Ferragosto”，来自拉丁文的“feriae augusti”，指奥古斯都制定的节日）。这段期间被意大利这个父权社会认定为认识新朋友与求爱求婚的最佳时刻，而这也是农民和牧人可以离开村子几天，拜访邻近村庄的亲朋好友、找爱人、熟悉未婚妻的时候。不管在过去或现在，人们都会在这段期间举办饮宴、节庆、吟诗和看图说故事比赛、袋鼠跳赛跑、以及能够展现力气的各种活动。即使是圣母升天节的游行也是展现体力的机会。这可以说是地方上大力士的荣耀时刻，他们扛着重达百公斤的雕像和高达三公尺的十字架，在乡镇村落的街道上游行。一切的一切，都得感谢羊栏住客的高贵情操。

羊儿是决定偏远地区行事历的重要因素。在每个季节，人们都会用羊奶制造出不同的羊奶起士，而撒丁佩科里诺起士的种类，确实也高达十多种。在撒岛众多的佩科里诺起士中，最著名者无非是小花起士（Fiore 或 Fioretto）。小花起士的名称，是因为在很久以前，人们会在制作这种起士所使用的栗木模型底部雕刻上一朵花，并且在成型熟成的起士上留下图案之故；尽管现在使用的是不锈钢模，这名称还是被保留了下来。在过去，人们会在海岸松森林里建造特别的仓库，作为小花起士熟成专用，所以这种起士会染上一股树脂香。制造这种起士时会用到羊凝乳酶，它的风味强烈，而且在经过长时间熟成以后，仍然具有入口即化的特质。

我们知道利古里亚人在制作青酱的时候，只会使用来自撒丁的羊奶起士，这是因为撒岛古时首府阿博雷亚（Arborea）和热纳亚保有密切的贸易往来，热纳亚是它在意大利本土上的盟友之故。人们使用撒丁佩科里诺起士的习惯尤其难以动摇，许多意裔美人尽管已经丧失了意大利传统烹饪的基础，却难以放弃这种起士，也正因为这样的需求，美国的超市仍然持续贩卖着来自撒丁的佩科里诺起士。

---

1. 编者按：弗朗索瓦 · 拉伯雷（1493—1553），是法国文艺复兴时期作家，人文主义代表。

2. 贝维拉夸（Bevilacqua）、曼托瓦纳（Mantovano），《味觉实验室：美食演化史》（*Laboratori del gusto. Storia dell'evoluzione gastronomica*），第 21 页。

3.《加里波底的吸管面》，第 217 页

4. 有关撒岛渔民的生活，我们得感谢在本节中屡次出现的威廉 · 布莱克著作。

5.《加里波底的吸管面》，第 199-216 页。

6. 编者按：由小麦面粉制成，外形像小黄米。

撒丁岛的地方风味

开胃菜

- 大蒜酱（agliata）：意大利许多地区都有大蒜酱。在皮埃蒙特地区，这并非搭配肉类的酱汁，而是宽面的调味酱，一般用核桃、猪脂和面包屑做成，要不就是用大蒜、蛋黄、碎欧芹和橄榄油制成；另外还有绿蒜酱，材料包括欧芹、罗勒、西洋芹叶、大蒜、油和柠檬。利古里亚人的大蒜酱会加醋，一般拿来抹在“水手饼干”上。然而在撒丁岛，尤其是加泰罗尼亚后裔居住的地区，大蒜酱有着一抹鲜红的色彩，这是因为番茄是此地大蒜酱的重要材料所致；其食用方式可以搭配鱼类海鲜，尤其是冷盘前菜，搭配章鱼尤其美味。
- 布里达（buridda）：烫过的猫鲨搭配松子、胡桃仁、醋、续随子、面包屑、大蒜和面粉等烹调而成。这道菜在意大利其他地区也很有名，利古里亚便是一例，而事实上，撒丁和利古里亚的菜肴有许多共通之处。布里达的烹调方式，是先将鱼烫过，然后放在酱汁里腌渍一到两天（在撒岛会使用香桃木）。根据撒丁的传统，同样的烹调方式也可以运用在鸡肉和乳猪肉上。

第一道

- 弗拉陶（fratau）：有时是干的，有时是用乐谱面包做成的面包汤，这道菜是在面包上加入磨碎的佩科里诺起士、滚烫的高汤、番茄酱汁和水波蛋。
- 库斯库斯（Couscous）[6]
- 豆型面（fregola 或 fregula）：用粗面粉制造，体积比库斯库斯稍大，同时在制作时有家入番红花和蛋，一般搭配番茄酱汁和萨拉米香肠食用。

库斯库斯

尚未煮熟的豆形面

第二道

- 龙虾
- 章鱼
- 火烤方式烹调的肉品和鱼类海鲜
- 什锦炖菜（leputrida）很明显是来自西班牙的什锦菜（olla podrida），不过在这里是用猪脚、羊肉、猪脂和蔬菜来炖煮。

甜点

撒丁有各种奇形怪状的饼干，以及用焦糖和萨岛杏仁做成的撒丁蛋糕（gattò，名称来自法文的 gâteau，甜点之意）。

撒丁岛的特产

根据一种普遍流传的认知，所有当地产的蔬菜和水果都可以被视为当地特产，因为从基因观点来看，所有植物都是撒岛纯种。撒岛的土壤非常肥沃，到处都种满了香草、朝鲜蓟、番茄和各种豆类，由于土壤里富含海藻肥料，种植成果既丰硕又美味。

岛上也有大型栽植区栽种谷物，一般运到托雷斯港（Torres）出口，托雷斯是腓尼基人创建的城市，城内尚有迦太基人修建的碉堡，在古罗马时期称为“图里斯利比绍尼斯”（Turris Libisonis），是帝国最主要的谷物贸易港口。

- 起士：撒丁佩科里诺起士。此地的佩科里诺起士比罗马的同名起士更清淡可口，因为制作时使用的不是羊凝乳酶，而是用犊牛凝乳酶。撒岛的小花起士也相当清香，这种起士稍微带点烟熏味，上面印有花朵图样，就好像大仲马《三剑客》书中人物米拉迪肩膀上的刺青一样。（有蛆的）卡苏马祖起士来自岛上的萨萨里省（Sassari）和努奥罗省（Nuoro）。卡西佐卢起士（Casizolu）纤维较粗，到不久以前还不太有名，而且几乎消失不见踪影，近年来在慢食组织的努力下又重新回到台面上。
- 撒丁产的朝鲜蓟
- 卡蒙内品种的番茄（pomodoroCamone）
- 乌鱼子
- 蜂蜜
- 香桃木
- 番红花
- 卡拉骚面饼或乐谱面包

代表性饮料

香桃木酒（mirto）：以被尊为爱神维纳斯圣花的香桃木之果实制造的利口酒。

FELICITÀ

只要读了这本书，就不会再问“意大利人为什么这么爱谈论食物”。14 世纪诗人彼特拉克早在《论命运的补救之方》（*De remediis utriusque fortunae*）就曾经写道，他的同侪偏好讨论食物更甚于文学，而且“批评厨师而非作家”。

然而，即使他们真的在进行文学评论，在创造出文学或艺术运动之际，若仔细观察，会发现他们的思维无可避免地再度回到有关烹饪、食堂和食物的问题上。让我们以未来派信徒为例，了解他们在实践文化革命时，从一开始就以何为宣言：“尽管具有拙劣饮食习惯者在过去曾经成就大事，我们还是得肯定这个真理：人们的思维、梦想和行动，会受到饮食所影响。”[1]

因此，意大利人需要也必须谈论食物，更不要说在餐桌上高谈阔论（这其实是最美好的时刻）。对著名饮食哲学家布里亚－萨瓦兰而言，在众多餐桌乐趣之中，欢乐友好的对话尤其可取。他认为，以食物为主题的对话，是生命中最大的快乐：

> 规则五，创造者让人类必须吃东西才能活下去，让人有胃口，也以饮食乐趣作为回馈。……规则七，餐桌乐趣是不分年龄、不分阶级、不分国籍也不分日子的，它可以和其他所有乐趣混在一起，而且可以持续到最后一刻中，作为失去其他乐趣的慰藉。规则九，发明新菜比发现新星更能增进一般人的快乐……餐桌乐趣受到许多因素的影响，来自不同的事实、环境、情况与人。在刚开饭的时候，所有人都贪婪且安静地吃着第一道菜，无所顾忌且毫无仪式可言；然而等到基本需要在某种程度上获得满足，深层思考马上取而代之，对话

活络起来，最热中此道的老饕就会摇身一变，成为讨人喜欢的宾客。[2]

当然，并不是所有哲学家都如是想，患有疑心病的贾柯莫·利奥帕尔迪就对欢乐友好的对话抱持着相当大的怀疑：

> 现在我无法想象，在一天之中嘴巴正忙着做另一件事的那一个小时（这事可有趣了，把这件事做好是很重要的，因为健康、身体状况与良好的消化有很大的关系，因此它也和人的道德与精神有关，而根据俗谚和医生的警告，如果不从嘴巴开始做起，消化就不会好）恰好也同时得比其他时候讲更多的话，这是有鉴于许多人在一天中的其他时间忙着研习或其他事，只会在餐桌上滔滔不绝……[3]

尽管此类寡言者有这样的想法，但大部分意大利人和真正的意大利爱好者，只有在口干舌燥的时候才会放弃在餐桌上谈论食物。根据这样的思想脉络，大声说出自己的饮食品味，意味着昭告世人自己来自哪个特定的城市、国度和特定地区（如东部或西部、北部或南部），也是要让人知道，自己对于这伟大且深受众人喜爱的意大利饮食传统，涉入到底有多深。读者们随着本书章节应该已经了解到，意大利的共同饮食符码不但反映出各地区的差异，也呈现出意大利饮食史的一般意义，而就其组成而言，其实是由不同文化拼凑而成的。

都灵地区的《哨子》（*Il Fischietto*）杂志曾于 1849 年 1 月 13 日刊登了《坎比奥咖啡厅的历史场景》（*Scena storica al Caffè del Cambio*）一文，在文中有个民主党员拿起一张凳子往一个贵族的头上砸了过去：

> （用餐室里人满为患，在众多食客中还夹杂着几位议员。）
> 某男爵："服务生，帮我拿点面包来。"
> 服务生："您要面包棒吗？"
> 某男爵："我不吃面包棒；我不想往皮埃蒙特靠拢。"
> 某皮埃蒙特人："服务生。"
> 服务生："请说。"
> 某皮埃蒙特人："帮我上点前菜。"
> 服务生："您要萨拉米香肠吗？"
> 某皮埃蒙特人："不，我不要萨拉米。我不想跟那些受赦免没上断头台的男爵们同流合污。"[4]

在这个假想的例子里，我们可以清楚看到意大利人如何以食物隐喻来代替一长串的实证理性陈述，藉此来表达政治与思想的意义。此外，以食物做隐喻的好处，在于其中蕴藏着相当程度的幽默感，而对意大利文化来说，这种幽默感既是一种主要的黏合剂，也是一股极其重要的推动力。

即使是文学、绘画与历史，也都会利用到饮食符码的语汇。这种规范包括了许多有趣的转喻、各式各样的玩笑与轻松愉快的滑稽模仿，由于这些成分的存在，人们得以获得更多的乐趣。

意大利是由许多小型国度集结而城的国家。在讲到这些小型国度的时候，我们不一定会体认到，意大利人是如何将特定产品或菜肴与特定地理区域画上等号的，而这些产品与菜肴的名称，更是能够直接取代有关特定地区文化与历史的详尽叙述。整个意大利地理与其征服、整个侵略史，以及政治与战争的劫掠与交涉，都被包括在这些名称里面。

17 世纪下半叶的那不勒斯作家加布里埃尔·法萨诺（Gabriele Fasano）在《那不勒斯的塔索：以我们的语言重新诠释被解放的耶路撒冷》（*Lo Tasso napoletano. Gerusalemme liberata votata a llengua nostra*）列出了一般意大利人对某些地区居民的有趣昵称：伦巴底人是“吃芜菁的人”，威尼斯人是“吃玉米糕的人”，维琴察人是“吃猫的人”；托斯卡纳和艾米利亚—罗马涅区的山区居民是“吃栗子的人”，克雷莫纳人是“吃豆子的人”；阿布鲁佐人是“吃油面包的人”，佛罗伦萨人是“拉豌豆屎的人”；那不勒斯人是“拉叶子屎的人”：“我们那不勒斯人的换称就是这个。”在《巴纳塞斯讽刺公报》（*Gazzette menippee di Parnaso*）中，那不勒斯被安东尼奥·阿朋丹蒂（Antonio Abbondanti）称为“西兰花之城”：

……最重要的，是西兰花……

大自然在这西兰花之地展现了极致的美丽风采
在那块丰沃的土地上
似乎春日永驻
在各种甘蓝菜
与那不勒斯国王之间……

安东尼奥·阿朋丹蒂在《科隆旅游》（*Viaggio di Colonia*）一书中也以来自那不勒斯的比西尼亚诺亲王（在卡拉布里亚有广大的支持势力）作为描绘对象：

……越过这苦海
比西尼亚诺亲王回到了那西兰花之城与水源清澈的家乡……

在滑稽诗人安德烈·佩鲁齐奥（Andrea Perruccio）的作品《沉没的阿尼亚诺》（*L'Agnano zeffonato*）中，那不勒斯的旗帜上有个西兰花盾徽：

耶稣带着为西兰花疯狂的那不勒斯人……

旗帜上有束西兰花，写着：
肚里有胜利的希望！

这种关联性（那不勒斯市旗和西兰花的形象）意味着人们会将地区菜肴和特产喻为“可食用标志”。吉姆巴蒂斯塔·巴西莱（Giambattista Basile）曾在一则短篇故事中写道：

再会了欧防风和枯叶；再会了炸面团和煎面包；再会了甘蓝菜和鲔鱼肠……再会了无人能及的那不勒斯……我即将离开，再也吃不到那些挚爱的菜肴，被迫离开美丽的家园，我亲爱的西兰花，再见了！[5]

意大利半岛、西西里岛和撒丁岛居民自古以来就会注意餐桌上的产品从何而来。在古罗马帝国时期，美食爱好者的特质在于他们通晓食材，具备相当的专门知识。玉外纳就对一位叫做蒙塔诺的仁兄印象深刻，这人：

吃第一口就可以告诉你这蚝
是来自齐尔切奥（Circeo）的悬崖边、
卢克里诺湖（Lago Lucrino）畔、
或卢图皮耶（Rutupie）的浅滩；
看一眼就能猜到海胆从哪个海滩捕获……[6]

古人对这种辨识艺术近乎狂热，而且这种对盘中飧的狂热不只表现在来源地方面，连能够辨识捕捉动物或摘采水果的时间，也都被认为是相当重要的事情。让—弗朗索瓦·列维尔（Jean-François Revel）是这么描写西西里大厨阿切斯特拉图斯（Archestrato）的：

不过在阿切斯特拉图斯的建议里，让人最惊讶的不外乎是对于食材来源地的关注。这是古代烹饪的一个固定特征：不论是捕捉动物的地点或栽植蔬果的地区，都得接受人们严苛广泛的评论，受注目的程度与有关烹饪或置备方法的讨论不相上下（甚至有过之而不及）。这样说来，古人在地方风味和不同地区特色等方面的感受性，似乎比现代人更为敏锐。[7]鲟鱼大多只能在希腊罗得岛上吃到，阿切斯特拉图斯表示，若能在本市市场里找到鲟鱼，必要时“用抢的都没关系，即使代价是因抢劫而入狱服刑亦然。”[8]

尽管这位法国学者正面批评其同代人对特产的感官不如古人犀利，他所指称者并非意大利人。事实上就意大利人而言，一切依旧与阿切斯特拉图斯的时代一样，并无改变，数世纪以来，意大利人对家乡或永久居住地（亦即所谓的小型国度）仍然存在着非常强烈的归属感，这种情感甚至转化为狭隘的地方主义，而且其展现方式往往是一种以微妙烹饪准则为基础的社会认同："我跟吃这种东西的人是一国的，吃那些东西的人是我的敌人。"

"即使对诗人或雕刻家的家乡作出一丁点批评，都会让这个意大利人极度愤怒，而且这种愤怒会以极端粗俗的辱骂表现出来。"法国作家司汤达在1817年1月1日写道。"我以前觉得博洛尼亚人很有智慧，现在大概可以改变看法了。整整一个半小时，我听到了最愚蠢的地方主义言论，废话一堆，而且是来自一群上流社会人士。意大利人的缺点就在这里……"[9]

事实是，每个人都会尽全力与"其他人"争辩，以维护自身所属的特殊认同。中世纪时期的城市就是遵照着这种法则，如同莎士比亚的叙述，邻近区域（州、管区或地区）会因为由来已久的敌意而有泾渭分明的对立情形。不过即使到现在，锡耶纳每到7月和8月举行赛马会的时候，来自波浪区和乌龟区的骑士会在康波广场上毫无禁忌地互相竞逐，即使名誉毁损、葬送未来也在所不惜，就是受到这种法则的影响。

> 这个民族一点都不团结。贝加莫仇恨米兰，反之亦受到诺瓦拉和帕维亚所憎恨；至于米兰人，只顾着自己要吃得好、要替自己买件好外套过冬，谁也不恨；不过他们讨厌自己平静的生活受到打扰。佛罗伦萨在过去非常厌恶锡耶纳，不过现在因权势尽失，再也不仇视任何人。不过除了米兰和佛罗伦萨以外，我很难再找到第三个例外。每个城市对邻近城市都不友好，而邻城同样也以牙还牙，仇恨相待……[10]

然而，尽管那旺盛的热忱、多样的依恋与为地方打拼的想望，这其实是个充满矛盾的地方。如果我们避开地区这种自我陶醉的心态不看，意大利境内的所有事物，都可以用共同的烹饪词汇连接起来，在餐桌上的种种尤其如此。因为"可食用徽章"所促成的团结，其影响范围是扩及全国的。不论半岛上的地区差异如何，有些美食议题就是会让人们打从心底感到无比自豪，这一点是不分南北的。

讲到这种自豪心态，首先就会想到意大利咖啡那无与伦比的质量，而且是按规矩烘焙与冲泡的地道意大利咖啡。

意大利人最引以为傲的第二项，则是冰淇淋。意大利人对冰淇淋的热忱，相当程度上是属于理想的层次，与实际消耗无关。许多意大利成人尽管感到遗憾，仍然会为了维持曲线窈窕而放弃冰淇淋，不过大体而言，意大利确实也有理由为自己的冷却工业感到自豪。早从中世纪时期，意大利人就因为具备能够冷却任何东西如水、冰沙[11]和冰淇淋[12]等的专门技术而谓为传奇。

很有趣的是，意大利人尽管是冷却工业的开创者，同时却也受到一种很好笑的恐惧症所苦：对于冷冻食品抱持着一种蒙昧的恨意。意大利人在超市购买冷冻食品的时候通常都不太甘愿，大多是为了需求而买（冷冻库里必须储备食物以便不时之

意大利冰沙

意大利人对美国境内栽植蔬果的美妙滋味非常自豪

需）。在餐厅里，如果在菜单上看到那小小的雪花标志（表示该道菜肴是以冷冻的鱼或肉来烹煮的），马上会试着打消点那道菜的念头，有些顾客甚至会对餐厅大表不满。意大利人对意国境内栽植蔬果的美妙滋味非常自豪（“美国的水果很漂亮，不过淡而无味”），消费者会带着怀疑的眼光仔细端详夏季与冬季的进口水果（“这些应该有冷冻过”），而且比较容易受当季蔬果吸引，如果是在意大利境内种植者更好。

这种对进口蔬果的不信任，和意大利人对基因改造食品的憎恶几乎是一样的（由于立法禁止基因改造食品的进口，这种东西在意大利几乎不见踪影；参考《地中海饮食》）。围绕着这些主题的生动对话，提供了媒体报导的题材，而有关媒体报导的讨论又会引起新的对话，不过老实说，这些对话常常是没什么营养的。正是因为这个缘故，《晚邮报》的日本特派员报道了东京超市里价格高不可攀的水果：樱桃是用粒算的，一篮樱桃的价格在一百美元以上；一个红得发亮的苹果或四个草莓要价六十美元，一根香蕉或十五粒葡萄也是这个价格，“它们看起来几乎一模一样，好像是用杏仁糕做成的一样”。之后他下了个很典型的结论：“……显然淡而无味。”[13] 该位记者用的修饰语如“红得发亮”或“一模一样”（指每粒葡萄），是为了转移读者心中因为价格过分高昂而产生的恐惧感，也就是他们口中的“虚假谬误”；借着这样的方式，记者隐约让读者感到自己必须要很高兴：感谢老天，在产季期间，意大利的樱桃每公斤只要四欧元，而且这些樱桃还是有虫吃过，不含农药的。

饮食符码就是具有这样的功能：传递讯息。自我尊重的讯息、自豪的讯息、快乐的讯息与伙伴的讯息。它能够消弭显著的社会差异，甚至能让人避免落入声名狼藉的景况之中。萨伏依亲王维托里奥·伊曼纽尔（Vittorio Emanuele）在几乎过了一辈子流亡生活以后终于回到意大利，不过才没几年光景，就在波坦察（Potenza）因为贪污而锒铛入狱（2006 年 6 月）；当记者问到他如何能忍受监狱生活和羞辱，他回答到：“我总是说，不论你在意大利的哪里，都可以吃得很好。”

伊波利托·尼耶弗（Ippolito Nievo）在《一个意大利人的告白》（*Confessioni di un italiano*）中写道：

> 博洛尼亚人一年吃掉的食物量，是威尼斯的两倍、罗马的三倍、都灵的五倍、热纳亚的二十倍。威尼斯人吃得少，是因为非洲吹来的西洛可风所带来的不适感，米兰人吃得少，则是因为厨师之故；至于佛罗伦萨、那不勒斯和帕勒莫，前者太过别扭无法以大吃大喝的方式来取悦宾客，后两者则是因为精神生活丰富，让人不用动嘴巴就可以透过毛孔吸取养分。这里的人们靠着空气过活，沈浸在容易挥发的香橼油和丰富的无花果花粉之中。那么，这有跟吃饭有什么关系？当然有关系，而且关系密切，因为消化好，才能勤奋工作并保持心情愉快。一场轻松愉快的对话，不涉入太多心灵深处的情感，就好像将手放在键盘上，练习让思想和语言一倾而出，随思绪所致四处起舞，一而再再而三地

刺激着你们的精神生活，替你们带来了愉快的用餐情绪，也让你们能享受餐后的苦艾酒，消弭那股沉重感。话不多又不常笑的都灵人还好发明了苦艾酒，因为苦艾酒，他们才能振作一点……[14]

这种饮食典故词汇的重要特征，大概找不到更好的形容方式了。在意大利人的认知中，能让人大快朵颐、好好消化的地方，就是个存在着工作勤奋、愉快心情、公道合理和智慧的地方。对许多意大利消费者来说，如果贩卖者表现出既快乐又满足的模样，那么这个地方的商品质量一定不错。美食家有相当精准的规则，能帮助他们找到质量最优的食材，如卡斯托雷·杜兰特（Castore Durante）在16世纪就发明了一个巧妙的规则：若要比较蔬果的质量，则建议观察葡萄园、菜园和田地的看守人或照顾者。这位学者表示，由于这些人主要以自己照顾的食物为食，这人越是胖、越是看起来很满足，就表示他手下的果树和葡萄藤被照顾地越好、长得越好。

文学记录让我们深信，只要是爱吃或对美食有研究的意大利人，就不会是懦夫、流氓或骗子。即使是警察，都会以这个准则来判断！安德烈·卡米累利笔下的蒙塔巴诺探长，原本将某位仁兄当成嫌疑犯，不过在他发现这人对食物的态度以后，便马上改观，完全将他当成证人来对待：

"好吧，女士，非常感谢您……"警探站起身来并说着。

"您何不留下来跟我吃个饭？"

蒙塔巴诺的胃纠了一下，因为克雷门蒂纳女士人虽然很好，不过看来似乎不重吃，是只吃粗麦粉和水煮马铃薯的那种人。

"我真的很忙……"

"相信我，侍女皮娜是个相当好的厨子。她今天准备了诺马式意大利面，那种用炸茄子和咸瑞可达起士做成的菜。"

"天啊！"这么一说，蒙塔巴诺便坐了下来。

"第二道是传统炖肉。"

"老天爷！"蒙塔巴诺又重复道。

"您为什么这么讶异呢？"

"对您来说，这样的菜不是有点多？"

"会吗？我又不是那种一整天只吃半个苹果和一杯胡萝卜汁的二十岁小姐。难道您的想法和我的儿子朱里奥一样？"

"我不认识他。"

"我儿子说，我已经这把年纪，吃这些东西不够庄重，觉得我一点羞耻心都没有，他认为我应该要吃清淡点。所以现在你打算怎么样，要留下来吃饭吗？"

"好。"警探下了决定。[15]

歌德就是在思索饮食议题的时候，在意大利人身上发现了这种完全与傲慢无礼绝缘的高贵情操，而且相形之下比其他民族更为普遍（1786 年 9 月 11 日的笔记）。

和煦阳光伴着我抵达波札诺。我喜欢那些商人脸上的表情：予人充满活力且生活富足的印象。广场上坐着卖水果的小贩；在他们那又圆又扁、比四英尺还大的篮子里，有着排列地整整齐齐以免压坏的蜜桃；梨子也是这样整齐放好。这景象会让我想到我在雷根斯堡某处的窗户上看到的一段文字：

蜜桃和蜜瓜的存在是为了给爵士们品尝，
鞭子和棍子是为了一般人而存在，
所罗门如是说。

这段话显然是一位北国的男爵所写的，他如果在这里，应该也会改变想法吧。[16]

是的，早在古罗马时期，这块肥沃的土地就因为食物而染上各种欢乐的色彩——如果不将战乱、瘟疫和自然灾害包括在内的话。即使从前食物匮乏，人和食物之间的关系常常是平静且庄严的：

……我看到一位来自科利可（Corico）的老人
他拥有一些荒废的土地，
再怎么开垦也长不出东西，
不适合放羊，也种不出葡萄。
尽管如此，他在干草间与
白百合、马鞭草
和脆弱的罂粟花周围种豆，
内心感到有如君王般地富裕，
深夜回到家中，
能在桌上放满不用钱买来的食物。[17]

帕维尔·穆拉托夫让自己沉浸在古代诗人对土地和日常生活的描述之中，随着许多知名文人墨客如格里戈罗维乌斯（Gregorovius）、布克哈特（Burckhardt）、弗农·李（Vernon Lee）、司汤达和歌德的脚步，加上自己的观察，写下了他眼中的意大利农民：

……深受意大利人的典型特质所感染。塞满城市内大街小巷的人潮多到让人不可思议！他们对外地人的热情与温暖、对自尊的重视、以及能在群众间保持自我、维持自身独特性的能力在在让人感到惊讶。在这样的群众中不可能感到惊慌，没什么好盲目的或不文明的，每个人都知道自己的位置，也尊重他人，没人会驱赶或推挤他人，即使在最激动的时候，也不会口出秽言。[18]

要了解这种充满灵性的特质，在其间游刃有余，必须透过详尽的分析。这种特质包括了我们“从内心深处”感受到的事实与信息。笔者在意大利住了二十年，如今深受意大利想法所影响，某种程度上也学会分辨个中的细微差异，不过无论如何，有些事情从外表看来总是比较明显。从这个角度来看，笔者更享有一种优势，可以从主观与客观的角度来观察。歌德显然能理解这种机制，在 1786 年 11 月 7 日写道：“在过去这段时间，有时候我会有种古怪的感觉，热切希望有个训练周全的导游伴着我在意大利的旅游，一位通晓艺术与历史的英国人……”[19]

我们认为，饮食符码正是理解意大利与意大利本质的关键。很久以前，笔者曾经就以食物主题来写作的想法，请教过甫辞世的俄罗斯哲学家米哈伊尔·卡斯帕罗夫（Michail Gasparov），有关这个问题，卡斯帕罗夫曾做过一个有趣的评注：

诗人奥尔加·谢达科娃（O. Sedakova）曾说：“翁贝托埃柯在他的作品中试着向世界证实，这个世界并没有什么真实性可言。不过当我们一起去用午餐时，他是如此仔细地研究菜单，让我觉得：对来说，还是有地道的东西存在的。”[20]

为了寻找关键以发现意大利的真实性与奥秘、了解这密码锁所保护的秘密、也就是其饮食符码的时候，我们从北到南走了意大利一遭。美食殿堂的大门已为我们打开，让我们得以一窥究竟。穿过那道美食之窗，意国美食有待我们细细品尝，慢慢挖掘。

1.《未来主义饮食宣言》(*Manifesto dell acucina futurista*)，发表于 1930 年。

2. 布里亚－萨瓦兰，《味觉生理学》，第 222、225 页

3. 利奥帕尔迪（Leopardi），《随想》(*Zibaldone*)，卡片编号 4183，1826 年 7 月 6 日，第二张。

4. 玛齐，《用餐之际》，第 86 页。

5.《最好的故事》，第一日故事七，第 144 页

6. 玉外纳，《讽刺诗集》，4。

7. 译注：斜体字为作者的解读。

8. 列维尔，《餐桌历史三千年》，第 51 页。

9. 司汤达《罗马、那不勒斯与翡冷翠》，第 135 页。

10. 同上书，第 88 页。

11. 译注：冰沙的历史较早，不过有关冰沙的专著，也就是巴尔迪尼（Baldini）写的《论冰沙》(*DeSorbetti*)一书，一直到 1775 年才出现。

12. 译注：早在 16 世纪就已经是这种情况。名医巴尔达萨瑞·皮萨涅里（Baldassarre Pisanelli）就曾在 1583 年说过："现在每个贫苦的工匠都会想要面包、葡萄酒和雪。"

13. 记者波拉托（Polato）于 2001 年 7 月 26 日出版的《晚邮报》第七册增刊报道，第 138 页。

14. 尼耶弗，《一个意大利人的告白》，第十八章。

15. 卡米勒利，《点心小偷》，第 62 页。

16.《意大利游记》，第 21-22 页。

17. 弗吉尔，《农事诗》，第四卷，127-149。

18.《意大利风情》，第三册，第 294 页。

19.《意大利游记》，第 146 页。

20. 卡斯帕罗夫，《评注》(*Note e appunti*)，第 49 页。

s.r.l.
DI SICUREZZA

肉类、鱼、蛋和蔬菜的烹调方式

莺式	A beccafico[1]	鱼类的烹煮方式：将鱼去头去内脏洗净片开以后，撒上面包屑与起士，放进烤箱烘烤。
腌泡	A scapece[2]	鱼类的烹煮方式：油炸过以后撒上面包屑，再用油、醋、大蒜和薄荷调味。一般当冷盘食用。
淹	Affogato	把食材浸在滚烫的液体中。
奶油煎蛋	Al cireghet	皮埃蒙特地区对奶油煎蛋的称呼。
酸酱	All'agro	搭配酸酱食用。
虾酱	All'americana	搭配虾酱食用。
鸟式	All'uccelletto[3]	指切成小块再用油、大蒜和迷迭香煎过。
猎人风	Alla cacciatora	先加了迷迭香、大蒜及辣椒的油煎到表面变色，再放入葡萄酒内炖煮的方法。
竹管法	Alla canevera	把主要食材用牛膀胱包起来，并插上竹管，好让里面的空气能跑出来，然后放进滚水里煮熟。
辣味	Alla diavola	在加了黑胡椒、红辣椒和番茄酱汁的醋里炖煮。
犹太式	Alla giudia	高温油炸。
利沃诺风	Alla livornese	在加了油、大蒜、洋葱、月桂和欧芹的番茄酱汁里炖煮。
板烤	Alla piastra	在高温金属板上炙烤。
罗曼尼亚风	Alla romagnola	加入豌豆和番茄酱汁。
鞑靼	Alla tartara	生鲜食材切碎并加入辣酱处理。
托斯卡纳风	Alla toscana	用柠檬皮、橄榄油、肉桂、龙蒿、茴芹等先腌渍二十四个小时，然后加入马铃薯和菇蕈一起炖煮。
屠牛夫式	Alla vaccinara	在慢火上和番茄酱汁、西洋芹、培根丁、白酒、洋葱和胡萝卜等一起炖煮。
加入牛至	Arracanato[4]	（贻贝、鳀鱼）将材料放在锅里，并加入橄榄油、番茄、白酒、牛至、大蒜和欧芹等一起在火炉上烹煮。
隔水烹煮	Bagnomaria	将小锅放在加了热水的大锅里隔水烹煮，与“蒸”的方式不同，后者是指将食材放在篮子或滤锅里，利用水蒸气煮熟。
炖烧	Brasato	以文火慢煮（煎至表面变色后，放入烤箱里长时间烹煮）。
腌泡	Escabeche	同“A scapece”。
焗烤	Gratinato	在食材上覆盖一层磨碎的帕米森起士，放烤箱里烤出一层金黄色的脆皮，偶尔也会使用奶糊和鲜奶油。

炭烤	Grigliato	在烤架上烤熟。
蛆（饭）	In cagnone[5]	指在锅里融化奶油，加入大蒜和鼠尾草，以此替白饭调味的做法。
腌烤	In carpione	食材先烤后醋腌的做法。
奶油煎蛋	In cereghin	米兰一带对奶油煎蛋的称呼。
红酒煨焖	In civet	先将肉品放入以同种动物的血制成的酱汁里腌过，再放入红酒里和洋葱一起煮沸。
烧	In salmi	将肉品腌制两天后，再以葡萄酒和香料炖煮。

1. 译注："beccafico"是爱吃无花果的歌林莺，由于受法国人影响，这种鸟自 19 世纪初便成为西西里贵族眼中的珍馐。由于歌林莺珍贵难寻，平民便以沙丁鱼代替并用相同的方式烹煮，同时用这种鸟的名称来称呼这种烹饪方式。沙丁鱼一方面是西西里人易于取得的平价食材，另一方面在去头片开以后的形状，也让人联想到处理好正待烹煮的歌林莺。

2. 译注：许多人误以为"scapece"是指菜肴发明者的名字，但事实上这来自西班牙文。在阿拉贡王朝占领那不勒斯时，当地语言也开始融入西班牙文字，"escabechar"这个西班牙字有"腌渍"之意，后来逐渐演变为"scapece"。

3. 译注：根据阿尔图西的说法，"鸟式"指的是烹煮烤小鸟时所使用的香料。

4. 译注："arrancanato"本身是加入牛至之意，不过目前较常见的用法，其实就是焗烤之意。

5. 译注：这道菜的名称来自伦巴底方言中的"cagnon"，指昆虫的幼虫，因为烹煮成品的颜色与外观让人有所联想之故。

意大利面酱汁 同样的食材和名称也可以运用在比萨饼的制作上

中文名	意大利语名	食材
蒜味辣椒油	Algio-olio-peperoncino	滚烫的橄榄油、大蒜、辣椒、盐
起士胡椒	Al pepe e cacio	辣椒粉、有时加点帕米森起士
番茄罗勒	Al pomodoro e basilico	新鲜番茄、温热的油、罗勒、盐
辣味猪颊	All'amatriciana	切丁的烟熏猪颊肉、番茄、洋葱、佩科里诺起士
意式辣味	All'arrabbiata	番茄、培根或猪脂、大蒜、洋葱、葡萄干、橄榄、辣椒、白酒、佩科里诺起士
综合蔬菜	All'ortolana	洋葱、大蒜、辣椒、茄子、番茄、欧芹
特制虾仁	Alla brava	洋葱、虾仁、鲜奶油、百里香、墨角兰
卡布里风	Alla caprese	水牛莫扎雷拉起士、樱桃小番茄、续随子
培根蛋酱	Alla carbonara	培根、蛋、磨碎的帕米森起士
乔恰里亚风	Alla ciociara[1]	水牛莫扎雷拉起士、鳀鱼、大蒜、番茄、黑胡椒粒和糖
乡村风	Alla contadina	番茄、橄榄油、牛至和起士
加埃塔风	Alla Gaeta	用野猪仔的肉制成的肉酱
水手风	Alla marinara	番茄糊、橄榄油、大蒜
那不勒斯风	Alla napoletana	瑞可达起士、莫扎雷拉起士、鸡蛋和火腿
诺玛式	Alla Norma	茄子、番茄、瑞可达起士、大蒜
生火腿蛋酱	Alla papalina	生火腿、鸡蛋、帕米森起士、洋葱、鲜奶油
比萨师傅风	Alla pizzaiola	番茄、油、牛至、大蒜
波坦察风	Alla potentina	在白酒、鸡蛋、史卡莫扎起士和橄榄油上撒上面包屑
妓女面	Alla puttanesca	鳀鱼、黑橄榄、续随子、番茄、大蒜、辣椒和油
罗马风	Alla romana	切丁的烟熏猪颊肉、豌豆、洋葱、鸡蛋、胡椒、佩科里诺起士
撒丁风	Alla sarda	油、鼠尾草、香桃木、白酒、高汤、橄榄和罗勒
锡拉库萨风	Alla siracusana	西兰花、泡过的葡萄干、大蒜、新鲜马背起士和陈年马背起士
特拉斯提弗列风	Alla trasteverina	咸鳀鱼、鲔鱼、牛肝菌菇和番茄
蛤蜊	Alle vongole	热油、大蒜、欧芹、新鲜番茄和蚌壳类

特制沙丁鱼酱	Con le sarde	沙丁鱼、葡萄干、杏仁、洋葱、番红花、松子
美食家风味	Del buongustaio	熟火腿、绞肉、番茄、大蒜、欧芹、橄榄油、罗勒、磨碎的起士
热纳亚青酱	Pesto[2] genovese	罗勒、大蒜、松子、撒丁佩科里诺起士和橄榄油
西西里红酱	Pesto siciliano	番茄、罗勒、拉古萨辣起士、辣椒、大蒜、橄榄油
特拉帕尼红酱	Pesto trapanese	罗勒、大蒜、番茄、杏仁、橄榄油（此种酱料不用加起士）

1. 译注：泛指罗马东南部地区。

2. 译注：“pesto”这个字有“捣、压”的意思，指的酱料中被压碎的香草和大蒜。

面形与酱汁的搭配

环形面饺、祭司帽面饺	Agnolotti	直径大约5公分，是加了面包屑、肉、蔬菜和起士的圆形面饺，也会做成长方形。 • 弗留利地区会在馅料里加入马铃薯。 • 特伦蒂诺和上阿迪杰地区有加了猪肉、兔肉、萨拉米用肉和甘蓝菜的综合肉馅。 • 皮埃蒙特地区有搭配松露酱的吃法。 • 艾米利亚—罗马涅区罗曼尼亚地区则搭配肉酱和帕米森起士。 • 马尔凯地区则有以菠菜、瑞可达起士、帕米森起士、鸡蛋、肉豆蔻和鼠尾草做成的馅料。
螺旋管面	Amorini	直径约0.5公分，长度约5公分，中空螺旋状。来自阿布鲁佐地区，搭配核桃、墨角兰、乳脂和磨碎的起士。
指轮面	Anelli	直径约0.8公分。 来自利古里亚地区，搭配核桃酱。
圆面饺	Anolini	直径约0.4公分的圆形面饺。 来自艾米利亚—罗马涅区罗曼尼亚地区帕尔马和皮亚琴察一带，一般搭配高汤或烧牛肉的酱汁食用。
小管面	Avemarie	直径约2公分，长度约2公分，圆筒状。 在意大利各地都可以看到搭配高汤的吃法，另外西西里人和伦巴底人也会拿来搭配番红花酱。
舞裙面	Ballerine	像折起来的锡箔纸。 在意大利各地都有搭配鳀鱼酱的吃法。
宽扁面	Bavette	宽0.18公分，又长又扁的面条。 • 在利沃诺与托斯卡纳海岸一带常用来搭配鱼和海鲜。 • 在普利亚地区搭配菇蕈。 • 拉齐奥地区有所谓的“特拉斯提弗列风”，也就是搭配咸鳀鱼、鲔鱼、牛肝菌菇和番茄做成的面酱。 • 在西西里埃奥利群岛有所谓的“利帕里风”，搭配鲔鱼、橄榄、续随子和牛至做成的面酱。
粗面	Bigoli	直径0.3公分，不中空的圆长条。 在威内托地区常搭配鸭肉酱与沙丁鱼泥。
管面	Bombolotti	直径约2至3公分。 在坎帕尼亚地区的那不勒斯人，常把它做成“斯帕拉切朵式”（allo sparaceddo），这是指搭配西兰花、香肠、大蒜、帕米森起士、牛奶和肉豆蔻等制成的面酱。
吸管面	Bucati	直径约0.4至0.5公分，中空的圆长条。 在拉齐奥地区常搭配辣味猪颊酱，也就是用切丁的烟熏猪颊肉、番茄、洋葱和佩科里诺起士制成的面酱。

小吸管面	Bucatini	直径约 0.29 公分，长约 3 公分，中空的圆长条。 • 在特伦蒂诺地区常搭配野鸭酱。 • 在艾米利亚—罗马涅区罗曼尼亚地区搭配菇蕈。 • 在拉齐奥地区常搭配辣味猪颊酱，或以切丁的烟熏猪颊肉、豌豆、洋葱、鸡蛋、胡椒和佩科里诺起士煮成“罗马风”。 • 在坎帕尼亚地区有用野猪仔肉酱的“加埃塔风”。 • 在西西里有用茄子、番茄、瑞可达起士和大蒜做成的“诺玛式”；西西里帕勒莫一带会搭配沙丁鱼。 • 或搭配在意大利各地都会出现的特制虾仁酱，以洋葱、虾仁、乳脂、百里香和墨角兰制成。
棒针卷面	Busa 或 Busiati	手工制成的扁平面条，以棒针滚压成形，约宽 2 公分长 10 公分。 • 在托斯卡纳搭配牛肝菌菇酱。 • 在西西里搭配猪肉酱。
意式面包团子	Canederli	“Canederli” 来自德文 “knödeln”，有面疙瘩之意，直径约 4 公分。 这是特伦蒂诺和上阿迪杰地区的特产，以面包、烟熏培根、牛奶、面粉和鸡蛋做成的面团，一般搭配浓缩高汤食用。
粗面卷	Cannelloni	直径约 3 公分，长度约 10 至 15 公分。 • 在皮埃蒙特地区会做成蒜味面。 • 拉齐奥地区的罗马人会填入以鸡蛋、鸡肝、鸡胗、大蒜、火腿、欧芹、鸡杂碎、洋葱、高汤、磨碎的帕米森起士、肉豆蔻和白酒做成的馅料。 • 坎帕尼亚地区的那不勒斯人会搭配瑞可达起士、莫扎雷拉起士、鸡蛋、熟火腿等制成的酱汁，称为“那不勒斯风味”。 • 在西西里会搭配西兰花酱，或搭配松子、葡萄干、瑞可达起士与彩椒制成的酱汁。
天使细面	Capelli d’angelo	直径 0.15 至 0.2 公分。 通常搭配清淡的酱汁、高汤，或是简单拌入橄榄油和烫蔬菜，在意大利各地皆可见。
细发面	Capellini	直径 0.12 至 0.14 公分，长度 30 公分以上。 在意大利到处可见，经常搭配续随子和橄榄。
帽形面饺	Cappellacci	直径约 4 公分。 在艾米利亚—罗马涅区罗曼尼亚地区，南瓜面饺常以这种形式出现。
小帽饺	Cappelletti	直径约 3 公分。 出现在艾米利亚—罗马涅区罗曼尼亚地区，以起士、火腿和三种肉（犊牛、成牛和猪肉）制作馅料的面饺，通常与高汤一起盛盘并撒上帕米森起士，或搭配干燥菇蕈制成的酱汁。

卡朋提面	Capunti[1]	新鲜的蛋面，长度约 2 至 2.5 公分。 在撒丁岛常搭配虾仁和乌鱼子做成面疙瘩。
扭纹面	Casarecce	长方形的面，由两侧向中间卷曲而成，长度约 4 公分。 在巴斯利卡塔地区常搭配瑞可达起士酱。
卡松切利面饺	Casoncelli	直径约 5 至 7 公分。 伦巴底地区的布雷夏经常填入以培根、欧芹、面包屑和萨拉米用肉制成的馅料。
宝螺面	Cavatelli 或 Cavatieddi	新鲜的蛋面，长度约 2 公分，外观似橘子瓣，有凹槽。 • 意大利各地一般搭配茄汁鲔鱼酱。 • 在莫里塞地区搭配菇蕈。 • 在普利亚地区搭配豆类和贻贝。
小宝螺面	Cavatellucci	比宝螺面小，外观类似橘子瓣，有凹槽，直径约 0.15 公分。 常见于拉齐奥地区，搭配在鱼汤里煮熟的西兰花和鳐鱼块。
圆形面疙瘩	Cavatieddi	圆形有凹槽的面疙瘩。 搭配猪肉酱，常见于巴斯利卡塔地区、普利亚地区和西西里岛，尤其是西西里岛的卡塔尼塞塔。
通心面	Chifferi lisci	来自德文的“Kiefer”，颌骨之意，直径约 2 公分。 通常搭配绿胡椒蛋酱，在意大利各地皆可见。
条纹通心面	Chifferi rigati	直径约 2.5 至 3 公分。 在意大利各处可见，搭配橄榄和鳀鱼。
弗留利面饺	Cialzons	将一边折起的方形面饺，直径约 5 公分。 来自弗留利地区，以菠菜馅为主，搭配融化的奶油、瑞可达起士和磨碎的起士食用。
贝壳面	Conchiglie	长度约 3.5 公分。 多搭配球芽甘蓝酱，常见于弗留利地区。
条纹贝壳面	Conchiglie rigate	长度约 3.5 至 4 公分。 搭配西洋芹、马铃薯和栉瓜，常见于莫里塞地区。
8 形十字面	Corzetti	“corzetti”来自意文“croce”（十字架），可参考“croxette”词条。长度约 4 公分，呈“8”字形的新鲜面皮。 多搭配新鲜鲑鱼、洋葱和核桃，常见于利古里亚海岸，尤其是波切维拉河谷（Val Polcevera）一带。
克里奥尔面	Creoli	直径 0.3 公分，长 30 公分的面条，切面呈方形，以将面皮压过铜线制的制面器制成。 常见于莫里塞地区，搭配培根、胡椒和起士。
薄饼	Crespelle	大张的方形薄饼，有时折成口袋状。 出现在西西里岛，通常搭配莫扎雷拉起士。
鸡冠面	Creste di gallo	半圆形、边缘不规则的中空管面。 来自艾米利亚—罗马涅区罗曼尼亚，通常搭配猪肉、猪脂和洋葱。

小十字面	Croxette	“croxette”来自意文“croce”（十字架），可参考“corzetti”词条。一般呈钱币状，上面印有家徽或十字架。据传此种面型可回溯至十字军东征，一般以木制印章制作。 利古里亚特产，常搭配核桃酱。
黑麦面疙瘩	Culurzones	用黑麦粉和蛋做成的面疙瘩。 撒丁特产，一般搭配起士、番红花和菠菜。
针箍面	Ditalini	直径约 0.4 公分。 常放在汤品或凉面色拉中，例如搭配牛肉食用，在意大利各地皆可见。
螺旋桨面	Eliche	直径约 0.4 公分，状如酒钻。 来自卡拉布里亚地区，一般搭配辣椒食用。
条纹管面	Elicoidali	直径约 0.6 公分，笔直的中空管状，表面有弯曲的条纹。 在意大利很普遍，常做成克里奥尔风味，也就是以蛋黄酱、玉米、菠菜、培根和橄榄油来调味。
蝴蝶面	Farfalle	长度约 3.5 公分。 • 在伦巴底地区常搭配熏鲑鱼。 • 在威内托地区常搭配熟火腿、白酱、打发的鲜奶油和特拉维索红菊苣。 • 在各地也常见搭配豌豆、熟火腿、奶油、细香葱和帕米森起士的吃法，或者用鸡肉、虾仁、洋葱、白酒和乳脂来做成酱汁。
普里亚棒针卷面	Fenescecchie	直径约0.6公分，长4公分，利用棒针压卷成型。 普里亚地区特产，常搭配茄汁肉酱或茄汁鱼酱。
小宽面	Fettuccelle	新鲜的蛋面，直径约 0.6 至 0.73 公分，长度约 30 公分以上。 来自皮埃蒙特地区，通常搭配松露。
宽面	Fettuccine	新鲜的蛋面，直径约 0.8 至 1 公分，长度约 30 公分以上，呈扁平长条形，比宽扁面（linguine）宽，可和宽扁面相互取代运用。 • 在皮埃蒙特地区多搭配浓稠的酱汁，和乳脂核桃酱尤其可口。 • 在艾米利亚—罗马涅区罗曼尼亚地区会搭配波隆纳肉酱，也就是以绞肉、干菇、面粉、红萝卜、培根、欧芹、奶油或猪脂、白酒、糖、肉豆蔻和胡椒等材料煮成的酱汁。 • 在翁布里亚地区会和面包屑及罗勒一起拌炒。 • 在莫里塞地区会搭配烤肉酱汁。 • 在拉齐奥地区会搭配用生火腿、鸡蛋、帕米森起士、洋葱和乳脂做成的生火腿蛋酱。
扁面条	Fresine	直径 0.6 至 0.7 公分。 在意大利各地常搭配熟火腿、牛绞肉、番茄、大蒜、欧芹、橄榄油、罗勒和磨碎的起士煮成的美食家风味。

螺旋面	Fusilli	直径约 0.5 公分，典型长度约 4 公分。但也按工坊而有不同类型，有些又短又肥，有些又短又瘦，也有瘦长型。 • 在瓦莱达奥斯塔地区有搭配芳提娜起士、乳脂和阿尔纳德猪脂的吃法。 • 在伦巴底地区则搭配芦笋、牛奶、乳脂和肉豆蔻做成的酱汁。 • 在坎帕尼亚地区有许多种吃法： • 橄榄油、洋葱、大蒜、牛肉、白酒、薄荷、欧芹、西洋芹、番茄和帕米森起士烹制成的“贝内文托风味”。 • 萨拉米用肉、大蒜和蔬菜制成的肉酱，加上瑞可达起士调制成“那不勒斯风味”。 • 用蛤蜊、贻贝、鱿鱼、虾仁煮成的“维苏威风味”。 • 或搭配茄子和罗勒煮成的“索伦托风味”。 • 在卡拉布里亚地区，会搭配虾仁和柠檬做成冷面，或搭配柠檬、橄榄油、番茄、罗勒和欧芹做成的面酱。 • 在巴斯利卡塔地区则会搭配红辣椒。
手卷笔管蛋面	Garganelli	圆盘状面皮直径约 4 公分，卷成管状。 • 在艾米利亚—罗马涅区罗曼尼亚地区会搭配用葡萄干、松子、红萝卜、西洋芹和洋葱制成的白肉酱。 • 在托斯卡纳地区则搭配牛肝菌菇。
螺丝面	Gemelli[2]	两条细弦卷曲而成。 • 在瓦莱达奥斯塔地区会搭配比利时苦苣、牛肝菌、松子、大蒜和起士做成的面酱。 • 在皮埃蒙特地区则是搭配瑞可达起士和戈尔贡佐拉干酪。 • 在西西里岛则搭配西西里红酱。
小面疙瘩	Gnochetti	长度约 2 公分。 在威内托地区会搭配蚕豆、培根、大蒜和欧芹制成的面酱。
撒丁小面疙瘩	Gnochetti sardi	在撒丁称为“马洛雷杜斯”（malloreddus），指“小牛”之意，是一种长度 1 至 2 公分的新鲜面疙瘩，制作时常混入番红花。 在撒丁岛通常搭配豌豆、大蒜和欧芹，或搭配羊肉酱。
面疙瘩	Gnocchi	长度约 3 公分。 • 在威内托地区常以鸡胗、干菇和起士做成“维洛纳风味”。 • 在伦巴底地区的贝加莫和松德里奥（Sondrio）常搭配综合蔬菜酱。
罗马风面疙瘩	Gnocchi alla romana	以麦糁、帕米森起士加入奶油、牛奶和鸡蛋制成。 在罗马常搭配融化的奶油食用。

条纹螺旋管面	Gobbetti	蜷曲的中空短管面。 • 在坎帕尼亚地区常以水牛莫扎雷拉起士、樱桃小番茄和续随子做成“卡布里风味”。 • 在托斯卡纳地区常搭配柠檬酱（符合犹太教教规的犹太菜肴）。
肘形条纹通心面	Gomiti rigati	在瓦莱达奥斯塔地区常搭配以芳提娜、莫扎雷拉和帕米森起士等三种起士做成的综合起士酱。
大面片	Lagane	较宽的面片。 • 在普利亚一般搭配扁豆。 • 在卡拉布里亚搭配牛奶酱。
指针面	Lancette	折成圆锥状的扁平面皮，长度在 4.5 至 6 公分左右。 在瓦莱达奥斯塔地区常搭配高汤或起士酱。
面片	Lasagne	又长又宽，边缘可以是平整或卷曲的。 • 在艾米利亚—罗马涅区罗曼尼亚地区，常搭配博洛尼亚肉酱进烤箱烘烤，或是搭配用犊牛肉、生火腿、西洋芹和奶油做成的酱汁。 • 在利古里亚地区常搭配荨麻酱或热纳亚青酱。 • 在马尔凯地区常把烫过的面片放在模子里进烤箱做成烤面（称为 incassettate）。
长面片	Lasagne festonate	宽 3.5 公分，长 30 公分以上的面片。 在皮埃蒙特地区常搭配蛋煎、起士和火腿。
小面片	Lasagnette	面积较小的面片，宽 2 公分，长 10 公分。 在特伦蒂诺和上阿迪杰地区常搭配蜗牛。
宽扁面	Linguine	搭配浓稠的酱汁，例如水手风味或用鳀鱼、大蒜、续随子和橄榄制成的加埃塔风味，来自坎帕尼亚地区。
条纹大蜗牛壳面	Lumache rigate grandi	直径 3.5 公分。 在西西里岛常以猪油油炸。
大蜗牛壳面	Lumaconi	在伦巴底地区常搭配四种起士酱（帕米森起士、史普林兹起士、艾曼塔起士和芳提娜起士），或搭配以肉豆蔻和蛋黄做成的蛋黄酱。
短粗吸管面	Maccheroncelli	切段的粗吸管面，长约 2 公分。 • 在拉齐奥地区常以水牛莫扎雷拉起士、鳀鱼、大蒜、番茄、黑胡椒粒和糖烹煮成“乔恰里亚风味”。 • 在卡拉布里亚地区常搭配沙丁鱼。 • 在巴斯利卡塔地区常混入以白酒、鸡蛋、史卡莫扎起士、橄榄油做成的面酱，再撒上面包屑放进烤箱烘烤成“波坦察风味”。 • 在西西里岛常搭配沙丁鱼、葡萄干、松子和茴芹。

粗吸管面	Maccheroni	直径 0.4 公分，长度 30 公分以上。 • 在艾米利亚—罗马涅区罗曼尼亚的博比奥，会搭配茄汁肉酱和番茄酱汁。 • 在马尔凯地区则会混入熟火腿、火鸡胸肉、鸡肝、犊牛肉、起士、奶油、黑松露、洋葱、高汤和乳脂，再放进烤箱烘烤成“佩萨罗风味”。 • 在拉齐奥地区会搭配豌豆。 • 在西西里岛则有用洋葱、甜椒、黑橄榄、鳀鱼、大蒜、番茄、牛至和茄子烹煮而成的“西西里风味”。在西西里岛还会搭配以花椰菜、葡萄干、松子、佩科里诺起士、洋葱、鳀鱼和番红花等制成的酱汁。 • 在普利亚地区会搭配章鱼。 • 在坎帕尼亚地区会和茄子及大蒜一起放入烤箱烘烤。 • 在莫利塞地区会搭配羊肉酱和迷迭香。
吉他细蛋面	Maccheroni alla chitarra	阿布鲁佐特产，通常搭配犊牛肉、番茄、鸡蛋、洋葱和佩科里诺起士做成的肉酱。
缎带面	Mafalde	长形的宽扁面条，边缘有扇形饰边。 在罗马一般搭配用番茄、洋葱、干菇、培根和欧芹煮成的面酱。
撒丁小面疙瘩	Malloreddus	参考“Gnochetti sardi”词条。制作时会加入番红花，长度 1 至 2 公分。 这种面来自撒丁，面酱变化多，有用番茄酱汁、翻炒过的萨拉米用肉做成的，或搭配红萝卜、豌豆、西洋芹和洋葱的酱汁，也可以搭配羊肉酱。
手切面片	Maltagliati[3]	• 在意大利各地都可看到做成“乡村风味”的方式，也就是搭配以豌豆、熟火腿、格鲁耶尔干酪、帕米森起士和胡椒做成的面酱。 • 在普里亚地区也有来自圣乔万尼罗通多（San Giovanni Rotondo）的“圣乔万尼风味”，以栉瓜花或南瓜花为主要配料。
长袖子面	Maniche	在意大利各地可见，常搭配在白酒里炖煮的鲔鱼和朝鲜蓟。
短袖子面	Mezze maniche	在威内托地区常搭配炸猪皮和大红豆。
条纹短袖子面	Mezze maniche rigate	在撒丁地区常搭配迷迭香和佩科里诺起士。
短笔管面	Mezze penne	• 在弗留利地区，常搭配以朝鲜蓟和虾仁做成的酱汁。 • 在利古里亚地区和托斯卡纳地区则有以罗勒、大蒜和橄榄油调味的做法。
短管面	Mezze zite	来自托斯卡纳地区，常做成“利沃诺风味”，也就是用熏猪肩肉、洋葱、橄榄油、大蒜、罗勒、甜椒、辣椒和百里香做成的面酱。

迷努伊奇	Minuicchi	手工新鲜蛋面做成的面球。 在巴斯利卡塔地区常做成“波坦察风味”，亦即搭配以熏培根、猪肉、白酒和磨碎的羊奶起士做成的面酱。
菠菜牛肉饺	Ofelle	馅料为犊牛肉、菠菜和马铃薯的意式面饺。在弗留利地区和威内托地区常搭配起士食用。
小耳面	Orecchiette	直径 2 至 2.5 公分的新鲜面疙瘩。 • 在艾米利亚—罗马涅区罗曼尼亚地区常搭配用龙虾、红萝卜、红洋葱、奶油、油、香槟和海鲜高汤制成的面酱。 • 在普利亚地区常搭配芜菁，或搭配加了罗勒和大蒜的番茄酱汁。 • 在巴斯利卡塔地区常做成“卢肯风味”，以黑麦粉制作小耳面，然后搭配番茄洋葱酱。
利古里亚面饺	Pansoti	直径 5 公分的面饺。 来自利古里亚地区，一般搭配核桃酱。
斋戒面饺	Panzerotti di magro	直径 5 公分。 来自拉齐奥地区，一般用橄榄油炸熟。
特宽面	Pappardelle	又长又扁的面条，做好后通常卷成面球状，面宽约为 1.1 至 1.5 公分。 • 在托斯卡纳地区阿列佐一带会搭配野兔肉酱。 • 在皮埃蒙特地区会搭配菇蕈煮成“猎人风味”，或搭配新鲜豌豆和肉酱做成“樵夫风味”。 • 在艾米利亚—罗马涅区罗曼尼亚地区常搭配五种起士酱，以瑞可达起士、帕米森起士、佩科里诺起士、艾曼塔起士、格鲁耶尔干酪、乳脂、菠菜、油和大蒜等制成。 • 在普利亚地区会搭配海鲜和蔬菜。
碎面	Pasta trita	在伦巴底地区常搭配牛肝蕈菇。
平滑笔管面	Penne lisce	直径 0.8 公分，长度 4 公分。 • 在意大利各地都有搭配番茄、油、牛至和起士的“乡村风味”做法。搭配生栉瓜和大蒜的吃法也常见于意大利各地。 • 在巴斯利卡塔地区有搭配番茄、培根或猪脂、大蒜、洋葱、葡萄干、核桃、辣椒、白酒、佩科里诺起士的“意式辣味”。 • 在海岸地区有用海虾和番茄酱汁煮成的“渔夫风味”。 • 威内托人会搭配丘鹬。 • 在艾米利亚—罗马涅区罗曼尼亚地区会搭配用南瓜、瑞可达起士、洋葱、牛奶和磨碎的帕米森起士做成的面酱。 • 在卡拉布里亚则有用鳀鱼、黑橄榄、绿橄榄、续随子和鲔鱼做成的“卡拉布里亚风味”。
短笔管面	Penne mezzi ziti	直径 0.5 公分，长度 2 公分。 在西西里岛一般搭配沙丁鱼。

细笔管面	Penne mezzane	直径 0.4 公分，长度 2.5 公分。 • 在萨丁尼亚会搭配莫夏美肉干，也就是在太阳下晒干的鲔鱼排或海豚肉。 • 在卡拉布里亚地区会搭配安杜亚辣猪肉香肠。
条纹笔管面	Penne rigate	• 在皮埃蒙特地区会搭配皱叶甘蓝和普罗沃隆内起士。 • 在翁布里亚地区会搭配磨碎的松露。 • 在西西里岛会搭配特拉帕尼红酱（以杏仁、罗勒、大蒜等为材料）。
小笔管面	Pennette	直径 0.5 公分，长度 2.5 公分。 在西西里岛会用犊牛肉、鸡肉、萨拉米用肉、豌豆、佩科里诺起士、马背起士等做成西西里烤面（'Ncasciata）；或利用西兰花、葡萄干、鳀鱼、番红花、松子和佩科里诺起士做成面酱来搭配。
条纹小笔管面	Pennette rigate	在伦巴底地区会搭配马斯卡彭内起士、乳脂和菠菜做成的面酱。
粗吸管面	Perciatelli	直径 0.4 公分，长度 30 公分以上的中空长柱型面条。 • 在坎帕尼亚地区常搭配绞肉、浓缩番茄糊、牛奶、莫扎雷拉起士、鸡蛋和豌豆等做成“那不勒斯风味”。 • 在卡拉布里亚地区则搭配蜗牛酱。
小珍珠面	Perline	在意大利各地皆可见，常搭配汤品食用。
条纹弯管面	Pipe rigate	直径 0.6 公分，长 3 公分。 常搭配橄榄油、鼠尾草、香桃木、白酒、高汤、橄榄和罗勒做成“萨丁尼亚风味”。
捏面	Pizzicotti[4]	直径约 2 公分。 在罗马常用菠菜、瑞可达起士、肉豆蔻来搭配这种面疙瘩，盛盘后再加上盐和胡椒。
意式荞麦面	Pizzoccheri	用面粉和荞麦粉做成宽 1 公分长 4 公分的面条。伦巴底地区的瓦尔泰利纳常搭配起士蔬菜酱或鸽肉酱；或者伦巴底地区也用甘蓝、马铃薯、鼠尾草和起士做成面酱搭配这种面条。
方形面片	Quadrucci	边长约 1.2 至 1.5 公分。 在西西里岛的墨西纳通常搭配旗鱼酱。
面饺	Ravioli	馅料常用香草和瑞可达起士，直径约 4 公分。 • 在上阿迪杰地区常用黑麦制作，馅料为菠菜和肉豆蔻。 • 在伦巴底地区常有“曼托瓦风味”，搭配肉酱和帕米森起士。
核桃饺	Raviolialle noci	直径约 4 公分。在利古里亚地区常搭配热纳亚青酱。
波纹面	Reginette	边缘波纹状的长宽型面条。 在皮埃蒙特地区常搭配融化的起士、核桃和黑松露片。

波纹面	Riccia	来自阿布鲁佐地区，常搭配肉酱。
卷面	Riccioli	长度2.5公分，边缘波纹状的长窄型面条。 在阿布鲁佐地区一般搭配扁豆泥。
小水管面	Rigatoncini	在西西里岛拉古萨一带通常搭配蚕豆泥。
水管面	Rigatoni	直径1.3公分，长6公分。 • 在威内托地区常搭配栉瓜。 • 在伦巴底地区的贝加莫，常搭配用云雀、圃鹀和莺做成的小鸟肉酱，或搭配在绞肉、洋葱、大蒜、白酒、鼠尾草和浓缩番茄糊里烹煮的小鸟胸肉。 • 在拉齐奥地区会搭配蚕豆或扒亚塔犊牛肠酱。 • 在普利亚地区会搭配茄子、莫扎雷拉、番茄、鸡蛋、面包屑、洋葱和罗勒等做成的面酱。 • 在坎帕尼亚地区会煮成“那不勒斯风味”，也就是和绞肉、番茄、洋葱、莫扎雷拉起士和鸡蛋等一起放入烤箱烘烤。 • 在西西里岛则会搭配茄子、番茄、大蒜和橄榄做成的面酱。
螺旋面	Rotini	在意大利各地皆可见，常用来搭配浓稠酱汁或做成冷面色拉。
粗水管面	Schiaffoni 或 Schiaffettoni	直径1公分，长5.5公分。 在卡拉布里亚地区常搭配西兰花或海胆。
芹菜茎面	Sedani rigati	直径0.8至1公分，长度5至6公分。 在意大利各地皆可见，常搭配续随子、罗勒和莫扎雷拉起士，或是菊苣、蚕豆和瑞可达起士。
意式面条	Spaghetti	直径0.18至0.2公分，长度30公分以上。 • 各地皆可看到搭配茄汁或做成模烤面的吃法。 • 在拉齐奥地区有许多种吃法： ① 常搭配切丁的熏犊牛颊肉、番茄、洋葱和佩科里诺起士制成的辣味颊肉酱。 ②以培根、鸡蛋和磨碎的帕米森起士做成的“培根蛋酱”。 ③以猪肚或培根、大蒜、洋葱、辣椒、核桃和白酒煮成的“意式辣味”。 ④用培根或猪脂、鲔鱼、牛肝菌、大蒜、油和磨碎起士做成的“马车夫风味” • 在马尔凯地区常做成蛤蜊面。 • 在翁布里亚地区常搭配松露做成“诺尔恰风味”。 • 在马尔凯地区还有四味面，也就是用舌肉、鸡胸肉、格鲁耶尔干酪、黑松露、磨碎的帕米森起士以及胡椒粒做成的面酱。

意式面条	Spaghetti	• 在托斯卡纳地区有用番茄、大蒜、胡椒、罗勒、培根和续随子做成的“托斯卡纳风味”。 • 坎帕尼亚地区有许多种吃法： ① 用番茄、莫扎雷拉起士、罗勒和牛至做成的“卡布里风味”。 ② 加入白酒、橄榄油、欧芹和大蒜做成的蛤蜊面。 ③ 用煎蛋和起士做成的“穷人风味”。 ④ 用鳀鱼、黑橄榄、续随子、非茄、大蒜、辣椒和橄榄油做成的“妓女面”。 • 在普利亚地区有用芜菁、番茄和罗勒煮成的“巴里风味”。 • 在西西里地区，会搭配用墨鱼汁和番茄煮成的面酱，也有用茄子、番茄、瑞可达起士和大蒜煮成的“诺玛式”。 • 在撒丁地区，除了搭配乌鱼子以外，也有以橄榄油、大蒜、牛至、蛤蜊和续随子做成的“阿尔盖罗风味”。
粗面条	Spaghettoni	直径 1.85 公分。 在瓦莱达奥斯塔地区常搭配用肉、红酒、迷迭香和奶油做成的红酒炖肉酱。
星形面	Stellette	常见于意大利各地，是用来加在鸡汤里食用的较小面形。
呛神父面团	Strangolapreti	大小约宽 1.5 公分、长 4 公分。 来自特伦蒂诺与上阿迪杰地区，状似萨拉米的小面团，制作材料包括泡软的白面包、面粉、鸡蛋、香草与起士，煮熟后再加上起士、奶油和鼠尾草调味。
呛神父面	Strozzapreti	是一种卷曲的短吸管面。 在巴斯利卡塔地区常搭配黑奶油，也就是加了欧芹翻炒的奶油。
宽面	Tagliatelle	长度 30 公分的新鲜宽面条。 • 在特伦蒂诺地区常将煮好的面条卷成巢状，再用融化的猪油调味，称为“smalzade”或“smacafam”。 • 在上阿迪杰地区会搭配用山羊肉和三叶草新芽做成的酱汁。 • 在威内托地区除了搭配用犊牛肉和辣萨拉米香肠做成的酱汁外，也会用犊牛肉、辣萨拉米香肠用肉、肉豆蔻、红酒、洋葱和乳脂做成“威内托风味”。 • 在艾米利亚—罗马涅区罗曼尼亚的海岸区会拿来搭配龙虾，其他区域则有以鲑鱼、牛奶、红洋葱和番茄糊做成的酱汁。 • 在翁布里亚地区有搭配马斯卡彭内起士、蛋黄和黑胡椒的吃法。 • 在卡拉布里亚地区则用来搭配贻贝。

中文名	意大利文名	说明
宽蛋面	Tagliatelle all'uovo	宽 0.43 至 0.58 公分，长 30 公分以上。 常见于艾米利亚—罗马涅区罗曼尼亚地区，可搭配大蒜奶油酱、马斯卡彭内起士酱或虾仁。
小宽面	Taglierini	宽 0.3 公分，长 30 公分以上。 在皮埃蒙特地区常搭配烤肉酱汁。
大宽面	Tagliolini	宽 0.2 公分的长扁面条，制作时常卷成面球。 在艾米利亚—罗马涅区罗曼尼亚地区常搭配香草酱，也就是以鼠尾草、墨角兰、迷迭香、罗勒、欧芹、细香葱、奶油、蛋黄和乳脂做成的酱汁。
提茂饺	Timau	来自弗留利地区同名城市的面饺，馅料中加了罂粟籽。
圆形面饺	Tortelli	直径 5 公分，一般为肉馅。 在伦巴底地区的克雷玛常搭配乳脂食用。
圆形小面饺	Tortellini	直径 1.5 至 2 公分，馅料为肉和起士。 • 在伦巴底地区一般搭配南瓜和克雷莫纳芥末蜜饯。 • 在艾米利亚—罗马涅区罗曼尼亚地区常搭配用猪肉、鸡蛋和三种肉所煮成的面酱。
圆形大面饺	Tortelloni	直径 5 至 7 公分。 • 在皮埃蒙特地区搭配芦笋和菇蕈。 • 在阿布鲁佐地区有搭配墨鱼汁的吃法。
细扁面	Trenette	直径 0.35 公分，长度 30 公分以上。 常见于利古里亚地区，一般搭配热纳亚青酱，或是搭配番茄、欧芹、海鲜和白酒做成“水手风味”。
扭绳面	Trofie	用面粉和栗粉做成的新鲜面条，长 4 公分。 来自利古里亚地区，一般搭配热纳亚青酱；在雷科（Recco）也有搭配核桃酱的吃法。
面线	Vermicelli	直径 0.25 公分，长 2 公分。一般搭配清淡的酱汁。 • 在坎帕尼亚地区会当成凉面来吃，或拌入蔬菜色拉，要不就是以佩科里诺起士、番茄和罗勒做成“那不勒斯风味”，或以番茄、橄榄油、牛至和大蒜做成“比萨风味”。 • 在普利亚地区会搭配费塔羊奶起士和橄榄。 • 在卡拉布里亚地区会搭配葡萄蜗牛，或以鲱鱼、面包屑、辣椒和橄榄油做成“卡拉布里亚风味”，或是搭配以蚕豆、扁豆、豌豆、豆子、甘蓝菜、洋葱、红萝卜、西洋芹、培根和佩科里诺起士做成的百豆酱（叫作 mille cosedde）。 • 在西西里岛则有“锡拉库萨风味”，是以熟透的番茄、甜椒、茄子、黑橄榄、续随子、咸鳀鱼、大蒜、罗勒和磨碎的佩科里诺起士所做成的面酱。

面片	Vincisgrassi	边长 10 公分的扁平宽面片。 来自马尔凯地区，常见的做法有搭配用脑和白松露做成的酱汁，或是与鸡蛋、洋葱、马萨拉酒和鸡胗等一起进烤箱烘烤。
窄管面	Ziti 或 Zite	直径 1 至 1.2 公分，长度 2 至 6 公分。 • 在坎帕尼亚常搭配犊牛肉、红萝卜、白酒、培根、马背起士和番茄糊做成“阿马尔菲风味”。 • 在西西里岛则会搭配番茄酱汁。

1. 译注：状似豆荚或独木舟。

2. 译注：“gemelli”在意大利文是双胞胎的意思，这种面看来像是两个细管面互相缠绕，不过实际上是一张面皮折成“S”型再扭转而成。

3. 译注：最初来自艾米利亚—罗马涅区罗曼尼亚地区，是利用制作宽面时剩余的部份（一般是面皮的边缘）切成不规则的面片。

4. 译注：一般是用做面包时剩下的面团制作，“pizzicotti”的名称来自意大利文的“pizzicare”，捏的意思，指随意捏呈小块丢进滚水里烹煮。

参考书目

Abbondanti, Antonio. *Gazzette menippee di Pamaso capitoli piacevoli d'Antonio Abbondanti da Imola, coll'aggiunta d'alcune rime giocose del medesimo autore.* Francesco Baba, Venice, 1629.

——. *Viaggio di Colonia, capitoli piaceuoli d'Antonio Abbondanti da Imola . . . Con un aggiunta del medesimo autore. Opera piena di bellissimi pensieri, e di leggiadrissimi concetti intessuta, nouamente mandata in luce, & aggiunta alle Rime del Bemi.* Francesco Baba, Venice, 1627.

Acosta, Jose de. *Historia naturale e morale delle Indie.* With articles by Gabriella Airaldi and Francesco Bar- barani. Cassa di Risparmio di Verona, Vicenza, Belluno and Ancona, Verona, 1992 (first edition, in Latin, 1596). The following edition was also used: *The Natural and Moral History of the Indies by Father Joseph de Acosta.* Translated by Edward Grimston (1604); edited by Clements R. Markham (1880). Franklin, New York, 1970.

Agnello Hornby, Simonetta. *La mennulara.* Feltrinelli, Milan, 2003.

Agnesi, Vincenzo. *È tempo di pasta, scritti 1960–1976.* Gangemi, Rome, 1992.

Airaldi, Gabriella, ed. *I viaggi dopo la scoperta.* Cassa di Risparmio di Verona, Vicenza, Belluno, Verona, 1985.

Alberici, Annalisa. *La cucina del giomo della festa: al disna dal di la festa.* Torchio De' Ricci, Pavia, 1986.

Alberini, Massimo. *4000 anni a tavola. Dalla bistecca preistorica al picnic sulla Luna.* Fabbri, Milan, 1972.

——. *Storia del pranzo allitaliana: dal triclinio alio snack.* Rizzoli, Milan, 1966.

Alessio, Giovanni. "Storia linguistica di un antico cibo rituale: i maccheroni, *Atti dell'Accademia Pontani- ana,* n.s., 7 (1958), pp. 261–80.

Alighieri, Dante. *La Divina Commedia.* Edizioni Paoline, Rome, 1976.

Alliata Duca di Salaparuta, Enrico. *Cucina vegetariana e crudismo vegetale: manuale di gastrosofia naturista con raccolta di 1030 formule scelte d'ogni paese.* Hoepli, Milan, 1932.

Anau, Roberta, and Elena Loewenthal. *Cucina ebraica.* Fabbri, Milan, 2000.

André, Jacques. *L'alimentation et la cuisine à Rome.* Les Belles Lettres, Paris, 1981.

Angelita Roco, Giovanni Francesca, *I pomi d'oro di Gio. Francisco Angelita Roco Academico Disuguale doue si contengono sue lettioni de jichi I'una, e de melloni laltra . . . Aggiuntaui una lettione della lumaca doue si proua, ch'ella sia maestra della vita humana.* Introduction and notes by Franco Foschi. Micheloni Edizioni, Recanati, 1978 (facsimile reproduction of the first edition by Antonio Braida, Recanati,1607).

Anghiera, Pietro Martire d' . *Lettera al Cardinale Ascanio Sforza Visconti, inviata dalla corte di Spagna il 13 novembre 1493, pubblicata nella Prima Decade, Libro primo, nel 1511 a Siviglia.*

Anthimus. *De observatione ciborum (On the Observance of Foods).* Edited by Mark Grant. Prospect Books, Black- awton, United Kingdom, 1996.

Antropologia e storia dell'alimentazione: il pane. Edited by Cristina Papa. Electa, Perugia, 1992.

Apicius. *De re coquinaria (L'art culinaire).* Edited by Jacques André. Les Belles Lettres, Paris, 1974.

Archestratus. *Gastronomia.* Translated by Domenico Scinà. Antonelli, Venice, 1842.

Aries, Paul. *I figli di McDonald's: la globalizzazione dell'hamburger.* Translated by Maria Chiara Giovannini. Dedalo, Bari, 2000.

Arte della cucina: libri di ricette, testi sopra lo scalco, il trinciante e i vini dal XIV al XIX secolo. Edited by Emilio Faccioli. Edizioni Il Polifilo, Milan, 1966.

Artusi, Pellegrino. *La scienza in cucina e l arte di mangiar bene. Manuale pratico per le famiglie.* Edited by Piero Camporesi. Einaudi, Turin, 1995 (first Italian edition: 1891).

Babaytseva, Elena. "Bodalsya Turin s Koka-koloi." *Nezavisimaya Gazeta*, November 28, 2005.

Bacchelli, Riccardo. *Il mulino del Po.* Introduction by Indro Montanelli. Mondadori, Milan, 1986.

Bacci, Andrea. *De conviviis antiquorum* (first edition, in Latin: 1597). In Gronovius, *Thesaurus graecarum antiquitatum,* Lyons, 1701.

——. *De naturali vinorum historia.* Anastatic reprint by the Ordine dei Cavalieri del Tartufo. Edited by Mariano Corino. Toso, Turin, 1990 (first edition, in Latin: Mutii, Rome, 1596).

Baldini, Filippo. *De' Sorbetti.* Arnaldo Forni, Sala Bolognese, 1979 (facsimile reproduction of the edition of Stamperia Raimondiana, Naples, 1784; first edition, 1775).

Balducci Pegolotti, Francesco. *La pratica della mercatura.* Edited by Allan Evans. Kraus Reprint Co., New York, 1970.

Balzani, Francesco. *La tiorba a taccone de Felippo Sgruttendio de Scafato.* Magma, Naples, 2000.

Barth, Hans. *Osteria: Kulturgeschichtlicher Führer durch Italiens Schenken von Verona bis Capri.* J. Hoffmann, Stuttgart, 1908 (Italian edition: *Osteria: guida spirituale delle osterie italiane*, preface by Gabriele D' Annunzio, introduction by Marco Guarnaschielli Gotti, F. Muzzio, Padua, 1998; first Italian edition: *Osteria: guida spirituale delle osterie italiane da Verona a Capri*, translated by Giovanni Bistolfi, preface by Gabriele D' Annunzio, E. Voghera, Rome, 1909).

Barthes, Roland. "Lecture de Brillat-Savarin." In *Le bruissement de la langue. Essais critiques*, vol. 4. Éditions du Seuil, Paris, 1984, pp. 303–56.

Basile, Giambattista. *Lo cunto del li cunti.* Edited by Ezio Raimondi. Einaudi, Turin, 1976.

Basini, Gian Luigi. *L'uomo e il pane: risorse, consumi e carenze alimentari della popolazione modenese nel Cinque e Seicento.* A. Giuffre, Milan, 1970.

Battarra, Giovanni. *La pratica agricola* (1778). In Massimo Montanari, *Il pentolino magico*, Laterza, Rome and Bari, 1995, p. 95.

Bay, Allan. *Cuochi si diventa: le ricette e i trucchi della buona cucina italiana di oggi.* Feltrinelli, Milan, 2003.

——. *Cuochi si diventa 2: le ricette e i trucchi della buona cucina italiana di oggi*. Feltrinelli, Milan, 2004.

——. *Le parole dei menu: dalla A alia Z guida ai piatti e alle specialita di tutto il mondo.* Idealibri, Milan,1988.

Beauvert, Thierry. *Musica per il palato: a tavola con Rossini.* Edited by Piero Meldini. Mondadori, Milan, 1997.

Bell, Rudolph M. *How to Do It: Guides to Good Living for Renaissance Italians.* University of Chicago Press, Chicago, 1999.

Belli, Giuseppe Gioacchino. *Sonetti.* Edited by Giorgio Vigolo with the collaboration of Pietro Gibellini. Mondadori, Milan, 1984.

Benincasa, Gabriele. *La pizza napoletana. Mito, storia e poesia.* Guida, Milan, 1992.

Benporat, Claudio. *Storia della gastronomia italiana.* Mursia, Milan, 1990.

Benzi, Ugo. *Regole della sanitd et natura de cibi di Ugo Benzo senese. Arricchite di vaghe annotazioni & di copiosi discorsi. naturali e morali dal sig. Lodovico Bertaldi medico delle serenissime altezze di Savoia. Et nuouamente in questa seconda impressione aggiontoui alle medeme materie i trattati di Baldasar Pisanelli e sue Historie naturali & annotationi del medico Galina.* By the heirs of Gio. Domenico Tarino, Turin, 1620.

Benzoni, Gerolamo. *La historia del mondo nuovo di M. Girolamo Benzoni milanese. La qual tratta delle isole, & mari nuouamente ritrouati, et delle nuoue citta da lui proprio vedute, per acqua, et per terra in quattordici anni.* Edited by Alfredo Vig. Giordano, Milan, 1964 (first edition, in Italian: 1572).

Berchoux, Joseph. *La gastronomie, ou l'homme des champs à table. poème didactique en quatre chants.* Giguet, Paris, 1801.

Berni, Francesco. *Rime.* Edited by Danilo Romei. Mursia, Milan, 2002.

Bertolino, Enrico. *Milanesi. Lavoro, guadagno, spendo, pretendo.* From the series *Le guide xenofobe. Un ritratto irriverente dei migliori difetti dei popoli d'Italia,* edited by Federico Tibone. Edizioni Sonda, Turin, 1997.

Bevilacqua, Osvaldo, and Giuseppe Mantovano. *Laboratori del gusto. Storia dell'evoluzione gastronomica.* SugarCo, Milan, 1982.

Bezzola, Guido. *La vita quotidiana a Milano ai tempi di Stendhal.* Rizzoli, Milan, 1991.

Bianchi, Augusto Guido. *Giovanni Pascoli nei ricordi di un amico.* Modernissima, Milan, 1922.

Biasin, Gian Paolo. *I sapori della modemita. Cibo e romanzo.* Il Mulino, Bologna 1991.

Black, William. *I bucatini di Garibaldi. Awenture storico-gastronomiche di un inglese innamorato dell'Italia.* Translated by Annalisa Carena. Piemme, Casale Monferrato, 2004 (first edition, in English: 2003; original title: *Al Dente*).

Boneschi, Marta. *Poveri ma belli.* Mondadori, Milan, 1995.

Bonetta, Gaetano. *Corpo e nazione: leducazione ginnastica, igienica e sessuale nell'Italia liberale.* F. Angeli, Milan, 1990.

Bracalini, Romano. "L' alimentazione: usi e costumi a tavola. In *L'ltalia prima dellunità*. Rizzoli, Milan, 2001, pp. 186–94.

——. *La regina Margherita.* Rizzoli, Milan, 1983.

Bracciolini, Francesco. *Lo schemo degli Dei.* Ferrando, Genoa, 1838.

Bratman, Steven. "Essay on Orthorexia: Unhealthy Obsession with Healthy Foods. *Yoga Journal*, October 1997.

Brighenti, Nerio. *Il gastruario: manuale del buongustaio.* Edited by Gino Pesavento; drawings by Egidio Demelli. Campironi, Milan, 1973.

Brillat-Savarin, Jean-Anthelme. *Physiologie du goût, ou méditations de gastronomie trascendante* (includes: Joseph Berchoux, *La gastronomie;* Colnet, *L'art de dîner en ville*). Flammarion, Paris, 1982 (first edition, in French: 1825). The Italian edition was also used: *Fisiologia del gusto,* translated by Roberta Ferrara, edited by Michel Guibert, Sellerio, Palermo, 1975.

Bruno, Giordano. *Dialoghi italiani.* Edited by G. Gentile; new edition edited by G. Aquilecchia. Sansoni, Florence, 1958.

Buonassisi, Rory. *La cucina mediterranea: ricette di terra e di mare.* Giunti, Florence, 1993.

——. *La pizza: ilpiatto, la leggenda.* Mondadori, Milan, 1997.

——. *Ricette mondiali di zuppe & minestre: dal la preistoria al 3. millenio: gratificanti & salutari.* Mondadori,Milan, 1999.

Buonassisi, Vincenzo. *La cucina di Falstaff.* Milano Nuova, Milan, 1964.

——. *Il libro della pizza.* Fabbri, Milan, 1982.

——. *Il nuovo codice della pasta.* Rizzoli BUR, Milan, 1999.

——. *Piccolo codice della pasta: ricette per preparare spaghetti, maccheroni, tagliatelle, gnocchi, tortellini.* Rizzoli BUR, Milan, 1977.

——. *Storia del pane e del form.* SIDALM, Milan, 1981.

Buzzi, Aldo. *L'uovo alia kok.* Adelphi, Milan, 2002 (first edition: 1979).

Camilleri, Andrea. *Il ladro di merendine.* Sellerio, Palermo, 1996.

——. *La prima indagine di Montalbano.* Mondadori, Milan, 2004.

Campolieti, Giuseppe. *Il re lazzarone. Ferdinando IV di Borbone, amato dal popolo e condannato dalla storia.*Mondadori, Milan, 1999.

Camporesi, Piero. *Il brodo indiano. Edonismo ed esotismo nel Settecento.* Garzanti, Milan, 1990.

——. "Il formaggio maledetto. In *Le officine dei sensi.* Garzanti, Milan, 1985, pp. 47–77.

——. *La maschera di Bertoldo. G.C. Croce e la letteratura camevalesca.* Einaudi, Turin, 1976.

——. *La terra e la luna. Alimentazione, folclore e società.* Il Saggiatore, Milan, 1989.

Cancellieri, Francesco. *Lettera di F. Cancellieri al Ch. Sig. Dottore Koreff professore di medicina nell'Universita di Berlino sopra il tarantismo, I aria di Roma e della sua Campagna, etc.* . . . Francesco Bourlie, Rome, 1817.

Cannas, Marilena. *La cucina dei sardi.* EDES, Cagliari, 1975.

Capasso, Niccolò. *De curiositatibus Romae.* Published posthumously in *Poesie varte.* Simoniana, Naples, 1761.

Capatti, Alberto. *Pomi d'oro: immagini del pomodoro nella storia del gusto.* Preface by Gianfranco Vissani. Arti Grafiche Torri, Cologno Monzese, 1999.

Capatti, Alberto, and Massimo Montanari. *La cucina italiana. Storia di una cultura.* Laterza, Rome and Bari,1999.

Caprara, Massimo. *Togliatti, il Comintern e il gatto selvatico.* Bietti, Milan, 1999.

Cardenas, Juan de. *Problemas y secretos maravillosos de las Indias.* Edited by Angeles Duran. Alianza, Madrid, 1988 (first edition: Mexico, 1591).

Carnacina, Luigi. *La grande cucina.* Edited by Luigi Veronelli. Garzanti, Milan, I960.

——. *Mangiare e bere all'italiana.* Edited by Luigi Veronelli. Garzanti, Milan, 1967.

——. *Roma in cucina.* Martello, Milan, 1975.

Carnacina, Luigi, and Vincenzo Buonassisi. *Il libro della polenta.* Giunti Martello, Florence, 1974.

Castelvetro, Giacomo. *Breve racconto di tutte le radici di tutte I'erbe e di tutti i frutti che crudi o cotti in Italia si mangiano. Con molti giovevoli segreti (non senza proposito per dentro sono scritti) tanto intomo alia salute de' corpi umani quanto ad utile de' buoni agricoltori necessari.* Edited by Emilio Faccioli. Arcari, Mantua, 1988 (first edition: 1614).

Cattaneo, Carlo. "Notizie sulla Lombardia from *La città* (1844). In *Opere scelte,* edited by Delia Castelnuovo Frigessi, vol. 2. Einaudi, Turin, 1972.

Catti De Gasperi, Maria Romana. *De Gasperi uomo solo.* Mondadori, Milan, 1964.

Cavalcanti duca di Buonvicino, Ippolito. *Cucina casareccia in dialetto napolitano ossia cucina casarinola co la lengua napoletana.* Edited by Emilio Faccioli. II Polifilo, Milan, 1965.

——. *Cucina teorico-practica cornulativamente col suo corrispondente riposto piccola parte approssimativa della spesa con la pratica di scalcare, e come servirsi dei pranzi e cene che vengono coadjuvati da diversi disegni in litografia finalmente quattro settimane secondo le stagioni della vera cucina casareccia in dialetto napolitano. 7. ed. migliorata del tutto, per quanto piu possible, dalle altre precedenti.* Printing Works of Domenico Capasso, Naples, 1852 (first

edition: 1837).
Cavazzana, Giuseppe. *Itinerario gastronomico ed enologico d'Italia a cura di Banco Ambrosiano.* Oras-Ospitalita Romana Assistenza Stranieri, Milan, 1950.
Ceccarelli, Alfonso. *Opusculum de tuberibus, Alphonso Ciccarello physico de Maeuania auctore . . .* Toso, n.p., 1976 (reproduction of the edition of L. Bozetti, Padua, 1564).
Ceccarelli, Filippo. *Lo stomaco della Repubblica: cibo e potere in Italia dal 1945 al 2000.* Longanesi, Milan,2000.
Cenne della Chitarra. *Le rime di Folgore da San Gemignano e di Cene da la Chitarra d'Arezzo.* Giulio Navone, Bologna 1968.
Cervio, Vincenzo. *Il trinciante.* Arnaldo Forni, Sala Bolognese, 1980 (facsimile reproduction of the edition printed by Gabbia, Rome, 1593; first edition: 1581).
Chapusot, Francesco. *La cucina sana, economica ed elegante.* Edited by Milo Julini. Arnaldo Forni, Sala Bolognese, 1990 (facsimile reproduction of the edition of Tip. Favale, Turin, 1846).
Chendi, Vincenzo. *Il vero campagnol ferrarese.* Ferrara, 1761.
Chiaramonte, Carmelo, and Davide Paolini. "Tra i banchi del mercato con il Cuciniere." *Il Sole-24 Ore,* January 9, 2005.
Il cibo e limpegno. Supplement of *MicroMega*, no. 4. Gruppo Editoriale L' Espresso, Rome, 2004.
Il cibo e l'impegno/2. Supplement of *MicroMega*, no. 5. Gruppo Editoriale L' Espresso, Rome, 2004.
Cipolla, Carlo Maria. *Stori a economica dell'Europa preindustriale.* Il Mulino, Bologna, 1974.
——. *Uomini, tecniche, economie.* Feltrinelli, Milan, 1966.
Cipolla, Joe. *La cucina di Cosa nostra.* Preface by Aldo Busi. Sperling & Kupfer, Milan, 1993 (original edition: *The Mafia Cookbook*, Ballantine Books, New York, 1970).
Clementi, Federico. *L'allevamento della gallina da uova in città.* Arte e storia, Rome, 1940.
Clini, Claudio. *L'alimentazione nella storia: uomo, alimentazione. malattie.* Regione Emilia Romagna, Bologna, 1987 (first edition: Francisci, Abano Terme, 1985).
"Coca-cola dal Viet Nam a Silvio." *Corriere della Sera*, February 9, 2000.
Cocchi, Antonio. *Del vitto pitagorico per uso della medicina: discorso di Antonio Cocchi preceduto da un discorso su' progressi del vegetarianismo ... per Nicola Parish.* Vincenzo Onofrio Mese, Naples, 1882 (first edition: 1743).
Collier Galletti di Cadilhac, Margareth. *La nostra casa sull'Adriatico: diario di una scrittrice inglese in Italia, 1873–1883.* Translated by Gladys Salvadori Muzzarelli; preface by Joyce Lussu. II Lavoro Editoriale, Ancona, 1981.
Collodi, Carlo. *Il viaggio per l'Italia di Giannettino. Parte terza. Lltalia meridionale.* Paggi, Florence, 1886.
Colnet. *L'art de diner en ville à l'usage des gens de lettres: poème en 4. chants: suivi de la biographie des auteurs morts de faim.* Bureau de la Bibliothèque Choisie, Paris, 1853.
Colombus, Christopher. *Il giomale di bordo: libro della prima navigazione e scoperta delle Indie (1492–1498).* Edited by Paolo Emilio Taviani and Consuelo Varala. Istituto Poligrafico e Zecca dello Stato, Rome, 1988.
Colorsi, Giacomo. *Breuità di scalcaria di Giacomo Colorsi da Pelestrina per li giouani virtuosi. All'ill.mo & reu.mo . . . card. Degli Albizi.* Angelo Bernabo dal Verme, Rome, 1658.
Concini, Wolftraud de. *Le minoranze in pentola: storia e gastronomia delle 10 minoranze linguistiche delle Alpi italiane.* Banca di Trento e Bolzano, Trent, 1997.
Consiglio, Alberto. *Sentimento del gusto, owero della cucina napoletana.* Parenti, Naples, 1957.
——. *La storia dei maccheroni con cento ricette e con Pulcinella mangiamaccheroni.* Edizioni Moderne, Naples,1959.
. *Storia dei maccheroni: origini, curiosità e leggende della più celebre creazione della cucina napoletana.* Tascabili Economici Newton, Rome, 1996.
Contrasto curioso tra una giovine pisana e una livomese. Tipografia Valenti, Pisa, 1882.
Contrasto curioso tra Venezia e Napoli. Florence, 1879 (written in 1663).
Corbi, Gianni, and Livio Zanetti. "Non lasciamoci distrarre dall' olio." *L'Espresso,* December 20, 1959.
Corbier, Mireille. "Le statut ambigu de la viande à Rome." In *Dialogues d'Histoire ancienne.* Annales Littéraires de l' Université, vol. 15, no. 2, Besançon, 1989, pp. 107–58.
Cornaro, Alvise. *Discorsi di Luigi Comaro intomo alia vita sobria; Larte di godere sanita perfetta di Leonardo Lessio e Discorso di Antonio Cocchi sul vitto pitagorico.* G. Silvestri, Milan, 1841 (the first academic edition was also used: *Scritti sulla vita sobria; Elogio; and Lettere*, edited by Marisa Dilani, Corbo e Fiore, Venice, 1983).
Corrado, Vincenzo. *Del cibo pitagorico owero erbaceo per uso de' nobili e de' letterati, opera meccanica dell'oritano.* Raimondi, Naples, 1781 (also used was the edition *Del cibo pitagorico owero erbaceo seguito dal Trattato delle patate per uso di cibo,* edited by Tullio Gregory, Donzelli, Rome, 2001).
——.*Il credenziere di buon gusto; La manovra della cioccolata e del caffè.* Edited by Claudio Benporat.Arnaldo Forni, Sala Bolognese, 1991 (facsimile reproduction of the edition of Stamperia Raimondi- ana, Naples, 1778).
——.*Il cuoco galante.* Arnaldo Forni, Sala Bolognese, 1990 (facsimile reproduction of the edition of Stamperia

Raimondiana, Naples, 1786).

Crainz, Guido. *Storia del miracolo italiano: culture, identità, trasformazioni fra anni Cinquanta e Sessanta.* Donzelli, Rome, 1996.

Crisci,Giovanni Battista. *Luce de prencipi nella quale si tratta del modo di bene operate pubblicamente, e di essi, e di ciascuna persona con autorita di graui autori. . . Composta da Gio. Battista Crisci nap.no.* Lazarum Sco- rigium, Naples, 1638.

Crist oforo Colombo nella Genova del suo tempo. Edited by Piero Sanavio, Adriana Martinelli, and Caterina Porcu Sanna. ERI-Edizioni RAI, Turin, 1985.

Cristoforo da Messisbugo. *Libro novo nel qual s'insegna a far cfogni sorte di vivanda secondo la diversità de i tempi cost di came come di pesce.* Arnaldo Forni, Sala Bolognese, 1982 (new edition edited by F. Bandini, Neri Pozza, Vicenza, 1992) (facsimile reproduction of the edition *Libro novo nel qual s'insegna a far d'ogni sorte di vivanda secondo la diversita de i tempi cost di came come di pesce*, fourth edition, Eredi Giovanni Padovano, Venice, 1557; first edition, in Italian: *Banchetti compositioni di vivande*, Giovanni de Buglhat and Antonio Hucher, Ferrara, 1529).

Croce, Giulio Cesare. *Le sottilissime astuzie di Bertoldo le piacevoli e ridicolose semplicita di Bertoldino Con il dia- logus Salomonis et Marcolphi e il suo primo volgarizzamento a stampa.* Edited by Piero Camporesi. Einaudi, Turin, 1978.

Crosby, Alfred W. *Imperialismo ecologico. Lespansione biologica delVEuropa (900–1900).* Laterza, Rome and Bari, 1988.

——.*The Columbian Exchange: Biological and Cultural Consequences of 1492.* Greenwood, Westport (Conn.), 1972.

La cucina del' 500: in occasione delle celebrazioni per il 5. centenario della nascita di Giovanni Antonio de' Sacchts detto il Pordenone: agosto–novembre 1984. Introduction by Amedeo Giacomini. Azienda Autonoma del Turismo, Pordenone, 1984.

La cucina dell'Itaglietta. Edited by Piero Meldini. *La cucina della famiglia fascista; la cucina del tempo di guerra; la cucina dell' età giolittiana; la cucina degli anni ruggenti.* Guaraldi, Rimini-Florence, 1977.

La cucina italiana d'oggi nell'immagine e nella realtà: 8. Convegno intemazionale. Venezia, 10–11 novembre 1984. Accademia Italiana della Cucina. A. Pizzi, Cinisello Balsamo, 1985.

Cucina mantovana di principi e di popolo: testi antichi e ricette tradizionali. Edited by Gino Brunetti (contains *L' arte di ben cucinare del cuoco ducale Bartolomeo Stefani; Lista di vivande per banchetti di cavalieri e altre per- sone di qualità; Ricette della tradizione popolare mantovana; Uve e vini del Mantovano*). Istituto Carlo D' Arco per la Scoria di Mantova, Mantua, 1963.

La Cucina rinascimentale di corte: nel triangolo padano, Parma, Ferrara, Mantova. Edited by the Accademia Italiana della Cucina (contains the proceedings of the congresses "I Farnese," Parma, April 30, 1994; "Gli Estensi," Ferrara, May 14, 1994; and "I Gonzaga," Mantua, June 22, 1994). Accademia Italiana della Cucina, Milan, 1995.

Le Cucine della memorial testimonianze bibliografiche e iconografiche dei cibi tradizionali italiani nelle biblioteche pub- bliche statali. De Luca, Rome, 1995.

Il cuoco milanese e la cuciniera piemontese, lombardo-veneta, spagnuola, inglese, francese, Viennese, italiana. Pagnoni, Milan, 1862.

Il cuoco piemontese perfezionato a Parigi. Edited by Silvano Serventi, in collaboration with the Società Studi Storici di Cuneo and the Società Storica Vercellese. Slow Food, Bra, 2000 (first edition: Turin, 1766).

Curioso contrasto fra una romana ed una jiorentina. A. Salani, Florence, 1917.

D' Amato, Federico Umberto. *Menu e dossier.* Rizzoli, Milan, 1984.

De Bourcard, Francesco. *Usi e costumi a Napoli (1857–1866).* Longanesi, Milan, 1977.

De Leo, Carmine. *Il pane dei santi: lepietanze nella religiosità popolare.* Edizioni Incontro alia Luce, Foggia, 1998.

DeLillo, Don. *Underworld.* Turin, Einaudi, 1999.

Della Verde, Maria Vittoria. *Gola e preghiera nella clausura dell'ultimo'500.* Edited by Giovanna Casagrande, translated and notes by Giovanni Moretti. Edizioni dell' Arquata, Foligno, 1988.

Delli Colli, Laura. *The Taste of Italian Cinema in 100 Recipes.* Elleu Multimedia, Rome, 2003.

De Nino, Antonio. *Usi e costumi abruzzesi.* G. Barbera, Florence, 1887.

De Nolhac, Pier, and Angelo Solerti. *Il viaggio in Italia di Enrico III re de Francia.* DeRoux, Rome, Turin, and Naples, 1890.

Denti di Pirajno, Alberto. *Il gastronomo educato.* Neri Pozza, Venice, 1950.

Diamond, Jared. *Armi, acciaio e malattie: breve storia del mondo negli ultimi tredicimila anni.* Translated by Luigi Civalleri; edited by Luca and Francesco Cavalli-Sforza. Einaudi, Turin, 2005 (first edition, in English: 1997; original title *Guns, Germs and Steel: The Fates of Human Society).*

Dickens, Charles. *Impressioni italiane.* Translated by Claudio Messina. Robin Edizioni (by permission of Bib- lioteca del Vascello), Rome, 2005 (first Italian edition: 1989; first edition, in English: 1846; original title: *Pictures of Italy).*

D' Ideville, Henry. *Il re. il conte e la Rosina.* Longanesi, Milan, 1981.

Disegni del convito fatto dall'illustrissimo signor senatore Francesco Ratta all'illustrissimo publico, eccelsi signori anziani, & altra nobilta. Terminando il suo confalonierato li 28 febraro 1693. Edited by Claudio Benporat. Arnaldo Forni, Sala Bolognese, 1991 (facsimile reproduction of the edition of Peri, Bologna, 1693).

Donizone. *Matilde e Canossa: il poema di Donizone.* Edited by Ugo Bellocchi and Giovanni Marzi. Aedes Muratoriana, Modena, 1970.

Dubini, Angelo. *La cucina degli stomachi deboli, ossia, Pochi piatti non comuni, semplici, economici e di facile diges- tione: con alcune norme relative al buon governo delle vie dirigenti.* Tipografia Bernardoni, Milan, 1882 (first edition: 1842).

Ducceschi, Virgilio. *Gli olii ed i grassi nella storia dell'alimentazione.* Consorzio nazionale fra produttori olii di semi, Milan, no date.

Dumas, Alexandre (père). *Il grande dizionario di cucina.* Edited by Carlo Carlino. Sellerio, Palermo, 2004.

——. *Napoli borbonica.* La Biblioteca del TCI, Milan, 1997.

Durante, Castore. *Herbario nuovo di Castore Durante medico, & cittadino romano con figure che rappresentano le viue piante, che nascono in tutta Europa, & nell'Indie orientali & occidentali . . . Con discorsi, che dimostrano i nomi, le spetie, la forma, il loco, il tempo, le qualità, & le virtu mirabili dell'herbe . . . Con due tauole copiosissime, l'vna dell' herbe. et l'altra dell'infermita, et di tutto quello che nell'opera si contiene.* By Bartholomeo Bon- fadino, & Tito Diani (In Rome: by Iacomo Bericchia, & Iacomo Tornierij, 1585, at the printing works of Bartholomeo Bonfadino, & Tito Diani, 1585).

L'eccellenza e il trionfo del porco: immagini, uso e consumo del maiale dal XIII secolo ai giorni nostri. Edited by Emilio Faccioli. Reggio Emilia: Comune, Assessorato alia Cultura, Mazzotta, Milan, 1982.

Eco, Umberto. *Baudolino.* Bompiani, Milan, 2002.

"Era buon governo efficiente." *Il Foglio,* June 29, 1999.

Erasmus of Rotterdam. *Elogio della follia.* With an essay by Ronald H. Bainton; translated by Luca D' Ascia. Rizzoli, Milan, 1993.

Ercolani, Gian Luca. *La dieta ermetica: l' alimentazione nel Rinascimento.* Edited by Donato Lo Scalzo. Todaro, Lugano, 1999.

European Food History: A Research Review. Edited by Hans J. Teuteberg. Leicester University, Leicester, U.K., 1992.

Evangelista, Anna, and Giovanni Del Turco. *Epulario e segreti vari. Trattati di cucina toscana nella Firenze Sei- centesca (1602-1623).* Arnaldo Forni, Sala Bolognese, 1992.

Evitascandalo, Cesare. *Libro dello scalco di Cesare Euitascandalo. Quale insegna quest'honorato seruitio.* Carlo Vul- lietti, Rome, 1609.

Faccioli, Emilio. *Libri di ricette e trattati sulla civilta della tavola dal XIV al XIX secolo.* Einaudi, Turin, 1987.

Falconi, Rodolfo. *Amico castello: origini, storia, turismo e immagini di Castelsantangelo sul Nera.* Pieraldo, Rome, 1986.

Fantoni, Giovanni. *Contrasto curioso fra il Padrone e il Contadino che vuol mangiare a tutti i costi.* A. Salani, Florence, 1888.

Fasano, Gabriele. *Lo Tasso Napoletano. Gerusalemme liberata votata a llengua nostra.* Edited by Aniello Fratta. Benincasa, Rome, 1983 (facsimile reproduction of the edition of Raillardo, Naples, 1689).

Felici, Costanzo. *Scritti naturalistici, I, Del'insalata e piante che in qualunque modo vengono per cibo del'homo.* Edited by G. Arbizzoni. Quattro Venti, Urbino, 1986 (first edition: 1569).

Ferrari, Miriam. *Merluzzo, baccala o stoccafisso? Leggende, miti, ricette di un grande pesce dei man del Nord.* Bib- liotheca Culinaria, Lodi, 1998.

Ferrario, Guido. *Al sangue o ben cotto.* Meltemi, Rome, 1998.

Ferraris Tamburini, Giulia. *Come posso mangiar bene?* Hoepli, Milan, 1900.

Fioravanti, Leonardo. *Capricci medicinali dell'eccellente medico, & cirugico M. Leonardo Fiorauanti Bolognese, libri tre... Di nouo corretti, & in molti luoghi ampliati, & ristampati. Aggiontoui il quarto libro non piu stampato, nel quale altre bellissime materie si contengono.* Lodouico Auanzo, Venice, 1565.

——. *Dello specchio di scientia universale.* Heirs of Melchior Sessa, Venice, 1572.

——. *Del tesoro della vita humana.* Heirs of Melchoir Sessa, Venice, 1582.

Fiordelli, Aldo. *Il buon tartufo. Usi e costumi del' diamante" della tavola.* Polistampa, Florence, 2005.

Fischler, Claude. *L'onnivoro. Il piacere di mangiare nella storia e nella scienza.* Mondadori, Milan, 1992.

Flandrin, Jean-Louis. "Internationalisme, nationalisme et régionalisme dans la cuisine des XIVe et XVe siécles: le témoignage des livres de cuisine. In *Manger et boire au Moyen Age 2: Cuisine, manibres de table, regimes alimentaires. Actes du Colloque de Nice, 15–17 octobre 1982, Centre detudes medievales de Nice.* Les belles lettres, Paris, 1984, pp. 75–91.

——. "Le goût et la nécessité: reflexions sur l' usage des graisses dans les cuisines de l' Europe occidentale (XIVe-XVIIIe siécles)." *Annales ESC* 38 (1983), pp. 369-401.

——. *L'ordre des mets.* Odile Jacob, Paris, 2002.

Foa, Anna. "La cucina del marrano. *Il Mondo* 3/2, no. 2–3 (August–December 1995).

Fochesato, Walter, and Virgilio Pronzati. *L'acciuga: donne, donne, pesci frescht, pesci vivi: tutto sull'acciuga: dalla padella alia brace e 54 ricette.* Feguagiskia' Studios Edizioni, Genoa, 1997.

——. *Stoccafisso & Baccala. Storie, usi e tradizioni popolari dal Baltico al Mediterraneo.* Feguagiskia' Studios Edizioni, Genoa, 1999.

Folengo, Teofilo. *Baldus.* Edited by Mario Chiesa. UTET, Turin, 1997.

Folgore da San Gimignano. *Collana dei mesi.* Mondadori," Milan, 1953.

——. *Sonetti de la semana.* G. Ferrari, Milan, 1966.

Forcella, Enzo. *Celebrazione di un trentennio.* Mondadori, Milan, 1974.

——. "Pastasciutta calda con contorno nuova arma 'segreta' di Lauro." *La Stampa,* May 16, 1953.

Frejaville, Mario. *Il libro d'oro della cucina familiare italiana.* Mursia, Milan, 1977.

Frizzi, Antonio. *La salameide, poemetto giocoso con le note.* Zerletti, Venice, 1772.

Frugoli, Antonio. *Pratica, e scalcaria d'Antonio Frugoli lucchese, intitolata pianta di delicati frutti da seruirsi a qualsiuoglia mensa di prencipi... con molti auuertimenti circa all honorato officio di scalco, con le liste di tutti i mesi dell'anno, compartite nelle quattro stagioni. Con un trattato dell'inuentori delle viuande, e beuande, cosi antiche, come modeme, nouamente ritrouato, e tradotto di lingua armenia in italiana. Con le qualita, e stagioni di tutti li cibi da grasso, e da magro, e lor cucina di viuande diuerse. Ristampato di nuouo con la giunta del Dis- corso del trinciante . . . Diuisa in otto libri.* Francesco Cavalli, Rome, 1638.

Gadda, Carlo Emilio. *Le meraviglie dItalia.* Einaudi, Turin, 1964.

——. *La cognizione del dolore.* With an essay by Gianfranco Contini. Einaudi, Turin, 1973.

Gaggiotti, Gino. *I grandi piatti della cucina regionale italiana: origini, notizie, curiosita, segreti, ricette e abbina- mento ai vini.* ECIG, Genoa, 1990.

Garcilaso de la Vega, known as El Inca. *Commentari reali sul Peru degli Incas.* Translated by Rene L.F. Durand. Paris, 1982 (first edition: Lisbon, 1609).

Garzoni, Tommaso. *La piazza universale di tutte le professioni del mondo.* Edited by Paolo Cherchi and Beatrice Collina. Einaudi, Turin, 1996 (first edition: 1585).

Gasparov, Michail. *Zapisi i vypiski.* NLO, Moscow, 2000.

Gastronomia del Rinascimento. Edited by Luigi Firpo. UTET, Turin, 1974.

Gaudentio, Francesco. Il panunto toscano. Restored and annotated by Gianni Guido; glossary by Adele Zito. Trevi Editore, Rome, 1974.

Genis, Aleksandr. *Sladkaya Zhizn.* Vagrius, Moscow, 2004.

Gerard, John. *The Herball.* First edition, in English: 1597.

Gessi, Leone. *Soste del buongustaio: itinerari utili e dilettevoli.* Preface by Antonio Baldini. Società Editrice Internazionale, Turin, 1957.

Ginsborg, Paul. *Stori a d'Ltalia dal dopoguerra a oggi: società e politica 1943–1988.* Einaudi, Turin, 1989.

Giovenale, Decimo Giunio. *Satire.* Introduction, translation, and notes by Mario Ramous. Garzanti, Milan, 1996.

Giusti, Giuseppe. *Poesie eprose.* Edited by Ferdinando Giannessi. Fabbri, Milan, 2001.

Giustiniani, Vincenzo. "Dialogo fra Renzo e Aniello napolitano sugli usi di Roma e di Napoli" (1600–1610). In *Discorsi sulle arti e sui mestieri,* edited by Anna Banti. Sansoni, Florence, 1981, pp. 135–58.

Goethe, Johann Wolfgang von. *Viaggio in Italia.* Translated by Emilio Castellani. Mondadori, Milan, 1983 (original title: *Italienische Reise,* 1786–88).

Gorresio, Vittorio. *I carissimi nemici.* Bompiani, Milan, 1977.

Gran banchetto (*Cucina italiana del Rinascimento).* Edited by Carla Della Beffa and Africo Paolucci. Cencograf-Rotografica, Milan, 1986.

Grande Bagna Caòda Annuale degli Acciugai e dei Buongustai del Piemonte. Edited by the Accademia Italiana della Cucina e degli Acciugai d' Italia associated with the AVALMA (Associazione Venditori Acciughe della Val Maira), n.p., 1989.

Grandi, Laura, and Stefano Tettamanti. *Atlante goloso: luoghi e delizie d'Italia.* Garzanti, Milan, 2002.

Gregorovius, Ferdinand. *Wanderjahre in Italien,* bd. 2. Leipzig, 1870. The Italian translation was also used: *Passeggiate romane.* F. Spinosi, Rome, 1965.

Greimas, Algirdas Julien. "La soupe au pistou ou la programmation d'un objet de valeur." In *Du Sens II*, Seuil, Paris, 1983, pp. 168–69.

Grieco, Allen J. *Dalla vite al vino.* Edited by Jean-Louis Gaulin and Allen J. Grieco. Clueb, Bologna, 1994.

Gueglio, Vincenzo. *Mario! Storia vera tragica e awenturosa del polpo Mario, del pescatore Gnussa e di Cesare Ziona, principe dei fiocinatori e re della famosa baia di Portobello.* F.lli Frilli, Genoa, 2004.

Guerri, Giordano Bruno. *Gli Italiani sotto la Chiesa.* Mondadori, Milan, 1992.

Harris, Marvin. *Buono da mangiare. Einaudi,* Turin, 1990.

Hašek, Jaroslav. *Il buon soldato Sc'vèik* (1923). Translated by Renato Poggioli. Feltrinelli, Milan, 2003.

Heers, Jacques. *Fêtes, jeux et joutes dans les sociétés d'Occident à la fin du Moyen Age: Conférence Albert Le Grand, 1971.* Montreal/Paris: Publications de l' Institut d études medievales, 1977.

——. *Genova nel '400: civilta mediterranea, grande capitalismo e capitalismo popolare*: "L' attività marittima nel XV secolo. Translated by Jaka Book. Milan, 1991 (original edition: *Gênes au XV siecle: Activité économique et problèmes sociaux.* SEVPEN, Paris, 1961).

——. *La Roma dei papi ai tempi dei Borgia e dei Medici (1420–1520).* Translated by Franca Caffa. Rizzoli BUR, Milan, 2001 (original edition: *La vie quotidienne à la cour pontificate au temps des Borgia et des Medicis, 1420–1520.* Hachette, Paris, 1986).

——. *Le travail au Moyen Age.* Presses Universitaires de France, Paris, 1965.

Heine, Heinrich. *Aus den Memoiren des Herren von Schnabeletvopski.* Reclam, Stuttgart, 1981 (first edition: 1836).

——. *lmpressioni di viaggio, Italia.* Translated by Bruno Maffi; introduction by Alberto Destro. Rizzoli BUR, Milan, 2002 (original title: *Reisebilder*).

Henrico da S. Bartolomeo del Gaudio. *Scalco spirituale per le mense dei religiosi e de gl'altri deuoti opera nuoua . . . composta dal P. F. Henrico da S. Bartolomeo del Gaudio dell'ordine dei Predicatori. Diuisa in tre trattati.* Secondino Roncagliolo, Naples, 1644.

Herzen, Aleksandr. *Pis'ma iz Francii i Italii (1847–1852).* Sobr. soc. v 30 tomach, t. 5, Moscow, 1955.

In forma a tavola: guida all'alimentazione consapevole. Edited by Eugenio Del Toma. 7 vols. Gruppo Editoriale l' Espresso, Rome, 2002.

Iovino, Roberto. *Musica & gastronomia: un viaggio nel tempo.* Sagep, Genoa, 1997.

L'Italia della cultura: festival del cinema. del teatro, della musica e premi letterari di 25 città italiane e 50 ricette per scoprire la tradizione gastronomica. Part 4. Coptip, Modena, 1985.

L'ltalia del Medioevo: 25 città, cittadine, borghi e villaggi di clima medioevale e 50 ricette per scoprire la tradizione gastronomica. Part 3. Coptip, Modena, 1985.

Jannattoni, Livio. *Osterie e feste romane.* Newton Compton, Rome, 1977.

Kurlansky, Mark. 11 *merluzzo.* Mondadori, Milan, 2003 (first edition, in English: *Cod, 1997).*

La Cecla, Franco. *La pasta e la pizza.* Il Mulino, Bologna, 1998.

La Lande, Joseph Jerome. *Voyage d'un franpis en Italie, fait dans les annees 1765 & 1766. Contenant I'bistoire & les anecdotes les plus singulieres de lltalie, & sa description; les moeurs, les usages, le gouvernement . . .* Paris, Desaint, 1769.

Lalli, Giovanni Battista. *La Moscheide e La Franceide.* Introduction and notes by Giuseppe Rua. UTET, Turin, *1927.*

Lando, Ortensio. *Commentario delle più notabili e mostruose cose d'ltalia e altri luoghi di lingua aramea in italiana tradotto. Con un breve Catalogo de gli inventori delle cose che si mangiano e bevono, novamente ritrovato.* Edited by G. and S. Salvatori. Pendragon, Bologna, 1994 (first edition: 1553).

Lassels, Richard. *The Voyage of Italy, or A Compleat Journey through Italy: in Two Parts.* V. Du Moutier, Paris, 1670.

Lastri, Marco. *Calendario del seminatore.* Graziosi, Venice, 1793.

——. *Calendario del vangatore.* Graziosi, Venice, 1793.

——. *Cor so di agricoltura di un accademico georgoflo autore della Biblioteca georgica.* 5 vols. Stamperia del Giglio, Florence, 1801-1803.

——. *Regole per i padroni dei poderi verso i contadini, per proprio vantaggio e di loro. Aggiuntavi una raccolta di awisi ai contadini sulla loro salute.* Graziosi, Venice, 1793.

Latını, Antonio. *Autobiografia. La vita di uno scalco.* Furio Luccichenti, Rome, 1992.

——. *Scalco alia moderna overo I'arte di ben disporre i conviti.* Vols. 1–2. Parrino e Mutii, Naples, 1692–94.

Laurioux, Bruno. "Cuisiner à l' antique. Apicius au Moyen Age. *Médievales 26* (1994), pp. 17–38.

Lechi Morelli, Patrizia. *La tavola di Piero: colori e sapori della cucina al tempo di Piero della Francesca.* La Versil- iana, Florence, 1992.

Le Goff, Jacques. "L' Italia fuori d' ltalia. L' Italia nello specchio del Medioevo. In *Storia d'ltalia, vol. 2, section 2, Dalla caduta dell'lmpero romano al secolo XVIII.* Einaudi, Turin, 1974, pp. 1933–2088.

Lemene, Francesco. *Poesie diverse del signor Francesco de Lemene raccolte, e dedicate all'illustriss. e rev.mo signore il sig. conte abbate Maunzio Santi.* Monti, Milan, 1711.

Leopardi, Giacomo. *Zibaldone di pensieri.* Selected and edited by Anna Maria Moroni. Oscar Mondadori, Milan, 2001.

Lessius, Leonardus. *Hygiasticon seu Vera ratio valetudinis bonae et vitae vna cum sensuum, iudicii, & memoriae integritate ad extremam senectutem conseruandaei.* Officina Plantiniana, Moreti, Anversa, 1614.

Levi, Carlo. *Cristo siè fermato a Eboli.* Einaudi, Turin, 1945.

Levintov, Aleksandr. *Zhratva. Zhizn po-sovetski.* Jauza, Eksmo, Moscow, 2005.

Il libro della cucina del sec. XIV: testo di lingua non mai fin qui stampato. Edited by Francesco Zambrini. Gaetano Romagnoli, Bologna, 1863 (modern edition: Commissione per i Testi di Lingua, Bologna, 1968 [printed 1969]).

Il libro del pesce azzurro. Texts by Giovanni Bombace, Emanuele Djalma Vitali, and Vincenzo Buonassisi. Ministero della Marina, Rome, 1980.

Ligabue, Giancarlo. *Storia delle fomiture navali e dell'alimentazione di bordo.* Alfieri, Venice, 1968.

Lombardi, Mario. *Italia in controluce: Storia illustrata di genti e cucine.* In collaboration with Pietro Mercatini. S.I.L.A., Cesena, 1985.

Longanesi, Leo. *La sua signora, taccuino di Leo Longanesi.* Introduction by Indro Montanelli. Rizzoli, Milan, 1975.

Longhi, Giuseppe. *Le donne, i cavalier, l'armi, gli amort, e ... la Cucina Ferrarese: piu storia che leggenda.* Calderini, Bologna, 1984.

Lopez, Roberto Sabatino. *Byzantium and the World Around It: Economic and Institutional Relations.* Variorum Reprints, London, 1978.

——. *Il predominio economico dei genovesi nella monarchia spagnola.* Tipografia L. Cappelli, Rocca S. Casciano,1936.

——. *La rivoluzione commercial del Medioevo.* Translated by Aldo Serafini. Einaudi, Turin, 1989 (original edition: *The Commercial Revolution of the Middle Ages, 950–1350,* 1971).

——. *Storia delle colonie genovesi nel Mediterraneo.* Zanichelli, Bologna, 1938.

Loren, Sophia. *In cucina con amore.* Rizzoli BUR, Milan, 1985.

Luraschi, Giovanni Felice. *Nuovo cuoco milanese economico quale contiene la cucina grassa, magra e dolio e serve pranzi all'uso inglese, russo, francese ed italiano utile at cuochi, ai principianti ed ai particolari esperimentato e compilato dal cuoco milanese Gio. Felice Luraschi.* Arnaldo Forni, Sala Bolognese, 1980 (facsimile reproduction of the edition of Carrara, Milan, 1853; first edition: 1829).

I Maccheroni. Poemetto giocoso. In M. Zampieri and A. Camarda, *Sotto il segno dei maccheroni. Rito e poesia nel Camevale Veronese.* Cierre, Verona, 1990.

Maestro Martino de Rossi (Martino da Como). *Libro de arte coquinaria.* Edited by Emilio Montorfano; preface by Ernesto Travi. Terziaria, Milan, 1990 (original edition: 1450). The following edition was also used: *Libro de arte coquinaria.* Edited by Luigi Ballerini and Jeremy Parzen. G. Tommasi, Milan, 2001.

Maioli, Giorgio, and Giancarlo Roversi. *Civiltà della tavola a Bologna.* Annibali, Bologna, 1981.

Malandra, Renato, and Pietro Renon. *Le principali frodi dei prodotti della pesca.* Libreria Universitaria Multi- mediale, Milan, 1998.

Mantovano, Giuseppe. *L'awentura del cibo. Origini, misteri, storie e simboli del nostro mangiare quotidiano.* Gremese, Rome, 1989.

Marchesi, Gualtiero, and Luca Vercelloni. *La tavola imbandita: storia estetica della cucina.* Laterza, Rome and Bari, 2001.

Marchi, Cesare. *Quando siamo a tavola. Viaggio sentimentale con l'acquolina in bocca da Omero al fast-food.* Rizzoli, Milan, 1990.

Marchi, Ezio, and Carlo Pucci. *Il maiale.* Hoepli, Milan, 1914.

Marinetti, Filippo Tommaso, and Fillia (Luigi Colombo). *La cucina futurista (Contro gli spegnitori di Milan).* Longanesi, Milan, 1986 (first edition: 1932).

——. *Il manifesto della cucina futurista.* Spes/Salimbeni, Florence, 1980 (facsimile reproduction of the edition *La cucina futurista*, Sonzogno, Milan, 1932).

Marino, Giovanbattista. *La galleria.* Edited by Guido Battelli. G. Carabba, Lanciano, 1926 (first edition: 1620).

Martini, Fabio. "D' Alema: noi e l' Ulivo per governare. *La Stampa*, February 15, 1998.

Massonio, Salvatore. *Archidipno, ovvero Dell'insalata e dell'uso di essa.* Introduction by Sergio Ferrero; new annotated and revised edition edited by Maria Paleari Henssler and Carlo Scipione. Artes, Milan, 1990 (first edition: 1627).

Mattioli, Pietro Andrea. *I discorsi di Pietro Andrea Mattioli su De materia medica di Dioscoride.* Edited by Roberto Peliti. Tipografia Julia, Rome, 1977 (first edition: 1557).

Mazzucotelli, Mauro. *Cultura scientifica e tecnica del monachesimo in Italia.* 2 vols. Abbazia San Benedetto, Seregno, 1999.

McNair, James. *Pizza.* Chronicle Books, San Francisco, 1987.

Mediterranea, la cucina del vivere sano. Bonechi, Florence, 2004.

Meldini, Piero. "La tavola pitagorica. *La Gola,* April 1986, p. 6.

Messedaglia, Luigi. *Il mais e la vita rurale italiana: saggio di storia agraria.* Federazione Italiana dei Consorzi Agrari, Piacenza, 1927.

——. *Vita e costume della Rinascenza in Merlin Cocai.* Edizione Antenore, Padua, 1974.

Metz, Vittorio. *La cucina del Belli: settanta ricette della Roma papalina, condite con i piccanti sonetti di G. Gioachino Belli.* SugarCo, Milan, 1984.

Milano, Serena, Raffaella Ponzio, and Piero Sardo, eds. *L'ltalia dei presidi. Guida ai prodotti da salvare.* Slow Food, Bra, 2004.

Mintz, Sidney W. *Tasting Food, Tasting Freedom: Excursions into Eating, Culture and the Past.* Beacon Press, Boston, 1996.

Mintz, Sidney W., and R. Just. "Sugar, Spice and How Coca-Cola Conquered the World and Other Social Histories of Food. *The Times Literary Supplement*, May 23, 1997.

Missieri, Bruno. *La tavola dei Famese.* Associazione di Arte, Cultura e Turismo, Piacenza, 1998.

Mocci, Paolo. "II partito della bistecca. *Il Tempo*, April 11, 1953.

Molinari Pradelli, Alessandro. *Il grande libro della cucina italiana in oltre 5000 ricette regionali.* Newton & Compton, Rome, 2000.

Monelli, Paolo. *Il ghiottone errante: viaggio gastronomico attraverso I'ltalia.* With 94 drawings by Novello. Second revised edition. F.lli Treves, Milan, 1935.

Mongitore, Antonino. *Bibliotheca sicula, sive de scriptoribus siculis qui turn vetera, turn recentiora saecula illus- trarunt, notitiae locupletissimae.* Forni, Bologna, 1971 (facsimile reproduction of the edition of Panormi, Felicella, 1708-1714).

Montaigne, Michel Eyquem de. *L' Italia alia fine del secolo 16: giomale del viaggio di Michele De Montaigne in Italia nel 1580 e 1581.* Edited by Alessandro D' Ancona. S. Lapi, Città di Castello, 1895.

Montanari, Massimo. *Alimentazione e cultura nel Medioevo.* Laterza, Rome and Bari, 1988.

——. *Convivio.* Laterza, Rome and Bari, 1989.

——. *Convivio oggi: storia e cultura dei piaceri della tavola nell'eta contemporanea.* Laterza, Rome and Bari, 1992.

——. *La fame e I'abbondanza. Storia dell'alimentazione in Europa.* Laterza, Rome and Bari, 1996.

——. "Maometto, Carlo Magno e lo storico dell' alimentazione. *Quaderni medievali* 40 (1995), pp. 64-71.

——. *Nuovo Convivio. Storia e cultura dei piaceri della tavola nell'Età modema.* Laterza, Rome and Bari, 1991.

——. *Il pentolino magico.* Laterza, Rome and Bari, 1995.

Montanelli, Indro. "La cosa due e i tortellini." *Corriere della Sera*, February 18, 1998.

Morlacchi, Lorenzo. *Tutta pasta.* Fratelli Melita, La Spezia, 1988.

Muffatti Masselli, Giliana. "Per una storia dell' alimentazione povera in epoca romana: la puls nelle fonti letterarie archeologiche paleobotaniche." *Rivista Archeologica dell'Antica Provincia e Diocesi di Como* 170 (1988), pp. 270-90.

Muratov, Pavel. *Obrazy Italii.* Vols. 1–2 (comprising original three volumes). Galart, Moscow, 1994.

Muravieva, Galina. "O ede." In *Dialog und Divergenz: Interkulturelle Studien zu Selbst- und Fremdbildem in Europa.* Peter Lang, Frankfurt, Berlin, Berne, New York, Paris, and Vienna, 1997.

Mureddu, Matteo. *Il Quirinale dei presidenti.* Feltrinelli, Milan, 1982.

Nada Patrone, Anna Maria. *Il cibo del ricco ed il cibo del povero: contributo alia storia qualitativa dell'alimentazione.* Centro Studi Piemontesi, Turin, 1989.

Nardelli, Giuseppe Maria. *Alla tavola del monaco: il quotidiano e I'eccezionale nella cucina del monastero tra XVII e XVIII secolo: con 100 ricette dell'epoca.* Quattroemme, Ponte San Giovanni 1998.

Nascia, Carlo. *Li quatro banchetti destinati per le quatro stagioni dell'anno.* Edited by Massimo Alberini. Arnaldo Forni, Sala Bolognese, 1981 (facsimile reproduction of the manuscript preserved in Soragna, 1685).

Nell'800 si mangiava così. Nicolini, Gavirate, 1995.

Nemici per la pelle. Edited by Pier Paolo D' Attorre. Franco Angeli, Milan, 1991.

Niceforo, Alfredo. "Per la storia numerica dell' alimentazione italiana: pagine riassuntive." *Difesa sociale* (monthly journal of the INFPS) 15, nos. 8–9.

Nievo, Ippolito. *Le confessioni di un italiano.* Garzanti, Milan, 1973.

Notari, Umberto. *Il giro d'ltalia . . . a tavola.* Edizioni d' ltalia, Perledo, no date.

Olio ed olivi del Garda Veronese. Le vie dell'olio gardesano dal medioevo ai primi del Novecento. Edited by Gian Maria Varanini; texts by Andrea Brugnoli, Paolo Rigoli, and Gian Maria Varanini. Turi, Cavaion, 1994.

Origo, Iris. *Il mercante di Prato: Francesco di Marco Datini.* Bompiani, Milan, 1958.

Pane, Rita, and Mariano Pane. *I sapori del Sud: alia riscoperta della cucina mediterranea.* Rizzoli BUR, Milan, 1993.

Panorama gastronomico d'Italia. Introduction by Angelo Manaresi; texts by Amedeo Pettini et al. Sponsored by the Municipio di Bologna, Bologna, 1935.

Pantaleone da Confienza. *Trattato dei Latticini (1477, tit. or. Pillularium omnibus medicis quam necessarium clarissimi doctoris magistri Panthaleonis. Summa lacticiniorum completa omnibus idonea eiusdem doctoris. Cautele medicorum non inutiles clarissimi doctoris magistri Gabrielis Zerbi veronensis).* Edited by Emilio Fac- cioli; introduction by Carlo Scipione Ferrero. Consorzio per la Tutela del Formaggio Grana Padano, Milan, 1990.

Paolini, Davide. "Che bontà dietro al banco . . . ," *Il sole—24 ore*, May 14, 2006.

——. *Cibovagando: gli itinerari per scoprire i tesori golosi italiani: dove comprare, dove gustare, i luoghi da visi-tare, le curiosità*, Il Sole-24 Ore, Milan, 2003.

——. *Dal riso ai risotti: cultura e creatività del made in Italy in cucina.* Mondadori, Milan, 1999.

——. *I luoghi del gusto: cibo e territorio come risorsa di marketing.* Baldini & Castoldi, Milan, 2002.

——. *Il mestiere del gastronauta.* Sperling & Kupfer, Milan, 2005.

——. *Il pane dalla A alia* Z. Rizzoli, Milan, 2003.

——. *La pasta dalla A alia* Z. Rizzoli, Milan, 2003.

——. *Viaggio nei giacimenti golosi: prodotti e itinerari.* Mondadori, Milan, 2000.

Paolini Davide, Tullio Seppilli, and Alberto Sorbini. *Migrazioni e culture alimentari.* Editoriale Umbra, Foligno, 2002.

Parisella, Agata. *Oli e aceti d'Italia.* Gremese, Rome, 2000.

Parkinson, Cyril Northcote. *Mrs Parkinson's Law and Other Studies in Domestic Science.* Penguin Books, Har- mondsworth, U.K., 1971.

Parmentier, Antoine Agostin. *Dei pomi di terra ossia patate articolo del Sig. Parmentier traduzione dal francese.* Simon Tissi e Figlio, Belluno, 1802.

——. *Della pentola americana del Sig. Parmentier. M.em. d'agric. de la soc. R. de Paris, 1786.* Translated from the French. Marelli, Milano, 1787.

——. *Instruzione a i panattieri sul modo il piu facile e vantaggioso di far pane con le regole di scegliere, conservare,e macinare il grano, mantener la farina, apparecchiare e usare il lievito, manipolare la pasta, costruir forni, e altre necessarie cognizioni.* Translated from the French. Giacomo Marsoner, Rimini, 1794.

——. *Le mais ou blé de Turquie apprecie sous tous ses rapports; memoire couronne, le 25 août 1784, par l'Académie royale des sciences, belles-lettres et arts de Bordeaux.* New expanded edition. De l' Imprimerie Imperiale Paris, 1812.

Paschetti, Bartolomeo. *Del conseruare la sanita, et del viuere de' genouesi di Bartolomeo Paschetti . . . libri tre. Ne' quali si tratta di tutte le cose appartenenti alia conseruatione della sanita di ciascuno in generale, & in partico- lare de gli huomini, & donne genovesi.* Giuseppe Pauoni, Genoa, 1602.

Pasta & Pizza. Mondadori, Milan, 1974.

Pastario, owero Atlante dellepaste alimentari italiane: primo tentativo di catalogazione delle paste alimentari italiane (Pastario, or Atlas of Italian Pastas: A First Attempt to Catalogue Italian pastas). Second edition. Alessi, Crusinallo-Omegna, 1989.

Perrucci, Andrea. *Le opere napoletane. L'Agnano zeffonato. La Malatia d'Apollo.* Edited by Laura Facecchia. Benincasa, Rome, 1986.

Pestelli, G. *Contrasto fra un Fiorentino ed un Contadino.* A. Salani, Florence, 1888.

Petrarca, Francesco. *Petrarch's Remedies for Fortune Fair and Foul: A Modern English Translation of De Remediis utriusque Fortune, with a commentary by Conrad H. Rawski.* Indiana University Press, Bloomington and Indianapolis, 1991.

Petrini, Carlo. *Buono, pulito e giusto: principi di nuova gastronomia.* Einaudi, Turin, 2005.

——. *Slow food revolution: da Arcigola a Terra madre: una nuova cultura del cibo e della vita.* Conversation with Gigi Padovani; preface by Vandana Shiva. Rizzoli, Milan, 2005.

Petrocchi, Massimo. Roma nel Seicento. Cappelli, Bologna, 1975.

Petronio, Alessandro Traiano. *Del viver delli romani e del conservar la sanità . . . Libri cinque dove si tratta del sito di Roma, dell'aria, de' venti, delle stagioni, delle acque, de vini, delle carni, de pesci, de frutti, delle herbe.* Domenico Basa, Rome, 1592.

Petronius Arbiter. *Satyricon.* Translated by Guido Reverdito. Garzanti, Milan, 2005.

Pierce, Guglielmo. "A pranzo con la Furtseva. In *I magnifici anni '50.* Edizioni del Borghese, Milan, 1979.

Piovene, Guido. *Viaggio in Italia.* Mondadori, Milan, 1957.

Piretto, Gian Piero." *Il libro dei cibi buoni e sani sovietici.* Paper presented at the conference "Happiness Soviet Style, May 5–6, 2006. University of Nottingham, School of Modern Languages and Cultures, Department of Russian and Slavonic Studies.

Pisanelli, Baldassarre. *Trattato della natura de' cibi et del bere.* Arnaldo Forni, Sala Bolognese, 1972 (facsimile reproduction of the edition of Imberti, Venice, 1611; first edition: Bonfaldino e Diani, Rome, 1583).

La pittura in cucina: pittori e chef a confronto. Edited by Luca Mariani, Agata Parisella, and Giovanna Trapani. Sellerio, Palermo, 2003.

La Pizza napoletana: storia, aneddoti, ricette. II benessere dell'uomo e della donna sta tutto in un pizzico di farina, pomodoro e basilico. Edited by Ettore Bernabo Silurata. Marotta, Naples, 1992.

Placucci, Michele. *Usi epregiudizi de' contadini della Romagna.* Barbiani, Forli, 1818.

Platina, known as Sacchi Bartolomeo. *Il piacere onesto e la buona salute (De honesta voluptate et valetudine)*. Edited by Emilio Faccioli. Einaudi, Turin, 1985 (original edition: 1468).

——. *Platynae historici Liber de vita Christi ac omnium pontificum: aa. 1-1474.* Edited by Giacinto Gaida. S. Lapi, Citta di Castello; later Zanichelli, Bologna, 1913–1932.

Plautus, Titus Maccius. *Pseudolus.* Translated by Mario Scandola. Rizzoli BUR, Milan, 2003.

Plebani, Tiziana. *Sapori del Veneto: note per una storia dell'alimentazione.* De Luca, Rome, 1995.

Pliny the Elder. *Storia naturale.* Preface by Italo Calvino. Einaudi, Turin, 1982.

Polato, Raffaella. "Si inaugura '2001-Italia' in Giappone." *Sette*, supplement of *Corriere della Sera*, July 26, 2001.

Il potere delle immagini: la metafora politica in prospettiva storica. Edited by Walter Euchner, Francesca Rigotti, and Pierangelo Schiera. Il Mulino, Bologna, Duncker & Humblot, Berlin, 1993.

Pozzetto, Graziano. *La salama da sugo ferrarese.* Panozzo, Rimini, 2002.

Prezzolini, Giuseppe. *Maccheroni & C.* Rusconi, Milan, 1988 (first edition, in English: *Spaghetti Dinner*, Abelard-Shuman, New York, 1955).

——. *Vita di Nicolò Machiavelli fiorentino.* Arnoldo Mondadori, Milan, I960.

Pucci, Antonio. *The Oxford Text of the Noie of Antonio Pucci.* Edited by K. MacKenzie. Ginn & Co., Boston, 1913.

Pujati, Giuseppe Antonio. *Riflessioni sul vitto pitagorico.* Odoardo Foglietta, Stamperia del Seminario, Feltre, 1751.

Quaini, Massimo. *Mediterraneo: cibo e cultura.* Edited by Maurizio Sentieri: photos by Anna Maria Guglielmino. Sagep, Milan, 1998.

——. *Per la storia del paesaggio agrario in Liguria: note di geografia storica sulle strutture agrarie della Liguria medievale e modema.* Camera di Commercio Industria Artigianato e Agricoltura di Savona, Savona, 1973.

Quaranta, Gennaro. *Maccheronata. Sonetti in difesa dei maccheroni.* Arti Grafiche La Nuovissima, Naples, 1943.

Rajberti, Giovanni. *L'arte di convitare spiegata alpopolo.* In *Tutte le opere,* Gastaldi, Milan, 1964 (first edition: Bernardoni, 1850–51).

Il rancio di bordo: storia dell'alimentazione sul mare dallantichità ai giomi nostri. Il Geroglifico, Gaeta, 1992.

Raspelli, Edoardo. *Italia golosa: cronache di un viaggiatore esigente.* Mondadori, Milan, 2004.

Rauch, Andrea. *Leggere a tavola: il tesoro della cucina toscana nelle pagine della grande letteratura.* Mandragora, Florence, 1999.

Rebora, Giovanni. *La civiltà della forchetta: storie di cibi e di cucina.* Laterza, Rome and Bari, 1998.

——. "La cucina medievale italiana tra Oriente e Occidente." In *Miscellanea storica ligure* 19 (1987), nos. 1-2, pp. 1431–1579.

Redon, Odile, and Bruno Larioux. "L' apparition et la diffusion des pâtes sèches en Italie (XIlle-XVIe siècles)." In *Techniques et économie antiques et médievales: le temps de I'innovation.* Errance, Aix-en-Provence, 1997, pp. 101-108.

Redon, Odile, François Sabban, and Silvano Serventi. *A tavola nel Medioevo: con 150 ricette dalla Francia e dall'Italia.* Translated by M. Salemi Cardini; edited by Georges Duby. Laterza, Rome and Bari, 1994 (original edition: *La gastronomie au Moyen Age: 150 recettes de France et d'ltalie*, Stock, Paris, 1991).

Regimen sanitatis salemitanum. La Scola Salernitana per acquistare, e custodire la sanità, tradotta fedelmente dal verso latino in terza rima piaceuole volgare dall'Incognito academico Viuo morto. Con li discorsi della vita sobria del sig. Luigi Comaro. Gio. Pietro Brigonci, Venice, 1662 (first edition, in Latin: 1474 or 1480). The following edition was used: *La regola sanitaria salernitana*, Canesi, Rome, 1963. Also noted is the edition *La regola sanitaria salernitana*, translated by Fulvio Gherli, edited by Cecilia Gatto and Roberto Michele Sozzi. Tascabili economici Newton, Rome, 1993.

Reichl, Ruth. *Comfort Me with Apples: More Adventures at the Table.* Random House, New York, 2001.

——. *Garlic and Sapphires: The Secret Life of a Critic in Disguise.* Penguin, New York, 2005.

——, ed. *Remembrance of Things Paris: Sixty Years of Writing from* Gourmet. Random House, New York, 2004.

Revel, Jean-François. *3000 anni a tavola.* Translated by Giovanni Bugliolo. Rizzoli, Milan, 1979 (original edition: *Un festin en paroles. Histoire litteraire de la sensibilité gastronomique de lantiquite a nos jours,* Suger, Paris, 1985; new edition, Plon, Paris, 1995).

Revue culturelle de Droit de I'Art-Rivista culturale di Diritto dell'Arte. April 25, 2005.

Ricettario italiano: la cucina dei povert e dei re. Edited by Chiara Scudelotti. Demetra, Colognola ai Colli, 2002.

Rigotti, Francesca. *La filosofia in cucina: piccola critica della ragion culinaria.* Il Mulino, Bologna, 2004.

Rodota, Maria Laura. "La strategia delle brigate tortellino." *La Stampa,* June 14, 2000.

Romano, Ruggiero. *Paese Italia. Venti secoli di identità.* Donzelli, Rome, 1994.

Romoli, Domenico (known as II Panonto, Il Panunto). *La singolare dottrina di M. Domenico Romoli . . . nel qual si tratta deli officio dello scalco, de i condimenti di tutte le viuande, le stagioni che si convengono a tutti.* The following edition was used: *Il libro del Panonto Domenico Romoli; con un'appendice di Carlo Nascia relativa alia maniera di ammannire ogni sorta di came e pesce.* Novedit, Milan, 1962 (original edition: 1560).

Rosenberger, Bernard, et al. "La cucina araba e il suo apporto alia cucina europea." In *Storia dell'alimen- tazione,* edited by Jean-Louis Flandrin and Massimo Montanari, Laterza, Rome and Bari, 1997, pp. 266–81.

Rosselli, Giovanni de. *Opera nova chiamata Epulario la quale tratta il modo di cucinare ogni came, uccelli, pesci di qualsiasi sorte. E per fare sapori, torte, pasticci al modo di tutte le province e molte altre gentilezze, composta da Maestro Giovanni de' Rosselli, francese.* A. Riccio, Rome, 1973 (original edition: 1516).

Rossetti, Giovan Battista. *Dello scalco del sig. Gio. Battista Rossetti, scalco della serenissima madama Lucretia da Este duchessa d'Vrbtno, nel quale si contengono le qua lità di vno scalco perfetto, & tutti i carichi suoi, con diuersi vfficiali a lui sottoposti: . . . Con gran numero di banchetti alia italiana, & alia alemana, di varie, e belissime inuentioni, e desinari.* With annotation by Claudio Benporat. Arnaldo Forni, Sala Bolognese, 1991 (anastatic reprint of the edition of Domenico Mammarello, Ferrara, 1584; first edition: 1584).

Rossini, Gioacchino. *Lettere.* Edited by Enrico Castiglione. Edizioni Logos, Rome, 1992.

Rumford, Count of (Benjamin Thompson). *Estratto delle opere del conte di Rumphort sulla maniera di comporre minestre sostanziose ed economiche colle esperienze fatte dalla Società agraria, ad istruzione e vantaggio del popolo piemontese.* From the printing works of Pane e Barberis Stampatori Della Società Agraria, Turin, 1800.

Sabban, Françoise, and Silvano Serventi. *La pasta. Storia e cultura di un cibo universale.* Laterza, Rome and Bari, 2000.

——. *A tavola nel Rinascimento.* Laterza, Rome and Bari, 1996.

Sacerdoti, Mira. *Cucina ebraica in Italia.* Edited by Rita Erlich. Piemme, Casale Monferrato, 1994.

Sada, Luigi. *Liber de coquina: libro della cucina del XIII secolo: il capostipite meridionale della cucina italiana.* Puglia Grafica Sud, Bari, 1995.

Salani, Massimo. *A tavola con le religioni.* Edizioni Dehoniane, Bologna, 2000.

Salaris, Claudia. *Cibo futurista: dalla cucina nell'arte all'arte in cucina.* Stampa Alternativa, Rome, 2000.

Salvadori, Roberta. *La dieta mediterranea.* In collaboration with Margherita and Laura Landra. Idealibri, Milan, 1983.

Saperi e sapori: a cena nel convento: presentazione della cucina tradizionale regionale rivisitata in chiave moderna. Edited by Igles Corelli and Dolores Veschi. Edit Faenza, Faenza, 1991.

Sapersi nutrire. Edited by Cesare Alimenti. By the propaganda office of the Partito Nazionale Fascista: Uffi- cio di Propaganda, Editoriale Arte e Storia, Rome, no date.

Sapori, Armando. *La mercatura medioevale.* Sansoni, Florence, 1972.

Savioli, Arminio. "Ricompaiono pasta e olio nella campagna elettorale Dc." *L'Unità,* April 30, 1953.

Savonarola, Michele. *Libreto di tutte le cose che se magnano. Un'opera di dietetica del sec.* XV. Edited by J. Ny- stedt. Almqvist & Wiksell, Stockholm, 1988 (text reproduced in accordance with the manuscript version of Codice Casanatense 406).

Scaglioni, Clara. *Stoccafisso e baccald nelpiatto. Interpretazioni della tradizione veneta.* Terra Ferma, Regione del Veneto, 2001.

Scappi, Bartolomeo. *Opera dell arte del cucinare.* Edited by Giancarlo Roversi. Arnaldo Forni, Sala Bolognese, 1981 (facsimile reproduction of the edition of Michele Tramezino, Venice, 1570: *Opera di M. Bartolomeo Scappi, cuoco secreto di papa Pio 5. diuisa in sei libr. . . Con il discorso funerale che fu fatto nelle esequie di papa Paulo 3. Con le figure che fanno bisogno nella cucina & alii reuerendissimi nel Conclave).*

Scarpi, Paolo. "La rivoluzione dei cereali e del vino. Demeter, Dionysos, Athena." In *Homo edens. Regimi, miti e pratiche dell alimentazione nella civiltà del Mediterraneo,* texts presented at the conference "Homo edens," held by the Fiera di Verona on April 13, 14, 15, 1987, edited by Oddone Longo and Paolo Scarpi, Diapress, Milan, 1989.

Schiavone, Aldo. *Italiani senza Italia. Storia e identitd.* Einaudi, Turin, 1998.

Schipperges, Heinrich. *Il giardino della salute, la medicina nel Medioevo.* Garzanti, Milan, 1988.

Schlosser, Eric. *Fast Food Nation: The Dark Side of the All-American Meal.* Houghton Mifflin, Boston and New York, 2001.

Scopoli, Giovanni Antonio. *De diaeta litteratorum.* Wagner, Innsbruck, 1743. The following edition was used: *Dissertatio de diaeta litteratorum,* translated by Domenico Magnino, edited by Gianguido Rindi and Carlo Violani, Cisalpino, Milan, 1991.

Scully, Terence. *The Art of Cookery in the Middle Ages.* Boydell Press, Woodbridge, U.K., 1995.

Sentieri, Maurizio. *Cibo e ambrosia: storia dell alimentazione mediterranea tra caso, necessitd e cultura. In appendice: ricette. curiosita e osservazioni dietetiche.* Dedalo, Bari, 1993.

——. *L'orto ritrovato. Qualità, vizi e virtù delle piante mediterranee.* Sagep, Genoa, 1994.

Sentieri, Maurizio, Paolo Boero, Claudio Bertieri, et al. *Il cibo raccontato: nel mondo dell alimentazione tra fantasia e realta.* Coop, Carlini, Genoa, after 1992.

Sentieri, Maurizio, and Guido Nathan Zazzu. *I semi dell Eldorado: I alimentazione in Europa dopo la scoperta dell America.* Dedalo, Bari, 1993.

Serao, Matilde. *Il paese di cuccagna: romanzo napoletano.* F.lli Treves, Milan, 1891.

Sereni, Emilio. *Note di storia dell alimentazione nel Mezzogiorno: i Napoletani da "mangiafoglia" a umangiamaccheroni."* Argo, Lecce, 1998 (first published in *Cronache meridionali*, 1958).

Sigalotti, Annamaria. "La cucina fiiturista tra manifesti, banchetti e ricette 'antipassatiste.'" *E-Art*, January 16,2005.

Soldati, Mario. *Sua maestà il Po.* Photos by Mauro Galligani. Mondadori, Milan, 1984.

Solitro, Antonio, and Pasquale Troia. *A tavola con i santi: un anno per l' Italia tra la buona cucina delle feste patronali.* With the collaboration of the AICS committees (Associazione Italiana Cultura e Sport) of Agrigento, Campania, Grosseto, Ravenna, Sardegna, Trapani, Trieste, etc. Essegi, Ravenna, 1991.

Somogyj, Stefano. "L' alimentazione nell' Italia unita." In *Storia d'Italia,* vol. 5; *I documenti.* UTET, Turin, 1973, pp. 839–87.

Sorcinelli, Paolo. *Gli italiani e il cibo. Appetiti, digiuni e rinunce dalla realtà contadina alia società del benessere.* Clueb, Bologna, 1999 (first edition: 1992).

Sotis, Lina. "Sapore di mare. L' arte di gustare il pesce fresco." *Corriere della Sera*, April 8, 2006.

Spagnol, Elena. *L'apriscatole della felicita.* Mondadori, Milan, 1987.

——. *La gioia della cucina.* R.L. Libri, Milan, 1999.

——. *In cucina: come mangiare d'ora in poi.* Salani, Milan, 2002.

Spagnol, Luigi. *La pasta, corso di cucina.* Magazzini Salani, Milan, 2005.

——. *Il pesce, corso di cucina.* Magazzini Salani, Milan, 2005.

Specialita d'Italia. Le regioni in cucina. Edited by Eugenio Medagliani and Claudia Piras. Konemann Verlag, Cologne, 2000.

Scefani, Bartolomeo. *L'arte di ben cucinare.* Arnaldo Forni, Sala Bolognese, 1983 (facsimile reproduction of the edition in Mantua: Osanna Stampatori Ducali, 1662).

Stendhal. *Passeggiate romane.* Translated by Marco Cesarini Sforza. Laterza, Rome and Bari, 1973.

——. *Roma, Napoli e Firenze. Viaggio in Italia da Milano a Reggio Calabria.* Preface by Carlo Levi; translated by Bruno Schlacherl. Laterza, Rome and Bari, 1974 (first edition, in French: 1817).

Lo stivale alio spiedo: viaggio attraverso la cucina italiana. Edited by Piero Accolti and Gian Antonio Cibotto. Canesi, Rome, 1965.

Stopani, Renato. *La via Francigena.* Le Lettere, Florence, 1997.

Stoppani, Antonio. *Il bel Paese. Conversazioni sulle bellezze naturali: la geologia e la geografia fisica d'Italia. Con aggiunta delle Marmitte dei giganti di Spirola e delle lettere sulla Cascata della Troggia; sulle valli di Non, di Sole e di Rabbi; e sul Tonale e l'Aprica / Antonio Stoppani; e note di eminent i scienziati italiani per cur a del prof. Alessandro Malladra; trentacinque disegni di Orlando Sora.* E. Bartolozzi, Lecco, 1983 (original edition: Agnelli, Milan, 1878).

Storchi, Mario R. "L' alimentazione nel Regno di Napoli. In *Studi sul Regno di Napoli nel Decennio francese*, edited by A. Lepre, Liguori, Naples, 1985.

——. *Il poco e il tanto: condizioni e modi di vita degli italiani dall'unificazione a oggi.* Liguori, Naples, 1999.

——. *Prezzi, crisi agrarie e mercato del grano nel Mezzogiomo d'Italia: 1806–1854.* Liguori, Naples, 1991.

——. *La vita quotidiana delle popolazioni meridionali dal 1800 alia grande guerra.* Liguori, Naples, 1995.

Taine, Hippolyte Adolphe. *Viaggio in Italia.* Edited and translated by Vito Corbello. Nino Aragno, Turin, 2003 (original edition: *Voyage en italie*, 1866).

Tanara, Vincenzo. *Leconomia del cittadino in villa.* Li Causi, Bologna, 1983 (facsimile reproduction of the edition of Monti, Bologna, 1644).

Targioni Tozzetti, Giovanni. *Relazioni d'alcuni viaggi fatti in diverse parti della Toscana per osservare le pro- duzioni naturali e gli antichi monumenti di essa.* Vol. 5, Arnaldo Forni, Sala Bolognese, 1971–1972 (facsimile reproduction of the edition of Gaetano Cambiagi, Stamperia Granducale, Florence, 1768–1779).

Tasca Lanza, Anna. *The Heart of Sicily: Recipes and Reminiscences of Regaleali, a Country Estate.* Cassel, London, 1993.

Tedeschi, Edda. *Le regioni italiane in tavola.* Sperling & Kupfer, Milan, 1994.

Tivaroni, Carlo. *L'Italia degli italiani.* Vols. 1–2. Roux, Turin, 1895.

Toaff, Ariel. *Mangiare alia giudia: la cucina ebraica in Italia dal Rinascimento all'età modema.* Il Mulino, Bologna, 2000.

Tomasi di Lampedusa, Giuseppe. *Il Gattopardo.* Feltrinelli, Milan, 1958.

Tonelli, Laura. *La pittura a Genova come fonte per la storia dell'alimentazione (1559–1699).* Dissertation, University of Genoa, Faculty of Humanities and Philosophy, academic year 1997/1998.

Torre, Silvio. *Colombo. Il nuovo mondo a tavola.* Edited by Mariarosa Schiaffino. Idealibri, Milan, 1991.

Tosto, Toni no. *La cucina dell'ulivo. Le ricette gastronomiche del centro-sinistra e degli altri ingredienti.* EDUP, Rome, 1998.

——. *Le ricette dmocratiche. Gusti e sapori e sperimentazioni gastronomiche per una nuova cucina di govemo.* EDUP, Rome, 1995.

Toussaint-Samat, Maguelonne. *Storia naturale & morale dell'alimentazione.* Translated by Valeria Trifari. San- soni, Florence, 1991 (original title: *Histoire naturelle et morale de la nourriture*, Bordas, Paris, 1987; first edition, in French: 1957).

Traglia, Gustavo. *Le ghiottomie di Gabriele D'Annunzio*, Veronelli, Milan, 1957.

——. *Il lunario della pastasciutta.* Ceschina, Milan, 1956.

Varchi, Benedetto. *L'Ercolano. Dialogo di M. Benedetto Varchi nel quale si ragiona delle lingue ed in particolare della toscana e della fiorentina.* Tartini e Franchi, Florence, 1730.

Varrone, Marco Terenzio. *Varrone menippeo {Le satire menippee}.* Edited by Ettore Bolisani. Messaggero, Padua, 1936.

Vasselli, Giovanni Francesco. *L'Apicio: overo il maestro de' conviti.* Introduction by Li via Orlandi Frattarolo. Amaldo Forni, Sala Bolognese, 1998 (facsimile reproduction of the edition of HH. del Dozza, Bologna, 1647).

Vené, Gian Franco. *Milie lire al mese: la vita quotidiana della famiglia nell'ltalia fascista.* Mondadori, Milan, 1988.

Veronelli, Luigi. *Alla ricerca dei cibi perduti: guida di gusto e di lettere all arte di saper mangiare.* DeriveApprodi, Rome, 2004.

——. *Vietato vietare. Tredici ricette per vari disgusti.* Eleuthera, Milan, 1991.

Veronelli, Luigi, and Pablo Echaurren. *Le parole della terra. Manuale per enodissidenti e gastroribelli.* Stampa Alternativa, Rome, 2003.

La via Francigena: cammino medioevale di pellegrinaggio quale proposta per un itinerario religioso, culturale e turistico del 2000. Edited by the Centro Regionale per la Documentazione dei Beni Culturali e Ambientali del Lazio. De Luca, Rome, 1995.

La via Francigena: The Paths of the Pilgrims. Texts by Paola Foschi, Italo Moretti, and Pier Giorgio Oliveti. Touring Club Italiano, Milan, 1995.

I viaggi dopo la scoperta / Cristoforo Colombo. Edited by Gabriella Araldi; introduction by Gino Barbieri. Cassa di risparmio di Verona, Vicenza e Belluno, Verona, 1985.

Viaggi e Assaggi. Guida ai percorsi enogastronomici d'Italia. 3 vols.: *Nord Italia, Centro Italia, Sud Italia.* Touring Club Italiano, Milan, 2000.

Il viaggio dello scalco Pëtr A. *Tolstoj in Europa—Puteshestvie stol'nika P.A. Tolstogo po Evrope.* Edited by L. Olshevskaya and S. N. Travnikov. Nauka, Moscow, 1992.

Vialardi, Giovanni. *Trattato di cucina, pasticceria modema, credenza e relativa confettureria basato sopra un metodo economico, semplice, signorile e borghese . . . il tutto scritto e disegnato dall'autore.* Arnaldo Forni, Sala Bolognese, 1986 (facsimile reproduction of the edition of Tipografia G. Favale, Turin, 1854).

Vilardo, Francesco Maria. *Dialoghi della Compania della Lesina.* Baglioni, Venice, 1647.

Vittorelli, Jacopo. *I maccheroni. Poemetto giocoso di Jacopo Vittorelli. Aggiuntovi un inno cantabile sul medesimo argomento del sig. De' Rogatis.* Graziosi, Venice, 1803.

Viviani, Antonio. *Li maccheroni di Napoli.* Stamperia della Società Filomatica, Naples, 1824.

Vogel, Cyrille. "Symboles culturels chrétiens. Les aliments sacrés: poisson et refrigeria. In *Simboli e simbolo- gia nell'alto Medioevo: Settimane di Studi del Centro Italiano di Studi sull'Alto Medioevo,* 23, I (1976), pp. 197–252.

Voltaire. *Les anciens et les modernes ou la toilette de Madame Pompadour.* Gallimard, Paris, 1961.

Warman Gryj, Arturo. *La historia de un bastardo: maiz y capitalismo.* UNAM, Instituto de Investigaciones Sociales, Mexico City, 1988.

Zacchia, Paolo. *Il vitto quaresimale di Paulo Zacchia medico romano. Oue insegnasi come senza offender la sanità si possa viuer nella quaresima. Si discorre de' cibi in essa vsati, de gli errori, che si commettono nell'vsargli. dell indispositioni, ch'il lor'vso impone, In Roma: per Pietro Antonio Facciotti. Ad istanza di Gio. Dini libraro in Nauona all'insegna della Gatta.* 1637 (first edition: 1636).

Zannoni, Mario. *A tavola con Maria Luigia: il servizio di bocca della duchessa di Parma dal 1815 al 1847.* Arte- grafica Silva, Parma, 1991.

Zatterin, Ugo. "La nave dell' amicizia sbarca i suoi doni a Napoli." *La Stampa,* December 30, 1947.

Zingali, Gaetano. "Il rifornimento dei viveri dell' esercito italiano. In Riccardo Bachi, *L'alimentazione e la politica annonaria in Italia,* Laterza, Rome and Bari, 1926.

Zucchi, Linda. I *menù delle feste. Tutti insieme a tavola. Natale, San Silvestro, capodanno, camevale, Pasqua e altre feste. Le tradizioni regionali e la cucina dei nostri giomi.* Edizioni del Riccio, Florence, 1996.

英译本参考文献

Works cited by the translator in the original English or in English translation.

Alighieri, Dante. *The Divine Comedy: The Inferno, Purgatorio, and Paradiso.* Translated by Allen Mandelbaum. Everyman's Library, Knopf Publishing Group, New York, 1995.

Archestratus of Syracuse. From Athenaeus of Naucratis, *Deipnosophistai* (The Dinner of Savants), 7.278a–d. Cited in Daniel B. Levine, *Tuna in Ancient Greece*, American Institute of Wine and Food, New York, 2006.

Ariosto, Ludovico. *The Orlando Furioso.* Translated into English verse, from the Italian of Ludovico Ariosto, with notes by William Stewart Rose. 2 vols. Henry G. Bohn, London, 1858.

Artusi, Pellegrino. *Science in the Kitchen and the Art of Eating Well.* The Lorenzo Da Ponte Italian Library. Edited by Luigi Ballerini and Massimo Ciavolella. University of Toronto Press, Toronto, 2003, 2004. (Original title: *La scienza in cucina e Varte di mangiar bene).* This English edition (first published by Marsilio Publishers in 1997) features an introduction by Luigi Ballerini and is translated by Murtha Baca.

Basile, Giambattista. *The Pentamerone of Giambattista Basile.* 2 vols. Translated from the Italian by Benedetto Croce; edited by Norman Mosley Penzer. John Lane the Bodley Head Ltd. and E. P. Dutton and Co., London and New York, 1932 (original title: *Pentamerone. Lo cunto de li cunti).* The following edition was also used: Basile, Giambattista. *The Pentamerone, or, The Story of Stories.* Translated by J. E. Taylor. David Bogue, London, 1848.

Black, William. *Al Dente: The Adventures of a Gastronome in Italy.* Bantam, London, 2003.

Boccaccio, Giovanni. *L'Ameto.* Translated by Judith Powers Serafini-Sauli. Garland, New York, 1985.

——. *The Decameron of Giovanni Boccaccio.* Translated by J. M. Rigg. London, 1921 (first printed 1903).

Brillat-Savarin, Jean-Anthelme. *Physiology of Taste.* Translated by Fayette Robinson from the last Paris edition. Lindsay & Blakiston, Philadelphia, 1854.

Bruno, Giordano. *The Ash Wednesday Supper.* Edited and translated by Lawrence S. Lerner and Edward A.Gosselin. RSART: Renaissance Society of America Reprint Text Series. University of Toronto Press, Toronto, 1995.

Buzzi, Aldo. *The Perfect Egg and Other Secrets.* Translated by Guido Waldman. Bloomsbury Publishing, London, 2005 (original title: *L'uovo alia kok).*

Camilleri, Andrea. *The Snack Thief.* Translated by Stephen Sartarelli. Viking, New York, 2003 (original title: *Il ladro di merendine).*

Capatti, Alberto, and Massimo Montanari. *Italian Cuisine: A Cultural History.* Translated by Aine O'Healy. Columbia University Press, New York, 2003.

Cicero, M. Tullius. "Oration for Sextus Roscius of Ameria." In *The Orations of M. Tullius Cicero*, translated by C. D. Yonge. London: George Bell & Sons, 1903.

Cornaro, Luigi. *The Art of Living Long.* Joseph Addison, Francis Bacon, William Temple, contributors. William F. Butler, Milwaukee, 1903.

DeLillo, Don. *Underworld.* Simon & Schuster, New York, 1997.

Dickens, Charles. *Pictures from Italy.* Bradbury & Evans, Whitefriars, London, 1846.

Eco, Umberto. *Baudolino.* Translated by William Weaver. Harcourt, New York, 2002.

Erasmus. *The Praise of Folly.* Written by Erasmus 1509 and translated by John Wilson in 1668. Edited by P. S. Allen. Clarendon Press, Oxford, 1913.

Frederick II of Hohenstaufen. *The Art of Falconry.* Translated by Casey Wood and F. Fyfe. Stanford University Press, Stanford, California, 1943 (original title: *De arte venandi cum avibus).*

Ginsborg, Paul. *A History of Contemporary Italy: Society and Politics, 1943-1988.* Palgrave Macmillan, New York, 2003.

Goethe, Johann Wolfgang von. *Italian Journey 1786–1788.* Translated by W. H. Auden and Elizabeth Mayer. Pantheon Books, New York, 1962 (original title: *Italienische Reise).*

Hasek, Jaroslav. *The Good Soldier Svejk: and His Fortunes in the World War.* Translated by Cecil Parrott. Penguin Classics, New York, 2005.

Heine, Heinrich. *Pictures of Travel.* Translated by Charles Godfrey Leland. D. Appleton and Co., New York, 1904.

——. *The Works of Heinrich Heine.* Vol. 1: *Florentine Nights: The Memoirs of Herr Von Schnabelewopski* . . .Translated by Charles Godfrey Leland. William Heinemann, London, 1906.

Homer. *The Odyssey of Homer.* Books 1–12. Translated into English verse by the Earl of Carnarvon. Macmillan and Co., London and New York, 1886.

Horace. *The Satires.* Translated by A. S. Kline. 2005. Online at: http://www.tonykline.co.uk/PITBR/ Latin/HoraceSatiresBklSatI.htm.

Juvenal. *Thirteen Satires of Juvenal.* Translated by S. G. Owen. Methuen, London, 1903.

Levine, Daniel B. *Tuna in Ancient Greece.* American Institute of Wine and Food, New York, 2006.

Marinetti, Filippo Tommaso. From *The Futurist Cookbook* by Filippo Tommaso Marinetti. Translated by Suzanne Brill. Trefoil Publications, Ltd., London, 1989.

Montaigne, Michel de. *The Works of Michael de Montaigne: Comprising His Essays, Letters, Journey Through Germany and Italy.* Edited and translated by W. Hazlitt. C. Templemon, London, 1845.

Il Novellino. Online bilingual edition. Edited by Steven M. Wight. Online at: http://scrineum.unipv .it/wight/novellino.htm# 100.

Parkinson, Cyril Northcote. *Mrs. Parkinsons Law: And Other Studies in Domestic Science.* Houghton Mifflin, Boston, 1968.

Petrarch. *Petrarchs Remedies for Fortune Fair and Foul. A* Modern English Translation of *De remediis utriusque Fortune*, with a Commentary by Conrad H. Rawski, in five volumes. Indiana University Press, Bloomington and Indianapolis, 1991.

Petronius Arbiter. *Satyricon.* Translated by Sarah Ruden. Hackert Publishing Company, Indianapolis, 2000.

Pliny. *The Natural History of Pliny.* Translated by John Bostock and H. T. Riley. Henry G. Bohn, London, 1856.

Plutarch. "Alcibiades. In *Lives.* Edited by Bernadotte Perrin. Online at: http://www.perseus.tufts.edu/ cgi-bin/ptext ?doc = Perseus% 3 Atext% 3 A1999.01.0182 ;query=chapter% 3D% 2315 ;layout = ;loc = Ale .%2014.1

Prezzolini, Giuseppe. *Nicolo Machiavelli, the Florentine.* Translated by Ralph Roeder. Brentano' s, New York 1928 (original title: *Vita di Nicolò Machiavelli).*

Redon, Odile, Françoise Sabban, and Silvano Serventi. *The Medieval Kitchen: Recipes from France and Italy.*Translated by Edward Schneider. University of Chicago Press, Chicago, 1998.

Revel, Jean François. *Culture and Cuisine: a Journey Through the History of Food.* Translated by Helen R. Lane. Doubleday, Garden City, New York, 1982 (original title: *Festin en paroles).*

Stendhal. *A Roman Journal.* Edited and translated by Haakon Chevalier. Orion Press, New York, 1957. Based on Henri Martineau' s critical edition of *Promenades dans Rome.*

——. *Rome, Naples and Florence.* Translated by Richard N. Coe. George Braziller, New York, 1959.

Taine, Hippolyte Adolphe. *Italy: Rome and Naples, Florence and Venice.* Translated by J. Durand. Third edition. Leypoldt & Holt, New York, 1871 (original title: *Voyage en Italie).*

Virgil. *The Georgies.* Book 4. Translated by A. S. Kline. 2002. Online at: http://www.tonykline .co.uk/PITBR/Latin/ VirgilGeorgicsIV.htm.

图书在版编目（CIP）数据

意大利人为什么喜爱谈论食物？：意大利饮食文化志 /（乌克兰）艾琳娜·库丝蒂奥科维奇著；林洁盈译 . —杭州：浙江大学出版社，2016.12

书名原文：Why Italians Love to Talk About Food

ISBN 978-7-308-16180-0

Ⅰ.①意… Ⅱ.①艾… ②林… Ⅲ.①饮食—文化—意大利 Ⅳ.①TS971.205.46

中国版本图书馆CIP数据核字（2016）第211186号

意大利人为什么喜爱谈论食物?：意大利饮食文化志

[乌克兰] 艾琳娜·库丝蒂奥科维奇 著　林洁盈 译

策划编辑　周　运
责任编辑　王志毅
装帧设计　罗　洪
出版发行　浙江大学出版社
（杭州天目山路148号　邮政编码310007）
（网址：http:// www.zjupress.com）
制　　作　北京大观世纪文化传媒有限公司
印　　刷　北京中科印刷有限公司
开　　本　710mm×1000mm　1/16
印　　张　29.5
字　　数　512千
版 印 次　2016年12月第1版　2016年12月第1次印刷
书　　号　ISBN 978-7-308-16180-0
定　　价　118.00元

版权所有　翻印必究　印装差错　负责调换

浙江大学出版社发行中心联系方式：（0571）88925591；http://zjdxcbs.tmall.com

Why Italians Love to Talk About Food
(Original Title: *Perchè agli italiani piace parlare del cibo*)
by Elena Kostioukovitch
with a preface by Umberto Eco.
Perchè agli italiani piace parlare del cibo © 2006 by Elena Kostioukovitch
Published by arrangement with ELKOST Intl. Literary Agency.
Simplified Chinese translation copyright © 2016
by Zhejiang University Press Co., Ltd.
ALL RIGHTS RESERVED
本书中文译稿由财信出版授权使用，非经书面同意不得任意翻印、转载或以任何形式重制。
浙江省版权局著作权合同登记图字：11-2015-256 号